宁夏

# 汉延渠志

宁夏回族自治区汉延渠管理处 编

黄河出版传媒集团
阳光出版社

图书在版编目（CIP）数据

宁夏汉延渠志 / 宁夏回族自治区汉延渠管理处编
. -- 银川 : 阳光出版社, 2023.11
ISBN 978-7-5525-7136-3

Ⅰ. ①宁… Ⅱ. ①宁… Ⅲ. ①灌溉渠道－水利史－宁夏 Ⅳ. ①S279.243

中国国家版本馆CIP数据核字（2023）第244255号

宁夏汉延渠志　宁夏回族自治区汉延渠管理处　编
NINGXIA HANYAN QU ZHI

责任编辑　丁丽萍　赵维娟
封面设计　王晓莉
责任印制　岳建宁

黄河出版传媒集团
阳光出版社　出版发行

出 版 人　薛文斌
地　　址　宁夏银川市北京东路139号出版大厦（750001）
网　　址　http：//www.ygchbs.com
网上书店　http：//shop129132959.taobao.com
电子信箱　yangguangchubanshe@163.com
邮购电话　0951-5047283
经　　销　全国新华书店
印刷装订　宁夏报业传媒集团印刷有限公司
印刷委托书号　（宁）0028362
地图审图号　宁S［2023］第023号

开　　本　880mm×1230mm　1/16
印　　张　31.5
字　　数　400千字
版　　次　2023年11月第1版
印　　次　2023年11月第1次印刷
书　　号　ISBN　978-7-5525-7136-3
定　　价　268.00元

# 《宁夏汉延渠志》编纂委员会

**主　任**　何卫东

**副主任**　陈国光　桂玉忠　郝明辉　马忠明　罗廷红　周小鹏

**委　员**　（按姓氏笔画排序）

马平安　王学义　王海永　王冬霞　石彩霞　付文禹　李　璐

李　津　苏秀奇　郑永志　段新平　高　鹏　徐建平　章　俊

# 《宁夏汉延渠志》编纂人员

**主　编**　陈国光

**副主编**　周小鹏　张　波　高　鹏

**统　稿**　张兴旺　邹　智

**编　务**　邹　智

**撰　稿**　（按姓氏笔画排序）

马建云　王学义　王海永　王　龙　石彩霞　李　璐　李　津

李彦斌　李　宁　张　波　张兴旺　张丽霞　张彩玲　邹　智

何晓媛　辛智渊　岳志强　周少甫　侯志俊　高　鹏　章红燕

解成霞

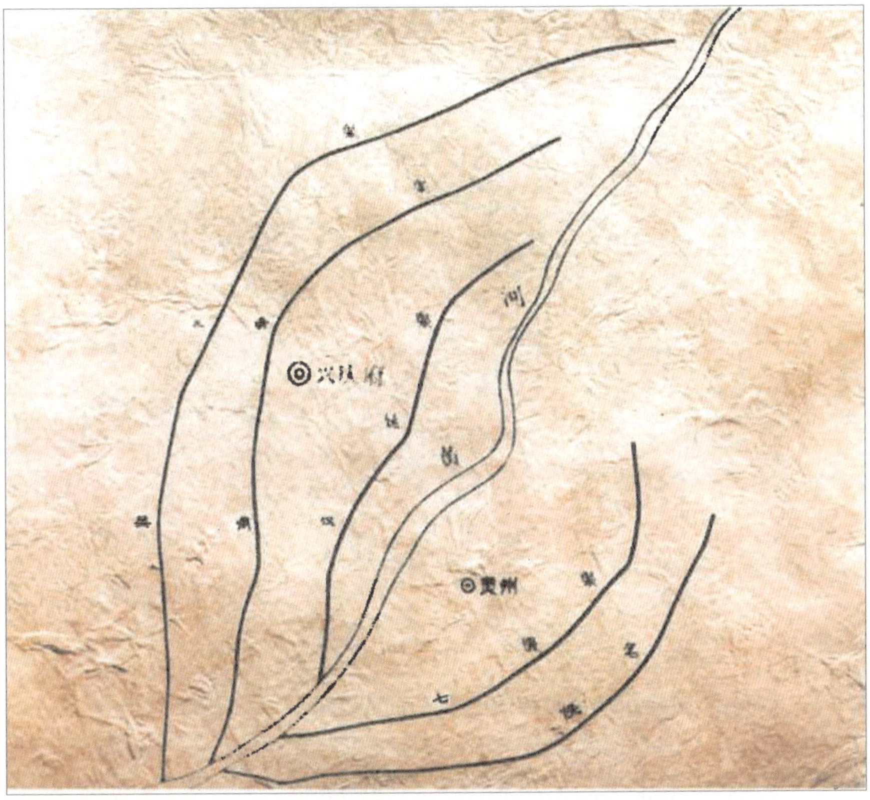


西夏引黄灌区渠道示意图(引自《宁夏农业史》)

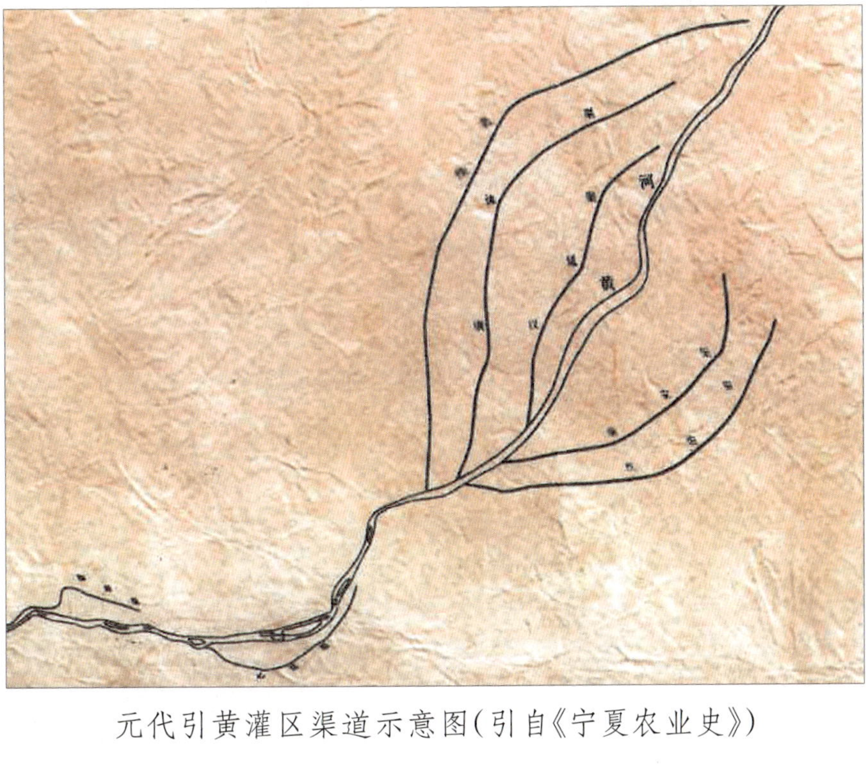


元代引黄灌区渠道示意图(引自《宁夏农业史》)

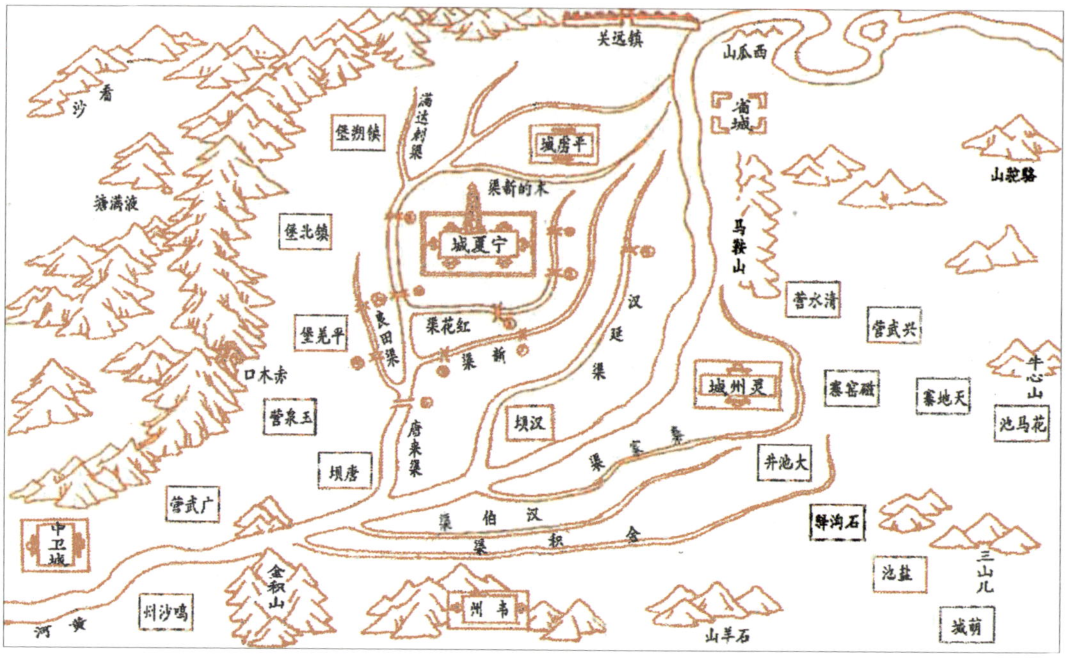


明宁夏黄河水道渠系布局一览图(引自《弘治宁夏新志》)

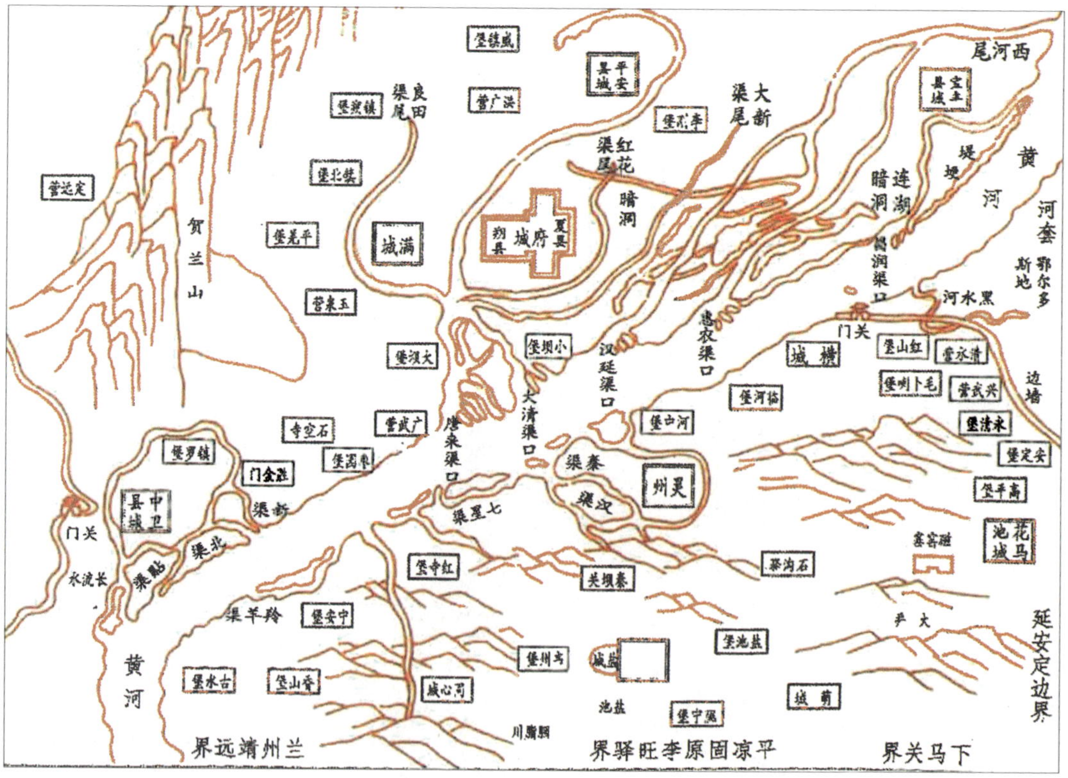


乾隆时期宁夏黄河流域及渠口位置图(引自《乾隆宁夏府志》)

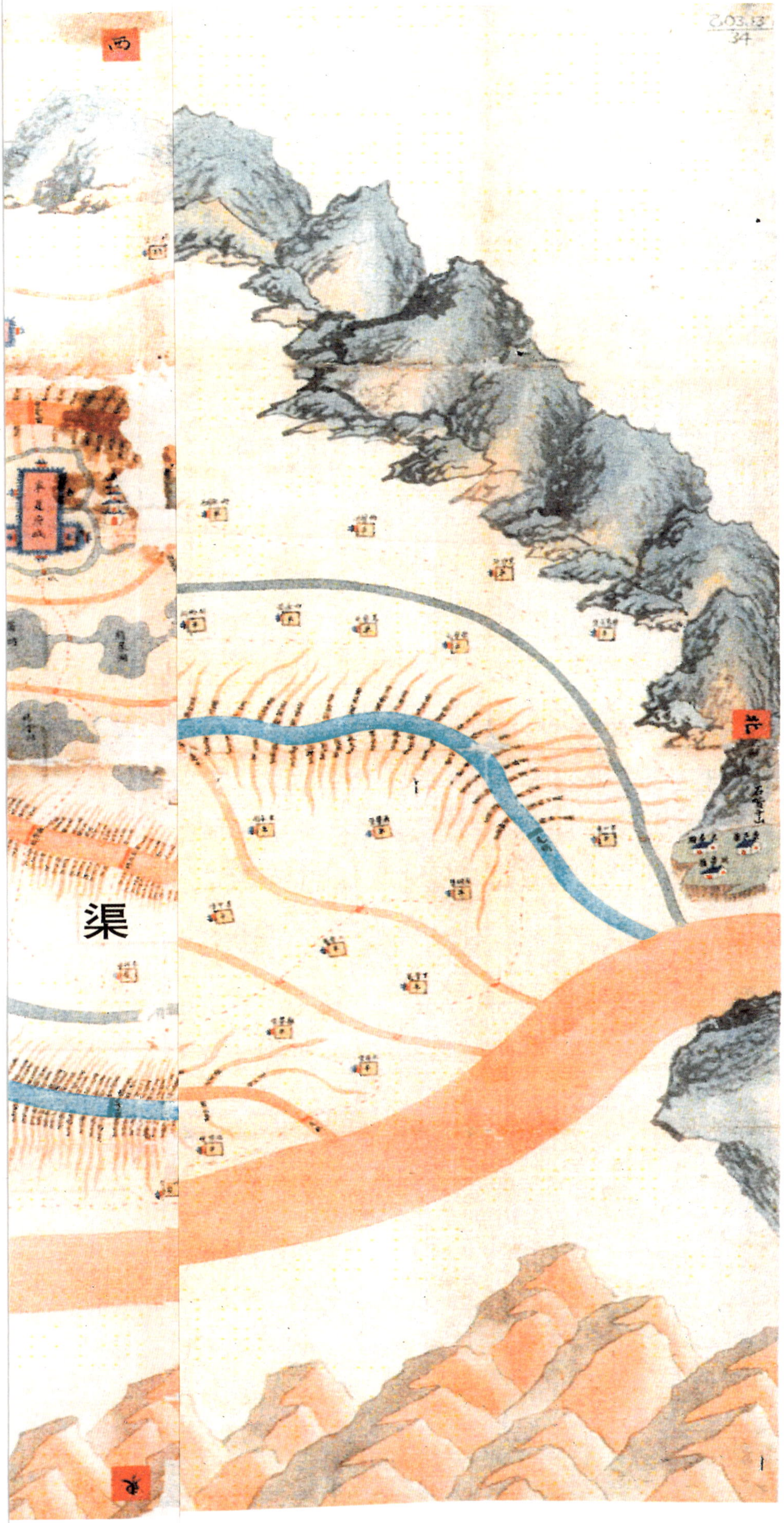


干渠进口示意图

自治区水利厅党委书记、厅长朱云(右三)到管理处调研工作(2023年6月)

自治区水利厅副厅长马继祯(左三)、李刚军(左四)参加宁夏第一家农民用水协会成立仪式(2004年3月)

自治区水利厅副厅长李刚军(前排右三)一行参加管理处中心调度大楼落成典礼(2006年2月)

自治区水利厅党委副书记、副厅长郭进挺(右二)到管理处调研工作(2008年8月)

自治区水利厅副巡视员闫国伟(前排中)到管理处调研工作(2008年7月)

自治区水利厅副厅长郭浩(前排右二)到管理处调研工作(2009年4月)

自治区水利厅副巡视员陈广宏(右一)到管理处调研工作(2011年3月)

自治区水利厅纪委书记崔莉(前排左一)到管理处调研工作(2012年3月)

自治区水利厅副厅长朱云(右二)到管理处调研工作(2014年7月)

自治区水利厅副厅长周京梅(右一)到管理处调研工作(2015年3月)

自治区水利厅副厅长麦山(右二)到管理处调研工作(2019年4月)

自治区水利厅副厅长张伟(右二)到管理处调研工作(2021年11月)

自治区水利厅纪检监察组组长路东海(左二)到管理处调研工作(2021年8月)

自治区水利厅副巡视员李洪山(左三)一行慰问困难党员(右二)(2011年1月)

管理处处长朱建纲(右三)到青铜峡灌区调研工作(1995年5月)

管理处党委书记梁福贵(左三)到施工现场指导工作(2008年5月)

管理处党委书记何卫东(中)、处长陈国光(右)到基层检查工作(2022年8月)

管理处副处长桂玉忠到基层慰问(2020年5月)

管理处纪委书记郝明辉（第二排右一）到基层调研党风廉政建设工作（2021年7月）

管理处副处长马忠明（前排右二）到基层调研工作（2021年6月）

20世纪40年代，干渠春工开水钯埽

20世纪40年代，退水闸旧照

20世纪40年代，干渠挡水闸

20世纪40年代，汉正闸旧照

20世纪60年代的李俊跨干渠公路桥

草土护岸工程现场(1999年4月)

20世纪70年代的唐铎涵洞

20世纪70年代的第二管理所旧貌

20世纪80年代的汉延渠渡槽(中干沟)

干渠进水闸(2004年6月)

20世纪90年代的第二管理所

20世纪90年代的马寨桥节制闸

渡槽翻建工程现场(2009年4月)

渡槽维修工地(2008年4月)

渠道砌护工程现场(2010年3月)

第二管理所新貌(2022年7月)

李俊桥节制闸（2022年7月）

大银河节制闸（2022年7月）

金贵节水闸（2022年7月）

永清沟渡槽（2022年7月）

掌政渡槽（2022年7月）

第一管理所（2022年7月）

第三管理所新貌（2022年7月）

第五管理所（2022年7月）

潘袒桥管理段（2022年7月）

林皋桥管理段（2022年7月）

工作人员现场检查
分析险情（2022年5月）

新建的管理处中心
调度大楼（2006年）

马寨桥节制闸房
（2022年7月）

红星试验站观测基地(2022年7月)

自控一体化斗口

渠道救生器材(2022年7月)

管理处"安全生产月"活动启动仪式(2021年)

管理处举办交通安全知识暨消防安全知识培训会(2022年7月)

管理所防汛抢险库房(2022年7月)

管理段防汛抢险库房(2022年7月)

职工对涵洞进行安全检查(2004年4月)

汛期职工对涵洞出水口进行安全探查(2009年5月)

职工对种植苗圃基地进行田间管理(2008年8月)

青年职工参加义务植树活动(2006年4月)

观桥风光

丁字渠旁的蔬菜基地

反帝沟渡槽

干渠美景

生机盎然

干渠两岸绿树成荫

硕果累累

西红柿

红苹果

颗粒饱满

金秋时节

丰收在望

干渠秋意浓

干渠尾闸风光

管理处党员重温入党誓词(2021年4月)

管理处党委在六盘山长征纪念亭举办党性教育培训(2020年6月)

第四管理所召开灌域群众评议机关作风工作座谈会(2018年7月)

管理处召开"不忘初心　牢记使命"主题教育工作会议(2019年6月)

管理处举行“共产党好　黄河水甜”党史学习教育主题演讲比赛暨知识竞赛，水利厅副巡视员江静(右四)为获奖单位颁奖(2021年5月)

管理处进行“红色漫卷　践诺初心”党史学习教育主题实践活动(2021年4月)

管理处慰问老所长徐凤鸣(2021年6月)

管理处参加自治区水利厅庆祝中国共产党成立90周年歌咏比赛

管理处党委开展迎“七一”主题党日活动(2018年6月)

管理处团委组织团员赴宁东水务公司学习交流(2005年10月)

自治区水利厅召开《宁夏汉延渠志》评审会（2023年4月）

《宁夏汉延渠志》编写人员现场考证资料（2022年8月）

管理处举行廉政文化示范点观摩教育活动（2022年5月）

管理处第一管理所开展主题党日活动（2021年4月）

管理处第二次党代会合影留念（2008年7月）

管理处工会第七次代表大会留念（2019年5月）

# 序　一

水是生存之本,文明之源。千百年来,人类社会傍水而居,生生不息。源远流长的中华文明就是在治水过程中孕育和发展起来的辉煌而伟大的文明。《史记》中的《河渠书》是我国第一部水利通史。其开篇曰:“禹抑洪水十三年,过家不入门。”这句话流传至今,脍炙人口。

黄河是中华民族的母亲河。黄河流域是古代农耕文明与中华文明的发源地。它不仅润泽万物,孕育生命,而且是我国人口活动和经济发展的重要区域,在国家发展大局中具有举足轻重的战略地位。宁夏依黄河而生,因黄河而兴。由黄河冲积而成的宁夏平原,处于河套地区腹地,自古即得黄河水灌溉之利,稻香鱼肥,富甲一方。古老的宁夏引黄灌溉工程,使黄河水在宁夏大地舒展了母亲的柔情,造就了沃野千里、泽被苍生、美景如画的“塞上江南”,也成就了银川平原沟渠纵横的农田、万顷碧波的湿地和百里生态长廊,被赋予了“塞上明珠”的美誉。古老而美丽的汉延渠就是“塞上江南”上的一道彩虹,更是“塞上明珠”上的一条金丝带。

汉延渠,又名汉源渠,俗称汉渠,是世界灌溉工程遗产——宁夏引黄古灌区的重要组成部分。其有文字记载的大规模开发和延续利用已有两千多年的历史。据《大修汉渠碑记》称:“汉之有斯渠,殆元封太初间。”秦汉时期,秦汉王朝为巩固边塞,在加强河套地区驻军的同时,把大批内地民众迁徙到宁夏平原屯垦戍边,尤其是开展了大规模的挖渠引水灌溉和渠道工程建设。后经历代劳动人民开发利用和不断扩修延伸渠道,形成了古老的汉延渠。从此,汉延渠浸润着千百年的历史风韵,牵引着黄河水缓缓注入贺兰山下的田野、湖泊、湿地,滋养着一方风土和一方百姓,为历朝历代对宁夏平原的水利开发建设奠定了基础。

水利是农业的命脉。中华人民共和国成立后，党和政府始终将除水害、兴水利作为保障经济社会稳定发展的基础性、战略性工作。先后对汉延渠进行了大规模的裁弯取顺，提高了用水效率；更新改造建筑物，确保了渠道安全和农业灌溉；推进渠道生物固堤，改善了生态环境。进入新世纪后，国家进一步加大水利投入，不断改造汉延渠的基础设施和用水环境，提高了水的经济价值和社会效益。党的十八大以来，习近平总书记明确提出"节水优先、空间均衡、系统治理、两手发力"的治水方针。汉延渠管理处在让汉延渠继续承担青铜峡市、永宁县、银川三区和贺兰县的农田灌溉及部分湖泊湿地、生态景观补水任务的同时，统筹谋划布局，大力推进新技术应用和信息化建设，实施渠道标准化建设和节水先行、环境美化工程，以精神文明建设赋能水利现代化建设，加强职工队伍建设，弘扬新时代水利行业精神，凝聚干事动能，激发奋进力量，取得了丰硕成果。为灌域农业经济发展和农民增收致富提供了有力的支撑，为引黄灌区的乡村振兴和社会稳定做出了突出贡献。近年来，管理处多次被水利厅评为文明单位，先后获得了银川市文明单位、自治区文明单位、水利部文明单位、全国职工职业道德建设先进单位和自治区职工职业道德建设十佳单位、全区水利系统行风建设先进单位、平安单位、"五一"劳动奖状等荣誉和奖项，管理处下属的基层各单位均被当地政府授予了文明单位称号。

盛世修志，继往开来。汉延渠两千多年的沧桑巨变，见证了历代水利人的艰苦奋斗，赓续了中华文明和黄河文明，凝聚了劳动人民的智慧，形成了汉延渠水利文化。管理处专门组织人员编写《宁夏汉延渠志》就是以汉延渠的发展历史为主线，追溯搜寻中华文明、黄河文化和宁夏水利发展史，挖掘整理汉延渠灌域的碑记传说、名胜古迹和水利人物、重大事件，真实记述汉延渠的工程建设、用水管理、经营管理和综合治理的发展历程，展示传承辉煌成就、宝贵经验和汉延渠人的精神风貌，从而为后人留下可读可鉴可用的历史资料和文化遗产。

追忆前人疏凿后，于今利泽福吾居。站在新起点的汉延渠人正在传承和发扬前辈们自强不息、艰苦奋斗、献身负责的良好传统。牢记习近平总书记视察宁夏时的殷切嘱托，一步一个脚印把党的关心厚爱，转化为建设新宁夏、新水利的强大动力和实际行动。以“不忘初心、牢记使命”的敬业精神，彰显水利人“忠诚、干净、担当”的可贵品质；以只争朝夕、勇于探索的豪迈激情，厚植水利行业“科学、求实、创新”的价值取向；以“不到长城非好汉”的革命精神，发扬优良传统，把握历史机遇，紧跟时代步伐，积极应对新情况、新问题，攻坚克难、勇往直前；以“社会主义是干出来的”实干精神，全面加强党的建设，拓宽发展思路，创新发展理念，提升服务质量，确保管理科学、安全稳定、发展和谐。力争在黄河流域生态保护和高质量发展先行区建设中，担使命、走在前、做贡献，奋力用勤劳的双手绘就汉延渠蒸蒸日上的创业新画卷，用执着的追求展现汉延渠人砥砺奋进的时代新风貌，用为人民服务的激情和责任抒写汉延渠继往开来的发展新篇章。

何卫东

2022年12月

# 序　二

滔滔黄河，亘古流淌，孕育了中华文明。自古以来，宁夏就是“黄河的宠儿”，依黄河而生，靠黄河而发展，享“天下黄河富宁夏”之恩宠，缔造了“塞上江南”之神奇。

汉延渠是宁夏平原引黄灌区上的一颗璀璨的明珠，是宁夏黄河文明的承载者之一，是宁夏古灌区上历史文化悠久厚重、流淌不息的宝贵灌溉遗产。汉之有斯渠，距今已有两千多年的历史。两千多年来，汩汩流淌的黄河之水，像镌刻在大地上的铭文，记录着汉延渠春华秋实、沧桑变迁的历史。汉延渠自创修以来，从汉代“激河浚渠为屯田”的移民开发，经唐代的整修旧渠、增开新渠，西夏的举国修渠、从严治水，元代的因旧谋新、更立闸堰，明代的大力屯田、兴修石闸，清代的康乾兴水、重修暗洞，到民国改移并口、严督浚渠。虽经历千年沧桑变化，但从未停止哺育灌区人民的脚步。蜿蜒流淌的汉延渠，为“塞北江南”“鱼米之乡”的美誉增添了光彩，成为西北重要绿洲垦区和国家粮仓的重要基础。因而有古诗《汉延春涨》曰：“万顷腴田凭灌溉，千家禾黍足耕锄。”

中华人民共和国成立后，在党和政府的正确领导下，汉延渠迎来了建设和发展的春天，遂连年修整疏浚、裁弯取顺、更新建筑、合并支斗渠，渠道功能逐步完善。特别是1960年黄河青铜峡水利枢纽工程截流成功，结束了无坝引水历史，渠道引水得到了保证，汉延渠焕发了新生。20世纪70年代初，汉延渠管理处成立伊始，百废待举、百业待兴。党的十一届三中全会后，改革开放的春风吹绿了“塞上江南”，汉延渠作为青铜峡引黄灌区主要干渠之一，在党的亲切关怀下乘势而上、谋定而动、激河浚渠、襄举水事、旧渠新貌、修志明事，1988年修成了第一部《汉延渠志》。时隔三十余载，再修《汉延渠志》，意在传承水利文化和治水脉络，真实记录汉延渠的发展轴线和建设历程，展现代代水利人艰苦卓绝的奋斗足迹，激励新时代汉延渠人牢记习近平总书记的谆谆嘱托，为走好引黄灌区高质量发展之路，踔厉奋发、勇毅前行，担负起治水管水兴水的历史责任。

岁月悠悠，青史浩然。历览治水先贤，个个功昭千秋、名垂塞上。进入新时代，汉延人更应传承和发扬先辈们“舍家忘我”的奉献精神，以习近平总书记赋予宁夏建设黄河流域生态保护和高质量发展先行区的历史使命为指引，进一步传承水利历史，弘扬水利文化，凝聚水利精神，加快推进水利现代化建设，把汉延渠建设成为现代化、标准化的数字孪生新型灌区，矢志不渝担负起与水共生、与渠共荣的初心使命，奋力在千年古渠上奏响新阶段水利高质量发展的华彩乐章。

陈国光

2022年12月

# 凡　例

一、《宁夏汉延渠志》(以下简称“本志”)坚持以习近平新时代中国特色社会主义思想为指导,坚持辩证唯物主义和历史唯物主义立场、观点和方法,坚持实事求是和秉笔直书的原则,系统记述汉延渠的发展历史和建设成效,力求使志书达到历史性、科学性和真实性的有机统一。

二、本志采用章节体。以章、节、目三个层次为主,目级层次分别用“一”“(一)”“1”表示,事以类从,以类分章。全书由卷首(彩页、图例、目录、序、凡例、概述、大事记)、专志、附录和后记三部分组成。

三、本志遵照详今略古的原则,记述汉延渠及灌区开创以来的历史与现状。上限追溯至有史料依据可查的事务发端,下限至2021年年底,部分内容及图片下延至2022年年内。

四、本志采用述、记、志、传、图、表、录等体裁进行记述,以志为主,配以图、表及照片。

五、本志文体一律为语体文、记述体。文字力求通顺、朴实、简明、流畅,述而不论。标点符号、计量单位、数字使用等,均按国家现行相关标准执行。

六、单位称谓:中国共产党宁夏回族自治区汉延渠管理处委员会,简称“管理处党委”;宁夏汉延渠管理处,简称“管理处”;宁夏回族自治区水利厅,简称“自治区水利厅”。

七、大事记:记述自西汉元封太初年间(公元前110—公元前101年)创修汉延渠至2022年年底发生的大事、要事等。以时间为序排列,同一条目内有多件大事入记者,第二事均以“是日”“是月”“是年”开头,再事以“△”符号标记。用编年体,辅之以记事本末体。

八、本志《水利人物编》以传、表、录方式记述与汉延渠有关的人物和事迹。根据“生人入志不立传”的原则,历史人物为传记,现代人物为简历,其他人物为名录。

九、计量单位:面积和斤沿用市制,其余概用公制。统计数字、计量数字、百分比等均用阿拉伯数字,数字取小数点后两位。

十、地面高程均采用黄海高程。

十一、志中有交叉、重复的内容,采用详主略次方式记述。

十二、附录:以原始文献为主。

十三、后记:简要记述《宁夏汉延渠志》编修历程。

# 目　录

## 第四章　灌溉管理



## 第五章　经营管理



## 第六章　水政管理



## 第七章　组织机构与职工队伍建设



## 第八章　党的建设与精神文明建设

## 第九章　水利人物与诗文古迹

# 概　述

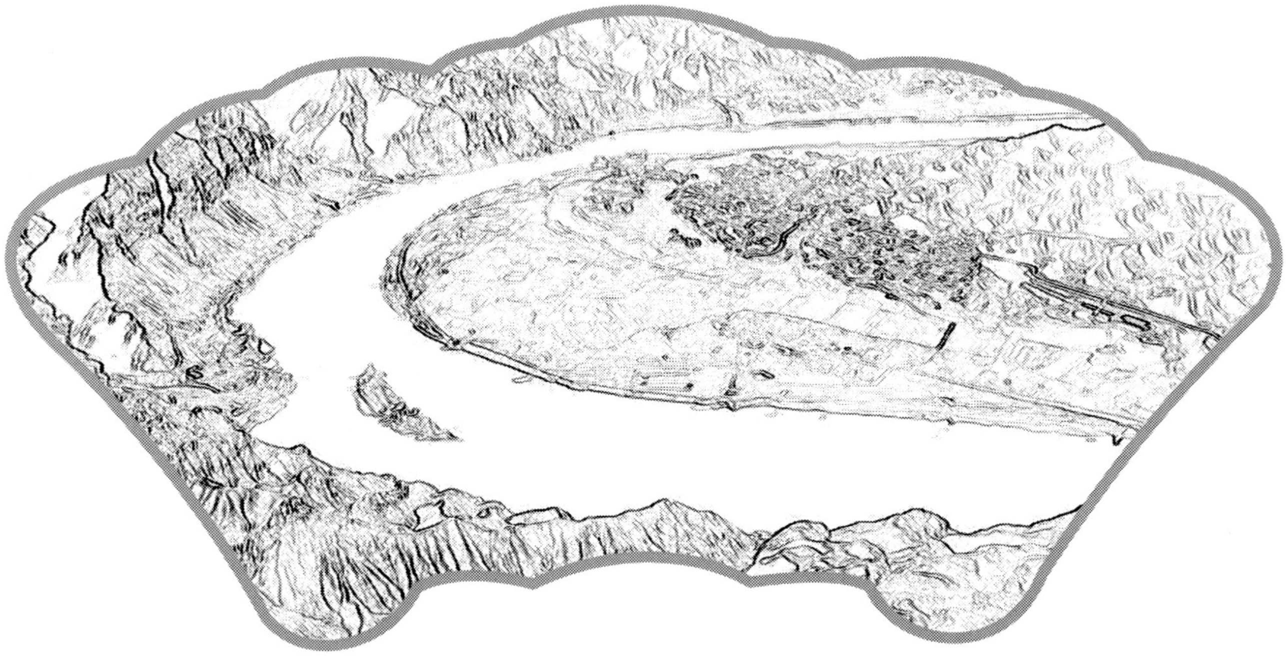

# 一

“黄河之水天上来，奔流到海不复回。”黄河西起巴颜喀拉山脉，东入渤海，北抵阴山，南达秦岭，横跨青藏高原、内蒙古高原、黄土高原和华北平原四个地貌单元、三级地形阶梯，流经青海、四川、甘肃、宁夏、内蒙古、陕西、山西、河南、山东九个省区，流域面积79.5万$km^2$（含内流区面积4.2万$km^2$），全长5464 km，是我国仅次于长江的第二长河，也是世界第五大河。黄河中上游以山地为主，中下游以平原、丘陵为主，在流经土质疏松的黄土高原地区时，挟带大量泥沙，因而成为世界上含沙量最高的大河。

中华民族在黄河流域繁衍生息，逐步形成了生生不息的黄河文化。黄河是中华民族的摇篮。千百年来，浩浩黄河水，同长江一起，哺育了中华民族，孕育了灿烂辉煌的中华文明。《汉书》说：“中国川源以百数，莫著于四渎，而河为宗。”把黄河尊为百川之首，川流不息，不舍昼夜，黄河是中华文明永续不绝的血脉。

历史上，为了把黄河治理好，从大禹治水到明代潘季驯“束水攻沙”，从汉武帝“瓠子堵口”到康熙帝把“河务、漕运”刻在宫廷的柱子上……一部艰辛的治黄史，浓缩出中华民族的苦难史、奋斗史、治国史。长期以来，受自然条件、生产力水平、社会制度、人为破坏等主客观条件的制约，黄河屡治屡决的局面始终没有得到根本改观，黄河安澜的美好愿望一直难以实现。

黄河是中华民族的母亲河，也是一条桀骜难驯的忧患河，素来“善淤、善决、善徙”，历史上曾“三年两决口，百年一改道”。据统计，从先秦到新中国成立前的2500多年间，黄河下游共决溢1500多次，大的改道26次，影响北达天津，侵袭海河水系，南抵江淮、侵袭淮河水系，纵横25万$km^2$，水患所至，“城郭坏沮，稸积漂流，百姓木栖，千里无庐”。

新中国成立后，中国共产党下定决心带领人民从根本上改变黄河暴虐为害的历史。1952年10月底至11月初，毛泽东同志利用中央批准他休假的时间，专程考察黄河，这是新中国成立之后，毛泽东同志第一次专程离京视察。从济南泺口大坝到徐州黄河故道，从兰考东坝头到开封柳园口，从郑州邙山之顶到新乡引黄渠畔，他察看防洪形势，询问治黄方略，展望大河前景。面对这条母亲河，他心潮澎湃，也忧思难抚，发出“要把黄河的事情办好”的号召。这句话后来广为流传，成为激励几代人治理黄河的响亮口号。在党中央的坚强领导下，沿黄军民和黄河建设者开展了4次大规模堤防建设，兴建了龙羊峡、刘家峡、小浪底（黄河梯级开发中具有调节功能的）等一批水利枢纽（26处），实现了从被动治理到主动调控并有效利用的重大突破。黄河岁岁安澜，这一中华民族的千年梦想，终于在中国共产党的领导下变成了生动现实。

宁夏引黄灌区，习称川区，地处河套西部，又称西套。由傍黄河两岸的卫宁、河东、河西、陶乐4个独立的灌区组成。这里引黄河水灌溉历史悠久，始于秦汉时期，距今已有2000余年。经历代开拓经营，早已成为黄河上游的一个富庶地区，被誉为“塞上江南”。随着封建王朝的兴衰更替，水利灌溉也是盛进衰退，但总体在不断地发展扩大着，增开新渠，历代多有。继汉代高渠之后，北魏开有艾山渠与薄骨律渠，唐代开有御史、尚书、特进等渠（今皆不存），西夏在贺兰山下开有昊王渠亦名李王渠（遗迹犹在），元代开有中卫蜘蛛渠（今美利渠），明代开有中宁柳青、中卫通济、中卫羚羊三渠，并开创了以石建闸的先例，清代开有大清、惠农、昌润和陶乐的惠民、利民等渠，民国开有湛恩渠（今新开渠，唐徕渠支渠）、云亭渠（今民生渠、惠农渠支渠）和中卫扶农渠（今北干渠前身）。到新中国成立时，已有由黄河引水的大小干渠39条，加上众多的支渠、斗渠、毛渠，构成一个较为完整的灌溉系统，灌溉面积近200万亩，成为国内不多的几个大型古老灌区之一。

黄河出了黑山峡到青铜峡处，河床水位相对稳定，又有开阔平整的大片淤积平原，具备了得天独厚的自流引水灌溉条件，历代劳动人民在长期引用河水灌溉的实践中，创造积累了许多治水、用水、管水的成功经验与制度。如沿用已久的“民办、公助、官督”的水利修、管、用方式；已成定例的春秋两季的渠道岁修维护；先下游、后上游的“封俵”灌水制度；“碱地生效，开沟种稻”，利用种稻结合放淤改良垦殖盐碱地的措施；“两年旱作，一年稻作”的“三段轮作”耕作制度；经济实用、操作简便的截流防冲技术——“草土埽工”（草土围堰）；植柳固堤兼防风沙；等等。这些行之有效的方法、制度、措施、技术，至今仍在应用发展中。黄河青铜峡水利枢纽建成后，结束了秦渠、汉渠、唐徕渠、汉延渠、惠农渠、大清渠、泰宁渠等七大干渠无坝引水的历史，提高供水保证率近100%，省去了为数浩繁的干渠岁修工料，减免了黄河枯水和冰凌对渠首的致命威胁，更为高部位渠道的兴建和旧渠道的整并创造了条件。该枢纽年发电十多亿度，成为宁夏工农业生产的重要能源，被誉为“塞上明珠”。

随着黄河流域灌溉面积的不断扩大，沿黄城市工业生产和居民生活用水的不断增加，黄河水资源越来越不够使用。宁夏引黄灌区引用黄河水量受到严格限制，为保证引黄灌区农业、工业和城市居民生活用水，打井提取地下水补渠水（灌区地下水资源丰富，有24.31亿 $m^3$）、抽沟水补渠水（各级排水沟年排入黄河水量达30亿~40亿 $m^3$）。实行井渠结合与沟渠结合的灌溉，是解决宁夏引黄灌区缺水问题最现实而有效的办法，且已有成功实例。在充分利用水资源的同时，加强灌溉管理与科学调度水量也很重要。1953年春灌时，黄河青铜峡流量在300 $m^3/s$上下，较一般年份减少40%，各干渠进水量较往年减少1/3~1/2，水荒严重。1986年底，龙羊峡水库下闸蓄水；1987年4月，青铜峡坝下流量日均220 $m^3/s$，灌区200多万亩小麦严重缺水。这两次缺水，因为当时的省（区）、市、县、乡各级领导高度重视，责任到人，采取提早灌水、集中轮灌、昼夜灌溉以及以井补渠、以沟补渠等措施，使以小麦为主的夏季作物并未受旱，还喜获丰收。

## 二

汉延渠作为宁夏最古老的灌溉渠系之一，承载着各个时代赋予它的不同使命。汉延渠，又名汉源渠，习称汉渠，位于唐徕渠、惠农渠两渠之间，其修建年代据《大修汉渠碑记》称：“汉之有斯渠，殆元封太初间”（前110—前101年）。元世祖至元初年至七年（1264—1270年），童文用、郭守敬复开汉延（此为汉延渠名之始）等渠并“因旧谋新，更立闸堰”。明隆庆年间（1567—1572年），汪文辉于距渠下12里之汉坝堡建石正闸1座4孔。清光绪二十九年（1903年）和民国三年（1914年）曾两次上移渠口。民国二十七年（1938年），宁夏省建设厅厅长李翰园采纳众议，将渠口由陈俊堡之九道沟上移于西河口，与惠农渠、大清渠两渠并口引水。从此，渠口进水较前有保证。新中国成立前，汉延渠全长120 km，年久失修，工程设施简陋，事故频发，渠道最大引水流量仅为40 $m^3/s$。有大小支渠442条，各种建筑物484座，其中桥21座、暗洞5座、提水闸桥3座、退水闸5座、滚水坝3座、渡槽11座、斗口436座，灌溉面积25.64万亩。

新中国成立后，党和政府高度重视水利建设，1962年兴建汉（汉延渠）并唐（唐徕渠）工程，将汉延渠改由唐徕渠头闸引水入王家河，于王家河和西河汇流处堵坝，开新渠7 km，入大清渠故道，至九道沟下接入原渠，变无坝引水为有坝引水。之后历经裁弯取顺、合并支斗渠口、更新改造老旧建筑物等扩整改造，干渠逐渐缩短到88.05 km，汉延渠的引水能力也提高到了80 $m^3/s$。截至1998年，干渠建筑物六七十年代修建的占70%，80年代后修建的占30%。1999年至2004年，先后翻建了掌政渡槽、大银河节制闸，新建了银新沟退水闸，加固改造了林皋桥节制闸、李俊桥节制闸、丁字渠节制闸、王闸桥节制闸、唐铎退水闸、银新沟渡槽，翻建支（斗）渠口60座，共加固改造新建重点建筑物9座，占建筑总量的38%，全断面砌护干渠7 km，占干渠道总长的8%。2011年随着中央一号文件《中共中央 国务院关于加快水利改革发展的决定》的落地，汉延渠迎来了水利工程建设高峰，截至2018年，渠道投资总额达到2亿元，砌护渠道69.43 km，砌护率达到78.9%，翻建改造重点建筑物23座，直开口185座，修筑渠道标准化路面72.4 km，占双堤总长41.1%，翻建改造所、段9个，栽植臭椿25771棵、白杨13913棵、新疆杨17571棵、刺槐18705棵、各类花灌木3864株，共计79824棵，渠道面貌焕然一新。2016年至今，管理处加快推进信息化技术与水利业务深度融合发展，先后对16座水闸进行了自动化、可视化改造，其中13座水闸实现了远程控制，配套实施132座干渠直开口测控一体化改造，建成干渠大断面自动化和半自动化测流系统5套，在21处重点建筑物和管理设施周边建设122个视频安防点，设置雷达水位遥测站点60处。率先在引黄灌区完成“处、所、段”三级网络互联互通，下大力气创新研发了汉延渠灌溉管理综合业务应用系统，集中整合完成了水闸远控、斗口测控、断面测流、水位遥测、视频监控、渠道巡检、调度管理、信息管理8项水利现代化技术。

## 三

汉延渠灌域地处引黄灌区核心区域，为使银川灌区水资源调度管理有序，1970年，全区水利会议决定报经自治区生产指挥部批准成立唐徕渠、惠农渠、汉延渠、渠首四大管理处，负责管理维护干渠及支干渠，各市、县水电局组织管理斗渠及田间灌溉。1970年4

月，汉延渠管理处成立；2005年管理处由永宁县城迁至银川市兴庆区治平东路200号。截至2021年，管理处设办公室、组织人事科、灌溉管理科、防汛工程科、水政科、财务审计科、监察室7个职能科（室）和工会组织，下辖管理所5个，灌溉实验站1个，管理段10个。有干部职工156人，在聘高级以上职称13人，中级职称23人，初级职称16人。

1970年以前，灌区用水由各县分段管理，下游常常叫苦告旱，上下游用水矛盾凸显。1970年汉延渠管理处成立后，实行干渠统一调度和"以亩定量"计划用水的管理办法，用水矛盾得到了很大缓解。1982年，自治区人民政府决定试行"计划用水、以亩定量、配水到口、按量收费、超量加价"的管理办法，汉延渠灌区为试点之一，采取处、所、段三级管理，由处、所两级调度，水权集中在管理处水调室，配水到管理所（站），管理段负责分水到口、按量收费。同时制定和完善灌溉管理等规章制度，在调度中严格执行上一级配水计划，坚持先下游后上游，先交后用、交够再用的原则，实行用水量和流量双指标控制。在灌溉用水中，根据黄河来水量实行"丰增枯减"原则，视供用水情况，实行干渠轮灌、干渠各渠段轮灌及支渠编组轮灌，并将地下、水沟、湿地湖泊水等水源纳入计划，实行统一调度。

各管理所之间设专用测流设施，用于干渠水量交接，以一日三次测流的平均流量作为交水依据。支渠口计量，以建筑物量水和水位流量关系曲线为主，以流速仪测流和仪表量水校测为辅。支渠口以下的用水由受益县、乡（镇）、村分级管理，村设有支斗渠管理小组，各支斗渠均配有支渠长、接水员等，负责支斗渠的管理。灌区还成立了由各地市、县（区）主管领导和受益单位代表参加的引黄灌区管理委员会。

2006年以后，随着节水型社会建设的日趋深入，受到黄河分配水量的限制，干渠持续中小流量运行，时段性缺水矛盾日益突出。2003年，灌区遭遇50年一遇特大干旱的时期，及时采取调整灌溉定额、压减高耗水作物种植面积等措施，充分发挥干渠节制闸有闸段灵活调控优势，无闸段集中配水，各支渠相互协调，经受住了特大干旱缺水的挑战和考验，为有效保障灌域农业生产用水提供了有力支撑。

2009年起，汉延渠干支渠引用水开始逐渐减少，引水量由2009年的5.2亿$m^3$下降到2021年的3.36亿$m^3$。究其原因，一方面是由于工业化、城镇化建设不断推进，公路和城镇建设、设施农业建设用地持续增加，灌域灌溉面积逐年萎缩。用水户主体也发生了改变，土地规模化经营步伐加快，土地流转面积快速增加，2018年统计土地流转面积已占全部灌溉面积的近1/3。流转土地大多种植供港蔬菜等经济效益高的作物，这部分作物夏秋灌基本不用水，冬灌也有部分农田不灌溉，造成用水量暂时性下降。另一方面是由于灌区作物种植结构调整，以水稻、小麦和玉米为主的传统高耗水农作物面积逐年减少，年均降幅4.77%，以林地、蔬菜和设施温棚为主的经济作物面积不断扩大，年均增长9.3%。面对抗旱保灌严峻形势，管理处不断加强水量调度管理，坚持每周调度例会、水情通报和每轮水处、所、段灌情分析例会，判形势、理思路、统思想。通过加强宣传沟通、加强延伸服务等工作赢得灌区群众理解支持，形成专群合力，积极开展缺水期县（区）、所段、直开口时段性供水指标动态分析调度工作，通过强化数据分析，支撑科学决策。针对干渠长期中小流量运行现状，创新干渠轮灌调度模式，最大程度发挥上游节制闸群调分批灌和下游大水集中灌优势，通过精细化调度管理，不断提高供用水服务水平和能力，积极推进和谐汉延渠建设。

## 四

“沧海桑田，谓世事之多变；河清海晏，兆天下之升平。”两千多年来，汉延渠历经沧桑巨变，历代水利人秉承“禹抑洪水十三年，过家不入门”的治水精神，公而忘私、舍小家顾大家，艰苦奋斗、勇敢前行，赓续了坚韧不拔、自强不息、团结奋进的民族精神，凝聚了润泽万物、孕育生命的黄河文明和沃野千里、惠泽民生的宁夏水利文化，激发了汉延渠人昂扬向上的动能和砥砺前行的力量，从而为灌域农业经济增长和农民增收致富提供了有力的支撑，为引黄灌区的乡村振兴和社会稳定做出了突出贡献。进入新世纪以来，管理处多次被水利厅评为文明单位和先进党组织。先后获得了银川市文明单位，自治区文明单位、平安单位及自治区职工职业道德建设十佳单位、全区水利系统行风建设先进单位、自治区“五一”劳动奖状，以及水利部文明单位、全国职工职业道德建设先进单位等荣誉称号。管理处下属的基层各单位均被当地政府授予了文明单位称号。

现如今，站在新起点的汉延渠人正在传承和发扬前辈们自强不息、艰苦奋斗、献身负责的良好传统，牢记习近平总书记“节水优先、空间均衡、系统治理、两手发力”的治水思路和视察宁夏时的谆谆嘱托，从伟大思想中汲取精神力量，团结奋斗、真抓实干，一步一个脚印把党的关心厚爱，转化为建设社会主义现代化新宁夏、新水利的强大动力和实际行动。以“不忘初心、牢记使命”的敬业精神，彰显水利人“忠诚、干净、担当”的可贵品质。以只争朝夕、勇于探索的豪迈激情，厚植水利行业“科学、求实、创新”的价值取向；以“不到长城非好汉”的革命精神和与时俱进的优良作风，正确把握历史机遇，紧跟时代潮流和宁夏水利发展的步伐，积极应对水利发展过程中的新情况、新问题，攻坚克难、勇往直前；以“社会主义是干出来的”实干精神，加强自身建设，进一步拓宽治水和管水思路，创新管理和发展理念，提升服务能力和质量，加大信息化和自动化建设力度，确保科学管理、安全灌溉、均衡受益、和谐发展。力争在黄河流域生态保护和高质量发展先行区建设中，担使命、走在前、做贡献。用勤劳的双手绘就千年古渠蒸蒸日上的新画卷，用执着的追求展现汉延渠人砥砺奋进的新风貌，用为人民服务的激情和责任抒写汉延渠改革与发展的新篇章。

# 大事记

### 西汉武帝元封太初年间（前110—前101年）

虞诩使谒者郭璜，激河浚渠为屯田，创修汉延渠，此为汉延渠之始。

### 东汉顺帝永建四年（129年）

又加以穿凿、疏浚汉延渠，汉延渠雏形基本确定，原渠口开凿于青铜峡出口下西岸陈俊堡二道河。

### 唐宪宗元和年间（806—819年）

唐宪宗在位期间，改革弊政，平定藩镇，史称“元和中兴”。其在位时，对汉延渠进行了整修。

### 北宋初（1038—1127年）

北宋初，宁夏为西夏所据，战争频繁，后来汉延渠旧口被淤塞。

### 元世祖至元元年（1264年）

西夏中兴等路行省郎中董文用，复开汉延渠。

### 元世祖至元三年（南宋咸淳二年）（1266年）

因战乱，汉延渠复淤塞。副河渠使郭守敬“因旧谋新，更立插堰”，疏浚延长渠复通，故名汉延渠。

### 明洪武三年（1370年）

河洲卫指挥使宁正，兼领宁夏卫事，对汉延渠进行疏浚维修，修筑汉延、唐徕等渠。

### 明隆庆六年（1572年）

河西道汪文辉于距渠口十二里之汉坝堡（今小坝镇）建石正闸一座四孔。

### 清顺治十五年（1658年）

巡抚黄图安奏请重修汉延渠。

### 康熙四十年（1701年）

河西道鞠宸咨复修汉延渠。

### 康熙五十一年（1712年）

水利同知王全臣重修汉延渠各暗洞，并甃以石。

### 雍正九年（1731年）

宁夏道钮廷彩、水利同知石礼图领帑重修汉延渠。

**乾隆四年（1739年）**

宁夏道钮廷彩又奏请重修汉延渠。

**乾隆四十二年（1777年）**

宁夏道王廷赞请帑大修汉延渠。彼时汉延渠长238里，灌溉面积37.97万亩。

**光绪二十五年（1899年）**

宁夏道胡景桂，委绅士于自乐等重修魏信暗洞（今永清沟）。

**光绪二十九年（1903年）**

两次上移汉延渠渠口：因河水东趋，将渠口改移至西河马关嵯。光绪二十九年，口复冲坏，又改至菖蒲沟卡子口，后又移至刘家滩。

**民国三年（1914年）**

汉延渠水仍不畅，渠绅于镕呈请上移渠口于大坝乡九道沟。

**民国十六年（1927年）**

甘肃省主席刘郁芬派水利专员崔桐选来宁整顿水利。

**民国十七年（1928年）**

春，宁夏区水利助理员崔桐选，严督修浚汉延渠，始将多年淤塞的渠道疏浚通畅。

**民国二十五年（1936年）**

《宁夏省水利专刊》出版，为宁夏水利专著之始。

**民国二十七年（1938年）**

宁夏省建设厅厅长李翰园采纳众议，将汉延渠渠口由陈俊堡的九道沟上移于河西口，与惠农渠、大清渠并口引水。中华人民共和国成立以前，汉延渠渠道长220里，引水流量40m³/s，灌溉面积34.58万亩。

**1949年**

**12月16日—20日**　宁夏省政府在银川召开水利联席会议，省建设厅副厅长郝玉山主持会议，省政府主席潘自力到会讲话，指出在恢复和发展农业生产中水利的重要性，要求办好水利。李桂荣传达全国水利联席会议精神，总结冬灌工作：全省灌溉面积2132597亩，除不需要冬灌的186170亩外，实灌1931197亩；汇报1950年工程计划：除维修旧有工程外，再新建河西中干沟、续建中卫扶农渠、整修河东山水沟、修建陶乐提水闸，并确定改变河西灌域以渠设局的管理体制为以县设水利局，分段管理。同时确定以渠养渠，实行水费征收的统收统支，确定以现耕地，每亩征收水费黄米1.5 kg，人工半个，可以工代米或以米代工（每工折米3.5kg），使用水车（水刮子）浇灌，征粮不征工。

## 1950年

**1月** 改革水利管理体制。改河西灌域以渠设局的管理体制为以县设局。在河西各大干渠渠首所在的宁朔县小坝设中心水利局，管理各大干渠口和进水量，兼管宁朔县水利工作，同时取消各渠水利警察，改设渠道养护员。

**4月30日** 宁夏省政府主席潘自力、省委副书记朱敏、省军区副司令黄罗斌等赴唐徕渠、大清渠、惠农渠、汉延渠等主要工地视察。

**5月20日** 省政府颁布水利渠道养护与各县渠水量管制两个暂行办法。渠道养护办法规定：放水时间，各渠养护队一律上渠执行看护任务，各渠进水闸（正闸）以上的泄水闸、溢洪道、堤岸等由水手班负责养护，进水闸以下的渠道两岸由各县养护。每个支渠口及险要地段派专人昼夜巡护看管。水量管制办法规定：开灌后各渠道按规定的水量必须放足，灌水实行封俵轮灌，由下而上，依照惯例，逆邻逐段向上移浇，一次满足，严禁应灌不灌，不应灌抢灌及在禁止种稻区种稻。

**10月27日** 宁夏省政府颁布第一个征收水利费暂行办法，规定水利费实行统一收支。凡受渠水浇灌的地亩，不分地等、产量，统一规定每亩征收人民币2000元（兑1955年人民币改革后的新币0.2元），人工半个。水刮子地，征工不征款，水费从11月10日开征，12月15日前结清。

## 1951年

**4月3日** 宁朔县提前完成河西区卷埽工程，截流黄河水，保证汉延渠、唐徕渠、大清渠、惠农渠四大干渠修补工程按时完成。

**4月18日** 宁夏省政府主席潘自力到汉延渠工地慰问。

**10月18日** 宁夏省政府颁布《宁夏省水利费征收暂行办法（草案）》，规定凡是受渠水灌溉有一定收入的田地，不论土地好坏，不论公私经营，一律要缴纳水利费。水利费暂定每年每亩征收黄米2 kg，照当地牌价折收人民币。每亩并计人工半个，水刮子和水车地只征工不征米。

**11月9日** 新开河西第一排水沟。沟长15.8 km，排水能力19.6 $m^3/s$。

## 1952年

**春季** 河西第二排水沟开工，全长32.5 km，当年完成大部分土方工程和主要建筑物的建设。

**是年** 修建唐铎涵洞，为料石礅、钢筋混凝土盖板，3孔过水能力25 $m^3/s$。

△ 修建汉延渠第二排水沟渡槽（32 m×4 m×2.2 m），过水能力18 $m^3/s$。

## 1953年

**5月** 青铜峡流量在320 $m^3/s$上下，持续50天。6月19日黄河流量仅300 $m^3/s$，为数十年所罕见，各大干渠引水量都较往年减少1/3或1/2，时值夏灌，水荒严重。

**5月26日** 省委和省政府分别发出关于做好灌溉工作的紧急通知和动员令。

**6月8日—9日** 宁朔县渠首水利局召开河西灌域各县（市）长及水利局局长紧急会议，严格轮灌和节约用水制度，并采取改稻种旱的轮作措施，到6月下旬，黄河水量增大，水荒解除。

**9月30日** 宁夏省政府颁布《宁夏省水利费征收暂行办法（修正案）》，规定“凡受渠水灌溉并有生产效益的地亩，不分地等及公私经营均得缴纳水利费，水利费征收标准，暂定为每年每亩征收黄米4斤（亦可折收其他粮），并计征人工半个”。

**是年** 建成河西第二排水沟。全长32.5 km，由银川市西南向东直入黄河，排水面积24万亩，1952年春开工完成部分土方和主要建筑物，1953年全部完工。

△ 新建第三排水沟。全长88.76 km，控制排水面积156.46，实际排水量30.8 $m^3/s$，1953年基本完成土方和建筑物。

## 1954年

**2月20日** 宁夏省农林厅发布《宁夏省各县渠春修工程民工朋伙暂行办法》。

**8月7日** 省政府第174号命令公布《宁夏省农田水利渠道养护及临时抢修工程执行办法》。为保障干渠安全，雇佣养护员专职养护所需费用，由省水利局统一掌握，按受益水田每亩平均500元（合今币0.05元）分担，并入水利费征收。抢险物料于每年岁修工程内适当准备，从水利费中开支。支渠养护由灌溉受益户直接负责，以30亩负担养护一昼夜的原则，组成养护小组巡回养护。抢险物料亦由受益群众负担。

**是月** 宁夏省并入甘肃省，原宁夏水利局改为甘肃省水利局银川分局。

## 1956年

**2月27日** 全区水利会议在银川召开，讨论岁修和管理，调整水利费及征工定额，规定引黄灌域旱作物每亩每年征收水利费0.5元，水稻0.7元，无论水、旱田，1.5亩征用人工1个。

## 1957年

**9月24日** 中共中央和国务院发布关于今冬明春大规模开展兴修农田水利和积肥运动的决定，制定“小型为主，中型为辅，必要和可能的条件下，兴修大型工程”的水利建设方针，引黄灌域各县(市)开展以挖沟排水为主的兴修水利运动。

**12月** 中国和苏联水利地质专家，到青铜峡讨论枢纽地质结构和坝址选定等。认为坝址地质条件复杂，不宜修建高坝，建议抬高水头15 m、争取20 m的开发方案。

**是年** 经银川水利分局勘测设计，共完成汉延渠青铜峡至贺兰段弯道裁顺10处。

△ 干渠流量由40 $m^3/s$增加到1960年的50 $m^3/s$，灌溉面积增加到44.32万亩。

## 1958年

**8月26日** 举行青铜峡水利枢纽开工典礼，自治区筹委会副主任吴生秀讲话，所用民工从引黄灌域各县(市)抽调。施工大部分队伍来自三门峡工程局。

**是年** 建成河西第五排水沟。全长66 km，大部分经过盐碱荒地，排水面积95万亩。设计排水量20 $m^3/s$，1957年10月开工，由下往上挖，完成下段23 km，1958年续建完成。

## 1959年

**2月17日** 水电部、自治区水电局及西北设计院组成的工程组到达青铜峡工地，研究解决青铜峡工程在设计和施工中的一些问题，着重讨论截流问题。自治区副主席吴生秀带领10名厅(局)领导长住工地解决施工问题。

**12月27日晚** 水电部召开电话会议。根据钱正英副部长提出的所有水利工程都要过好七关(冬寒雨雪关、防火安全关、导流截流关、春汛关、质量关、拦洪关、工程配套关)的要求，自治区派出检查组，分赴各水利工地交流经验，推动工作。

## 1960年

**2月5日—11日** 召开灌域春季水利会议。会议决定：组织5万人干40天，整修11

条干沟、13条支干沟，新修干沟4条、支干沟2条、支斗沟738条，各种建筑物1000余座，共计土方1179万 $m^3$，做好渠道春修工程，继续修建口粮田，要求年内全灌域完成每人一亩口粮田的任务。自治区党委书记马玉槐，自治区人民委员会副主席郝玉山到会讲话。

**2月24日** 青铜峡枢纽15时20分截流成功，开创了冰期截流的先例。从此，青铜峡灌域河东、河西各干渠进水量不再受河水涨落的影响。

## 1961年

**10月37日** 召开全区水利工作会议，部署冬灌，确定1962年灌域修建银北地区的排水和西干渠尾水处理及河渠分家工程（汉延渠、惠农渠改由唐徕渠引水），山区修建水库渠道配套工程，采取包任务、包质量、包时间、包投资、包口粮的办法，争取及早完成。

**是年** 青铜峡水利枢纽河西总干渠建成，汉延渠改由原唐徕渠三闸分水，青铜峡河西灌域结束了无坝引水的历史。

## 1962年

**1月18日—30日** 全区水利工作会议在银川召开，提出“排灌并举，加强管理”的方针，修订《引黄灌排管理养护办法》《水库管理办法》和《排灌机械管理办法》，落实当年水利工作任务，探讨防治灌域土壤盐渍化问题。自治区党委书记李景林到会讲话。

**春** 汉渠、惠农渠分别并入唐徕渠首段引水的河渠分家工程，1961年冬开工，1962年4月20日前完成，改无坝引水为有坝引水，节省了每年渠首岁修工料。

**7月26日** 自治区颁布《宁夏回族自治区引黄灌区水利管理试行办法》。

**9月** 《宁夏回族自治区引黄灌域水利管理试行办法》经自治区政府第24次行政会议通过并公布试行。

△ 水利管理机构按行政区界以县（市）设局，并按辖区情况，分段设管理所。渠沟道及其建筑物，每年进行岁修和经常的维修养护，并建立严格的巡护制度。农田灌溉，推行计划用水，坚持昼夜轮灌和自下而上、先高后低的轮灌制度。

## 1963年

实施河渠分家工程，即汉延渠改由河西总干渠原唐徕渠头闸分水入王家河，在王家河与西河汇流处堵坝，开新渠7 km入大清渠故道，至九道沟下接原渠。至此，结束了2000多年来无坝引水的历史。

## 1964年

**5月** 成立宁夏回族自治区水利局。

△ 正在施工的青铜峡枢纽，打开上下围堰泄洪，下围堰以上河水决口入唐徕渠，危及河西及各大干渠渠首的安全，经奋力抢堵免除了一场灾难。7月24日，灌域各县(市)组织了10万人的防汛抗洪大军，固守河堤抗御新中国成立以来黄河干流5930 $m^3/s$的最大洪峰。

**8月** 自治区水利局组织调查黄河大水灾情，由于事先修筑防洪堤280 km，有效化解了淹漫范围。实际淹地3.69万亩(其中防洪堤内740亩)，塌岸150亩，淹房700间，造成陶乐县惠民渠改口和中宁七星渠、跃进渠进水困难。青铜峡枢纽基坑过水，到11月采取部分复工。

## 1965年

**是年** 新开永干沟。沟线在第一、二排水干沟之间，直入黄河，全长22.5 km，控制排水面积12万亩，缩短干沟间距，畅利排水。

△ 新建林皋等4座节制闸，加固马寨、李俊等桥，裁顺王家团庄等9处险要弯段，加高培厚渠堤若干。

△ 自1963年以来，干渠共裁弯29处，缩短渠线16.8 km。

## 1966年

**5月7日** 黄河枯水，黄河青铜峡流量340$m^3/s$，自治区农办召开电话会议，要求上下游兼顾、高低口结合，有计划、有秩序地集中轮灌。

## 1967年

**12月8日** 因刘家峡截流闸门失灵，河水逐日上涨，造成冰塞。飞机轰炸，未起作用，爆破也未见大效，采取加高堤防和迁移傍河人家的措施，缩小了淹没面积和灾害。防凌抢险持续到1968年2月3日，为数十年所未见，受灾1566户9840人，土地17155亩，房屋364间(倒塌22间)，林场6个，防洪工程损坏多处。

**12月28日** 青铜峡水利枢纽主体工程经过8年建设，第一台(2号)机组安装完毕，开始发电。河东总干渠进水闸同时建成。

## 1969年

**2月** 自治区水电局革命领导小组撤销，职工去干校，水利业务由生产指挥部农业组管理。

## 1970年

**5月** 根据区革委会〔1970〕12号文件指示，新成立的唐徕渠、惠农渠、汉延渠、渠首4个管理处，从5月10日起启用印章。

**5月10日** 新成立宁夏回族自治区农业局汉延渠管理处革命委员会。

△ 刘开义任宁夏回族自治区农业局汉延渠管理处革命委员会副主任。

## 1971年

**9月9日** 设立宁夏回族自治区农业局汉延渠管理处革命委员会（分渠管理一年后）。管理处革委会由刘开义、马忠孝、蒋泽、孟新、王林智组成。

## 1972年

**是年** 修建王澄节制闸（2孔，2 m×2 m）。

△ 修建丁家桥下稍段头闸（1孔，5 $m^3/s$）、二闸（1孔，3 $m^3/s$）、三闸（1孔，2 $m^3/s$）。

## 1973年

**5月1日** 上午，贺兰县习岗公社和平大队黄家小口崩溃造成干渠决口。

## 1974年

**年初** 确定实行分段定点包干巡护养护模式。

**是年** 由汉延渠管理处牵头，宁夏农学院水利系、永宁县水电局和永宁县杨和乡红星村参与共同组成红星灌溉试验站。

△ 推行“以亩定量，配水到口，支渠轮灌，凭旗开口”的灌溉管理制度。

## 1975年

**3月** 路清才任宁夏回族自治区农业局汉延渠管理处革命委员会副主任。

**6月15日** 首次完成灌区小麦灌溉试验工作报告。

**是年** 干渠初步完成整治大双渠、杨子渠段落，并进行险工段处理、砌护等工程，连同红星渠、朝阳渠等支渠改建工程。

## 1976年

**4月28日** 夏秋灌开闸放水，正式启动。由于气候异常低温导致水稻返青，夏秋灌延期至9月30日停水，较往年多行水半个月。

**6月** 沈定煜任宁夏回族自治区农业局汉延渠管理处革命委员会副主任。

**是年** 首次确定“三够一好”岁修工程养护标准（草土护岸尺寸要做够、加宽堤防厚度要做够、加高堤防压实后高度要做够，工程质量要做好）。

## 1977年

**是年** 第三管理所试点推行的“以亩定量，配水到口，支渠轮灌，凭旗开口”的行之有效的计划用水制度在汉延渠全面推广。

## 1978年

**是年** 种植经济林1156棵，共计30亩，开荒47亩，全处渠道已植成护堤林56000余株。

## 1979年

**7月9日** 启用宁夏回族自治区水利局汉延渠管理处印章。

**是年** 完成马寨桥节制闸、唐铎退水闸尾工及一排渡槽下砌护工程，刘家灌洞扩整2600 m，屈家湾子扩整1250 m，新建潘昶二级消力池，修建干渠险工段砌护1190 m。

## 1980年

**2月** 路清才任中共宁夏回族自治区农业局汉延渠管理处革命委员会党支部书记、主任。

**7月2日** 启用宁夏回族自治区汉延渠管理处（以下简称“管理处”）印章。

**是年** 完成林皋桥洞子整修、唐铎消力池及唐铎涵洞的维修、马寨桥节制闸的尾工、屈家湾子1200m扩整及生产桥建设、银河闸的维修、干渠险工险段2389 m的砌护等7项基建工程。

## 1981年

**是年** 新建职工家属住房15间，每间20 $m^2$。

## 1982年

**4月23日** 夏秋灌开闸放水正式启动。9月15日停水。

## 1983年

**4月23日** 夏秋灌开闸放水正式启动。9月15日停水。

**10月25日** 冬灌开闸放水,11月18日停水。

## 1984年

**1月1日** 引黄自流灌区农业灌溉用水水费由原来的每立方米1厘提为2厘,超计划用水20%~40%,每立方米加收2厘,超用40%以上每立方米加收4厘。

**3月** 王春茂任宁夏回族自治区汉延渠管理处处长。

**10月** 沈定煜任中共宁夏回族自治区汉延渠管理处党支部书记。

**是年** 管理处在永宁县城建职工住宅楼一栋,为砖混结构,4层3单元共24户。

△ 第五管理所由金贵娘娘庙桥搬迁至潘昶新桥。

△ 管理处设立综合经营办公室。

△ 管理处被水利厅确定为简政扩权试点单位,实行处长负责制。

## 1985年

**5月15日** 王闸桥节制闸东边孔基础塌陷导致干渠决口。

**是年** 根据自治区水利厅关于渠道管理处机构设置的决定,管理处在机构改革中新设置掌政管理所和综合经营办公室。

## 1986年

**是年** 制定7项规章制度:《灌溉管理(暂行)办法》《各科、室、所及个人岗位职责百分考核办法》《资金与工资挂钩发放暂行办法》《水利工程承包(暂行)规定》《综合经营管理(暂行)规定》及考勤制度和人事管理(暂行)规定。

## 1987年

**1月** 杨遇春任中共宁夏回族自治区汉延渠管理处党支部副书记。

**5月** 杨遇春任中共宁夏回族自治区汉延渠管理处党支部书记、副处长。

**是年** 干渠五家湾子裁弯取直865 m,新建斗口4座,翻建老式斗口7座,砌扩渠堤342 m,改建通信线路10.5 km,架设电缆600 m。

## 1988年

**9月** 编写第一部《汉延渠志》(内部资料)。

**是年** 宁水党发〔1988〕12号文件规定:管理处内设机构为三科(水利管理科、财务器材科、劳动人事科)、两室(行政办公室、综合经营办公室),五个管理所(马寨桥管理所、丁字渠管理所、小观桥管理所、掌政管理所、贺兰管理所),共10个科级机构,科、室、管理所负责人由委任制改为聘任制,任期3年。

△ 成立汉延渠管理处管理委员会,由王春茂、杨遇春、魏建国、哈双、陈福民、魏立征、王玉奎7人组成。

△ 在灌区全面推行水票制。

△ 管理处被评为银川市社会治安综合治理先进单位。

## 1989年

**3月** 朱建纲任宁夏回族自治区汉延渠管理处处长。

**是月** 管理处召开第一届职工代表大会,选举产生第一届工会委员会,李树林任工会委员会主席。

## 1990年

**1月** 成立中共宁夏汉延渠管理处总支部委员会。

**是月** 杨遇春任中共宁夏回族自治区汉延渠管理处总支委员会书记。

**是年** 管理处被银川市委、市政府授予“市级文明单位”称号。

△ 管理处水调室被评为自治区水利厅水调工作先进单位。

△ 新建丁字渠、小观桥管理所。

△ 新建掌政退水闸1座。

## 1991年

**是年** 管理处被评为自治区先进单位。

△ 马寨桥管理所迁至青铜峡市小坝镇原109国道(现汉坝街)汉延渠旁。

## 1992年

**3月9日** 管理处召开工程技术人员培训班。

**5月28日** 管理处召开安全生产读书演讲比赛。

**11月下旬** 管理处启动永清沟渡槽翻建工程。

## 1993年

**4月** 朱建纲任中共宁夏回族自治区汉延渠管理处党委书记、处长。

**是年** 管理处改造小观桥管理段和金贵管理段。

## 1994年

**是年** 管理处荣获自治区水利厅调水观摩比赛第二名。

管理处工会成立女工委员会。

△ 丁字渠管理所、小观桥管理所被评为县级文明单位。

## 1995年

**是年** 管理处丁字渠管理所被评为县级文明单位，被自治区水利厅团委授予“青年文明号管理所”称号。

△ 管理处连续4年保持自治区卫生先进单位。

## 1996年

**是年** 管理处春秋共做工程141处。其中，新建反帝沟渡槽重点工程1座，砌护渠堤449 m，新建和维修斗口61座，草土护岸18198 $m^2$，新修标准渠堤3 km。

## 1997年

**是年** 管理处在永宁县杨和镇利民路新建职工住宅楼1栋。

## 1998年

**是年** 马寨桥管理所、丁字渠管理所荣获自治区水利厅“模范职工之家”称号。

## 1999年

**1月28日** 管理处举办迎新春文艺慰问演出。

**是日** 管理处举办青年职工读书演讲比赛。

**1月** 陈广宏任中共宁夏回族自治区汉延渠管理处党委书记、处长。

**6月12日** 管理处获得永宁县庆祝自治区成立40周年花卉展优秀组织奖。

**9月16日** 管理处举办第一届职工运动会。

## 2000年

**1月28日** 管理处举办迎新春文艺慰问演出。

**3月8日** 管理处召开“三八”国际劳动妇女节座谈暨表彰大会。

3月30日　管理处团总支组织团员青年参加自治区水利厅营造青年志愿林活动。

6月2日　管理处开展“安全生产知识与技能竞赛”活动。

6月3日　管理处党委召开处级领导班子、领导干部“三讲”教育动员会议。

8月4日　管理处举行“水政监察支队”揭牌仪式。

12月　管理处赴海原县慰问贫困山区群众。

## 2001年

1月　管理处向对口帮扶的海原县双河乡堡台村受灾群众开展捐助活动。

2月　刘福荣任宁夏回族自治区汉延渠管理处副处长。

3月15日　管理处党委召开中共汉延渠管理处第一次党员代表大会。

3月16日　管理处召开共青团汉延渠管理处第一次团员大会。

3月22日—28日　管理处组织开展第二届世界水日、第十四届中国水周宣传活动。

3月26日—27日　按照自治区水利厅党委的统一部署,管理处党委完成处级领导班子“三讲”教育第一阶段学习任务。

3月28日—4月4日　管理处党委完成处级领导班子领导干部“三讲”教育“回头看”活动。

5月15日　自治区水利厅纪委书记任福带领厅组织人事处、机关党委和经济局有关同志到管理处检查指导政务公开工作。

5月16日　管理处召开驾驶员安全管理联组成立大会。

5月19日　管理处青年女职工赵小平在汉延渠中勇救落水妇女的事迹,受到管理处党委表扬和群众赞誉。

5月25日　管理处举行“流动书箱”启动仪式。

6月28日　管理处团委组织开展庆祝建党80周年“爱党、爱国、爱水利”党史知识竞赛和“党在我心中”演讲比赛。

8月13日　管理处召开行风评议工作动员会。

8月24日　管理处党委召开“三讲”教育处级领导班子、领导干部专题民主生活会。

8月31日　管理处党委邀请自治区党校副校长布青泸为全处党员、干部作深入学习江泽民总书记“七一”讲话专题讲座。

**9月4日—5日** 管理处举办综合经营种养观摩及综合经营工作会议。

**9月21日** 管理处党委召开开展思想作风学习整顿工作动员大会。

**10月17日** 管理处组织离退休人员沿汉延渠自上而下参观所段环境、渠道状况和重点建筑物新貌。

**10月23日** 管理处召开“四五”普法动员大会。

**10月25日** 管理处党委开展向银川市见义勇为基金会捐资活动。

**11月1日** 管理处召开行风评议第三阶段工作总结和第四阶段工作安排会议。

**11月21日** 管理处召开机关转变作风动员会议。

**2002年**

**1月11日** 自治区水利厅考核组对管理处双“文明”建设工作进行考核验收。

**2月** 自治区水利厅党委考核组对厅属10个渠道管理处2001年度工作进行考核评比，管理处被评为2001年度渠道管理文明单位。

**4月2日** 管理处党委召开贯彻落实自治区水利厅党风廉政建设暨水利工作大会。

**5月6日** 管理处全面开展行风评议“回头看”活动。

**5月13日** 管理处召开安全生产工作领导小组紧急会议，传达5月13日上午自治区水利厅安全生产现场会议精神，通报惠农渠管理处第八管理所5月10日昌渠发生决口事故的原因及经验教训。

**5月14日** 管理处党委召开会议，传达自治区水利厅党委5月13日召开的“学查改”活动汇报会议精神。

**5月23日—24日** 根据自治区水利厅对唐徕渠管理处宁华桥管理所新民渠管理段段长张兵挪用水费情况的通报，管理处对各管理所（站）、段水费征收情况进行全面检查。

**7月1日** 管理处党委召开庆“七一”党员大会，庆祝中国共产党成立81周年。开展“爱党、爱国、爱水利”为主题的知识竞赛、演讲比赛、歌唱比赛等活动庆祝党的生日。

**是月** 管理处职工李津、李军、王龙参加第二届全区水利行业职业技能竞赛，李津被授予“全区水利技术能手”光荣称号，李军、王龙获中级工职业资格证书。

**8月12日—13日** 管理处组织文艺骨干深入基层巡回慰问演出，宣传《公民道德建设实施纲要》。

**8月13日** 自治区水利厅纪委书记任福到管理处检查指导纪检监察工作。

**9月7日—9日** 管理处第二届职工运动会在永宁县城隆重举行,运动会共设篮球、拔河、渠道接力、趣味比赛4个项目。全处130余名职工参加运动会。

**11月** 花向阳任宁夏回族自治区汉延渠管理处处长。

**12月24日** 管理处被水利部授予全国水利系统2000—2001年度文明单位,并受到水利部精神文明建设指导委员会的表彰。

## 2003年

**1月6日** 管理处召开2003年春灌工作座谈会。

**1月7日—9日** 管理处举办专业技术人员培训班,全处水利专业技术人员和段长共60余人参加学习培训。

**3月19日** 管理处团委组织30余名团员青年到红星试验站和王闸桥管理段开展修整渠道路面志愿劳动活动,共拉土100余车,铺平路面500多米。

**4月9日** 管理处党委召开党建、纪检监察工作会议。

**6月13日** 管理处组织13名女职工代表开展“我看汉延渠一日行”活动。

**6月30日** 管理处党委召开党员大会,庆祝建党82周年。

**9月10日—12日** 管理处党政领导分别到青铜峡市、贺兰县、永宁县,召开夏秋灌及行风建设工作座谈会,各市、县、区水务局领导和乡(镇)及水管站负责人参加会议。

**9月24日** 管理处党委组织全处40余名离退休人员参观银川“七大广场”等新建景点。

**10月** 王森任中共宁夏回族自治区汉延渠管理处党委书记。

**10月8日** 管理处成立汉延渠管理处水利宣传通讯组。

**11月11日** 自治区水利厅副厅长马继祯带领灌溉局有关同志到管理处检查冬灌工作。

## 2004年

**2月26日** 管理处党委举办全处党员学习班。

**3月4日—5日** 管理处团委组织团员青年开展以“弘扬雷锋精神,开展志愿服务,建设美好家园”为主题的青年志愿者活动，纪念学习雷锋活动41周年。

**3月16日** 管理处获得自治区职工职业道德建设十佳单位荣誉称号。

**3月22日** 自治区人大常委会副主任韩有为在自治区水利厅副厅长马继祯等同志的陪同下，到管理处第五管理所丁家桥管理段调研农业供用水管理体制及水价形成机制改革工作。

**3月30日** 银川市兴庆区汉延渠灌溉合作社成立，这是汉延渠管理处与银川市兴庆区政府共同组建的全区第一家群众性供用水合作组织。

**4月10日** 自治区水利厅党委书记、厅长袁进琳到管理处第五管理所，调研水费收缴和干渠直开口以下末段渠道延伸服务试点工作。

**4月23日** 引黄灌区农业供用水管理体制及水价形成机制改革试点工作观摩会在管理处第五管理所召开，有11个渠道管理处处长，4个市、县水务局及自治区水利厅有关处室的领导共62人参加会议。会议由自治区水利厅灌溉局局长李刚军主持。

**4月29日** 自治区人民政府召开庆祝“五一”国际劳动节大会，管理处获得“五一”劳动奖状。

**5月19日** 自治区水利厅纪委书记、监察专员任福到管理处调研党风廉政、行业作风建设和支渠管理体制改革工作。

**7月1日** 管理处党委召开庆祝建党83周年大会。

**8月7日—13日** 管理处开展农村水费改革宣传活动。

## 2005年

**1月24日** 管理处第五管理所丁家桥管理段荣获自治区水利厅2004年度“创双优”活动示范岗。

**1月28日** 管理处党委召开党员大会，安排部署开展保持共产党员先进性教育活动。

**3月4日** 管理处召开“学雷锋志愿者活动”动员大会。

**3月23日** 管理处党委召开保持共产党员先进性教育活动第一阶段工作总结暨第二阶段动员会议。

**3月22日—28日** 管理处开展以“保障饮水安全、维护生命健康”为主题的第三届世界水日、第十八届中国水周宣传活动。

**4月5日** 管理处召开灌区农民用水协会工作会议，灌区76个协会会长（主席）、市（县、区）水务局负责人和管理处有关人员共计90人参加会议。

**4月8日** 管理处党委召开2005年党风廉政建设工作会议。

**5月23日** 管理处举行“我为确保干渠安全行水20年做贡献”签名活动启动仪式。

**5月26日—27日** 管理处组织两个代表队参加自治区水利厅系统银川地区保龄球、游泳比赛，管理处代表队荣获4×50 m游泳接力赛第三名，李璐荣获女子游泳100 m第二名和50 m第三名。

**7月1日** 管理处党委召开党员大会，庆祝中国共产党成立84周年。

**是月** 管理处中心调度大楼建设完成交付使用，建筑面积为3017.74 $m^2$。

## 2006年

**3月22日—28日** 管理处开展以“转变用水观念、创新发展模式”为主题的第十四届世界水日、第十九届中国水周宣传活动。

**4月10日** 管理处开展查隐患、保安全综合大检查活动，在第三管理所举行活动启动仪式。

**4月28日** 管理处团委被自治区团委授予“全区五四红旗团委”光荣称号。

**6月1日** 自治区水利厅纪委书记任福到管理处进行工作调研和检查。

**6月8日—10日** 管理处开展应对11个方面突发安全事故的应急处理实战演练。

**6月30日** 管理处党委召开庆祝建党85周年大会。

**7月4日** 自治区水利厅党委书记、厅长袁进琳到管理处进行工作调研和检查。

**是月** 管理处干渠稍段贺兰四星灌区农民用水协会会长顾怀清被评为自治区优秀共产党员和银川市优秀共产党员，分别受到自治区党委和银川市党委的表彰奖励。

**8月10日** 管理处在红星试验站开展职工职业技能竞赛活动。

**8月25日** 自治区水利厅党委书记、厅长袁进琳到管理处检查指导工作。

**是月** 管理处成立新的机构编制，设办公室、组织人事科、计划财务科、灌溉管理科、水政科、防汛工程科、监察审计室7个机关科（室），5个管理所和1个灌溉试验站。

**10月20日** 管理处召开“四五”普法总结暨“五五”普法动员大会。

10月25日　管理处召开灌域农村水费改革工作会议。

10月29日　自治区水利厅党委书记、厅长袁进琳到管理处第五管理所检查指导工作并慰问广大干部职工。

12月27日　全处行政执法换证工作顺利完成。

2007年

1月19日　管理处党委举办党支部书记培训班。

3月6日　管理处团委组织团员青年参加自治区水利厅团委举办的青年志愿者无偿献血活动。

3月15日　管理处团委在渠首管理处大坝管理所与渠首管理处团委联席开展“我与祖国共奋进　我与水利同发展”的主题团日交流活动。

3月22日—28日　管理处开展以“水利发展与和谐社会”为主题的第十五届世界水日、第二十届中国水周宣传活动。

4月27日　管理处编排的舞蹈《西域风情》,在自治区水利厅纪念五四运动88周年表彰暨文艺演出活动中受到广大观众的好评。

6月4日　管理处共征收水费792.4万元,比上年同期多征收水费106万元,是历年同期征费进度最快的一年。

6月29日　管理处党委以讲党课、举办书画展等丰富多彩的形式庆祝中国共产党建党86周年。

7月9日　管理处组织青年参加自治区水利厅“我与祖国共奋进　我与水利同发展”主题演讲比赛,两名青年职工获得三等奖。

7月17日　自治区水利厅纪委书记崔莉到管理处调研工作。

8月7日　管理处组织离退休和内退人员70余人到典农河、玉泉营葡萄庄园和镇北堡拦洪水库参观学习。

10月12日　管理处组织22名摩托车驾驶员参加银川市“9·21”特大交通事故警示教育活动。

11月6日　管理处召开灌域农村水费改革工作会议,自治区水利厅副厅长毕廷和出席会议并作讲话。灌溉局、农水处等负责同志,新闻媒体记者,有关市(县、区)水务局领导,灌域94名农民用水者协会会长及全处有关人员共150余人参加会议。

**12月11日** 管理处组织党、团员开展学习十七大精神答题活动。

**12月15日** 管理处举办法制讲座暨行政执法培训班,邀请律师和自治区水利厅水政处有关同志作专题讲座。

## 2008年

**1月31日** 梁福贵任管理处党委书记。

**3月5日** 管理处工会组织全处89名女职工开展“关爱女性健康”妇女保健知识讲座,庆祝“三八”国际劳动妇女节98周年。

**4月1日** 管理处与山东客商李清波等人签订《速生杨合作项目协议书》,标志着管理处与山东客商合作的培育速生杨经济林项目正式启动。

**4月15日** 管理处召开党建暨党风廉政建设工作会议。

**5月12日** 汶川县发生强烈地震后,管理处干部职工踊跃捐款献爱心,捐款14000余元。

**5月18日** 自治区水利厅党委书记、厅长吴洪相和副厅长郭浩在厅办公室、财务处、灌溉局、经济局等处室负责人的陪同下到管理处调研指导工作。

**5月20日** 张晓林调任管理处副处长,毕高峰调出,孙培之任管理处纪委书记。

**6月5日** 管理处组织开展渠道工程突发险情抢险实战演练。

**6月12日** 自治区水利厅“青年文明号”揭牌仪式在管理处第五管理所举行,自治区水利厅团委书记李小龙与管理处领导为第五管理所“水利厅级青年文明号”揭牌。

**6月16日** 银川市兴庆区胜利街道党工委文明单位检查验收组到管理处复查验收市级文明单位创建工作。

**6月27日** 管理处党委召开庆祝建党87周年表彰大会。

**7月25日** 自治区水利厅副厅长郭浩到管理处调研指导工作。

**是月** 梁福贵任中共宁夏回族自治区汉延渠管理处党委书记。

**8月5日** 自治区水利厅副书记、副厅长郭进挺到管理处检查指导工作。

**9月10日** 中国灌排协会秘书长季仁保深入通桥、板桥村农民用水者协会调研农村水费改革工作。

**10月10日** 管理处组织机关40余人参观在宁夏国际会展中心举行的宁夏回族自治区成立50周年成就展。

**11月20日** 管理处与山东客商注册成立宁夏鸿翔林业发展有限公司。

## 2009年

**1月16日** 管理处党委对6名困难党员、21名离退休人员、5名困难职工进行走访慰问。

**2月27日** 管理处党委召开开展深入学习实践科学发展观活动总结大会，自治区水利厅学习实践活动第一指导检查组人员出席大会。

**3月7日** 汉延渠开闸放水，为碱湖等湖泊湿地补水，较往年提前40多天开灌。

**3月12日** 银川市兴庆区胜利街办事处召开2008年度社会治安综合治理总结表彰大会，管理处被授予"社会治安综合治理先进集体"荣誉。

**3月26日** 管理处领导带领相关科室负责人慰问参加管理处义务植树的兰州军区解放军某部官兵。

**4月30日** 自治区水利厅副厅长郭浩带领灌溉局、水政水资源处等有关部门负责同志到管理处第五管理所，慰问"五一"假日期间坚守在水利一线的干部职工。

**5月26日** 管理处召开民主评议政风行风工作动员会。

**6月6日** 自治区水利厅副厅长郭浩带领组织人事处、财务处和灌溉局等部门同志到管理处调研水管体制改革工作。

**6月25日** 管理处组织开展"安全伴我行"主题演讲比赛。

**6月30日** 自治区水利厅副厅长郭进挺带领经济局同志到汉延渠红星试验站调研管理处速生杨种植项目及生长情况。

**7月8日** 自治区水利厅纪委书记崔莉带领厅监察室负责人到管理处灌区调研水利政风行风工作。

**7月30日** 管理处党委组织召开离退休和在岗的29名复转军人座谈会，共同庆祝建军82周年。

**8月7日** 管理处红星试验站职工李宝平勇救落水妇女。

**8月12日** 自治区水利厅党委书记、厅长吴洪相到管理处调研多种经营、所段基础设施建设以及渠道工程建设等工作。

**8月24日** 管理处在水利学校礼堂举行庆祝新中国成立60周年歌咏比赛，自治区水利厅纪委书记崔莉观看比赛并作讲话。

△ 自治区水利厅游泳比赛在银川市凤凰南街龙池举行，管理处职工马浩成、李璐分别获得男、女50m蛙泳第一名，李璐获女子100 m蛙泳第一名，马浩成获男子100 m蛙泳第三名。

**是月** 袁斌任宁夏回族自治区汉延渠管理处处长。

**9月** 管理处组织基层管理所、站及机关科室相关负责人15人，前往山东省潍坊市考察学习速生杨种植及开发项目。

**10月23日** 宁夏汉延渠管理处维修养护大队挂牌成立，自治区水利厅灌溉局局长徐光儒代表水利厅对汉延渠维修养护大队的成立表示祝贺并讲话。

**11月24日** 由自治区水利厅组织人事与老干部处、灌溉管理局、建设管理处、财务审计处组成的验收小组到管理处，对管理处水管体制改革工作进行验收。

## 2010年

**1月中旬** 管理处速生杨种植项目完成上报自治区林业局2009年作业设计种植任务，荣获全区林业生态建设先进单位。

**2月24日** 自治区水利厅召开“创建学习型组织、争做知识型职工”表彰大会，管理处张晓林被授予“全国水利系统知识型标兵”，苏秀奇被宁夏水利工会授予“知识型职工先进个人”称号。

**3月8日** 自治区水利厅庆祝“三八”国际劳动妇女节100周年女职工健身操比赛在宁夏水电工程学校举行，管理处组织的健身操“韵律激情”获得第一名。

**3月31日** 管理处召开2010年党建暨党风廉政建设工作会议。

**4月1日** 管理处组织处属各单位党支部书记、机关有关科室负责人赴革命老区盐池县开展红色革命教育活动。

**4月8日** 管理处召开2010年民主评议政风行风工作动员大会。

**4月21日** 管理处组织开展悼念青海玉树地震遇难同胞活动和奉献爱心捐助活动，为玉树地震灾区捐款13550元。

**4月29日** 管理处党委召开在党组织和党员中深入开展创先争优活动动员大会。

**5月19日** 管理处为基层管理所站6个流动书箱配送新图书近400册，给基层广大干部职工送去精神食粮。

**6月22日** 自治区水利厅副巡视员闫国伟带领厅办公室、组织人事与老干部处、监察室和灌溉管理局有关同志到管理处督查上半年重点工作开展情况。

**6月23日** 管理处组织开展渠道工程突发险情抢险实战演练，自治区水利厅党委副书记、副厅长郭进挺带领厅安委会办公室、灌溉局主要同志到抢险演练现场观摩指导。

**8月24日** 自治区水利厅副巡视员陈广宏到管理处联系点第二管理所党支部调研指导工作。

**9月21日** 管理处召开深入实施西部大开发战略大学习活动宣讲会，邀请唐徕渠管理处党委书记李兵讲课。

**10月15日** 管理处在重阳节来临之际，组织离退休人员参观游览滨河大道和宁夏川民俗馆，中午在永宁召开座谈会。

**是月** 管理处纪委举办"心廉水洁"廉政文化摄影、书画、手工制作作品展。

**12月22日** 管理处召开干部大会，传达12月11日自治区水利厅干部大会精神。

## 2011年

**1月10日** 管理处召开2010年全处工作总结暨表彰大会。

**3月22日—25日** 管理处组织人员参加自治区水利厅组织的第十九届世界水日、第二十四届中国水周宣传活动。

**3月** 管理处组织相关专业技术人员到唐徕渠管理处、七星渠管理处等兄弟单位，参观学习财务管理和会计核算等方面的经验和做法。

**4月1日** 自治区水利厅党委书记、厅长吴洪相在厅副巡视员陈广宏、灌溉管理局同志的陪同下，到管理处续建配套与节水改造工程汉延渠银东渡槽至二排渡槽段砌护工程施工现场检查指导工作。

**5月10日** 共青团汉延渠管理处第三次团员大会胜利召开，自治区水利厅团委书记李小龙和管理处主要领导出席会议。

**6月23日** 永宁县纠风办督查组一行五人到管理处，对第二、第三管理所的民主评议基层站所工作进行督导检查。

**6月24日** 管理处组织开展渠道工程突发险情抢险实战演练，自治区水利厅经济局局长宋正宏带领相关人员到现场观摩指导。

**7月11日** 自治区水利厅纪委书记崔莉带领厅监察室、灌溉局有关同志，到管理处第二、第五管理所调研政风行风工作。

**7月23日** 自治区水利厅半年工作检查组到管理处部分协会之家，检查所、段协会建设工作，并对存在的问题提出指导意见和建议。

**10月7日** 自治区水利厅党委书记、厅长吴洪相在副巡视员陈广宏、永宁县县长丁建懿及灌溉管理局等相关处室同志的陪同下，到管理处续建配套与节水改造项目Ⅵ标段汉延渠中干沟渡槽至观湖1#桥砌护改造工程施工现场调研指导工作，并慰问奋战在一线的干部职工。

**12月28日** 管理处召开2011年度总结表彰大会。

## 2012年

**3月1日** 自治区水利厅团委组织厅属各单位团委开展青年志愿者活动之爱心无偿献血活动，管理处共有12名青年志愿者参加。

**3月6日** 管理处召开庆祝“三八”国际劳动妇女节大会。

**3月22日** 管理处在银川市南门广场举办第二十届世界水日、第二十五届中国水周暨宁夏水资源管理年启动仪式。

**3月31日** 管理处荣获银川市兴庆区胜利街党工委2011年“区域化党建先进单位”荣誉称号。

**5月4日** 自治区水利厅开展庆祝中国共产主义青年团成立90周年文艺演出活动，管理处选送的舞蹈《舞动的茉莉花开的声音》荣获三等奖。

**5月21日** 管理处承担的宁夏水利科技项目《农民用水协会运行体制机制研究》，荣获2011年度宁夏水利科技进步奖二等奖。

**6月7日** 管理处团委组织全处30余名青年团员开展户外军事拓展活动。

**6月21日** 管理处举办以“科学发展，安全发展”为主题的安全知识竞赛和演讲比赛活动。

**6月29日** 管理处党委召开庆祝建党91周年暨创先争优活动总结表彰大会。

**7月6日** 管理处廉政文化点在第一管理所建成。

△ 管理处纪委开展“保持党的纯洁性 发扬优良作风”主题教育活动，组织全处30余名科级以上干部赴青铜峡余家桥革命烈士陵园，开展缅怀祭奠革命先烈活动。

**11月1日** 管理处第一个水政警务室——永宁县公安局李俊派出所汉延渠第二管理所水政警务室建成并揭牌。

**11月3日** 自治区水利厅副厅长、水资源管理局局长李永春，到管理处基层所、段检查冬灌工作并慰问一线干部职工。

## 2013年

**1月23日** 自治区水利厅安委会到管理处检查“两节”、两会期间水利安全生产工作。

**2月28日** 管理处团委联合社会爱心人士前往同心县套塘小学，开展“爱心捐助，情暖山区学校”活动。

**3月22日** 管理处组织人员参加自治区水利厅在银川市南门广场举办的第二十一届世界水日、第二十六届中国水周宣传活动。

**4月2日** 管理处团委联合宁大附属医院团委及社会志愿者60余人在汉延渠畔开展“建设幸福汉延，共创绿色家园”主题植树活动。

**4月6日** 管理处团委组织团员青年赴固原任山河烈士陵园开展缅怀祭奠革命先烈活动。

**5月28日** 永宁县李俊镇团结村党支部向管理处第二管理所赠送“支农惠农 造福百姓”的锦旗。

**6月25日** 管理处选送音乐情景剧《绣红旗》，参加自治区水利厅党委组织的“颂歌献给党 共筑中国梦”文艺汇演。

**6月28日** 自治区水利厅党委书记、厅长吴洪相到管理处基层管理所、段及灌域调研工作。

**7月19日** 管理处党委召开党的群众路线教育实践活动动员大会，自治区水利厅党的群众路线教育实践活动督导组第四小组到会指导，第四小组组长陈广宏出席会议并作重要讲话。

**8月6日** 自治区水利厅副厅长李永春到管理处，开展“一对一”“面对面”“心交心”征求意见和建议活动。

**11月4日** 管理处党委召开党的群众路线教育实践活动专题民主生活会情况通报会。

## 2014年

**2月28日** 管理处党委召开2014年党建暨党风廉政建设工作会议。

**3月11日** 管理处团委联合水资源管理局团总支，组织团员青年到兴庆区敬老院，看望慰问敬老院的老人。

**5月6日** 管理处组队参加自治区水利厅女职工健美操比赛，在参赛的26支队伍中，管理处代表队喜获二等奖。

**5月23日** 自治区水利厅副厅长郭浩到管理处调研正在实施的汉延渠水土保持生态建设工程项目及标准化渠堤建设等工作。

**6月20日** 管理处举办“强化红线意识，促进安全发展”主题演讲比赛活动。

**6月25日** 管理处与所在地江南水乡居委会举办庆“七一”联谊活动。

**9月4日** 管理处举办为期两天的职工羽毛球比赛。

**9月17日** 管理处纪委开展廉政警示教育活动，组织人员参观宁夏女子监狱，接受警示教育。

**12月12日** 管理处举办宪法宣传专题讲座，邀请宁夏大学政法学院教授朱爱农讲课。

## 2015年

**2月4日** 自治区水利厅党委书记、厅长吴洪相到管理处掌政渡槽施工现场和唐铎渡槽检查指导工作。

**3月11日** 管理处团委走进兴庆区社会福利院，开展“雷锋精神我传承”主题志愿服务活动。

**3月24日** 管理处党委召开“守纪律、讲规矩”教育活动动员大会。

**3月25日** 管理处2015年第一期道德讲堂正式开讲。

**4月14日** 管理处“道德银行”正式启动。

**5月19日** 管理处党委开展“五查五解决五树立”党性分析会，自治区水利厅纪委书记崔莉出席会议。

**5月28日** 管理处组织专业技术人员参加2015中阿博览会——中国（宁夏）国际节水展览会。

**6月23日** 管理处举办“加强安全法治　保障安全生产”主题演讲比赛。

**6月30日** 自治区水利厅组织人事与老干部处党支部和管理处第四管理所党支部联合开展结对共建庆祝建党94周年活动。

**7月14日** 管理处纪委组织全处副科级以上干部、财务人员及段长等共58人，到自治区廉政警示教育中心参观学习，接受警示教育。

**8月18日** 管理处为6名考入大学的职工子女发放助学金8400元。

**9月17日** 自治区水利厅纪委书记崔莉到管理处督查“三节”期间中央八项规定的落实情况。

**10月2日** 自治区水利厅党委书记、厅长吴洪相，副厅长李永春到管理处渠道砌护工程施工现场，慰问节日期间奋战在一线的参建人员。

**是月** 刘福荣任中共宁夏回族自治区汉延渠管理处党委书记。

**12月11日—22日** 管理处党委“五步连踏”夯实民主生活会基础。

## 2016年

**1月6日** 自治区水利厅考核组到管理处对管理处（银川片）2015年度工作进行考核。

**3月7日** 管理处举办女职工知识讲座，隆重庆祝“三八”国际劳动妇女节。

**3月9日** 管理处团委组织部分团员青年到宁夏福利院慰问、看望孤残儿童。

**3月22日** 管理处在银川市兴庆区掌政镇开展世界水日、中国水周集中宣传活动。

**3月24日—25日** 管理处组织科室及管理所负责人，到七星渠、红寺堡、秦汉渠、唐徕渠4个兄弟管理处观摩学习。

**3月28日** 管理处2016年“职业道德讲堂”开讲。

**4月8日** 管理处与宁夏水科院项目技术负责人深入灌区，对课题《汉延渠典型灌溉水利用系数研究》现阶段各管理所监测工作进行技术指导。

**4月20日**　自治区水利厅纪检组组长王振升带领厅监察室同志到管理处调研指导工作。

**4月23日**　管理处团委组织团员青年参加“助力脱贫攻坚　健走奉献爱心”大型青年志愿服务暨户外健步交流活动。

**4月28日**　管理处党委召开“两学一做”学习教育动员大会。

**5月4日**　管理处团委在第三管理所开展“传承五四精神　绽放青春风采”主题团日活动。

**5月12日**　管理处特邀银川市政安防火知识科教中心教官进行消防安全知识讲座。

**5月19日**　自治区水利厅纪检组组长王振升带领水利厅“两学一做”学习教育第一督导组到管理处，督查指导管理处“两学一做”学习教育开展和近期灌溉管理工作，并实地察看第五管理所灌溉工作。

**6月2日**　管理处举行“安全生产月”活动启动仪式，自治区水利厅经济局副局长张国军受邀参加启动仪式。

**6月7日**　自治区水利厅副厅长、水资源管理局局长李永春一行到管理处调研美丽渠道建设和灌溉工作，并看望一线干部职工。

**6月15日**　自治区水利厅党委书记、厅长白耀华到管理处调研指导工作。

**6月21日**　管理处举办党章党规知识竞赛，处属各单位9个党支部参加竞赛。

△　自治区水利厅纪检组组长王振升带领监察室、水资源局同志到管理处走访慰问7名生活困难老党员。

**6月28日**　管理处党委召开庆祝建党95周年表彰大会。

**7月14日**　管理处组织科室、基层管理所负责人到中宁水务公司和南山台子扬水站参观学习，并对基层各所站半年工作进行检查验收。

**7月21日**　管理处党委、纪委组织召开党风廉政建设“直面问题”专题报告会。

**7月22日**　水利部安监司副司长钱宜伟带领水利部安全工作检查组一行，在自治区水利厅副厅长麦山、厅安委办主任宋正宏的陪同下，到管理处检查指导安全生产工作。

**8月10日**　管理处组织开展所、段、庭院美化绿化观摩考评活动。

**9月6日**　管理处2016年度职工秋季运动会开幕。

## 2017年

3月1日　管理处举办智能灌区信息化建设培训班。

3月6日　管理处邀请相关专家,为女职工举办健康知识讲座。

3月21日　管理处制定印发《汉延渠管理处关于实行接待餐票结算制度的通知》等5项制度。

4月1日　自治区水利厅副厅长朱云带领水资源管理局有关同志到管理处检查指导工程建设工作。

4月17日　管理处召开政风行风工作动员会。

4月27日　管理处党委组织3名党员组成巡讲团,到基层各党支部开展"不忘初心、牢记使命"先进事迹巡讲活动。

5月27日　自治区水利厅党委书记、厅长白耀华到管理处调研指导工作,并慰问广大干部职工。

5月31日　管理处举行以"全面落实企业安全生产主体责任"为主题的安全生产月活动启动仪式。

6月9日　银川市兴庆区召开文明单位创建工作联席会议,管理处获"自治区文明单位"授牌。

6月23日　管理处党委举办"我的初心我的成长　做政治合格共产党员"主题演讲比赛。

8月17日　自治区水利厅美丽渠道观摩团一行40余人,在副厅长朱云、李永春的带领下,到管理处观摩美丽渠道建设。

9月6日—7日　管理处举办第二届职工羽毛球比赛。

10月30日—11月2日　由宁夏文明办、民政厅、区团委、水利厅、残疾人联合会、禁毒办共同主办,宁夏志愿者协会承办的"公益志愿行　共筑中国梦"第四届宁夏志愿服务项目大赛在银川落幕。管理处志愿服务队申报的"节水护生态　共建美城乡"志愿服务项目获银奖。

## 2018年

1月1日　管理处内控信息化系统开始试运行。

**1月17日** 自治区水利厅副厅长郭浩带队到管理处宣布干部任职，刘福荣任管理处党委委员、处长，桂玉忠任管理处党委委员、副处长。

**1月24日** 管理处党委召开2017年度领导班子民主生活会。

**1月30日** 自治区水利厅副厅长麦山带队到管理处宣布干部任职，罗廷红任管理处党委委员、副处长。

**1月31日** 管理处处长刘福荣带领灌溉管理科及第四管理所相关人员与银川市、青铜峡市、永宁县及贺兰县水务局对接，交流研讨灌区存在的问题。

**1月** 何卫东任中共宁夏回族自治区汉延渠管理处党委书记。

**2月6日** 管理处红星试验站恢复性建设正式启动。

**2月8日** 自治区水利厅副厅长郭浩带队到管理处宣布干部任职，何卫东任管理处党委委员、书记。

**3月6日** 管理处党委召开2018年党建党风廉政建设工作会议。

**3月8日** 管理处举办纪念“三八”国际劳动妇女节活动，组织女职工参观水利博物馆。

**3月20日** 自治区水利厅党委书记、厅长白耀华到管理处调研指导工作。

**3月22日—28日** 管理处开展世界水日、中国水周宣传活动。

**3月29日** 管理处纪委组织全处60余名关键岗位人员到宁夏女子监狱参观，接受警示教育。

**3月30日** 管理处第四管理所被银川市兴庆区评为文明单位。

**4月2日** 管理处职工张朝阳被评为隆德县2017年度社会帮扶先进工作者。

**4月9日** 管理处召开工会六届六次职工代表大会，表决通过《汉延渠管理处绩效工资考核分配办法(修订)》。

**4月28日** 管理处举办“三强九严”党的基本知识竞赛。

**5月2日** 管理处组织代表队参加自治区水利厅“三强九严”党建知识竞赛，荣获团体第三名。

**5月4日** 管理处团委联合银川片区4家单位团委，组织开展庆祝“五四”青年节主题团日活动。

5月10日　管理处参加自治区水利厅“中国梦　劳动美”主题演讲比赛，刘哲远荣获个人第一的成绩。

5月14日　管理处综合业务系统云平台资源交付使用。

5月22日　管理处雷达波在线测流系统云平台资源交付使用，巡渠系统和雷达波在线测流系统开始部署。

5月30日　管理处举办“生命至上　安全发展”安全生产月活动启动仪式，并开展消防知识讲座及消防演练。

6月12日　自治区水利厅党委第二巡视组进驻管理处，开展巡视巡察工作。

6月29日　管理处党委开展迎“七一”主题党日活动。

7月12日　管理处5个管理所、14个管理段所有电子政务外网与水利专网整合工作全部完成。

7月17日　自治区水利厅副厅长李永春带队到管理处调研灌区信息化建设。

△　管理处综合业务应用系统测试运行上线。

7月23日　管理处党委会议研究决定成立管理处法务工作室。

8月10日　管理处同水科院相关专家、永宁县水务局主管领导及项目设计方商讨完善红星试验站规划改造方案。

8月17日　管理处党委开展党建工作互观互检大评比活动。

8月23日　管理处机关调度中心节能改造工程开工建设。

9月6日　管理处举办第三届职工羽毛球比赛。

9月27日　管理处渠道正射影像制作及三维实景模型生产项目开始实施。

11月1日　管理处调度中心节能改造工程全面竣工。

11月8日　管理处党委会研究决定撤销红星试验站党支部。

11月9日　管理处唐铎管理段电子政务外网接通，实现全处电子政务外网全覆盖。

11月19日　自治区水利厅厅长白耀华带队到管理处调研冬灌灌溉工作。

12月4日　管理处组织开展国家宪法日宪法专题讲座。

## 2019年

1月26日　管理处荣获“隆德县精准扶贫工作先进单位”称号。

**3月1日** 管理处副科级以上干部到自治区水利厅参加廉政警示教育活动。

**3月12日** 管理处荣获“银川市兴庆区2018年度平安单位”称号。

**3月22日** 管理处参加自治区水利厅组织的世界水日、中国水周主题宣传活动。

**3月23日** 管理处党委对新提拔和调整的科级干部组织开展集体廉政谈话。

**3月28日** 管理处邀请兴庆区禁毒办胜利街绿荫工作室，开展以“普及毒品常识，提高禁毒意识”为主题的禁毒宣传学习活动。

**4月9日** 自治区水利厅副厅长麦山在农村水利处、调度中心有关负责人的陪同下，到管理处调研春灌准备、测控一体化建设、管理所基础设施改造等工作。

△ 管理处撤销宁夏坤水园林绿化公司党支部，撤销汉延水电工程有限公司董事会，委派1名监事，成立坤水（鸿翔）公司遗留问题处理办公室。

**4月19日** 管理处党委完成15名科级干部职务任免工作，完成1名正科级、2名副科级干部民主推荐选拔及考察任用工作。

**5月20日** 自治区水利厅党委书记、厅长白耀华带领相关处室负责人到管理处调研指导工作。

**5月21日** 管理处党委撤销原机关第一、第二党支部，成立6个机关科室党支部，机关第三党支部更名为退休党支部，并建立两个党小组。

**6月11日** 管理处党委召开“不忘初心、牢记使命”主题教育动员部署会议，自治区水利厅主题教育巡回指导组组长部涌权到会指导并发言。

**6月22日** 管理处举办“不忘初心再出发 牢记使命谱新篇”职工文艺汇演，庆祝新中国成立70周年。

**6月29日** 管理处与自治区水利厅调度中心联合开展“不忘初心、牢记使命，现代化灌区观摩暨新中国成立70周年座谈交流”主题党日活动，副厅长麦山讲党课。

**7月14日** 自治区水利厅党委书记、厅长白耀华到管理处红星试验站检查指导试验站恢复建设工作。

**7月19日** 管理处刘哲远代表自治区参加全国绿水青山演讲比赛，获得优秀奖。

**8月20日—21日** 清华大学水利水电工程河流所副研究员、水联网数字治水联合研究院老师李丹勋一行4人到管理处调研渠道流量监测及课题研究。

**8月30日** 管理处刘哲远代表自治区水利厅参加全区故事演说大赛，获一等奖。

**9月18日** 管理处刘哲远代表自治区水利厅参加水利部新时代水利精神演讲比赛，获三等奖。

**10月1日** 管理处全体干部职工线上观看新中国成立70周年阅兵仪式。

**10月17日—21日** 管理处党委组织党员赴延安梁家河开展红色教育培训。

**11月19日** 自治区水利厅党委书记、厅长白耀华到管理处第五管理所检查指导办公楼及附属设施配套建设工作。

**12月17日** 管理处刘哲远代表自治区水利厅参加区直机关“三微”活动，获一等奖。

## 2020年

**1月22日** 管理处对疫情防控做出全面安排部署，为稳步推进各项工作顺利进行打好基础。

**2月17日** 自治区水利厅副厅长李永春带领安全生产与监督处负责人到管理处检查指导疫情防控工作。

**3月5日** 管理处制订以“抗击疫情、巾帼建功”为主题的活动方案，庆祝“三八”国际劳动妇女节。

**是月** 经水利部精神文明建设指导委员会复查和审定，管理处被再次确认为全国水利文明单位。

**5月12日** 管理处纪委组织开展职工酒驾醉驾违纪违法案例警示教育活动。

**5月22日** 自治区水利厅党委书记、厅长白耀华带领厅办公室、组织人事与老干部处负责人到管理处调研指导工作。

**5月23日** 清华大学土木水利学院副院长、教授王忠静带领专家团队，在自治区水利厅办公室、科教处负责人陪同下，到管理处调研指导灌区信息化建设工作。

**6月11日** 山东省德州市水利局副局长于富斌带领考察组一行7人，在自治区水利厅农水处副处长王东及相关工作人员陪同下，到管理处考察调研灌区信息化自动化建设工作。

△ 自治区水利厅科技与信息化处组织相关专家到管理处，对管理处承担完成的《汉延渠明渠断面V-ADCP远程流量监测应用研究》项目进行结题验收。

**6月12日** 清华大学水利水电工程系河流所副研究员李丹勋一行到管理处调研指导信息化建设及灌区运行管理相关工作。

**6月17日** 自治区水利厅副厅长李永春带领厅机关党委、安全生产与业务监督处负责人一行到管理处调研指导工作。

**6月18日** 黄河水利委员会党组书记、主任岳中明一行到管理处第五管理所调研指导现代化生态灌区建设运行工作，自治区政府副秘书长薛刚，自治区水利厅厅长白耀华、副厅长麦山陪同调研。

**6月22日** 管理处举办“端午送祝福，盛夏送清凉”活动。

**7月1日** 管理处党委召开庆祝建党99周年主题党日暨先进党支部、优秀党务工作者、优秀共产党员表彰大会。

**7月9日** 自治区水利厅副厅长麦山带领水利厅相关处室、渠道管理单位负责人及业务骨干40余人组成的观摩团，到管理处观摩指导现代化灌区建设工作。

**7月14日** 管理处组织30余人的观摩团，赴盐环定扬水管理处、秦汉渠管理处进行观摩学习交流。

**8月6日** 管理处党委举办学习贯彻习近平总书记视察宁夏重要讲话精神专题讲座。

**是月** 甘肃农业大学副校长沈彦俊带领甘肃农业大学、清华大学课题组一行11人到管理处开展灌区节水及现代农业发展课题调研。

**9月23日** 管理处纪委组织关键岗位人员40余人到自治区廉政警示教育中心开展警示教育活动。

**11月5日** 自治区水利厅灌区泵站标准化规范化管理暨信息化设施数据运用管理维护培训班组织厅属单位60余人，到管理处第五管理所观摩调研。

**11月9日** 自治区水利厅厅长白耀华带领水利厅总工程师及农水处负责人到管理处，对冬灌进展及水利现代化项目规划进行现场调研指导。

**12月2日** 管理处举行国家宪法日、宪法宣传周活动启动仪式。

## 2021年

**1月19日** 管理处党委召开2020年度领导班子民主生活会。

**3月10日** 经自治区劳动仲裁院调解，管理处与席楠、赵雪解除劳动关系。

**3月16日** 管理处党委召开党员大会,选举产生新一届中国共产党宁夏汉延渠管理处委员会、纪律检查委员会。

**3月26日** 自治区水利厅党史学习教育第三巡回指导组组长、水利厅二级巡视员江静带领相关人员到管理处调研并指导党史学习教育。

**4月7日** 自治区水利厅党委宣布管理处领导班子调整,陈国光任汉延渠管理处处长。

**4月12日—16日** 管理处举办为期5天的职工教育培训班。

**5月19日** 自治区水利厅党委宣布管理处领导班子调整,马忠明、周小鹏任管理处副处长。

**5月20日** 管理处举办以“共产党亲、黄河水甜”为主题的党史演讲、知识竞赛活动。

**5月23日** 管理处以保障供水安全为目标,创新建立“54314”运行维护监督工作法。

**5月31日** 管理处启动2021年“安全生产月”活动。

**6月11日** 管理处制定印发《宁夏汉延渠供水服务提升年实施方案》。

**6月19日** 管理处印发《宁夏汉延渠节水型灌区创建实施方案》,全面落实新时期治水思路。

**6月24日** 自治区水利厅举办庆“七一”表彰文艺汇演,管理处党委被授予“先进基层党委”称号,第三管理所、第五管理所党支部被授予“先进基层党支部”称号,4名党员被授予“优秀共产党员”和“优秀党务工作者”称号。

**6月29日** 管理处党委召开建党100周年庆祝大会。

**是月** 管理处灌区全面推行微信聚合二维码扫码收缴水费。

**7月8日** 自治区水利厅党委书记、厅长白耀华带领厅办公室与组织人事处负责人到管理处调研指导灌溉供水、工程建设、信息化建设、基础设施建设等方面工作。

**7月12日** 管理处制定印发《汉延渠灌区标准化规范化管理创建实施方案》,强化体系重构,探索“456”现代灌区标准化创建模式。

**是日** 管理处制定印发《汉延渠管理处水利安全文化创建实施方案》。

**7月26日** 管理处完成第五管理所生产管理设施改造工程验收。

**7月30日** 管理处召开“八一”建军节退役军人座谈会。

**7月**　管理处与自治区水投集团签订脱钩移交清册，完成所属宁夏汉延水电工程有限公司改制脱钩工作。

**9月22日**　管理处党委正式启动《宁夏汉延渠志》编纂工作。

**9月29日—11月17日**　管理处组建志愿服务队下沉湖畔嘉苑社区，17名党员志愿者协助社区工作人员、医务工作者开展秩序维护、核酸检测、生活物资采购运送等志愿服务。

**9月30日**　管理处第五管理所潘昶桥管理段廉政文化示范点建成。

**10月8日**　管理处制定印发《汉延渠管理处管养分离改革试点方案的通知》。

**10月14日**　自治区水利厅安委会在管理处举办自治区水利厅推进安全文化建设工作座谈交流会，汉延渠管理处、红寺堡扬水管理处、宁夏水利电力工程学校、唐徕渠管理处、惠农渠管理处、水文中心参加交流会。

**10月27日**　管理处制定印发《汉延渠管理处疫情防控期间灌溉应急管理工作方案》，确保疫情防控和供水保障两手抓、两不误。

**10月28日**　管理处编撰完成《汉延渠管理处水利安全文化手册》。

**11月15日**　自治区水利厅党委书记、厅长白耀华带领办公室、机关党委负责人到管理处指导工作。

**11月19日**　自治区水利厅副厅长张伟带领相关处室负责人到管理处调研冬灌工作。

**12月7日**　管理处党委开展党支部书记抓党建工作述职、党建互观互检活动。

**12月14日**　管理处完成所属坤水园林绿化有限公司注销工作。

**12月15日**　管理处接受自治区水利厅线上年度工作考核及点评，党委书记何卫东做《创新立新求突破，扬帆奋进启新程》工作述职汇报，全面总结2021年度亮点重点工作。

**12月16日**　自治区水利厅副厅长张伟带队到管理处开展领导班子、领导干部考核，听取管理处班子成员述职，并进行考核谈话。

**是月**　管理处制定印发《汉延渠管理处“八五”普法实施方案》。

## 2022年

**1月17日**　管理处党委召开党史学习教育专题民主生活会，自治区水利厅副厅长张伟、水利厅党史学习教育第三巡回指导组副组长李宗会、机关党委四级调研员郑杰、水利厅党史学习教育第三巡回指导组高鹏到会指导。

**1月24日** 管理处被自治区考核为2021年度“平安宁夏”优秀等次。

**2月9日** 管理处被自治区水利厅党委评为先进集体，授予2021年度“文明单位”荣誉称号。

**2月25日** 自治区水利厅副厅长张伟到管理处大银河节制闸调研险工段除险加固工程和春灌前期准备工作。

**3月7日** 管理处党委召开党建党风廉政建设工作会议，党委书记何卫东作以《坚持不懈抓好党风廉政建设 持之以恒推进全面从严治党 为先行区水利现代化建设提供坚强保障》为题的讲话。

**3月8日** 管理处组织召开庆祝“三八”国际劳动妇女节暨表彰大会。

△ 自治区水利厅大中型灌区工程、泵站工程标准化管理考核小组一行，对管理处2021年度大中型灌区标准化规范化管理推进工作进行现场考核。

△ 管理处修订印发《汉延渠管理处水利工程维修养护项目管理办法》。

**3月11日** 自治区党委编办处长周生岭受邀到管理处指导星级党支部创建工作。

**3月24日** 自治区水利厅党委书记、厅长朱云带领办公室负责人到管理处调研指导工作。

**3月28日** 管理处党委召开廉政警示教育大会。

**3月30日** 管理处党委联合驻地胜利街景园社区党总支前往银川市八里桥烈士陵园祭扫英烈，并开展联合主题党日活动。

**3月31日** 自治区水利厅副厅长张伟到管理处实地调研汉延渠青铜峡灌区续建配套与现代化改造工程。

**4月6日—7日** 管理处组织全处副科级以上干部、技术员到中共宁夏区委党校参加党员干部能力素质提升培训班。

**4月12日** 管理处党委召开会议，宣布第一批干部任免决定，对高鹏等8名正科级党政干部职务进行调整。

**4月18日** 管理处党委召开第二批干部任免会议，宣布李宁等5名副科级干部职务任免决定。

**5月2日** 自治区水利厅副厅长张伟在农水处相关负责人陪同下对管理处“五一”期间值班值守及安全生产工作进行检查。

**5月5日** 管理处团委组织开展“喜迎二十大、永远跟党走、奋进新征程”主题系列活动。

**5月6日** 管理处副科级干部尉佳宁受水利厅委派到平罗县红崖乡红翔新村驻点开展乡村振兴相关工作。

**5月10日** 管理处二排渡槽第一节主槽身末端左下侧土体有微量积水，周边土壤潮湿轻微沉降。5月20日，管理处以渗水处理实战演练的形式组织开展渡槽渗水抢险。5月24日抢险工作完成。

**5月27日** 管理处组织全处副科级以上干部到第五管理所潘昶桥管理段廉政文化示范点开展廉政警示教育活动。

**5月31日** 管理处在六楼会议室举行2022年“遵守安全生产法，当好第一责任人”安全月启动仪式。

**6月10日** 管理处党委组织全体党员和干部职工收看中国共产党宁夏回族自治区第十三次代表大会开幕会实况。

**6月24日** 管理处党委召开“抓学习　转作风　提能力　促发展”专项活动动员部署会议。

△ 管理处召开职工代表大会暨工会第八次会员代表大会。

**7月21日—22日** 管理处举办职工技能大比武复赛，采取笔试与实操相结合的方式赛场角逐，重点检验职工对日常工作技能知识的掌握和操作能力。

**7月26日** 自治区水利厅副厅长张伟带领水利厅标准化规范化管理观摩组一行到管理处第四管理所观摩标准化规范化建设工作。

**8月3日—5日** 管理处纪委对3名基层单位负责人开展离任经济责任审计工作。

**8月24日** 管理处党委根据自治区驻水利厅纪检监察组要求，制定《全面落实驻厅纪检监察组纪检监察建议整改方案》，组织各党支部全面开展自查自纠，从严从实抓好问题整改，按期完成整改工作。

**8月26日**　管理处党委召开《违规收送红包礼金和不当收益及违规借转贷或高额放贷专项整治》专题民主生活会，自治区驻水利厅纪检组二级巡视员邹海燕、水利厅机关党委四级调研员郑杰参会指导。

**9月1日**　西干渠管理处处长俞武带领学习教育观摩团到管理处第四管理所，观摩学习标准化建设、法治文化建设、安全文化建设等工作。

**9月2日**　管理处党委召开"以案为鉴　以案促改"警示教育大会，自治区驻水利厅纪检监察组二级调研员杨励锋参会。

**9月5日—8日**　管理处举办2022年干部职工能力素质提升培训班。

**9月14日—16日**　管理处举办"两个能力"提升及"大学习，大讨论，大宣传，大实践"培训班。

**9月15日**　管理处灌域续建配套改造工程李俊桥至友尚桥上200 m处，共计11.2 km节水改造工程正式开工建设。

**9月25日**　自治区水利厅副厅长张伟一行到管理处机关及渠道砌护改造工程施工现场对应急值班值守、疫情防控、安全生产工作进行全面督查检查。

**10月16日**　管理处党委组织全处干部职工通过网络、视频等方式观看党的二十大开幕会。

**11月11日**　自治区水利厅副厅长张伟带领农水处、灌排中心负责人到管理处第五管理所调研指导冬灌工作。

**11月25日**　管理处2022年冬灌供水结束，顺利完成39.3万亩农田的冬灌工作。

△　管理处完成节水型示范机关（一期）工程建设，通过管理处工程领导小组验收和项目资金核算。

**12月10日**　管理处完成调度中心一楼卫生间改造及大北渠管理段房屋维修工程项目验收及资金结算。

**12月15日**　管理处副科级以上干部在管理处五楼会商室参加自治区水利厅视频考核会议，全面总结2022年各项工作。

**12月23日**　管理处2022年度水费收缴工作顺利完成，并全额上缴自治区财政，各市、县、区结算水费803.08万元。

# 第一章　自然环境

# 第一节　地形气候

## 一、地理地质

宁夏引黄灌区以青铜峡水利枢纽为界，将其分割为上游的卫宁灌区和下游的青铜峡灌区。青铜峡灌区为有坝控制引水，位于宁夏北部，介于东经105°37′~106°39′，北纬37°49′~39°23′。青铜峡灌区分为河东灌区和河西灌区，其中河西灌区是宁夏最大的引黄灌区，灌区从青铜峡大坝西岸通过河西总干渠引水，分出西干渠、唐徕渠、汉延渠和惠农渠等干渠。

汉延渠灌区南起青铜峡水利枢纽河西总干渠唐三闸下汉惠渠龙门桥闸，北至贺兰县立岗镇四星村尾闸入四三支沟结束，是宁夏黄河青铜峡河西灌区最古老的一条干渠，位于唐徕渠、惠农渠两大干渠之间，从青铜峡市小坝镇汉延渠进水闸起，由南向北偏东流经青铜峡市的小坝、叶盛、瞿靖，永宁县的李俊、望洪、杨和、胜利、通桥，兴庆区的掌政、大新和贺兰县的金贵、习岗至立岗尾闸止，尾水入第四排水沟第三支沟，全长88.05 km。

灌域控制总灌溉面积72.14万亩，2000—2021年，汉延渠干引、支引水量统计见表1-1-1。汉延渠灌域为青铜峡河西灌区的中心灌区，灌域给排水系统较为完善，土地肥沃，盛产水稻、小麦、玉米，被誉为“塞上小江南”。

表1-1-1　2000—2021年汉延渠干引、支引水量统计　单位：亿$m^3$

| 年份/年 | 干引水量 | 支引水量 | 年份/年 | 干引水量 | 支引水量 |
|---|---|---|---|---|---|
| 2000 | 6.19 | 5.96 | 2011 | 5.17 | 4.30 |
| 2001 | 7.08 | 6.26 | 2012 | 4.69 | 4.25 |
| 2002 | 7.02 | 6.18 | 2013 | 4.87 | 4.21 |
| 2003 | 5.04 | 4.31 | 2014 | 4.40 | 3.90 |
| 2004 | 5.55 | 4.81 | 2015 | 4.56 | 3.97 |
| 2005 | 5.82 | 5.25 | 2016 | 3.90 | 3.45 |
| 2006 | 5.97 | 5.13 | 2017 | 3.76 | 3.36 |
| 2007 | 5.63 | 4.68 | 2018 | 3.74 | 3.32 |
| 2008 | 5.49 | 4.69 | 2019 | 3.75 | 3.29 |
| 2009 | 5.20 | 4.57 | 2020 | 3.50 | 3.15 |
| 2010 | 5.17 | 4.44 | 2021 | 3.36 | 3.06 |

灌区地层以第四系上的更新统及全新统为主,岩性如下。

(1)壤土:土黄色、黄褐色,稍湿,软塑——可塑状态,具层理。

(2)粉质黏土:土黄色、褐黑色,稍湿,软塑——可塑状态,具层理。

(3)粉细砂:浅黄色、灰色,稍密——密实状态,含少量角砾。

(4)角砾:杂色,稍密——密实状态,大于2 mm以上粒径的含量占全重60%~80%,成分为砂岩、灰岩、石英岩等,粗细砂及细砾充填。次棱角状,分选性较差。

(一)区域地理

(1)青铜峡市。地处西北内陆,处于东部季风区与西部干旱区交会地带,属中温带大陆性气候。冬无严寒,夏少酷暑,日照充足,气候干燥。常年平均气温9.8 ℃,最低气温-25.0 ℃,最高气温39.0 ℃。

(2)永宁县。位于宁夏河西灌区中部,是宁夏首府银川市的南郊县。县城区杨和镇北距银川市20 km,东靠黄河与灵武市隔河相望,南接青铜峡市,西以贺兰山与内蒙古自治区的阿拉善左旗为界。最东处是望远镇东三支沟东畔,最南端是仁存渡,最西端是贺兰山分水岭,最北点为榆树沟源头上的单岭子。地处东经105°49′~106°22′,北纬38°08′~38°26′。东西最长52 km,南北最宽32 km,总面积925.98 $km^2$。

(3)兴庆区。属中温带干旱气候区,气候基本特征是:干旱少雨,蒸发强烈;日照时间长,太阳辐射强,昼夜温差大;冬寒无奇冷,夏热无酷暑,春季多风沙,秋季雨集中,春迟、夏短、秋早、冬长,无霜期短而多变。

(4)贺兰县。地理位置位于东经105°57′~106°36′,北纬38°26′~38°48′,平均海拔1100 m,国土总面积1559.5 $km^2$,约占宁夏总面积的2.4%。贺兰县地势西高东低,总趋势由西南向东北倾斜。西部贺兰山峰峦叠嶂,海拔2500~3000 m,主峰敖包圪垯屹立于县境内,海拔3556.1 m。贺兰山东山麓属山前洪扇区,地势平坦,海拔1120~1400 m,沙石混杂,间有小沙丘。再向东为黄河冲积平原,地势平坦,海拔1100 m左右,依山傍水,引黄灌溉,土地肥沃,交通便利,系宁夏商品粮重要产地之一。

(二)区域地质

汉延渠位于银川冲积平原的西北部与贺兰山东麓的洪积扇上边缘处,受喜马拉雅山构造运动的影响,贺兰山褶皱带与鄂尔多斯地台相对上升,形成银川地堑。由于地堑相对下降，沉积了巨厚的第四系碎屑沉积物，形成了以第三系为基底的银川冲积平原，第四系地层厚达千米。银川平原基底虽有贺兰山走向分布的次生断裂，但尚未发现有活动的痕迹。场地在勘探深度范围内无构造。

银川冲积平原是一个多构造体系复合交织的地区，此构造体系复合地区位于祁吕—贺兰山字型构造体系的脊柱——贺兰山褶带的西南部；陇西系旋卷构造清水河—天景山旋回褶带和窑山—烟洞山旋回褶带之西北部；卫宁北山东西向构造之东段。贺兰山字型构造体系的脊柱——贺兰褶带，表现为南北向构造体系。此构造体系的雏形早在侏罗纪以前即已开始出现，到燕山运动时才渐趋成熟，喜马拉雅运动对它仍有影响。

本区主要表现在中生代为一南北的高隆起带，其范围是黄河以西、贺兰山以东，北起石嘴山、南至吴忠附近。现在的银川平原是在前银川隆起带的基底上于新生代形成的断陷盆地。据物探资料，基底由周边向中心呈地堑式断裂陷落，以银川—西大滩一带断陷最深，基底地层北部(黄渠桥以北)为晚古生界，中南部为早古生界。第三系呈一宽缓向斜，两翼倾角3°~10°，西陡南缓，其东缘以黄河基底断裂为界。黄河基底断裂向上切过第三系，走向北北东，断面西倾，倾角70°。南段断距达2800 m，至北段减至800 m。与基底南北向构造线有一定的交角，这是构造体系复合作用下的结果，新生代以来，盆地内形成巨厚的(5000~7500 m)沉积物。第四纪以来，这一地区的新构造运动表现得十分强烈，除银川断陷盆地持续下降接受沉积外(第四系厚度1600 m)，在灵武东山西翼形成了两级洪积台地，银川冲积平原出现了III级阶地，伴随着北北东向的断裂活动，盆地内地震频繁发生。

(三)地层岩性

汉延渠灌区属祁连山区，河西走廊—六盘山分区，武威—中宁小区，出露的地层及其岩性分述如下：上泥盆统中宁组(D产)分布于泉眼山、轿子山、烟筒山北麓等地，岩性为紫红色厚—中厚层细粒长石石英砂岩夹带薄层泥岩、粉砂岩等。

**二、地形地貌**

汉延渠灌区位于银川河套平原的中部，黄河宁夏段中下游的西岸，干渠渠线中上段沿永宁县工业开发密集区西侧通过，中段沿银川城市东侧通过，地势南高北低、西高东低，整个灌区正处在黄河银川冲积平原Ⅱ级阶地的前缘，地形相对平缓，高程介于

1126.58~1103.62 m，地面平均比降1/3800以上。灌域走向自南偏东向北，地理位置为北纬38°01′36"~38°57′36"，东经106°04′08"~106°27′18"，位于银川冲积平原的西北部与贺兰山东麓的洪积扇上边缘处。

该地区由西向东分布着高山地貌（贺兰山）、贺兰山冲洪积扇、黄河河谷、丘陵等地貌单元。

（一）高山地貌

贺兰山南北长220 km，东西宽20~40 km。南段山势较缓，三关口以北的北段山势陡峻，有大量露出地表的断层；贺兰山东西不对称，西侧坡度略缓，东侧地形陡峻，东侧与银川平原垂直落差可达2000 m。贺兰山北部以花岗岩为主，由于接近乌兰布和沙漠，干旱少雨，所以物理风化强烈，贺兰山主体在贺兰山中部，山势陡峭，山体庞大，海拔较高，一般在2000~3000 m，主峰敖包疙瘩就在贺兰山中部，海拔3555 m，贺兰山中部东西宽度可达50 km。有汝箕沟、大水沟、小水沟、贺兰沟、插旗沟、苏峪口沟、三关口沟等50多条沟谷，沟道成V形，下部较为宽阔，沟底砾石遍布，沟口一般是碎石遍布的洪积扇。

（二）贺兰山冲洪积扇

贺兰山前冲洪积扇大致位于西干渠以西，在干旱、半干旱的气候条件下，暂时水流在贺兰山前堆积了大量的洪积物，这些洪积物和山坡上面洪流所携带下来的坡积物汇合起来，形成了宽广平坦的山前倾斜平原。由于山前倾斜平原是由无数个大小不一的洪积扇组成，因而形成高低起伏的波状地形。地形西高东低，地势由西向东倾斜，地面高程1130~1300 m。

（三）洪积台地

嵝岘子沟以西以侵蚀阶地为主。由于南山台子在第四纪时期强烈上升，黄河下切作用加强，其前缘坎陡壁立，阶坎高20~100 m。台地及残丘顶部有河床卵石，下为第三纪洪层基座阶地。

**三、气候水文**

汉延渠灌区处于西北内陆，位于我国季风区的西缘，冬季受蒙古高压控制，夏季处在东南季风西行的末梢，形成较典型的大陆性气候。春季短且干旱多风，夏秋季雨水相对集中，冬季严寒而漫长，降水量少，盛行西北风。

该区域气温相差不大，多年平均气温 8.8~9.2 ℃，极端最高气温 37.7~39.5 ℃，极端最低气温-25.0~29.3 ℃。一般 11 月下旬开始结冻，第二年 3 月下旬开始解冻，结冻时间 105~124 天。多年平均降水量为 181~192 mm，年内分布极不均衡，7—9 月降水量约占全年总降水量的 60%~70%，并多以暴雨、冰雹等灾害形式出现。多年平均水面蒸发量 1050~1220 mm（E601）。大风天气年平均在 46 天左右，多出现在冬春季节。最大冻土深度 97~110 cm。

该区主要气候特征指标见表 1-1-2。

表 1-1-2　汉延渠灌区主要气象特征（多年平均）

| 地　市 | 县（区） | 年降水量/mm | 水面蒸发量/mm | 年平均气温/℃ | 极端最高气温/℃ | 极端最低气温/℃ | 最大冻土深度/cm |
|---|---|---|---|---|---|---|---|
| 吴忠市 | 青铜峡市 | 181 | 1220 | 9.2 | 37.7 | -25.0 | 110 |
| 银川市 | 永宁县 | 188 | 1080 | 8.8 | 38.3 | -27.0 | 105 |
| | 银川市区 | 192 | 1050 | 8.9 | 38.7 | -29.3 | 103 |
| | 贺兰县 | 182 | 1050 | 8.9 | 38.5 | -27.7 | 97 |

## 第二节　土壤及主要农作物

### 一、灌区土壤

汉延渠灌区属黄河河套冲积平原，主要为长期引黄灌溉淤积和耕作交替而形成的灌淤土，局部低洼地区有湖土和盐土分布。灌淤土土质适中，理化性好，有机质含量高，保水保肥适种性广。土壤类型的多样性非常适合发展农业生产和多种经济作物生长。

灌区主要农作物——小麦

灌区主要农作物——玉米

黄河河套冲积平原,经多年的引黄灌溉沉积,表层土壤主要以灌淤土为主,部分地区有淡灰钙土、草甸土和盐土,并有插花分布的白僵土。

**二、农作物种类及种植面积**

灌区农作物以水稻、小麦和玉米为主,占总面积的60%以上,经济作物有豆类、胡麻、蔬菜、瓜果等。近年来,灌域农业发展迅速,尤其是国家取消农业税和调整粮食价格后,随着市场经济的发展,作物种植结构相应起了变化,复种指数进一步提高,灌域粮食连年增产。同时,灌域林、牧、渔等不断发展,经济作物种植面积不断扩大,养殖业迅速发展,农副产品市场繁荣。

## 第三节　水资源

**一、黄河水**

汉延渠灌溉用水全部引自黄河过境水。黄河泥沙富含有机质,在灌溉中既能肥田,又可淤地改良土壤,群众称为“肥田水”。引黄灌区年平均降水仅210 mm,农业用水主要靠黄河供给。

**二、地表水**

地表水资源量,即天然河川径流量,是指河流、湖泊等水体中由当地降水形成的、可以逐年更新的动态水量。地表水资源以水文站实测资料为基础,勾绘径流深等值线,然后进行推算。根据《宁夏水资源综合规划》成果分析,灌区多年平均降水总量6.909亿$m^3$,地表水资源量0.701亿$m^3$。

**三、地下水**

(一)基岩裂隙水

分布在贺兰山基岩的裂隙、断层破碎带中,没有固定和连续的地下水位,受构造等影响较大。由大气降水补给,多以下降泉的形式出露于贺兰山各沟道,向贺兰山东西麓排泄。

(二)第四系孔隙潜水

银川平原巨厚的松散堆积物,为地下水赋存创造了有利的空间。既有洪积物堆积,

也有河流、湖泊相互交替沉积，致使含水层在空间上错综复杂。目前，银川市地下水开采深度在300 m以内，地下水分为第一潜水含水岩组、第二承压含水岩组和第三承压含水岩组3个含水岩组。其中，第一潜水含水岩组即为浅层地下水，第二、第三承压含水岩组为深层承压水。

1.浅层地下水资源

汉延渠灌域位于贺兰山东麓倾斜平原和黄河冲积平原，浅层地下水主要分为倾斜平原和引黄灌区单一潜水。山前洪积倾斜平原单一潜水，分布于贺兰山山前地带，主要接受山区基岩裂隙水的侧向补给和大气降水及山洪的垂直入渗补给，含水层岩性为块石、碎石、卵石、砾石和各种砂，与冲洪积平原多层结构含水层呈犬牙交错接触。地下水径流由西往东流向冲洪积平原，水质好，水化学类型为$HCO_3 \cdot SO_4$—Ca、Na型。含水层厚度大于百米，单井涌水量大于2000 $m^3/d$。

引黄灌区地下水补给以引黄灌溉回归水补给为主，是黄河水资源的重复计算量，其资源量的多少主要取决于渠道引黄水量。含水层以细砂、粉砂为主，含水层厚度3~60 m，富水性500~3000 $m^3/d$，易受污染，水质较差，矿化度大于1 g/L，主要接受引黄灌水和降雨入渗补给，以径流蒸发排泄为主。

根据《宁夏水资源综合规划》成果，本区域浅层地下水资源量8.893亿$m^3$。

2.深层承压地下水

深层承压水主要分为第一、第二承压含水岩组，水质较好，主要供城市生活用水和工业用水。

第一承压含水岩组含水层岩性为细砂、粉细砂，呈多层状，厚度80~100 m，单井涌水量大于2000 $m^3/d$，为银川市目前主要开采层。

第二承压含水岩组岩性为细砂、粉细砂，厚度80~120 m，单井涌水量1000~3000 $m^3/d$，是未来银川地区地下水的主要后备开采层。

承压含水层埋藏相对较深，极难接受大气降水和地表水补给，在天然状态下，地下水主要以侧向补给，由西部向东部运动，由于水力坡度较小，其水平径流十分缓慢。在开采状态下，由于各含水层之间的隔水层厚度薄而连续性不好，各含水岩组的水力联系密切，因而开采层的补给主要以垂直越流补给，随着开采量的增加，水力坡度的增大，地下径流也随之加快。因此，深层承压水属于一种消耗型水源地，地下水资源显得尤为宝贵。根据《银川市水文地质工程地质环境地质综合勘察评价报告》，城市深层承压地下水可开采量为3.69亿 $m^3/a$，其中矿化度小于1 g/L的淡水2.33亿 $m^3/a$，矿化度1~3 g/L的微咸水0.92亿 $m^3/a$，矿化度大于3 g/L的咸水0.44亿 $m^3/a$。

银川平原地下水的径流条件由西向东、由南向北变差，地下水的主要补给为引黄灌区灌溉渗漏水，次为贺兰山地下水侧向补给，再次为大气降水补给。地下水的排泄主要是侧向径流通过排水沟下泄至黄河及垂直蒸发。但在黄河西仁存至通昌堡，黄河与地下水为互补；通昌堡以北，黄河水补给地下水。

# 第二章　渠道发展

# 第一节　灌区基本情况

截至2022年年底，全处共有闸、涵、槽重点建筑物26座，直开口246座，渠道设计引水能力为70 m³/s，承担着沿线4个县（市、区）、13个乡镇、4个国营农场、74个行政村的灌溉供水任务，灌溉面积41.2万亩，实际统计配水面积各年不一。

随着灌区续建配套节水改造项目力度的不断加大，管理处干渠工程安全状况明显改善，综合调控能力得到增强，灌溉水利用效率和效益逐步提高。干渠砌护长度69.22 km，砌护率78.6%，农田灌溉水有效利用系数提高到0.521，实现干渠连续37年安全行水无事故，为灌区经济社会持续快速发展提供了供水安全保证。

**一、青铜峡市灌域**

干渠管辖范围：小坝测水点（桩号0+300）至南二渠（桩号16+435）的16.8km渠道。管理节制闸2座、小退水闸1座、渡槽1座、干渠直开口43座、沟涵洞2座。承担着青铜峡市小坝、瞿靖、叶盛3个镇19个行政村和莲湖农场共计6.65万余亩农田的灌溉任务。

**二、永宁县灌域**

干渠管辖范围：桩号16+435至55+980，共39.58 km渠道。管理节制闸4座、退水闸2座、渡槽3座、干渠直开口117座、沟涵洞2座。承担着永宁县5个镇43个行政村和1个农场，共计19.26万亩农田的灌溉任务。

宁夏引黄灌区续建配套项目实施后，管理处争取自治区水利厅资金在2012年、2014年、2018年分别完成了全渠道的砌护改造，大幅提升了渠道安全系数。2012—2020年，管理处争取资金先后对唐铎、王闸桥、小观桥管理段和第二管理所、第三管理所机关的办公用房进行翻建，所段办公环境有了大幅度提升。2020年，在永宁县现代化灌区建设项目的推动下，翻建改造信息化直开口35座，实现了信息化建设零的突破。随后管理处又配套资金，将全县范围内的退水闸、节制闸进行了信息化改造，在所、段、重点建筑物安装视频安防设备，2021年年底，全县域实现了信息化全覆盖。

**三、兴庆区灌域**

干渠管辖范围：自109公路桥（桩号55+980）至蔡家桥（桩号63+280），全长7.8 km。

管理节制闸1座、退水闸1座、渡槽1座、涵洞1座、干渠直开口25座。承担着兴庆区掌政镇、大新镇2个镇4.2万余亩农田的灌溉任务。

兴庆区位于汉延渠中下段，干渠属于高填方渠段，历史上曾多次发生安全事故。宁夏引黄灌区续建配套项目实施后，管理处争取自治区水利厅资金在2001年、2013年、2014年分别完成了渠道的全断面砌护改造，大幅提升了渠道安全系数。2014—2020年，先后对第四管理所机关、通桥管理段、蔡家桥管理段的办公用房进行翻建，所、段的办公环境有了大幅度的提升。2019年，在自治区水利厅现代化灌区建设项目的推动下，对25座干渠直开口进行了测控一体化改造。随后管理处又配套资金，完成大银河节制闸、掌政退水闸的自动化改造，在所、段、重点建筑物安装视频安防设备。在信息化建设的有力推动下，率先以第四管理所作为试点单位推进管养分离改革。撤销原有两个管理段，统一组建灌溉管理部、工程运行维护部、综合部，明确岗位职责、工作标准、工作成效，探索维修养护岗数量和绩效考评。通过合并管理段，改一所四段制为一所三部制，将渠道运行三级管理改为二级管理模式。

**四、贺兰县灌域**

干渠管辖范围：自蔡家桥（桩号63+280）至尾水（桩号85+50）的22.22 km渠道。管理节制闸3座、退水闸3座、渡槽2座、干渠直开口61座（含丁家桥干渠巴歇尔量水槽1座）。承担着贺兰县金贵、习岗、立岗3个镇15个行政村和自治区原种场，共计11.15万余亩农田的灌溉任务。

贺兰县位于汉延渠梢段，历史上曾多次发生安全事故，宁夏引黄灌区续建配套项目实施后，管理处争取自治区水利厅资金在2002年、2010年、2013年分别完成全渠道的砌护改造，大幅提升了渠道安全系数。2014—2020年，先后对所、段办公用房进行翻建，使所、段的办公环境有了大幅度的提升。2018年，在贺兰县现代化灌区建设项目的推动下，新建、翻建、改造测控一体化干渠直开口58座。随后管理处又配套资金，对5座大闸进行信息化改造，在所、段、重点建筑物安装视频安防设备。2020年，汉延渠贺兰灌域实现了信息化的全覆盖，管理工作步入信息化时代。

# 第二节　历代建制

## 一、汉延渠来历

秦汉之前，宁夏平原人烟稀少，大片土地荒芜，没有规模性开发。秦汉起逐渐开始垦渠屯田，开启了引黄灌溉的历史。汉延渠就是汉武帝时期开始创修的属国有性质的官渠之一，为“官渠”“军屯”，军民共用，目的是引灌造粮，巩固边防要塞。

宁夏平原地处西北内陆，是进入中原的门户，是游牧文化和农耕文化的交会点、分水岭，自古就是兵家必争之地，战略意义非常重要。公元前215年，秦始皇派名将蒙恬率30万大军北击匈奴，收复河南等地。为巩固北方边防，在边境大修长城，并在长城以外利用黄河天堑修筑工事，建县城（沿黄河设置了44县）、修道路、驻军队、徙民戎（前211年“迁北河榆中三万家”）以固边塞，为宁夏平原规模开发之开拓者，拉开了垦渠屯田的序幕。之后，汉武帝元封太初年间（前110—前101年）创修了汉延渠即为此。

## 二、汉延渠建制

汉延渠的创修，历朝历代投入了大量的人力物力，军民共同参与建设，属国有性质，故古有官渠之说，为军民共同引灌生产粮食，稳定国基，巩固边防之用。在管理体制上，为“民办、公助、官督”的水利修、管、用方式，即官督民修。建设管理费用上，渠道开发建设、大修等以“国库帑银”为主，维修管理以专管、群管相结合，属地分摊取得，以渠养渠。从古至今，渠道建设从未停止。千百年来，逐渐形成了一整套较为完整科学的管理办法和灌溉制度，成为宝贵的灌溉文化遗产。

汉延渠的兴衰随朝代更迭和战乱而曲折发展，但总是在与水与大自然的斗争中前进。各朝各代及治水先贤，从汉代“激河浚渠为屯田”的移民开发，经唐代的整修旧渠、增开新渠，西夏的举国修渠、从严治水，元代的因旧谋新、更立闸堰，明代的大力屯田、兴修石闸，清代的康乾兴水、重修暗洞，到民国改移并口、严督浚渠，历经沧桑，艰难推进了汉延渠的发展。

中华人民共和国成立以前，汉延渠按渠设局。沿用古之传统方法，以渠养渠，独立核算。渠设局长（又称总绅、首事）1人，副局长1人。1935年曾一度改为渠委员会制，设常务委员1人,委员8人。1941年又恢复为局长制,局内设会计文书各1人,事务员4人,水利警察30人(其中马警8人)。全渠划分为4段,设段长4人。人员工资由渠征收的水利费开支。各管水堡(乡)设渠长(后称水利管理员)1人,共31人。每年民选局委,在冬灌前各灌地较多户均酌情给粮(俗称收秋)数十斤或百余斤为其全年报酬。

大支渠设支渠长(俗称会首)1~2人,小渠则数渠合设1人,共872人。由本渠上、中、下段灌地多的富户每年轮流担任。干渠养护员(看口巡堤)由就近干渠所划渠段管水户按田亩多少编组,每夜2~4人上渠轮流值班,白天由看口人员负责巡护。离干渠远者,雇1~2人,在行水期间吃住在支渠口。每个大支渠口处盖有看水房1~2间,作看口巡堤人员休息之用。各支渠口、闸口和抢险用柴按全支渠受益地亩均摊,在开水前必须备交堆放在支渠口处。每个看水房间,必须备有照明红灯一盏,抢险用的石杵子、背篓、铁锹各若干,还要有铁锅、苇席等物,报险信号铜锣一面。当时人们编了一副对联:"柴、锹、背篓、石杵子;锣、锅、席子、红灯笼",横额"严封实闸"。此外,对干渠进水闸工程的管理,设专业工人(称水手班,有班长称"老总",后称技术班)40人,其待遇每人给额田60亩(原100亩),称水手田。此田规定不纳田粮银草和渠工坝料(即水利费),其收益为水手工资和因公伤亡之费。其职责是管闸放水,随时开关闸门(排针式木杠闸门),掌握渠道各个时期的规定水位,按时报告水情,养护进水闸以上各处工程、防凌和抢险。春季(原为冬季)卷埽坝(草土围堰)封堵渠口涸干渠水,冬季停水后收料(做埽坝的柴草)、看柴场、管理渠口库存物料、经营果园等。全渠水手40人,分两班在渠服役,每年20人。不上渠服役者,每人每月交小麦15斤,作为招待上级来人费用(俗称支差踏费)。

中华人民共和国成立以前,汉延渠设施简陋,渠道事故多,水量浪费大,梢段灌溉得不到保证。中华人民共和国成立后,对汉延渠进行裁弯取直,更新建筑物,合并支斗口,原由西河引水,西河水小时要拦河堵坝,费工费料。1962年,改由唐徕渠头闸引水,灌溉水量得到保证,渠口引水量增至50 $m^3/s$。

在管理体制上,中华人民共和国成立以前以渠设局,中华人民共和国成立初至1970年由各县分段管理,上下游用水矛盾很大。因此,1970年自治区革命委员会决定:青铜峡河西各大干渠改分县管理为渠系管理,成立了汉延渠管理处,渠道管理走上正轨。

# 第三节　渠道沿革与古建筑

## 一、渠道沿革

汉延渠，古名汉源渠(《西夏书》卷九《地理考》)，习惯称汉渠。为宁夏黄河青铜峡河西灌区最古老的干渠之一，位于唐徕渠、惠农渠之间，距今已有2000多年的历史。其创修年代，有说开修于秦代，前身为秦北地西渠，汉代经过整修、延长，故名汉延渠。据《大修汉渠碑记》称："汉之有斯渠，殆元封太初间(公元前110—公元前101年)。"又据《朔方新志》载："浚汉渠者虞诩、郭璜也。"《西羌传》亦载："汉虞诩使谒者郭璜，激河浚渠为屯田，此为汉延渠之始。渠口开在宁朔县陈俊乡二道河，经宁夏城东而北，至宁夏县王澄乡归入西河。"可见西汉时已有此渠。

东汉顺帝永建四年(129年)又加以穿凿、疏浚，汉延渠雏形基本确定，原渠口开凿于青铜峡出口下西岸陈俊堡二道河。

东汉之后，经唐元和年间整修。北宋初宁夏为拓跋氏所据，战争频繁，后来旧口被淤。

迄元世祖至元元年(1264年)，西夏中兴等路行省郎中董文用，复开汉延渠。后因兵乱，渠复淤塞，至元三年(1266年)，副河渠使郭守敬"因旧谋新，更立闸堰"，疏浚延长渠复通，故名汉延渠。

明洪武三年(1370年)，河州卫指挥使宁正兼领宁夏卫事进行疏浚维修。明隆庆六年(1572年)，河西道汪文辉于距渠口十二里之汉坝堡(今小坝镇)建石正闸一座四孔。

清顺治十五年(1658年)，巡抚黄图安奏请重修汉延渠。康熙四十年(1701年)，河西道鞠宸咨复修。康熙五十一年(1712年)，水利同知王全臣重修各暗洞，并甃以石。雍正九年(1731年)，宁夏道钮廷彩、水利同知石礼图领帑重修。乾隆四年(1739年)，宁夏道钮廷彩又奏请重修。乾隆四十二年(1777年)，宁夏道王廷赞请帑大修。彼时汉延渠长238里，灌溉面积37.97万亩。光绪二十五年(1899年)，宁夏道胡景桂，委绅士于自乐等重修魏信暗洞。光绪二十九年(1903年)和民国三年(1914年)，曾两次上移渠口。

民国三年(1914年)，水仍不畅，渠绅于镕呈请上移渠口于大坝乡九道沟。民国十七年(1928年)春，宁夏区水利助理员崔桐选，严督修浚，始将多年淤塞的渠道疏浚通畅。民国二十七年(1938年),宁夏省建设厅厅长李翰园采纳众议,将渠口由陈俊堡的九道沟上移于西河口,与惠农渠、大清渠并口引水。

至中华人民共和国成立前,汉延渠渠道长220里,引水流量40 $m^3/s$,灌溉面积34.58万亩,有各类建筑物474座。其中,桥21座,暗洞5座,提水闸桥3座,退水闸5座,滚水坝3座,渡槽11座,斗口426座。工程设施简陋,斗口过多,水量浪费大。

中华人民共和国成立后,连年修整疏浚、裁弯取顺、更新建筑、合并支斗渠,渠道功能逐步完善。1957年春,青铜峡、永宁、贺兰三县结合春工岁修,先后裁顺弯道22处。1957年秋至1958年春,经银川水利分局勘测设计,共完成青铜峡至贺兰段弯道裁顺10处,干渠流量由40 $m^3/s$增加到1960年的50 $m^3/s$,灌溉面积增加到44.32万亩。

1960年黄河青铜峡水利枢纽工程截流。1961年至1963年实施河渠分家工程,即汉延渠改由河西总干渠原唐徕渠头闸分水入王家河,在王家河与西河汇流处堵坝,开新渠7 km入大清渠故道,至九道沟下接原渠。到此,结束了2000多年来无坝引水的历史。

1965年新建林皋等4座节制闸,加固了马寨、李俊等桥,裁顺了王家团庄等9处险要弯段,加高培厚渠堤,自1963年以来,干渠共裁弯29处,缩短渠线16.8 km。

后通过除险加固、灌区续建配套与节水改造,对汉延渠进行多次扩整与改造。现干渠全长88.05 km,有闸、涵、槽大型建筑物等26座,直开口246座,设计流量70 $m^3/s$,实际最大引水为80 $m^3/s$。承担着青铜峡市、永宁县、兴庆区、贺兰县13个乡镇、4个国营农场40余万亩农田的灌溉任务。目前,灌区实际灌溉控制面积72.14万亩,实际灌溉面积54万亩,统计配水灌溉面积40余万亩(各年不同)。

## 二、古建筑

### (一)闸

汉延渠有正闸一座,退水闸三处,提水闸两处(当年所谓之龙全闸、路全闸、李俊闸、唐铎闸、王全闸、纳家闸、小官桥闸、头闸等今均废)。

#### 1.正闸

正闸在汉坝乡,距渠口下二十里处,系三墩四孔,墩孔宽各一丈,高亦一丈许,全渠水量的大小,即以此处而标定,实为该渠的咽喉,旁建龙王庙,该渠的办公处,亦位于此。

2.退水闸

(1)安定闸:距渠口下十五里处,系五墩六孔,墩宽一丈,孔宽九尺,高一丈。

(2)永庆闸:在正闸前,亦系五墩六孔,建筑与安定闸同。

(3)新建闸:在正闸下半里处,系一墩二孔,墩宽一丈,孔宽九尺,高一丈。

以上三闸的效用,是在渠水过大或渠内无用水的必要时,将闸孔开启,使水泄退,若用水或渠内水小时,可随时将闸孔封闭,使增水量。

3.提水闸

二闸:在王澄乡,宽八尺,高五尺。

尾闸:距二闸下七里处,宽五尺,高三尺。

此两闸之设,因渠梢渠低田高,灌水困难,故其效用为提高水位,借以灌溉。

(二)暗洞

汉延渠渠底,共有退水沟暗洞五处,兹分别列后。

林皋暗洞,在林皋乡,系东大沟,由汉延渠通过之暗洞。

唐铎暗洞,在唐铎乡,系西大沟,由汉延渠通过之暗洞。

魏信暗洞,在魏信乡,系黑阴沟,由汉延渠通过之暗洞。

张政暗洞,在张政乡,系黄阳沟,由汉延渠通过之暗洞。

王澄暗洞,在王澄乡,系北大沟,由汉延渠通过之暗洞。

涵洞

(三)飞槽

渡槽

汉延渠本身并无飞槽。清初开惠农渠,其上游之地,属汉延渠流域灌溉范围,汉延渠位于西,地势较惠农渠平均高一丈有余。唯惠农渠上段,因渠低田高,无法引灌,故设以飞槽,借汉延渠之水而接济。初开惠农渠,多截断汉延渠东拜支流,因造本笕,置诸桥闸石礅之上，或用木柱支架之，西东横跨，以渡汉延渠之水。笕宽三四尺，长随渠度，多在七丈以外。此笕古人名为过水，现因其用作渡水，凌空卧波，故又谓之飞槽。

兹将各飞槽接引之支渠及所在地列于后：

水磨渠（在叶昇乡）；散水渠（在任春乡）；果子渠（在任春乡）；丁子渠（在王洪乡）；苜蓿渠（在王洪乡）；西波渠（在王泰乡）；南渠（在王泰乡）；北渠（在王泰乡）；阎家渠（在杨和乡）；蒋家渠（在河西在寨乡）；八户渠（在河西在寨乡）。

（四）桥梁

自正闸起，顺次至马家桥止，全渠共有桥21座。

跨干渠生产桥

正闸桥，为宁兰公路必经之桥，长七丈，宽二丈，系下闸上桥，两旁有木栏杆。

林皋桥，长五丈四尺，宽一丈五尺。

马寨桥，长五丈四尺，宽一丈五尺。

李俊桥，为一、二段之分界桥，长五丈五尺，宽一丈六尺。

唐铎桥，长四丈六尺，宽一丈六尺。

王全闸桥，长四丈八尺，宽一丈四尺。

纳家闸桥，长三丈八尺，宽一丈五尺。

大官桥，为宁兰公路必经之桥，长四丈四尺，宽二丈一尺，两旁有木栏杆。亦为二、三段之分界桥。

板桥，长三丈，宽一丈二尺。

通吉桥，长三丈二尺，宽一丈五尺。

张政桥，为宁横大道必经之桥，亦为三、四段之分界桥，长三丈二尺，宽一丈六尺。

小新桥，长二丈五尺，宽一丈二尺。

五度桥，长二丈五尺，宽一丈二尺。

沙窝桥，长二丈四尺，宽一丈二尺。

娘娘庙桥，长一丈八尺，宽一丈。

潘昶桥，长一丈五尺，宽一丈。

毕礼桥，长一丈四尺，宽九尺。

王澄桥，长一丈七尺，宽一丈。

丁家桥，长一丈四尺，宽九尺。

马家桥，系单人桥，长一丈三尺，宽三尺。

（五）埓（渠堤及河坝，俗名均为埓）

迎水长埓：由渠口斜插河中，迎水入渠，故名。当初有四百余丈之长，后因历年淘蚀，仅存一百六十余丈，上顶均宽两丈许。每年仍用草束石块做临时修葺。

滚水坝：今名跳水，河水入渠过大时，即从此坝溢，以减水势，故名。查前渠口在马关磋时，有跳水坝三道：曰大跳，曰小跳，曰三跳。今因渠口移至九道沟地方，上两坝，均损坏，现存在者，仅三跳坝，距渠口下七里许，长六十丈，底宽三丈，顶宽一丈，系用大小石块堆筑而成。

渠埓：渠口至正闸一段，以及正闸以下第一、第二两段，险要甚多，每年厉行修葺，以防疏虞。

**表2-3-1　汉延渠险要渠埓统计**

| 段　别 | 要埓名称 | 所在地 | 在渠之某旁 | 长度/丈 | 备　注 |
|---|---|---|---|---|---|
| 上（渠口至正闸）段 | 菖蒲沟埓 | 陈俊乡 | 东 | 60 | |
| | 双埓脑 | 陈俊乡 | 东 | 30 | 因受大清渠退水之冲刷 |
| | 洪记埓 | 陈俊乡 | 东 | 50 | |
| | 上新工 | 陈俊乡 | 东 | 130 | 系里渠外河双方均须作护埓工程 |
| | 下新工 | 陈俊乡 | 东 | 30 | 与上新工同 |
| | 滕家埓 | 汉坝乡 | 东 | 15 | |
| | 晏公埓 | 汉坝乡 | 东 | 130 | 与上下新工同渠 |
| 第一段 | 黄家埓 | 汉坝乡 | 东 | 10 | |
| | 张家埓 | 汉坝乡 | 东 | 10 | |
| | 曹家埓 | 林皋乡 | 西 | 50 | |
| | 王家埓 | 林皋乡 | 西 | 40 | |
| | 贾家埓 | 林皋乡 | 东 | 60 | |
| | 上张家埓 | 林皋乡 | 东 | 60 | |
| | 下张家埓 | 林皋乡 | 东 | 40 | |

续表

| 段　别 | 要埽名称 | 所在地 | 在渠之某旁 | 长度/丈 | 备　注 |
|---|---|---|---|---|---|
| 第一段 | 卧龙埽 | 林皋乡 | 西 | 40 | |
| | 张家小埽 | 林皋乡 | 西 | 12 | |
| | 暗洞上下埽 | 林皋乡 | 西 | 25 | |
| | 朱家埽 | 林皋乡 | 西 | 20 | |
| | 仓蒲埽 | 林皋乡 | 西 | 40 | |
| | 刘家小埽 | 林皋乡 | 东 | 20 | |
| | 大沙埽 | 林皋乡 | 西 | 50 | |
| | 陈家小埽 | 林皋乡 | 西 | 10 | |
| | 上阎义埽 | 叶昇乡 | 东 | 15 | |
| | 下阎义埽 | 叶昇乡 | 东 | 60 | |
| | 耿家埽 | 叶昇乡 | 东 | 10 | |
| | 顾家埽 | 叶昇乡 | 东 | 30 | |
| | 罗家埽 | 叶昇乡 | 东 | 20 | |
| | 上下哈家埽 | 叶昇乡 | 东 | 70 | |
| | 梁家埽 | 叶昇乡 | 东 | 30 | |
| | 王家埽 | 叶昇乡 | 东 | 20 | |
| | 小北渠埽 | 叶昇乡 | 东 | 30 | |
| | 张家埽 | 叶昇乡 | 东 | 40 | |
| | 上陆家埽 | 叶昇乡 | 东 | 25 | |
| | 下陆家埽 | 叶昇乡 | 东 | 20 | |
| | 钱家小埽 | 马寨乡 | 西 | 15 | |
| | 老湾埽 | 马寨乡 | 西 | 50 | |
| | 观音寺上埽 | 马寨乡 | 西 | 10 | |
| | 观音寺下埽 | 马寨乡 | 西 | 20 | |
| | 金家埽 | 马寨乡 | 西 | 30 | |
| | 曹家埽 | 马寨乡 | 西 | 30 | |
| | 雷家埽 | 任春乡 | 东 | 30 | |
| | 李家埽 | 任春乡 | 东 | 40 | |
| | 马家埽 | 任春乡 | 东 | 60 | |
| | 王家沙埽 | 任春乡 | 东 | 15 | |
| | 杨家埽 | 任春乡 | 东 | 40 | |

续表

| 段　别 | 要堺名称 | 所在地 | 在渠之某旁 | 长度/丈 | 备　注 |
|---|---|---|---|---|---|
| 第一段 | 任家堺 | 任春乡 | 东 | 10 | |
| | 丁家堺 | 任春乡 | 东 | 25 | |
| | 吴家堺 | 李俊乡 | 西 | 20 | |
| | 张家新堺 | 李俊乡 | 西 | 15 | |
| | 戴家堺 | 李俊乡 | 西 | 20 | |
| | 沈家堺 | 李俊乡 | 西 | 30 | |
| 第二段 | 唐家堺 | 李俊乡 | 西 | 10 | |
| | 曹家堺 | 李俊乡 | 西 | 30 | |
| | 寿家堺 | 李俊乡 | 西 | 30 | |
| | 龚家堺 | 李俊乡 | 西 | 50 | |
| | 孙家堺 | 任春乡 | 东 | 40 | |
| | 上下杨家堺 | 任春乡 | 东 | 70 | |
| | 北渠堺 | 任春乡 | 东 | 20 | |
| | 侯家堺 | 王洪乡 | 东 | 30 | |
| | 胡家堺 | 王洪乡 | 东 | 60 | |
| | 眭家堺 | 王洪乡 | 东 | 30 | |
| | 解家堺 | 王洪乡 | 东 | 30 | |
| | 王家堺 | 王洪乡 | 东 | 20 | |
| | 吴家堺 | 王洪乡 | 东 | 20 | |
| | 郭家堺 | 唐铎乡 | 西 | 20 | |
| | 刘家堺 | 唐铎乡 | 西 | 30 | |
| | 夏家堺 | 唐铎乡 | 西 | 15 | |
| | 张家大堺 | 唐铎乡 | 西 | 30 | |
| | 洛家堺 | 王全乡 | 西 | 15 | |
| | 唐家堺 | 王全乡 | 西 | 7 | |
| | 王闸桥堺 | 王全乡 | 西 | 8 | |
| | 沈家堺 | 王全乡 | 西 | 8 | |
| | 谢家堺 | 王全乡 | 西 | 15 | |
| | 沙湾堺 | 王全乡 | 西 | 8 | |
| | 陶家大堺 | 王泰乡 | 东 | 30 | |
| | 朱家老湾堺 | 王泰乡 | 东 | 25 | |

续表

| 段　别 | 要埂名称 | 所在地 | 在渠之某旁 | 长度/丈 | 备　注 |
|---|---|---|---|---|---|
| 第二段 | 下朱家老湾埂 | 王泰乡 | 东 | 15 | |
| | 张家大埂 | 王泰乡 | 东 | 30 | |
| | 朱家埂 | 王泰乡 | 东 | 15 | |
| | 袁家上埂 | 杨和乡 | 东 | 16 | |
| | 袁家下埂 | 杨和乡 | 东 | 7 | |
| | 徐家埂 | 杨和乡 | 东 | 6 | |
| | 刁家埂 | 杨和乡 | 东 | 8 | |
| 附　记 | 以上第一、第二两段，共有要埂76处，除渠口至正闸一段外须每年修筑。其下三、四两段，渠埂树木较多，埂基尚属坚固，不过每年春工时，由各段负责人，遇缺随时补修。尚非要工，故未列表内。 | | | | |

（六）水准标尺

设置水准标尺之地点：汉延渠全渠设有水准标尺4处，分画均以16分为限（每分以五寸许），以定水量的大小。兹将其所在地分列于后：

（1）在正闸桥。

（2）在李俊桥。

（3）在大官桥。

（4）在张政桥。

（七）水平底石

设置水平底石的地点：汉延渠原定准渠底的坡度时，于相当地点埋置底石5处，以永久保持其渠底的坡度，而免历年疏浚，致有起伏不平之虞。兹将其所在地列于后：

（1）在正闸下。

（2）在龙泉闸（即今之林皋桥）。

（3）在李俊桥。

（4）在五全闸。

（5）在板桥下。

## 三、旧灌域

### (一)旧渠

#### 1.古汉延渠

《西羌传》云:“汉虞诩使谒者郭璜,激河浚渠为屯田。此为汉延渠之始。渠口开在宁朔县陈俊乡二道河,经宁夏城东而北,至宁夏县王澄乡归入西河。其后修浚变更之情形,堙灭莫闻,自有明而下,始可稽考。明宁夏道汪文辉,于汉坝乡地方,建石正闸一座。清顺治十五年,巡抚黄图安,奏请重修。康熙四十年,河西道鞠宸咨复修。康熙五十一年,水利同知王全臣重修各暗洞,并甃以石。雍正九年,宁夏道钮廷彩,水利同知石礼图,领帑重修。乾隆四年,宁夏道钮廷彩请帑重修。乾隆四十二年,宁夏道王廷赞请帑大修。光绪二十五年,宁夏道胡景桂委绅士于自乐等,重修魏信暗洞。该渠口于前清时,因河水东趋之势益亟,将渠口改移马关嵯,两避其冲。光绪癸卯,口复冲坏,又经改至菖蒲沟卡子口,后又移至刘家滩。民国三年,水仍不畅,渠绅于镕呈请于大坝乡地方九道沟后,改开新口。惟嗣后因渠工日渐废弛,渠道淤塞几平!渠梢各乡,骤陷涸旱,因之人民生活摇动,逃亡甚多。至民国十七年春工时,经甘肃主席刘郁芬,委派宁夏区水利助理员崔桐选,严督修浚,一时雷厉风行,始将多年淤塞之渠道,疏浚通畅,渠梢各乡逃民,亦归故土,利赖至今。”

#### 2.汉延渠古支渠

据《宁夏省水利专刊》记载:古汉延渠共有支(斗)渠口436座。

天字渠(在汉延渠东,长一里,灌田五十五亩)

王家渠(在汉延渠东,长二里,灌田一百六十四亩)

朱家渠(在汉延渠东,长二里,灌田一百八十一亩)

低　渠(在汉延渠东,长二里,灌田一百五十四亩)

吴家渠(在汉延渠西,长三里,灌田二百五十亩)

贾家渠(在汉延渠西,长二里,灌田二百四十亩)

南　渠(在汉延渠东,长二里半,灌田一百五十一亩)

贾家渠(在汉延渠西,长二里,灌田一百二十亩)

北　渠(在汉延渠东,长二里半,灌田一百八十七亩)

张家渠(在汉延渠西,长二里,灌田八十六亩)

曹家渠(在汉延渠西,长二里,灌田九十六亩)

邢家渠(在汉延渠东,长二里,灌田一百二十五亩)

苏家渠(在汉延渠东,长二里半,灌田一百八十七亩)

王家渠(在汉延渠西,长三里,灌田五百四十七亩)

徐家渠(在汉延渠东,长一里半,灌田二百三十七亩半)

王家渠(在汉延渠东,长一里半,灌田三百五十亩)

杜家渠(在汉延渠东,长四里,灌田二千八百一十八亩)

沙　渠(在汉延渠西,长百余步,灌田二十亩)

呰　渠(在汉延渠东,长一里,灌田一百六十三亩)

王家渠(在汉延渠西,长一里半,灌田二百四十亩)

桑东渠(在汉延渠西,长二里,灌田三百六十五亩)

王家渠(在汉延渠西,长一里半,灌田一百六十亩)

鸭子渠(在汉延渠西,长一里半,灌田三百二十六亩)

四　渠(在汉延渠东,长二里,灌田五百五十亩)

二　渠(在汉延渠东,长一里,灌田一百四十七亩)

张家渠(在汉延渠西,长一里,灌田二百二十六亩)

王洪渠(在汉延渠西,长一里,灌田四百五十亩)

新　渠(在汉延渠西,长二里,灌田八百亩)

东北渠(在汉延渠西,长二里,灌田七百四十亩)

沙　渠(在汉延渠东,长一里,灌田一百七十七亩)

胡子渠(在汉延渠东,长五里,灌田一千五百八十二亩)

小寇渠(在汉延渠西,长一里半,灌田四百二十八亩)

大寇渠(在汉延渠西,长二里,灌田二百八十五亩)

阎家渠(在汉延渠东,长三里,灌田七百七十四亩)

西苑渠(在汉延渠东,长五里,灌田一千九百二十三亩)

陈家渠(在汉延渠西,长三里,灌田三百四十五亩)

张家渠(在汉延渠东,长三里,灌田七百九十二亩)

哈家渠（在汉延渠东，长半里，灌田一百六十五亩）

水磏渠（在汉延渠东，长十八里，灌田五千四百九十三亩）

钱家渠（在汉延渠西，长半里，灌田七十八亩）

大北渠（在汉延渠东，长九里，灌田二千九百亩）

梁家渠（在汉延渠东，长五里，灌田一千九百亩）

富家渠（在汉延渠西，长三里，灌田三百八十五亩）

陈家渠（在汉延渠西，长一里，灌田四百四十一亩）

张家渠（在汉延渠东，长四里，灌田一千零五十五亩）

董家渠（在汉延渠西，长一里半，灌田三百二十六亩）

王家渠（在汉延渠东，长一里，灌田二百二十亩）

张沙渠（在汉延渠西，长半里，灌田五十八亩）

王家渠（在汉延渠西，长一里半，灌田一百八十六亩）

回　渠（在汉延渠西，长三里，灌田二百一十亩）

周家渠（在汉延渠西，长三里半，灌田二百七十三亩二）

沙　渠（在汉延渠西，长半里，灌田一百六十四亩）

小北渠（在汉延渠东，长五里，灌田二千五百亩）

小沙渠（在汉延渠东，长半里，灌田一百亩）

萧家渠（在汉延渠西，长一里，灌田一百六十四亩）

沙　渠（在汉延渠西，长半里，灌田九十五亩）

包家渠（在汉延渠东，长一里，灌田二百亩）

徐家渠（在汉延渠东，长一里，灌田二百六十七亩）

高　渠（在汉延渠西，长五里，灌田七百二十亩零六）

低　渠（在汉延渠西，长四里，灌田五百五十亩）

何家渠（在汉延渠东，长半里，灌田七十三亩）

陆家渠（在汉延渠东，长半里，灌田一百二十八亩）

叶家渠（在汉延渠西，长半里，灌田二百二十七亩）

殷黑渠（在汉延渠西，长三里，灌田七百零八亩半）

郑家渠(在汉延渠东,长二里,灌田八百亩)

四道渠(在汉延渠西,长二里半,灌田四百五十七亩)

胡沙渠(在汉延渠东,长半里,灌田一百七十五亩)

王家渠(在汉延渠东,长十里,灌田三千五百亩)

赵家渠(在汉延渠东,长一里,灌田一百六十三亩)

五道渠(在汉延渠西,长三里,灌田六百一十二亩)

山水渠(在汉延渠东,长十五里,灌田五千余亩)

沈家渠(在汉延渠东,长一里半,灌田一百八十亩)

头　渠(在汉延渠西,长二里,灌田五百五十七亩)

南　渠(在汉延渠东,长三里半,灌田一百六十亩)

果子渠(在汉延渠东,长十八里,灌田一万余亩)

马沙渠(在汉延渠东,长百余步,灌田五十亩)

二　渠(在汉延渠西,长二里,灌田三百八十亩)

李沙渠(在汉延渠东,长三里,灌田六百四十三亩)

南　渠(在汉延渠西,长二里,灌田二百四十六亩)

王木渠(在汉延渠东,长二里,灌田二百七十八亩)

杨三渠(在汉延渠西,长二里,灌田二百五十八亩)

任沙渠(在汉延渠东,长半里,灌田七十二亩)

木水渠(在汉延渠西,长一里半,灌田二百四十四亩)

沈家渠(在汉延渠西,长二里,灌田一百二十七亩半)

下沈家渠(在汉延渠西,长二里,灌田一百七十四亩)

丁家渠(在汉延渠东,长半里,灌田八十五亩)

董家渠(在汉延渠西,长二里,灌田一百九十二亩)

祖　渠(在汉延渠西,长二里,灌田二百六十九亩)

李小渠(在汉延渠东,长半里,灌田七十亩)

新　渠(在汉延渠西,长三里,灌田九百七十三亩)

中　渠(在汉延渠西,长五里,灌田二千二百四十亩)

唐家渠(在汉延渠西,长百余步,灌田二十五亩)

杨沙渠(在汉延渠西,长二里,灌田二百五十六亩)

苏家渠(在汉延渠西,长半里,灌田一百二十一亩)

孙家渠(在汉延渠东,长一里,灌田一百七十二亩)

苏家渠(在汉延渠西,长百余步,灌田三十亩)

马家渠(在汉延渠东,长二里,灌田一百七十亩)

马家渠(在汉延渠东,长二里,灌田一百六十一亩)

王家渠(在汉延渠西,长百余步,灌田四十亩)

北　渠(在汉延渠东,长五里,灌田五百五十二亩)

马家渠(在汉延渠东,长百余步,灌田二十亩)

王家渠(在汉延渠东,长一百五十余步,灌田三十亩)

马家渠(在汉延渠东,长一里,灌田一百七十四亩)

阎家渠(在汉延渠东,长五里,灌田一千二百九十亩)

董家渠(在汉延渠东,长二里,灌田五十九亩)

张家渠(在汉延渠东,长一里半,灌田一百七十六亩)

王家渠(在汉延渠西,长一里半,灌田九十七亩半)

张家渠(在汉延渠东,长一里,灌田一百二十五亩)

哈家渠(在汉延渠西,长一里半,灌田一百三十五亩)

张家渠(在汉延渠东,长半里,灌田四十二亩)

杨家渠(在汉延渠东,长四里,灌田九百四十七亩)

侯家渠(在汉延渠东,长半里,灌田一百四十九亩)

双　渠(在汉延渠西,长四里,灌田九百四十亩)

侯沙渠(在汉延渠东,长半里,灌田一百一十二亩)

杨家渠(在汉延渠西,长半里,灌田一十六亩)

大水渠(在汉延渠西,长五里,灌田一千零三十一亩)

侯沙渠(在汉延渠东,长半里,灌田三百零三亩)

刘家渠(在汉延渠西,长一百五十余步,灌田七十二亩)

侯沙渠(在汉延渠东,长半里,灌田九十亩)

丁家渠(在汉延渠东,长八里,灌田三千三百五十亩)

郭家渠(在汉延渠西,长四里,灌田二百一十一亩)

侯家渠(在汉延渠东,长百余步,灌田五十亩)

郭家渠(在汉延渠西,长百余步,灌田五十亩)

段子渠(在汉延渠东,长四里,灌田八百九十亩)

郭家渠(在汉延渠西,长半里,灌田八十四亩)

小尼渠(在汉延渠东,长十五里,灌田三千九百七十亩)

徐家渠(在汉延渠东,长半里,灌田八十亩)

郭家渠(在汉延渠西,长百余步,灌田八十九亩)

甘家渠(在汉延渠东,长八十余步,灌田二十亩)

小营渠(在汉延渠西,长五里,灌田一千零三十六亩)

陈家渠(在汉延渠西,长半里,灌田八十四亩)

刘家渠(在汉延渠东,长二里半,灌田二百九十亩)

王家渠(在汉延渠东,长一里,灌田一百六十一亩)

黄家渠(在汉延渠西,长半里,灌田一百亩)

杜家渠(在汉延渠东,长一里,灌田八十五亩)

黄家渠(在汉延渠西,长一里,灌田一百五十亩)

周家渠(在汉延渠东,长一里,灌田一百四十八亩)

谢家渠(在汉延渠东,长二里半,灌田三百零六亩)

黑虎渠(在汉延渠西,长五里,灌田一千四百亩)

范家渠(在汉延渠西,长二里半,灌田二百亩)

马何渠(在汉延渠东,长六里,灌田一千八百八十五亩)

南　渠(在汉延渠东,长二里,灌田一百九十亩)

王洪渠(在汉延渠东,长五里,灌田二千二百亩)

钱家渠(在汉延渠西,长六里,灌田一千五百亩)

谢家渠(在汉延渠东,长一里,灌田一百亩)

张家渠(在汉延渠西,长二里半,灌田四百亩)

老实渠(在汉延渠西,长六里半,灌田二千四百亩)

谢家渠(在汉延渠东,长半里,灌田五十亩)

小　渠(在汉延渠西,长二里半,灌田五百亩)

刘家渠(在汉延渠东,长五里,灌田七百五十三亩)

殷家渠(在汉延渠西,长一里半,灌田一百五十亩)

刘家渠(在汉延渠西,长一里,灌田一百八十亩)

王家渠(在汉延渠东,长半里,灌田八十亩)

刘家渠(在汉延渠西,长二里半,灌田二百二十八亩)

殷黑渠(在汉延渠西,长六里,灌田一千六百五十亩)

头　渠(在汉延渠西,长五里,灌田一千二百亩)

毛家渠(在汉延渠东,长六里,灌田六百亩)

苜蓿渠(在汉延渠东,长二十里,灌田五千七百六十亩)

吴家渠(在汉延渠东,长二里,灌田三百亩)

二　渠(在汉延渠西,长五里,灌田五百亩)

吴家渠(在汉延渠西,长一里,灌田二百五十亩)

杨家渠(在汉延渠东,长十里,灌田二千九百亩)

罗小渠(在汉延渠西,长半里,灌田一百三十亩)

陶家渠(在汉延渠东,长二里,灌田一千零七十三亩)

王家渠(在汉延渠西,长一里,灌田二百亩)

西波渠(在汉延渠东,长二十五里,灌田四千余亩)

三　渠(在汉延渠西,长五里,灌田一千二百亩)

义子渠(在汉延渠西,长五里,灌田六百亩)

地子渠(在汉延渠西,长七里,灌田八百亩)

朱家渠(在汉延渠东,长百余步,灌田五十亩)

南　渠(在汉延渠东,长十八里,灌田三千亩)

五子渠(在汉延渠西,长七里,灌田六百亩)

沈小渠(在汉延渠西,长一里,灌田二百五十亩)

北　渠(在汉延渠东,长十五里,灌田二千六百亩)

新　渠(在汉延渠东,长十里,灌田一千九百亩)

袁家渠(在汉延渠东,长二里,灌田二百五十亩)

唐家渠(在汉延渠西,长四里,灌田八百亩)

王家渠(在汉延渠西,长半里,灌田八十四亩)

二　渠(在汉延渠东,长六里,灌田一千五百亩)

唐家渠(在汉延渠西,长半里,灌田二百亩)

刁灌渠(在汉延渠东,长一里,灌田一百亩)

新甘渠(在汉延渠西,长五里,灌田一千亩)

罗家渠(在汉延渠西,长半里,灌田一百亩)

孙家小渠(在汉延渠西,长八十余步,灌田三十亩)

张家渠(在汉延渠东,长一里,灌田二百亩)

三　渠(在汉延渠东,长三里,灌田一千五百亩)

李家渠(在汉延渠西,长一里,灌田一百九十亩)

新　渠(在汉延渠东,长六里,灌田一千六百亩)

坎子渠(在汉延渠西,长一里,灌田二百七十五亩)

大双渠(在汉延渠西,长七里,灌田一千六百亩)

马家渠(在汉延渠东,长半里,灌田八十亩)

四　渠(在汉延渠东,长六里,灌田一千亩)

马家渠(在汉延渠东,长半里,灌田六十八亩)

沙　渠(在汉延渠西,长二里,灌田四百亩)

五　渠(在汉延渠东,长四里,灌田一千六百亩)

五灌渠(在汉延渠东,长半里,灌田九十亩)

南　渠(在汉延渠东,长四里,灌田五百七十三亩)

北　渠(在汉延渠东,长四里,灌田六百五十三亩)

曹家渠(在汉延渠东,长三里,灌田五百二十八亩)

菓子渠(在汉延渠西,长三里,灌田三百亩)

孙家渠(在汉延渠西,长二里,灌田三百亩)

二户渠(在汉延渠东,长三里,灌田五百亩)

曲家渠(在汉延渠东,长四里,灌田五百亩)

蒋家渠(在汉延渠西,长二里,灌田七百亩)

刘家渠(在汉延渠东,长二里,灌田六百亩)

营前渠(在汉延渠西,长二里半,灌田三百亩)

营后渠(在汉延渠西,长二里,灌田七百亩)

四户渠(在汉延渠东,长二里,灌田三百亩)

五户渠(在汉延渠东,长三里,灌田三百六十亩)

新口子(在汉延渠西,长二里,灌田二百二十亩)

沙　渠(在汉延渠东,长三里,灌田二百五十亩)

头户渠(在汉延渠西,长二里,灌田五百亩)

黑　渠(在汉延渠东,长三里,灌田四百六十亩)

西　渠(在汉延渠西,长三里,灌田四百亩)

东　渠(在汉延渠西,长三里,灌田四百二十亩)

阎家渠(在汉延渠东,长四里,灌田三百亩)

狐子渠(在汉延渠西,长一里,灌田二百一十亩)

蒋家渠(在汉延渠东,长四里,灌田五百亩)

苏家渠(在汉延渠西,长一里,灌田二百二十亩)

头户渠(在汉延渠东,长二里半,灌田三百九十八亩)

二户渠(在汉延渠东,长三里,灌田六百五十亩)

二　渠(在汉延渠西,长四里,灌田九百九十二亩)

杨家渠(在汉延渠西,长半里,灌田六十亩)

大三户渠(在汉延渠东,长二里,灌田三百八十亩)

三　渠(在汉延渠西,长三里,灌田四百五十九亩)

四　渠(在汉延渠西,长三里,灌田四百六十亩)

周公渠(在汉延渠东,长四里,灌田九百八十亩)

周家灌洞(在汉延渠东,长一里,灌田一百二十亩)

五　渠(在汉延渠西,长三里半,灌田五百五十亩)

下头渠(在汉延渠西,长五里,灌田六百二十一亩)

五户渠(在汉延渠东,长三里,灌田四百六十亩)

二口渠(在汉延渠西,长五里,灌田五百五十五亩)

大双渠(在汉延渠西,长四里半,灌田一千一百一十四亩)

小双渠(在汉延渠西,长三里,灌田四百三十七亩)

东双渠(在汉延渠西,长二里,灌田二百六十四亩)

孙家小渠(在汉延渠东,长二里,灌田三百四十亩)

汪　渠(在汉延渠东,长四里半,灌田九百二十亩)

漆家渠(在汉延渠西,长一里半,灌田二百三十一亩)

杨家渠(在汉延渠西,长一里半,灌田四百一十亩)

高　渠(在汉延渠东,长五里,灌田一千一百九十八亩)

红　渠(在汉延渠东,长三里,灌田六百六十亩)

富家渠(在汉延渠西,长一里半,灌田一百九十三亩)

东　渠(在汉延渠东,长三里,灌田五百八十七亩)

八户渠(在汉延渠东,长三里,灌田五百九十二亩)

小高渠(在汉延渠东,长三里半,灌田五百八十亩)

冯家渠(在汉延渠西,长一里半,灌田二百五十三亩)

小北渠(在汉延渠东,长三里半,灌田五百八十亩)

大北渠(在汉延渠东,长三里,灌田五百二十亩)

大双渠(在汉延渠东,长四里,灌田六百二十亩)

王家渠(在汉延渠西,长一里,灌田二百九十八亩)

王家渠(在汉延渠西,长二里半,灌田四百五十二亩)

施家渠(在汉延渠西,长三里,灌田四百二十七亩)

公益渠(在汉延渠东,长二里,灌田三百五十亩)

小鸟渠(在汉延渠西,长二里,灌田三百零五亩)

南柯渠(在汉延渠东,长八里,灌田一千亩)

马莲渠(在汉延渠东,长五里,灌田九百亩)

五户渠(在汉延渠东,长五里,灌田六百亩)

头户渠(在汉延渠西,长三里,灌田四百五十亩)

六户渠灌洞(在汉延渠东,长半里,灌田八十亩)

六户渠(在汉延渠东,长五里,灌田六百三十一亩)

二户渠(在汉延渠西,长三里,灌田四百五十亩)

二户渠灌洞(在汉延渠西,长五十余步,灌田一百亩)

长户渠灌洞(在汉延渠西,长五十余步,灌田八十亩)

长户渠(在汉延渠西,长九里,灌田一千四百亩)

七户渠(在汉延渠东,长五里,灌田五百三十二亩)

田十渠(在汉延渠西,长三里,灌田四百亩)

一号渠(在汉延渠东,长五里,灌田三百四十亩)

头户渠(在汉延渠西,长五里,灌田六百亩)

二户渠(在汉延渠东,长七里,灌田四百九十亩)

鲁家渠(在汉延渠东,长一里,灌田二百六十五亩)

陈家渠(在汉延渠西,长一里,灌田一百亩)

闸　渠(在汉延渠东,长七里,灌田四百三十亩)

公益渠(在汉延渠东,长半里,灌田四十亩)

三户渠(在汉延渠西,长三里,灌田二百五十亩)

三户渠(在汉延渠东,长七里,灌田六百亩)

四户渠(在汉延渠西,长七里,灌田六百亩)

新四户渠(在汉延渠东,长七里,灌田六百亩)

赵家渠(在汉延渠东,长三里,灌田二百二十亩)

四户渠(在汉延渠西,长七里,灌田七百亩)

五户渠(在汉延渠东,长七里,灌田七百五十亩)

陈家渠(在汉延渠西,长三里,灌田三百亩)

徐家渠(在汉延渠西,长二里,灌田一百亩)

杨风渠(在汉延渠东,长八里,灌田五百亩)

郭家小渠(在汉延渠西,长一里半,灌田一百亩)

新灌洞(在汉延渠东,长五里,灌田五百七十亩)

头户渠(在汉延渠西,长二里半,灌田三百亩)

边　渠(在汉延渠东,长九里,灌田七百五十亩)

五度渠(在汉延渠东,长十六里,灌田一千四百亩)

苏家小渠(在汉延渠东,长二里,灌田一百五十亩)

高家渠(在汉延渠西,长半里,灌田九十亩)

李家渠(在汉延渠东,长一里,灌田八十亩)

二户渠(在汉延渠西,长五里,灌田六百五十亩)

大银合渠(在汉延渠东,长十七里,灌田二千五百五十亩)

三户渠(在汉延渠西,长三里,灌田三百五十亩)

四户渠(在汉延渠西,长五里,灌田七百五十亩)

余家渠(在汉延渠东,长三里,灌田五百亩)

五户渠(在汉延渠西,长三里半,灌田三百亩)

六户渠(在汉延渠西,长五里,灌田五百亩)

金家渠(在汉延渠东,长一里,灌田一百亩)

七户渠(在汉延渠西,长四里半,灌田四百二十亩)

小银合渠(在汉延渠东,长八里,灌田一千九百亩)

刘家渠(在汉延渠东,长三里,灌田三百亩)

八户渠(在汉延渠西,长五里,灌田六百五十亩)

李家渠(在汉延渠东,长二里,灌田二百八十亩)

杨高渠(在汉延渠东,长一里半,灌田二百亩)

下八户渠(在汉延渠西,长二里,灌田一百亩)

边　渠(在汉延渠东,长五里,灌田二千九百五十亩)

葛登渠（在汉延渠东，长七里，灌田二千八百亩）

旋家渠（在汉延渠东，长二里半，灌田三百亩）

毕家渠（在汉延渠东，长九里半，灌田二千七百亩）

张家渠（在汉延渠东，长一里半，灌田三百亩）

蒋家渠（在汉延渠东，长二里半，灌田二百八十亩）

小新渠（在汉延渠东，长十四里，灌田三千五百亩）

条槽渠（在汉延渠东，长三里半，灌田四百亩）

沙　渠（在汉延渠东，长一里半，灌田二百五十亩）

刘家渠（在汉延渠东，长百余步，灌田五十亩）

施家渠（在汉延渠东，长一里，灌田一百二十亩）

庙　渠（在汉延渠东，长百余步，灌田五十亩）

高　渠（在汉延渠西，长五里，灌田六百二十五亩）

常　渠（在汉延渠西，长七里，灌田一千五百亩）

庙小渠（在汉延渠东，长百余步，灌田四十亩）

刘家渠（在汉延渠东，长三里，灌田四百五十亩）

陆家渠（在汉延渠西，长三里，灌田三百亩）

邓子渠（在汉延渠东，长三里半，灌田五百一十五亩）

高家渠（在汉延渠西，长一里半，灌田二百亩）

田家渠（在汉延渠西，长三里，灌田二百八十亩）

赵家渠（在汉延渠东，长一里半，灌田一百六十亩）

庙二渠（在汉延渠西，长七里，灌田一千一百四十亩）

周家渠（在汉延渠西，长一里，灌田一百八十亩）

大高渠（在汉延渠东，长十二里，灌田三千五百亩）

丁家渠（在汉延渠西，长半里，灌田七十亩）

南毛渠（在汉延渠东，长十二里，灌田三千五百亩）

北毛渠（在汉延渠东，长十七里，灌田五千亩）

尤家渠（在汉延渠东，长二里，灌田二百五十亩）

头户渠(在汉延渠东,长三里,灌田三百亩)

沙　渠(在汉延渠东,长一里,灌田一百五十亩)

罗家渠(在汉延渠西,长三里,灌田四百一十亩)

钱家渠(在汉延渠西,长二里,灌田一百九十亩)

冯家渠(在汉延渠西,长二里,灌田二百九十亩)

二户渠(在汉延渠东,长三里,灌田二百八十五亩)

曹高渠(在汉延渠西,长一里半,灌田二百八十亩)

曹低渠(在汉延渠西,长一里半,灌田二百八十亩)

曹灌洞(在汉延渠西,长半里,灌田一百亩)

三户渠(在汉延渠东,长二里,灌田二百五十亩)

四户渠(在汉延渠东,长二里半,灌田三百五十亩)

五户渠(在汉延渠东,长三里半,灌田五百亩)

罗家渠(在汉延渠西,长半里,灌田一百亩)

中方渠(在汉延渠西,长三里半,灌田五百七十亩)

六户渠(在汉延渠东,长二里,灌田二百八十亩)

七户渠(在汉延渠东,长二里,灌田二百四十亩)

张家渠(在汉延渠西,长二里半余,灌田不详)

黄家渠(在汉延渠东,长二里,灌田一百三十亩)

小叶渠(在汉延渠西,长三里,灌田三百八十亩)

王家渠(在汉延渠西,长半里,灌田七十亩)

唐家渠(在汉延渠东,长二里,灌田一百亩)

八户渠(在汉延渠东,长二里,灌田一百一十亩)

刘家渠(在汉延渠西,长一里,灌田一百九十三亩)

孙家渠(在汉延渠西,长四里,灌田六百五十亩)

宰家渠(在汉延渠东,长六里,灌田五百五十五亩)

段家渠(在汉延渠东,长一里,灌田一百五十亩)

中　渠(在汉延渠东,长八里,灌田二千一百亩)

岳家渠(在汉延渠东,长一里,灌田一百九十亩)

岳家渠(在汉延渠西,长一里半,灌田二百亩)

彭家渠(在汉延渠东,长二里半,灌田二百五十亩)

潘家渠(在汉延渠西,长半里,灌田一百亩)

顾家渠(在汉延渠西,长百余步,灌田三十亩)

官家渠(在汉延渠西,长一里半,灌田二百五十亩)

南方渠(在汉延渠西,长三里,灌田四百亩)

北方渠(在汉延渠西,长三里,灌田四百一十亩)

赵家渠(在汉延渠西,长一里,灌田一百八十三亩)

顾家渠(在汉延渠西,长一里,灌田一百五十亩)

李家渠(在汉延渠西,长一里,灌田一百亩)

王家渠(在汉延渠西,长三里,灌田一百三十亩)

顾家渠(在汉延渠东,长半里,灌田一百亩)

陆家渠(在汉延渠东,长三里,灌田四百五十亩)

曹家渠(在汉延渠西,长一里,灌田一百九十亩)

曹家渠(在汉延渠西,长一里,灌田一百亩)

陆　渠(在汉延渠东,长二里,灌田二百二十亩)

曹家渠(在汉延渠西,长半里,灌田五十亩)

三户渠(在汉延渠东,长半里,灌田八十亩)

头道渠(在汉延渠东,长五里,灌田七百亩)

何家渠(在汉延渠东,长一里,灌田一百二十亩)

刘家渠(在汉延渠西,长一里半,灌田二百亩)

二道渠(在汉延渠东,长三里,灌田三百八十亩)

何家渠(在汉延渠西,长半里,灌田八十亩)

刘高渠(在汉延渠西,长一里,灌田一百三十亩)

朱家渠(在汉延渠东,长一里,灌田一百八十亩)

王家渠(在汉延渠西,长二里半,灌田三百亩)

刘家渠(在汉延渠西,长一里,灌田一百六十亩)

朱家渠(在汉延渠东,长一里半,灌田一百五十亩)

朱家渠(在汉延渠东,长一里,灌田一百亩)

王家渠(在汉延渠西,长一里,灌田一百五十亩)

阎家渠(在汉延渠东,长一里,灌田二百亩)

锅子渠(在汉延渠东,长一里半,灌田三百亩)

孙家渠(在汉延渠西,长二里,灌田一百七十亩)

南　渠(在汉延渠东,长二里,灌田二百亩)

杜家渠(在汉延渠东,长半里,灌田一百亩)

赵家渠(在汉延渠西,长一里,灌田八十亩)

李家渠(在汉延渠东,长二里半,灌田二百九十亩)

杜家渠(在汉延渠东,长半里,灌田八十亩)

胡家渠(在汉延渠西,长一里,灌田一百二十亩)

蒋门低渠(在汉延渠西,长四里半,灌田五百四十亩)

董家渠(在汉延渠西,长一里,灌田八十亩)

董家渠(在汉延渠东,长一里,灌田一百亩)

刘家渠(在汉延渠西,长一里,灌田一百一十亩)

萧家渠(在汉延渠东,长三里,灌田四百亩)

罗家渠(在汉延渠东,长三里,灌田四百亩)

沈家渠(在汉延渠西,长一里半,灌田一百六十亩)

李家渠(在汉延渠西,长一里,灌田一百一十三亩)

曹家渠(在汉延渠西,长五里,灌田八百八十亩)

李家渠(在汉延渠西,长二里,灌田二百亩)

陶家渠(在汉延渠东,长三里,灌田四百五十亩)

李家渠(在汉延渠西,长半里,灌田八十亩)

陶家渠(在汉延渠东,长二里,灌田二百五十亩)

叶家渠(在汉延渠东,长三里,灌田二百五十亩)

陶家渠(在汉延渠西,长二里,灌田三百亩)

周家渠(在汉延渠西,长一里,灌田二百亩)

柳黑中渠(在汉延渠东,长五里,灌田四百亩)

孙家渠(在汉延渠西,长二里,灌田二百五十亩)

陈家渠(在汉延渠东,长三里,灌田六百九十五亩)

化家渠(在汉延渠东,长一里,灌田一百五十亩)

张家渠(在汉延渠西,长三里,灌田五百亩)

陆家渠(在汉延渠西,长一里半,灌田一百一十五亩)

王家渠(在汉延渠东,长百余步,灌田三十亩)

郑家渠(在汉延渠西,长二里半,灌田二百二十亩)

贺家渠(在汉延渠西,长二里,灌田三百一十亩)

陈家渠(在汉延渠西,长二里,灌田三百三十亩)

方家渠(在汉延渠西,长二里,灌田二百三十亩)

熊家渠(在汉延渠东,长一里半,灌田二百亩)

方家渠(在汉延渠西,长二里,灌田二百亩)

裤子渠(在汉延渠东,长四里,灌田八百亩)

唐家渠(在汉延渠西,长三里,灌田三百三十亩)

陆曾渠(在汉延渠西,长三里,灌田四百五十三亩)

化子渠(在汉延渠东,长一里,灌田一百五十亩)

殷家渠(在汉延渠东,长四里,灌田五百亩)

狐子渠(在汉延渠西,长一里,灌田一百四十亩)

(二)灌域

据《宁夏省水利专刊》载:“查本渠自大坝乡之九道沟地方,开口进水,向东北流,经陈俊乡而至汉坝乡之正闸,长凡二十里,均系东傍河沿,西倚高岸,渠西陈俊与汉坝相邻之地点,有支渠四道,灌田二千余亩。自正闸以下,过汉坝而经林皋,再西经过马寨及李俊上方,复东经过叶昇及任春上方,而至李俊桥,此为该渠之第一段,计汉坝乡渠东有支渠五道,渠西有支渠二道,灌田一千一百余亩。林皋乡渠东有支渠十一道,渠西有支渠十五道，灌田一万三千三百余亩。马寨乡有支渠十七道，灌田五千七百余亩。叶昇乡有支渠十九道，灌田二万三千一百余亩。李俊上方有支渠十道，灌田五千五百余亩。任春上方有支渠十一道，灌田一万六千七百余亩。总计第一段共长五十二里半，支渠九十道，灌田六万五千四百余亩。

"自李俊桥起，渠西经过李俊下方：唐铎、王全、许旺；复东经过任春下方：王洪、王泰、杨和各乡，而至大官桥，即为该渠之第二段。计李俊下方有支渠十九道，灌田六千七百余亩。任春下方有支渠十八道，灌田四千五百余亩。唐铎乡有支渠十道，灌田八千七百余亩。王洪乡有支渠二十一道，灌田二万一千四百余亩。王全乡有支渠十四道，灌田七千八百余亩。王泰乡有支渠六道，灌田一万二千七百余亩。许旺乡有支渠十一道，灌田四千八百余亩。杨和乡有支渠二十四道，灌田一万四千九百余亩。总计第二段共长六十里，大小支渠一百二十三道，灌田八万一千五百余亩。

"自大官桥起，渠西经过魏信及张政上方，复东经过河西寨及李祥上方，而至张政桥，即为该渠之第三段。计魏信乡及张政上方共有支渠三十一道，灌田一万四千六百余亩。河西寨有支渠十八道，灌田九千九百余亩。李祥上方有支渠十一道，灌田五千三百余亩。总计第三段共长四十里，支渠六十道，灌田二万九千八百余亩。

"自张政桥起，渠西经过张政下方：汉左、王澄西方；复东经过李祥下方：镇河、金贵、潘昶、王澄东方各乡，而至尾闸，即为该渠之第四段，计张政下方有支渠十六道，灌田六千二百余亩。汉左乡有支渠十二道，灌田五千四百余亩。李祥下方，有支渠五道，灌田二千二百余亩。镇河乡有支渠八道，灌田六千五百余亩。金贵乡有支渠二十道，灌田一万七千五百余亩。潘昶乡有支渠十六道，灌田一万四千八百余亩。王澄乡东西共有支渠八十八道，灌田二万四千三百余亩。总计第四段共长六十六里，支渠一百六十五道，灌田七万六千九百余亩。

"本渠自正闸至尾闸，分为四段，共长二百一十九里，共有大小支渠四百三十六道，经过宁朔县之陈俊、汉坝、林皋、马寨、叶昇、李俊、任春、唐铎、王洪、王泰、王全、许旺、杨和、魏信、河西寨等十五乡，灌田一十六万七千三百余亩。经过宁夏县之张政、李祥、镇河、金贵、汉左、潘昶、王澄等七乡，灌田八万九千一百余亩。共计灌溉夏朔两县田地二十五万六千四百余亩。"

## 四、历代整修

汉延渠自创修以来，历史上从未停止过更新改造的步伐，历朝历代不乏垦渠浚渠的经典案例，也孕育出了众多治水名人，他们历经千辛万苦、功勋卓著。正是有了这些心怀国之大者，心系水利民生治水先贤的贡献，才给我们留下了宝贵的灌溉遗产。

表2-3-2　汉延渠历代整修年表

| 整修内容 | 整修年代 | 代表人物/实施部门 | 备　注 |
|---|---|---|---|
| 创　修 | 西汉武帝元封太初年（前110—前101年） | 虞诩、郭璜 | |
| 疏　浚 | 东汉顺帝永建四年（129年） | — | |
| 复　开 | 元世祖至元元年（1264年） | 董文用 | |
| 更立插堰，疏浚、延长、复通 | 元初元五年（1268年） | 郭守敬 | |
| 疏浚维修，修筑汉、唐渠 | 明洪武三年（1370年） | 宁　正 | |
| 汉坝堡建石正闸一座四孔 | 明隆庆六年（1572年） | 汪文辉 | |
| 重　修 | 清顺治十五年（1658年） | 黄图安 | |
| 复　修 | 清康熙四十年（1701年） | 鞠宸咨 | |
| 重修各暗洞 | 清康熙五十一年（1712年） | 王全臣 | |
| 领帑重修 | 清雍正九年（1731年） | 钮廷彩、石礼图 | |
| 奏请大修 | 清乾隆四年（1739年） | 钮廷彩 | |
| 请帑大修 | 清乾隆四十二年（1777年） | 王廷赞 | |
| 重修魏信涵洞 | 清光绪二十五年（1899年） | 胡景桂、于自乐 | |
| 渠口改至菖蒲沟卡子口 | 清光绪二十九年（1903年） | — | |
| 呈请上移渠口于大坝乡九道沟 | 民国三年（1914年） | 于　镕 | |
| 严督修浚，始将淤浅之渠道疏挖畅通 | 民国十七年（1928年） | 崔桐选 | |
| 渠口由陈俊堡之九道沟上移于河西口与惠农、大清二渠并口引水 | 民国二十七年（1938年） | 李翰园 | |
| 裁弯10处 | 1957年秋至1958年春 | 青铜峡、永宁、贺兰 | |
| 实施河渠分家工程，改由河西总干渠原唐徕渠头闸分水 | 1961—1963年 | 银川水利分局 | |

续表

| 整修内容 | 整修年代 | 代表人物/实施部门 | 备　注 |
| --- | --- | --- | --- |
| 干渠共裁弯29处<br>缩短渠线16.8km | 1963年以来 | 青铜峡、永宁、<br>贺兰 | |
| 建林皋等4座节制闸<br>裁弯9处加高培厚渠堤 | 1965年 | 青铜峡、永宁、<br>贺兰 | |

## 五、渠口变迁

中华人民共和国成立前遗留下来的汉延渠是一条弯曲、破旧的古老渠道，引水渠口因河道的变迁曾多次改移上延。两千多年来，一代代治水人从激河挡水到草（木）土围堤堵水，从卷埽围堰分水到建石闸取水；从无坝引水到有坝调水，从无闸引水到有闸引水，创造了人类引水灌溉史上的一个又一个奇迹，为后人留下了宝贵的灌溉遗产。

自1938年渠口移由西河九道沟处供水后至1963年实现河渠分家前，每年在九道沟进水处堆存麦柴数十垛，渠水不足时，即用柴土加压临时迎水堤，河水涨落常常不定，多次加压临时迎水堤的工料耗费成为干渠的分外负担，且供水保证率不高，渠梢时常告旱。黄河大水时，小坝进水闸以上渠段时有漫溢溃决之患。

1960年黄河青铜峡水利枢纽工程截流后，实现了河渠分家，汉延渠由河西总干渠原唐徕渠头闸分水，结束了数千年无坝引水的历史。

**表2-3-3　汉延渠渠口变迁年**

| 渠口位置 | 变迁原因 | 变迁年代 | 实施人物 |
| --- | --- | --- | --- |
| 青铜峡出口下西岸<br>陈俊堡二道河 | 创　修 | 汉元封太初年<br>（公元前110—<br>公元前101年） | 虞诩、郭璜 |
| 陈俊堡二道河 | 北宋初因战乱旧口被淤复开 | 元世祖至元元年（1264年） | 董文用 |
| 汉坝堡（小坝镇） | 距渠口十二里之汉坝堡<br>建石正闸一座四孔 | 明庆隆六年（1572年） | 汪文辉 |
| 马关嵯 | 因河水东趋渠口<br>改移西河马关嵯 | 光绪二十九年（1903年） | |
| 菖蒲沟卡子口 | 又改移至菖蒲沟卡子口 | 光绪二十九年（1903年） | |
| 陈俊堡之九道沟<br>（大坝镇） | 上移渠口于大坝乡九道沟 | 民国三年（1914年） | 于　镕 |

续表

| 渠口位置 | 变迁原因 | 变迁年代 | 实施人物 |
| --- | --- | --- | --- |
| 河西口 | 渠口由陈俊堡之九道沟上移至河西口与惠农、大清二渠并口引水 | 民国二十七年(1938年) | 李翰园 |
| 河西总干渠原唐徕渠头闸分水 | 青铜峡大坝截流后实施河渠分家工程改由河西总干渠原唐徕渠头闸分水 | 1961—1963年 | |

## 第四节　渠道改造

中华人民共和国成立前的汉延渠，渠道弯曲，淤积严重，渠堤单薄，决口频繁，工程设施简陋。最大引水流量仅为40 $m^3/s$，灌溉困难。引水口在青铜峡出口河西(左岸)青铜峡市大坝乡利民村(原为宁朔县陈俊堡)二道河处，为无坝自流引水。由于河道左右摆动，引水口多次变迁。引水口至小坝进水闸长约10 km，右滨西河，险要工段达七八处，溢流堰(侧堰)和退水闸均为旧式水工建筑。汛期抢险，甚为紧张。

旧中国遗留下来的汉延渠设施破旧，蜿蜒100余千米的干渠，仅有石柱木结构的生产桥和独木便桥21座，所有的闸、涵均为木石胶泥砌筑的条石结构，直接在干渠开口的支(斗)口多达442座，且多为灌洞，非常简陋，止水时用柳枝、麦草堵塞，致使跑水漏水，浪费现象十分严重。

中华人民共和国成立后，在党和政府的高度重视下，对汉延渠进行了多次扩整改造，逐年进行了以“裁湾取顺”为主的扩整改建工程。如今的汉延渠，渠道顺直、渠堤坚固、水流通畅。引水能力由中华人民共和国成立初的40 $m^3/s$增加到70 $m^3/s$，灌溉面积由25.56万亩扩大到54万亩。

1960年，黄河青铜峡水利枢纽工程截流和1962年河渠分家工程完成后，进水由河西总干渠原唐徕渠头闸分水，变无坝引水为有坝引水，使供水保证率相应提高，干渠建筑物也基本上都做了改建。

在管理体制上，中华人民共和国成立前以渠设局，中华人民共和国成立之初至1970

年由各县分段管理，这样上下游用水矛盾很大。因此，1970年由自治区革命委员会决定：青铜峡河西各大干渠改分县管理为渠系管理，成立汉延渠管理处。

## 一、历次改建扩建

### （一）渠首工程建设

汉延渠原由西河引水，当西河水小时，要拦堵西河，西河水大时，堵坝走失，常年数次修堵，费工费料。1960年，青铜峡水利枢纽工程截流后，为汉并唐创造了条件，将汉延渠由西河引水改由唐徕渠头闸（原边关闸）引水，先入王家河，在王家河与西河汇流处以上200 m处堵坝，然后开新渠7 km，入大清渠故道至九道沟下接入原渠，从而保证了灌溉水量，又节省了每年在西河堵坝的工料。该工程于1961年开工，1962年6月完成，渠首“河渠分家”工程竣工，使河西灌区各大干渠纳于一首，由青铜峡枢纽渠首电站尾水供水于河西总干渠，依次分水给各大干渠，从而结束了汉延渠两千多年来无坝引水的历史，常年引水得到了保障。

### （二）渠道工程建设

1. 干渠砌护

1970年以来，结合渠道裁湾取顺，对已定型的渠段，采用不同形式的砌护。填方、半挖半填段多采用混凝土浇坡脚基础（宽50 cm，深70 cm），水泥砂浆砌片石护坡（或砌片石1 m高，1 m以上砌预制混凝土板）；挖方段，多采用干砌片石砌坡脚基础，混凝土板护坡，以减冻胀。到1985年共砌护单堤26.7 km，砌护干渠底2 km（其中塑料薄膜砌护1.4 km），砌护险工段14处。

2. 渠道建筑物

随着干渠的扩整，相应地扩建、改建或新建了建筑物。1970年至1985年新建桥梁14座，涵洞2座，渡槽6座，进水闸、节制闸（提水闸）8座，退水闸3座。较大的银横公路掌政桥是1971年由宁夏交通局投资兴建的，反帝沟涵洞是1970年至1971年由青铜峡水电局因新开反帝沟而新建的（该洞1980年刚放冬水，涵洞出口右侧塌陷造成决口，损失较大，1981年加固整修）。较大的第一排水沟渡槽是为废除原唐铎洞由汉延渠管理处自己设计施工于1974年建成的。

（1）各类水闸（进水、节制、退水）。

表2-4-1　1970—1985年汉延渠水闸统计

| 名　称 | 结构形式 | 孔数/个 | 过水量/($m^3/s$) | 修建时间/年 |
|---|---|---|---|---|
| 汉延渠小坝进水闸 | 钢筋混凝土开敞式电动平板闸 | 4 | 90 | 1975 |
| 马寨桥节制闸 | 钢筋混凝土开敞式电动平板闸 | 6 | 65 | 1975 |
| 大银河节制闸 | 料石礅、钢筋混凝土开敞式手摇平板闸 | 3 | 15 | 1979 |
| 潘昶节制闸 | 混凝土双孔斗口式平板闸(东侧带一小闸) | 2 | 10 | 1971 |
| 王澄节制闸 | 混凝土双孔斗口式平板闸 | 2 | 8 | 1973 |
| 丁家桥下稍段头闸 | 料石礅排针式木杠闸门 | 1 | 5 | 1972 |
| 丁家桥下稍段二闸 | 料石礅排针式木杠闸门 | 1 | 3 | 1972 |
| 丁家桥下稍段三闸 | — | 1 | 2 | 1972 |
| 小坝退水闸 | 圬工闸礅、钢筋混凝土排架开敞式电动平板闸 | 5 | 100 | 1974改建 |
| 唐铎退水闸 | 圬工闸礅、钢筋混凝土排架开敞式手摇平板闸 | 2 | 10 | 1978 |
| 大银河节制闸 | 混凝土双孔斗口式平板闸 | 2 | 5 | 1976 |

(2)渡槽。

表2-4-2　1970—1985年汉延渠渡槽统计

| 名　称 | 结构形式 | 孔数/个 | 过水量/($m^3/s$) | 修建时间/年 |
|---|---|---|---|---|
| 第一排水沟渡槽 | 钢筋混凝土井柱,工字梁,微弯板,矩形槽 | 6 | 55 | 1974 |
| 中干沟渡槽 | 钢筋混凝土井柱,T字梁,钢筋混凝土矩形槽 | 6 | 30 | 1974 |
| 永二干沟渡槽 | 钢筋混凝土排架,T字梁,微弯板,矩形槽 | 7 | 20 | 1971 |
| 银东沟渡槽 | 钢筋混凝土井柱,T字梁,钢筋混凝土矩形槽 | 7 | 20 | 1978 |
| 第二排水沟渡槽 | 钢筋混凝土排架,薄壳槽 | 7 | 5 | 1981 |
| 银新沟渡槽 | 钢筋混凝土井柱,T字梁,钢筋混凝土矩形槽 | 5 | 10 | 1973 |

(3)涵洞。

表2-4-3　1970—1985年汉延渠涵洞统计

| 名　称 | 结构形式 | 孔数/个 | 过水量/($m^3/s$) | 修建时间/年 | 附　注 |
|---|---|---|---|---|---|
| 反帝沟涵洞 | 料石礅,钢筋混凝土盖板 | 2 | 10 | 1970 | 1980年冬灌出口塌坏<br>1981年加固延长 |
| 牛毛湖涵洞 | 混凝土礅,混凝土盖板 | 1 | 5 | 1971 | 1978年开银东干沟后废除 |

(4)桥梁。

表2-4-4　1970—1985年汉延渠桥梁统计

| 名　称 | 结构形式 | 跨　数 | 尺寸/m | 修建时间/年 |
|---|---|---|---|---|
| 蔡家桥 | 钢筋混凝土排架平板桥 | 3 | 21×3 | 1971 |
| 良繁场人行桥 | 钢筋混凝土排架T形梁 | 3 | 25×2.2 | 1971 |
| 西玉二队桥 | 钢筋混凝土排架T形梁 | 4 | 32×4.5 | 1973 |
| 永黄公路桥 | 砌石礅、钢筋混凝土拱 | 2 | 34×6 | 1973 |
| 掌政银横公路桥 | 钢筋混凝土井柱工字梁微弯板 | 2 | 38×8 | 1973 |
| 陈家小桥 | 钢筋混凝土排架平板桥 | 5 | 28×4 | 1974 |
| 第一排水沟桥 | 钢筋混凝土井柱T形梁 | 2 | 60×4.5 | 1974 |
| 大北渠生产桥 | 钢筋混凝土排架平板桥 | 5 | 40×4.5 | 1974 |
| 板　桥 | 钢筋混凝土排架平板桥 | 5 | 28×5 | 1976 |
| 汉佐桥 | 钢筋混凝土排架平板桥 | 2 | 21×6 | 1976 |
| 新五都桥 | 钢筋混凝土排架平板桥 | 3 | 18×5.6 | 1978 |
| 果子渠人行桥 | 钢筋混凝土单柱T形梁 | 4 | 32×1.55 | 1982 |
| 屈家湾子人行桥 | 钢筋混凝土排架T形梁 | 4 | 30×2.45 | 1980 |
| 新通济桥 | 钢筋混凝土排架平板桥 | 4 | 28×4 | 1983 |

(5)支斗口。

直接在干渠上开口的支斗渠较多，且布局不合理。1970年以来，配合社队农田水利规划、干渠扩整，逐步合并支(斗)渠口，由1973年的306座合并至1983年的278座，取消了一些布设不合理的斗口，减少了水量浪费和干渠隐患，提高了水的利用率。

①果子渠。

果子渠，汉延渠右岸支渠，位于永宁县李俊镇，开口于汉延渠桩号16+550，总长11.5 km，设计流量5 $m^3/s$，灌溉永宁县李俊镇的许桥村、丰登村、王团村、团结村、雷台村、东方村等村土地，灌溉面积23155亩。

果子渠其名最早见于弘治《宁夏新志》："渠口十有六……果子……" 乾隆《宁夏府志》载："果子渠，在任春堡，长四十九里三分。"在清晚期的《宁夏河渠图》(中国国家图书馆收藏)中也有此渠名。民国时期的《宁夏省水利专刊》记载："果子渠，在干渠东，长十八里，灌田一万余亩。"

中华人民共和国成立后，于1961年翻建果子渠，2015年重新改造。目前，渠道已经全断面砼板砌护。

②水磨渠。

水磨渠，汉延渠右岸支渠，位于青铜峡市叶盛镇，开口于汉延渠桩号10+333，渠长5.5 km，引水流量1.05 $m^3/s$，灌溉青铜峡市叶盛镇叶盛村、光明村、龙门村土地，灌溉面积3584亩。

水磨渠其名最早见于弘治《宁夏新志》："渠口十有六……水磨……"在万历《朔方新志》中也有记载。乾隆《宁夏府志》载："水磨渠，在叶升堡，长二十里。"在清晚期的《宁夏河渠图》中也有此渠名。民国时期的《宁夏省水利专刊》记载："水磨渠，在干渠东，长十八里，灌田五千四百九十三亩。"

中华人民共和国成立后于1964年大规模翻建水磨渠，之后又经历数次修补，目前渠道已经全断面砼板砌护。

③大北渠。

大北渠，汉延渠右岸支渠，开口于汉延渠桩号11+121，渠长6.72 km，引水流量1.1 $m^3/s$，灌溉青铜峡市叶盛镇盛庄村、叶盛村、张庄村土地，灌溉面积4534亩。

大北渠之名最早见于清乾隆《宁夏府志》："大北渠，在叶升堡，长十五里。"在清晚期的《宁夏河渠图》（中国国家图书馆收藏）中也有此渠名。民国时期的《宁夏省水利专刊》记载："大北渠，在干渠东，长九里，灌田二千九百亩。"

中华人民共和国成立后，曾在1974年大规模翻建大北渠。目前，渠道已经全断面砼板砌护。

④散水渠。

散水渠，汉延渠右岸支渠，开口于汉延渠桩号16+206，渠长4.2 km，引水流量1.15 $m^3/s$，灌溉青铜峡市叶盛镇的五星村、正闸村土地，灌溉面积4967亩。

散水渠之名最早见于弘治《宁夏新志》："渠口十有六……三水……"当时被称为"三水渠"。

1999年曾大规模翻建散水渠，目前，渠道已经全断面砼板砌护。

⑤苜蓿渠。

苜蓿渠，汉延渠右岸支渠，开口于汉延渠桩号18+721，总长2 km，设计流量0.8 $m^3/s$，灌溉永宁县李俊镇团结村、王团村土地，灌溉面积1480亩。

苜蓿渠在清晚期的《宁夏河渠图》中已经出现。民国时期的《宁夏省水利专刊》记载："苜蓿渠，在干渠东，长二十里，灌田五千七百六十亩。"

1966年大规模翻建苜蓿渠，之后又经历数次修补。目前，渠道已经全断面砼板砌护。

⑥小牛渠。

小牛渠，汉延渠右岸支渠，开口于汉延渠桩号25+193，灌溉永宁县望洪镇西玉村土地，灌溉面积4967亩。

中华人民共和国成立后修建，2016年曾大规模翻建。目前，渠道已经全断面砼板砌护。

⑦大双渠。

大双渠，汉延渠左岸支渠，开口于汉延渠桩号46+256，设计流量1 $m^3/s$，灌溉永宁县望远镇的板桥村土地，灌溉面积4064亩。

中华人民共和国成立后修建，2011年曾大规模翻建。目前，渠道已经全断面砼板砌护。

⑧毕家渠。

毕家渠，汉延渠右岸支渠，开口于汉延渠桩号66+303，灌溉贺兰县金贵镇保南村、银光村土地，灌溉面积7459亩。

中华人民共和国成立后修建，2011年曾大规模翻建。目前，渠道已经全断面砼板砌护。

⑨小新渠。

小新渠，又名小西渠，汉延渠右岸支渠，开口于汉延渠桩号66+546，建设于2011年，灌溉贺兰县金贵镇的联星村、金贵村土地，灌溉面积8754亩。

⑩大高渠。

大高渠，汉延渠右岸支渠，开口于汉延渠桩号71+516，灌溉贺兰县金贵镇雄英村土地，灌溉面积6393亩。

大高渠之名最早见于清乾隆《宁夏府志》，书载："大高渠，在潘昶堡，长十九里。"在清晚期的《宁夏河渠图》中也有此渠名。民国时期的《宁夏省水利专刊》记载："大高渠，在干渠东，长十二里，灌田三千五百亩。"

2019年曾大规模翻建。目前，渠道已经全断面砼板砌护。

⑪南尾渠。

南尾渠又名南毛渠，汉延渠右岸支渠，开口于汉延渠桩号71+695。灌溉贺兰县金贵镇雄英村土地，灌溉面积2957亩。

南尾渠之名最早见于弘治《宁夏新志》，当时记为南毛渠。在清晚期的《宁夏河渠图》中也出现了此渠道。民国时期的《宁夏省水利专刊》记载："南尾渠，在干渠东，长十二里，灌田三千五百亩。"

2019年曾大规模翻建南尾渠。目前，渠道已经全断面砼板砌护。

⑫北毛渠。

北毛渠，汉延渠右岸支渠，开口于汉延渠桩号71+793，渠长10.6 km，灌溉贺兰县金贵镇雄英村、潘昶村土地，灌溉面积13136亩。

北毛渠之名最早见于弘治《宁夏新志》："渠口十有六……北毛……"乾隆《宁夏府志》载："北毛渠，在潘昶堡，长二十九里。"在清晚期的《宁夏河渠图》中也有此渠名。民国时期的《宁夏省水利专刊》记载："北毛渠，在干渠东，长十七里，灌田五千亩。"

2013年曾大规模翻建北毛渠。目前，渠道已经全断面砼板砌护。

表2-4-5　1970—1985年灌溉千亩以上的支斗渠统计

| 支斗渠名称 | 左右岸 | 桩号（从小坝正闸起零） | 结构形式 | 受益单位 | 灌溉面积/亩 |
|---|---|---|---|---|---|
| 杜　渠 | 右 | 3+005 | 直径0.8 m钢筋混凝土圆管 | 青铜峡小坝、林东 | 1580 |
| 四　渠 | 右 | 4+861 | 直径1 m钢筋混凝土圆管 | 青铜峡小坝、林东 | 3300 |
| 东支渠 | 右 | 5+650 | 1.2 m×1.25 m方涵 | 青铜峡小坝中沟万粮滩 | 5260 |
| 西安渠 | 右 | 8+820 | 直径1 m钢筋混凝土圆管 | 青铜峡中沟、先锋 | 2169 |
| 上章子渠 | 右 | 9+473 | 直径0.8 m钢筋混凝土圆管 | 青铜峡中沟、龙门 | 1429 |
| 水磨渠 | 右 | 10+223 | 1 m×1 m方涵 | 青铜峡光明、龙门 | 4046 |
| 大北渠 | 右 | 11+000 | 直径1 m钢筋混凝土圆管 | 青铜峡叶盛 | 5705 |
| 下章子渠 | 右 | 11+723 | 直径0.8 m钢筋混凝土圆管 | 青铜峡叶盛 | 1248 |
| 东边渠 | 右 | 12+620 | 1 m×1 m方涵 | 青铜峡叶盛陆湾 | 2520 |
| 小北渠 | 右 | 13+050 | 1 m方形明渠 | 青铜峡叶盛张庄 | 7392 |
| 汪　渠 | 右 | 15+383 | 直径0.8 m钢筋混凝土圆管 | 青铜峡叶盛五星 | 4224 |
| 散水渠 | 右 | 16+018 | 直径1 m钢筋混凝土圆管 | 青铜峡叶盛永宁雷台 | 9580 |
| 南二渠 | 右 | 16+259 | 0.8 m方形明渠 | 青铜峡叶盛第十队 | 3945 |
| 果子渠 | 右 | 16+390 | 1.4 m×1.4 m方涵 | 永宁仁存向阳东方 | 15742 |
| 苜蓿渠 | 右 | 18+363 | 0.8 m×0.8 m方涵 | 永宁仁存王团 | 1105 |

续表

| 支斗渠名称 | 左右岸 | 桩号(从小坝正闸起零) | 结构形式 | 受益单位 | 灌溉面积/亩 |
|---|---|---|---|---|---|
| 忠子渠 | 右 | 19+812 | 0.8 m×0.8 m方涵 | 永宁仁存王团 | 1500 |
| 阎水渠 | 右 | 19+822 | 0.8 m×0.8 m方涵 | 永宁仁存友爱王团 | 1643 |
| 双庆渠 | 右 | 20+340 | 1.2 m×1.2 m方涵 | 永宁仁存友爱王团 | 1071 |
| 侯家灌洞 | 右 | 22+310 | 0.8 m×0.8 m方涵 | 永宁仁存侯寨 | 1698 |
| 丁字渠 | 右 | 23+580 | 1 m×1 m方涵 | 永宁望洪 | 5206 |
| 洪字渠 | 右 | 23+680 | 0.6 m×0.6 m方涵 | 永宁望洪 | 1450 |
| 段子渠 | 右 | 24+364 | 0.8 m×0.8 m方涵 | 永宁望洪 | 1130 |
| 小牛渠 | 右 | 24+706 | 0.8 m×0.8 m方涵 | 永宁望洪西域东域 | 5560 |
| 唐古渠 | 右 | 27+060 | 0.8 m×0.8 m方涵 | 永宁望洪农丰 | 1971 |
| 望洪渠 | 右 | 27+340 | 0.8 m×0.8 m方涵 | 永宁望洪农丰 | 2775 |
| 刘家渠 | 右 | 28+191 | 1 m×1 m方涵 | 永宁望洪农声 | 1391 |
| 一号渠 | 右 | 28+681 | 0.8 m×0.8 m方涵 | 永宁望洪农声 | 1756 |
| 二号渠 | 右 | 29+200 | 1 m×1 m方涵 | 永宁望洪农声 | 2503 |
| 扬子渠 | 右 | 29+600 | 1 m×1 m方涵 | 永宁西和农声 | 2956 |
| 大南渠 | 右 | 31+000 | 1.2 m×1.2 m方涵 | 永宁望洪东和 | 7617 |
| 新　渠 | 右 | 31+050 | 0.8 m×0.8 m方涵 | 永宁杨和红星 | 3918 |
| 红星渠 | 右 | 31+080 | 1 m×1 m方涵 | 永宁杨和红星 | 1065 |
| 红二渠 | 右 | 33+000 | 0.8 m×0.8 m方涵 | 永宁杨和红星 | 1180 |
| 养和渠 | 右 | 33+400 | 直径0.8 m圆管 | 永宁杨和 | 1045 |
| 新　渠 | 右 | 35+027 | 直径0.9 m圆管 | 永宁杨和惠丰 | 2295 |
| 甘四渠 | 右 | 35+517 | 直径0.6 m圆管 | 永宁杨和 | 1551 |
| 南　渠 | 右 | 36+517 | 直径0.6 m圆管 | 永宁杨和 | 1975 |
| 头　渠 | 右 | 37+640 | 直径0.8 m圆管 | 永宁杨和永红 | 2671 |
| 四五渠 | 右 | 40+520 | 直径0.6 m圆管 | 永宁杨和永丰 | 1146 |
| 黑沙渠 | 右 | 42+146 | 直径0.8 m圆管 | 永宁杨和永丰 | 1426 |
| 七号渠 | 右 | 43+392 | 1 m×1 m方涵 | 永宁杨和永丰 | 3269 |
| 二　渠 | 右 | 44+444 | 0.6 m×0.8 m方涵 | 永宁通桥永清 | 1260 |
| 周公渠 | 右 | 46+404 | 直径0.6 m圆管 | 永宁通桥永清 | 1298 |
| 五号渠 | 右 | 47+007 | 直径0.6 m圆管 | 永宁通桥上河 | 1330 |
| 汪　渠 | 右 | 49+591 | 1 m×1 m方涵 | 永宁通桥上河 | 1330 |
| 东　渠 | 右 | 50+163 | 0.6 m×0.6 m方涵 | 永宁通桥下河 | 3092 |

续表

| 支斗渠名称 | 左右岸 | 桩号(从小坝正闸起零) | 结构形式 | 受益单位 | 灌溉面积/亩 |
|---|---|---|---|---|---|
| 八号渠 | 右 | 51+203 | 0.6 m×0.6 m方涵 | 永宁通桥下河 | 2238 |
| 北大渠 | 右 | 51+600 | 直径0.6 m圆管 | 永宁通桥政权 | 2430 |
| 老公益渠 | 右 | 52+950 | 0.6 m×0.6 m方涵 | 永宁通桥政台 | 2770 |
| 新公益渠 | 右 | 53+673 | 0.8 m×0.8 m方涵 | 永宁通桥政台 | 2265 |
| 马连渠 | 右 | 55+087 | 1 m×1 m方涵 | 永宁通桥立强 | 4540 |
| 一号渠 | 右 | 56+759 | 0.6 m×0.6 m方涵 | 永宁通桥立强 | 1374 |
| 东二号渠 | 右 | 58+680 | 1 m×1 m方涵 | 银川郊区掌政 | 7631 |
| 东五号渠 | 右 | 60+178 | 直径0.6 m圆管 | 银川郊区掌政 | 1392 |
| 星火渠 | 右 | 61+507 | 0.8 m×0.8 m方涵 | 银川郊区掌政星火 | 3423 |
| 五都边渠 | 右 | 61+769 | 1 m×1 m方涵 | 银川郊区掌政辽原 | 5912 |
| 大银河渠 | 右 | 61+819 | 1 m×1 m方涵 | 银川郊区掌政镇河 | 4100 |
| 小银河渠 | 右 | 63+850 | 0.8 m×0.8 m方涵 | 贺兰金贵银河 | 3646 |
| 格搭渠 | 右 | 65+080 | 1 m×1 m方涵 | 贺兰金贵保南 | 4429 |
| 青年渠 | 右 | 65+580 | 0.8 m×0.8 m方涵 | 贺兰金贵保南 | 3170 |
| 毕家渠 | 右 | 65+715 | 1 m×1 m方涵 | 贺兰金贵银光 | 6970 |
| 小西渠 | 右 | 66+600 | 1.2 m×1.2 m方涵 | 贺兰金贵 | 9268 |
| 邓子渠 | 右 | 68+724 | 0.8 m×0.8 m方涵 | 贺兰金贵汉佐 | 1100 |
| 大高渠 | 右 | 71+000 | 1.2 m×1.2 m方涵 | 贺兰潘昶潘西 | 3892 |
| 南毛渠 | 右 | 71+090 | 0.8 m×0.8 m方涵 | 贺兰潘昶雄英 | 2938 |
| 北毛渠 | 右 | 71+150 | 1.5 m×1.5 m方涵 | 贺兰潘昶 | 6906 |
| 头号渠 | 右 | 71+290 | 0.8 m×0.8 m方涵 | 贺兰潘昶潘西 | 1400 |
| 迎门中渠 | 右 | 77+606 | 1 m×1 m方涵 | 贺兰潘昶红星 | 4287 |
| 西支渠 | 左 | 6+100 | 1.2 m×1.2 m方涵 | 青铜峡良繁场 | 3700 |
| 上陈渠 | 左 | 9+473 | 直径0.8 m圆管 | 青铜峡小坝友好 | 1030 |
| 舒　渠 | 左 | 10+323 | 直径0.8 m圆管 | 青铜峡小坝友好 | 1290 |
| 连湖农场渠 | 左 | 12+423 | 1.5 m×1.5 m方涵 | 青铜峡连湖农场 | 10155 |
| 西支渠 | 左 | 12+023 | 1.2 m×1.2 m方涵 | 青铜峡瞿靖时坊 | 5323 |
| 时坊渠 | 左 | 17+607 | 0.8 m×0.8 m方涵 | 青铜峡瞿靖时坊 | 1200 |
| 金双渠 | 左 | 18+971 | 直径1 m圆管 | 永宁李俊 | 3006 |
| 王家灌洞 | 左 | 19+276 | 0.8 m×0.8 m方涵 | 永宁李俊金塔 | 1000 |
| 李俊中渠 | 左 | 19+426 | 1.2 m×1.2 m方涵 | 永宁李俊位团 | 1800 |

续表

| 支斗渠名称 | 左右岸 | 桩号(从小坝正闸起零) | 结构形式 | 受益单位 | 灌溉面积/亩 |
|---|---|---|---|---|---|
| 大双渠 | 左 | 21+890 | 1 m×1 m方涵 | 永宁李俊位团 | 1488 |
| 大水渠 | 左 | 22+513 | 1 m×1 m方涵 | 永宁李俊位团 | 2502 |
| 中　渠 | 左 | 23+472 | 1 m×1 m方涵 | 永宁李俊位团 | 1688 |
| 合并渠 | 左 | 24+050 | 1 m×1 m方涵 | 永宁李俊位团 | 2050 |
| 黑古渠 | 左 | 26+400 | 0.8 m×0.8 m方涵 | 永宁增岗前渠 | 1483 |
| 前　渠 | 左 | 26+900 | 1 m×1 m方涵 | 永宁增岗前渠 | 2800 |
| 三合渠 | 左 | 27+250 | 0.8 m×0.8 m方涵 | 永宁增岗唐铎 | 2638 |
| 银后渠 | 左 | 28+950 | 0.8 m×0.8 m方涵 | 永宁增岗 | 2410 |
| 二　渠 | 左 | 29+350 | 0.8 m×0.8 m方涵 | 永宁增岗 | 11800 |
| 三　渠 | 左 | 29+750 | 1 m×1 m方涵 | 永宁杨和王全 | 3000 |
| 汤子渠 | 左 | 31+200 | 1 m×1 m方涵 | 永宁杨和东全 | 1840 |
| 新开渠 | 左 | 33+000 | 1 m×1 m方涵 | 永宁杨和东全 | 1840 |
| 大双渠 | 左 | 35+427 | 1 m×1 m方涵 | 永宁杨和朝阳 | 6000 |
| 郭子渠 | 左 | 37+614 | 直径0.8 m圆管 | 永宁杨和朝阳 | 1550 |
| 姜子渠 | 左 | 38+761 | 0.6 m×0.6 m方涵 | 永宁胜利八渠 | 1145 |
| 银前渠 | 左 | 39+905 | 0.8 m×0.6 m方涵 | 永宁胜利许旺 | 2074 |
| 东西渠 | 左 | 42+183 | 0.8 m×0.8 m方涵 | 永宁胜利 | 2726 |
| 黄家灌洞 | 左 | 44+544 | 直径0.6 m圆管 | 永宁胜利 | 1696 |
| 四五渠 | 左 | 44+919 | 0.8 m×0.8 m方涵 | 永宁胜利卫东 | 2645 |
| 二号渠 | 左 | 46+952 | 0.8 m×0.8 m方涵 | 永宁通桥板桥 | 1341 |
| 大双渠 | 左 | 47+469 | 1 m×1 m方涵 | 永宁通桥板桥 | 4125 |
| 扬子渠 | 左 | 49+323 | 0.6 m×0.6 m方涵 | 永宁通桥板桥 | 1765 |
| 冯家小口 | 左 | 51+179 | 0.6 m×0.6 m方涵 | 永宁通桥 | 1279 |
| 南　渠 | 左 | 52+412 | 0.8 m×0.8 m方涵 | 永宁通桥 | 1965 |
| 小牛渠 | 左 | 53+100 | 直径0.6 m圆管 | 永宁通桥 | 1198 |
| 长湖渠 | 左 | 55+124 | 1 m×1 m方涵 | 永宁通桥长湖 | 5500 |
| 北头渠 | 左 | 56+685 | 直径0.6 m圆管 | 永宁通桥长湖 | 2500 |
| 西三号渠 | 左 | 58+149 | 直径0.6 m圆管 | 银川掌政春林 | 2900 |
| 西四号渠 | 左 | 58+769 | 直径0.8 m圆管 | 银川掌政春林 | 2593 |
| 孔新渠 | 左 | 60+616 | 直径0.8 m圆管 | 银川掌政孔雀 | 3376 |

续表

| 支斗渠名称 | 左右岸 | 桩号(从小坝正闸起零) | 结构形式 | 受益单位 | 灌溉面积/亩 |
|---|---|---|---|---|---|
| 北头渠 | 左 | 61+338 | 直径0.6 m圆管 | 银川掌政孔雀 | 1760 |
| 二号渠 | 左 | 61+391 | 0.8 m×0.8 m方涵 | 银川大新燕丰 | 1690 |
| 三号渠 | 左 | 61+871 | 1 m×1 m方涵 | 银川大新燕鸽 | 2068 |
| 六号渠 | 左 | 63+481 | 0.8 m×0.8 m方涵 | 银川大新茂盛 | 1615 |
| 八号渠 | 左 | 65+040 | 0.4 m×0.4 m方涵 | 银川大新茂盛 | 1320 |
| 西沙渠 | 左 | 67+068 | 1 m×1 m方涵 | 贺兰金贵汉佐 | 2840 |
| 庙儿渠 | 左 | 69+248 | 1 m×1 m方涵 | 贺兰金贵红旗 | 2434 |
| 中方渠 | 左 | 74+665 | 0.6 m×0.6 m方涵 | 贺兰习岗和平 | 1110 |
| 老双渠 | 左 | 78+290 | 1 m×1 m方涵 | 区原种场 | 2345 |

表2-4-6　1970—1985年渠道维修工程完成情况统计

| 时间/年 | 完成工作量/万 $m^3$ | | | 使用三材 | | | 使用劳力/万工日 | 基建投资/万元 | 岁修费/万元 | 农田水利费/万元 |
|---|---|---|---|---|---|---|---|---|---|---|
| | 砼方 | 石方 | 土方 | 水泥/t | 钢材/t | 木材/$m^3$ | | | | |
| 1970 | 0.14 | 0.02 | 9.44 | 279.0 | 0.70 | — | 3.70 | 10.10 | 22.50 | — |
| 1971 | 0.27 | 0.42 | 37.53 | 1342.0 | 25.00 | 37.00 | 20.60 | 35.40 | 20.80 | — |
| 1972 | 0.18 | 0.32 | 46.31 | 818.0 | 20.00 | 15.00 | 22.80 | 29.80 | 29.30 | — |
| 1973 | 0.16 | 0.37 | 43.23 | 647.0 | 89.00 | 15.00 | 31.30 | 22.30 | 16.40 | — |
| 1974 | 0.16 | 0.46 | 34.54 | 674.0 | 8.00 | 18.00 | 17.00 | 41.20 | 8.20 | 3.20 |
| 1975 | 0.14 | 0.35 | 27.07 | 401.0 | 14.00 | 10.00 | 14.10 | 34.90 | 5.00 | 0.90 |
| 1976 | 0.14 | 0.20 | 24.26 | 125.0 | 7.00 | 6.00 | 12.00 | 35.40 | 4.70 | 1.10 |
| 1977 | 0.10 | 0.13 | 18.70 | 364.0 | 4.00 | 5.00 | 9.70 | 17.40 | 7.20 | 5.60 |
| 1978 | 0.13 | 0.73 | 27.93 | 839.0 | 9.00 | 32.00 | 16.50 | 23.50 | 24.40 | 27.50 |
| 1979 | 0.26 | 0.55 | 30.53 | 975.0 | 9.00 | 34.00 | 17.60 | 47.00 | 7.20 | 5.90 |
| 1980 | 0.13 | 0.37 | 23.75 | 661.0 | 9.00 | 14.00 | 17.60 | 30.20 | 4.00 | 7.70 |
| 1981 | 0.05 | 0.22 | 18.74 | 584.0 | 3.00 | 15.00 | 13.10 | 27.00 | 4.80 | 0.25 |
| 1982 | 0.10 | 0.15 | 8.80 | 282.0 | 3.00 | 8.00 | 6.40 | 18.00 | 3.30 | 4.10 |
| 1983 | 0.63 | 0.28 | 12.08 | 502.5 | 4.87 | 14.40 | 3.00 | 25.70 | 15.40 | 1.53 |
| 1984 | 0.05 | 0.23 | 10.29 | 235.5 | 3.01 | 3.70 | 2.16 | — | 17.63 | 3.00 |
| 1985 | 0.08 | 0.23 | 11.06 | 60.0 | 3.68 | 3.47 | 2.50 | — | 17.30 | — |

（三）干渠工程建设（见表2-5-1至2-5-7）

中华人民共和国成立后经过逐年裁湾取顺，特别是1970年以来的扩整改建和标准断面的兴建，渠堤宽度一般都在4 m以上。从马寨桥到王闸桥的渠堤可行驶汽车。干渠绿化戗台一般在原有3 m宽的基础上普遍加宽，不少旧式斗口也做了翻建。

汉延渠进水闸

截至2022年年底，干渠现存建筑物305座。其中，渠首进、退水闸各1座，节制闸带桥10座（林皋、马寨、李俊、丁字渠，唐铎、王闸桥、大银河、金贵、潘昶、王澄），钢筋混凝土桥32座（小坝公路桥、大北渠生产桥、青龙桥、果子渠人行桥、友爱生产桥、西玉二队生产桥、永黄公路桥、纳闸桥、屈家湾子人行桥、大观桥、永丰人行桥、良繁场人行桥、小观桥、陈家小桥、板桥、新通济桥、通济桥、掌政桥、新五都桥、老五都桥、蔡家桥、沙窝桥、汉佐桥、潘昶公路桥、新潘昶公路桥、和平桥、毕罗桥、王澄桥、丁家桥、二闸桥、三闸桥、银新桥），木桥1座（娘娘庙桥）。有退水闸6座（唐铎、小观桥、掌政、金贵、银新沟、王澄），渡槽7座（反帝沟、唐铎、中干沟、永清沟、掌政、二排、银新沟），涵洞2座（林皋、银东），支斗渠口246座。

小坝渠首进水闸和退水闸均为4孔钢筋混凝土结构。进水退水能力分别为90 m³/s和100 m³/s。

节制闸是为了解决裁湾后的干渠水位降落到中、小流量时为高田灌溉而设，兼有调节干渠比降的作用。多数两边孔带闸门，中间为明孔。林皋桥闸是1984年在桥带跌水的基础上新装两边孔闸门，消力池是1986年翻修加固的。王闸桥节制闸1985年5月15日因年久失修，东边孔基础塌陷，停水3天抢修加固，1985年冬到1986年春天完成新改建的三孔全带闸门。

4座退水闸，总退水能力已达40 m³/s。退水闸启闭最频繁的是小观桥，其他较少使用。

穿过干渠的6座涵洞，现在使用的有林皋洞、银东涵洞，其余已废，不起排水作用。1994年冬至1995年春，反帝沟洞原址改建为渡槽，由汉延渠管理处设计施工完成。唐铎洞是1952年新开第一排沟时兴建的，涵洞下约100 m处是唐铎跌水。在修建跌水时，由于排水困难，消力池基础处理不好，建成后维修费用很大，到60年代末期已危及干渠及唐铎洞的安全。1973年管理处用土将涵洞封死，沟道绕涵洞南侧转弯，渠道跨第一排水沟新做渡槽（即现在的唐铎渡槽），跌水废除，既保证了干渠安全，又使第一排水沟在跌水以上干沟水位下降1 m左右，有利于一排上游和一一、一二支干沟排水。魏信洞是黑阴沟穿汉延渠涵洞，年久失修，1964年新开永清沟，原洞进出口用片石封死。牛毛湖涵洞是1971年裁湾时修建的，自1978年新开银东干沟，原洞失效封死。

穿过汉延渠的排水沟道共有9条，合计排水流量约110 $m^3/s$。有交叉建筑物渡槽7座、涵洞2座。在7座渡槽中，永二干沟渡槽的基础、槽身、排架质量较差。第二排水沟渡槽东侧的薄壳渡槽是因为原有渡槽过水断面小于1981年新增加的。

在桥梁中，小坝桥、永宁中干沟永黄桥、大观桥、新通济桥、掌政桥、沙窝桥、潘昶桥、潘昶新桥、和平桥9座桥由交通部门投资兴建，其他由水利部门兴建。

1.1970年至1988年渠道工程建设

柯家湾子裁湾工程：贺兰和银川郊区掌政乡交接的柯家湾子，该段渠道弯曲，堤单薄，隐患多，断面窄狭，输水不畅，多次发生决口事故。结合解决梢段供水不足的矛盾，1970年由管理处勘测设计，于1970年10月至1972年3月完成了这一工程。裁湾后渠线由4 km缩短为3 km。

经过十几年的整治改造，渠道面貌发生了很大变化，安全程度也明显提高，行程缩短，从渠首至渠梢由原来的72 h缩短为48 h。此后，再没发生较大的渠堤决口事故。

2.1989年至2000年渠道工程建设

1993年，由汉延渠管理处勘察设计施工翻建永清沟渡槽，槽长42 m、宽7 m，形式为6跨侧板矩形断面。

1995年，由汉延渠管理处勘察设计施工翻建反帝沟渡槽，槽长75.5 m、宽23.5 m、高3 m，形式为6跨工字梁微弯板矩形梁。

1996年，由汉延渠管理处勘察设计施工加固改造林皋涵洞。

3.2001年至2012年渠道工程建设

2002年，由自治区水利厅灌溉管理局建设，宁夏水利勘测设计院设计，宁夏汉延水电工程有限公司、宁夏跃进水利水电工程有限公司中标建设的第二排水沟渡槽至周家小口段干渠全断面砌护改造工程完工，保障了贺家湾子险工段的输水安全。

2004年，宁夏引黄灌区续建配套与节水改造工程项目。由自治区水利厅灌溉管理局建设，宁夏水利勘测设计院设计，宁夏汉延水电工程有限公司中标实施银新沟渡槽改造工程。中标金额25.86万元，工程主要建设内容为进口出口浆砌石砌筑、渡槽止水处理、槽底混凝土加固等。

2005年，宁夏引黄灌区续建配套与节水改造工程项目。由自治区水利厅灌溉管理局建设，宁夏水利勘测设计院设计，宁夏汉延水电工程有限公司(一标段)、宁夏七星水利水电工程有限公司(二标段)、宁夏水利水电工程局(三标段)中标实施惠汉合并干渠小坝段砌护改造项目(汉延渠进水闸至109国道桥，桩号13+450—15+000)。中标金额分别为116.08万元、119.41万元、74.71万元，工程主要建设内容为干渠砌护改造1.55 km。

2010年，宁夏引黄灌区续建配套与节水改造工程项目。由自治区水利厅灌溉管理局建设，宁夏水利勘测设计院设计，宁夏汉延水电工程有限公司中标实施大银河节制闸至银东干沟渡槽段(桩号62+379—63+354)渠道砌护工程。中标金额219.34万元，工程主要建设内容为渠道砌护1.4 km，维修大银河节制闸、银东干沟渡槽。

2010年秋季，宁夏引黄灌区续建配套与节水改造工程项目，由自治区水利厅灌溉管理局建设，黄河勘测规划设计有限公司设计，宁夏汉延水电工程有限公司、宁夏渠首水利工程建设有限公司中标实施银东干沟渡槽至二排渡槽段(桩号63+354—68+131)工程。中标金额1048.53万元，工程主要建设内容为干渠砌护4.412 km，翻建支渠口14座，维修林皋节制闸、林皋节制闸交通桥、测水断面改造等。

大银河节制闸

渡槽进口砌护工程

2011年，宁夏引黄灌区续建配套与节水改造工程项目。由自治区水资源管理局建设，黄河勘测规划设计有限公司设计，宁夏秦汉水利工程有限公司中标实施中干沟渡槽至观湖西路桥段（干渠桩号48+082—52+360）工程。中标金额1293.14万元，工程主要建设内容为渠道砌护4.278 km，翻建支渠口10座等。宁夏西干渠水利水电工程有限公司中标实施永清沟渡槽下段（干渠桩号58+400—62+700）工程。中标金额1623.01万元，工程主要建设内容为渠道砌护4.3 km，翻建支渠口12座等。

2011年，宁夏引黄灌区续建配套与节水改造工程项目。由自治区水资源管理局建设，黄河勘测规划设计有限公司设计，宁夏渠首水利工程建设有限公司中标实施掌政退水闸加固改造工程。中标金额40.32万元，工程主要建设内容为新建闸室，更换闸门、启闭设备，配置动力柜、机电控制柜等。

2011年，完成汉延渠银东渡槽至二排渡槽段砌护改造工程、中干沟渡槽至观湖西路桥段砌护改造工程、永清沟渡槽至板桥段砌护改造工程共13 km渠道砌护，渠道断面为弧梯形断面，护坡六角砼板，现浇砼弧角，渠底铺方板。

2012年，宁夏引黄灌区续建配套与节水改造工程项目。由自治区水资源管理局建设，黄河勘测规划设计有限公司设计，宁夏唐徕水利水电建筑安装公司中标实施汉延渠掌政一号渠至掌政渡槽砌护段（桩号55+618—58+261）工程。中标金额832.97万元，工程主要建设内容为渠道砌护2.643 km，翻建支渠口8座等。

2012年，宁夏引黄灌区续建配套与节水改造工程项目。由自治区水资源管理局建设，黄河勘测规划设计有限公司设计，宁夏渠首水利工程建设有限公司中标实施马寨桥节制闸翻建工程。中标金额181.72万元，工程主要建设内容为翻建节制闸，更换闸门、启闭设备，配置动力柜、机电控制柜，翻建节制闸进口段处八八渠、东边渠等。

4.2013年至2022年渠道工程建设

2013年，宁夏引黄灌区续建配套与节水改造工程项目。由自治区水资源管理局建设，黄河勘测规划设计有限公司设计，宁夏唐徕水利水电建筑安装公司中标实施汉延渠贺家湾子下砌护段（桩号69+900—83+100、84+711—88+050）。中标金额为2673.27万元，工程主要建设内容为渠道砌护15.539 km，翻建银新沟渡槽、潘昶节制闸、王澄节制闸、王澄退水闸、巴歇尔量水堰，维修银新沟退水闸，翻建、顺接维修支渠口（含农口）103座等。

2014年，由自治区水资源管理局建设，黄河勘测规划设计有限公司设计，宁夏固海水利水电建筑安装有限公司中标实施汉延渠砌护段（桩号49+300—55+618）工程，宁夏惠渠水利建筑工程有限责任公司中标实施2.118 km渠道砌护。工程主要建设内容为渠道砌护8.436 km。

2015年，宁夏引黄灌区续建配套与节水改造工程项目。由自治区水资源灌溉管理局建设，宁夏水利水电勘测设计研究有限公司设计，宁夏七星渠水利工程建设公司中标实施银东干沟渡槽改建涵洞工程、掌政渡槽底梁及槽壳翻建工程。中标金额为153.99万元和146.82万元，工程主要建设内容为银东涵洞建设，燕四渠翻建，掌政渡槽底梁及槽壳新建。

干渠砌护工程

2015年，宁夏引黄灌区续建配套与节水改造工程项目。由自治区水资源管理局建设，宁夏水利水电勘测设计研究有限公司设计，宁夏汉延水电工程有限公司中标实施唐铎节制闸翻建工程。中标金额179.67万元。

2022年，宁夏青铜峡灌区续建配套与现代化改造工程汉延渠灌域（二期）（桩号9+122—20+322）工程项目。由自治区水利工程建设中心建设，宁夏水利水电勘测设计研究有限公司设计，工程总投资7250.67万元。工程主要建设内容为渠道砌护改造11.06 km，渠道建筑物改造47座，巡护道路6825 m，以及渠系信息化工程等。其中，中铁一局集团有限公司中标实施施工一标段，中标金额2554.20万元；宁夏惠渠水利建筑工程有限责任公司中标实施施工二标段，中标金额2928.27万元；宁夏建工集团有限公司中标实施施工三标段，中标金额1768.20万元。

**二、项目工程建设**

（一）渠道裁弯

古老的汉延渠是一条断面窄狭、建筑物陈旧、渠线弯曲（有较大弯曲37处）的干渠。中华人民共和国成立以后不断扩整改建，至1957年由干渠所在受益县（宁朔、永宁、贺兰）结合春工岁修相继裁顺22处死弯。

1957年秋至1958年春，经银川水利分局勘测设计，分别由宁朔县完成席家湾、曹家湾、观音寺湾，永宁县完成吴家老湾、冯家湾、关家湾、甘四渠湾、沙滩湾，贺兰县完成位家湾、鲁家湾等处裁弯工程。共计完成土方33.98万 $m^3$，使用民工14万工日。当年，永宁、贺兰两县结合裁弯又进行了并斗工程。经过裁弯扩整和并斗后，干渠过水能力由1957年的40 $m^3/s$ 增加到1960年的50 $m^3/s$。灌溉面积由1949年的25.56万亩增加到1962年的44.32万亩。

渠道经过扩整裁弯后，渠身缩短，比降加大，流速加快，流量增加，渠槽逐渐涮深，水位下降，使宁朔、永宁两县60多座高斗、约4万亩农田灌溉不能保证。1958年，青铜峡水电局在距小坝4.9 km处修建一座堆石潜水坝，水位差约0.5 m，解决了上游高斗灌溉问题。但由于维修费用过大，给管理带来了困难，1978年决定废除，坝上东岸由红星渠供水，西岸由大清渠供水。目前，由社队自行维修。1963年，由水利勘测设计院对小坝至小观桥段进行勘测设计。统一调整比降，合并斗口，使高低地分斗灌水。从1963年起，由国家投资列入基本建设计划，分期施工。

**表2-4-7　新调整的各段水力要素**

| 起止桩号 | 地点名称 | 渠底宽/m | 渠堤高/m | 水位/m | 设计流量/($m^3/s$) | 加大流量/($m^3/s$) | 流速/(m/s) | 比　降 | 渠顶宽/m |
|---|---|---|---|---|---|---|---|---|---|
| 0+000—6+437 | 小　坝<br>林皋桥 | 21 | 3.1 | 2.1 | 44.5 | 61.0 | 0.83 | 1/6000 | 5 |
| 6+437—13+835 | 林皋桥<br>马寨桥 | 19 | 3.1 | 2.1 | 41.0 | 55.6 | 0.84 | 1/6000 | 5 |
| 13+835—22+183 | 马寨桥<br>李俊桥 | 16 | 3.1 | 2.1 | 35.0 | 47.7 | 0.83 | 1/6000 | 5 |
| 22+183—29+551 | 李俊桥<br>丁字渠 | 14 | 3.1 | 2.1 | 31.0 | 42.5 | 0.81 | 1/6000 | 5 |
| 29+551—33+570 | 丁字渠<br>唐铎桥 | 13 | 3.1 | 2.1 | 28.0 | 40.0 | 0.81 | 1/6000 | 5 |
| 33+570—37+771 | 唐铎桥<br>王闸桥 | 13 | 2.9 | 2.1 | 23.1 | 34.3 | 0.75 | 1/6000 | 5 |
| 37+771—42+548.2 | 王闸桥<br>纳闸桥 | 13 | 2.7 | 1.7 | 20.0 | 29.0 | 0.71 | 1/6000 | 5 |
| 42+548.2—47+850.1 | 纳闸桥<br>大观桥 | 11 | 2.7 | 1.7 | 17.0 | 25.2 | 0.70 | 1/6000 | 5 |
| 47+850.1—50+228.1 | 大观桥<br>小观桥 | 10 | 2.6 | 1.6 | 14.1 | 21.2 | 0.67 | 1/6000 | 5 |

1963—1970年，完成裁弯16处，干渠缩短9.6 km，修建节制闸4座，桥梁17座，退水闸2座，涵洞3座，渡槽2座。全部工程投资52.95万元，使用劳力13.45万工日。包括1963年以前修建的涵洞、渡槽、退水闸等主要建筑物各类工程见下列各表。

**表2-4-8　1963—1970年汉延渠渠道裁湾统计**

| 名　称 | 地　点 | 时　间 | 裁湾前干渠长/km | 裁湾后干渠长/km | 干渠缩短数/km |
|---|---|---|---|---|---|
| 王家团庄 | 永宁县通桥 | 1963年1月 | 0.7 | 0.5 | 0.2 |
| 龙王庙 | 青铜峡 | 1964年3月 | 1.5 | 0.7 | 0.8 |
| 西北渠 | 永宁县增岗 | 1964年3月 | 2.0 | 1.5 | 0.5 |
| 罗家湾 | 永宁县农声 | 1964年4月 | 0.5 | 0.3 | 0.2 |
| 梁家湾 | 青铜峡大北渠 | 1965年3月 | 1.5 | 1.0 | 0.5 |
| 董家湾 | 青铜峡大北渠 | 1965年3月 | 0.8 | 0.5 | 0.3 |
| 陆家湾 | 青铜峡大北渠 | 1965年3月 | 3.0 | 1.8 | 1.2 |
| 南　渠 | 永宁县农声 | 1965年5月 | 0.8 | 0.5 | 0.3 |
| 老　渠 | 永宁县通桥 | 1965年5月 | 0.8 | 0.6 | 0.2 |
| 刁家湾 | 永宁县东全 | 1966年1月 | 3.0 | 2.0 | 1.0 |
| 刘家炮台 | 永宁县朝阳 | 1967年3月 | 3.0 | 2.2 | 0.8 |
| 陈家湾 | 永宁县板桥 | 1968年5月 | 2.5 | 1.7 | 0.8 |
| 包家湾 | 永宁县朝阳 | 1968年3月 | 2.5 | 1.5 | 1.0 |
| 张益渠 | 永宁县长湖 | 1968年3月 | 2.5 | 2.0 | 0.5 |
| 效益渠 | 永宁县李俊 | 1969年3月 | 3.0 | 2.0 | 1.0 |
| 位家湾 | 贺兰县 | 1969年3月 | 1.3 | 1.0 | 0.3 |
| 合　计 | | | 29.4 | 19.8 | 9.6 |

**表2-4-9　1963—1970年汉延渠新建节制闸统计**

| 名　称 | 结构形式 | 孔数/个 | 过闸流量/($m^3/s$) | 修建时间/年 |
|---|---|---|---|---|
| 李俊桥节制闸 | 钢筋混凝土开敞式手摇平板闸 | 3 | 47 | 1969 |
| 丁字渠节制闸 | 钢筋混凝土开敞式手摇平板闸 | 3 | 40 | 1963 |
| 唐铎桥节制闸 | 钢筋混凝土开敞式手摇平板闸 | 3 | 35~37 | 1963 |
| 王闸桥节制闸 | 钢筋混凝土开敞式手摇平板闸 | 3 | 32~36 | 1965 |

注：鉴于干渠上中段输水不可中断，做三孔节制闸只在两边孔安装闸门，中间一大孔未装闸门。

表2-4-10　1962—1970年汉延渠修建桥梁统计

| 名　称 | 结构形式 | 主要尺寸（宽×长）/m | 孔数/个 | 设计荷载/t | 修建时间/年 |
|---|---|---|---|---|---|
| 林皋桥 | 料石礅，T形梁钢筋混凝土桥 | 5.4×20.0 | 3 | 10 | 1964 |
| 李俊桥 | 料石礅，T形梁钢筋混凝土桥 | 4.5×20.0 | 3 | 6 | 1969 |
| 丁字渠桥 | 料石礅，T形梁钢筋混凝土桥 | 4.5×20.0 | 3 | 6 | 1963 |
| 唐铎桥 | 料石礅，T形梁钢筋混凝土桥 | 4.5×20.0 | 3 | 6 | 1963 |
| 王闸桥 | 料石礅，T形梁钢筋混凝土桥 | 4.5×20.0 | 3 | 6 | 1964 |
| 纳闸桥 | 钢筋混凝土排架板桥 | 4.5×20.0 | 4 | 10 | 1963 |
| 大观桥 | 井柱，T形梁钢筋混凝土桥 | 7.6×32.0 | 4 | 15 | 1964 |
| 小观桥 | 钢筋混凝土排架板桥 | 5.1×22.1 | 4 | 6 | 1968 |
| 老通济桥 | 钢筋混凝土排架板桥 | 5.3×18.1 | 4 | 6 | 1965 |
| 老五都桥 | 钢筋混凝土排架板桥 | 5.3×18.1 | 4 | 6 | 1965 |
| 潘昶桥 | 钢筋混凝土排架板桥 | 5.0×12.0 | 2 | 8 | 1963 |
| 沙窝桥 | 钢筋混凝土排架板桥 | 5.0×12.0 | 3 | 6 | 1964 |
| 和平桥 | 钢筋混凝土排架板桥 | 3.0×15.0 | 3 | 3 | 1968 |
| 毕罗桥 | 钢筋混凝土排架板桥 | 4.0×12.0 | 3 | 5 | 1964 |
| 王澄桥 | 钢筋混凝土排架板桥 | 4.0×12.0 | 2 | 5 | 1964 |
| 友爱桥 | 钢筋混凝土排架板桥 | 3.5×35.0 | 4 | 5 | 1969 |
| 丁家桥 | 钢筋混凝土排架板桥 | 3.0×12.0 | 1 | 5 | 1962 |

表2-4-11　1952—1970年汉延渠修建退水闸、渡槽、涵洞统计

| 名　称 | 结构形式 | 孔数/个 | 过水能力/（$m^3/s$） | 修建时间/年 |
|---|---|---|---|---|
| 小观桥退水闸 | 料石礅，手摇启闭机混凝土平板闸门 | 2 | 10 | 1959 |
| 王澄桥退水闸 | 料石礅，手摇启闭机混凝土平板闸门 | 1 | 3 | 1956 |
| 第二排水沟渡槽 | 现浇钢筋混凝土排架矩形槽宽4m、高2.2m、长32m | 5 | 18 | 1952 |
| 永清沟渡槽 | 预制钢筋混凝土排架矩形槽宽4m、高2.5m、长42m | 6 | 28 | 1965 |
| 林皋洞 | 料石礅、钢筋混凝土盖板 | 1 | 7 | 1964 |
| 唐　洞 | 料石礅、钢筋混凝土盖板 | 3 | 25 | 1952 |
| 魏信洞 | 料石礅，料石盖板 | 1 |  | 1965年废除 |

1959年冬至1960年底，在小观桥建水电站1座，1962年5月1日试车发电，装30马力卧式水轮机1台，配30 kW发电机。后又装配60马力柴油机1台，配30 kW发电机。1966年春，因永宁县架高压线路通电后停止发电。1972年春，因发电站输水槽浸水及下尾水倒塌等原因拆除。

1970年，汉延渠管理处成立。小坝进水闸（汉正闸）以上至总干渠分水闸（原唐徕渠头闸）由渠首管理处管理。进水闸以下至尾闸由汉延渠管理处管理。管理处按照上级要求对渠道进行“五查四定”（五查：查工程建设和投资使用情况、查工程安全、查工程效益、查综合利用、查管理现状；四定：定任务、定措施、定计划、定体制）。

**表2-4-12　1973年汉延渠“五查四定”情况**

| 所　别 | 起止桩号（小坝至立岗银星尾闸） | 灌溉面积/万亩 | 干渠建筑物/座 | | | | 斗口/座 | |
|---|---|---|---|---|---|---|---|---|
| | | | 桥 | 闸 | 渡　槽 | 涵　洞 | 有斗门 | 无斗门 |
| 总　计 | 0+000—90+000 | 49.8 | 26 | 15 | 6 | 4 | 152 | 154 |
| 汉一所 | 0+000—19+840 | 13.2 | 2 | 1 | — | 2 | 33 | 20 |
| 汉二所 | 19+840—36+377 | 12.4 | 2 | 5 | 1 | 1 | 33 | 17 |
| 汉三所 | 36+377—62+500 | 11.2 | 7 | 1 | 3 | — | 47 | 2 |
| 汉四所 | 62+500—90+000 | 13.0 | 15 | 8 | 2 | 1 | 39 | 115 |

根据“五查四定”并考虑灌区的发展情况，对干渠断面和干渠各种建筑物进行扩整、改建和新建。

由于灌区灌溉面积的不断扩大，特别是水稻面积的增加和集中用水、渠道绿化等因素，原渠道断面不能满足需要，需重新安排渠道改造方案。

**表2-4-13　1973年汉延渠各段水力要素**

| 起止地点 | 渠底宽/m | 水深/m | 超高/m | 堤顶宽/m | 比　降 | 流速/(m/s) | 流量/($m^3$/s) | 绿化台宽/m |
|---|---|---|---|---|---|---|---|---|
| 小坝至果子渠 | 21~18 | 2.7~2.2 | 0.8 | 5 | 1/6000 | 0.8 | 87~56 | 3 |
| 果子渠至中干沟 | 18~17 | 2.2~1.6 | 0.8 | 5 | 1/6000 | 0.8 | 56~34 | 3 |
| 中干沟至五都桥 | 17~13 | 1.6~1.8 | 0.7 | 5 | 1/6000 | 0.7 | 34~18 | 3 |
| 五都桥至尾闸 | 13~5 | 1.8~1.0 | 0.7~0.6 | 5~3 | 1/4500 | 0.6 | 18~2 | 2 |

按照上述断面要求，从1970年至1985年，在管理处的统一安排下，相继裁弯13处，缩短渠线7.2 km。

表2-4-14　1970—1985年汉延渠干渠裁湾统计

| 名　称 | 地　点 | 裁湾时间/年 | 裁湾前干渠长/km | 裁湾后干渠长/km | 干渠缩短/km |
|---|---|---|---|---|---|
| 柯家湾子 | 贺兰县银河村 | 1970—1972 | 4.00 | 3.00 | 1.0 |
| 季家湾子 | 永宁县杨和永丰 | 1971 | 1.00 | 0.70 | 0.3 |
| 高庙湾子 | 永宁县通桥 | 1972 | 0.60 | 0.50 | 0.1 |
| 王家湾子 | 永宁县仁存 | 1972 | 4.00 | 3.00 | 1.0 |
| 章子渠湾子 | 青铜峡哈村 | 1972 | 3.00 | 2.00 | 1.0 |
| 掌政桥湾子 | 银川郊区掌政桥 | 1973 | 3.00 | 2.20 | 0.8 |
| 小观桥湾子 | 永宁县胜利 | 1976 | 0.80 | 0.50 | 0.3 |
| 卯家湾子 | 银川郊区掌政 | 1976—1977 | 1.00 | 0.80 | 0.2 |
| 七号渠湾子 | 永宁县胜利 | 1976 | 1.50 | 1.10 | 0.4 |
| 屈家湾子 | 永宁县杨和 | 1979 | 3.00 | 2.30 | 0.7 |
| 冯家湾子 | 永宁县增岗 | 1978 | 2.00 | 1.50 | 0.5 |
| 陶家湾子 | 永宁县农声 | 1978 | 2.90 | 2.00 | 0.9 |
| 冯家湾子 | 永宁县通桥 | 1983 | 1.96 | 1.95 | 0.1 |
| 合　计 | | | 28.75 | 21.55 | 7.2 |

经过十几年的整治改造，渠道面貌发生了变化，安全程度显著提高，行程缩短，从首至梢由原来的72 h缩短为48 h。近几年再没发生较大的渠堤决口事故。

（二）渠道砌护

表2-4-15　汉延渠灌域干渠砌护类型

| 序　号 | 桩　号 | 段　落 | 渠道断面 | 建设时间 | 护岸类型 |
|---|---|---|---|---|---|
| 1 | 0+000—1+355 | 进口至109线公路桥 | 梯形断面 | 2005年 | 渠底没衬砌，坡下部为浆砌石，上部为六角砼板 |
| 2 | 1+355—20+318 | 小坝109线公路桥至李俊桥 | 梯形断面 | — | 土　渠 |
| 3 | 20+318—34+600 | 李俊桥至中干沟渡槽 | 弧梯形断面 | 2015年 | 坡为六角砼板，C20砼弧角，底铺30 cm卵砾石 |
| 4 | 34+654—38+998 | 中干沟渡槽至观湖路桥 | 弧梯形断面 | 2011年 | 坡为六角砼板，C20砼弧角，底铺方板 |
| 5 | 38+998—45+000 | 观湖路桥至永清沟渡槽 | 弧梯形断面 | 2015年 | 坡为六角砼板，C20砼弧角，底铺方板 |

续表

| 序 号 | 桩 号 | 段 落 | 渠道断面 | 建设时间 | 护岸类型 |
|---|---|---|---|---|---|
| 6 | 45+000—49+300 | 永清沟渡槽至板桥段东渠 | 弧梯形断面 | 2011年 | 坡为六角砼板，C20砼弧角，底铺方板 |
| 7 | 49+300—55+618 | 板桥段东渠至通桥段九五一号渠 | 弧梯形断面 | 2014年 | 坡为六角砼板，C20砼弧角，底铺30 cm卵砾石 |
| 8 | 55+618—58+196 | 九五一号渠至掌政渡槽 | 弧梯形断面 | 2012年 | 坡为六角砼板，C20砼弧角，底铺方板 |
| 9 | 58+261—62+350 | 掌政渡槽至大银河节制闸 | 弧梯形断面 | 2014年 | 坡为六角砼板，C20砼弧角，底铺30 cm卵砾石 |
| 10 | 62+379—63+354 | 大银河节制闸至银东沟涵洞 | 弧梯形断面 | 2010年 | 坡为六角砼板，C20砼弧角 |
| 11 | 63+354—70+900 | 银东沟涵洞至沙窝桥 | 弧梯形断面 | 2010年 | 坡为六角砼板，C20砼弧角，底铺方板 |
| 12 | 70+900—81+750 | 周家小口至丁家桥段 | 弧梯形断面 | 2013年 | 坡为六角砼板，C20砼弧角，底铺方板 |
| 13 | 81+750—83+100 | — | U形断面 | 2013年 | 坡为六角砼板，底为(R4500)U形砼断面 |
| 14 | 83+100—84+711 | 丁家桥段至二闸 | U形断面 | 2005年 | 坡为六角砼板，底为(R4500)U形砼断面 |
| 15 | 84+711—87+580 | 二闸至四三支沟 | U形断面 | 2013年 | 全断面U(R3000)砼 |
| 16 | 87+580—88+050 | — | 梯形断面 | 2013年 | 全断面铅丝笼石 |

表2-4-16 汉延渠灌域干渠已砌护段水力要素

| 序号 | 桩号 | 项目 | 流量/($m^3/s$) | 底宽/m | 顶宽/m | 水深/m | 流速/(m/s) | 边坡 | 比降 | 糙率 | 渠深/m | 渠道断面 | 现状 | 建设时间/年 | 备注 |
|---|---|---|---|---|---|---|---|---|---|---|---|---|---|---|---|
| 1 | 0+000—1+355 | 加大 | 59.5 | 32.00 | | 2.03 | | 1:1.75 | 1/11000 | 0.0160 | | 梯形断面 | 砌护改造 | 2005 | 渠底没衬砌，坡长 9.876 m，下部 3.047 m 为 M7.5 浆砌石，上部 6.829 m 为 C15六角砼板 |
| | | 设计 | 49.6 | | | 1.82 | | | | | | | | | |
| 2 | 20+318—27+936 | 加大 | 43.1 | 15.50 | | | | | 1/9000 | | | 弧梯形断面 | 砌护改造 | 2015 | |
| | | 设计 | 36.7 | | | | | | | | | | | | |
| 3 | 27+936—34+654 | 加大 | 37.0 | 20.00 | | | | | 1/9000 | | | 弧梯形断面 | 砌护改造 | 2015 | |
| | | 设计 | 31.5 | | | | | | | | | | | | |
| 4 | 34+654—38+932 | 加大 | 32.2 | 12.60 | 22.86 | 1.93 | 0.96 | 1:1.5 | 1/8000 | 0.0157 | 2.7 | 弧梯形断面 | 砌护改造 | 2011 | 坡（长 3.189 m）六角砼板，C20 砼弧角，底（宽 12.6 m）铺方板 |
| | | 设计 | 28.0 | | | 1.78 | 0.92 | | | | | | | | |
| 5 | 45+000—49+300 | 加大 | 28.0 | 14.00 | 23.00 | 1.56 | 0.97 | 1:1.5 | 1/6500 | 0.0154 | 2.2 | 弧梯形断面 | 砌护改造 | 2011 | 坡（长 2.656 m）六角砼板，C20 砼弧角，底（宽 14 m）铺方板 |
| | | 设计 | 24.0 | | | 1.43 | 0.92 | | | | | | | | |
| 6 | 49+300—51+000 | 加大 | 26.7 | 13.00 | 23.00 | 1.69 | 0.74 | 1:1.5 | 1/7500 | 0.0198 | 2.4 | 弧梯形断面 | 砌护改造 | 2014 | 坡（长 2.7 m）六角砼板，C20 砼弧角,底(宽13 m)铺卵砾石 |
| | | 设计 | 23.0 | | | 1.56 | 0.71 | | | | | | | | |

续表

| 序号 | 桩号 | 项目 | 流量/($m^3$/s) | 底宽/m | 顶宽/m | 水深/m | 流速/(m/s) | 边坡 | 比降 | 糙率 | 渠深/m | 渠道断面 | 现状 | 建设时间/年 | 备注 |
|---|---|---|---|---|---|---|---|---|---|---|---|---|---|---|---|
| 7 | 51+000—53+080 | 加大 | 26.7 | 13.00 | 23.00 | 1.74 | 0.76 | 1∶1.5 | 1/7500 | 0.0197 | 2.4 | 弧梯形断面 | 砌护改造 | 2014 | 坡(长2.7 m)六角砼板,C20砼弧角,底(宽13 m)铺卵砾石 |
| | | 设计 | 23.0 | | | 1.60 | 0.72 | | | | | | | | |
| 8 | 53+080—55+618 | 加大 | 26.7 | 11.00 | 21.00 | 1.74 | 0.76 | 1∶1.5 | 1/7500 | 0.0197 | 2.4 | 弧梯形断面 | 砌护改造 | 2014 | 坡(长2.7 m)六角砼板,C20砼弧角,底(宽11 m)铺卵砾石 |
| | | 设计 | 23.0 | | | 1.60 | 0.72 | | | | | | | | |
| 9 | 55+618—58+196 | 加大 | 26.0 | 11.00 | 21.53 | 1.65 | 0.99 | 1∶1.5 | 1/6500 | 0.0149 | 2.3 | 弧梯形断面 | 砌护改造 | 2012 | 坡(长2.415 m)六角砼板,C20砼弧角,底(宽11 m)铺方板 |
| | | 设计 | 22.0 | | | 1.50 | 0.96 | | | | | | | | |
| 10 | 58+261—62+350 | 加大 | 21.8 | 12.66 | 22.59 | 1.71 | 0.72 | 1∶1.5 | 1/8500 | 0.0190 | 2.3 | 弧梯形断面 | 砌护改造 | 2014 | 坡(长2.415 m)六角砼板,C20砼弧角,底(宽12.66 m)铺卵砾石 |
| | | 设计 | 17.5 | | | 1.50 | 0.67 | | | | | | | | |
| 11 | 62+379—63+354 | 加大 | | | | | | | | | | | | | |
| | | 设计 | | | | | | | | | | | | | |
| 12 | 63+354—66+333 | 加大 | 20.0 | 6.50 | 17.20 | 1.96 | 0.88 | 1∶1.5 | 1/9000 | 0.0154 | 2.7 | 弧梯形断面 | 砌护改造 | 2011 | 坡(长3.139 m)六角砼板,C20砼弧角,底(宽6.5 m)铺方板 |
| | | 设计 | 18.0 | | | 1.85 | 0.85 | | | | | | | | |

续表

| 序号 | 桩号 | 项目 | 流量/($m^3$/s) | 底宽/m | 顶宽/m | 水深/m | 流速/(m/s) | 边坡 | 比降 | 糙率 | 渠深/m | 渠道断面 | 现状 | 建设时间/年 | 备注 |
|---|---|---|---|---|---|---|---|---|---|---|---|---|---|---|---|
| 13 | 66+333—68+073 | 加大 | 18.0 | 5.50 | 16.20 | 1.96 | 0.86 | 1:1.5 | 1/9000 | 0.0154 | 2.7 | 弧梯形断面 | 砌护改造 | 2011 | 坡(长 3.318 m)六角砼板,C20 砼弧角,底(宽 5.5 m)铺方板 |
| | | 设计 | 15.0 | | | 1.77 | 0.82 | | | | | | | | |
| 14 | 68+131—70+900 | 加大 | | | | | | | | | | | | | |
| | | 设计 | | | | | | | | | | | | | |
| 15 | 70+900—71+989 | 加大 | 12.0 | 4.50 | 14.41 | 1.63 | 0.81 | 1:1.5 | 1/9000 | 0.0148 | 2.2 | 弧梯形断面 | 砌护改造 | 2013 | 坡(长 2.174 m)六角砼板,C20 砼弧角,底(宽 4.5 m)铺方板 |
| | | 设计 | 10.0 | | | 1.50 | 0.76 | | | | | | | | |
| 16 | 71+989—76+315 | 加大 | 9.0 | 4.50 | 13.73 | 1.35 | 0.76 | 1:1.5 | 1/8000 | 0.0148 | 1.9 | 弧梯形断面 | 砌护改造 | 2013 | 坡(长 1.833 m)六角砼板,C20 砼弧角,底(宽 4.5 m)铺方板 |
| | | 设计 | 7.5 | | | 1.22 | 0.72 | | | | | | | | |
| 17 | 76+315—79+088 | 加大 | 6.6 | 3.01 | 11.37 | 1.32 | 0.72 | 1:1.5 | 1/8000 | 0.0148 | 1.9 | 弧梯形断面 | 砌护改造 | 2013 | 坡(长 1.691 m)六角砼板,C20 砼弧角,底(宽 3.005 m)铺方板 |
| | | 设计 | 5.5 | | | 1.20 | 0.69 | | | | | | | | |
| 18 | 79+088—81+750 | 加大 | 5.6 | 2.49 | 10.28 | 1.30 | 0.70 | 1:1.5 | 1/8000 | 0.0148 | 1.8 | 弧梯形断面 | 砌护改造 | 2013 | 坡(长 1.691 m)六角砼板,C20 砼弧角,底(宽 2.505 m)铺方板 |
| | | 设计 | 4.5 | | | 1.16 | 0.69 | | | | | | | | |

续表

| 序号 | 桩号 | 项目 | 流量/($m^3/s$) | 底宽/m | 顶宽/m | 水深/m | 流速/(m/s) | 边坡 | 比降 | 糙率 | 渠深/m | 渠道断面 | 现状 | 建设时间/年 | 备注 |
|---|---|---|---|---|---|---|---|---|---|---|---|---|---|---|---|
| 19 | 81+750—83+100 | 加大 | 5.0 | R4500 | 9.53 | 1.49 | 0.71 | 1:1.5 | 1/8000 | 0.0145 | 2.1 | U形断面 | 砌护改造 | 2013 | 坡(长1.691 m)六角砼板,(R4500)U形砼断面 |
| | | 设计 | 4.0 | | | 1.35 | 0.68 | | | | | | | | |
| | | 最小 | 2.0 | | | 0.97 | 0.54 | | | | | | | | |
| 20 | 83+100—84+711 | | | | | | | | | | | | | | |
| 21 | 84+711—86+593 | 加大 | 2.4 | R3000 | 6.65 | 0.94 | 0.83 | 1:1.5 | 1/3000 | 0.0150 | 1.4 | U形断面 | 砌护改造 | 2013 | 全断面U(R3000)形六角砼板 |
| | | 设计 | 1.9 | | | 0.84 | 0.78 | | | | | | | | |
| 22 | 86+593—87+580 | 加大 | 1.9 | R2000 | 5.68 | 0.73 | 1.19 | 1:1.5 | 1/1000 | 0.0150 | 1.1 | U形断面 | 砌护改造 | 2013 | 全断面U(R2000)形六角砼板 |
| | | 设计 | 1.5 | | | 0.65 | 1.12 | | | | | | | | |
| 23 | 87+580—88+050 | 加大 | 1.2 | 1 | 4.60 | 0.60 | 1.13 | 1:1.5 | 1/1000 | 0.0200 | 1.0 | 梯形断面 | 砌护改造 | 2013 | 坡(长1.5 m)底(宽1 m)全断面铅丝拢石 |
| | | 设计 | 1.0 | | | 0.52 | 1.06 | | | | | | | | |

（三）重点工程

随着干渠的扩整，扩建、改建或新建了建筑物。1970年至1985年，新建桥梁14座，涵洞2座，渡槽6座，进水闸、节制闸（提水闸）8座，退水闸3座。较大的银横公路掌政桥是1971年由宁夏交通局投资兴建。反帝沟涵洞是1970年至1971年由青铜峡水电局因新开反帝沟而新建。第一排水沟渡槽是为废除原唐铎洞，由汉延渠管理处于1974年设计施工建成的。

这一时期兴建改建的各类建筑物见表2-4-1至表2-4-4。

（四）岁修工程

1.2001年以来岁修工程实施完成情况

2001年，春季维修养护工程完成投资58.87万元，其中包括岁修工程和28项专项工程；秋季维修养护工程完成投资19.23万元，包括岁修工程和21项专项工程。全年完成维修养护总投资78.1万元。

2002年，春季维修养护工程完成投资39.08万元，完成土方4000 $m^3$、砌石1100 $m^3$、混凝土22 $m^3$、草护2800 $m^3$，完成专项工程28项。秋季维修养护工程完成投资10.86万元，完成岁修13项、专项5项。全年完成总投资49.94万元。

2003年，春季维修养护工程完成投资37.18万元，完成草护长1866 m、面积6761 $m^2$，土方7843 $m^3$，砌护110 m，浆砌石671.41 $m^3$，干砌石72.58 $m^3$，混凝土37.04 $m^3$，更换斗门10套、启闭机18台，新建斗口3座（专项）。秋季维修养护工程完成投资12.70万元，完成砌石206.64 $m^3$、混凝土15.21 $m^3$、土方278.08 $m^3$，新建斗口1座（专项），维修房屋200 $m^2$。全年完成总投资49.88万元。

2004年，春季维修养护工程完成投资82.11万元，完成草护长533 m，计1752 $m^2$，砌护411 m，更换斗门13套、启闭机10套，新建、翻建斗口8座，新建安装遥测水位仪5套，购置微机15台建立局域网，累计完成土方15679 $m^3$，浆砌石16305 $m^3$，干砌石2462 $m^3$、砼881 $m^3$。秋季维修养护工程完成投资5.37万元，完成土方3046 $m^3$、砌石32.95 $m^3$、草护152 $m^2$，抢险工程11处。全年完成总投资87.48万元。

2005年，维修养护工程完成投资33.41万元。完成草护长2356 m，渠道砌护长74 m，维修斗口4座，更换斗门7套，完成土方4005 $m^3$、砌石254 $m^3$、混凝土13.34 $m^3$。更换马寨桥变压器，翻建东渠、春林渠、四星梢段斗口等工程，完成工程量土方1042 $m^3$、砌407 $m^3$、砼27 $m^3$。维修处理基层所段屋顶漏雨问题，同时投资改造第二管理所机关灶房和8个管理段职工灶房。屋顶SBS防水处理290 $m^2$，所段内墙粉刷960 $m^2$，所段灶房改造10个。

2006年，春季维修养护工程完成投资37.11万元，岁修完成草护1382 $m^2$、土方800 $m^3$，完成20项专项工程，主要完成浆砌石252 $m^3$、砼24 $m^3$、土方7176 $m^3$。秋季维修养护工程完成投资4.63万元，岁修完成更换启闭机3台、预制启闭机梁2个，维修大闸2孔，完成4项专项工程，主要完成土方110 $m^3$、浆砌石112.1 $m^3$、砼13 $m^3$。全年完成总投资41.74万元。

2007年，春季工程投资及防汛抢险预备费33.6613万元，完成重点建筑物维修8座，草护长278 m，维修斗口14座，更换斗门2套、启闭机11台，恢复建设斗口1座，更换变压器及配套设备1套等，完成土方1963 $m^3$、砌石328.88 $m^3$、混凝土160.96 $m^3$、土工膜铺设476 $m^3$。秋季维修工程项目总投资11.7912万元，其中岁修工程1.0288万元，专项工程10.6424万元，其他工程0.12万元。翻建斗口4座，维修启闭机8台，水位遥测仪安装点清淤两处，渠堤坟坑填埋31个，挖除树根100个，二台整治及植树300棵。完成土方995 $m^3$，砌石285 $m^3$，混凝土27 $m^3$。

2008年，春季维修工程项目总投资17.8028万元，其中岁修工程5.3403万元，专项工程2.2385万元，其他工程5.224万元，防汛抢险预备费5万元。完成重点建筑物维修9座，斗口维修26座，草护长284 m，渠堤及二台加固整治520 m，渠道清淤150 m，更换启闭机10台，维修启闭机8台等。完成土方4217 $m^3$，砌石32 $m^3$。秋季维修工程项目总投资3.2339万元，其中岁修工程0.4456万元，专项工程2.7883万元。维修重点建筑物1座、测流点2处，预制安装斗口压梁3个，更换闸房防盗门1套，平田整地214 $m^2$。完成土方437 $m^3$，砌石91.5 $m^3$，混凝土24.9 $m^3$。

2009年，春季维修工程建设总投资22.7191万元，其中岁修工程4.1033万元，专项工程7.5958万元，其他工程6.02万元，防汛抢险预备费5万元。维修重点建筑物7座、斗口13座，新建支渠节制闸1座，护坡翻修85 m，渠道清淤1273 m，更换启闭机22台、斗门4套，维修启闭机1台等。完成土方7078 $m^3$，砌石127 $m^3$，砼31 $m^3$。秋季维修工程总投资20.6518万元，其中岁修工程0.9363万元，专项工程18.5955万元，其他工程1.12万元。浆砌石护坡174 m、护底7 m，砼板护坡翻修30 m，翻建斗口1座，制作斗口防盗箱7套，安装变压器报警器3个，购置启闭机4台。

2010年，渠道工程维修计划投资92.7213万元。完成重点建筑物维修8座，斗口维修11座，渠道护坡385.7 m、护底7 m，渠道清淤530 m，更换启闭机19台、斗门2套等。完成土方3802 $m^3$，砌石983 $m^3$，砼78 $m^3$。维修养护大队完成专项工程建设总投资49.7213万元。

2011年，春季维修养护工程完成投资12.35万元，完成重点建筑物维修6座，斗口维修5座，新建支渠节制闸1座，渠道清淤690 m，土地平整2070 $m^2$，更换启闭机22台、斗门4套等。完成土方4676 $m^3$、砌石19.4 $m^3$、砼2.7 $m^3$。秋季维修养护工程完成投资10.20万元，主要完成浆砌石护坡40 m、砼板护坡翻修30 m、渠堤加高1065 m，翻建斗口1座，制作斗口防盗箱7套，安装变压器报警器3个，购置启闭机4台。完成土方2523 $m^3$，砌石159 $m^3$，混凝土14 $m^3$。全年维修养护完成总投资22.55万元。

2012年，春季维修养护工程完成投资12.35万元，完成重点建筑物维修6座，斗口维修5座，新建支渠节制闸1座，渠道清淤690 m，土地平整2070 $m^2$，更换启闭机22台、斗门4套等。完成土方4676 $m^3$，砌石19.4 $m^3$，砼2.7 $m^3$。秋季维修养护工程完成投资10.20万元，主要完成浆砌石护坡40 m，砼板护坡翻修30 m，渠堤加高1065 m，翻建斗口1座，制作

改造后的中干沟渡槽

斗口防盗箱7套，安装变压器报警器3个，购置启闭机4台。完成土方2523 $m^3$，砌石159 $m^3$，混凝土14 $m^3$。全年维修养护完成总投资22.55万元。

2013年试行收支两条线。自治区财政部门每年下达管理处维修养护资金，管理处根据下达资金及时安排渠道维修养护项目。

2013年，投入维修资金898万元，完成工程214项，翻建斗口9座，加倍渠堤31.41 km，渠堤整治7.3 km，渠道清淤11 km，泥结石路面15.4 km，新建车棚210 $m^2$，紫穗槐平茬7.6 km，新建兴惠引水码头1座。

2014年，投入维修资金894万元，完成隐患治理项目223项，完成标准化渠堤建设14.12 km。

2015年，投入维修资金849万元，完成工程维修改造221项，其中翻建斗口9座，修筑标准渠堤14.53 km，新建东升测水点，改造通西测水点。涉外工程投入310万元，砌护干渠500 m。

2016年，投入维修资金299万元，完成专项工程11项、零星工程42项。其中，专项工程主要完成管理所办公楼外墙粉刷1处，配置唐铎、蔡家桥测流点自动化测流设施2套，1.1 km渠底砼板维修工程，观湖路至小观桥4.3 km生物固堤，金贵退水闸及金贵雍水底坎改造工程，提水坝至林皋节制闸2.65 km标准化渠堤建设，安装渠道安全警示标牌71个、限行桩51个，节制闸维修改造1处。

标准化渠堤

2017年，投入维修资金217万元，完成专项工程11项、零星工程6项。主要完成零星维修工程和小观桥管理段渠堤路面硬化工程，渠道防汛抢险工程，斗口翻建工程，林皋退水斗口工程，基础设施维护及改造工程，生物措施工程等专项工程。

2018年，投入维修资金460万元。分三批实施:第一批下达资金181万元,第二批下达资金159万元,第三批下达资金120万元。加固渠堤3处,增设渠堤限行杆26个,完成林皋涵洞进口护坡加高,全处干渠直开口、大闸等维修270余座,马寨桥节制闸主线路改造,丁字渠节制闸中孔启闭设施改造,渠道正射影像测量88.05 km,果子渠段至团一渠渠堤路碎石路面维修,望增公路桥至唐铎节制闸渠堤路面混凝土改造,丁字渠段渠堤道路硬化等工程,并购买基层所段机房网络设备21套。

2019年,投入维修养护项目总投资667万元。主要完成渠道清淤,局部渠道砼板维护,反帝沟渡槽槽底砼维修,88 km渠道防护林维修养护,道路维修养护,所、段生产管理设施维修改造,渠道安全警示标牌制作安装与维护,渠系水工建筑物维修等岁修项目;完成管理段生产用电设施改造,流速仪校核,干渠60余套雷达遥测仪维护及水闸动力电消耗,采购更新11台便携式电磁流速仪;集中更新改造项目投资290万元(第五管理所生产管理设施改造主体建设)。

2020年,投入渠道维修养护资金370万元,分两批完成维修养护项目32项,集中更新改造项目金贵节制闸已完成水下部分施工。审核并监督完成涉外工程4项。完成2019—2020年跨年第五管理所生产管理设施改造维修养护专项工程,完成投资308.35万元,占地2703.88 $m^2$,建筑面积652.16 $m^2$,实现搬迁入住。

2021年,投入维修养护资金325万元,分两批三期完成渠道工程、渠系建筑物工程、生态绿化工程、管理设施维修保养等16个大项60个小项工程的实施、验收及结算工作。完成金贵节制闸跨年实施收尾及信息化建设工作,引进双导杆卷扬式启闭机,选配伺服电机控制、视频监控,有效解决4万亩农田灌溉难问题。首次在永清沟渡槽引入聚脲涂层处理技术,有效改善了渡槽的防渗、防老化、抗冻融及抗冲耐磨性能。维修渠道衬砌板1935 $m^2$,清理渠道、渠堤土方及垃圾6387.96 $m^3$,加固渠堤360 m,维修干、支渠测流断面59处,维修保养直开口245座,维修保养各类水闸17座,改造潘昶桥节制闸启闭设施2套,改造唐铎退水闸启闭设施2套,维护

干渠草土护坡工程

沿渠道安全设施780处，安装视频安防设施2处，维修基层管理所防汛物资储备库3处，治理第四管理所周边环境1处，管护幼树19418棵，维修永清沟渡槽1处等。

2022年，投入维修养护资金462.89万元，分两批完成日常渠道工程、渠系建筑物工程、生态绿化工程、管理设施维修保养等6个大项69个小项工程的实施、验收及结算工作。完成渠道清淤88.05 km，渠堤两侧及周边垃圾清理2455 m$^3$，重点建筑物周边环境整治18处。渠堤加固0.25 km，新铺设或硬化道路0.2 km，砼压顶板维修300 m。砌护渠道护坡安全警示标语喷涂563处，安全警示标牌维护200块，安装、维护防护栏杆234 m。完成的土方工程量约535 m$^3$、混凝土工程量约243 m$^3$；维修保养直开口245座，维护测流断面59处，维修保养各类水闸17座。渡槽5座；维护通信、自动化(不含测控一体化闸门)、信息化设施50处；生态绿化树木管护16196株，下辖管理所、段绿化面积管护212264 m$^2$，新增绿化面积900 m$^2$；维护测控一体化闸门133套；维护生产管理设施15处，安全设施及灌区标准化工程3处；渠堤两侧警示牌制作及安装89块；更新灭火器72个等。完成汉延渠大银河节制闸至银东干沟涵洞段渠道加固工程，加固渠道渠底950 m，扩宽右岸重新砌护(桩号62+412—62+526)114 m，渠道62+553—62+820段右岸，砼板重新砌护267 m。该项目的实施，加固了渠道渠底，消除了渠道安全隐患，减小了渠道渗漏损失，稳固了渠道边坡。

2022年，管理处节水型示范机关建设项目(一期)投入资金59.73万元，完成实施、验收及结算工作。该项目的实施有效促进了处机关三、四、五楼节约用水和职工生活办公环境的改善。

2022年，汉延渠调度中心一楼卫生间改造及大北渠管理段房屋维修工程投入资金33.24万元，完成实施、验收及结算工作。该项目的实施，有效改善了所、段环境和职工居住条件，提高了自来水利用率，改善了处机关一楼职工生活办公环境，达到了节水目的。

2.社会效益

通过渠道工程建设和基础设施建设的实施，有效解决了部分工程设施老化、管理手段落后等问题。优化水资源配置，提高灌溉管理水平和效率，缓解灌区水资源供需矛盾，提高灌区农业生产能力，使渠道安全保障能力和灌溉效率进一步提升，在节约用水、防汛抗旱等方面发挥重要作用。灌区粮食稳产增收，为汉延渠高质量发展、乡村振兴及经济社会发展提供有力保障。

砌护前的陈家湾子

砌护后的陈家湾子

3.可持续影响

维修养护项目的实施，确保了渠道输水良性运行，服务职能进一步提高，推动灌区管理向纵深、精细和高水平发展，稳步迈向高效能节水型灌区、规范化生态型灌区、供水链服务型灌区，促进灌区经济与社会的可持续发展。

（五）灌区续建配套与节水改造工程

1.1999—2000年宁夏引黄灌区续建配套工程

宁夏引黄灌区1999—2000年续建配套工程，由宁夏水利厅灌溉管理局建设，宁夏水利水电勘测设计研究院有限公司设计，宁夏水利水电工程建设监理中心监理，宁夏水利水电建设工程质量监督中心站进行质量监督。汉延渠部分工程施工完成后，由宁夏汉延渠管理处运行管理。

（1）汉延渠掌政渡槽、永二干沟桥翻建工程。

1999年，宁夏汉延水电工程有限公司（汉延渠管理处水利工程队）中标实施汉延渠掌政渡槽、永二干沟桥翻建工程。完成投资149.31万元，工程主要建设内容为翻建渡槽、生产桥各1座，转运土方8232 $m^3$，浇筑砼870 $m^3$，砌筑浆砌石1107 $m^3$。

（2）汉延渠建筑物改造工程。

宁夏唐徕水利水电工程建设安装公司中标实施汉延渠建筑物改造工程。完成投资202.07万元，工程主要建设内容为改造节制闸2座（其中新建大银河节制闸1座）、退水闸1座，配套斗口闸门及启闭20套，转运土方9030 $m^3$，浇筑砼754 $m^3$，砌筑浆砌石3961 $m^3$。

2.2001—2003年宁夏引黄灌区续建配套与节水改造工程

宁夏引黄灌区2001—2003年续建配套与节水工程，由宁夏水利厅灌溉管理局建设，宁夏水利勘测设计院设计，宁夏水利水电工程建设监理中心监理，宁夏水利水电建设工程质量监督中心站进行质量监督。汉延渠部分工程施工完成后，由宁夏汉延渠管理处运行管理。

汉延渠汉佐桥至周家小口(68+200—70+877)渠道砌护改造工程，由宁夏汉延水电工程有限公司、宁夏跃进水利水电工程有限公司中标实施。

2003年，宁夏汉延水电工程有限公司中标实施银新沟渡槽改造工程(74+000)。中标金额25.86万元，工程主要建设内容为进出口浆砌石砌筑、渡槽止水处理、槽底混凝土加固等。

3.2004年宁夏引黄灌区续建配套与节水改造工程

宁夏引黄灌区2004年续建配套与节水改造工程，由宁夏水利厅灌溉管理局建设，宁夏水利勘测设计院设计，宁夏水利水电工程建设监理中心监理，宁夏水利水电建设工程质量监督中心站进行质量监督。汉延渠部分工程施工完成后，由宁夏汉延渠管理处运行管理。

4.2005—2008年宁夏大型灌区续建配套与节水改造工程

2005—2008年宁夏大型灌区续建配套与节水改造工程，由宁夏水利厅灌溉管理局建设，宁夏水利水电勘测设计研究院有限公司和中国水利水电建设工程咨询渤海公司设计，宁夏华正水利水电工程建设监理中心监理，宁夏水利水电建设工程质量监督站进行质量监督。汉延渠部分工程施工完成后，由宁夏汉延渠管理处进行运行管理。

(1)惠汉合并干渠小坝段砌护改造项目(汉延渠进水闸至109国道桥，桩号13+450—15+000，实施时间：2005年)。

金贵渡槽

一标由宁夏汉延水电工程有限公司中标，二标由宁夏七星水利水电工程有限公司中标，三标由宁夏水利水电工程局中标，中标金额分别为116.08万元、119.41万元、74.71万元，工程主要建设内容为干渠砌护改造1.55 km。

(2)汉延渠二排小渡槽翻建工程(实施

时间:2009年)。

由宁夏汉延水利水电有限公司中标,中标金额为19.90万元,工程主要建设内容为二排小渡槽翻建。

(3)汉延渠管理处第一管理所迁建工程(实施时间:2009年)。

由青铜峡市恒源建设实业公司中标,中标金额为60.00万元。由青铜峡市建设工程监理有限责任公司监理,工程主要建设内容为第一管理所迁建。

(4)汉延渠灌域信息化工程(实施时间:2009年)。

由大唐软件技术股份有限公司中标,中标金额为2673.27万元,工程主要建设内容为汉延渠灌域信息化工程,具体为建设水情监测子系统90个、闸门视频监视及自动化控制子系统7个、通信传输网络系统26个、100M计算机局域网1个(信息分中心),开发信息应用软件3套,建设汉延渠灌区水情遥测系统和灌溉局计算机局域网等。

5.2009—2010年宁夏大型灌区续建配套与节水改造工程

2009—2010年宁夏大型灌区续建配套与节水改造工程,由宁夏回族自治区水资源管理局建设,宁夏水利水电勘测设计研究院有限公司和黄河勘测规划设计有限公司设计,宁夏宏景工程监理有限公司、宁夏华正水利水电工程建设监理中心和宁夏兴禹工程建设监理公司监理,自治区水利安全生产与质量监督管理局(原宁夏水利水电建设工程质量监督站)进行质量监督。汉延渠部分工程施工完成后由宁夏汉延渠管理处运行管理。

2010年,宁夏汉延水电工程有限公司中标实施75+700—77+100段渠道砌护工程。中标金额219.73万元,工程主要建设内容为渠道砌护1.4 km,维修大银河节制闸、银东干沟渡槽。

6.2011—2013年宁夏大型灌区续建配套与节水改造工程

2011—2013年宁夏大型灌区续建配套与节水改造工程,由自治区灌溉管理局建设,宁夏水利水电勘测设计研究院有限公司、黄河勘测规划设计有限公司、石嘴山市水利勘测设计院有限公司和银川市水电勘测设计院设

干渠砌护土方工程

计，宁夏宏景工程监理有限公司、宁夏华正水利水电工程建设监理中心、宁夏兴禹工程建设监理公司、宁夏恒昇监理工程有限公司和宁夏铸诚监理咨询有限公司监理，自治区水利安全生产与质量监督管理局（原宁夏水利水电建设工程质量监督站）进行质量监督。汉延渠部分工程施工完成后由宁夏汉延渠管理处运行管理。

（1）银东渡槽至二排渡槽段砌护工程（实施时间：2011年四标）。

由宁夏渠首水利工程建设有限公司中标实施，中标金额1048.53万元。工程主要建设内容为渠道砌护4.412 km，翻建支渠引水口14座，修林皋节制闸、林皋节制闸交通桥及测水断面改造等。

（2）汉延渠永清沟渡槽下段砌护改造工程（实施时间：2011年第一批）。

由宁夏西干渠水利水电工程有限公司中标实施，干渠桩号58+400—62+700，中标金额1623.01万元。工程主要建设内容为渠道砌护4.3 km，翻建支渠口12座等。

（3）掌政退水闸加固改造工程（实施时间：2011年）。

由宁夏渠首水利工程建设有限公司中标实施，中标金额40.32万元，工程主要建设内容为新建闸室，更换闸门、启闭设备，配置动力柜、机电控制柜等。

护坡勾缝

（4）汉延渠中干沟渡槽至观湖西路桥段砌护改造工程（实施时间：2012年第一批）。

由宁夏秦汉水利工程有限公司中标实施，干渠桩号48+082—52+360，工程概算总投资金额为1456.75万元。主要建设内容为砌护改造汉延渠4.3 km（桩号48+082—52+400），圆弧坡脚梯形断面，内边坡1∶1.5，渠底水平段宽14.3 m，全断面砼预制板加现浇砼砌护，堤顶宽分别为5 m和4 m，带路侧铺设泥结石路面；翻建斗口10座，圆管涵结构；新建巡渠踏步16座。

（5）马寨桥节制闸翻建工程（实施时间：2012年第一批）。

由宁夏渠首水利工程建设有限公司中标实施，中标金额181.72万元。工程主要建设内容为翻建节制闸，更换闸门、启闭设备，配置动力柜、机电控制柜，翻建节制闸进口段处八八渠、东边渠等。

(6)汉延渠55+618—58+261段砌护工程(实施时间:2012年第一批6标段)。

由宁夏唐徕水利水电建筑安装公司中标实施汉延渠55+618—58+261段砌护工程。中标金额915.07万元。工程主要建设内容为砌护改造汉延渠2.643 km,采用圆弧坡脚梯形断面,全断面砌护,左右堤顶宽分别为5 m和4 m,左堤铺设泥石路面4 m;连接段处理4段,改造斗口8座。

(7)汉延渠69+900—83+100、84+711—88+050段砌护工程(实施时间:2013年、2015年)。

由宁夏唐徕水利水电建筑安装公司中标实施,中标金额为2673.27万元,工程主要建设内容为渠道砌护15.539 km,翻建银新沟渡槽、潘昶节制闸、王澄节制闸、王澄退水闸、巴歇尔量水堰,维修银新沟退水闸,翻建、顺接维修支渠口(含农口)103座等。。

(8)汉延渠二排渡槽翻建工程(实施时间:2015年)。

由宁夏红杨水利水电工程有限公司中标实施,中标金额156.11万元。工程主要建设内容为二排渡槽翻建。

7.2014—2015年宁夏大型灌区续建配套与节水改造工程

2014—2015年宁夏大型灌区续建配套与节水改造工程,由宁夏水资源管理局、宁夏农田水利基本建设指挥部办公室建设,宁夏水利水电勘测设计研究院有限公司、黄河勘测规划设计有限公司、石嘴山市水利勘测设计院有限公司、固原市水利勘测设计院、银川市水电勘测设计院、吴忠市水利工程勘测设计院和宁夏农垦勘测设计院设计,宁夏宏景工程监理有限公司、宁夏华正水利水电工程建设监理中心、宁夏兴禹工程建设监理公司、宁夏铸诚监理咨询有限公司、宁夏唐徕工程监理有限公司和宁夏华骋工程监理有限公司监理,宁夏水利安全生产与质量监督管理局(原宁夏水利水电工程质量监督站)进行质量监督。汉延渠部分工程施工完成后由宁夏汉延渠管理处运行管理。

(1)汉延渠建筑物改造工程。

①翻建汉延渠唐铎渡槽工程(实施时间:2014年七标、2015年)。

由宁夏宁工局中标实施,中标金额544.46万元。工程主要建设内容为翻建汉延渠唐铎渡槽,设计流量34.5 $m^3/s$,渡槽共7跨70 m,采用钢筋砼梁板式结构,进出口连接段采用浆砌石及砼砌(浇)筑;全断面砌护渡槽处沟道30 m;新建生产桥1座。

②银东干沟渡槽改建涵洞工程、掌政渡槽底梁及槽壳翻建工程(实施时间:2015年)。

由宁夏七星渠水利工程建设公司中标实施,中标金额153.99万元和146.82万元。工程主要建设内容为银东涵洞建设(设计流量3.6 $m^3/s$),燕四渠翻建,掌政渡槽底梁及槽壳新建(设计流量17.5 $m^3/s$)。

③翻建汉延渠唐铎节制闸工程(实施时间:2015年)。

由宁夏汉延水电工程有限公司中标实施,中标金额179.68万元。工程主要建设内容为5孔开敞式结构,设计流量32 $m^3/s$,进出口连接段采用浆砌石及砼砌(浇)筑,配套闸门、启闭机等。

(2)汉延渠38+998—44+972,49+300—55+618,58+261—62+379段砌护工程(实施时间:2014年十二标段)。

由宁夏秦汉水利水电工程有限公司、宁夏固海水利水电建筑安装有限公司和宁夏惠渠水利建筑工程有限责任公司中标实施,中标金额4026.42万元。工程主要建设内容为砌护改造汉延渠16.38 km,其中渠道砌护工程为圆弧坡脚梯形断面,内边坡1∶1.5。全断面砌护,坡面铺设预制C15砼板,其下依次铺设M5砂浆垫层和复合土工膜;圆弧坡脚现浇C20砼厚0.2 m;渠底面层铺设卵砾石,厚0.3 m,其下铺设复合土工膜。桩号40+600—41+600段渠底面层铺设预制C15砼板,其下依次铺设M5砂浆垫层和复合土工膜。复合土工膜规格均为0.3 mm/150 g。沿渠道两侧每公里新建巡渠踏步各1座,采用C20砼浇筑。右堤兼做生产及巡护道路,堤顶宽5 m,铺设泥结碎石路面。渠堤配套生物措施治理。翻建小观桥退水闸1座,双孔开敞式结构,单孔宽1.8 m,闸室长6.0 m。闸室上部布置启闭机房,进出口连接段采用浆砌石及砼砌(浇)筑。配套闸门及启闭机。翻建直开口53座,均为钢筋砼圆管涵结构,涵管直径0.6~1 m,涵长15 m,配套闸门及启闭机。

(3)汉延渠20+318—24+654段砌护工程(实施时间:2015年)。

由宁夏宁工局和汉延水电工程有限公司中标实施,中标金额4495.11万元。工程主要建设内容:全断面砌护汉延渠长4.34 km,右堤兼做生产及巡护道路,宽4 m,铺设泥结碎石路面。维修改造节制闸2座:李俊节制闸(桩号:20+318)、丁字渠节制闸(桩号24+507)。其中李俊节制闸主要对下游渐变段进行浆砌石及砼砌(浇)筑维修;丁字渠节制闸主要对上下游渐变段进行浆砌石及砼砌(浇)筑维修,更换闸门及启闭机。重建斗口28座,钢筋砼圆管涵结构,配套闸门及启闭机。翻建泵站进水口2座,采用浆砌石及砼砌(浇)筑。翻建汉延渠中干沟渡槽(桩号34+655)。渡槽长60 m,矩形槽壳宽8 m,下部为井柱支承。

8.2016—2017年宁夏大型灌区续建配套与节水改造工程

2016—2017年宁夏大型灌区续建配套与节水改造工程,由宁夏水资源管理局和宁夏农田水利基本建设指挥部办公室建设,宁夏水利水电勘测设计研究院有限公司和黄河勘测规划设计有限公司设计,宁夏华正水利水电工程建设监理中心监理,宁夏水利安全生产与质量监督管理局(原宁夏水利水电工程质量监督站)进行质量监督。汉延渠部分工程施工完成后由宁夏汉延渠管理处运行管理。

2016年,宁夏汉延水电工程有限公司中标实施汉延渠李俊、林皋节制闸及林皋涵洞改造工程,中标金额为944.02万元,工程主要建设内容:李俊、林皋节制闸翻建,相应设备配备;6+360左堤东门渠斗口翻建,6+349右堤东支渠斗口翻建;新建林皋涵洞1座。

(六)标准化渠堤建设

雨后坑洼泥泞、积水严重,所段职工出行不便的土渠堤已成过去。近年来,汉延渠管理处积极与辖区地方政府沟通协调,依托地方政府新农村建设项目,已硬化渠堤13.85 km(单面渠堤);与自治区水利厅相关部门协调,依托水利厅续建配套项目,已铺筑碎石渠堤72.6 km(单面渠堤);利用管理处维修养护资金逐年硬化渠堤1.60 km(单面渠堤)。以上工程投资2093.25万元。渠堤硬化后,彻底解决了基层管理所、段管护人员出行难的问题。

(七)生物固堤和美丽渠道建设

20世纪80年代以来,管理处在确保农田充足灌溉和渠道安全行水的同时,在88 km的渠道两侧二台大量种植乔木、灌木等10万余株,加强沿渠环境建设。2014年起,在自治区水利厅的大力支持下,管理处坚持人水和谐发展的理念,构建和谐发展环境,着力加强渠道建设和基础设施改造,提升渠道综合治理环境,绿化美化生活环境。2015年,完成沿渠29个段落3万余株植树,部分新建、翻建所、段院落绿化良好,与乡村联合栽植护堤林5000棵。2017年,完成续建配套工程建设损毁树目补栽6.8万棵。

渠堤绿化是建设生态水利的重要内容,也是衡量灌区工程管理状况、发挥生物固渠护堤效力、保障渠道安全行水灌溉的有效组成部分。近年来,管理处以美丽渠堤建设为

干渠城市段标准化渠堤

目标，在88.05 km渠道内坡、二台两侧空地已种植臭椿25771株、刺槐+国槐3705株、速生杨12744株、柳树8386株、榆树1085株、毛白杨3913株、新疆杨17571株，共计73175株。同时，还栽种各类花灌木4864株等。乔灌结合、科学搭配的干渠林网已初步形成。渠道林网建设，有助于调节气流、温度、水分、土壤等环境因子，改善农田小气候，减轻和防御各种农业自然灾害，创造有利于农作物生长的环境，促进农业生产稳产、高产。如今的汉延渠，已是绿树成荫、瓜果飘香的现代化生态灌区。

**表2-4-17　汉延渠树木情况统计**　　单位：株

| 管理单位 | | 臭　椿 | 刺槐+国槐 | 速生杨 | 柳　树 | 榆　树 | 毛白杨 | 新疆杨 | 合　计 |
|---|---|---|---|---|---|---|---|---|---|
| 一　所 | 林皋桥段 | 1653 | 51 | 896 | 2565 | 1035 | 5 | 3047 | 9252 |
| | 大北渠段 | 4173 | 290 | 1367 | 70 | 50 | 57 | 252 | 6259 |
| | 马寨桥段 | 1812 | 0 | 3278 | 713 | 0 | 0 | 5579 | 11382 |
| | 全　所 | 7638 | 341 | 5541 | 3348 | 1085 | 62 | 8878 | 26893 |
| 二　所 | 李俊段 | 910 | 151 | — | 233 | — | 136 | 1476 | 3192 |
| | 丁子渠段 | 1154 | 876 | — | 153 | — | 423 | 889 | 3495 |
| | 唐铎段 | 1347 | 302 | — | 1537 | — | 861 | 704 | 4751 |
| | 全　所 | 3411 | 1615 | — | 1923 | — | 1420 | 3069 | 11438 |

续表

| 管理单位 | | 臭　椿 | 刺槐+国槐 | 速生杨 | 柳　树 | 榆　树 | 毛白杨 | 新疆杨 | 合　计 |
|---|---|---|---|---|---|---|---|---|---|
| 三　所 | 王闸桥 | 187 | 73 | 5576 | 41 | — | 0 | 14 | 5891 |
| | 小观桥 | 1267 | 521 | 683 | 19 | — | 58 | 0 | 2548 |
| | 板　桥 | 2004 | 227 | 304 | 129 | — | 2133 | 0 | 4797 |
| | 全　所 | 3458 | 821 | 6563 | 189 | — | 2191 | 14 | 13236 |
| 四　所 | 通桥段 | 1477 | 327 | 593 | 1067 | — | 89 | 330 | 3883 |
| | 渡槽段 | 1659 | 10 | 47 | 844 | — | 15 | 551 | 3126 |
| | 蔡家桥段 | 1388 | 106 | 0 | 48 | — | 47 | 80 | 1669 |
| | 全　所 | 4524 | 443 | 640 | 1959 | — | 151 | 961 | 8678 |
| 五　所 | 金贵段 | 614 | 224 | — | 56 | — | 37 | 239 | 1170 |
| | 潘昶桥 | 1250 | 107 | — | 139 | — | 33 | 298 | 1827 |
| | 王澄桥 | 3505 | 101 | — | 590 | — | 6 | 1908 | 6110 |
| | 丁家桥 | 1371 | 53 | — | 182 | — | 13 | 2204 | 3823 |
| | 全　所 | 6740 | 485 | — | 967 | — | 89 | 4649 | 12930 |
| 全　处 | | 25771 | 3705 | 12744 | 8386 | 1085 | 3913 | 17571 | 73175 |

## 第五节　建筑物更新改造

### 一、进水闸

汉延渠进水闸，旧名汉正闸，位于青铜峡市小坝镇汉惠干渠上，始建于明代。民国时期，正闸位置在渠口下二十里处，三墩四孔，墩孔宽一丈，高亦一丈许。正闸旁有龙王庙，也是民国时期汉延渠办公处所在。

中华人民共和国成立后，1975年重建进水闸。1978年春，渠首管理处对汉延渠进水闸改建，将浆砌料石闸墩的插杆式旧闸改为混凝土闸墩的钢筋混凝土新闸，改建后的进水闸为4孔，使用电动、手摇两用4台5 t卷扬机启闭。1990年春，翻修闸下消力池混凝土及护坡浆砌石。2012年，再度翻建汉延渠进水闸，结构形式为钢筋混凝土开敞式电动平板复合钢闸门，4孔，闸门宽3 m、高3.7 m，启闭方式为单吊点电动卷扬式启闭机（QPQ1X250）4台。现水闸设计流量为70 $m^3/s$。

## 二、节制闸

1997—2020年，干渠新建节制闸1座，翻建节制闸7座，改造节制闸1座。（见表2-5-1）

干渠节制闸

马寨桥节制闸位于汉延渠马寨桥管理段，干渠桩号13+117，始建于1975年，于2012年翻建改造；设计最大过水流量为50 $m^3/s$。2012年10月，马寨桥节制闸原址翻建。

李俊节制闸位于汉延渠果子渠管理段，干渠桩号20+380，始建于1969年4月，2001年5月翻建改造，设计最大过水流量为55 $m^3/s$。2016年10月，林皋、李俊节制闸原址翻建，首次采用液压式翻板闸门。

2015年10月，唐铎节制闸原址翻建，4孔，设计过水能力为32 $m^3/s$。

2020年10月至2021年5月，新建金贵节制闸，位于贺兰县金贵镇汉佐村境内，干渠桩号67+670。闸室采用开敞式钢筋砼结构，设计为双孔闸，闸孔总宽6 m，启闭设施采用手电两用双导轨卷扬式启闭机，增设自动化控制系统、视频监控系统。设计流量为15 $m^3/s$，加大流量为18 $m^3/s$。该闸的建成使用，有效解决了金贵镇6个村11条支渠及节制闸以上3.2万余亩高地灌溉难的问题，同时，为该段干渠上下游水量、水位调控提供了便利。

潘昶节制闸位于汉延渠潘昶桥管理段，干渠桩号72+019，始建于1968年，于2015翻建改造，设计最大过水流量为9 $m^3/s$。

王澄节制闸位于汉延渠王澄桥段，干渠桩号79+091，始建于1972年，于2015翻建改造，设计最大过水流量为5.6 $m^3/s$。

表2-5-1　干(支干)渠节制闸更新改造统计

| 序　号 | 闸　名 | 桩　号 | 管理单位 | 基本参数 | | | | | | | 闸房结构 | 建设时间 | 改造时间 |
|---|---|---|---|---|---|---|---|---|---|---|---|---|---|
| | | | | 过流能力/($m^3/s$) | 孔数/个 | 孔口尺寸(宽×高)/m | 闸门高度/m | 闸门结构型式 | 启闭机类　型 | 启闭方式 | | | |
| 1 | 林皋桥节制闸 | 006+390 | 汉一所 | 46.44 | 4 | 5.0×2.7 | 2.7 | 平　板 | 液　压 | 手电两用 | 无闸房 | 1964年 | 2016年翻建 |
| 2 | 马寨桥节制闸 | 013+117 | 汉一所 | 43.00 | 5 | 5.0×3.0 | 3.0 | 平　板 | 螺　杆 | 手电两用 | 框架结构 | 1960年 | 2012年翻建 |
| 3 | 李　俊节制闸 | 020+368 | 汉二所 | 36.70 | 3 | 5.0×2.7 | 2.7 | 平　板 | 液　压 | 手电两用 | 无闸房 | 1969年 | 2016年翻建 |
| 4 | 丁字渠节制闸 | 024+507 | 汉二所 | 34.10 | 3 | 中孔4.5×3，边孔2.5×3 | 3.0 | 平　板 | 螺　杆 | 手电两用 | 彩　钢 | 1964年 | 2015年上部结构改造 |
| 5 | 唐　铎节制闸 | 027+936 | 汉二所 | 31.50 | 4 | 3.0×2.0 | 2.0 | 平　板 | 螺　杆 | 手电两用 | 框架结构 | 1964年 | 2015年翻建 |
| 6 | 王闸桥节制闸 | 031+917 | 汉三所 | 28.00 | 3 | 3.15×3.0 | 3.0 | 平　板 | 卷　扬 | 手电两用 | 框架结构 | 1965年 | 1997年翻建 |
| 7 | 大银河节制闸 | 062+379 | 汉四所 | 15.20 | 2 | 中孔4×2.5，边孔2.5×2.5 | 2.5 | 平　板 | 螺　杆 | 手电两用 | 框架结构 | 1971年 | 2002年翻建 |
| 8 | 金　贵节制闸 | 067+670 | 汉五所 | 15.00 | 2 | 2.0×2.5 | 2.5 | 平　板 | 螺　杆 | 手电两用 | 框架结构 | 2020年 | — |
| 9 | 潘　昶节制闸 | 071+989 | 汉五所 | 7.50 | 3 | 2.0×2.5 | 2.5 | 平　板 | 卷　扬 | 手电两用 | 框架结构 | 1968年 | 2015年翻建 |
| 10 | 王　澄节制闸 | 079+088 | 汉五所 | 4.50 | 2 | 2.0×2.0 | 2.0 | 平　板 | 螺　杆 | 手电两用 | 框架结构 | 1972年 | 2015年翻建 |
| 11 | 头　闸 | 082+004 | 汉五所 | 4.50 | 1 | 2.0×2.0 | 2.0 | 平　板 | 螺　杆 | 手　动 | 无闸房 | 1968年 | — |

续表

| 序号 | 闸名 | 桩号 | 管理单位 | 基本参数 | | | | | | | 闸房结构 | 建设时间 | 改造时间 |
|---|---|---|---|---|---|---|---|---|---|---|---|---|---|
| | | | | 过流能力/（$m^3/s$） | 孔数/个 | 孔口尺寸（宽×高）/m | 闸门高度/m | 闸门结构型式 | 启闭机类型 | 启闭方式 | | | |
| 12 | 二闸 | 083+967 | 汉五所 | 3.00 | 1 | 2.0×2.2 | 2.2 | 平板 | 螺杆 | 手动 | 无闸房 | 1968年 | — |
| 13 | 中闸子 | 085+897 | 汉五所 | 2.00 | 1 | 1.5×2.0 | 2.0 | 平板 | 螺杆 | 手动 | 无闸房 | 2007年 | — |
| 14 | 尾闸 | 086+206 | 汉五所 | 1.00 | 1 | 1.0×1.0 | 1.0 | 平板 | 螺杆 | 手动 | 无闸房 | 2005年 | — |

## 三、退水闸

2000—2015年，干渠新建退水闸1座，翻建退水闸2座，改造退水闸1座。（见表2-5-2）

王澄退水闸，曾名王全闸，位于汉延渠第五管理所王澄桥段，桩号77+874。

乾隆《宁夏府志》中记载，侍郎通智埋准底石于渠道各处，其中之一就埋在了王全闸下。王澄退水闸建于1965年，2015年翻建改造，设计流量5 $m^3/s$，1孔，闸门宽2 m，高1.5 m，配有远控螺杆式启闭机。

表2-5-2　干(支干)渠退水闸更新改造统计

| 序号 | 闸名 | 桩号 | 管理单位 | 基本参数 | | | | | | | | | 闸房结构 | 建设时间 | 改造时间 |
|---|---|---|---|---|---|---|---|---|---|---|---|---|---|---|---|
| | | | | 过流能力/($m^3$/s) | 孔数/个 | 孔口尺寸(宽×高)/m | 闸门高度/m | 闸门结构 | 启闭机类型 | 启闭方式 | 启闭能力/t | 台数/台 | | | |
| 1 | 唐铎退水闸 | 026+627 | 汉二所 | 10 | 2 | 2.5×2.4 | 2.4 | 平板 | 螺杆 | 手电两用 | | | | 1978年 | 2000年改造 |
| 2 | 中干沟退水闸 | 34+310 | 汉三所 | 1 | 1 | D0.6 | 0.6 | 平板 | 螺杆 | 手电两用 | | | | 2013年 | — |
| 3 | 小观桥退水闸 | 043+249 | 汉三所 | 10 | 2 | 2.2×2.0 | 2.0 | 平板 | 螺杆 | 手电两用 | | | | 1960年 | 2015年翻建 |
| 4 | 掌政退水闸 | 058+159 | 汉四所 | 10 | 1 | 2.7×2.5 | 2.5 | 平板 | 螺杆 | 手电两用 | | | | 1990年 | — |
| 5 | 金贵退水闸 | 068+061 | 汉五所 | 5 | 1 | 2.0×2.5 | 2.5 | 平板 | 螺杆 | 手电两用 | | | | 1997年 | — |
| 6 | 银新沟退水闸 | 076+252 | 汉五所 | 5 | 1 | 2.0×2.5 | 2.5 | 平板 | 螺杆 | 手电两用 | | | | 2003年 | — |
| 7 | 王澄退水闸 | 077+869 | 汉五所 | 5 | 1 | 2.0×1.5 | 1.5 | 平板 | 螺杆 | 手电两用 | | | | 1965年 | 2015年翻建 |

## 四、涵洞

2010—2016年，干渠新建涵洞1座，翻建涵洞1座。（见表2-5-3）。

林皋涵洞位于青铜峡市小坝镇，隶属汉延渠第一管理所林皋桥管理段管辖，桩号6+195。

林皋涵洞始建年代不详。乾隆《宁夏府志》载："林皋暗洞，在林皋堡。"民国时期的《宁夏省水利专刊》亦记载其名。现存林皋涵洞建于1965年，为单孔箱涵结构。2016年翻建，结构形式为2孔方涵，断面宽2.5 m、高2.5 m，涵洞总长72 m，设计过流量为15 $m^3/s$。

反帝沟涵洞位于青铜峡市叶盛镇盛庄村与瞿靖镇友好村交会处，隶属汉延渠第一管理所林皋桥管理段管辖，桩号10+975。建于1970年，涵洞全长111 m，结构形式为箱涵2孔，两孔尺寸均为宽2.3 m、高2.1 m，设计过流量为10 $m^3/s$。

**表2-5-3　干(支干)渠涵洞更新改造统计**

| 序号 | 名称 | 管理单位 | 桩号 | 结构形式 | 基本参数 | | | | 沟道名称 | 干渠流量/（$m^3/s$） | 建设时间 | 改造时间 |
|---|---|---|---|---|---|---|---|---|---|---|---|---|
| | | | | | 过流能力/（$m^3/s$） | 宽×高/m | 孔数/个 | 长度/m | | | | |
| 1 | 林皋涵洞 | 汉一所 | 006+195 | 箱涵 | 14.65 | 2.5×2.5 | 2 | 72 | 中干沟 | 46.44 | 1965年 | 2016年翻建 |
| 2 | 反帝沟涵洞 | 汉一所 | 010+975 | 箱涵 | 10.00 | 2.3×2.1 | 2 | 111 | 反帝沟 | 43.00 | 1970年 | — |
| 3 | 唐铎涵洞 | 汉二所 | 026+470 | 箱涵 | 12.00 | 2.0×2.0 | 1 | 38 | 第一排水沟 | 31.50 | 1965年 | — |
| 4 | 银东沟涵洞 | 汉四所 | 063+354 | 箱涵 | 3.60 | 2.0×2.0 | 1 | 60 | 银东沟 | 15.00 | 2015年 | — |

## 五、渡槽

1995—2016年，干渠新建渡槽4座，翻建渡槽2座，改建渡槽1座。（见表2-5-4）

反帝沟渡槽：干渠桩号11+003，位于青铜峡市叶盛镇盛庄村与瞿靖镇友好村交会处，建于1995年，渡槽全长73.5 m，6跨工字梁（工字梁、微弯板矩形梁），槽身断面尺寸20.4 m×3 m（宽×高），设计流量为45.1 $m^3/s$，加大流量为52.9 $m^3/s$。

唐铎渡槽：位于永宁县望远镇，横跨第一排水沟。唐铎渡槽原为"唐铎暗洞"，用以宣泄汉延渠以西诸湖退水，最早为木制，后改石制。清乾隆二十五年（1760年）春，暗洞毁损，时任宁朔县知县周克开集九堡民众，自唐坝堡安澜闸拉运废石进行修复，共耗银300余两，费时5日完工，后偶有维修。1974拆除唐铎暗洞，新建唐铎渡槽，槽长48 m，过水流量为55 $m^3/s$。2017年实施汉延渠永宁段改线工程，对渡槽重新翻建，现渡槽全长80 m，设计流量为34.5$m^3/s$。

中干沟渡槽：跨越中干沟，桩号34+654，建于1974年，2015年再度翻建，结构形式为矩形槽、T形梁侧板组装，渡槽长68 m，跨度6 m，断面尺寸宽2.5 m、长8 m/节，设计流量为27.6 $m^3/s$，加大流量为32.4 $m^3/s$。

永清沟渡槽：位于永宁县胜利乡，横跨永清沟。永清沟渡槽原为"魏信暗洞"，用以解决汉延渠以西泄洪、排涝问题，最早为木制。清康熙五十年（1711年）冬，宁夏府水利同知王全臣请旨蠲免汉延渠次年租赋，主持重修魏信等三座暗洞，改木制为石筑，耗时一月有余而成。清光绪二十五年（1899年），宁夏知府胡景桂又组织重修。1965年拆除魏信暗洞，新建永清沟渡槽，槽长42 m，设计流量为25.6 $m^3/s$。1993年再度改建。

掌政渡槽：位于兴庆区掌政镇，横跨永二干沟。掌政渡槽原为"张政暗洞"，用以解决汉延渠以西泄洪、排涝问题，暗洞最早为木制后改为石筑。清康熙五十年（1711年）冬，时任宁夏府水利同知的王全臣请旨蠲免汉延渠次年租赋，主持重修掌政等三座暗洞，耗时一月有余而成，后多次维修。1965年拆除张政暗洞，新建掌政渡槽。1999年重建，2015年又对渡槽拆除翻建，现渡槽长56 m，设计流量为22 $m^3/s$。

第二排水沟渡槽：始建于1952年，于2015年进行翻建改造，设计流量为11 $m^3/s$，加大流量为13 $m^3/s$。

银新沟渡槽：位于贺兰县习岗镇，横跨银新沟。银新沟渡槽原为"王澄暗洞"，主要用以宣泄汉延渠以西余水,暗洞最早为木制。清康熙五十年(1711年)冬,宁夏府水利同知王全臣请旨蠲免汉延渠次年租赋,主持重修王澄等三座暗洞,改木制为石筑,耗时一月有余而成,后多有维修。1973年拆除王澄暗洞,改建为银新沟渡槽,2015年对渡槽重新翻建,现渡槽长60 m,设计流量为10 $m^3/s$。

表 2-5-4　干（支干）渠渡槽更新改造统计

| 桩　号 | 渡槽名称 | 结构形式 | 设计流量/（m³/s） | 尺寸/m | | | 建成时间 | 隶属管理单位 | 所属干渠、支渠、农渠名称 |
|---|---|---|---|---|---|---|---|---|---|
| | | | | 宽/m | 长/m | 跨数/个 | | | |
| 10+900 | 反帝沟渡槽 | 工字梁，微弯板矩形梁 | 65.0 | 20.4 | 73.5 | 6 | 1995年 | 汉延渠一所 | 汉延渠 |
| 26+700 | 唐铎渡槽 | 矩形钢筋砼简支渡槽 | 34.5 | 3.0 | 80.0 | 10 | 2015年 | 汉延渠二所 | 汉延渠 |
| 34+658 | 中干沟渡槽 | T形梁，侧板矩形断面 | 28.5 | 8.0 | 60.0 | 6 | 1974年5月建，2016年翻建 | 汉延渠三所 | 汉延渠 |
| 45+005 | 永清沟渡槽 | T形梁，侧板矩形断面 | 25.6 | 7.0 | 42.0 | 6 | 1965年5月建，1993年改建 | 汉延渠三所 | 汉延渠 |
| 052+261 | 掌政渡槽 | T形梁矩形槽 | 22.0 | 5.0 | 48.0 | 4 | 2015年翻建 | 汉延渠四所 | 汉延渠 |
| 68+154 | 二排渡槽 | 矩形钢筋混凝土简支结构 | 10.0 | 4.2 | 48.0 | 4 | 2015年 | 汉延渠五所 | 汉延渠 |
| 76+320 | 银新沟渡槽 | 矩形钢筋混凝土简支结构 | 10.0 | 4.2 | 60.0 | 5 | 2015年 | 汉延渠五所 | 汉延渠 |

### 六、桥梁

汉延渠现有桥梁63座，其中，西玉生产桥、友爱生产桥等34座桥产权属于汉延渠管理处，其余桥梁产权属于沿渠各地方政府交通局。2000—2020年，新建桥梁17座。（见表2-5-5）

表2-5-5 干(支干)渠桥梁更新改造统计

| 桩 号 | 桥梁名称 | 结构形式 | 结构尺寸 | | | 建成时间 | 所属干渠、支渠、农渠名称 |
|---|---|---|---|---|---|---|---|
| | | | 宽/m | 长/m | 跨数/个 | | |
| 0+500 | 109公路桥 | 工字梁微弯板 | 11.80 | 60.00 | 3 | 1976年 | 汉延渠 |
| 1+000 | 青秀园景观拱桥 | 拱形板 | 5.40 | 26.00 | 3 | 2005年 | 汉延渠 |
| 1+400 | 109环城公路桥 | 工字梁微弯板 | 9.70 | 42.00 | 3 | 2002年 | 汉延渠 |
| 6+300 | 林皋节制闸交通桥 | 平板桥 | 5.20 | 18.30 | 3 | 1964年 | 汉延渠 |
| 9+510 | 大北渠生产桥 | T形梁 | 4.60 | 16.50 | 5 | 1964年 | 汉延渠 |
| 9+930 | 青龙桥 | T形梁 | 5.00 | 29.30 | 4 | 1986年 | 汉延渠 |
| 13+098 | 马寨桥节制闸交通桥 | 平板桥 | 1.80 | 17.10 | 5 | 1960年 | 汉延渠 |
| 13+400 | 叶玉公路桥 | 平板桥 | 5.20 | 18.10 | 3 | 1964年 | 汉延渠 |
| 16+600 | 果子渠测流桥 | T形梁 | 1.55 | 32.00 | 4 | 1982年 | 汉延渠 |
| 19+840 | 李俊节制闸交通桥 | 平板桥 | 9.00 | 13.40 | 3 | 1969年 | 汉延渠 |
| 21+700 | 友爱生产桥 | T形梁 | 5.00 | 27.00 | 3 | 1969年 | 汉延渠 |
| 24+079 | 丁字渠节制闸交通桥 | 平板桥 | 3.40 | 12.40 | 3 | 2015年 | 汉延渠 |
| 25+251 | 望李交通桥 | 平板桥 | 6.00 | 24.00 | 2 | 2010年 | 汉延渠 |
| 26+500 | 西玉生产桥 | 排架、平板 | 4.60 | 24.00 | 3 | 1974年 | 汉延渠 |
| 25+150 | 唐铎退水闸交通桥 | 平板桥 | 4.85 | 8.00 | 2 | 1978年 | 汉延渠 |
| 25+150 | 唐铎渡槽交通桥 | T形梁 | 4.60 | 32.00 | 4 | 2015年 | 汉延渠 |
| K26+841 | 渡槽桥下桥(一排) | 平板桥 | 6.00 | 20.00 | 2 | 2015年 | 汉延渠 |
| 25+910 | 望增公路桥(新建) | 平板桥 | 10.00 | 39.00 | 3 | 2016年 | 汉延渠 |
| 27+936 | 唐铎节制闸生产桥 | 平板桥 | 4.00 | 12.00 | 3 | 2015年 | 汉延渠 |
| 31+100 | 王闸桥节制闸生产桥 | 平板桥 | 5.10 | 12.50 | 3 | 1985年 | 汉延渠 |
| 34+530 | 永黄公路桥(中干沟) | 矩形拱梁微弯板 | 15.00 | 22.20 | 2 | 2008年 | 汉延渠 |

续表

| 桩　号 | 桥梁名称 | 结构形式 | 结构尺寸 | | | 建成时间 | 所属干渠、支渠、农渠名称 |
|---|---|---|---|---|---|---|---|
| | | | 宽/m | 长/m | 跨数/个 | | |
| 36+377 | 纳闸桥 | 排架、平板 | 5.80 | 22.80 | 4 | 1963年 | 汉延渠 |
| 36+900 | 高速公路引桥 | 排架、平板 | 15.00 | 28.20 | | | 汉延渠 |
| 39+855 | 屈家弯生产桥 | T形梁 | 2.45 | 30.40 | 4 | 1980年 | 汉延渠 |
| 41+503 | 大观桥 | 排架、平板 | 13.70 | 28.20 | 4 | 1976年 | 汉延渠 |
| 42+250 | 永丰生产桥 | 排架、平板 | 2.20 | 24.00 | 4 | 1975年 | 汉延渠 |
| 43+700 | 良繁场生产桥 | T形梁 | 2.10 | 25.05 | 3 | 1977年 | 汉延渠 |
| 42+339 | 小观桥退水闸交通桥 | 平板桥 | 3.80 | 7.40 | 2 | 1960年 | 汉延渠 |
| 44+494 | 小观桥 | 排架、平板 | 5.40 | 22.00 | 4 | 1967年 | 汉延渠 |
| 45+000 | 永清沟渡槽交通桥 | 矩形拱梁微弯板 | 5.20 | 50.00 | 1 | 1993年 | 汉延渠 |
| 47+350 | 陈家小桥 | 排架、平板 | 5.50 | 30.00 | 5 | 1975年 | 汉延渠 |
| 50+063 | 板桥公路桥 | 排架、平板 | 5.40 | 30.00 | 5 | 1976年 | 汉延渠 |
| 52+450 | 新通桥公路桥 | 排架、平板 | 8.00 | 28.00 | 4 | 1983年 | 汉延渠 |
| 53+310 | 老通桥 | 排架、平板 | 5.50 | 24.00 | 4 | 1965年 | 汉延渠 |
| 57+000 | 掌政高速公路桥 | 排架、平板 | | | | | 汉延渠 |
| 57+849 | 掌政银横公路桥 | 工字梁微弯板 | 8.00 | 34.00 | 2 | 1973年 | 汉延渠 |
| 58+669 | 掌政渡槽交通桥 | 箱形梁 | 1.50 | 6.00 | 1 | 2000年 | 汉延渠 |
| 58+669 | 掌政渡槽出口公路桥 | 平板桥 | 1.00 | 6.00 | 1 | 2000年 | 汉延渠 |
| 58+669 | 掌政退水闸交通桥 | 平板桥 | | | | 1990年 | 汉延渠 |
| 59+700 | 孔雀公路桥 | 排架、平板 | 5.50 | 24.00 | 2 | 2006年 | 汉延渠 |
| 60+932 | 五都公路桥 | T形梁 | 7.00 | 24.75 | 3 | 1978年 | 汉延渠 |
| 61+033 | 老五都桥 | 排架、平板 | 5.50 | 18.00 | 3 | 1965年 | 汉延渠 |

续表

| 桩　号 | 桥梁名称 | 结构形式 | 结构尺寸 | | | 建成时间 | 所属干渠、支渠、农渠名称 |
|---|---|---|---|---|---|---|---|
| | | | 宽/m | 长/m | 跨数/个 | | |
| 61+819 | 大银河节制闸交通桥 | 平板桥 | 2.50 | 12.00 | 3 | 2002年 | 汉延渠 |
| 62+300 | 镇河公路桥 | 排架、平板 | 5.00 | 23.00 | 2 | 1995年 | 汉延渠 |
| 63+600 | 老蔡家桥 | 排架、平板 | 5.00 | 22.20 | 3 | 1971年 | 汉延渠 |
| 63+900 | 新蔡家桥 | T形梁 | 8.00 | 24.00 | 1 | 2000年 | 汉延渠 |
| 65+820 | 沙窝桥 | 排架、平板 | 6.00 | 20.40 | 3 | 1964年 | 汉延渠 |
| 67+200 | 娘娘庙桥 | 平板桥 | 2.00 | 15.00 | 2 | 1991年 | 汉延渠 |
| 70+946 | 红旗公路桥 | T形梁 | 6.00 | 18.00 | 2 | 1963年 | 汉延渠 |
| 73+115 | 新桥 | 排架、平板 | 5.70 | 12.00 | 3 | 1977年 | 汉延渠 |
| 74+004 | 和平生产桥 | 排架、平板 | 3.00 | 14.00 | 3 | 1968年 | 汉延渠 |
| 75+177 | 毕罗公路桥 | 排架、平板 | 8.00 | 14.00 | 1 | 2019年 | 汉延渠 |
| 78+080 | 王澄公路桥 | 排架、平板 | 8.00 | 14.00 | 1 | 2019年 | 汉延渠 |
| 78+300 | 王澄节制闸交通桥 | 平板桥 | 2.50 | 14.00 | 4 | 2015年 | 汉延渠 |
| 78+800 | 红星桥 | 排架、平板 | 7.00 | 12.00 | 1 | 1964年 | 汉延渠 |
| 81+630 | 丁家桥生产桥 | 板拱桥 | 4.40 | 10.00 | 1 | 1983年 | 汉延渠 |
| 82+657 | 金星公路桥 | 板　桥 | 4.00 | 6.50 | 1 | 1963年 | 汉延渠 |
| 84+200 | 化家桥 | 拱　桥 | 4.30 | 5.00 | 1 | 1975年 | 汉延渠 |
| 83+725 | 二闸下桥 | 板　桥 | 4.60 | 2.70 | 1 | 1963年 | 汉延渠 |
| 84+152 | 王家桥 | 平板桥 | 5.40 | 5.00 | 1 | | 汉延渠 |
| 84+352 | 村部桥 | 平板桥 | 5.40 | 5.00 | 1 | | 汉延渠 |
| 85+320 | 银东一队桥 | 拱　桥 | 4.60 | 3.50 | 1 | 1974年 | 汉延渠 |
| 86+908 | 银星五队桥 | 平板桥 | 6.00 | 3.00 | 1 | | 汉延渠 |

## 七、直开口和量水设施

汉延渠直开口246座，其中青铜峡市43座，永宁县117座，兴庆区25座，贺兰县61座；灌溉面积在5000亩以上的直开口8座，3000亩至5000亩的直开口21座，1000亩至3000亩的直开口92座；1000亩以下的直开口123座。

支渠测流

干渠斗口工程

2018年至2019年4月，依托贺兰县2018年现代化生态灌区量测水设施建设工程，完成汉延渠第五管理所59座测控一体化设备建设改造；2019年9月至11月，依托农业水价综合改革2019年汉延渠干渠量测水设施建设项目，完成汉延渠第四管理所34座测控一体化设备建设改造；2020年9月至2021年4月，依托农业水价综合改革2020年汉延渠量测水设施建设项目，完成汉延渠第三管理所40座测控一体化设备建设改造。

汉延渠干渠直开口现已完成测控一体化改造133座（见表2-5-7），其余111座干渠直开口未自动化改造（见表2-5-6）。

表2-5-6 干渠直开口(传统)更新改造统计

| 直开渠名称 | 桩号 | 取水点位置 | 斗口建设时间 | | 斗口形式及尺寸 | | | 量水方式 | 设计流量/($m^3/s$) | 渠道长度/km | 受益单位 | | | 管理单位 |
|---|---|---|---|---|---|---|---|---|---|---|---|---|---|---|
| | | | 翻建时间 | 进口改造时间 | 形式 | 尺寸/m | 洞身尺寸/m | | | | 县(市) | 乡(镇) | 村 | |
| 杜渠 | 3+282 | 右岸 | 1964年 | | | | | 水泵流量 | 0.80 | | 青铜峡 | 小坝 | 林东 | 一所 |
| 西边渠 | 5+404 | 左岸 | 1972年 | 2006年翼墙改造 | 方涵 | 0.80×0.80 | 12.00 | 建筑物量水 | 0.30 | 0.30 | 青铜峡 | 小坝 | 林皋 | 一所 |
| 四渠 | 5+402 | 右岸 | 2015年 | | 圆涵 | 1.00 | 9.00 | 建筑物量水 | 0.50 | 2.20 | 青铜峡 | 小坝 | 林东 | 一所 |
| 二渠 | 5+750 | 右岸 | 2003年 | 2006年翼墙改造 | 方涵 | 0.80×0.80 | 7.00 | 建筑物量水 | 0.30 | 0.80 | 青铜峡 | 小坝 | 林东 | 一所 |
| 庙湖渠 | 5+942 | 左岸 | 1971年 | 2006年翼墙改造 | 方涵 | 0.60×1.30 | 12.00 | 建筑物量水 | 0.20 | 0.50 | 青铜峡 | 小坝 | 林皋 | 一所 |
| 东门渠 | 6+646 | 左岸 | 2001年 | | 方涵 | 1.00×1.40 | 57.00 | 建筑物量水 | 0.50 | 4.80 | 青铜峡 | 小坝 | 林皋 | 一所 |
| 东支渠 | 6+630 | 右岸 | 2001年 | | 方涵 | 1.20×1.25 | 9.30 | 流速仪测流 | 0.50 | 1.10 | 青铜峡 | 小坝 | 林皋、先锋 | 一所 |
| 小扣渠 | 6+933 | 左岸 | 2002年 | | 方涵 | 0.60×1.00 | 7.00 | 建筑物量水 | 0.20 | 1.00 | 青铜峡 | 小坝 | 林皋 | 一所 |
| 严家渠 | 8+320 | 右岸 | 1973年 | 2000年翼墙改造 | 方涵 | 0.80×1.30 | 9.50 | 建筑物量水 | 0.50 | 1.80 | 青铜峡 | 小坝 | 先锋 | 一所 |
| 西安渠 | 8+980 | 右岸 | 1965年 | 2013年翼墙改造 | 圆涵 | 1.00 | 15.00 | 流速仪测流 | 0.80 | 3.60 | 青铜峡 | 小坝 | 先锋 | 一所 |
| 八六渠 | 9+424 | 右岸 | 1986年 | | 方涵 | 0.60×0.60 | 9.30 | 建筑物量水 | 0.40 | 6.00 | 青铜峡 | 小坝 | 先锋 | 一所 |
| 大扣渠 | 7+839 | 左岸 | 1964年 | | 圆涵 | 0.80 | 6.00 | 建筑物量水 | 0.40 | 1.50 | 青铜峡 | 瞿靖 | 友好 | 一所 |
| 上涨渠 | 9+586 | 右岸 | 1965年 | 2001年翼墙改造 | 圆涵 | 0.80 | 12.00 | 建筑物量水 | 0.50 | 2.70 | 青铜峡 | 小坝 | 叶盛、先锋 | 一所 |
| 上陈渠 | 9+384 | 左岸 | 1998年 | | 圆涵 | 0.80 | 7.00 | 建筑物量水 | 0.40 | 1.60 | 青铜峡 | 瞿靖 | 友好 | 一所 |
| 小陈渠 | 9+595 | 左岸 | 1988年 | | 方涵 | 0.60×0.60 | 10.00 | 建筑物量水 | 0.30 | 1.20 | 青铜峡 | 瞿靖 | 友好 | 一所 |
| 五七渠 | 9+786 | 右岸 | 2002年 | 2002年翼墙改造 | 方涵 | 1.00×1.00 | 9.00 | 建筑物量水 | 0.40 | 0.52 | 青铜峡 | 叶盛 | 光明 | 一所 |
| 南沙渠 | 10+182 | 右岸 | 1978年 | 2001年翼墙改造 | 方涵 | 0.80×0.80 | 10.00 | 建筑物量水 | 0.20 | 1.00 | 青铜峡 | 叶盛 | 盛庄 | 一所 |
| 水磨渠 | 10+357 | 右岸 | 1964年 | | 圆涵 | 1.00 | 22.00 | 流速仪测流 | 1.10 | 5.40 | 青铜峡 | 叶盛 | 叶盛、光明、龙门 | 一所 |
| 舒渠 | 10+011 | 左岸 | 2004年 | | 方涵 | 0.80×1.00 | 10.00 | 建筑物量水 | 0.40 | 3.00 | 青铜峡 | 瞿靖 | 友好 | 一所 |

续表

| 直开渠名称 | 桩　号 | 取水点位　置 | 斗口建设时间 | | 斗口形式及尺寸 | | | 量水方式 | 设计流量/（$m^3/s$） | 渠道长度/km | 受益单位 | | | 管理单位 |
|---|---|---|---|---|---|---|---|---|---|---|---|---|---|---|
| | | | 翻建时间 | 进口改造时间 | 形　式 | 尺寸/m | 洞身尺寸/m | | | | 县（市） | 乡（镇） | 村 | |
| 梁家渠 | 10+535 | 右　岸 | 1990年 | 1998年翼墙改造 | 方　涵 | 0.60×0.60 | 10.00 | 建筑物量水 | 0.40 | 1.50 | 青铜峡 | 叶　盛 | 盛　庄 | 一　所 |
| 大北渠 | 11+118 | 右　岸 | 1974年 | 2005年翼墙改造 | 圆　涵 | 1.00 | 18.00 | 流速仪测流 | 1.10 | 6.72 | 青铜峡 | 叶　盛 | 盛庄、叶盛、张庄 | 一　所 |
| 下陈渠 | 11+095 | 左　岸 | 1998年 | | 方　涵 | 0.80×0.80 | 12.00 | 建筑物量水 | 0.30 | 20.00 | 青铜峡 | 瞿　靖 | 友　好 | 一　所 |
| 大边渠 | 11+108 | 右　岸 | 1988年 | | 方　涵 | 0.40×0.40 | 10.00 | 建筑物量水 | 0.30 | 0.40 | 青铜峡 | 叶　盛 | 盛　庄 | 一　所 |
| 下涨渠 | 11+675 | 右　岸 | 2004年 | | 方　涵 | 0.80×1.00 | 10.00 | 建筑物量水 | 0.30 | 2.00 | 青铜峡 | 叶　盛 | 盛　庄 | 一　所 |
| 新建渠 | 11+520 | 左　岸 | 1985年 | | 方　涵 | 0.60×0.60 | 6.00 | 建筑物量水 | 0.50 | 0.30 | 青铜峡 | 瞿　靖 | 友　好 | 一　所 |
| 八七渠 | 12+005 | 右　岸 | 1987年 | | 方　涵 | 0.60×0.60 | 10.00 | 建筑物量水 | 0.40 | 1.50 | 青铜峡 | 叶　盛 | 盛　庄 | 一　所 |
| 王家渠 | 12+375 | 右　岸 | 1965年 | | 圆　涵 | 0.60 | 7.00 | 建筑物量水 | 0.30 | 1.40 | 青铜峡 | 叶　盛 | 盛　庄 | 一　所 |
| 新开渠 | 11+829 | 左　岸 | 1997年 | | 方　涵 | 0.80×0.80 | 8.00 | 建筑物量水 | 0.30 | 1.20 | 青铜峡 | 瞿　靖 | 友　好 | 一　所 |
| 王回渠 | 12+385 | 左　岸 | 1978年 | 1998年翼墙改造 | 方　涵 | 0.80×0.80 | 4.96 | 建筑物量水 | 0.30 | 1.50 | 青铜峡 | 瞿　靖 | 友好、毛桥 | 一　所 |
| 连湖渠 | 12+520 | 左　岸 | 1965年 | 1995年翼墙改造 | 方　涵 | 2.25×1.70 | 5.65 | 流速仪测流 | 1.90 | 4.50 | 青铜峡 | 连湖农场 | 连湖、时坊、毛桥 | 一　所 |
| 小边渠 | 12+620 | 右　岸 | 1978年 | 2001年翼墙改造 | 方　涵 | 1.00×1.80 | 9.08 | 建筑物量水 | 0.50 | 0.47 | 青铜峡 | 叶　盛 | 联　丰 | 一　所 |
| 小北渠 | 12+630 | 右　岸 | 1965年 | 2001年翼墙改造 | 方　涵 | 1.00×1.80 | 9.08 | 流速仪测流 | 1.00 | 3.20 | 青铜峡 | 叶　盛 | 联　丰 | 一　所 |
| 马寨渠 | 13+010 | 左　岸 | 1988年 | 2015年翼墙改造 | 方　涵 | 1.20×1.20 | 9.70 | 流速仪测流 | 0.90 | 3.80 | 青铜峡 | 瞿　靖 | 毛　桥 | 一　所 |
| 时坊渠 | 13+015 | 左　岸 | 1964年 | 2015年翼墙改造 | 方　涵 | 1.45×2.00 | 6.70 | 流速仪测流 | 0.80 | 4.01 | 青铜峡 | 瞿　靖 | 时　坊 | 一　所 |
| 八八渠 | 12+938 | 右　岸 | 1988年 | 2013年翼墙改造 | 方　涵 | 0.80×0.80 | 62.23 | 流速仪测流 | 1.10 | 6.10 | 青铜峡 | 叶　盛 | 张庄、联丰 | 一　所 |
| 东边渠 | 13+100 | 右　岸 | 1978年 | 2013年翼墙改造 | 方　涵 | 1.00×1.00 | 40.00 | 建筑物量水 | 0.64 | 2.20 | 青铜峡 | 叶　盛 | 联　丰 | 一　所 |
| 九八渠 | 14+680 | 右　岸 | 1998年 | | 方　涵 | 0.80×0.80 | | 建筑物量水 | 0.16 | | 青铜峡 | 叶　盛 | 五　星 | 一　所 |

续表

| 直开渠名称 | 桩号 | 取水点位置 | 斗口建设时间 | | 斗口形式及尺寸 | | | 量水方式 | 设计流量/($m^3/s$) | 渠道长度/km | 受益单位 | | | 管理单位 |
|---|---|---|---|---|---|---|---|---|---|---|---|---|---|---|
| | | | 翻建时间 | 进口改造时间 | 形式 | 尺寸/m | 洞身尺寸/m | | | | 县(市) | 乡(镇) | 村 | |
| 郑家渠 | 15+483 | 右岸 | 1975年 | | 方涵 | 0.80×0.80 | 8.40 | 建筑物量水 | 0.25 | 0.50 | 青铜峡 | 叶盛 | 五星 | 一所 |
| 王渠 | 15+560 | 右岸 | 1965年 | 1999年翼墙改造 | 圆涵 | 0.80 | 15.10 | 流速仪测流 | 0.96 | 3.50 | 青铜峡 | 叶盛 | 五星、席庙 | 一所 |
| 散水渠 | 16+150 | 右岸 | 1999年 | | 方涵 | 1.00×1.00 | 16.00 | 流速仪测流 | 1.15 | 4.20 | 青铜峡 | 叶盛 | 五星、席庙 | 一所 |
| 九五渠 | 16+240 | 右岸 | 1995年 | | 方涵 | 0.60×0.60 | 7.30 | 建筑物量水 | 0.26 | 0.80 | 青铜峡 | 叶盛 | 五星 | 一所 |
| 南二渠 | 16+435 | 右岸 | 2015年 | | 圆涵 | 1.00 | 9.50 | 流速仪测流 | 0.85 | 4.10 | 青铜峡 | 叶盛 | 五星 | 一所 |
| 果子渠 | 16+400 | 右岸 | 1961年 | 2015年翼墙改造 | 方涵 | 1.20×1.20 | 17.00 | 断面量水 | 4.20 | 11.50 | 永宁 | 李俊 | 许桥、丰登、东方等 | 二所 |
| 时八渠 | 18+500 | 左岸 | 1990年 | 无 | 方涵 | 0.60×0.60 | 9.00 | 建筑物量水 | 0.40 | 1.00 | 青铜峡 | 瞿靖 | 时坊 | 二所 |
| 效益渠 | 17+907 | 左岸 | 1988年 | 无 | 方涵 | 0.80×0.80 | 10.50 | 建筑物量水 | 0.50 | 2.10 | 青铜峡 | 瞿靖 | 时坊 | 二所 |
| 时坊渠 | 17+894 | 左岸 | 1983年 | 无 | 方涵 | 0.80×0.80 | 10.00 | 建筑物量水 | 0.40 | 2.00 | 青铜峡 | 瞿靖 | 时坊 | 二所 |
| 时五渠 | 16+590 | 左岸 | 1997年 | 无 | 方涵 | 0.60×0.60 | 11.50 | 建筑物量水 | 0.40 | 1.00 | 青铜峡 | 瞿靖 | 时坊 | 二所 |
| 忠字渠 | 20+085 | 右岸 | 1970年 | 无 | 方涵 | 0.80×0.80 | 8.50 | 建筑物量水 | 0.65 | 1.80 | 永宁 | 李俊 | 王团 | 二所 |
| 延水渠 | 20+107 | 右岸 | 1976年 | 无 | 方涵 | 0.60×0.60 | 10.00 | 建筑物量水 | 0.75 | 2.50 | 永宁 | 李俊 | 友爱 | 二所 |
| 东支渠 | 20+111 | 右岸 | 1973年 | 无 | 方涵 | 0.80×0.80 | 20.00 | 建筑物量水 | 0.35 | 1.00 | 永宁 | 李俊 | 友爱 | 二所 |
| 西支渠 | 20+100 | 左岸 | 1981年 | 无 | 方涵 | 0.60×0.60 | 9.50 | 建筑物量水 | 0.35 | 1.30 | 永宁 | 李俊 | 金塔 | 二所 |
| 中渠 | 19+623 | 左岸 | 1960年 | 无 | 方涵 | 1.00×1.00 | 11.00 | 断面量水 | 1.35 | 2.50 | 永宁 | 李俊 | 李俊 | 二所 |
| 中灌洞 | 19+519 | 左岸 | 1981年 | 无 | 方涵 | 0.80×0.80 | 9.50 | 建筑物量水 | 0.60 | 0.80 | 永宁 | 李俊 | 金塔 | 二所 |
| 金双渠 | 19+275 | 左岸 | 1966年 | 无 | 方涵 | 1.00×1.00 | 8.50 | 建筑物量水 | 0.70 | 2.00 | 永宁 | 李俊 | 金塔 | 二所 |
| 南沙渠 | 16+450 | 右岸 | | 无 | 明渠 | 0.60×0.60 | 12.00 | 建筑物量水 | 0.00 | 1.00 | 永宁 | 李俊 | 团结 | 二所 |
| 团一渠 | 17+180 | 右岸 | 1970年 | 无 | 方涵 | 1.00×1.00 | 12.50 | 建筑物量水 | 0.45 | 1.50 | 永宁 | 李俊 | 团结 | 二所 |

续表

| 直开渠名称 | 桩号 | 取水点位置 | 斗口建设时间 | | 斗口形式及尺寸 | | | 量水方式 | 设计流量/($m^3/s$) | 渠道长度/km | 受益单位 | | | 管理单位 |
|---|---|---|---|---|---|---|---|---|---|---|---|---|---|---|
| | | | 翻建时间 | 进口改造时间 | 形式 | 尺寸/m | 洞身尺寸/m | | | | 县(市) | 乡(镇) | 村 | |
| 团二渠 | 18+131 | 右岸 | 1979年 | 无 | 方涵 | 0.60×0.60 | 13.00 | 建筑物量水 | 0.55 | 1.00 | 永宁 | 李俊 | 团结 | 二所 |
| 苜蓿渠 | 18+721 | 右岸 | 1966年 | 无 | 方涵 | 0.80×0.80 | 14.50 | 建筑物量水 | 0.60 | 2.00 | 永宁 | 李俊 | 团结、王团 | 二所 |
| 丁家渠 | 19+105 | 右岸 | 1973年 | 无 | 明渠 | 0.60×0.60 | 10.00 | 明渠 | 0.00 | 0.20 | 永宁 | 李俊 | 团结 | 二所 |
| 小沙渠 | 19+485 | 右岸 | | 无 | 明渠 | 0.40×0.40 | 10.00 | 明渠 | 0.00 | 0.10 | 永宁 | 李俊 | 团结 | 二所 |
| 友爱抽 | 21+590 | 右岸 | 2015年 | 无 | 圆涵 | D0.80 | 12.00 | 建筑物量水 | 0.40 | 0.50 | 永宁 | 李俊 | 友爱 | 二所 |
| 杨子渠 | 21+296 | 右岸 | 2016年 | 无 | 圆涵 | D1.20 | 12.00 | 建筑物量水 | 0.70 | 2.80 | 永宁 | 李俊 | 友爱 | 二所 |
| 友爱渠 | 21+838 | 右岸 | 2016年 | 无 | 圆涵 | D0.80 | 12.00 | 建筑物量水 | 0.40 | 0.50 | 永宁 | 李俊 | 友爱 | 二所 |
| 候家渠 | 22+670 | 右岸 | 2016年 | 无 | 圆涵 | D1.00 | 9.00 | 建筑物量水 | 0.60 | 1.80 | 永宁 | 李俊 | 侯寨 | 二所 |
| 候小渠 | 23+000 | 右岸 | 2016年 | 无 | 圆涵 | D1.00 | 12.00 | 建筑物量水 | 0.70 | 0.80 | 永宁 | 李俊 | 侯寨 | 二所 |
| 侯丁渠 | 23+902 | 右岸 | 2016年 | 无 | 圆涵 | D1.20 | 12.00 | 断面量水 | 1.00 | 3.00 | 永宁 | 李俊 | 侯寨 | 二所 |
| 西丁渠 | 23+901 | 右岸 | 2016年 | 无 | 圆涵 | D1.00 | 12.00 | 断面量水 | 1.00 | 5.50 | 永宁 | 望洪 | 西玉 | 二所 |
| 洪子渠 | 24+430 | 右岸 | 2016年 | 无 | 圆涵 | D0.80 | 12.00 | 建筑物量水 | 0.40 | 1.50 | 永宁 | 望洪 | 西玉 | 二所 |
| 小高渠 | 24+230 | 左岸 | 2016年 | 无 | 圆涵 | D0.80 | 9.00 | 建筑物量水 | 0.40 | 0.40 | 永宁 | 李俊 | 魏团 | 二所 |
| 合并渠 | 24+470 | 左岸 | 2016年 | 无 | 圆涵 | D1.20 | 12.00 | 建筑物量水 | 0.60 | 3.50 | 永宁 | 李俊 | 魏团 | 二所 |
| 大中渠 | 24+203 | 左岸 | 2016年 | 无 | 圆涵 | D1.20 | 9.00 | 建筑物量水 | 0.50 | 4.00 | 永宁 | 李俊 | 魏团 | 二所 |
| 小中渠 | 23+901 | 左岸 | 2016年 | 无 | 圆涵 | D0.80 | 9.00 | 建筑物量水 | 0.90 | 0.50 | 永宁 | 李俊 | 魏团 | 二所 |
| 大水渠 | 23+340 | 左岸 | 2016年 | 无 | 圆涵 | D1.00 | 12.00 | 建筑物量水 | 0.30 | 4.00 | 永宁 | 李俊 | 魏团 | 二所 |
| 大双渠 | 22+348 | 左岸 | 2016年 | 无 | 圆涵 | D1.20 | 12.00 | 建筑物量水 | 0.70 | 3.00 | 永宁 | 李俊 | 魏团 | 二所 |
| 西友渠 | 21+750 | 左岸 | 2016年 | 无 | 圆涵 | D0.80 | 9.00 | 建筑物量水 | 0.40 | 0.40 | 永宁 | 李俊 | 友爱 | 二所 |
| 段子渠 | 24+784 | 右岸 | 2016 | 无 | 圆涵 | D0.80 | 12.00 | 建筑物量水 | 1.00 | 4.50 | 永宁 | 望洪 | 西玉 | 二所 |

续表

| 直开渠名称 | 桩号 | 取水点位置 | 斗口建设时间 | | 斗口形式及尺寸 | | | 量水方式 | 设计流量/($m^3/s$) | 渠道长度/km | 受益单位 | | | 管理单位 |
|---|---|---|---|---|---|---|---|---|---|---|---|---|---|---|
| | | | 翻建时间 | 进口改造时间 | 形式 | 尺寸/m | 洞身尺寸/m | | | | 县(市) | 乡(镇) | 村 | |
| 眭家渠 | 25+122 | 右岸 | 2016年 | 无 | 圆涵 | D0.80 | 12.00 | 建筑物量水 | 0.40 | 1.20 | 永宁 | 望洪 | 西玉 | 二所 |
| 小牛渠 | 25+194 | 右岸 | 2016年 | 无 | 圆涵 | D1.20 | 12.00 | 断面量水 | 1.70 | 5.20 | 永宁 | 望洪 | 西玉 | 二所 |
| 王家渠 | 25+656 | 右岸 | 2016年 | 无 | 圆涵 | D1.00 | 12.00 | 建筑物量水 | 0.40 | 1.50 | 永宁 | 望洪 | 西玉 | 二所 |
| 卫家渠 | 26+973 | 右岸 | 2016年 | 无 | 圆涵 | D0.80 | 12.00 | 建筑物量水 | 0.30 | 0.50 | 永宁 | 望洪 | 农丰 | 二所 |
| 洋灰渠 | 26+602 | 右岸 | 2016年 | 无 | 圆涵 | D0.80 | 12.00 | 建筑物量水 | 0.50 | 0.80 | 永宁 | 望洪 | 农丰 | 二所 |
| 农丰渠 | 27+514 | 右岸 | 2016年 | 无 | 圆涵 | D1.00 | 12.00 | 建筑物量水 | 0.60 | 3.50 | 永宁 | 望洪 | 农丰 | 二所 |
| 唐古渠 | 27+608 | 右岸 | 2015年 | 无 | 圆涵 | D0.80 | 12.00 | 建筑物量水 | 0.70 | 1.20 | 永宁 | 望洪 | 农丰 | 二所 |
| 望洪渠 | 27+825 | 右岸 | 2015年 | 无 | 圆涵 | D1.00 | 12.00 | 建筑物量水 | 0.50 | 4.00 | 永宁 | 望洪 | 农丰 | 二所 |
| 三合渠 | 27+709 | 左岸 | 2015年 | 无 | 圆涵 | D1.20 | 12.00 | 断面量水 | 1.10 | 3.80 | 永宁 | 望洪 | 增岗 | 二所 |
| 前渠 | 27+403 | 左岸 | 2016年 | 无 | 圆涵 | D1.00 | 12.00 | 建筑物量水 | 1.00 | 2.50 | 永宁 | 望洪 | 前渠 | 二所 |
| 黑古渠 | 27+048 | 左岸 | 2016年 | 无 | 圆涵 | D1.20 | 12.00 | 建筑物量水 | 0.60 | 3.50 | 永宁 | 望洪 | 前渠 | 二所 |
| 陈家渠 | 25+429 | 左岸 | 2015年 | 无 | 圆涵 | D0.80 | 12.00 | 建筑物量水 | 0.40 | 1.30 | 永宁 | 李俊 | 魏团 | 二所 |
| 西玉抽 | 25+439 | 左岸 | 2015年 | 无 | 圆涵 | D0.80 | 12.00 | 建筑物量水 | 0.40 | 0.30 | 永宁 | 望洪 | 西玉 | 二所 |
| 高小渠 | 27+587 | 左 | 2015年 | | 圆涵 | D1.20 | 14.60 | 建筑物量水 | 1.00 | 2.00 | 永宁 | 望洪 | 唐铎 | 二所 |
| 刘家渠 | 28+119 | 右 | 2015年 | | 圆涵 | D1.20 | 14.60 | 建筑物量水 | 1.00 | 3.20 | 永宁 | 望洪 | 农声 | 二所 |
| 刘灌洞 | 28+200 | 右 | 2015年 | | 圆涵 | D1.00 | 9.00 | 建筑物量水 | 0.80 | 0.60 | 永宁 | 望洪 | 农声 | 二所 |
| 一号渠 | 28+618 | 右 | 2015年 | | 圆涵 | D1.00 | 9.10 | 建筑物量水 | 1.00 | 3.20 | 永宁 | 望洪 | 农声 | 二所 |
| 银惠渠 | 29+180 | 左 | 1978年 | 2015年进口顺接3 m | 圆涵 | D1.20 | 9.00 | 建筑物量水 | 1.50 | 3.00 | 永宁 | 望洪 | 增岗 | 三所 |
| 二号渠 | 29+300 | 左 | 2015年 | | 圆涵 | D1.00 | 11.20 | 建筑物量水 | 1.00 | 3.00 | 永宁 | 望洪 | 西和 | 三所 |

续表

| 直开渠名称 | 桩号 | 取水点位置 | 斗口建设时间 | | 斗口形式及尺寸 | | | 量水方式 | 设计流量/($m^3/s$) | 渠道长度/km | 受益单位 | | | 管理单位 |
|---|---|---|---|---|---|---|---|---|---|---|---|---|---|---|
| | | | 翻建时间 | 进口改造时间 | 形式 | 尺寸/m | 洞身尺寸/m | | | | 县(市) | 乡(镇) | 村 | |
| 二渠 | 29+432 | 右 | 2015年 | | 圆涵 | D0.80 | 9.20 | 建筑物量水 | 1.00 | 2.50 | 永宁 | 增岗 | 增岗 | 三所 |
| 试验渠 | 29+750 | 右 | 2015年 | | 圆涵 | D0.60 | 8.00 | 建筑物量水 | 0.60 | 0.80 | 永宁 | 望洪 | 农声 | 三所 |
| 三号渠 | 30+004 | 右 | 2015年 | | 圆涵 | D1.20 | 11.60 | 建筑物量水 | 1.00 | 2.70 | 永宁 | 望洪 | 农声 | 三所 |
| 三渠 | 30+204 | 左 | 2015年 | | 圆涵 | D1.20 | 9.20 | 建筑物量水 | 1.00 | 2.50 | 永宁 | 杨和 | 旺全 | 三所 |
| 新三渠 | 30+209 | 左 | 2015年 | | 圆涵 | D0.60 | 8.80 | 建筑物量水 | 0.80 | 0.00 | 永宁 | 杨和 | 旺全 | 三所 |
| 弟子渠 | 30+506 | 左 | 2016年 | | 圆涵 | D1.00 | 9.00 | 建筑物量水 | 0.60 | 1.00 | 永宁 | 杨和 | 旺全 | 三所 |
| 小南渠 | 30+784 | 右 | 2015年 | | 圆涵 | D1.00 | 12.10 | 建筑物量水 | 0.80 | 1.20 | 永宁 | 望洪 | 西和 | 三所 |
| 五子渠 | 30+857 | 左 | 2015年 | | 圆涵 | D1.00 | 11.20 | 建筑物量水 | 0.80 | 2.50 | 永宁 | 杨和 | 旺全 | 三所 |
| 大南渠 | 31+025 | 右 | 1969年 | 2015年进口顺接3 m | 方涵 | 1.20×1.20 | 13.70 | 流速仪测流 | 1.50 | 3.00 | 永宁 | 望洪 | 王太 | 三所 |
| 新渠 | 31+111 | 右 | 2015年 | | 方涵 | 0.80×0.80 | 15.60 | 流速仪测流 | 1.50 | 2.50 | 永宁 | 杨和 | 红星 | 三所 |
| 红星渠 | 31+244 | 右 | 2000年 | | 方涵 | 1.20×1.20 | 8.20 | 建筑物量水 | 0.80 | 1.30 | 永宁 | 杨和 | 红星 | 三所 |
| 汤子渠 | 31+264 | 左 | 2014年 | | 方涵 | 1.20×0.80 | 8.30 | 建筑物量水 | 1.00 | 3.20 | 永宁 | 杨和 | 旺全 | 三所 |

表2-5-7　干渠直开口、支渠口测控闸门建设情况统计

| 序号 | 直开口名称 | 设计水位/m | 控制灌溉面积/亩 | 设计流量/（$m^3/s$） | 闸门及测箱 | | | | 供电方式 | 数据传输方式 | 建设时间 | 管护责任单位 | 设备售后及维护企业 | 受益乡镇（村） | 改造前直开口量水方式 |
|---|---|---|---|---|---|---|---|---|---|---|---|---|---|---|---|
| | | | | | 闸门类别 | 闸门尺寸及规格/mm | 制造厂商 | 测箱安装方式（前置/后置） | | | | | | | |
| 1 | 新开渠 | 1.50 | 2146 | 0.55 | 一体式 | 1.00×1.00 | 兰州时昶 | 前　置 | 太阳能 | 4G | 2020年10月 | 三　所 | 兰州时昶 | 永宁县杨和镇东全村 | 建筑物量水 |
| 2 | 接引渠 | 1.50 | 544 | 0.14 | 一体式 | 0.80×0.80 | 兰州时昶 | 前　置 | 太阳能 | 4G | 2020年10月 | 三　所 | 兰州时昶 | 永宁县杨和镇东全村 | 建筑物量水 |
| 3 | 小双渠 | 1.62 | 2801 | 0.72 | 一体式 | 0.80×0.80 | 兰州时昶 | 前　置 | 太阳能 | 4G | 2020年10月 | 三　所 | 兰州时昶 | 永宁县杨和镇纳家户村 | 建筑物量水 |
| 4 | 郭子渠 | 1.62 | 899 | 0.23 | 一体式 | 0.60×0.60 | 兰州时昶 | 前　置 | 太阳能 | 4G | 2020年10月 | 三　所 | 兰州时昶 | 永宁县杨和镇纳家户村 | 建筑物量水 |
| 5 | 头　渠 | 1.62 | 440 | 0.11 | 一体式 | 0.60×0.60 | 兰州时昶 | 前　置 | 太阳能 | 4G | 2020年10月 | 三　所 | 兰州时昶 | 永宁县杨和镇纳家户村 | 建筑物量水 |
| 6 | 姜子渠 | 1.62 | 838 | 0.22 | 一体式 | 0.80×0.80 | 兰州时昶 | 前　置 | 太阳能 | 4G | 2020年10月 | 三　所 | 兰州时昶 | 永宁县胜利乡八渠村 | 断面量水 |
| 7 | 屈家渠 | 1.62 | 675 | 0.17 | 一体式 | 0.80×0.80 | 兰州时昶 | 前　置 | 太阳能 | 4G | 2020年10月 | 三　所 | 兰州时昶 | 永宁县杨和镇观桥村 | 建筑物量水 |
| 8 | 银前渠 | 1.62 | 2753 | 0.71 | 一体式 | 0.80×0.80 | 兰州时昶 | 前　置 | 太阳能 | 4G | 2020年10月 | 三　所 | 兰州时昶 | 永宁县胜利乡许望村 | 建筑物量水 |
| 9 | 黑沙渠 | 1.94 | 4755 | 1.22 | 一体式 | 0.80×0.80 | 兰州时昶 | 前　置 | 太阳能 | 4G | 2020年10月 | 三　所 | 兰州时昶 | 永宁县胜利乡胜利村 | 建筑物量水 |
| 10 | 西　渠 | 1.62 | 3781 | 0.97 | 一体式 | 0.80×0.80 | 兰州时昶 | 前　置 | 太阳能 | 4G | 2020年10月 | 三　所 | 兰州时昶 | 永宁县杨和镇观桥村 | 建筑物量水 |

续表

| 序号 | 直开口名称 | 设计水位/m | 控制灌溉面积/亩 | 设计流量/（$m^3/s$） | 闸门及测箱 | | | | 供电方式 | 数据传输方式 | 建设时间 | 管护责任单位 | 设备售后及维护企业 | 受益乡镇（村） | 改造前直开口量水方式 |
|---|---|---|---|---|---|---|---|---|---|---|---|---|---|---|---|
| | | | | | 闸门类别 | 闸门尺寸及规格/mm | 制造厂商 | 测箱安装方式（前置/后置） | | | | | | | |
| 11 | 东　渠 | 1.94 | 1417 | 0.36 | 一体式 | 0.80×0.80 | 兰州时昶 | 前　置 | 太阳能 | 4G | 2020年10月 | 三　所 | 兰州时昶 | 永宁县胜利乡胜利村 | 断面量水 |
| 12 | 虎子洞 | 1.93 | 448 | 0.11 | 一体式 | 0.60×0.60 | 兰州时昶 | 前　置 | 太阳能 | 4G | 2020年10月 | 三　所 | 兰州时昶 | 永宁县胜利乡胜利村 | 建筑物量水 |
| 13 | 七号渠 | 1.93 | 1178 | 0.30 | 一体式 | 0.80×0.80 | 兰州时昶 | 前　置 | 太阳能 | 4G | 2020年10月 | 三　所 | 兰州时昶 | 永宁县杨和镇观桥村 | 建筑物量水 |
| 14 | 一号渠 | 1.93 | 2234 | 0.57 | 一体式 | 0.80×0.80 | 兰州时昶 | 前　置 | 太阳能 | 4G | 2020年10月 | 三　所 | 兰州时昶 | 永宁县望远镇永清村 | 建筑物量水 |
| 15 | 二号渠 | 1.94 | 782 | 0.20 | 一体式 | 0.60×0.60 | 兰州时昶 | 前　置 | 太阳能 | 4G | 2020年10月 | 三　所 | 兰州时昶 | 永宁县望远镇永清村 | 建筑物量水 |
| 16 | 黄家渠 | 1.93 | 1050 | 0.27 | 一体式 | 0.60×0.60 | 兰州时昶 | 前　置 | 太阳能 | 4G | 2020年10月 | 三　所 | 兰州时昶 | 永宁县胜利乡胜利村 | 建筑物量水 |
| 17 | 三号渠 | 1.94 | 1765 | 0.45 | 一体式 | 0.80×0.80 | 兰州时昶 | 前　置 | 太阳能 | 4G | 2020年10月 | 三　所 | 兰州时昶 | 永宁县望远镇永清村 | 断面量水 |
| 18 | 西三渠 | 1.94 | 442 | 0.11 | 一体式 | 0.40×0.40 | 兰州时昶 | 前　置 | 太阳能 | 4G | 2020年10月 | 三　所 | 兰州时昶 | 永宁县胜利乡东位村 | 建筑物量水 |
| 19 | 西四渠 | 1.45 | 418 | 0.11 | 一体式 | 0.60×0.60 | 兰州时昶 | 前　置 | 太阳能 | 4G | 2020年10月 | 三　所 | 兰州时昶 | 永宁县胜利乡东位村 | 建筑物量水 |
| 20 | 周公渠 | 1.45 | 2151 | 0.55 | 一体式 | 0.80×0.80 | 兰州时昶 | 前　置 | 太阳能 | 4G | 2020年10月 | 三　所 | 兰州时昶 | 永宁县望远镇永清村 | 建筑物量水 |

续表

| 序号 | 直开口名称 | 设计水位/m | 控制灌溉面积/亩 | 设计流量/($m^3/s$) | 闸门及测箱 | | | | 供电方式 | 数据传输方式 | 建设时间 | 管护责任单位 | 设备售后及维护企业 | 受益乡镇(村) | 改造前直开口量水方式 |
|---|---|---|---|---|---|---|---|---|---|---|---|---|---|---|---|
| | | | | | 闸门类别 | 闸门尺寸及规格/mm | 制造厂商 | 测箱安装方式(前置/后置) | | | | | | | |
| 21 | 东位渠 | 1.45 | 478 | 0.12 | 一体式 | 0.60×0.60 | 兰州时昶 | 前置 | 太阳能 | 4G | 2020年10月 | 三所 | 兰州时昶 | 永宁县胜利乡东位村 | 建筑物量水 |
| 22 | 西五渠 | 1.45 | 406 | 0.10 | 一体式 | 0.60×0.60 | 兰州时昶 | 前置 | 太阳能 | 4G | 2020年10月 | 三所 | 兰州时昶 | 永宁县胜利乡东位村 | 建筑物量水 |
| 23 | 五户渠 | 1.45 | 1008 | 0.26 | 一体式 | 0.60×0.60 | 兰州时昶 | 前置 | 太阳能 | 4G | 2020年10月 | 三所 | 兰州时昶 | 永宁县望远镇上河村 | 建筑物量水 |
| 24 | 大双渠 | 1.45 | 5117 | 1.31 | 一体式 | 1.00×1.00 | 兰州时昶 | 前置 | 太阳能 | 4G | 2020年10月 | 三所 | 兰州时昶 | 永宁县望远镇板桥村 | 建筑物量水 |
| 25 | 吴家渠 | 1.45 | 2409 | 0.62 | 一体式 | 0.80×0.80 | 兰州时昶 | 前置 | 太阳能 | 4G | 2020年10月 | 三所 | 兰州时昶 | 永宁县望远镇板桥村 | 断面量水 |
| 26 | 汪渠 | 1.45 | 2988 | 0.77 | 一体式 | 1.00×1.00 | 兰州时昶 | 前置 | 太阳能 | 4G | 2020年10月 | 三所 | 兰州时昶 | 永宁县望远镇上河村 | 建筑物量水 |
| 27 | 千禧渠 | 1.45 | 695 | 0.18 | 一体式 | 0.60×0.60 | 兰州时昶 | 前置 | 太阳能 | 4G | 2020年10月 | 三所 | 兰州时昶 | 永宁县望远镇板桥村 | 建筑物量水 |
| 28 | 杨子渠 | 1.45 | 1030 | 0.26 | 一体式 | 0.60×0.60 | 兰州时昶 | 前置 | 市电 | 4G | 2020年10月 | 三所 | 兰州时昶 | 永宁县望远镇板桥村 | 建筑物量水 |
| 29 | 高渠 | 1.45 | 2639 | 0.68 | 一体式 | 0.80×0.80 | 兰州时昶 | 前置 | 太阳能 | 4G | 2020年10月 | 三所 | 兰州时昶 | 永宁县望远镇上河村 | 建筑物量水 |
| 30 | 东渠 | 1.45 | 1417 | 0.36 | 一体式 | 0.80×0.80 | 兰州时昶 | 前置 | 太阳能 | 4G | 2020年10月 | 三所 | 兰州时昶 | 永宁县望远镇上河村 | 建筑物量水 |

续表

| 序号 | 直开口名称 | 设计水位/m | 控制灌溉面积/亩 | 设计流量/(m³/s) | 闸门及测箱 | | | | 供电方式 | 数据传输方式 | 建设时间 | 管护责任单位 | 设备售后及维护企业 | 受益乡镇(村) | 改造前直开口量水方式 |
|---|---|---|---|---|---|---|---|---|---|---|---|---|---|---|---|
| | | | | | 闸门类别 | 闸门尺寸及规格/mm | 制造厂商 | 测箱安装方式(前置/后置) | | | | | | | |
| 31 | 下河灌洞 | 1.40 | 487 | 0.12 | 一体式 | 0.60×0.60 | 兰州时昶 | 前置 | 太阳能 | 4G | 2020年10月 | 三所 | 兰州时昶 | 永宁县望远镇上河村 | 建筑物量水 |
| 32 | 老冯家渠 | 1.56 | 401 | 0.10 | 一体式 | 0.40×0.40 | 兰州时昶 | 前置 | 太阳能 | 4G | 2020年10月 | 三所 | 兰州时昶 | 永宁县望远镇通桥村 | 建筑物量水 |
| 33 | 新冯家渠 | 1.56 | 812 | 0.21 | 一体式 | 0.60×0.60 | 兰州时昶 | 前置 | 太阳能 | 4G | 2020年10月 | 三所 | 兰州时昶 | 永宁县望远镇通桥村 | 建筑物量水 |
| 34 | 四号渠 | 1.56 | 1053 | 0.27 | 一体式 | 0.60×0.60 | 兰州时昶 | 前置 | 太阳能 | 4G | 2020年10月 | 三所 | 兰州时昶 | 永宁县望远镇政台村 | 断面量水 |
| 35 | 八号渠 | 1.56 | 1349 | 0.35 | 一体式 | 0.80×0.80 | 兰州时昶 | 前置 | 太阳能 | 4G | 2020年10月 | 三所 | 兰州时昶 | 永宁县望远镇上河村 | 建筑物量水 |
| 36 | 北达渠 | 1.56 | 1663 | 0.43 | 一体式 | 0.80×0.80 | 兰州时昶 | 前置 | 太阳能 | 4G | 2020年10月 | 三所 | 兰州时昶 | 永宁县望远镇政权村 | 建筑物量水 |
| 37 | 小长渠 | 1.56 | 1637 | 0.42 | 一体式 | 0.60×0.60 | 兰州时昶 | 前置 | 太阳能 | 4G | 2020年10月 | 三所 | 兰州时昶 | 永宁县望远镇政权村 | 建筑物量水 |
| 38 | 新南渠 | 1.56 | 1474 | 0.38 | 一体式 | 0.80×0.80 | 兰州时昶 | 前置 | 太阳能 | 4G | 2020年10月 | 三所 | 兰州时昶 | 永宁县望远镇通桥村 | 建筑物量水 |
| 39 | 新公渠 | 1.56 | 1906 | 0.49 | 一体式 | 0.80×0.80 | 兰州时昶 | 前置 | 太阳能 | 4G | 2020年10月 | 三所 | 兰州时昶 | 永宁县望远镇政权村 | 建筑物量水 |
| 40 | 南渠 | 1.56 | 653 | 0.17 | 一体式 | 0.60×0.60 | 兰州时昶 | 前置 | 太阳能 | 4G | 2020年10月 | 三所 | 兰州时昶 | 永宁县望远镇通桥村 | 断面量水 |

续表

| 序号 | 直开口名称 | 设计水位/m | 控制灌溉面积/亩 | 设计流量/($m^3/s$) | 闸门及测箱 | | | | 供电方式 | 数据传输方式 | 建设时间 | 管护责任单位 | 设备售后及维护企业 | 受益乡镇(村) | 改造前直开口量水方式 |
|---|---|---|---|---|---|---|---|---|---|---|---|---|---|---|---|
| | | | | | 闸门类别 | 闸门尺寸及规格/mm | 制造厂商 | 测箱安装方式(前置/后置) | | | | | | | |
| 41 | 小牛渠 | 1.75 | 2162 | 0.90 | 智能测控一体化板闸流量计 | 600×600 | 河北科鼎 | 前置 | 太阳能 | 4G | 2019年9月 | 四所 | 河北科鼎 | 永宁望远镇通桥村 | 建筑物量水 |
| 42 | 新开渠 | 1.55 | 1792 | 1.00 | 智能测控一体化板闸流量计 | 600×600 | 河北科鼎 | 前置 | 太阳能 | 4G | 2019年9月 | 四所 | 河北科鼎 | 永宁望远镇立强、政台村 | 建筑物量水 |
| 43 | 马丽渠 | 1.48 | 3002 | 1.50 | 智能测控一体化板闸流量计 | 600×600 | 河北科鼎 | 前置 | 太阳能 | 4G | 2019年9月 | 四所 | 河北科鼎 | 永宁望远镇立强村 | 建筑物量水 |
| 44 | 长丰渠 | 1.45 | 562 | 0.60 | 智能测控一体化板闸流量计 | 600×600 | 河北科鼎 | 前置 | 太阳能 | 4G | 2019年9月 | 四所 | 河北科鼎 | 永宁望远镇长湖村 | 建筑物量水 |
| 45 | 长湖渠 | 1.50 | 1191 | 1.20 | 智能测控一体化板闸流量计 | 600×600 | 河北科鼎 | 前置 | 太阳能 | 4G | 2019年9月 | 四所 | 河北科鼎 | 永宁望远镇长湖村 | 建筑物量水 |
| 46 | 立强一号渠 | 1.30 | 1644 | 0.80 | 智能测控一体化板闸流量计 | 600×600 | 河北科鼎 | 前置 | 太阳能 | 4G | 2019年9月 | 四所 | 河北科鼎 | 永宁望远镇立强村 | 建筑物量水 |
| 47 | 长中渠 | 1.50 | 4597 | 0.80 | 智能测控一体化板闸流量计 | 1000×1000 | 河北科鼎 | 前置 | 太阳能 | 4G | 2019年9月 | 四所 | 河北科鼎 | 永宁望远镇长湖村 | 建筑物量水 |

续表

| 序号 | 直开口名称 | 设计水位/m | 控制灌溉面积/亩 | 设计流量/($m^3/s$) | 闸门及测箱 | | | | 供电方式 | 数据传输方式 | 建设时间 | 管护责任单位 | 设备售后及维护企业 | 受益乡镇(村) | 改造前直开口量水方式 |
|---|---|---|---|---|---|---|---|---|---|---|---|---|---|---|---|
| | | | | | 闸门类别 | 闸门尺寸及规格/mm | 制造厂商 | 测箱安装方式(前置/后置) | | | | | | | |
| 48 | 掌一渠 | 1.20 | 695 | 0.40 | 智能测控一体化板闸流量计 | 600×600 | 河北科鼎 | 前置 | 太阳能 | 4G | 2019年9月 | 四所 | 河北科鼎 | 兴庆区掌政镇掌政村 | 建筑物量水 |
| 49 | 长北渠 | 1.15 | 2149 | 0.80 | 智能测控一体化板闸流量计 | 800×800 | 河北科鼎 | 前置 | 太阳能 | 4G | 2019年9月 | 四所 | 河北科鼎 | 永宁望远镇长湖村 | 建筑物量水 |
| 50 | 九五一号渠 | 1.10 | 229 | 0.20 | 智能测控一体化板闸流量计 | 400×400 | 河北科鼎 | 前置 | 太阳能 | 4G | 2019年9月 | 四所 | 河北科鼎 | 兴庆区掌政镇掌政村 | 建筑物量水 |
| 51 | 掌二渠 | 1.35 | 550 | 1.20 | 智能测控一体化板闸流量计 | 600×600 | 河北科鼎 | 前置 | 太阳能 | 4G | 2019年9月 | 四所 | 河北科鼎 | 兴庆区掌政镇掌政村 | 建筑物量水 |
| 52 | 西三渠 | 1.55 | 1094 | 0.40 | 智能测控一体化板闸流量计 | 600×600 | 河北科鼎 | 前置 | 太阳能 | 4G | 2019年9月 | 四所 | 河北科鼎 | 兴庆区掌政镇春林村 | 建筑物量水 |
| 53 | 春林渠 | 1.55 | 649 | 0.40 | 智能测控一体化板闸流量计 | 600×600 | 河北科鼎 | 前置 | 太阳能 | 4G | 2019年9月 | 四所 | 河北科鼎 | 兴庆区掌政镇春林村 | 建筑物量水 |
| 54 | 西四渠 | 1.30 | 1109 | 1.00 | 智能测控一体化板闸流量计 | 600×600 | 河北科鼎 | 前置 | 太阳能 | 4G | 2019年9月 | 四所 | 河北科鼎 | 兴庆区掌政镇春林村 | 建筑物量水 |

续表

| 序号 | 直开口名称 | 设计水位/m | 控制灌溉面积/亩 | 设计流量/($m^3/s$) | 闸门及测箱 | | | | 供电方式 | 数据传输方式 | 建设时间 | 管护责任单位 | 设备售后及维护企业 | 受益乡镇(村) | 改造前直开口量水方式 |
|---|---|---|---|---|---|---|---|---|---|---|---|---|---|---|---|
| | | | | | 闸门类别 | 闸门尺寸及规格/mm | 制造厂商 | 测箱安装方式(前置/后置) | | | | | | | |
| 55 | 东五渠 | 1.40 | 931 | 0.60 | 智能测控一体化板闸流量计 | 600×600 | 河北科鼎 | 前置 | 太阳能 | 4G | 2019年9月 | 四所 | 河北科鼎 | 兴庆区掌政镇掌政村 | 建筑物量水 |
| 56 | 新四渠 | 1.25 | 1426 | 0.40 | 智能测控一体化板闸流量计 | 600×600 | 河北科鼎 | 前置 | 太阳能 | 4G | 2019年9月 | 四所 | 河北科鼎 | 兴庆区掌政镇春林村 | 建筑物量水 |
| 57 | 孔新渠 | 1.55 | 1971 | 1.10 | 智能测控一体化板闸流量计 | 800×800 | 河北科鼎 | 前置 | 太阳能 | 4G | 2019年9月 | 四所 | 河北科鼎 | 兴庆区掌政镇孔雀村 | 建筑物量水 |
| 58 | 东六渠 | 1.65 | 619 | 0.50 | 智能测控一体化板闸流量计 | 600×600 | 河北科鼎 | 前置 | 太阳能 | 4G | 2019年9月 | 四所 | 河北科鼎 | 兴庆区掌政镇五渡桥村 | 建筑物量水 |
| 59 | 星火渠 | 1.45 | 3013 | 1.40 | 智能测控一体化板闸流量计 | 800×800 | 河北科鼎 | 前置 | 太阳能 | 4G | 2019年9月 | 四所 | 河北科鼎 | 兴庆区掌政镇孔雀村 | 建筑物量水 |
| 60 | 孔中渠 | 1.35 | 488 | 0.60 | 智能测控一体化板闸流量计 | 400×400 | 河北科鼎 | 前置 | 太阳能 | 4G | 2019年9月 | 四所 | 河北科鼎 | 兴庆区掌政镇孔雀村 | 建筑物量水 |
| 61 | 边渠 | 1.35 | 2825 | 0.80 | 智能测控一体化板闸流量计 | 800×800 | 河北科鼎 | 前置 | 太阳能 | 4G | 2019年9月 | 四所 | 河北科鼎 | 兴庆区掌政镇洼路村 | 建筑物量水 |

续表

| 序号 | 直开口名称 | 设计水位/m | 控制灌溉面积/亩 | 设计流量/（$m^3/s$） | 闸门及测箱 | | | | 供电方式 | 数据传输方式 | 建设时间 | 管护责任单位 | 设备售后及维护企业 | 受益乡镇（村） | 改造前直开口量水方式 |
|---|---|---|---|---|---|---|---|---|---|---|---|---|---|---|---|
| | | | | | 闸门类别 | 闸门尺寸及规格/mm | 制造厂商 | 测箱安装方式（前置/后置） | | | | | | | |
| 62 | 洼路渠 | 1.35 | 3321 | 0.90 | 智能测控一体化板闸流量计 | 800×800 | 河北科鼎 | 前置 | 太阳能 | 4G | 2019年9月 | 四所 | 河北科鼎 | 兴庆区掌政镇洼路村 | 建筑物量水 |
| 63 | 孔北渠 | 1.75 | 2214 | 0.60 | 智能测控一体化板闸流量计 | 600×600 | 河北科鼎 | 前置 | 太阳能 | 4G | 2019年9月 | 四所 | 河北科鼎 | 兴庆区掌政镇孔雀村 | 建筑物量水 |
| 64 | 合并渠 | 1.50 | 432 | 0.40 | 智能测控一体化板闸流量计 | 600×600 | 河北科鼎 | 前置 | 太阳能 | 4G | 2019年9月 | 四所 | 河北科鼎 | 兴庆区掌政镇杨家寨村 | 建筑物量水 |
| 65 | 小高渠 | 1.50 | 109 | 0.20 | 智能测控一体化板闸流量计 | 600×600 | 河北科鼎 | 前置 | 太阳能 | 4G | 2019年9月 | 四所 | 河北科鼎 | 兴庆区掌政镇镇河村 | 建筑物量水 |
| 66 | 燕一渠 | 1.50 | 674 | 0.20 | 智能测控一体化板闸流量计 | 400×400 | 河北科鼎 | 前置 | 太阳能 | 4G | 2019年9月 | 四所 | 河北科鼎 | 兴庆区掌政镇杨家寨村 | 建筑物量水 |
| 67 | 燕二渠 | 1.65 | 1897 | 1.10 | 智能测控一体化板闸流量计 | 800×800 | 河北科鼎 | 前置 | 太阳能 | 4G | 2019年9月 | 四所 | 河北科鼎 | 兴庆区掌政镇杨家寨村 | 建筑物量水 |
| 68 | 银河渠 | 1.70 | 6838 | 1.50 | 智能测控一体化板闸流量计 | 1000×1000 | 河北科鼎 | 前置 | 太阳能 | 4G | 2019年9月 | 四所 | 河北科鼎 | 兴庆区掌政镇镇河村 | 断面量水 |

续表

| 序号 | 直开口名称 | 设计水位/m | 控制灌溉面积/亩 | 设计流量/($m^3/s$) | 闸门及测箱 | | | | 供电方式 | 数据传输方式 | 建设时间 | 管护责任单位 | 设备售后及维护企业 | 受益乡镇(村) | 改造前直开口量水方式 |
|---|---|---|---|---|---|---|---|---|---|---|---|---|---|---|---|
| | | | | | 闸门类别 | 闸门尺寸及规格/mm | 制造厂商 | 测箱安装方式(前置/后置) | | | | | | | |
| 69 | 燕三渠 | 1.70 | 1301 | 0.60 | 智能测控一体化板闸流量计 | 600×600 | 河北科鼎 | 前置 | 太阳能 | 4G | 2019年9月 | 四所 | 河北科鼎 | 兴庆区掌政镇杨家寨村 | 断面量水 |
| 70 | 燕四渠 | 1.55 | 999 | 0.20 | 智能测控一体化板闸流量计 | 800×800 | 河北科鼎 | 前置 | 太阳能 | 4G | 2019年9月 | 四所 | 河北科鼎 | 兴庆区掌大新乡燕鸽村 | 建筑物量水 |
| 71 | 六号渠 | 1.55 | 1729 | 0.60 | 智能测控一体化板闸流量计 | 600×600 | 河北科鼎 | 前置 | 太阳能 | 4G | 2019年9月 | 四所 | 河北科鼎 | 兴庆区掌政镇茂盛村 | 建筑物量水 |
| 72 | 七号渠 | 1.48 | 2280 | 0.60 | 智能测控一体化板闸流量计 | 600×600 | 河北科鼎 | 前置 | 太阳能 | 4G | 2019年9月 | 四所 | 河北科鼎 | 兴庆区掌政镇茂盛村 | 建筑物量水 |
| 73 | 八号渠 | 1.45 | 432 | 0.60 | 智能测控一体化板闸流量计 | 600×600 | 河北科鼎 | 前置 | 太阳能 | 4G | 2019年9月 | 四所 | 河北科鼎 | 兴庆区掌政镇茂盛村 | 建筑物量水 |
| 74 | 老公渠 | 1.55 | 432 | 0.60 | 智能测控一体化板闸流量计 | 600×600 | 河北科鼎 | 前置 | 太阳能 | 4G | 2019年9月 | 四所 | 河北科鼎 | 永宁县望远镇政台村 | 建筑物量水 |
| 75 | 小银河渠 | 1.40 | 3578 | 1.50 | 一体式 | 1000×1000 | 陕西兴源 | 前置 | 太阳能 | 4G | 2019年4月改造 | 五所 | 陕西兴源 | 贺兰县金贵镇银河村 | 建筑物量水 |

续表

| 序号 | 直开口名称 | 设计水位/m | 控制灌溉面积/亩 | 设计流量/($m^3/s$) | 闸门及测箱 | | | | 供电方式 | 数据传输方式 | 建设时间 | 管护责任单位 | 设备售后及维护企业 | 受益乡镇(村) | 改造前直开口量水方式 |
|---|---|---|---|---|---|---|---|---|---|---|---|---|---|---|---|
| | | | | | 闸门类别 | 闸门尺寸及规格/mm | 制造厂商 | 测箱安装方式(前置/后置) | | | | | | | |
| 76 | 银河灌洞 | 1.15 | 386 | 0.60 | 一体式 | 600×600 | 陕西兴源 | 前置 | 太阳能 | 4G | 2019年4月新建 | 五所 | 陕西兴源 | 贺兰县金贵镇银河村 | 建筑物量水 |
| 77 | 格斗渠 | 1.30 | 2991 | 2.00 | 一体式 | 1200×1200 | 陕西兴源 | 前置 | 太阳能 | 4G | 2019年4月改造 | 五所 | 陕西兴源 | 贺兰县金贵镇银河村、保南村 | 断面量水 |
| 78 | 保南灌洞 | 1.00 | 408 | 0.60 | 一体式 | 600×600 | 陕西兴源 | 前置 | 太阳能 | 4G | 2019年4月新建 | 五所 | 陕西兴源 | 贺兰县金贵镇保南村 | 建筑物量水 |
| 79 | 青年渠 | 1.45 | 1529 | 1.00 | 一体式 | 1000×1000 | 陕西兴源 | 前置 | 太阳能 | 4G | 2019年4月改造 | 五所 | 陕西兴源 | 贺兰县金贵镇保南村 | 断面量水 |
| 80 | 毕家渠 | 1.45 | 3870 | 3.00 | 一体式 | 1200×1200 | 陕西兴源 | 前置 | 太阳能 | 4G | 2019年4月改造 | 五所 | 陕西兴源 | 贺兰县金贵镇银光村、联星村、保南村 | 断面量水 |
| 81 | 张家灌洞 | 1.05 | 67 | 0.50 | 一体式 | 600×600 | 陕西兴源 | 前置 | 太阳能 | 4G | 2019年4月新建 | 五所 | 陕西兴源 | 贺兰县金贵镇联星村 | 建筑物量水 |
| 82 | 小西渠 | 1.40 | 5775 | 3.50 | 分体式 | 1400×1400 | 陕西兴源 | 无 | 太阳能 | 4G | 2019年10月 | 五所 | 陕西兴源 | 贺兰县金贵镇银光村、联星村、金贵村 | 断面量水 |
| 83 | 东沙渠 | 1.10 | 713 | 0.80 | 一体式 | 800×800 | 陕西兴源 | 前置 | 太阳能 | 4G | 2019年4月新建 | 五所 | 陕西兴源 | 贺兰县金贵镇联星村 | 建筑物量水 |
| 84 | 哈家灌洞 | 1.45 | 364 | 0.60 | 一体式 | 600×600 | 陕西兴源 | 前置 | 太阳能 | 4G | 2019年4月新建 | 五所 | 陕西兴源 | 贺兰县金贵镇汉佐村 | 建筑物量水 |

续表

| 序号 | 直开口名称 | 设计水位/m | 控制灌溉面积/亩 | 设计流量/($m^3/s$) | 闸门及测箱 | | | | 供电方式 | 数据传输方式 | 建设时间 | 管护责任单位 | 设备售后及维护企业 | 受益乡镇(村) | 改造前直开口量水方式 |
|---|---|---|---|---|---|---|---|---|---|---|---|---|---|---|---|
| | | | | | 闸门类别 | 闸门尺寸及规格/mm | 制造厂商 | 测箱安装方式(前置/后置) | | | | | | | |
| 85 | 邓子渠 | 1.60 | 970 | 1.00 | 一体式 | 800×800 | 陕西兴源 | 前置 | 太阳能 | 4G | 2019年4月改造 | 五所 | 陕西兴源 | 贺兰县金贵镇汉佐村 | 建筑物量水 |
| 86 | 2814渠 | 1.50 | 150 | 0.50 | 一体式 | 600×600 | 陕西兴源 | 前置 | 太阳能 | 4G | 2019年4月改造 | 五所 | 陕西兴源 | 贺兰县金贵镇汉佐村 | 建筑物量水 |
| 87 | 九〇渠 | 1.35 | 110 | 0.60 | 一体式 | 600×600 | 陕西兴源 | 前置 | 太阳能 | 4G | 2019年4月新建 | 五所 | 陕西兴源 | 贺兰县金贵镇汉佐村 | 建筑物量水 |
| 88 | 西沙渠 | 1.30 | 1755 | 2.00 | 一体式 | 1200×1200 | 陕西兴源 | 前置 | 太阳能 | 4G | 2019年4月改造 | 五所 | 陕西兴源 | 贺兰县金贵镇汉佐村 | 建筑物量水 |
| 89 | 老长渠 | 1.55 | 473 | 0.80 | 一体式 | 600×600 | 陕西兴源 | 前置 | 太阳能 | 4G | 2019年4月新建 | 五所 | 陕西兴源 | 贺兰县金贵镇汉佐村 | 建筑物量水 |
| 90 | 新长渠 | 1.50 | 383 | 0.80 | 一体式 | 600×600 | 陕西兴源 | 前置 | 太阳能 | 4G | 2019年4月新建 | 五所 | 陕西兴源 | 贺兰县金贵镇汉佐村 | 建筑物量水 |
| 91 | 大高渠 | 1.55 | 4210 | 2.00 | 一体式 | 1000×1000 | 陕西兴源 | 前置 | 太阳能 | 4G | 2019年4月新建 | 五所 | 陕西兴源 | 贺兰县金贵镇雄英村 | 断面量水 |
| 92 | 南毛渠 | 1.40 | 2620 | 1.50 | 一体式 | 1200×1200 | 陕西兴源 | 前置 | 太阳能 | 4G | 2019年4月新建 | 五所 | 陕西兴源 | 贺兰县金贵镇雄英村 | 断面量水 |
| 93 | 北毛渠 | 1.40 | 5878 | 4.00 | 分体式 | 1400×1400 | 陕西兴源 | 无 | 太阳能 | 4G | 2019年10月 | 五所 | 陕西兴源 | 贺兰县金贵镇雄英村、潘昶村 | 断面量水 |
| 94 | 尤家高口 | 1.24 | 150 | 0.60 | — | 800×800 | 陕西兴源 | 无 | 太阳能 | — | 2019年4月改造 | 五所 | — | 贺兰县金贵镇雄英村 | 建筑物量水 |

续表

| 序号 | 直开口名称 | 设计水位/m | 控制灌溉面积/亩 | 设计流量/($m^3/s$) | 闸门及测箱 | | | | 供电方式 | 数据传输方式 | 建设时间 | 管护责任单位 | 设备售后及维护企业 | 受益乡镇(村) | 改造前直开口量水方式 |
|---|---|---|---|---|---|---|---|---|---|---|---|---|---|---|---|
| | | | | | 闸门类别 | 闸门尺寸及规格/mm | 制造厂商 | 测箱安装方式(前置/后置) | | | | | | | |
| 95 | 头号渠 | 1.55 | 450 | 0.80 | 一体式 | 600×600 | 陕西兴源 | 前置 | 太阳能 | 4G | 2019年4月新建 | 五所 | 陕西兴源 | 贺兰县金贵镇雄英村 | 建筑物量水 |
| 96 | 二号渠 | 0.75 | 150 | 0.60 | 一体式 | 600×600 | 陕西兴源 | 前置 | 太阳能 | 4G | 2019年4月新建 | 五所 | 陕西兴源 | 贺兰县金贵镇雄英村 | 建筑物量水 |
| 97 | 庙儿渠 | 1.60 | 1604 | 2.00 | 一体式 | 1000×1000 | 陕西兴源 | 前置 | 太阳能 | 4G | 2019年4月新建 | 五所 | 陕西兴源 | 贺兰县习岗镇红旗村 | 建筑物量水 |
| 98 | 周家小口 | 1.45 | 90 | 0.60 | 一体式 | 600×600 | 陕西兴源 | 前置 | 太阳能 | 4G | 2019年4月改造 | 五所 | 陕西兴源 | 贺兰县习岗镇红旗村 | 建筑物量水 |
| 99 | 何家灌洞 | 1.45 | 120 | 0.50 | 一体式 | 600×600 | 陕西兴源 | 前置 | 太阳能 | 4G | 2019年4月新建 | 五所 | 陕西兴源 | 贺兰县习岗镇红旗村 | 建筑物量水 |
| 100 | 钱家小口 | 1.45 | 220 | 0.80 | 一体式 | 600×600 | 陕西兴源 | 前置 | 太阳能 | 4G | 2019年4月新建 | 五所 | 陕西兴源 | 贺兰县习岗镇红旗村 | 建筑物量水 |
| 101 | 驴尾灌洞 | 1.50 | 330 | 0.60 | 一体式 | 600×600 | 陕西兴源 | 前置 | 太阳能 | 4G | 2019年4月改造 | 五所 | 陕西兴源 | 贺兰县习岗镇红旗村 | 建筑物量水 |
| 102 | 曹家渠 | 1.65 | 280 | 1.00 | 一体式 | 800×800 | 陕西兴源 | 前置 | 太阳能 | 4G | 2019年4月改造 | 五所 | 陕西兴源 | 贺兰县习岗镇和平村 | 建筑物量水 |
| 103 | 四号渠 | 1.10 | 80 | 0.80 | 一体式 | 600×600 | 陕西兴源 | 前置 | 太阳能 | 4G | 2019年4月新建 | 五所 | 陕西兴源 | 贺兰县习岗镇和平村 | 建筑物量水 |
| 104 | 五号渠 | 1.30 | 150 | 0.80 | 一体式 | 600×600 | 陕西兴源 | 前置 | 太阳能 | 4G | 2019年4月新建 | 五所 | 陕西兴源 | 贺兰县习岗镇和平村 | 建筑物量水 |

续表

| 序号 | 直开口名称 | 设计水位/m | 控制灌溉面积/亩 | 设计流量/($m^3/s$) | 闸门及测箱 | | | | 供电方式 | 数据传输方式 | 建设时间 | 管护责任单位 | 设备售后及维护企业 | 受益乡镇(村) | 改造前直开口量水方式 |
|---|---|---|---|---|---|---|---|---|---|---|---|---|---|---|---|
| | | | | | 闸门类别 | 闸门尺寸及规格/mm | 制造厂商 | 测箱安装方式(前置/后置) | | | | | | | |
| 105 | 六号渠 | 1.28 | 573 | 0.80 | 一体式 | 600×600 | 陕西兴源 | 前　置 | 太阳能 | 4G | 2019年4月新建 | 五　所 | 陕西兴源 | 贺兰县习岗镇新平村 | 建筑物量水 |
| 106 | 上新口 | 1.22 | 390 | 0.80 | 一体式 | 600×600 | 陕西兴源 | 前　置 | 太阳能 | 4G | 2019年4月改造 | 五　所 | 陕西兴源 | 贺兰县习岗镇新平村 | 建筑物量水 |
| 107 | 七号渠 | 1.18 | 354 | 0.80 | 一体式 | 600×600 | 陕西兴源 | 前　置 | 太阳能 | 4G | 2019年4月改造 | 五　所 | 陕西兴源 | 贺兰县习岗镇新平村 | 建筑物量水 |
| 108 | 八号渠 | 1.12 | 893 | 1.20 | 一体式 | 600×600 | 陕西兴源 | 前　置 | 太阳能 | 4G | 2019年4月新建 | 五　所 | 陕西兴源 | 贺兰县习岗镇新平村 | 建筑物量水 |
| 109 | 别　渠 | 1.40 | 261 | 0.80 | 一体式 | 600×600 | 陕西兴源 | 前　置 | 太阳能 | 4G | 2019年4月改造 | 五　所 | 陕西兴源 | 贺兰县金贵镇红星村 | 建筑物量水 |
| 110 | 营门中渠 | 1.60 | 5534 | 3.50 | 一体式 | 1000×1000 | 陕西兴源 | 前　置 | 太阳能 | 4G | 2019年4月改造 | 五　所 | 陕西兴源 | 贺兰县金贵镇红星村 | 断面量水 |
| 111 | 二中渠 | 1.10 | 854 | 1.60 | 一体式 | 800×800 | 陕西兴源 | 前　置 | 太阳能 | 4G | 2019年4月新建 | 五　所 | 陕西兴源 | 贺兰县金贵镇红星村 | 建筑物量水 |
| 112 | 红星辅渠 | 1.20 | 736 | 1.00 | 一体式 | 800×800 | 陕西兴源 | 前　置 | 太阳能 | 4G | 2019年4月新建 | 五　所 | 陕西兴源 | 贺兰县金贵镇红星村 | 建筑物量水 |
| 113 | 三号渠 | 1.25 | 95 | 0.80 | 一体式 | 600×600 | 陕西兴源 | 前　置 | 太阳能 | 4G | 2019年4月新建 | 五　所 | 陕西兴源 | 贺兰县习岗镇和平村 | 建筑物量水 |
| 114 | 罗家灌洞 | 1.20 | 300 | 0.80 | 一体式 | 600×600 | 陕西兴源 | 前　置 | 太阳能 | 4G | 2019年4月改造 | 五　所 | 陕西兴源 | 贺兰县习岗镇和平村 | 建筑物量水 |

续表

| 序号 | 直开口名称 | 设计水位/m | 控制灌溉面积/亩 | 设计流量/($m^3/s$) | 闸门及测箱 | | | | 供电方式 | 数据传输方式 | 建设时间 | 管护责任单位 | 设备售后及维护企业 | 受益乡镇(村) | 改造前直开口量水方式 |
|---|---|---|---|---|---|---|---|---|---|---|---|---|---|---|---|
| | | | | | 闸门类别 | 闸门尺寸及规格/mm | 制造厂商 | 测箱安装方式(前置/后置) | | | | | | | |
| 115 | 中方渠 | 1.16 | 270 | 1.00 | 一体式 | 600×600 | 陕西兴源 | 前置 | 太阳能 | 4G | 2019年4月新建 | 五所 | 陕西兴源 | 贺兰县习岗镇新平村 | 建筑物量水 |
| 116 | 小延渠 | 1.10 | 350 | 1.00 | 一体式 | 600×600 | 陕西兴源 | 前置 | 太阳能 | 4G | 2019年4月新建 | 五所 | 陕西兴源 | 贺兰县习岗镇新平村 | 建筑物量水 |
| 117 | 孙家灌洞 | 1.18 | 159 | 0.50 | 一体式 | 600×600 | 陕西兴源 | 前置 | 太阳能 | 4G | 2019年4月新建 | 五所 | 陕西兴源 | 贺兰县习岗镇五星村 | 建筑物量水 |
| 118 | 岳家灌洞 | 0.95 | 106 | 0.50 | 一体式 | 600×600 | 陕西兴源 | 前置 | 太阳能 | 4G | 2019年4月新建 | 五所 | 陕西兴源 | 贺兰县习岗镇五星村 | 建筑物量水 |
| 119 | 五星灌洞 | 1.18 | 283 | 0.60 | 一体式 | 600×600 | 陕西兴源 | 前置 | 太阳能 | 4G | 2019年4月新建 | 五所 | 陕西兴源 | 贺兰县习岗镇五星村 | 建筑物量水 |
| 120 | 五星小口 | 0.80 | 197 | 0.80 | 一体式 | 600×600 | 陕西兴源 | 前置 | 太阳能 | 4G | 2019年4月新建 | 五所 | 陕西兴源 | 贺兰县习岗镇五星村 | 建筑物量水 |
| 121 | 金家渠 | 1.24 | 718 | 0.80 | 一体式 | 600×600 | 陕西兴源 | 前置 | 太阳能 | 4G | 2019年4月改造 | 五所 | 陕西兴源 | 贺兰县习岗镇五星村 | 建筑物量水 |
| 122 | 双洞子 | 1.19 | 1100 | 1.50 | 一体式 | 1000×1000 | 陕西兴源 | 前置 | 太阳能 | 4G | 2019年4月改造 | 五所 | 陕西兴源 | 贺兰县习岗镇五星村 | 建筑物量水 |
| 123 | 五星辅渠 | 1.18 | 242 | 0.80 | 一体式 | 800×800 | 陕西兴源 | 前置 | 太阳能 | 4G | 2019年4月改造 | 五所 | 陕西兴源 | 贺兰县习岗镇五星村 | 建筑物量水 |
| 124 | 头渠 | 1.20 | 1130 | 1.00 | 一体式 | 800×800 | 陕西兴源 | 前置 | 太阳能 | 4G | 2019年4月新建 | 五所 | 陕西兴源 | 贺兰县金贵镇红星村 | 建筑物量水 |

续表

| 序号 | 直开口名称 | 设计水位/m | 控制灌溉面积/亩 | 设计流量/($m^3/s$) | 闸门及测箱 | | | | 供电方式 | 数据传输方式 | 建设时间 | 管护责任单位 | 设备售后及维护企业 | 受益乡镇(村) | 改造前直开口量水方式 |
|---|---|---|---|---|---|---|---|---|---|---|---|---|---|---|---|
| | | | | | 闸门类别 | 闸门尺寸及规格/mm | 制造厂商 | 测箱安装方式(前置/后置) | | | | | | | |
| 125 | 二　渠 | 1.05 | 344 | 0.80 | 一体式 | 600×600 | 陕西兴源 | 前　置 | 太阳能 | 4G | 2019年4月新建 | 五　所 | 陕西兴源 | 贺兰县金贵镇红星村 | 建筑物量水 |
| 126 | 闫家渠 | 1.20 | 160 | 0.50 | 一体式 | 600×600 | 陕西兴源 | 前　置 | 太阳能 | 4G | 2019年4月新建 | 五　所 | 陕西兴源 | 贺兰县金贵镇红星村 | 建筑物量水 |
| 127 | 小道子渠 | 1.18 | 785 | 1.00 | 一体式 | 600×600 | 陕西兴源 | 前　置 | 太阳能 | 4G | 2019年4月改造 | 五　所 | 陕西兴源 | 贺兰县习岗镇五星村 | 建筑物量水 |
| 128 | 北　渠 | 1.12 | 132 | 0.60 | 一体式 | 600×600 | 陕西兴源 | 前　置 | 太阳能 | 4G | 2019年4月改造 | 五　所 | 陕西兴源 | 贺兰县习岗镇五星村 | 建筑物量水 |
| 129 | 七队渠 | 1.02 | 160 | 0.60 | 一体式 | 600×600 | 陕西兴源 | 前　置 | 太阳能 | 4G | 2019年4月新建 | 五　所 | 陕西兴源 | 贺兰县习岗镇五星村 | 建筑物量水 |
| 130 | 十三队渠 | 1.06 | 201 | 0.80 | 一体式 | 600×600 | 陕西兴源 | 前　置 | 太阳能 | 4G | 2019年4月新建 | 五　所 | 陕西兴源 | 贺兰县习岗镇五星村 | 建筑物量水 |
| 131 | 小高渠 | 1.00 | 114 | 0.50 | 一体式 | 600×600 | 陕西兴源 | 前　置 | 太阳能 | 4G | 2019年4月新建 | 五　所 | 陕西兴源 | 贺兰县习岗镇五星村 | 建筑物量水 |
| 132 | 八队渠 | 1.05 | 466 | 1.00 | 一体式 | 600×600 | 陕西兴源 | 前　置 | 太阳能 | 4G | 2019年4月新建 | 五　所 | 陕西兴源 | 贺兰县习岗镇五星村 | 建筑物量水 |
| 133 | 立岗四星 | 1.40 | 15956 | 6.00 | — | — | 陕西兴源 | 无 | 太阳能 | 4G | 2019年4月新建 | 五　所 | 陕西兴源 | 贺兰县立岗镇金星村、银星村 | 断面量水 |

# 第三章　渠道建设管理

中干沟汉延渠渡槽

# 第一节　工程运行管理

## 一、重点工程管理

重点工程管理包括工程建设管理和工程维护管理两部分。重点工程的日常维护管理是安全生产的重中之重,是干渠安全行水的前提。每年春工(3月20日至4月20日)的岁修是维护干渠安全行水的基础和保障,沿用至今,效果明显。1982年以前水费收入很少,比较大的项目由国家基建投资解决,一般斗口维修、改建工程由农田水利费解决。1982年实行按方收费(计量收费)以后,干渠维护工程国家基本不再投资。每年在放水前进行全面检查需由各管理所提出应修项目报管理处审定,并将检查情况填写"工程检查登记表"存档备查。

行水期间的看护养护在历史上有不同的规定和办法。如传递"养护牌"制度:规定每天从22:00起到次日8:00止,为夜间巡护时间,由每个斗口看口员(由支渠受益单位选派)拿上"养护牌"由甲斗传递到乙斗、乙斗传递到丙斗,依次传递,到第二天早8:00,要把"养护牌"传回始发斗口,否则要追查责任。通过传牌,可以及时发现险情。传牌时还要大声呼叫"哦唔"。一是提醒养护人员不要睡觉,二是防止蛇鼠在渠堤打洞,三是给传牌人壮胆。还规定支(斗)渠口由受益乡村派专人看管并负责邻近干渠的养护。为了做到干渠巡回养护昼夜不间断,制定"八巡"(即昼夜巡、风雨巡、大水和小水巡、领导在和不在巡)制度,现仍然执行。近年来,实行"四定"(即定人、定岗位、定任务、定责任)制度,各管理段每6小时对其管辖的渠段和建筑物巡查一次,将检查的情况填入汉延渠干渠安全检查登记本,检查人登记签名以便备查,分清责任,发现异常情况须立即上报并进行必要的处理。关键性的大型建筑物指定专人负责定时检查。行水期间管水人员绝对不许酗酒,严禁超警戒水位运行。违者按规定处罚,造成事故要追究相关人员责任。由于渠道逐年扩建和加固,再加上制度的健全,一般都能做到险情及时发现及时处理。

管理处严格按照《汉延渠管理处渠道工程巡护巡查制度(试行)》,推行"一所两段,灵活设点"管理模式,撤销合并管理段,合理划定管理所管理范围,落实责任。工作交接规范,以"五查四看三交一督"方式,对安全生产责任制落实、渠道巡查巡护、值班值守、隐患排查、应急管理、建筑物(闸涵槽)进行排查,跟踪督导治理。大力推广可视监控、自控一体化等技术在巡渠中的应用,进一步解放人力,提高工作效率,使工程管理更便捷、更安全高效。持续完善安全生产责任体系,增加安全投入,安全达标成果得到巩固提升。突出安全月主题,扎实开展安全培训、防险演练等形式多样的活动,干部职工安全生产意识持续增强。自1985年至2022年,管理处已实现渠道安全行水37年。

**二、岁修与日常维护**

自治区水利厅为加大对管理处日常维护项目的监督管理,出台一系列规章制度。管理处根据水利厅下发的规章制度要求,积极组织相关科室修订完善管理处日常维修养护管理办法,使之更加符合现代化管理需求,程序更加合理,管理更加规范,工程造价更加合理透明。

(一)项目前期工作程序

管理处年初安排基层各管理所勘查上报维修养护工程项目,管理所通过安全检查、日常巡护和平时掌握的运行情况等,对维修养护工程进行评估,选定影响干渠安全的工程维修项目,提出维修养护方案,及时上报管理处防汛工程科。防汛工程科汇总建立年度维修养护项目库,组织管理处工程建设领导小组进行现场勘查,根据轻重缓急选定维修养护项目,编制实施方案分批次实施。

(二)组织实施

项目实施“四制”管理,分级负责,进一步明确责任单位、质量监管单位和质量管理工作责任。根据《宁夏回族自治区直属水管单位水利工程维修养护项目管理办法》《汉延渠管理处维修养护项目管理办法》要求,工程项目从立项到实施,严格执行管理处党委“三重一大”制度,经过管理处工程建设领导小组研究,处务会审议、党委会审定后,下达计划文件。严格按照自治区水利厅维修养护资金管理要求和管理处相关制度做好资金使用和管理。

**三、工程项目储备**

管理处重点储备的工程项目有7项。

(1)结合宁夏青铜峡灌区续建配套与现代化改造项目,推进汉延渠小坝109国道公路桥(桩号1+550)至李俊桥节制闸(桩号20+300)段18.75 km渠道改造砌护工程(2022年9月至2023年6月实施)。

(2)争取中央农业水价综合改革项目专项资金完成汉延渠小坝109国道公路桥(桩号1+550)至友尚生产桥段和李俊桥节制闸(桩号20+300)下游至王闸桥节制闸(31+917)上游47个斗口测控一体化闸门改造工程,实现汉延渠全渠道信息化建设。

(3)争取资金完成汉延渠反帝沟涵洞、反帝沟渡槽、丁子渠节制闸整体翻建改造工程,消除老旧设施运行安全隐患。

(4)争取资金完成马寨桥节制闸(桩号6+390)、唐铎桥节制闸(桩号27+936)远程控制系统改造工程,解决基层职工人员紧张,工作压力大的问题。

(5)争取资金按照标准化渠堤建设和美丽汉延建设要求,完成汉延渠72.6 km渠堤(单面渠堤)路面硬化及88.05 km渠道两侧枯死树木补栽工程,解决职工巡护渠堤出行难的问题。

(6)争取资金完成汉延渠17座重点建筑物锈蚀的防护栏杆更新工程,消除职工巡护检查时的安全问题。

(7)争取资金完成汉延渠沿线通信光缆的铺设工程,解决信息化信号传输不稳定的问题。

## 第二节 渠道安全生产管理

### 一、组织保障

管理处坚持"安全第一、预防为主、综合治理"的安全生产方针,建立健全"党政同责、一岗双责、齐抓共管""管行业必须管安全、管业务必须管安全、管生产经营必须管安全"的原则,落实安全生产责任制,把实现安全生产,保障人民群众生命财产安全作为关系全局的重大责任,加强领导,强化管理,狠抓落实,深入开展安全宣传、教育培训及安全生产月、风险隐患排查治理专项行动等形式多样的活动,落实各项防范措施,提高安全防范及应急保障能力。

2006年以前,安全生产工作由处长负责,水管科组织实施。2006年,管理处成立安全生产领导小组,负责全处安全生产工作。基层单位成立安全生产工作小组,逐步形成主要领导负总责,分管领导各负其责,责任到岗位、全员参与的安全生产领导体制和工作机制。2006—2013年，灌溉管理科履行安全生产领导小组办公室职责。2013年后，防汛工程科履行安全生产领导小组办公室职责。

### 二、制度建设

1991年，制定《汉延渠管理处渠道工程巡护检查暂行办法》和《汉延渠管理处用水管理暂行办法》。

2005年，制定《汉延渠管理处安全生产工作制度》《汉延渠管理处安全生产工作任务考核细则》《汉延渠管理处渠道巡护检查责任制度》和《汉延渠管理处安全生产隐患排查治理工作制度》等12个与安全生产相关的规章制度，编入《汉延渠管理处规章制度汇编》。《汉延渠管理处渠道巡护检查责任制度》规定定期检查：行水高峰期管理段每月5日、15日、25日组织全管理段人员对辖区内的所有干渠工程进行全面检查，管理所每月10日、20日、30日组织全所人员对辖区内的所有干渠工程进行全面检查，管理处每月对全处干渠重点建筑物及险工段进行全面检查；行水低峰期管理段每月10日、20日、30日进行检查，管理所每20天检查一次，管理处每两月检查一次。日常巡护由巡护责任人定时进行巡护检查。定时巡护为6:00~8:00，16:00~18:00，5月1日至6月15日加巡一次，时间为22:30~24:00。遇风雨天气、水位忽涨忽降、水位超警戒等时，要增加巡护检查时间和次数。此后，2010年、2012年和2016年又对定期和日常巡护时间和频次根据实际情况做出修改。按《汉延渠管理处安全生产工作任务考核细则》实行百分考核制，根据实际，由管理处承担安全生产工作职能的政工科、水管科、保卫科、行政办公室进行综合考核，年底作为管理处文明单位百分考核的重要依据。

2010年5月，对《汉延渠管理处安全生产工作制度》和《汉延渠管理处摩托车使用管理办法》等制度进行修订完善，并于2012年修订完成新的《汉延渠管理处规章制度汇编》。

2016年，为适应安全生产标准化建设新形势，新修《汉延渠管理处安全生产目标管理制度》《汉延渠管理处安全生产例会制度》《汉延渠管理处安全标志管理制度》《汉延渠管理处安全教育培训管理制度》和《汉延渠管理处安全检查管理制度》等39个（项）工作制度。内容包括：安全网络机构、各级安全组织、机关科室和基层所（站）安全管理范围及职责、安全工作重点、物资管理、安全教育培训、安全活动、隐患排查治理、应急管理、监督检查、考核奖惩、事故调查处理及报告、档案管理等。管理处制定安全生产目标，内容包括：

安全事故控制指标和安全生产隐患治理目标等。

2018年，修订《汉延渠管理处安全生产工作责任制度》和《汉延渠管理处安全生产风险管控与安全生产事故隐患排查治理办法》，坚持把安全风险管控挺在隐患前面，把隐患排查治理挺在事故前面，建立安全风险管控和隐患排查治理双重预防体系。

2021年5月，对干渠渠堤、水工建筑物、运行记录、卫生整治、隐患排查等方面存在的问题进行研判分析，精准施策，探索建立"5查4看3交1督4落实"渠道安全运行督查工作法，有效提高安全生产问题隐患排查整改质效。

2022年，深化"5查4看3交1督4落实"渠道安全运行督查工作法，完善"一表一单"督查内容，督查处置安全隐患32个，保障渠道安全运行。"54314"渠道安全运行督查工作法，在"安全生产专项整治三年行动"中被自治区安委会评定为企业典型做法。

## 三、安全活动

### （一）安全生产月（周）

1991—2001年，按照全国安全生产委员会统一安排部署，每年5月第一周开展安全日（周）活动，主要开展"反三违"、查隐患、安全签名、安全演讲、安全知识竞赛、写心得体会、学习文件、办板报、座谈讨论等活动。

1996年，全国安全生产周活动开展"查隐患、保安全、促生产"创先争优活动，进行水利运行工程隐患排查治理。

1998年，全国安全生产周活动开展职工安全生产知识问答活动，检验职工对各项安全生产制度的掌握和使用情况，广泛普及安全生产知识。

2002年开始，国家将安全生产周改为安全生产月活动后，管理处每年投入一定资金开展各类安全生产活动。

消防演练

2002—2021年全国安全生产月活动期间，管理处举行启动仪式，结合工作实际开展安全抢险演练、安全签名、演讲、竞赛、征文、"一把手"讲安全、安全咨询日、"五进"等活动。

2006年6月，全处驾驶人员认真学习《中华人民共和国道路交通安全法》,并邀请永宁县交警队干警来管理处开讲座辅导。108名干部职工参加宁夏日报6月7日刊登的《2006年安全生产法律法规知识竞赛试题》竞答活动,拓宽安全生产知识汲取渠道,增强安全生产意识。

2009年6月,管理处组织开展"安全伴我行"主题演讲比赛,17名参赛选手以精彩的讲演,唱响安全发展主旋律,强化安全生产"三项行动、三项建设"。此外,还开展"青年安全生产示范岗""青年安全生产标兵"的创建评选活动和全国安全生产年活动。

2014年,管理处组织开展"落实安全生产主体责任年"活动,强化主体责任落实。同年,管理处在全国水利安全生产知识网络答题竞赛活动中成绩优异,获自治区水利厅优秀组织奖,马浩成等8名职工进入前100名,受到水利厅表彰。管理处对获集体组织奖的第五管理所和马浩成等10名优胜个人予以表彰奖励。

2015年6月,第二管理所开展岗位知识问答竞赛活动,以岗设题,针对性强,有问必答,效果明显;还向职工录制"大家说——我最关心的安全问题"心得视频,全员参与,体会深刻。

2022年,管理处组织开展以"遵守安全生产法,当好第一责任人"为主题的安全生产月系列活动,制作渠道防溺水警示标牌89个。

(二)安全生产事故应急管理预案及演练

1.预案

2018年11月,管理处完善渠道工程防汛、交通、消防等突发事件应急处置措施,适时开展演练活动,提高职工应对突发事件的能力。编制《汉延渠管理处安全生产事故应急救援预案》,包括《安全生产事故综合应急预案》1个,《火灾爆炸事故应急预案》《交通事故应急预案》《突发性水污染事故事件应急预案》《水事案件(纠纷)事件应急预案》《反恐怖和维稳应急救援预案》《地震灾害应急预案》《触电伤亡事故应急救援预案》《机械伤亡事故应急救援预案》和《渠道工程防汛抢险预案》等9个专项应急预案,并在自治区水利厅备案。

2019年10月,编制《汉延渠管理处网络与信息安全突发事件应急预案》,并加强网络与信息安全管理。

2020年6月起,开展安全生产专项整治三年行动,坚持"从根本上消除隐患",边查边改,立查立改,整治工作取得明显成效。

安全预案

2021年11月，根据《中华人民共和国安全生产法》(2021年修正版)、《生产经营单位生产安全事故应急预案编制导则》(GB/T 29639—2021)等相关法律法规、标准要求，管理处修订完善《安全生产事故应急救援预案》，编制新的《汉延渠管理处生产安全事故应急预案》，由综合应急预案、防汛抢险和水资源应急调度两个专项预案，以及火灾、触电、机械伤害、交通事故、溺水、地震6个现场处置方案组成，并在自治区水利厅备案。

2.演练

2015年6月26日，汉延水电工程有限公司在大观桥砼预制板厂开展医疗急救、消防安全应急演练活动，使职工掌握正确的医疗急救和消防安全知识，提高自我保护意识和救助能力。

2016年6月1日，在管理处机关进行应急疏散演练活动，使全体干部职工掌握正确撤离现场的方法及快速逃生技能，增强自救互救与自我保护意识。

2019年6月9日，管理处在第五管理所潘昶桥段开展以测控一体化闸门远程操作失灵为背景的实战演练，检验该预案的应急响应能力和处置能力。

2021年6月10日，管理处在第一管理所林皋桥节制闸和第二管理所李俊桥节制闸分别开展突然停电状态时的大闸启闭演练，通过启动备用发电机和人工启闭液压闸门的方法，检验管理所、段在电网突发停电状况下对节制闸的启闭能力。

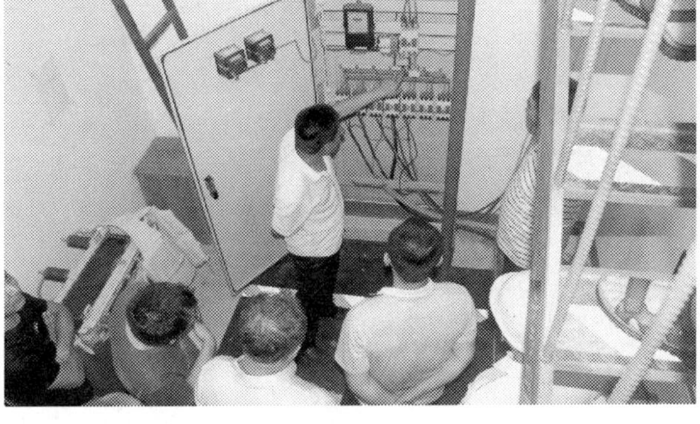

操控现场

抢险演练

2021年11月13日，第五管理所开展消防演练活动，使全体干部职工掌握正确的灭火方法，提高消防安全意识和消防实操能力。

各管理所结合安全生产月活动，分别开展应急演练，涉及防汛、消防、溺水、触电、液压启闭机操作、测控一体化斗口远程操作失灵等多个方面。通过演练，提高干部职工的事故防范意识和事故救援与处置能力，检验应急预案的有效性和操作性，为进一步健全完善各单位事故预警和应急处置机制打下良好的基础。

（三）安全教育培训

每年3—4月，管理处集中对副科级以上干部、技术人员和段长开展安法安规、安全管理能力提升培训，各管理所对本单位职工集中开展岗位安全生产知识及制度的学习教育，并结合安全生产月，组织职工开展隐患排查治理、模拟事故演练等活动，提高职工安全意识。

2017—2022年，管理处每年对安全生产主要负责人和安全生产管理人员、特种作业（低压电工）人员开展培训教育，提升安全生产管理能力。

（四）安全文化建设

2006年，管理处在《汉延渠畔》小报上主办一期安全生产专刊，并向全体职工发放《安全生产知识》《安全生产规章制度》两本小册子，开展安全文化宣传，普及安全知识。

2015年6月23日，管理处开展以“加强安全法治　保障安全生产”为主题的演讲比赛，增强职工安全意识，营造浓厚的安全文化氛围。

2015年6月，管理处开展“安全金点子”微信征集评比活动，在180余名干部职工中共征集安全金点子49条，有6条获得奖励，一部分合理化建议被采用。

2020年5月，管理处启动水利安全文化建设。

2021年6月，自治区水利厅确定汉延渠管理处为自治区水利系统水利安全文化建设试点单位。

2021年7月，编发《汉延渠管理处水利安全文化创建实施方案》，确定水利安全文化建

安全文化宣传栏

设的主要内容、创建目标、主要任务，探索安全文化创建试点。8月，印发《宁夏汉延渠管理处水利安全文化创建宣传手册》，提炼符合汉延渠特色的安全核心价值观1条、安全目标1条、安全使命1条、承诺（誓词）1条、安全行为理念15条、安全环境规范用语12条。10月，编撰完成《汉延渠管理处水利安全文化手册》。10月14日，自治区水利厅安委会在管理处举办推进安全文化建设工作座谈交流会，汉延渠管理处、红寺堡扬水管理处、宁夏水利电力工程学校、唐徕渠管理处、惠农渠管理处、水文中心参加会议。

2022年，制定《汉延渠管理处水安全文化阵地创建实施方案》，在第四管理所建成汉延渠管理处水安全文化阵地，集中展示“4个1”水安全文化建设。具体内容为：管理处水安全理念文化、水安全制度文化、风险隐患排查治理及日常巡护巡查水安全行为文化、渠道及建筑物水安全环境文化。

（五）事故及教训

1.干渠历次决口事故

中华人民共和国成立以前，干渠决口比较频繁。中华人民共和国成立后至1980年的30年间，干渠决口12次（见表3-2-1），平均每两年半决口1次。1981年以后至今，除王闸桥节制闸东堤发生决口事故外，再没有发生决口事故。

**表3-2-1　干渠历次决口事故统计**

| 序　号 | 地　点 | 时　间 | 决口原因 | 事故损失 |
|---|---|---|---|---|
| 1 | 唐铎洞上东堤 | 1952年5月 | 裁湾段填方未夯实 | 停水四天抢修 |
| 2 | 掌政桥下东堤 | 1954年5月 | 钻洞淹田500亩 | 停水抢修 |
| 3 | 五都桥上西堤 | 1958年5月 | 填方接头未夯实 | 停水抢修 |
| 4 | 通济桥下东堤 | 1956年7月 | 四号渠斗口走失 | 未停水抢修 |
| 5 | 新渠口东堤 | 1959年10月 | 斗口漏水走失 | 堵死斗口 |
| 6 | 镇河柯家湾东堤 | 1966年5月 | 淌田斗口走失压田10亩 | 停水抢修 |
| 7 | 丁字渠上侯家湾东堤 | 1970年5月 | 斗口走失淹田400亩 | 停水抢修 |
| 8 | 胜利三队西堤 | 1972年6月 | 鼠洞打通 | 停水抢修 |
| 9 | 李俊桥上东堤 | 1973年6月 | 李俊闸堤水过高 | 未停水抢修 |
| 10 | 王澄桥下西堤 | 1976年1月 | 拆旧斗口未回填好 | 停水抢修 |
| 11 | 和平桥下西堤 | 1970年11月 | 冬灌后期冰坝阻水 | 来年修作 |
| 12 | 反帝沟涵洞下口 | 1980年10月 | 洞出口南边发生管涌 | 洞两头堵坝，冬灌后来年重修 |

2. 王闸桥节制闸东边孔基础塌陷失事事件

1985年5月15日，王闸桥节制闸在干渠行水高峰期，东边孔基础塌陷导致干渠决口，停水三天，抢修加固。1985年冬到1986年春天，新改建王闸桥节制闸，为三孔全带闸门。

王闸桥节制闸修建于1965年，中孔未安装闸门，两边孔均有闸门，巡护人员在巡渠时发现东边孔基础异常（塌陷），立即上报险情，同时，组织全体职工和灌区群众组成抢险队伍进行抢修，上游挡闸降低王闸桥闸前水位。管理处领导到现场后，立即做出干渠停水抢修的方案，同时组织人员现场抢修。现场分析认为，造成此次决口事故发生的直接原因是渠水淘空东边孔基础下土，基础塌陷，冲坏渠堤。事故造成干渠停水3天，直接影响农田灌溉。从客观原因看，节制闸失事是年久失修，建筑物老化，基础塌陷所致。但从主观上讲，是责任单位和责任人对安全重视程度不够，在安全检查中检查不细，尤其是检查节制闸时，没能对基础仔细查看，认真研判。每次检查只是看表面，对建筑物内部深入检查不细，采取的措施和技术手段不能满足工程运行维护需要。好的方面是险情发现及时，应急措施及时有效，抢险组织有力，没有造成严重后果。

（六）安全资金投入

按照《关于切实加强水利安全生产工作的通知》（宁水经发〔2014〕5号）文件精神，在渠道工程维修养护资金中足额提取安全生产费用用于完善安全设施，为管理处安全生产提供资金保障。

（七）安全生产工作获得的荣誉

1995年5月17日，自治区水利厅授予汉延渠管理处第一管理所全区水利系统安全生产先进单位，陈宝康、邹智被评为安全生产先进个人。

1998年5月8日，自治区水利厅授予汉延渠管理处第三管理所小观桥管理段为安全生产先进管理段。

**四、安全生产标准化建设**

2013年7月，印发《汉延渠管理处安全生产标准化建设工作实施方案》。10月，管理处启动安全生产标准化建设工作。

2016年以来，管理处对照《水利工程管理单位安全生产标准化评审标准》，围绕目标职责、制度化管理、教育培训、设备设施管理、安全风险管控及隐患排查治理、应急管理、事故管理改进8个一级项目、28个二级项目和126个三级项目，持续推进水利安全生产标准化建设，促进管理处安全生产形势稳定向好发展。

（一）责任落实

管理处每年年初按照“党政同责、一岗双责”“三个必须”和“谁主管、谁负责”工作原则，完善处、所两级水利安全生产组织机构，落实安全生产职责，逐级签订安全生产责任书和安全生产承诺书，形成“横向到边，纵向到底”的安全责任体系，确保安全生产责任落实到岗、到人。

（二）制度化管理

管理处坚持以制度管人和管事，及时补充修订完善相关制度、规程，现已制订安全生产管理制度41个、安全生产应急预案1个，生产安全操作规程7项。编制《汉延渠管理处测控一体化操作手册》，修编《汉延渠管理处测流量水操作规程》和《汉延渠管理处水闸操作规程》。

（三）教育培训

管理处根据年度安全教育培训计划，对单位负责人、安全管理人员集中培训，建立台账及档案，对培训效果进行验证和评估。每年开展“世界水日”“中国水周”“安全生产月”等活动，开展安全咨询日、安全倡议书、安全宣誓、安全签名、安全承诺、安全征文、安全演讲、安全知识网络答题、安全知识竞赛、设置警示标语标牌、模拟应急演练等形式多样的安全文化宣教活动，宣传安全生产知识，使安全文化深入人心。

（四）设备设施管理

管理处以安全可视化作为标准化建设主要内容，开展一所、一段、一闸、一口、一渠、一库“六个一”试点标准化创建。第二、三、五管理所通过工程技改、配置附属设施建成标准化库房。16座水闸实现安全可视化，基础设施设备不同程度得到提高，完成金贵、大银河2座节制闸标准化建设，规避风险措施由不可见变为基本可见。为5个管理所、14个管理段办公区域安装视频安防设施，对7个节制闸、5个退水闸安装建筑物远程监控系统，实现设备远程监控全覆盖。

（五）安全风险管控及隐患排查治理

管理处开展水利工程建设与运行维护、灌溉管理、日常管理风险隐患排查治理，严格

安全隐患排查

执行《汉延渠管理处渠道工程巡护巡查制度(试行)》,开展汛期、节假日、重大活动等关键时间节点和重点环节安全生产综合性检查和专项检查,逐级建立隐患排查治理档案。2017—2021年,排查安全隐患65处,治理销号65处,隐患整改率100%。

(六)应急管理

管理处建立应急管理工作体系,落实应急物资储备台账,每年与渠道沿线村镇单位签订应急救援协议,定期做好应急储备物资的检查维护。为切实增强安全事故预防和防汛抢险应急处置能力,邀请专业人员相继组织开展火灾逃生、医疗自救、节制闸断电、消防应急等应急演练活动,有效提高干部职工应急管理水平和应急处置能力。

2017年11月,自治区水利厅组织专家对汉延渠管理处的安全生产标准化建设进行评审。

2018年1月,汉延渠管理处正式确定为自治区水利安全生产标准化二级单位。

2021年8月,自治区水利厅组织专家对汉延渠管理处的安全生产标准化二级单位建设进行延期复评复审。

## 第三节　办公与生活设施建设

### 一、办公设施

中华人民共和国成立初期,看口巡渠都由受益农户派人轮流值守,吃住在窄小的土坯房,管理所、段的办公用房也是土坯房。20世纪80年代以后,才逐渐有所改善。改革开放以来,改善的力度和范围越来越大,效果也越来越明显。2000年以后,管理处进一步加大基础设施改造力度,对基层管理所、段进行标准化建设,办公用房由过去的土、砖木结构改造为砖混结构,基层单位都通上了自来水,修整美化院落,职工的工作、生活条件大为改善。管理处先后翻建、新建所、段24处,管理处机关中心调度大楼于2006年初迁至首府银川市。从2013年起,依托续建配套与节水改造项目,全处已完成5个管理所、10

个管理段的更新改造。其中两个管理所和两个管理段建成标准化复式楼房。随着续建配套及节水改造项目建设的不断实施，已为基层5个管理所14个管理段配备更新办公及生活设施，通过实施五通工程、水暖改造、机关车库、生活设施以及办公设施等基础设施配套建设，基层职工的生产生活条件得到很大改善，处、所、段面貌焕然一新。

（一）管理处中心调度大楼建设改造

汉延渠管理处成立后，原地址位于永宁县城杨和大街281号，东邻杨和大街，南邻中国农业银行永宁县支行，西邻永宁县粮食局，北邻永宁县公安局，为占地约1800 $m^2$的砖瓦房四合院，院内共有砖瓦房20间。1984年，新建砖混结构办公楼4层36间，建筑面积约1300 $m^2$。后院不变，院内北侧9间砖瓦房用于职工住宿，西侧5间砖瓦房4间为职工灶房、1间为职工住宿，南侧为车库和锅炉房，院门开在东南角。

老旧的办公设施设备严重影响现代化灌区的发展。2004年，管理处领导运筹帷幄，多方筹集资金将办公楼搬迁至银川市兴庆区治平东路200号。新办公楼由深圳市清华苑建筑设计有限公司设计，坐南向北，为6层混凝土框架结构。2004年6月由宁夏立达建筑公司承建，2005年11月完工交付使用。建筑面积3017.74 $m^2$，办公面积2341.55 $m^2$。

2018年，管理处积极与自治区机关事务管理局及自治区水利厅相关部门协调争取资

金,对办公楼外墙、楼顶防水、窗户等进行更新改造。

(二)所、段建设改造

2007年以来,自治区水利厅通过对水管单位基层生产管理设施的调研,发现基层生产管理设施建设年代久远,灌区生产设施建设标准低,配套不完善,设施老化严重,安全隐患突出,影响到水管人员的安全。同时,随着水管单位体制改革工作和现代化灌区建设工作不断推进,基层所、段工作职能和重心已发生明显变化。自治区水利厅深刻认识到基层生产管理设施改造的重要性和迫切性,下大力气对所有基层生产管理设施进行逐步改造建设。截至2022年年末,管理处已翻建所(站)、段共计17处,危房安全隐患全部消除,同时对翻建后的所(站)、段各种办公及生活设施进行了更新,各项生产生活功能进一步完善,基层水管人员的生产生活条件大大改善。

第一管理所:始建于1970年,原址位于青铜峡市小坝镇马寨村附近,距离青铜峡市小坝镇13 km,管理所办公场所为砖瓦房四合院,原名为马寨桥管理所,2000年3月更名为汉延渠管理处第一管理所。1991年迁至汉延渠进水闸下1 km处,为砖混结构平房四合院。2007年,第一管理所迁到青铜峡市北环路清秀园北门。新办公场所于2006年7月开始建设,2007年5月投入使用,占地面积4400 m$^2$,建筑面积680 m$^2$,为二层混凝土框架结构,工程投资66.30万元。

第一管理所林皋桥管理段:始建于1983年,位于青铜峡市小坝镇林皋村2队,坐落于汉延渠林皋节制闸西南侧,占地面积1075.70 m$^2$。2017年,在原址对办公房进行改建,当年7月入住,现新建平房8间(内带储物间、卫生间),总建筑面积185.45 m$^2$,为单层混凝土框架结构,工程投资55万元。

第一管理所

第一管理所马寨桥管理段:始建于1995年,位于青铜峡市叶盛镇联丰村4队,坐落于马寨桥节制闸东侧,占地面积1803.3 m$^2$。2017年9月在原址翻建,2018年5月投入使用,新建平房9间,为单层混凝土框架结构,总建筑面积208.35 m$^2$,工程投资64.8万元。

第二管理所:始建于1970年,原址位于永宁县李俊镇魏团村，管理所办公房为青砖瓦房的四合院，原名为丁子渠管理所，2000年3月更名为汉延渠第二管理所。1989年，迁至永宁县李俊镇汉延渠桥东，坐落于许黄公路北、汉延渠东侧，占地面积2890.36 $m^2$，为砖混结构平房。1991年，原址翻建为砖混结构四合院。2014年5月，再次在原址翻建，10月投入使用。管理所占地面积866.4 $m^2$，新建平房24间，建筑面积556.37 $m^2$，为单层混凝土框架结构，工程投资138.76万元。

第二管理所果子渠管理段：始建于1996年，位于青铜峡市叶盛镇地十村，坐落于散水渠以北。2017年9月在原址翻建，2018年5月投入使用，占地面积1144.80 $m^2$，建筑面积208.35 $m^2$，新建平房9间，为单层混凝土框架结构，工程投资72.60万元。

第二管理所丁子渠管理段：位于李俊镇位团村，坐落于丁字渠节制闸北侧西岸，原址在旧所。1994年原址东移新建于汉延渠边，2014年4月翻建，2014年10月投入使用。总占地面积4200 $m^2$，新建平房8间，建筑面积215.73 $m^2$，为单层混凝土框架结构，工程投资54.1万元。

第二管理所唐铎管理段：原址位于永宁县望洪镇农丰村，始建于20世纪80年代，占地面积1333.3 $m^2$。1996年改造。2018年迁建于望洪镇唐铎村，位于唐铎节制闸西南侧，占地面积934.3 $m^2$。2017年9月建设，2018年5月投入使用。新建平房9间，建筑面积235.53 $m^2$，为单层混凝土框架结构，工程投资70.2万元。

第三管理所：始建于1970年，原址位于永宁县胜利乡大观桥村，管理所早期为土坯房，1985年改建为砖瓦房四合院，原名为小观桥管理所。1991年迁建于永宁县杨和镇，坐落于汉延渠东纳新桥北150 m处，为砖混结构平房四合院。2000年3月更名为汉延渠第三管理所，2013年5月在原址翻建，2013年10月投入使用。占地面积1580 $m^2$，新建平房24间，建筑面积499.23 $m^2$，为单层混凝土框架结构，工程投资101万元。

第三管理所

第三管理所王闸桥管理段、红星试验站合署办公：该段（站）始建于1984年，有4间砖瓦房和3间砖木平房。位于永宁县杨和镇红星村，坐落于姚叶高速公路北、汉延渠东侧。1990年3月更名为红星试验站（升级为科级单位)。2014年4月在原址翻建,10月投入使用。占地面积3933.3 $m^2$,建筑面积569.19 $m^2$,新建平房24间,为单层混凝土框架结构,工程投资143.9万元。

第三管理所王闸桥管理段

第三管理所小观桥管理段:该段为旧所原址。1985年改建,位于永宁县胜通路汉延渠桥头以南500 m汉延渠东侧,占地面积2066.7 $m^2$,建砖瓦房9间,建筑面积208.34 $m^2$。2014年4月在原址翻建,10月投入使用。占地面积2066.7 $m^2$,建筑面积185.45 $m^2$,建办公房8间,为单层混凝土框架结构,工程投资51.36万元。

第四管理所

第四管理所:始建年代不详,原址位于银川市兴庆区掌政镇五渡桥村,管理所办公场所为砖瓦房四合院。1984年迁至银古高速公路桥西南侧长湖村,管理所办公场所为砖混结构平房四合院。2000年3月,更名为汉延渠第四管理所。现地址位于银川市兴庆区掌政镇五渡桥村。2014年9月在原五渡桥段址上翻建,2015年5月投入使用。占地面积2533.35 $m^2$,新建平房24间,建筑面积569.19 $m^2$,为四合院单层混凝土框架结构,工程投资144.74万元。

第四管理所通桥管理段:始建于1997年。位于永宁县望远镇通桥村,坐落于汉延渠西侧,占地面积1077 $m^2$。最早为4间砖瓦房,后改建为5间砖混结构平房。2017年9月在原址翻建,2018年5月投入使用。占地面积666.7 $m^2$,建筑面积236.54 $m^2$,为二层混凝土框架结构小楼房,工程投资110万元。

第四管理所蔡家桥管理段:始建于1990年。位于贺兰县金贵镇银河10队,占地面积396 $m^2$。2017年9月在原址翻建,2018年5月投入使用。占地面积1967 $m^2$,新建平房10间,总建筑面积231.25 $m^2$,为单层混凝土框架结构,工程投资67万元。

第五管理所:始建于1976年。原址位于贺兰县金贵镇汉佐村汉延渠二排渡槽西南侧，原办公用房为180 m²砖木结构瓦房9间。1984年，迁至贺潘公路汉延渠桥东北侧，建砖木结构瓦房12间，2000年3月更名为汉延渠第五管理所。2013年置换到贺兰县农机局四楼，2019年因水利信息化发展的需要，在贺潘公路桥东北原址新建办公楼。办公楼于2019年9月开始建设，2020年5月投入使用。占地面积3900 m²，建筑面积654.29 m²，为二层混凝土框架结构楼房，工程投资323万元。

第五管理所金贵管理段：原址是旧管理所，始建于1976年。位于贺兰县金贵镇汉佐村观音庙北侧。于2014年4月在原址翻建，2014年10月投入使用。占地面积1933.30 m²，新建平房8间，建筑面积216.17 m²，为单层混凝土框架结构，工程投资61.00万元。

第五管理所潘昶桥管理段：始建于1971年。位于贺兰县习岗镇红旗村汉延渠桥西北侧，有砖木结构瓦房5间。1996年南移至公路边建砖混结构平房5间。于2017年8月在旧址翻建，2018年5月投入使用；管理段占地面积1000 m²，建筑面积236.54 m²，为二层混凝土框架结构小楼房，工程投资110万元。

第五管理所王澄桥管理段：始建年代不详。位于贺兰县金贵镇红星村十队汉延渠桥东北侧（王澄桥果园内），为3间砖瓦房。1999年，南移百余米新建于公路边，为砖混结构平房8间。2019年8月进行整体维修改造，2020年4月投入使用。占地面积1000 m²，建筑面积196 m²，为单层砖混结构，工程投资35.43万元。

**表3-3-1 所（段）建设改造基本情况统计**

| 序　号 | 所段名称 | 占地面积/m² | 建成规模（房屋面积）/m² | 完成投资/万元 | 建成时间 |
|---|---|---|---|---|---|
| 1 | 第一管理所 | 4400.00 | 二层680.00 | 66.30 | 2007年10月 |
| 2 | 林皋桥段 | 1075.70 | 185.45 | 55.00 | 2017年翻建 |
| 3 | 马寨桥段 | 1803.30 | 208.35 | 64.80 | 2017年翻建 |
| 4 | 第二管理所 | 866.40 | 556.37 | 138.76 | 2014年翻建 |
| 5 | 果子渠段 | 1144.08 | 208.35 | 72.60 | 2017年翻建 |
| 6 | 丁子渠段 | 4200.00 | 192.84 | 54.10 | 2014年翻建 |
| 7 | 唐铎桥段 | 1333.30 | 235.53 | 70.20 | 2017年翻建 |
| 8 | 第二管理所 | 1580.00 | 499.23 | 101.00 | 2013年翻建 |
| 9 | 红星试验站 | 3933.30 | 569.19 | 143.90 | 2014年翻建 |
| 10 | 小观桥段 | 2066.70 | 185.45 | 51.36 | 2014年翻建 |
| 11 | 第四管理所 | 2479.00 | 569.19 | 144.74 | 2014年翻建 |

续表

| 序　号 | 所段名称 | 占地面积/m² | 建成规模(房屋面积)/m² | 完成投资/万元 | 建成时间 |
|---|---|---|---|---|---|
| 12 | 通桥段 | 666.70 | 二层236.54 | 110.00 | 2017年翻建 |
| 13 | 蔡家桥段 | 1768.00 | 230.80 | 67.00 | 2017年翻建 |
| 14 | 第五管理所 | 3900.00 | 二层654.29 | 323.00 | 2020年5月 |
| 15 | 金贵段 | 1933.30 | 216.17 | 61.00 | 2014年翻建 |
| 16 | 潘昶段 | 1000.00 | 二层236.54 | 110.00 | 2017年翻建 |
| 17 | 王澄段 | 1000.00 | 196.00 | 32.45 | 2019年改造 |

## 二、职工住宅设施

### (一)管理处家属院

管理处家属院位于永宁县城杨和大街以东,供电局南侧,占地约12亩,东边为管理处物资仓库区,西边为家属区。家属区由南向北共有6排:第一排2户,第二排3户,为砖木结构瓦房带小院;第三、四、五排各4户,共12户,均为砖混结构二层简易楼房带小院;第六排为1989年建砖混结构四层住宅楼一栋,共3个单元24户。1995年,在物资仓库区最南端新建砖混框架结构五层住宅楼一栋,共5个单元50户,基本解决了管理处机关、第二管理处、第三管理所和红星试验站部分职工的住房及子女上学等问题。

### (二)基层管理所家属房

基层管理所建设规模小,办公用房紧张,为解决部分已婚职工住房难的问题,自1990年以来,管理处领导通过对水管单位基层职工生活及住房情况调研,多方筹集资金并结合职工自筹资金,先后为基层职工新建了一部分住房,解决了26名职工的住房难和子女教育难等问题。其中,第一管理所13户;第二管理所3户;第三管理所5户;第五管理所5户(不包括1984年建2户)。还先后给8名家住银川的职工每人给予1.5万元购房补助。

## 三、生活设施改造

2007年以来,依托美丽渠道建设及渠道维修养护项目的实施,管理处领导积极与灌域相关单位协调,多方筹集资金,为21个所(站)、段接入自来水,实现所、段、点自来水全覆盖,彻底解决基层水管人员吃水难、水质差的问题。同时,管理处还筹集资金给21处所(站)、段安装了净化水处理设备,更新洗漱淋浴设施,使一线员工有了一个良好的工作、生活环境。

# 第四节　水利工程管养分离改革及试点

## 一、水利工程管理体制改革背景

水利工程管理体制改革，是水利部门一项长期复杂的改革工作。为进一步加强水利工程管理，保证水利工程良性运行，2002年，国务院办公厅转发国务院体改办《关于水利工程管理体制改革实施意见的通知》（国办发〔2002〕45号），对水利工程管理体制改革提出实施意见。2004年，水利部、财政部下发《水利工程管理单位定岗标准和水利工程维修养护标准》（水办〔2004〕307号），进一步对水利工程管理体制改革提出实施标准；2009年，自治区人民政府印发《关于进一步加快水利工程管理体制改革的意见》（宁政发〔2009〕3号），出台宁夏水利工程管理体制改革实施意见；2017年，自治区水利厅办公室转发《〈自治区人民政府关于推进区属国有企业混合所有制改革的实施意见〉的通知》（宁水办字〔2017〕75号）；2019年，自治区水利厅印发《深化水利改革工作方案及2019年实施计划》（宁水计发〔2019〕12号）等，水利工程管理体制改革逐年推进，进一步深化。

## 二、水利工程管理体制改革试点

管理处在2002年、2004年、2005年、2006年、2008年，持续开展水管体制改革试点探索，先后制定水管体制改革试点方案，但都没有正式实施。

2009年，管理处按照自治区水利厅要求，制定《汉延渠管理处水利工程管理体制改革实施方案》（宁汉发〔2009〕83号）：坚持适应市场化、现代化的需要，体现精简、高效、统一的原则；坚持以人为本，正确处理改革、发展和稳定的关系，以充分调动广大职工的积极性、创造性；坚持从管理处实际出发，以增强灌区发展为原则。其目标是：建立职能清晰、责权明确的科学管理体系；按照“以钱养事”的原则，明确工程运行管理经费渠道，合理形成供水价格，建立起管理科学、经营规范、运营高效的良性运行机制；按照“管养分离”的原则，建立起市场化、专业化的灌区工程维修养护体系；按照“精简高效、公平竞争”的原则，建立人员能上能下、待遇能升能降、充满生机与活力的人事管理体制。主要内容是：优化内部机构设置、强化岗位设置、实行管养分离（在改革中，管理处组建工程维修养护大队，实行自主经营、自负盈亏、独立核算的目标责任制管理方式）、开展全员竞聘上岗、推行工资分配制度改革、加强财务管理、分流安置未聘人员、完善内部管理制度等，进一步推进水利工程管理体制改革。

2018年，自治区水利厅进一步推进改革落实的督导，对《自治区关于深化改革保障水安全的意见》（宁党办〔2015〕3号）和《关于印发2018年深化改革工作要点的通知》（宁水办发〔2018〕16）文件精神推进情况进行全面督查。厅属事业单位所属企业改革全面推进，自2017年1月起，厅属事业单位所办企业全部纳入自治区本级国有资产经营预算管理。2017年11月，出台《水利厅属事业单位所属企业脱钩改革工作实施方案》（宁水财发〔2017〕83号）。宁夏汉延水电工程有限公司属汉延渠管理处（公益二类事业单位）独资所办企业，依照文件精神，对其开展清产核资，现已完成脱钩；宁夏坤水园林绿化有限公司属汉延渠管理处独资创办企业，按照水利厅企业脱钩改革方案精神，以注销的方式完成企业的改制。至此，汉延渠管理处企业脱钩改制全面完成。

2019年，管理处为贯彻自治区全面深化改革的重大决策部署，落实《自治区水利厅关于印发〈深化水利改革工作方案及2019年实施计划〉的通知》（宁水计发〔2019〕12号）文件精神，积极开展水利工程管理体制改革的探索和试点，并制定《汉延渠管理处水利工程管理体制改革实施意见（试行）》。

指导思想：认真贯彻落实党的十九大和十九届三、四、五、六中全会精神，树立五大发展理念，深入落实“水利工程补短板，水利行业强监管”总基调，围绕现代化生态灌区建设和构建大农水格局的总目标，以水利现代化、信息化建设为引领，在水管单位公益属性基础上，按照“减人不减事、服务社会化、经费有保障”思路，全面推行内部管养分离，积极推进水管单位减员控编，不断释放减员增效“红利”；通过搞活内部岗位竞聘、职称管理、绩效分配机制，激发干部职工队伍活力，增强水管单位对高技能人才的吸引力；通过建立水利工程标准化管理体系，深化水利工程管理体制机制改革，切实提高水利工程管护水平和安全供水保障。坚持统筹兼顾、改革创新、试点引领、持续深化，逐步形成管理规范、运转高效的水利工程管理新机制，为灌区经济社会的可持续发展提供坚实的水安全保障。

总体思路及工作目标：制定并出台改革实施意见及配套办法，启动“管养分离”改革试点。通过深化水管单位改革，建立结构合理、人岗相适、流动通畅的干部职工队伍管理体系；建立信息化带动，专业化、社会化相结合的水利工程标准化管理体系；积极推进完善制度、提升技术、规范管理，结合实际统筹考虑工作特点、年龄结构等因素，在保证平稳过渡和职工利益基本不受损的条件下，切实解决缺乏激励、薪酬分配不公等问题，初步建立起经费包干使用、人员竞争聘用、管理目标考核、分配优绩优酬、工程管养分离的管理体制和运行机制。

具体内容：探索建立管养分离机制。按照水利转型升级发展和深化水利工程管理体制机制改革要求，处属各单位以信息化建设为基础，以实现渠道水利工程标准化管理为目标，借助已经建立的县（所）级渠道大断面测流遥测系统、电子政务公共平台、节制闸远程自动化控制系统、综合业务系统平台、测控一体化建设应用和“巡渠通”系统，积极探索管养分离试点工作，进一步完善运维管理标准、落实管护主体、明确管护责任、核定工作任务，切实提高管护水平。一是精简机构，优化结构，积极推进机构改革；二是定岗定责，量化考核，试点推进岗位编制改革；三是绩效考评，奖优罚劣，全面推进收入分配改革；四是绩效考评，奖优罚劣，全面推进收入分配改革；五是压实责任，转变方式，试点推进管理模式改革。

（一）第五管理所管养分离改革试点

在推进改革中，第五管理所率先试点，在机构、岗位设置、人员竞争上岗、绩效考评、倒班制工作模式、后勤服务等方面大胆改革，迈出了第一步。

主要做法：管理处在2019年9月初制定《汉延渠管理处水利工程管理体制改革实施意见（试行）》，形成了内容完善、方案明确、分步实施的水管体制改革体系，进一步明晰事权、优化结构、优绩优酬，初步落实按事设岗、细化职责、量化考核、竞争上岗、择优聘用等工作内容。

为更好地推进水管体制改革，管理处在第五管理所试点，对61座斗口全面实施测控一体化改造建设，建立处、所、段三级调度控制中心，实施干渠测水点和所、段的监控全覆盖，并以“巡渠通”软件的全面推行，推进巡护质量的提高和巡护效果的提升，为推进水管体制改革创造硬件条件，打好基础。一是精简管理机构。依照精简机构，优化结构，推进机构改革的要求，第五管理所实行并段设点，优化管理所内设机构。原来的4个管理段合并为两个管理段。二是细化岗位设置。按照按事设岗、细化职责的要求，第五管理所设置技术员1人、报账员1人、调度员5人，各段设置段长1人、调度员3人、巡护人员3人。

进一步细化岗位职责。三是开展岗位竞聘。按照竞争上岗、择优聘用的工作方案，第五管理所开展岗位竞聘。岗位按事所需设置，确定段长、养护、调度等岗位。职工按照个人意愿选择岗位，管理所依据竞聘成绩择优安排各岗位人选。通过竞聘上岗，使职工能够自主选择工作岗位，激励部分工作能力强、业务熟练的职工进入关键岗位，实现人岗相适，同时增强职工的危机意识和工作的积极性。四是兑现绩效考评。按照一岗一薪、多劳多得的绩效考评机制，第五管理所试行新的内部分配机制，按照管理处绩效考核和管理所量化考核相结合的考评机制，制定量化考核标准，依据各岗位担负的职责大小、难易程度、非常规性工作完成情况进行考评，在月底由考核小组集中对每个职工进行考评。通过实行新的考评机制，将绩效分配与职工所担负的岗位职责、工作绩效挂钩，拉大绩效工资的分配差距，实现绩效分配向关键岗位、业务骨干倾斜，充分体现多劳多得、优绩优酬的分配原则，有效增强职工的责任感。五是推行倒班工作制。第五管理所在实现并段设点后，行水期间，由全时段分区段全点在岗管理转变为全区段分时段管理倒班工作制模式，管理段人员分为两个班组进行倒班轮休，每周固定一天全员在岗，安排学习、劳动，处理工作事务，在岗职工负责行水期间的调度值班、水量计量、测流量水、干渠巡护等各项常规性工作；停水期间，人员集中到两个管理段，负责值班和干渠巡护检查，管理点借助视频安防，无人值守。六是努力做好后勤服务工作。为保证水管体制改革工作顺利开展，在管理所进行内设机构、岗位设置改革，推行倒班制模式后，为保证在岗人员更好地履行岗位职责，保障干渠安全行水，第五管理所实行炊事人员物业化服务的形式办理职工灶，管理所、段的职工不再从事炊事工作。炊事工作实行物业化后，规范了各岗位工作职责，保证在岗人员集中精力做好调度值班、水量计量、安全巡护、水费计收等各项工作，提高了干渠安全供水保障，同时也为水利工程标准化管理积累经验。

改革现状：水管体制改革的试点，从点到线促进全面，水管单位展现出新的生机与活力。一是通过段点合并、优化人员结构、轮岗增效，更有效地压实岗位责任，提高工作效能。二是通过内部岗位竞聘、岗位量化考核、绩效优化分配，激发队伍活力。三是形成工程管护标准化、斗口测控一体化、大闸启闭遥控化、水量调度智能化、水账计算自动化的“互联网+水利”信息化水利管理局面，切实提高水利工程管护水平和安全供水保障。四是通过机构合并和现代化灌区的实施，弥补人员自然减退等带来的工作强度大、有事无人干的不利局面。

（二）第四管理所管养分离改革试点

2021年，按照自治区水利厅的安排，管理处在不断实践探索和第五管理所改革试点的基础上，总结经验，进一步深化管养分离改革试点，并印发《汉延渠管理处管养分离改革试点方案》（宁汉发〔2021〕45号），继续推动第五管理所管养分离改革向纵深发展，推动实施第四管理所管养分离改革试点。

管养分离改革试点的背景。自治区水利厅层面：2002年国务院启动水管体制改革工作，2005年自治区人民政府明确提出积极推行管养分离的改革要求，2009年自治区提出按照“以钱养事”的原则，推进水利工程管理体制改革，2012年水管单位实行“收支两条线”管理政策。管理处层面：2018年，按照自治区水利厅直属事业单位事企分开的原则，管理处将汉延水电工程公司改制为国有企业，将坤水园林公司依法定程序进行注销。2020年，依托信息化设施设备的应用向少人值班或无人值守方向发展，实行处、所两级调度管理，岗位赋分制绩效考核等“扁平化”管理格局初步形成，但与自治区水利厅深化基层水管单位水利改革，提升水管单位管理水平的要求还有较大差距。管理所层面：管理人员老化，技术型人才缺乏，保障经费不足，激励和约束机制不健全，保供水的动力、能力不强。

管养分离改革的指导思想：按照自治区水利厅关于《自治区直属管理处管养分离实施方案》的要求，结合管理处实际，开展管养分离改革试点，推动形成“权责清晰、管理规范、运转高效、责任落实”的水利工程管理和运行养护机制。

管养分离改革的基本原则。一是公益性原则。明确水管单位的公益性属性不变，积极争取水利厅在政策、人员编制、经费保障等方面的支持。二是自主性原则。改革试点方向和基本原则由管理处制定，具体改革试点方案由试点单位结合单位实际情况自主制定。三是市场化原则。充分发挥市场化作用，通过择优选择专业公司和专业人员、购买社会化服务等方式开展管理处维修养护工作。

管养分离改革的主要目标。一是建立与管养相适应的工程维护标准体系。按照规范化标准化管理要求，划分管理事项、量化管理内容、规范工作行为，根据管理事项设置人员岗位，确定工作流程、明确工作要求，记录办理过程，实现管理事项全过程标准化管理。二是建立与管养相适应的绩效分配机制。坚持定量与定性结合，平时考核、季度考核与年度考核结合，领导评价与民主测评结合，"考单位"与"考个人"结合的原则，总量分配，分级负责，分级考核，把管理与维护完成情况体现在绩效管理中。三是建立与管养相适应的资金保障机制。在职人员基本支出由财政负担，日常维修养护经费由自治区财政预算保障，管养分离改革试点缺口资金申请自治区财政保障。

管养分离改革的重点任务。一是推进管养分离。实行管理岗与维修养护岗分离，管理岗专职负责单位管理，维修养护岗专职负责渠道日常养护任务，初步建立管理和维修养护的工作框架，建立健全管理处岗位职责和管理规章制度，提高供水质效。二是合理设置岗位。按照因事(按需)设岗、人岗相适的原则，确定管理所岗位结构设置，合理配置管理所管理人员和专业技术人员岗位结构。每个岗位需制定岗位名称、工作职责、工作内容、工作标准、资格条件。逐步推进以岗定人向合同用人转变，以岗位职责和岗位标准规范职工工作行为。三是明确岗位职责。将党建、人事、组织、财务、工程、供水、安全等事项划归管理范畴，将水利工程运行、日常巡查、维修养护等事项划归运行维护范畴，按需设岗，竞聘上岗，按岗管理。四是加强绩效考核。建立平时督办与定期考核相结合、绩效总额与考核结果相挂钩的科学有效的考核制度和分配激励机制。管理岗位重点突出管理服务成效，维修养护岗位重点考核实际完成工作质量及设施设备正常运行保证率等，把收入与岗位职责、工作业绩、实际贡献相挂钩，按劳分配，多劳多得。

管养分离解决的问题。一是区分管理责任和养护责任。划分管理岗和维修养护岗界限，明确岗位职责、工作标准、工作成效，探索维修养护岗数量和绩效考评等。二是落实管理人员和养护人员。以岗定人，合理分配管理人员和维修养护人员。三是制定管理标准和养护定额。结合养护工作制定管理标准，探索养护定额、标准和预算编制工作。四是完善管理和养护考核制度。建立与管养分离相一致的考核管理办法，解决管理和养护人员不足，管理效率不高、运行不畅等问题，进一步促进管理处工作。

根据《汉延渠管理处管养分离改革试点方案》重点内容，第四管理所紧紧围绕水利转型升级发展和水利工程管理体制改革要求，结合管理所节制闸远程自动化控制、综合业务应用系统、巡渠道应用、测控一体化建设以及水利管理现状和运行实际，将灌溉管理和维修养护分开，机构重组，建立有效的运行新机制，以推进管理专业化、运维物业化、服务市场化的目标。自2021年10月以来，探索实行精简机构、定岗定责、量化考核，开展管养分离改革试点工作。改革的做法是：撤销原来两个管理段，整合所机关和两个管理段工作人员岗位，重新划分管理所组织管理机构，成立综合部、灌溉管理部、工程运行维护部。综合部职能：负责党建及党风廉政建设、人事管理、工会及团青小组工作；负责精神文明建设、职工教育、道德讲堂工作；负责考勤考核、行政管理、物业管理、车辆管理、后勤服务工作；负责文档管理、信息报送工作；负责财务管理，清产核资工作；负责法治宣传、扫黑除恶、五防内保工作等。灌溉管理部职能：负责灌溉调度、水量分配、测控计量、水费核算、水务公开工作；负责用水情况及灌溉面积调查统计和用水权改革工作；负责安全生产及达标；负责库房及抢险物资管理；负责管理所标准化建设；负责工程规划、项目监管、资料整编；负责测控一体化系统应用维护；负责水政执法。工程运行维护部职能：负责管辖范围内水利工程（含干渠、斗口、渡槽、水闸、桥梁、涵洞、旧段点办公房及干渠其他附属建筑物）的日常巡护、定期检查、维修养护；负责岁修工程初步规划；负责渠道两侧树木管护；负责应急抢险及物资储备；负责测控一体化设施维护；负责环境整治。为支持第四管理所改革推行，管理处为工程维护部提供独立办公场所，配置办公设施，配备电动巡检车辆，保障运维工作的顺利开展。

按照管养分离管理模式，经过实际运行，第四管理所给全处做出示范带动作用，工作质效显著提升。一是管理模式发生重大变化，变一所两段一机关为一所三部制，变灌溉管理两级调度为一级调度，变兼职维修养护为专业维修养护，变被动驱动为主动驱动。二是灌溉调度实现水权集中、统一调配、行水平稳、管理高效，渠道巡检、巡护、维护职责明晰，专人专责。三是供水服务质量明显提升，受到灌区水务部门和用水单位的好评，灌溉秩序明显好转，解决多年来昼夜用水不平衡的问题，运行维护更加高效，强化日常巡护质量，增强处置突发情况的能力。四是促进测控一体化全面实施，实现闸门远程操控、水量自动计量、数据即时传输，信息化程度全面提升。五是健全完善管养分离维修养护标准和绩效考核管理办法，干部职工职责明晰，管理工作更加高效顺畅，为管理所标准化规范化建设奠定基础。2022年春夏灌期间，工程运行维护部与灌溉部密切配合，及时有效处置几次大闸设备和测控一体化设备故障，保证灌溉顺利进行。6月下旬出现几次大风暴雨天气，危急情况下运维部主动加时加巡，调用抢险设备连夜清除倒伏树木，排除障碍,消除安全隐患,充分体现管养分离新模式的优越性和高效性。由此可见,管理处水利工程管养分离改革试点工作取得成功,值得全面推广。

## 第五节 灌区信息化建设

### 一、建设背景

20世纪60年代以前,水情的传递全靠人跑,也曾设水警骑马巡查,后设专用电话,电杆是竹竿或木杆,设施非常简陋。60年代后期,更新了电话线路,通信联络基本畅通。1985年又建成微波通信网络,使水量调度更加及时快捷。20世纪90年代,灌区建立了用于话音通信的模拟集群系统,安装800 MHz模拟集群电话26部,同年开通了一点多址数字微波系统,安装微波电话14部,实现了处、所、段无线通信。自1996年建成水位信息遥测系统以来,至2004年已在干渠重点建筑物、测水断面、管理段点安装水位遥测站点18个,建成中心站1处、分中心站2处、中继站1处。2006年5月,对水雨情测报软件进行了更新升级,可将数据库中的数据以柱状图的形式显示在电脑显示器上,并实时显示该测点的最新水位,数据随水位变化自动更新,并自动保存旧数据,可方便快捷地查询水位趋势,为调度人员提供科学的决策依据。2006年管理处新调度中心大楼使用后,又重建了办公局域网,接入远程视频设备,实现声像网上实时传输。6个管理所中已有5个所实现与管理处的信息互动交流、调度指令的传输发布等。2007年,管理处协同灌溉管理局编制完成《汉延渠灌区信息化建设实施方案》。2008年获自治区发改委批准,总投资327万元,开展通信传输网络系统、水情监测、闸门视频监视和管理处信息分中心建设等内容,标志着汉延渠信息化建设已进入一个崭新的历史时期。

为深入贯彻落实自治区水利厅发展工作部署,着力推进信息技术与水利系统各单位的政务、业务、服务深度融合,形成"统一管理、试点先行、典型引路、全面推广"的水利信息化建设新路径,2016年,管理处率先引进4套ADCP、V-ADCP干渠测流系统,填补了宁夏断面自动化测流空白。2018年,管理处率先研发并推广"巡渠通"业务应用系统,结合系统应用推进管理改革,提升巡护质量,减少巡护频次。2018—2020年,完成7个所段办公用房建设,完成134座直开口测控一体化改造,完成11座节制闸远程控制改造,实现肩扛手提向轻点鼠标的转变。2018—2021年，建设视频安防136个，实现所段和重要建筑物视频监控全覆盖。

## 二、建设内容

灌区信息化建设是现代灌区建设和发展的重要内容，通过采用先进的数据采集、传输、处理手段促进灌区管理技术的优化升级，有效提高用水效率，为灌区水资源优化调度配置、高效利用提供决策支持，为节水型社会建设提供必要的技术保证。多年来，管理处在灌区信息化建设方面做了一些有益的尝试，分阶段建成一批信息系统工程，大大提升管理水平。

第一阶段：2009年之前，主要以通信网络系统、水位遥测系统、网络技术的应用、视频监控系统为建设内容。

通信网络系统：管理处信息技术应用始于20世纪90年代。在自治区水利厅灌溉管理局的支持指导下，结合宁夏防汛指挥系统建设，1997年在灌区建立用于话音通信的模拟集群系统，安装800 MHz模拟集群电话26部，同年开通一点多址数字微波系统，安装微波电话14部，基本解决内部无线通信问题（目前该套系统已停用）。自2006年管理处搬迁后，处机关全部采用网通程控通信系统，并逐年给有条件的管理所、段安装程控电话，基本实现公网通信。

水位遥测系统：汉延渠灌区在1996年建设水位遥测系统，遥测系统由中心站、分中心站、中继站、遥测站和测报软件组成。到2006年，相继建成中心站1个，分中心站2个，中继站1个，水位遥测站18个（平均4 km多一个站点）。遥测站主要布设在干渠重点建筑物、渠段交接水点、测量水点及管理所、段处。通过测报软件将数据库中的数据以柱状图的形式显示在电脑显示器上，并实时显示该测点的最新水位，水位变化后，数据会自动更新，旧数据自动存入数据库，可提供方便快捷的查询水位变化趋势，为调度人员适时调配水量提供决策依据。2010年建设支渠水情遥测站点30处，控制灌溉面积近10万亩，占到全处总灌溉面积的近三分之一，在李俊桥节制闸、王闸桥节制闸建设视频监视点两处。基于网络条件的水量调度管理系统软件，初步实现灌域用水基础数据的管理、处所段配用水计划的编制下达、水量调度日常工作管理、水情信息的查询统计、灌域基础资料数据库管理等功能。

网络技术的应用：为实现信息共享，提高办公、调度管理水平和工作效率，管理处于2003年在永宁旧址和2006年搬迁至银川后组建办公局域网络。5个管理所(除红星试验站)接入宽带网络，处理管理处与管理所间各种调度指令的发布、接收和数据资料的传送等，大大提高了工作效率，节约了开支。同时，充分利用公共资源，采用现行比较成熟的腾讯软件，接入远程视频设备，实现声、像网络实时传输。2008年，管理处协同灌溉局编制《汉延渠灌域信息化建设实施方案》，在各级领导的大力支持下，项目获自治区发改委及水利厅批准，2009年6月项目进入全面实施阶段。2010年7月，项目涉及的汉延渠计算机局域网及无线通信系统、灌区水量调度管理软件系统及水情信息遥测系统三个分部工程基本完工，全面进入试运行阶段。汉延渠信息化建设项目建设一套较为完整的无线通信网络系统，建设网络中心站1处，中继点4处，远端点18处，实现局、处、所、段四级管理机构间的互联互通。

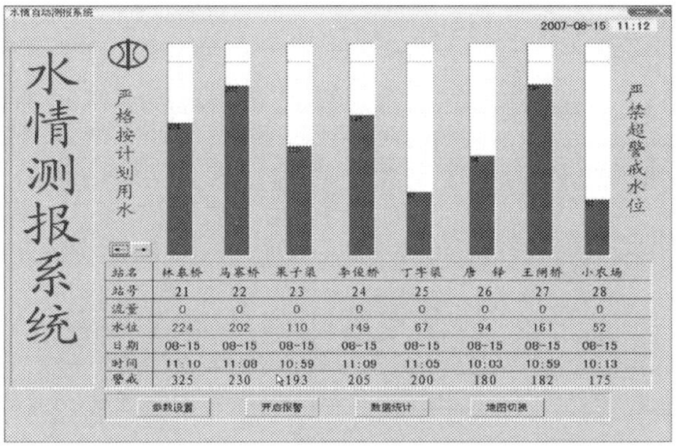


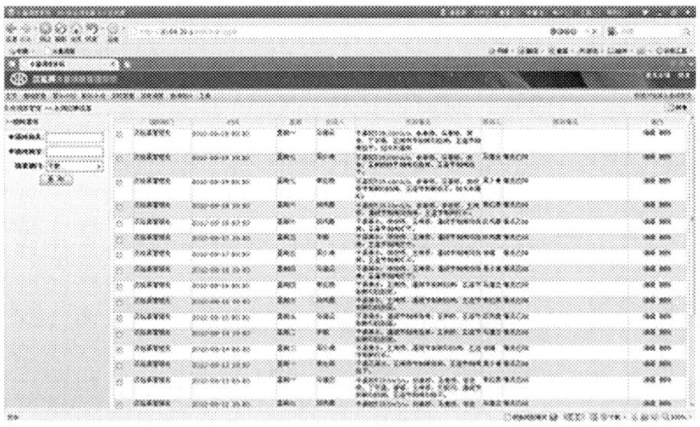

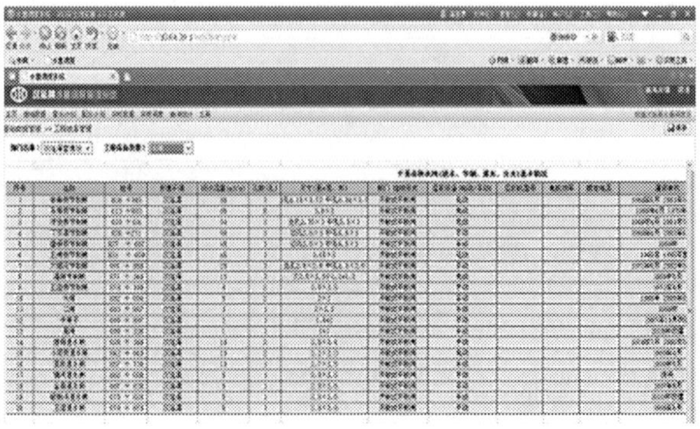

视频监控系统：2006年管理处搬迁后，机关办公楼安装能提供16路视频的监控系统，可同时监控档案室、车库、门厅等存放重要资料和人员流动频繁的区域。通过云台控制角度，可实现定时录像、连续录像、预警录像等，能监看实时画面，检索已记录的图像，有效提高了人身、财产的安全系数，减轻了人员劳动强度。

第二阶段：2009—2015年，汉延渠灌域信息化工程于2009年10月开工建设，2011年6月通过竣工验收并投入使用，工程投资约200万元。已建干支渠水位遥测站点共51个，其中干渠水位遥测站点21个，支渠水位遥测站点30个。干渠水位遥测站点大多采用超短波通信方式，选择230 MHz频段组网，工作方式为同频单工，水位计采用机械浮子式水位计。支渠水位遥测站点于2009年开始建设，均采用CDMA数据传输方式（短信方式），水位计采用超声波水位计。通过水情遥测系统的建设，实现干渠主要控制断面和重要支渠进水口水位信息的实时监测采集，为水资源合理优化配置提供了必要的基础性依据。

视频监视系统：选择在工程状况相对较好的王闸桥、李俊桥两座节制闸，试点性地各安装1套视频监视系统，主要用于水闸工况和运行状态的可视化监测。

水量调度管理信息系统：结合业务需要，委托大唐软件技术股份有限公司开发基于BS架构下的水量调度管理信息系统软件，初步实现灌溉用水基础数据的管理、处所段配用水计划的编制下达、水量调度日常管理、水情信息的查询统计、灌域基础资料数据库管理等功能。

2015年，引进声学多普勒流速剖面仪（ADCP），其能直接测出断面的流速剖面，具有不扰动流场、测验历时短、测速范围大等特点。主要用于干渠交水断面的流速、流量校验，具体参数见表3-5-1。

**表3-5-1　ADCP技术指标**

| 对底测速技术指标 | 对流测速技术指标 |
| --- | --- |
| 频　率300 kHz<br>测速准确度±0.4%，±5 mm/s<br>测速范围±10 m/s<br>速度分辨率1 mm/s<br>底跟踪范围2~200 m<br>数据更新率1 Hz（典型值） | 频　率300 kHz<br>测速准确度±0.5%，±5 mm/s<br>测速范围±5 m/s<br>速度分辨率1 mm/s<br>最大测流距离100 m<br>层　厚1~8 m<br>层　数1~128 |

第三阶段：2016—2021年，管理处现代化灌区和信息化改造升级进入快车道。

2017年，蔡家桥、通桥安装两套V-ADCP测流系统，运行稳定、数据精准，实现干渠断面水流数据的自动监测。

**表3-5-2　干渠水位遥测站点信息**

| 序号 | 渠道名称 | 支渠名称 | 遥测站点所在位置 | | | 桩号 | 设计取水流量/($m^3/s$) | 管理部门 | 监测现状 | | | 建设时间 |
|---|---|---|---|---|---|---|---|---|---|---|---|---|
| | | | 县 | 乡 | 村 | | | | 现状监测项目 | 现状监测设施 | 是否需要改造 | |
| 1 | 汉延渠 | 一所 | 青铜峡 | 小坝 | | 0+400 | 80 | 一所 | 水位 | GPRS | 是 | 2003年 |
| 2 | | 林皋桥 | 青铜峡 | 小坝 | 林皋 | 6+153 | 80 | | 水位 | 超短波 | 是 | 1994年 |
| 3 | | 马寨桥 | 青铜峡 | 叶盛 | 陆湾 | 13+000 | 75 | | 水位 | 超短波 | 是 | 1994年 |
| 4 | | 果子渠 | 永宁 | 李俊 | 团结 | 16+200 | 70 | 二所 | 水位 | 超短波 | 是 | 1994年 |
| 5 | | 李俊桥 | 永宁 | 李俊 | 王团 | 20+124 | 65 | | 水位、视频 | 超短波 | 是 | 1994年 |
| 6 | | 丁字渠 | 永宁 | 李俊 | 王团 | 24+271 | 60 | | 水位 | 超短波 | 是 | 1994年 |
| 7 | | 唐铎 | 永宁 | 望洪 | 唐铎 | 27+687 | 55 | | 水位 | 超短波 | 是 | 1994年 |
| 8 | | 王闸桥 | 永宁 | 望洪 | 王太 | 31+659 | 50 | 三所 | 水位 | 超短波 | 是 | 1994年 |
| 9 | | 小农场 | 永宁 | 望洪 | 王太 | 31+800 | 50 | | 水位、视频 | 超短波 | 是 | 1994年 |
| 10 | | 红星桥 | 永宁 | 杨和 | 杨和 | 34+384 | 50 | | 水位 | 超短波 | 是 | 1994年 |
| 11 | | 小观桥 | 永宁 | 胜利 | 胜利 | 42+940 | 40 | | 水位 | 超短波 | 是 | 1994年 |
| 12 | | 板桥 | 永宁 | 望远 | 上河 | 48+745 | 35 | | 水位 | 超短波 | 是 | 1994年 |
| 13 | | 通桥 | 永宁 | 望远 | 通桥 | 52+450 | 35 | 四所 | 水位 | 超短波 | 是 | 1994年 |
| 14 | | 渡槽段 | 兴庆 | 掌政 | 掌政 | 57+840 | 30 | | 水位 | 超短波 | 是 | 1994年 |
| 15 | | 五渡桥 | 兴庆 | 掌政 | 镇河 | 60+820 | 25 | | 水位 | 超短波 | 是 | 1994年 |
| 16 | | 蔡家桥 | 兴庆 | 掌政 | 镇河 | 63+260 | 20 | | 水位 | 超短波 | 是 | 1994年 |
| 17 | | 金贵段 | 贺兰 | 金贵 | 汉佐 | 67+600 | 20 | 五所 | 水位 | 超短波 | 是 | 1994年 |
| 18 | | 潘昶桥 | 贺兰 | 金贵 | 红旗 | 71+100 | 15 | | 水位 | 超短波 | 是 | 1994年 |
| 19 | | 王澄桥 | 贺兰 | 习岗 | 和平 | 77+740 | 10 | | 水位 | 超短波 | 是 | 1994年 |
| 20 | | 巴歇尔量水槽 | 贺兰 | 立岗 | 金星 | 81+000 | 10 | | 水位 | 超短波 | 是 | 1994年 |
| 21 | | 丁家桥 | 贺兰 | 立岗 | 银星 | 82+350 | 8 | | 水位 | 超短波 | 是 | 1994年 |

表3-5-3　支渠水位遥测站点信息

| 序号 | 渠道名称 | 支渠名称 | 遥测站点所在位置 | | | 桩号 | 设计取水流量/（$m^3/s$） | 管理部门 | 监测现状 | | | 建设时间 |
|---|---|---|---|---|---|---|---|---|---|---|---|---|
| | | | 县 | 乡 | 村 | | | | 现状监测项目 | 现状监测设施 | 是否需要改造 | 规划监测项目 |
| 1 | 汉延渠 | 东支渠 | 青铜峡 | 小坝 | 林皋 | 6+322 | 1.9 | 一所 | 水位 | 超短波 | | 2009年 |
| 2 | | 西安渠 | 青铜峡 | 小坝 | 先锋 | 8+892 | 1.4 | | 水位 | 超短波 | | 2009年 |
| 3 | | 大北渠 | 青铜峡 | 叶盛 | 哈村 | 11+040 | 1.8 | | 水位 | 超短波 | | 2009年 |
| 4 | | 连湖渠 | 青铜峡 | 叶盛 | 马寨 | 12+428 | 2.4 | | 水位 | 超短波 | | 2009年 |
| 5 | | 小北渠 | 青铜峡 | 叶盛 | 陆湾 | 12+875 | 1.6 | | 水位 | 超短波 | | 2009年 |
| 6 | | 马寨渠 | 青铜峡 | 瞿靖 | 马寨 | 12+889 | 1.3 | | 水位 | 超短波 | | 2009年 |
| 7 | | 时坊渠 | 青铜峡 | 瞿靖 | 时坊 | 12+894 | 1.6 | | 水位 | 超短波 | | 2009年 |
| 8 | | 八八渠 | 青铜峡 | 叶盛 | 张庄 | 12+987 | 1.6 | | 水位 | 超短波 | | 2009年 |
| 9 | | 王渠 | 青铜峡 | 叶盛 | 五星 | 15+500 | 1.2 | | 水位 | 超短波 | | 2009年 |
| 10 | | 散水渠 | 青铜峡 | 叶盛 | 五星 | 16+000 | 1.4 | | 水位 | 超短波 | | 2009年 |
| 11 | | 南二渠 | 青铜峡 | 叶盛 | 地十 | 16+268 | 1.3 | | 水位 | 超短波 | | 2009年 |
| 12 | | 果子渠 | 永宁 | 李俊 | 团结 | 16+400 | 3.4 | 二所 | 水位 | 超短波 | | 2009年 |
| 13 | | 中渠 | 永宁 | 李俊 | 李俊 | 19+623 | 1.5 | | 水位 | 超短波 | | 2009年 |
| 14 | | 侯丁渠 | 永宁 | 李俊 | 侯寨 | 24+126 | 1.4 | | 水位 | 超短波 | | 2009年 |
| 15 | | 西丁渠 | 永宁 | 望洪 | 西玉 | 24+126 | 1.4 | | 水位 | 超短波 | | 2009年 |
| 16 | | 小牛渠 | 永宁 | 望洪 | 东玉 | 24+967 | 1.2 | | 水位 | 超短波 | 损毁 | 2009年 |
| 17 | | 三合渠 | 永宁 | 望洪 | 唐铎 | 27+447 | 0.9 | | 水位 | 超短波 | | 2009年 |
| 18 | | 刘家渠 | 永宁 | 望洪 | 农声 | 28+119 | 0.7 | 三所 | 水位 | 超短波 | 损毁 | 2009年 |
| 19 | | 大南渠 | 永宁 | 望洪 | 王太 | 31+025 | 1.5 | | 水位 | 超短波 | | 2009年 |
| 20 | | 新渠 | 永宁 | 杨和 | 红星 | 31+111 | 0.9 | | 水位 | 超短波 | | 2009年 |
| 21 | | 西渠低 | | | | 41+092 | 1.5 | | 水位 | 超短波 | | 2009年 |

续表

| 序号 | 渠道名称 | 支渠名称 | 遥测站点所在位置 | | | 桩号 | 设计取水流量/（$m^3/s$） | 管理部门 | 监测现状 | | | 建设时间 |
|---|---|---|---|---|---|---|---|---|---|---|---|---|
| | | | 县 | 乡 | 村 | | | | 现状监测项目 | 现状监测设施 | 是否需要改造 | 规划监测项目 |
| 22 | 汉延渠 | 东渠 | 永宁 | 胜利 | 胜利 | 41+700 | 1.3 | 三所 | 水位 | 超短波 | | 2009年 |
| 23 | | 三号渠 | 永宁 | 望远 | 永清 | 43+725 | 1.2 | | 水位 | 超短波 | | 2009年 |
| 24 | | 西五渠 | 永宁 | 胜利 | 东位 | 45+627 | 1.1 | | 水位 | 超短波 | | 2009年 |
| 25 | | 东渠 | 永宁 | 望远 | 上河 | 48+920 | 1.2 | | 水位 | 超短波 | | 2009年 |
| 26 | | 燕二渠 | 兴庆 | 掌政 | 杨家寨 | 61+714 | 1.9 | 四所 | 水位 | 超短波 | | 2009年 |
| 27 | | 银河渠 | 兴庆 | 掌政 | 镇河 | 61+925 | 3.0 | | 水位 | 超短波 | | 2009年 |
| 28 | | 北毛渠 | 贺兰 | 金贵 | 雄英 | 71+242 | 3.0 | 五所 | 水位 | 超短波 | | 2009年 |
| 29 | | 营门中渠 | 贺兰 | 金贵 | 红星 | 77+719 | 2.7 | | 水位 | 超短波 | | 2009年 |

表3-5-4 V-ADCP流速测验技术指标

| 系统频率 | 2400 kHz |
|---|---|
| 单元数(可选) | 3~150(每个声速1~50) |
| 最小单元长度 | 3 cm |
| 最大单元长度 | 20 cm |
| 最大剖面范围 | 5 cm |
| 盲 区 | 3 cm |
| 量 程 | ±5 m/s【默认】、±20 m/s【最大】 |
| 准确度(长期精度) | ±0.5%,±0.2 cm/s |
| 随机误差(短期精度) | 取决于单元长度、平均时间,厂家可提供预测模型 |
| 分辨率 | 1 mm/s |
| 数据输出最大速率 | 1 Hz |
| 脉冲发射(砰)速率 | 取决于单元长度、单元数目设定,可高达50 Hz |

注:最大剖面范围取决于温度、盐度、含沙量等参数。

截至2021年,管理处利用自治区水利厅项目建设资金,在第三、第四、第五管理所等实施测控一体化闸门改造,共安装自动化闸门132座。涉及的工程主要为以下三个项目。

一是2019年3月在汉延渠贺兰灌域第五管理所对61条干渠直开口进行翻建和测控一体化改造,安装54条测控一体化平板闸门和1台自动化闸门(不包括测箱),设备由陕西兴源科技开发有限公司研发生产。北毛渠、小西渠等3条干渠直开口需要安装V-ADCP声学多普勒流速剖面仪后进行安装。控制灌溉面积7.4万亩。

二是渠道维修养护项目。2019年9月对兴庆区灌域第四管理所的33座干渠直开口进行测控一体化改造,安装测控一体化闸门33套,新建移位斗口2座。控制灌溉面积3.8万亩。

三是量测水设施建设项目。翻建支渠口1座、改造39座;改造王闸桥节制闸、小观桥退水闸;改造退水渠口1座;改造测水断面1处。控制灌溉面积24.85万亩。

表3-5-5 2019年汉延渠管理处第五管理所测控一体化闸门改造情况汇总

| 序 号 | 直开口 | 建设时间 | 售后单位 | 序 号 | 直开口 | 建设时间 | 售后单位 |
|---|---|---|---|---|---|---|---|
| 1 | 小银河渠 | 2019年4月 | 陕西兴源 | 31 | 六号渠 | 2019年4月 | 陕西兴源 |
| 2 | 银河灌洞 | 2019年4月 | 陕西兴源 | 32 | 上新口 | 2019年4月 | 陕西兴源 |
| 3 | 格斗渠 | 2019年4月 | 陕西兴源 | 33 | 七号渠 | 2019年4月 | 陕西兴源 |
| 4 | 保南灌洞 | 2019年4月 | 陕西兴源 | 34 | 八号渠 | 2019年4月 | 陕西兴源 |
| 5 | 青年渠 | 2019年4月 | 陕西兴源 | 35 | 别 渠 | 2019年4月 | 陕西兴源 |

续表

| 序　号 | 直开口 | 建设时间 | 售后单位 | 序　号 | 直开口 | 建设时间 | 售后单位 |
|---|---|---|---|---|---|---|---|
| 6 | 毕家渠 | 2019年4月 | 陕西兴源 | 36 | 营门中渠 | 2019年4月 | 陕西兴源 |
| 7 | 张家灌洞 | 2019年4月 | 陕西兴源 | 37 | 二中渠 | 2019年4月 | 陕西兴源 |
| 8 | 小西渠 | 2019年10月 | 陕西兴源 | 38 | 红星辅渠 | 2019年4月 | 陕西兴源 |
| 9 | 东沙渠 | 2019年4月 | 陕西兴源 | 39 | 三号渠 | 2019年4月 | 陕西兴源 |
| 10 | 哈家灌洞 | 2019年4月 | 陕西兴源 | 40 | 罗家灌洞 | 2019年4月 | 陕西兴源 |
| 11 | 邓子渠 | 2019年4月 | 陕西兴源 | 41 | 中方渠 | 2019年4月 | 陕西兴源 |
| 12 | 2814渠 | 2019年4月 | 陕西兴源 | 42 | 小延渠 | 2019年4月 | 陕西兴源 |
| 13 | 九〇渠 | 2019年4月 | 陕西兴源 | 43 | 孙家灌洞 | 2019年4月 | 陕西兴源 |
| 14 | 西沙渠 | 2019年4月 | 陕西兴源 | 44 | 岳家灌洞 | 2019年4月 | 陕西兴源 |
| 15 | 老长渠 | 2019年4月 | 陕西兴源 | 45 | 五星灌洞 | 2019年4月 | 陕西兴源 |
| 16 | 新长渠 | 2019年4月 | 陕西兴源 | 46 | 五星小口 | 2019年4月 | 陕西兴源 |
| 17 | 大高渠 | 2019年4月 | 陕西兴源 | 47 | 金家渠 | 2019年4月 | 陕西兴源 |
| 18 | 南毛渠 | 2019年4月 | 陕西兴源 | 48 | 双洞子 | 2019年4月 | 陕西兴源 |
| 19 | 北毛渠 | 2019年10月 | 陕西兴源 | 49 | 五星辅渠 | 2019年4月 | 陕西兴源 |
| 20 | 尤家高口 | 2019年4月 | 陕西兴源 | 50 | 头　渠 | 2019年4月 | 陕西兴源 |
| 21 | 头号渠 | 2019年4月 | 陕西兴源 | 51 | 二　渠 | 2019年4月 | 陕西兴源 |
| 22 | 二号渠 | 2019年4月 | 陕西兴源 | 52 | 闫家渠 | 2019年4月 | 陕西兴源 |
| 23 | 庙儿渠 | 2019年4月 | 陕西兴源 | 53 | 小道子渠 | 2019年4月 | 陕西兴源 |
| 24 | 周家小口 | 2019年4月 | 陕西兴源 | 54 | 北　渠 | 2019年4月 | 陕西兴源 |
| 25 | 何家灌洞 | 2019年4月 | 陕西兴源 | 55 | 七队渠 | 2019年4月 | 陕西兴源 |
| 26 | 钱家小口 | 2019年4月 | 陕西兴源 | 56 | 十三队渠 | 2019年4月 | 陕西兴源 |
| 27 | 驴尾灌洞 | 2019年4月 | 陕西兴源 | 57 | 小高渠 | 2019年4月 | 陕西兴源 |
| 28 | 曹家渠 | 2019年4月 | 陕西兴源 | 58 | 八队渠 | 2019年4月 | 陕西兴源 |
| 29 | 四号渠 | 2019年4月 | 陕西兴源 | 59 | 立岗四星 | 2019年4月 | 陕西兴源 |
| 30 | 五号渠 | 2019年4月 | 陕西兴源 | | | | |

**表3-5-6　2019年汉延渠管理处第四管理所测控一体化闸门改造情况汇总**

| 序　号 | 直开口 | 建设时间 | 售后单位 | 序　号 | 直开口 | 建设时间 | 售后单位 |
|---|---|---|---|---|---|---|---|
| 1 | 小牛渠 | 2019年9月 | 河北科鼎 | 18 | 东六渠 | 2019年9月 | 河北科鼎 |
| 2 | 新开渠 | 2019年9月 | 河北科鼎 | 19 | 星火渠 | 2019年9月 | 河北科鼎 |
| 3 | 马丽渠 | 2019年9月 | 河北科鼎 | 20 | 孔中渠 | 2019年9月 | 河北科鼎 |
| 4 | 长丰渠 | 2019年9月 | 河北科鼎 | 21 | 边　渠 | 2019年9月 | 河北科鼎 |

续表

| 序 号 | 直开口 | 建设时间 | 售后单位 | 序 号 | 直开口 | 建设时间 | 售后单位 |
|---|---|---|---|---|---|---|---|
| 5 | 长湖渠 | 2019年9月 | 河北科鼎 | 22 | 洼路渠 | 2019年9月 | 河北科鼎 |
| 6 | 立强一号渠 | 2019年9月 | 河北科鼎 | 23 | 孔北渠 | 2019年9月 | 河北科鼎 |
| 7 | 长中渠 | 2019年9月 | 河北科鼎 | 24 | 合并渠 | 2019年9月 | 河北科鼎 |
| 8 | 掌一渠 | 2019年9月 | 河北科鼎 | 25 | 小高渠 | 2019年9月 | 河北科鼎 |
| 9 | 长北渠 | 2019年9月 | 河北科鼎 | 26 | 燕一渠 | 2019年9月 | 河北科鼎 |
| 10 | 九五一号渠 | 2019年9月 | 河北科鼎 | 27 | 燕二渠 | 2019年9月 | 河北科鼎 |
| 11 | 掌二渠 | 2019年9月 | 河北科鼎 | 28 | 银河渠 | 2019年9月 | 河北科鼎 |
| 12 | 西三渠 | 2019年9月 | 河北科鼎 | 29 | 燕三渠 | 2019年9月 | 河北科鼎 |
| 13 | 春林渠 | 2019年9月 | 河北科鼎 | 30 | 燕四渠 | 2019年9月 | 河北科鼎 |
| 14 | 西四渠 | 2019年9月 | 河北科鼎 | 31 | 六号渠 | 2019年9月 | 河北科鼎 |
| 15 | 东五渠 | 2019年9月 | 河北科鼎 | 32 | 七号渠 | 2019年9月 | 河北科鼎 |
| 16 | 新四渠 | 2019年9月 | 河北科鼎 | 33 | 八号渠 | 2019年9月 | 河北科鼎 |
| 17 | 孔新渠 | 2019年9月 | 河北科鼎 | 34 | 老公渠 | 2019年9月 | 河北科鼎 |

表3-5-7 2020年汉延渠管理处第三管理所测控一体化闸门改造情况汇总

| 序 号 | 直开口 | 建设时间 | 售后单位 | 序 号 | 直开口 | 建设时间 | 售后单位 |
|---|---|---|---|---|---|---|---|
| 1 | 新开渠 | 2020年10月 | 兰州时昶 | 22 | 东位渠 | 2020年10月 | 兰州时昶 |
| 2 | 接引渠 | 2020年10月 | 兰州时昶 | 23 | 西五渠 | 2020年10月 | 兰州时昶 |
| 3 | 小双渠 | 2020年10月 | 兰州时昶 | 24 | 五户渠 | 2020年10月 | 兰州时昶 |
| 4 | 郭子渠 | 2020年10月 | 兰州时昶 | 25 | 大双渠 | 2020年10月 | 兰州时昶 |
| 5 | 头 渠 | 2020年10月 | 兰州时昶 | 26 | 吴家渠 | 2020年10月 | 兰州时昶 |
| 6 | 姜子渠 | 2020年10月 | 兰州时昶 | 27 | 汪 渠 | 2020年10月 | 兰州时昶 |
| 7 | 屈家渠 | 2020年10月 | 兰州时昶 | 28 | 千禧渠 | 2020年10月 | 兰州时昶 |
| 8 | 银前渠 | 2020年10月 | 兰州时昶 | 29 | 杨子渠 | 2020年10月 | 兰州时昶 |
| 9 | 黑沙渠 | 2020年10月 | 兰州时昶 | 30 | 高 渠 | 2020年10月 | 兰州时昶 |
| 10 | 西 渠 | 2020年10月 | 兰州时昶 | 31 | 东 渠 | 2020年10月 | 兰州时昶 |
| 11 | 东 渠 | 2020年10月 | 兰州时昶 | 32 | 下河灌洞 | 2020年10月 | 兰州时昶 |
| 12 | 虎子洞 | 2020年10月 | 兰州时昶 | 33 | 老冯家渠 | 2020年10月 | 兰州时昶 |
| 13 | 七号渠 | 2020年10月 | 兰州时昶 | 34 | 新冯家渠 | 2020年10月 | 兰州时昶 |
| 14 | 一号渠 | 2020年10月 | 兰州时昶 | 35 | 四号渠 | 2020年10月 | 兰州时昶 |
| 15 | 二号渠 | 2020年10月 | 兰州时昶 | 36 | 八号渠 | 2020年10月 | 兰州时昶 |
| 16 | 黄家渠 | 2020年10月 | 兰州时昶 | 37 | 北达渠 | 2020年10月 | 兰州时昶 |

续表

| 序　号 | 直开口 | 建设时间 | 售后单位 | 序　号 | 直开口 | 建设时间 | 售后单位 |
|---|---|---|---|---|---|---|---|
| 17 | 三号渠 | 2020年10月 | 兰州时昶 | 38 | 小长渠 | 2020年10月 | 兰州时昶 |
| 18 | 西三渠 | 2020年10月 | 兰州时昶 | 39 | 新南渠 | 2020年10月 | 兰州时昶 |
| 19 | 西四渠 | 2020年10月 | 兰州时昶 | 40 | 新公渠 | 2020年10月 | 兰州时昶 |
| 20 | 周公渠 | 2020年10月 | 兰州时昶 | 41 | 南　渠 | 2020年10月 | 兰州时昶 |

2021年，根据《自治区水利厅关于下达2021年水利科技项目计划的通知》（宁水科信发〔2021〕5号）和《宁夏汉延渠视频测流及AI识别应用推广研究项目任务书》文件要求，完成汉延渠视频测流及AI识别应用推广研究项目的招标及工程建设，在蔡家桥、大银河、孔北渠安装流量监测仪，并形成课题研究报告。其中，2020年管理处自筹资金21万元，在通桥、蔡家桥测流点安装AI视频测流监测系统。2021年管理处与水利信息中心合作，投资41万元，升级改造通桥、蔡家桥、孔北渠、银河渠AI视频监控测流系统。

**三、运行情况**

第一阶段：2009之前，建设信息化设备运行情况。

管理处信息技术应用属于起步阶段，配套基础设施薄弱，资金投入不足，尚存在较多问题。一是早年投入使用的干渠水位遥测设备大多处于“带病运行”“超期服役”状态，部分设备实际使用过程中故障率高，不能充分发挥效益。二是测量水技术手段落后，造成量水精度不高、工作效率低、人力资源浪费严重。信息化项目虽然在部分支渠上安装了水位遥测设备，但受量水建筑物不配套、缺少闸位监控设备等因素制约，尚不能实现自动化量水。三是缺乏灌区信息化建设和管理的专业技术人才。四是信息化建设、管理、运行、维护等各项管理制度尚不够健全。随着信息化建设步伐的加快，对2009年之前建设的通信网络系统、水位遥测系统、视频监控系统已全部进行更新改造。

自控一体闸门

第二阶段：2009—2015年，建设现代灌区和信息运行情况。

运行管理是保障信息化工程正常运行、项目发挥作用的关键，在运行管理阶段，管理处主要做好以下几方面工作。一是加强组织领导，健全管理制度。为确保信息化建设管理工作有序开展、发挥效益，管理处成立信息化工作领导小组，办公室设在灌溉管理科，并于2011年引进1名计算机专业的大学生专职从事信息化工程的运行管理工作。结合管理处已建信息系统，管理处逐步健全完善《计算机网络管理办法》《水位遥测设备巡查巡检暂行办法》《水量调度软件使用管理办法》等多项制度，基本做到信息化工作有据可依，有章可循。二是强化人员技术培训，落实设备维护责任。管理处委托大唐公司先后4次对专业技术人员、水量调度人员、运行维护人员进行网络基础知识、应用软件操作及系统运行维护等方面的技术培训，进一步明确处、所、段三级信息化工程专兼职管理人员的管护职责，对野外设备坚持定期巡检，对室内网络设备坚持定期维护，对易遭破坏的水位遥测设备等坚持定期拆装。基本建立起与大唐公司的技术咨询联动机制，针对日常工作中遇到的各类技术问题能够做到随时发现、及时咨询、解决到位。三是落实运行维护经费，保障系统正常运行。为保障已建信息系统正常运转、发挥效益，管理处在资金紧张的情况下，优先保障信息化工程的运行维护经费。近年来，针对干渠水位遥测仪运行年代久远、设备老化严重、故障率高的情况，管理处每年都安排专项资金用于遥测设备的维修和更新，并对水情遥测系统软件进行升级。

2009年实施的汉延渠灌域信息化工程虽建成一套集网络传输、通信、应用为一体，且相对独立、完整、基本能够发挥主体功能的信息系统。但因建设资金投入不足，造成无线通信网最大带宽仅20 M左右，给后续应用业务扩展带来一定的限制和制约。开发的水量调度软件系统仅是将原有的一些纸质记录管理方式电子化，功能过于简单，尚缺乏辅助决策支持功能。部分干渠遥测设备“超期服役”“带病运行”严重，亟待改造更新。支渠水位遥测系统运行稳定性较差，采集水位信息误差偏大，设备故障率高。目前，安装的33个遥测站点中尚有8个站点不能正常工作。由于灌区管理机构分散，信息采集点多、面广，大部分设备长期处于野外工作状态，设

管理所调度室

备的防盗防破坏问题至今尚未很好解决。干渠行水期要安装设备，停水期要拆卸设备，不仅造成人力、物力、财力的浪费，还对设备造成一定损坏。加之正常的数据通信费用和逐年增加的运行维护费用，在一定程度上增加了管理处的经济负担。部分管理所、段位置偏远，大多使用农电，停电现象时有发生，电压也不稳定，对通信设备的正常运行造成较大隐患。由于大部分管理所、段办公条件比较差，没有专用的设备机房，加之管理上的漏洞，往往造成设备故障率高、使用寿命短。

第三阶段：2016—2021年，建设现代灌区和信息运行情况。

2016—2017年，管理处相继引进ADCP、V-ADCP测流设备4套，分别在果子渠、唐铎采用ADCP测流船，通桥、蔡家桥采用V-ADCP自动测流设备。2020年在中干沟渡槽安装一套V-ADCP测流设备，实现测流数据现场快速准确的数据采集，其中V-ADCP自动测流监控系统填补了自治区大断面自动化测流空白，在引黄灌区起到示范引领作用，实现在线化、遥测化、无人化、自动化的发展。

2019—2020年，通过节水改造和量测水改造项目，实施132座测控一体化闸门改造。干渠大断面自动化（半自动化）测流系统，颠覆传统人工测流费时费力的局面，测流信息全部集成在灌溉管理应用系统中，为灌溉调度决策和建立全渠道控制系统提供数据支撑。

2021年视频测流系统运行工况如下：设备运行稳定，灌期系统没有出现掉线、数据丢包的现象；水位数据与人工水尺读数、V-ADCP测量结果绝对误差值及相对误差很小，符合规范；由于算法不适应某些特定渠道内流态场景，导致在此时段内，流量数据与V-ADCP数据误差较大；通过算法的训练，解决了水位球机识别倒影的问题。

管理处信息化设施建设自2017—2021年实施以来，主要完成干渠大断面自动测流系统、水闸远程控制系统、量测水设施建设等项目，为促进灌区高效管理树立水资源优化配置和合理利用的典范。

通过各类信息化项目建设，实现运行数据的及时获取，安全保证率得到提升，实现输水设施的实时监控，建立高效的管理模式，发挥最大灌溉效益。同时，可以保障灌区始终走在可持续发展的大路上，向节水型、科技型、生态型、服务型灌区阔步前行。

通过各类信息化项目建设实施，一方面提高灌区农业生产能力，保障粮食安全，增加农民收入；另一方面缓解项目区水资源供需矛盾，提高项目区农业生产能力，为农作物的生长创造更多的有利条件，为农民增收打下基础。同时，优化地区资源配置，有效调整产业结构，推动区域经济向二、三产业延伸和发展，促进经济与社会的可持续和跨越式发展，推动灌区乡村振兴的步伐。

# 第四章　灌溉管理

# 第一节　灌溉管理体制

## 一、专管组织

汉延渠管理处成立于1970年，是自治区水利厅直属正处级自收自支事业单位。主要职责是：宣传、贯彻、执行国家和自治区水利方针、政策、法规、法令；负责干渠维护、安全输水运行；配合地方政府水主管部门将干渠、支干渠水量控制指标分配到受益的直开口，并供水到直开口；协助、指导受益单位搞好农田灌溉管理。管理处内设办公室、组织人事科、灌溉管理科、防汛工程科、计划财务科、水政科、监察审计室7个职能科室和工会、共青团两个群团组织。根据渠道长度、灌溉面积和行政区划，下设5个管理所和1个红星试验站，10个管理段。现有在岗人员154人。从2005年水管体制改革试点到现在，管理处以水利工程管理体制改革为契机，在全面推进水利工程供水价格和人事制度改革、着力创新各项管理制度等方面，做了大量基础性工作，改变了单位管理结构不合理的问题，将原来的18个段点撤并为10个段点。灌区水利工程管理实行专管与群管相结合，以专管为主，群管为辅。管理处主要负责干渠、支干渠及其建筑物的运行管理，支渠以下由农民用水组织自主管理，水管单位延伸服务。

## 二、群管组织

我国实行农村家庭联产承包责任制后，土地和主要生产工具分包给农户经营，但由于水利工程的特殊性及其公益性，水利设施不能随土地一起分割分包给农户经营，仍实行集体所有、集体管理。但在土地分户经营后，“集体”已失去原来所依托的集体经济组织，集体如同虚设，“水利工程集体所有的”所有者主体自然“缺位”。建立农民自主经营、自我管理的群众性管水组织——农民用水者协会，就是要解决“集体所有的”现实矛盾问题，即让农民用水者协会扮演“集体”角色，负起水利工程“业主”责任。2004年，试点成立兴庆区汉延渠灌溉合作社、贺兰四星农民用水协会、永宁红旗灌溉服务协会和前渠村支渠管理协会等农民用水合作组织。2005年开始，自治区党委、政府将农村水费改革列为自治区政府年度工作的一件大事，并确定为水利部门的首要任务，在宁夏引黄灌区全面推行。按照要求，汉延渠灌域在总结经验的基础上，在灌域全面推行改革，共组建各类协会90个，其中乡级大协会10个、村级协会80个，涵盖了灌域4个市（县、区）、13个乡镇、80个行政村、770个村民小组，以及4个国营农场的256条支渠32.5万亩农田。这标志着在汉延渠灌域基本构建起干渠以下实行农民用水合作组织管理、水管单位延伸服务的管理框架。从改革体制、创新机制入手，对汉延渠灌域实施“两改一价制”农村水费改革。通过组建灌域农民用水者协会，实行“三费合一”的“一价制”，推行农村信用社代收水费，汉延渠灌域支斗渠全部实现“水管单位+协会+用户”的新型管理模式和供用水管理机制，供用水管理逐步向一体化方向迈进，供用水体制基本理顺。

## 第二节　用水管理

### 一、灌溉定额

为加强农业用水定额管理，实行“总量控制与定额管理”相结合的管理办法，提高灌溉水利用率，科学指导灌溉，宁夏引黄灌区先后开展作物灌溉试验，多次修订公布一系列的用水定额，为灌域农业用水和配水计划编制提供科学依据。

（一）汉延渠灌域作物组成及灌溉制度现状（见表4-2-1）

**表4-2-1 汉延渠灌域作物组成及灌溉制度的现状**

单位：m³/亩

| 项目 | | 水稻 | 小麦 | 玉米 | 蔬菜 | | | 人工牧草 | 其他作物 | |
|---|---|---|---|---|---|---|---|---|---|---|
| | | | | | 露地蔬菜 | 日光温室 | 外销蔬菜 | | 果树 | 防护林 |
| 灌水时段及灌水定额 | | 1050 | 240 | 280 | 380 | 360 | 600 | 230 | 230 | 140 |
| 1水 | 起止时间 | 5/1—5/15 | 4/27—5/10 | 5/27—6/20 | 4/25—5/5 | | 5/2—5/15 | 5/1—5/10 | 4/28—5/5 | 4/28—5/5 |
| | 灌输定额 | 180 | 100 | 120 | 60 | | 100 | 90 | 100 | 80 |
| 2水 | 起止时间 | 5/16—5/25 | 5/15—5/25 | 6/28—7/15 | | | | 6/10—6/25 | 7/15—7/28 | |
| | 灌输定额 | 80 | 70 | 90 | | | | 80 | 90 | |
| 3水 | 起止时间 | 5/26—6/5 | 5/29—6/15 | 7/27—8/10 | | | | 7/15—8/5 | 8/15—9/1 | |
| | 灌输定额 | 80 | 70 | 70 | | | | 60 | 40 | |
| 4水 | 起止时间 | 6/6—6/15 | 6/20—7/5 | | | | | | | |
| | 灌输定额 | 80 | | | | | | | | |
| 5水 | 起止时间 | | | | | | | | | |
| | 灌输定额 | | | | | | | | | |
| 6水 | 起止时间 | | | | | | | | | |
| | 灌输定额 | | | | | | | | | |
| 7水 | 起止时间 | | | | | | | | | |
| | 灌输定额 | | | | | | | | | |
| 8水 | 起止时间 | | | | | | | | | |
| | 灌输定额 | | | | | | | | | |
| 9水 | 起止时间 | | | | | | | | | |
| | 灌输定额 | | | | | | | | | |
| 10水 | 起止时间 | | | | | | | | | |
| | 灌输定额 | | | | | | | | | |
| 冬灌 | 起止时间 | | 10/27—11/22 | | | | | 10/27—11/22 | 10/27—11/22 | |
| | 灌输定额 | | 60 | | | | | 60 | 60 | |

备注：此配水定额用于《自治区人民政府办公厅关于印发宁夏回族自治区有关行业用水定额(修订)的通知》(宁政办规发〔2020〕20号)，自2020年10月24日执行。

(二)汉延渠灌域历年主要作物的灌溉用水定额

汉延渠灌域主要作物的灌溉用水定额,执行自治区水利厅历年颁布的引黄灌域农业用水干渠直开口配水定额,详见表4-2-2、表4-2-3、表4-2-4、表4-2-5。

表4-2-2 1985年引黄灌域支斗渠配水定额 单位:m³/亩

| 区 域 | 5000亩以上支斗口 | | 5000亩以下支斗口 | |
|---|---|---|---|---|
| | 水 稻 | 旱作物 | 水 稻 | 旱作物 |
| 青铜峡市 | 2600 | 800 | 2400 | 700 |
| 永宁县 | 2400 | 750 | 2300 | 700 |
| 兴庆区 | 2200 | 700 | 2100 | 650 |
| 贺兰县 | 2000 | 700 | 1900 | 650 |
| 平罗县 | 1800 | 650 | 1700 | 600 |
| 石嘴山市 | 1800 | 650 | 1700 | 600 |

备注:此配水定额取自《关于自流灌域农业供水价格改革与水费计收管理试行办法》(宁价商发〔2004〕79号),自2004年4月1日执行。

表4-2-3 2003年自流灌域农业用水干渠直开口配水定额 单位:m³/亩

| 区 域 | 夏秋灌 | | | | | | 冬 灌 |
|---|---|---|---|---|---|---|---|
| | 水 稻 | | | 旱作物 | | | |
| | 5000亩以上 | 1000~5000亩 | 1000亩以下 | 5000亩以上 | 1000~5000亩 | 1000亩以下 | |
| 青铜峡 | 2200 | 2100 | 2000 | 800 | 750 | 700 | 160 |
| 永宁、利通区、中卫、中宁 | 2100 | 2000 | 1900 | 750 | 700 | 650 | 160 |
| 东干渠沿线扬水 | 2000 | 1900 | 1800 | 700 | 650 | 600 | 160 |
| 灵武、银川 | 2000 | 1900 | 1800 | 700 | 650 | 600 | 160 |
| 贺兰 | 1900 | 1800 | 1700 | 700 | 650 | 600 | 160 |
| 平罗、惠农 | 1800 | 1700 | 1600 | 650 | 600 | 550 | 160 |
| 石嘴山二农场渠沿线 | 1700 | 1600 | 1500 | 650 | 600 | 550 | 160 |
| 西干渠沿线 | 1500 | 1400 | 1300 | 600 | 550 | 500 | 160 |

备注:此配水定额取自《关于调整我区引黄灌域水利工程供水价格的通知》(宁价商发〔2008〕54号),自2009年1月1日执行。

表 4-2-4 2007 年宁夏引黄自流灌域农业用水干渠直开口配水定额 单位：m³/亩

| 区 域 | 夏秋灌 | | | | | | 冬 灌 |
|---|---|---|---|---|---|---|---|
| | 水 稻 | | | 旱作物 | | | |
| | 5000 亩以上 | 1000~5000 亩 | 1000 亩以下 | 5000 亩以上 | 1000~5000 亩 | 1000 亩以下 | |
| 青铜峡 | 2050 | 1930 | 1840 | 730 | 690 | 650 | 150 |
| 永宁、利通区、中卫、中宁 | 2000 | 1900 | 1800 | 720 | 660 | 620 | 150 |
| 东干渠沿线扬水 | | | | 700 | 650 | 600 | 150 |
| 灵武、银川 | 1900 | 1800 | 1710 | 660 | 620 | 570 | 150 |
| 贺兰 | 1800 | 1710 | 1620 | 680 | 630 | 580 | 150 |
| 平罗、惠农 | 1750 | 1650 | 1550 | 650 | 600 | 550 | 150 |
| 石嘴山二农场渠沿线 | 1700 | 1600 | 1500 | 650 | 600 | 550 | 150 |
| 西干渠沿线 | 1500 | 1400 | 1300 | 600 | 550 | 500 | 150 |

表 4-2-5 2009 年宁夏引黄自流灌域农业用水干渠直开口配水定额 单位：m³/亩

| 区 域 | 夏秋灌 | | | | | | 冬 灌 |
|---|---|---|---|---|---|---|---|
| | 水 稻 | | | 旱作物 | | | |
| | 5000 亩以上 | 1000~5000 亩 | 1000 亩以下 | 5000 亩以上 | 1000~5000 亩 | 1000 亩以下 | |
| 青铜峡 | 2000 | 1900 | 1840 | 730 | 690 | 650 | 150 |
| 永宁、利通区、中卫、中宁 | 1950 | 1850 | 1800 | 720 | 660 | 620 | 150 |
| 东干渠沿线扬水 | | | | 700 | 650 | 600 | 150 |
| 灵武、银川 | 1900 | 1800 | 1710 | 660 | 620 | 570 | 150 |
| 贺兰 | 1800 | 1710 | 1620 | 680 | 630 | 580 | 150 |
| 平罗、惠农 | 1750 | 1650 | 1550 | 650 | 600 | 550 | 150 |
| 石嘴山二农场渠沿线 | 1700 | 1600 | 1500 | 650 | 600 | 550 | 150 |
| 西干渠沿线 | 1500 | 1400 | 1300 | 600 | 550 | 500 | 150 |

## 二、水量调度

灌区的水量调度实行“统一领导，分级负责，统一调度，专职调配”的原则。各干渠的水量调配权集中在管理处，处配水到所，所配水到段，斗口水量调配权集中在管理所。灌区配水的原则是“计划用水，分级管理，均衡受益”。按照作物种植面积、灌溉定额、渠道水利用系数分配水量。

渠道水量调配制度：灌区水量调配，根据渠道供水能力及灌区需水情况灵活调配。按照“先下游后上游，先难后易，先成片后零星，先急后缓，控近灌远”和效益优先的水量调配原则，并结合灌区的特点，合理调度水量。同一渠系内部的水量调配，要遵循“上送下接，先交后用，交够再用”的制度，保证上下游均衡供水，均衡受益。渠道运行时要保持水位的相对稳定，避免频繁起落。

管理处调度室

调度人员要根据渠道运行状况认真处理好水情，对于可能发生事故的险工段、重要建筑物等，要做出预防事故的调度方案，提高应急处置的能力。渠道发生险情或决口时，调度人员有权迅速做出旨在减轻损失的处置措施，并及时了解详情，迅速上报上级调度部门。渠道遇险情时，沿渠各支（斗）渠有承担散水的义务，散水指令一经下达，各支（斗）渠必须开口执行。行水期间，调度人员必须严格遵守值班制度和交接班制度，保持24小时工作的连续性。严禁脱岗缺岗，严禁酒后上岗和非调度人员代班，严禁弄虚作假和伪造记录，一经发现，严肃查处。

### 三、水量配置

#### （一）配水计划

2016年以来，随着自治区节水型社会建设对农业节水、用水总量指标的控制，自治区水利厅开始实行水指标管理，将水指标分配到各县区水务局，再由各市、县（区）将指标分配到辖区各干渠直开口，由管理处审核后下发管理所控制使用。

管理处根据灌区用水实际，严格控制用水总量，层层分解用水指标，科学编制年度用水计划、月度配水计划及干渠直开口月、旬、日配水计划。定期分析各直开口供水进度，以“年控制、月计划、旬安排、周调节”为手段促进供水计划有效执行。同时实行月计划与短期计划相结合的办法，适时调整运行方案，以满足灌区各类用水需求。通过提前促灌、编组轮灌、拉长灌溉周期等措施平稳有序度过用水高峰期，有效解决高口高地灌溉难的问题。科学研判天气状况，在降雨前，积极催灌促灌，确保灌溉正常进行。

（二）计划配水面积

2019年以来，随着水资源确权、土地确权工作的开展，遥测面积核实展开，灌区上报灌溉面积增加到41.26万多亩。20世纪六七十年代，灌区控制灌溉面积为46.03万亩，作物种植结构单一（以水稻、小麦为主），水费按亩收缴，水资源充沛，无需精细调度，就能满足灌溉用水需求。进入20世纪90年代，随着当地政府占地、乡村建设等原因，灌域控制灌溉面积下降到41.06万亩，作物种植结构也由单一的水稻、小麦种植发展到玉米、蔬菜、葡萄等多元种植，水资源日趋紧张。

**表4-2-6 2008—2021年汉延渠作物种植结构统计** 单位：万亩

| 时间/年 | 面积 | | 作物种植结构 | | | | | | | 其中： |
|---|---|---|---|---|---|---|---|---|---|---|
| | 实灌面积 | 配水面积 | 小麦 | 水稻 | 单种玉米 | 设施农业 | 瓜果蔬菜 | 林草 | 其他 | 供外蔬菜 |
| 2008 | | 30.86 | 15.12 | 7.38 | 2.41 | 4.40 | 0.00 | 0.00 | 1.55 | 0.00 |
| 2009 | 46.03 | 30.43 | 17.74 | 5.53 | 2.04 | 4.34 | 0.35 | 0.15 | 0.29 | 0.00 |
| 2010 | 46.03 | 30.20 | 12.51 | 6.02 | 5.54 | 4.49 | 1.23 | 0.19 | 0.22 | 0.00 |
| 2011 | 46.03 | 28.78 | 12.11 | 6.25 | 3.41 | 4.85 | 1.89 | 0.00 | 0.28 | 0.00 |
| 2012 | 46.03 | 29.23 | 13.19 | 6.29 | 3.29 | 4.66 | 1.53 | 0.28 | 0.00 | 0.00 |
| 2013 | 46.03 | 29.81 | 10.09 | 5.14 | 4.87 | 4.19 | 2.21 | 1.66 | 1.66 | 0.00 |
| 2014 | 46.03 | 27.99 | 6.05 | 4.15 | 6.93 | 5.02 | 3.04 | 2.81 | 0.00 | 0.79 |
| 2015 | 46.03 | 27.95 | 5.35 | 3.52 | 8.30 | 4.60 | 3.13 | 3.04 | 0.00 | 1.14 |
| 2016 | 46.03 | 27.94 | 6.79 | 3.98 | 5.95 | 4.09 | 3.87 | 3.03 | 0.24 | 0.00 |
| 2017 | 46.03 | 27.56 | 3.83 | 6.47 | 5.32 | 4.28 | 4.48 | 3.03 | 0.15 | 3.00 |
| 2018 | 46.03 | 27.21 | 3.65 | 5.22 | 5.25 | 4.32 | 5.49 | 3.14 | 0.14 | 4.08 |
| 2019 | 41.26 | 27.22 | 3.18 | 5.65 | 5.06 | 4.02 | 6.53 | 2.59 | 0.19 | 4.38 |
| 2020 | 41.26 | 26.27 | 2.06 | 4.05 | 7.47 | 2.93 | 7.22 | 2.23 | 0.32 | 4.46 |
| 2021 | 41.26 | 26.13 | 1.23 | 3.07 | 10.42 | 2.81 | 6.82 | 1.52 | 0.25 | 4.75 |

## 四、管理措施

（一）用水管理

灌溉用水管理是灌溉管理的中心工作，而灌溉用水管理的首要任务是实行计划用水，合理调配水量，达到节水目的。计划用水是根据农作物需水规律，农业生产安排，灌溉水源情况，灌区工程条件进行有计划的引水、蓄水和配水。实施计划用水，要先拟定出用水计划。用水计划的主要内容是合理确定各时期渠首的引水流量、配水顺序及配水时间等。

汉延渠灌域灌溉作物以春小麦、水稻、玉米(单、套种)、设施农业(瓜菜)、牧草及经果林为主。

每年灌溉分夏秋灌和冬灌,4月下旬到9月上旬是夏秋灌,冬灌在10月下旬到11月下旬是冬灌,全年用水约158天。

每年集中高峰用水三次。第一次是5月5日至6月底,称二、三轮水。这个阶段天气炎热,有效降雨少,旱作物和水稻同时用水,灌溉面积大,需水量大,灌水次数多,持续时间长,是用水最紧张阶段。第二次是7月中旬至8月上旬,为伏泡水。主要是小麦收割后和其他夏秋作物必需灌水一次,以水压盐,然后翻晒,以减轻土壤盐分,消灭虫害,也是灌区主要耕作经验之一。此时旱作物(单、套种玉米)需水,水稻处于抽穗扬花期,是灌区全面用水的季节,灌区流传着"大暑小暑,灌死老鼠"的农谚。第三次是10月下旬至11月下旬的冬灌。冬灌是翌年的播前灌水,能保墒、压盐也能消灭虫害,是保证农业丰收的重要条件。冬灌虽仅灌水一次,但用水集中,加之农田普遍为深机耕,耗水量大、时间短。为提高冬灌效率,开灌时间在10月24日以前,避免因冬灌迟导致砌护渠道发生冰凌破害并有剩田情况发生。又因冬灌迟,大地开始封冻,灌溉水积结土壤表层,不利于淋洗土壤盐碱,翌年春播前表土含水量大,发生"返潮""翻浆",使春播困难。多年来,根据灌区开展的作物灌溉试验,尤其是干渠中上游为稻旱轮作区,贺兰潘昶以下为禁稻区的作物种植布局,势必使灌区在6月中旬及8月中旬形成上游用水多下游用水少的矛盾,给干渠水量调配带来困难。为缓解以上用水矛盾,多年以来,在夏秋灌的6月中旬至7月中旬和8月中旬至9月上旬两个用水时段,干渠实行大中小流量结合与干渠间断的短期停水,实行两大段轮灌组。王闸桥以上为第一轮灌组,控制低洼口的供水,尽快解决部分高口高地的灌溉,第二轮灌组主要是王闸桥下游的灌溉,兼顾上游低洼口的灌溉,实施轮灌后更好地保证了汉延渠灌域上下游均衡受益。

(二)计划用水

用水计划由渠系管理机构编制,可分为年度用水计划和季度用水计划或轮灌期用水计划。年度用水计划在灌溉年度开始前编制,是根据基层用水组织的用水申请制订全年引水量及灌溉任务，综合平衡供需水量（不做渠道流量分配），作为全年灌溉工作的依据。季度或轮灌期的用水计划是年度用水计划的分期实施计划，在每季度或轮灌期灌水前编制，主要根据基层用水组织提出的用水计划，结合灌区的具体情况制订。

（三）灌溉难点解决措施

自宁夏引黄灌区续建配套及节水改造项目实施以来，渠道病险工程及老化建筑物得到改造，截至2015年10月，汉延渠李俊桥以下至四三支沟干渠及配套建筑物已全部改造完毕。干渠道输水能力、输水效率大大提高。由于灌区作物种植结构的调整，用水时段和灌溉制度发生变化，自2019年以来，借助信息化建设步伐的加快，对12座水闸实施远程控制，建设完成103座斗口测控一体化设施，为优化灌溉调度模式的灵活应用提供保障，更好地解决高口高地灌溉难题。（见表4–2–7）

**表4-2-7 汉延渠灌域灌溉难点排查**

| 管理所 | 管理单位 | 直开口名称 | 灌溉信息 | | | | | 存在的灌溉难点问题描述 | 解决方案 |
|---|---|---|---|---|---|---|---|---|---|
| | | | 灌溉面积/亩 | 灌溉模式 | 三年平均供水量/$m^3$ | 每轮水灌溉天数/d | 受益单位 | | |
| 一所 | 林皋桥段 | 西边渠 | 470 | 渠灌 | 749696 | 3 | 小坝镇林皋村 | 高口 | 优化调度模式,集中轮灌 |
| | | 四渠 | 1450 | | 2187544 | 3 | 小坝镇林东村 | 高口 | 优化调度模式,集中轮灌 |
| | | 大扣渠 | 712 | | 1230428 | 3 | 瞿靖镇友好村 | 高口 | 优化调度模式,集中轮灌 |
| | | 舒渠 | 670 | | 1307370 | 3 | 瞿靖镇友好村 | 高口 | 优化调度模式,集中轮灌 |
| | 马寨桥段 | 连湖渠 | 2406 | | 6642865 | 12 | 连湖农场、毛桥村 | 高口、支渠长 | 优化调度模式,集中轮灌 |
| | | 大北渠 | 3560 | | 5034381 | 4 | 叶盛镇、盛庄村、张庄村、叶盛村 | 高口、支渠长 | 优化调度模式,集中轮灌 |
| | | 八八渠 | 2286 | | 5240541 | 4 | 叶盛镇、联丰村、张庄村 | 高口、支渠长 | 优化调度模式,集中轮灌 |
| | | 王回渠 | 452 | | 762505 | 3 | 瞿靖镇友好村、毛桥村 | 高口 | 优化调度模式,集中轮灌 |
| | | 马寨渠 | 2000 | | 3758485 | 4 | 瞿靖镇毛桥村 | 高口、支渠长 | 优化调度模式,集中轮灌 |
| | | 新开渠 | 792 | | 1162825 | 3 | 瞿靖镇友好村 | 高口 | 优化调度模式,集中轮灌 |
| 二所 | 果子渠段 | 果子渠 | 13863 | 抽灌、渠灌 | 16049277 | 11 | 李俊镇许桥村、丰登村、雷台村、东方村 | 支渠面积大,种植结构复杂 | 优化调度模式,集中轮灌 |
| | | 时八渠 | 414 | 抽灌、渠灌 | 463609 | 3 | 瞿靖镇时坊村 | 高口高地,泵站抽灌 | 优化调度模式,集中轮灌 |
| | | 效益渠 | 514 | 抽灌、渠灌 | 628138 | 4 | 瞿靖镇时坊村 | 高口高地,泵站抽灌 | 优化调度模式,集中轮灌 |
| | | 时坊渠 | 597 | 抽灌、渠灌 | 479599 | 4 | 瞿靖镇时坊村 | 高口高地,泵站抽灌 | 优化调度模式,集中轮灌 |
| | | 时五渠 | 581 | 抽灌、渠灌 | 354041 | 4 | 瞿靖镇时坊村 | 高口高地,泵站抽灌 | 优化调度模式,集中轮灌 |
| | | 忠字渠 | 1371 | 渠灌、抽灌 | 1135513 | 7 | 李俊镇王团村 | 高口高地,需要干渠大水位 | 优化调度模式,集中轮灌 |
| | | 延水渠 | 1660 | 渠灌、抽灌 | 1227543 | 6 | 李俊镇友爱村 | 高口高地,需要干渠大水位 | 优化调度模式,集中轮灌 |

续表

| 管理所 | 管理单位 | 直开口名称 | 灌溉信息 | | | | | 存在的灌溉难点问题描述 | 解决方案 |
|---|---|---|---|---|---|---|---|---|---|
| | | | 灌溉面积/亩 | 灌溉模式 | 三年平均供水量/m³ | 每轮水灌溉天数/d | 受益单位 | | |
| 二所 | 果子渠段 | 东支渠 | 400 | 渠灌、抽灌 | 216127 | 5 | 李俊镇友爱村 | 高口高地，需要干渠大水位 | 优化调度模式，集中轮灌 |
| | | 西支渠 | 220 | 渠灌 | 282946 | 4 | 李俊镇金塔村 | 高口高地，需要干渠大水位 | 优化调度模式，集中轮灌 |
| | | 中渠 | 2880 | 渠灌 | 3148878 | 7 | 李俊镇金塔村、李俊村 | 高口高地，需要干渠大水位 | 优化调度模式，集中轮灌 |
| | | 中灌洞 | 2370 | 渠灌 | 2321802 | 7 | 李俊镇金塔村 | 高口高地，需要干渠大水位 | 优化调度模式，集中轮灌 |
| | 丁字渠段 | 金双渠 | 1050 | 泵站、渠灌 | 1360009 | 6 | 李俊镇金塔村 | 高口高地，需要干渠大水位 | 优化调度模式，集中轮灌 |
| | | 南沙渠 | 120 | 抽灌 | 225522 | 6 | 李俊镇团结村 | 高口高地，需要干渠大水位 | 优化调度模式，集中轮灌 |
| | | 团一渠 | 670 | 抽灌、渠灌 | 1091317 | 7 | 李俊镇团结村 | 高口高地，需要干渠大水位 | 优化调度模式，集中轮灌 |
| | | 团二渠 | 860 | 抽灌、渠灌 | 363720 | 4 | 李俊镇团结村 | 高口高地，需要干渠大水位 | 优化调度模式，集中轮灌 |
| | | 苜蓿渠 | 1000 | 抽灌、渠灌 | 705007 | 4 | 李俊镇团结村 | 高口高地，需要干渠大水位 | 优化调度模式，集中轮灌 |
| | | 丁家渠 | 65 | 渠灌 | 85013 | 2 | 李俊镇团结村 | 高口高地，需要干渠大水位 | 优化调度模式，集中轮灌 |
| | | 小沙渠 | 20 | 渠灌 | 26158 | 2 | 李俊镇团结村 | 高口高地，需要干渠大水位 | 优化调度模式，集中轮灌 |
| | | 友爱抽 | 210 | 抽灌 | 195071 | 4 | 李俊镇友爱村 | 高口高地，需要干渠大水位 | 优化调度模式，集中轮灌 |
| | | 杨子渠 | 1050 | 抽灌、渠灌 | 595333 | 7 | 李俊镇友爱村 | 高口高地，需要干渠大水位 | 优化调度模式，集中轮灌 |
| | | 友爱渠 | 649 | 抽灌、渠灌 | 465132 | 5 | 李俊镇友爱村 | 高口高地，需要干渠大水位 | 优化调度模式，集中轮灌 |
| | | 侯家渠 | 1420 | 抽灌、渠灌 | 853100 | 6 | 李俊镇侯寨村 | 高口高地，需要干渠大水位 | 优化调度模式，集中轮灌 |
| | | 合并渠 | 1450 | 渠灌 | 1700641 | 7 | 李俊镇魏团村 | 高口高地，需要干渠大水位 | 优化调度模式，集中轮灌 |
| | | 小中渠 | 170 | 泵站、渠灌 | 332786 | 3 | 李俊镇魏团村 | 高口高地，需要干渠大水位 | 优化调度模式，集中轮灌 |
| | | 大双渠 | 1590 | 渠灌 | 1291836 | 6 | 李俊镇李俊村、魏团村 | 高口高地，需要干渠大水位 | 优化调度模式，集中轮灌 |

续表

| 管理所 | 管理单位 | 直开口名称 | 灌溉信息 | | | | | 存在的灌溉难点问题描述 | 解决方案 |
|---|---|---|---|---|---|---|---|---|---|
| | | | 灌溉面积/亩 | 灌溉模式 | 三年平均供水量/$m^3$ | 每轮水灌溉天数/d | 受益单位 | | |
| 二　所 | 唐铎段 | 西友渠 | 120 | 渠　灌 | 159694 | 2 | 李俊镇友爱村 | 高口高地，需要干渠大水位 | 优化调度模式，集中轮灌 |
| | | 畦家渠 | 0 | 渠　灌 | 0 | 0 | 望洪镇西玉村 | 高口高地，需要干渠大水位 | 优化调度模式，集中轮灌 |
| | | 三合渠 | 2630 | 抽灌、渠灌 | 3631286 | 7 | 望洪镇增岗村 | 高口高地，需要干渠大水位 | 优化调度模式，集中轮灌 |
| | 唐铎段 | 前　渠 | 2590 | 渠　灌 | 2496768 | 5 | 望洪镇前渠村 | 高口高地，需要干渠大水位 | 优化调度模式，集中轮灌 |
| | | 黑古渠 | 1580 | 渠　灌 | 1523313 | 4 | 望洪镇前渠村 | 高口高地，需要干渠大水位 | 优化调度模式，集中轮灌 |
| 三　所 | 王闸桥段 | 二　渠 | 1500 | 自　流 | 150000 | 5 | 望洪镇曾岗村 | 500亩高地需大水位 | 优化调度模式，集中轮灌 |
| | | 弟子渠 | 250 | 自　流 | 153000 | 3 | 杨和镇旺全村 | 高口高地需要干渠大水位 | 优化调度模式，集中轮灌 |
| | | 小双渠 | 550 | 自泵结合 | 67500 | 7 | 杨和镇纳家户村 | 高口高地需一定水位 | 优化调度模式，集中轮灌 |
| 五　所 | 潘昶桥段 | 保南灌洞 | 408 | 轮　灌 | 314784 | 5 | 金贵镇保南村 | 由于五所地处汉延渠梢段，供水条件不是很稳定，水位变化较大，按照传统“先下游后上游”的思路，五所上游原金贵段、潘昶桥段高口在梢段四星灌溉完成后，水位条件将不能满足高口的进水条件，无法进行灌溉，易引起灌溉矛盾 | 针对上述问题，五所已经采取轮灌的方式解决所内高口灌溉问题，原金贵段中高口在四星灌溉时就调节开灌；潘昶桥段高口在四星结束时，利用潘昶、金贵节制闸调控进行灌溉；同时利用晚间水位上涨灵活调节用水 |
| | | 南毛渠 | 2620 | 轮　灌 | 3893222 | 10 | 金贵镇雄英村 | | |
| | 王澄桥段 | 岳家灌洞 | 106 | 轮　灌 | 104978 | 4 | 习岗镇五星村 | | |
| | | 双洞子 | 1100 | 轮　灌 | 2242123 | 8 | 习岗镇五星村、区原种场 | | |

## 五、引用水

随着大型灌区续建配套工程及地方国土整治项目推进，管理处干渠工程安全状况明显改善，综合调控能力得到增强，灌溉水利用效率和效益逐步提高。干渠砌护长度69.22 km，砌护率78.6%，各级渠道砌护率逐年增加，灌区引用水量逐年减少。

自汉延渠灌区的续建配套节水改造项目2005、2006年度实施以来，随着自治区节水型社会建设，通过灌区节水改造，灌溉水利用系数由1998年的0.36、2004年的0.38提高到2021年的0.44，水分生产率由0.52 kg/$m^3$提高到0.69 kg/$m^3$。汉延渠2000年引水量为7.99亿$m^3$，支渠供水量为6.67亿$m^3$，至2010年干渠引水量减少为5.17亿$m^3$，支渠供水量减少为4.44亿$m^3$，10年间干支渠引供水量减幅达30%。

### （一）汉延渠灌域年引用水量统计表

表4-2-8　1988—2021年汉延渠干引支引水量统计

| 年份/年 | 干引水量/亿$m^3$ | 支引水量/亿$m^3$ | 商品率/% | 年份/年 | 干引水量/亿$m^3$ | 支引水量/亿$m^3$ | 商品率/% |
|---|---|---|---|---|---|---|---|
| 1988 | 7.94 | 6.59 | 83.00 | 2005 | 5.82 | 5.25 | 90.00 |
| 1989 | 8.40 | 7.16 | 85.00 | 2006 | 5.97 | 5.13 | 86.40 |
| 1990 | 8.37 | 7.07 | 84.00 | 2007 | 5.63 | 4.68 | 83.03 |
| 1991 | 7.70 | 7.32 | 95.00 | 2008 | 5.49 | 4.69 | 85.50 |
| 1992 | 7.67 | 7.32 | 95.00 | 2009 | 5.20 | 4.57 | 87.80 |
| 1993 | 8.06 | 8.01 | 99.00 | 2010 | 5.17 | 4.44 | 85.90 |
| 1994 | 8.80 | 7.88 | 90.00 | 2011 | 5.17 | 4.30 | 83.10 |
| 1995 | 8.66 | 8.47 | 98.00 | 2012 | 4.69 | 4.25 | 90.70 |
| 1996 | 8.64 | 8.51 | 98.00 | 2013 | 4.87 | 4.21 | 86.40 |
| 1997 | 8.90 | 8.60 | 97.00 | 2014 | 4.40 | 3.90 | 85.80 |
| 1998 | 8.80 | 8.11 | 92.00 | 2015 | 4.56 | 3.97 | 86.90 |
| 1999 | 9.03 | 8.21 | 91.00 | 2016 | 3.90 | 3.45 | 88.44 |
| 2000 | 6.19 | 5.96 | 96.00 | 2017 | 3.76 | 3.36 | 89.28 |
| 2001 | 7.08 | 6.26 | 88.00 | 2018 | 3.74 | 3.32 | 88.70 |
| 2002 | 7.02 | 6.18 | 88.00 | 2019 | 3.75 | 3.29 | 87.62 |
| 2003 | 5.04 | 4.31 | 86.00 | 2020 | 3.50 | 3.15 | 90.05 |
| 2004 | 5.55 | 4.81 | 87.00 | 2021 | 3.36 | 3.06 | 91.10 |

(二)水权指标

汉延渠灌区用水指标由自治区水利厅根据《宁夏黄河水资源县级初始水权分配方案》及灌区水源状况、作物种植结构、灌溉定额、渠系水利用系数、工程供水能力等,按照"同比例丰增枯减"原则确定。

各县(区)夏秋灌计划内用水指标。2005—2015年自治区水利厅下达灌区各县(区)夏秋灌计划内用水指标,从2006年开始为强化水权理念,规范加价水的收缴行为,经管理处和各受益县(区)水务局会商,按照"以水定植、总量控制、定额管理"的原则,将自治区水利厅分配给各县(区)计划内用水指标按定额配水到直开口,作为夏秋灌平价水的计算依据。

各县(区)渠道用水指标。2016年以来,随着自治区节水型社会建设对农业节水、用水总量指标的控制,自治区水利厅开始实行水指标管理,将水指标分配到各县(区)水务局,再由各市、县(区)将指标分配到辖区直开口,由管理处审核后,下发管理所控制使用。

## 第三节　节约用水与水管体制改革

### 一、农民用水组织的建立

农民用水组织是连接管理处和农民供用水双方之间的桥梁和纽带,具有不可替代的重要作用。农民用水组织是按章程组织起来的自主经营、自我管理的群众性管水组织。主要职责是:宣传贯彻国家有关水利方针政策;负责支斗渠水工程的维护和管理,保障工程安全运行;负责支斗农渠的清淤和安全运行管理;积极推行节水灌溉技术,坚持计划用水节约用水。组织形式以农民用水户协会和农民用水合作组织为主,农民用水组织实行自主管理、自主经营、自我服务、民主决策、市场化运作的运行管理方式。协会接受管理处和县(市)水行政主管部门的业务指导,接受乡村的监督。收费方式按照"一费制"水价标准实行"一费开票到户、收费到户",运行管理费按物价部门核定的标准从综合水费中返还给农民用水组织,用于支斗渠的维修及管理人员工资开支。

2004年起,改革农业供水管理体制,建立由农民用水组织自主经营、自我管理,县、乡、村监督协调,管理处指导服务的农业供用水管理体制,转变乡村用水管理职能,实行以干渠管理为主,向支渠以下延伸服务,指导农民用水组织做好支渠以下用水的管理。2004—2005年,相继成立农民用水协会90个,均由管理处指导各用水户在民政局注册,主要由协会会长、管水员、财务人员及计量员组成,协会人员工资主要从返还款里提取。截至2021年,灌域共有乡级大协会4个、村级协会75个、跨村联合大协会1个(贺兰四星协会)。农民用水协会全部登记注册,实现了用水规范、农业节水、农民增收的"三赢"效果,使农业供水服务向协调、高效、及时迈进。通过改革,规范水价管理及水费收取方式,切实解决水费收取项目多、环节多和搭车收费等问题,杜绝不合理的支出,切实减轻农民负担。实行"一费制"和"一票制"的收费制度。一是改革水费计征方式,实行"三费"合一的"一费制"按方收费,取消灌区征工款和支斗渠以下维护管理费名称,以支渠口为计量点按配水定额折入水价中按方计收。二是改革水费收缴管理方式,实行"一费开票到户制"和"一票收费到户制",管理处统一开票到户,农民用水组织按票收费到户,农户见票付款,做到票款两清。

**二、水价形成机制及水费收缴管理制度改革**

1970年汉延渠管理处成立后,根据自治区政府按亩收费的规定:旱田每亩0.5元,水稻每亩0.7元。1972年统一标准为0.5元/亩。实行按亩收费的弊端:一是不管用水多少交钱都一样,助长了"水从门前过,不淌也有错"和"不灌白不灌"的错误观念。二是灌溉面积多报多交钱,少报少交钱,虚报地亩成风。一般统计面积比实际面积少1/4~1/3。三是旱作物每亩收费1.5元(水费0.5元,征工折款1元),水稻每亩收费1.7元(水费0.7元,征工折款1元),水稻每亩比旱作物仅多收13%,而水稻用水却为旱作物用水的3倍左右,致使水稻种植面积不断扩大。四是水量不受限制,大水漫灌,淹滩漫路,纵水入湖、入坑、入沟,严重浪费水资源。实行按亩收费时,按渠首引进水量计,亩均用水量达2255立方米。自治区人民政府〔1982〕45号文件批准自治区水利局1982年3月19日颁布《关于实行计划用水、计量收费、超标准加价的规定》。1989年3月22日,自治区人民政府下发宁政发〔1989〕30号文《关于调整引黄灌区农业灌溉用水水价的通知》,自1989年1月1日起,自流灌区农业灌溉用水水费从现行的每立方米1厘调为2厘,宁政发〔1989〕115号文又规定,超计划用水20%~40%,每立方米加收2厘,超用40%以上,每立方米加收4厘。1994年6月9日,自治区物价局和自治区水利厅下发宁价(重)发〔1990〕90号文《关于调整引黄灌区供水水价的通知》，规定自1994年6月15日起，自流灌区农业用水由现行的每立方米2厘调为6厘，超计划用水30%以上，每立方米加收4厘。2000年3月9日，自治区物价局和自治区水利厅下发宁价（重）发〔2000〕42号文《关于调整我区引黄灌区供水价格的通知》，规定自2000年4月1日起，自流灌区农业用水由现行的每立方米0.6分调为1.2分，超计划用水30%以上，每立方米加收0.5分。2004年4月根据宁价商发〔2004〕79号文件《自治区物价局 自治区水利厅关于自流灌区农业供水价格改革与水费计收管理试行办法的通知》，将当时执行的“三费”（干渠水费、征工折款和支斗渠维护管理费）合一，统一实行按方计量收费，分别以干渠直开口或支渠直开口为计量点实行计量收费。“三费”合一、按方收费，即统一归并各种合理价费，取消中间不合理收费，形成统一按方收费的供水价格机制。同时，改进水费计收办法，实行由水管部门开票到户，农民用水组织送票到户，农民按水票交费的制度。

**表4-3-1　2000年宁夏回族自治区引黄自流灌区农业供水价格**

<table>
<tr><th rowspan="2">供水类别</th><th colspan="3">计量点在干渠直开口，未试行“一价制”渠道农业供水价格执行时间：2000年4月1日</th><th colspan="3" rowspan="2">计量点在干渠直开口，试行“一价制”渠道农业供水价格（含干渠水价、支渠及末级渠系水价）执行时间：2000年4月1日</th><th colspan="3" rowspan="2">计量点在干渠直开口，试行“一价制”渠道农业供水价格（含干渠水价、支渠及末级渠系水价）执行时间：2000年4月2日</th><th rowspan="2">超定额用水加价金额（干渠直开口）执行时间：2003年4月1日</th></tr>
<tr><th>干渠直开口以上水价</th><th>干渠直开口以上水价征工折款</th><th>干渠直开口以下维护管理费</th></tr>
<tr><td rowspan="2">农业用水（粮食作物、经济作物、林草地）</td><td rowspan="2">1.2分/m³</td><td rowspan="2">4元/亩</td><td rowspan="2">最高不超过6元/亩</td><td rowspan="2">1.9分/m³</td><td rowspan="2">其中</td><td>干渠 1.5分/m³</td><td rowspan="2">2.2分/m³</td><td rowspan="2">其中</td><td>干渠 1.70/m³</td><td rowspan="2">1.2分/m³</td></tr>
<tr><td>干渠以下 0.45分/m³</td><td>干渠以下 0.50分/m³</td></tr>
<tr><td rowspan="2">水产养殖业用水</td><td rowspan="2">1.3分/m³</td><td rowspan="2">4元/亩</td><td rowspan="2">最高不超过6元/亩</td><td rowspan="2">2.3分/m³</td><td rowspan="2">其中</td><td>干渠 1.8分/m³</td><td rowspan="2">2.5分/m³</td><td rowspan="2">其中</td><td>干渠 1.9分/m³</td><td rowspan="2">1.2分/m³</td></tr>
<tr><td>干渠以下 0.5分/m³</td><td>干渠以下 0.6分/m³</td></tr>
<tr><td rowspan="2">其他用水（旅游、城镇、工矿企业）</td><td colspan="3" rowspan="2">供水成本加10%利润</td><td rowspan="2">4.0分/m³</td><td rowspan="2">其中</td><td>干渠 2.5分/m³</td><td rowspan="2">4.5分/m³</td><td rowspan="2">其中</td><td>干渠 2.8分/m³</td><td rowspan="2">1.2分/m³</td></tr>
<tr><td>干渠以下 1.5分/m³</td><td>干渠以下 1.7分/m³</td></tr>
</table>

2005年灌区实行水费改革后，全面推行"一价制"和"一费制"管理办法。各级协会积极履行所辖渠系的管理、保养、维护、用水计量、收费等职能，既扩大效益、增加收入，又节约用水、降低成本。2007年，自治区物价局和自治区水利厅联合印发《关于调整我区引黄灌区水利工程供水价格的通知》（宁价商发〔2007〕38号）规定：农业用水计量点在干渠直开口（支渠进水口），水价调整到2.45分/$m^3$，其中干渠水价由1.5分/$m^3$调整到2分/$m^3$，支渠水价仍维持0.45分/$m^3$标准不变；计量点在支渠直开口（斗渠进水口），水价由2.2分/$m^3$调整到2.8分/$m^3$，其中干渠水价由1.7分/$m^3$调整到2.3分/$m^3$，干渠以下水价维持0.5分/$m^3$标准不变，超定额用水加价1.7分/$m^3$。2008年12月19日，为建立良性供水价格运行机制，充分发挥价格杠杆调节作用，保护和合理利用水资源，促进水资源可持续利用和宁夏水利事业健康发展，按照国务院《水利工程供水价格管理办法》和《关于推进水价改革节约用水保护水资源的通知》以及自治区相关规定，经自治区人民政府同意，自治区物价局和自治区水利厅联合印发《关于调整我区引黄灌区水利工程供水价格的通知》（宁价商发〔2008〕54号），对自治区引黄灌区水价适度调整。文件规定：以支渠进水口为计量点的农业灌溉用水、为农村人畜饮水工程供水水价调整到3.05分/$m^3$。其中干渠水价调整到2.5分/$m^3$，支渠水价调整到0.55分/$m^3$。以斗渠进水口为计量点的农业灌溉用水、为农村人畜饮水工程供水水价调整到3.4分/$m^3$。其中干渠水价调整到2.8分/$m^3$，支渠水价调整到0.6分/$m^3$。自流灌区农业超定额用水加价提高到2.0分/$m^3$。水价调整自2009年1月1日起执行。2009—2019年，干渠供水价格按自治区物价局和自治区水利厅联合印发《关于调整我区引黄灌区水利工程供水价格的通知》（宁价商发〔2008〕354号）文件执行。

**三、农民用水协会管理模式**

管理处从2004年开始，将用水户引入参与灌溉管理，当年试点成立兴庆区汉延渠灌溉合作社、贺兰四星农民用水协会、永宁红星灌溉服务协会和前渠村支渠管理协会等农民用水合作组织。2005年开始，自治区党委、政府将农村水费改革列为自治区政府年度工作的一件大事，并确定为水利部门的首要任务，在宁夏引黄灌区全面推行。按照要求，汉延渠灌域在总结经验的基础上，在灌域全面推行改革，共组建各类协会90个，其中乡级大协会10个、村级协会80个，涵盖灌域4个市（县、区）13个乡镇80个行政村770个村民小组及4个国营单位的256条支渠，灌溉面积32.5万亩。这标志着在汉延渠灌域基本构建起干渠以下实行农民用水合作组织管理、水管单位延伸服务的管理框架。到2015年末，农民用水协会整合为乡级大协会4个、村级协会75个、跨村联合大协会1个（贺兰四星协会），涉及协会管理的配水面积约为27.7万亩，占配水面积28.2万亩的98.5%（国营用水单位供水到支渠口采取按方计量收费）。协会运作主要分为4种模式，即乡级大协会领导下的村级协会管理模式、村委会直接参与协会管理模式、协会+承包人管理模式、协会自主管理模式，4种模式控制的配水面积分别约为29%、38%、26%、5.5%。

**四、供水延伸服务**

按照自治区水利厅的统一部署和要求，管理处以关注民生、服务群众、构建和谐水利为主线，充分发挥水利服务于民的作用，促进汉延渠灌区和谐发展，强化行业自律意识，树立良好的行业形象，优化水利发展环境。深入落实自治区水利厅党委决策部署，以推进标准化、规范化管理为抓手，以提升供水服务为目标，加快基础设施提标，深化信息技术应用，强化运行服务管理，推进管理机制创新，强基固本，形成“党建引领、多点突破、融合互动”的工作新格局。

一是坚持问题导向，打通管理“堵点”。扎实开展“我为群众办实事”实践活动，把党史学习教育成果转化为为灌区群众服务的生动实践。以解决问题为指引，全力化解突出矛盾。探索建立“五查四看三交一督”的运行维护监督检查模式，化解工程运行管理难题；充分利用汉延渠灌溉管理业务平台、大闸远程操控、测控一体化等信息化手段精心调控，深化分段轮灌+续灌调度模式，化解高口高地灌溉矛盾；深入推进信息化建设，扎实开展灌溉管理模式改革，提高工作效率，减轻基层工作负担，解决人员短缺问题。二是坚持结果导向，解决管理“难点”。以工作成效为标准，切实增强工作的务实性。扎实推进“基层党建全面提升年”“灌区供水服务提升年”活动，围绕六项任务，在服务意识、服务能力、服务标准、服务手段、服务质效、服务机制上提档升级，对列入“我为群众办实事”项目实施台账管理、动态监控和月调度机制，确保为民办好事。采取领导分片包干、科室重点调度、党员结对帮扶等措施，深入开展“大调研、大走访”活动，积极配合地方深入推进用水权改革、农业综合水价改革、节水型灌区建设等重难点工作，深入田间扎实开展延伸服务，化解灌溉矛盾。三是坚持标准导向，融通管理“乱点”。管理处坚持拉高标杆加压力，凝心聚力补短板的工作原则，以实现“节水高效、设施完善、工程安全、调度精准、管理科学、环境优美”灌区为目标，全面开展梳理管理事项、落实管理主体、明确管理内容、厘清管理职责、规范管理流程、制定管理标准、深化管理改革、加强监督管理等工作，破解“谁来管、管什么、怎么管”等管理主体不明、权责不清难题，按照“标准化控制、程序化管理、信息化推动”的要求扎实推进“四个标准”“五项管理”“六个一试点”工作，努力推动思想意识、工作手段、工作模式、服务水平“四个”转变，不断深化“十化”管理落地，通过规范管理和约束行为化解管理乱点，逐步形成“标准成为习惯、习惯合乎标准”的工作模式。

### 五、用水管理

严格用水总量控制和定额管理，严格执行用水申请审批制度，严格执行水量分配计划，严禁超计划指标供用水。严格执行“年控制、月计划、旬安排、日调节”的调度管理制度，全力保障灌区关键期渠道引用水量。充分利用农业灌溉间歇期和低峰期，通过提前开灌、错峰补灌等措施，保障河湖生态水量，落实生态补水计划，严禁向违规建设、取用水手续不全的人造景观等补水。一是通过灌区数字化基础设施、灌区专题数据库、灌区业务应用系统、安防系统四个方面的建设，推进灌区水数据资源有效整合、在线共享、高效利用，实现灌区测控一体化、管理标准化规范化、服务高效化，持续推动渠道管理与信息化深度融合发展，在信息化、数字化、智慧化上取得新成效，全面提升管理效率。二是结合现代化灌区建设和渠道供水小流量运行实际，梳理供水管理、工程运行等需求，按照灌区“一张图、一个网、一套数据、一个平台”规划，编制信息化建设规划，充分发挥信息化推进现代化的驱动引领作用。三是深入推进灌区全渠道控制研究，提升灌区管理和灌溉服务能力，提高调度决策的科学性和调度管理精准度、时效性。四是强化已建设完成的自动化测流断面、水闸远控、测控闸门、视频监测点等设备的应用，整合信息设备数据资源，建立动态管理台账，发挥工程和系统效益，推动管理能力提升。

### 六、创新机制

管理处坚持改革和创新双轮驱动，结合工作实际和问题短板，围绕供水服务、运行管理等关键环节，积极开展思想创新、技术创新、制度创新和机制创新，抓重点、攻难点、育亮点，效果明显。一是创新监督检查机制。坚持问题导向，对标准、促工作，探索建立“五查四看三交一督”的运行维护监督检查模式，压实表单交底责任，坚持清单销号制度，形成责任部门积极改、值班科室盯着改、职能部门督办改的工作机制。二是创新值班管理机制。探索全渠段分时段倒班制管理模式改革，探索弱化管理段、强化管理所的扁平化集中管理模式，深化基层单位岗位设置、管理制度、绩效考核改革，不断提升管理效能。三是创新工程管理机制。结合“巡渠通”深度应用，深化渠道巡护改革。编制管养分离实施方案，探索管养分离界限划定，探索工程专业化市场化养护运维，采用招标方式择优选择服务企业，探索养护分级监管和目标考核管理，稳步推进管养分离改革。四是创新协同共建机制。建立与地方定期协调对接机制，每月开展工作对接，强化融合发展，形成工作合力，积极推进用水权、农业综合水价改革和节水型灌区建设等重难点工作，积极推进“水协会”试点改革，打通与地方水务部门数据应用链路，实现信息数据共享，合力助推供水服务提升。五是创新调度管理模式。针对“种植结构多样化、供水需求多元化”的用水新局面和“干渠中小水位运行常态化”的供水新形势，深入分析研判“不集中、不同步、不连续”的灌溉新矛盾，创新“上游节制闸群调分批灌和下游大水集中灌”调度模式，发挥水闸远控群调作用，有效化解灌溉难点。

## 七、节水型社会建设

### （一）节约用水

#### 1. 节水型社会建设背景

宁夏地处西北干旱地带，水资源严重短缺，时空分布不均，是全国水资源最为缺乏的省（区）之一，同时存在着用水结构不合理、水资源利用效率不高等问题。水资源是基础性自然资源和战略性经济资源，是实现经济、社会、环境可持续发展的物质基础。宁夏多年平均年降水量289 mm，水资源总量10.91亿 $m^3$，人均占有量197 $m^3$，为全国平均值的1/12和黄河流域的1/3；亩均占有量48 $m^3$，为全国平均值的1/28和黄河流域的1/6。计入国家分配宁夏可用的40亿 $m^3$ 黄河水量指标，人均占有量只有690 $m^3$，亩均占有量210 $m^3$，分别不足全国平均值的1/3和1/8。20世纪90年代以来，宁夏经济社会快速发展，但黄河上游来水持续偏枯，全区经济社会和生态用水严重不足。因此，建设节水型社会，以水资源可持续利用支持社会经济可持续发展，已成为自治区全面建设小康社会的必由之路。2000年，《中共中央关于制定国民经济和社会发展的第十个五年计划建议》明确提出：“水资源可持续利用是我国经济社会发展的战略问题，核心是提高用水效率，把节水放在突出位置。要加强水资源的规划与管理，搞好江河全流域水资源的合理配置，协调生活、生产和生态用水。城市建设和工农业生产布局要充分考虑水资源的承受能力。大力推行节约用水措施，发展节水型农业、工业和服务业，建立节水型社会。抓紧治理水污染源。改革水的管理体制，建立合理的水价形成机制，调动全社会节水和防治水污染的积极性。”2004年，自治区党委、政府决定将节水型社会建设作为解决宁夏干旱缺水问题最根本、最有效的战略措施，提高水资源利用效率和效益，改善生态环境，增强可持续发展能力，实现人与自然和谐共生，促进经济、社会、环境协调发展。2006年，宁夏被水利部确定为全国第一批节水型社会建设示范区，自治区政府办公厅印发了《宁夏节水型社会建设规划提要》，宁夏全面启动节水型社会建设。2014年，习近平总书记提出“节水优先、空间均衡、系统治理、两手发力”的治水思路，赋予新时期治水的新内涵、新要求、新任务，为强化水治理、保障水安全指明了方向。

2.节水型社会建设目标

宁夏节水型社会建设规划纲要（2004—2020年）中提出宁夏节水型社会建设的近期目标和远景目标。

近期目标（到2015年）。一是建立健全科学管理体系、法制和技术推广服务体系，建立与社会主义市场经济体制相适应的节水运行机制和节水产业，全民节水意识普遍增强。二是全区总耗水量控制在40亿$m^3$以内，从农业用水指标中节水6.9亿$m^3$，保障工业化和城市化建设用水。全区生活、生态、工业、农业耗水比例由2.2∶7.2∶2.8∶87.8调整为4∶11∶9∶76。对引黄灌区、库井灌区进行全面续建配套和节水改造，自流灌区渠系水利用系数由0.44提高到0.5，亩均综合灌溉定额由509 $m^3$下降到455 $m^3$。扬水及库井灌区水利用系数由0.6提高到0.65。单方水粮食生产量由0.6 kg提高到1 kg。三是工业万元增加值取水量由328 $m^3$下降至170 $m^3$，重复利用率由45%提高到60%。完成5个地级市的污水处理设施建设，提高城市生活污水处理率，主要工业废水达标排放，中水重复利用率由20%提高到60%，水重复利用率由45%提高到60%。封闭主要城市地下水超采区工业企业自备机井，城市水源地得到进一步保护，饮用水源水质达标率100%。城市供水管网漏损率由20%降至15%。控制人为造成的水土流失，治理程度达到68%，基本遏制生态环境恶化趋势。四是万元国内生产总值用水量由1150 $m^3$下降到590 $m^3$。

远景目标(到2020年)。一是扬黄灌区、库井灌区节水改造工程和支、斗渠量水设施配套建设,全区节水灌溉面积达到720万亩,实现农业节水10亿$m^3$的目标;二是全区水土流失面积治理率100%,进一步遏制荒漠化,提高森林覆盖率和城镇绿化率,使生态环境走上良性循环的轨道。

3.节水型社会建设内容

根据《宁夏节水型社会建设规划提要》确定的建设任务,主要包括:水权制度建设与水市场培育;现代水管理体系建设;多元经济调控体系建设;公众参与体系建设;社会经济结构调整;水资源联合调配体系建设;节水工程技术体系建设;水生态环境保护与治理;科技创新体系建设;节水法规与意识建设。

4.节水型社会开展情况

1970年汉延渠管理处成立后,灌区群众误认为多灌就可以增产,"水从门前过,不淌也有错"成为多灌水的"口头禅",养成大水漫灌的积习。"头水不敢慢,二水跟着灌""早到的糜谷,骝到的马"等,都是群众总结的灌水经验。"稻子怀苞,大水齐腰"等传统经验,很长时间流行不衰。灌区地下水位增高,部分洼地盐碱上升,影响粮食产量。

1994年,自治区政府调整水价,利用价格杠杆原理,促使用水管理市场化,灌区群众增强"水是商品"的理念和节约用水意识。长期以来,灌区主要种植结构以水稻、小麦等高耗水作物为主,为洗盐压碱,群众形成大引大排、大水漫灌的习惯,水量浪费严重。随着黄河流域工农业迅猛发展,用水量逐年增加,对黄河水量开采过度,加之气候因素的影响,黄河入境流量逐年减少,黄河下游断流现象时有发生(在八七分水方案出台至1997年的11年间,黄河有10年断流,累计断流44次,断流天数累计762天,最严重的是1997年,黄河一年内断流达225天,断流河上延至河南开封市以下的陈桥村附近,长度达704 km)。为此,黄河水利委员会对黄河各境段的引黄水量采取严格的宏观调控手段,实行限量供水,以往粗放的管理方式已不能适应新时期新形势的要求。1998年12月,国家计委和水利部联合颁布实施《黄河可供水量年度分配及干流水量调度方案》和《黄河水量调度管理办法》两个文件,进一步明确黄河水量分配原则和具体实施办法,将各省区黄河正常年份可供水量在年内按月分配,并授权黄河水利委员会对黄河水量进行统一调度。黄河水量统一调度的实施,有效控制沿黄省区引黄水量,黄河断流形势得到根本好转,除实施头一年的1999年断流以外，2000年以后再没有发生过断流。

1999年，自治区水利厅在全区试验、推广应用水稻节水高产控灌新技术。

2008年，自治区水利厅印发《关于进一步规范引黄灌区各大干渠新增用水指标申报审批工作的通知》（宁灌发〔2008〕113号），要求按程序审批。

2000年，自治区水利厅灌溉局印发《引黄灌区灌溉管理办法（试行）》，充分发挥水资源的灌溉效益，为灌区农业生产提供优质服务。

2001年后，管理处制定印发《汉延渠管理处用水管理办法》（宁汉发〔2001〕25号），进一步规范灌溉用水管理，为灌区县、乡农垦积极调整种植结构，推广旱育稀植水稻种植技术，压减高耗水农作物面积，增加低耗水、高效益经济作物面积，提供灌溉管理的技术保障。

2004年，按照《宁夏节水型社会建设规划纲要（2004—2020年）的通知》，自治区政府、自治区水利厅加大投入，大力开展农田水利建设与节水改造。管理处坚持"节流优先、治污为本、科学开源、综合利用"的方针，以提高水资源利用效率和效益为目标，以保护水资源、防治水污染为重点，加强工程措施，通过实施灌区续建配套项目，扎实推进节水型社会的建设。同时，加大宣传力度，通过"世界水日""中国水周"等宣传活动，努力提高公众的节水意识，在灌区实行"计量收费"，支斗口的用水管理得以加强，计划用水进入实质性阶段，形成珍惜水、节约水、保护水的良好氛围，为灌区经济持续快速增长、社会安定、民族团结以及人民生活质量提高提供强有力的支撑和保障。

2005—2019年，汉延渠灌域的高效节水灌溉面积逐年递增。截至2019年年底，高效节水灌溉面积发展至5万余亩（宁夏遥感测绘勘查院核定），占灌溉面积的12.5%。干渠砌护率截至2021年达78.9%，农业灌溉引水量从2001年6.26 $m^3$下降到2021年3.056亿$m^3$，灌溉水利用系数由1998年的0.36提高到2021年的0.523，节水效果显著。

（二）节水措施

加强灌溉管理，发展节水农业，减少水量浪费，是缓解宁夏水资源短缺的关键之举，也是管理处的重要任务。为此，管理处和各市、县积极开展了一系列以节水为中心的工作。截至2021年，汉延渠引水量从1980年的8.37亿$m^3$下降到3.056亿$m^3$（含生态补水），减幅达63.5%。

1.工程措施节水

自2003年以来,管理处针对干渠砌护率低、土渠多、渗漏严重、输水损失大、水资源利用率低、灌排工程配套不完善、工程老化损坏严重等状况,实施续建配套改造与节水改造项目、岁修工程,完成干渠整治砌护、建筑物更新改造,完善管理设施等,提高干渠砌护率和输水效率,减少渠道渗漏,节水效益显著。自汉延渠管理处成立以来,20世纪七八十年代资金投入严重不足,工程标准低。20世纪90年代至2021年,管理处以续建配套工程和信息化建设为契机,实施续建配套和节水改造,加快推进渠道基础设施建设,共完成渠道砌护69.22 km,改造翻建斗口184座,翻建改造节制闸9座、退水闸5座,干渠砌护率提升至69.22%。

2.价格调节

宁夏水资源短缺与浪费现象同时存在,水价不合理是其中重要原因之一。农业水价长期与用水成本不相适应,水资源价值和紧缺程度不能用价格信号表达,难以形成对水资源集约利用的激励。调整水价是节约用水的重要手段,通过调整水价可促使灌区农民转变用水思想,逐步扭转灌区延续2000多年的"水从门前过,不淌也有错"的落后用水观念,遏制大水漫灌等浪费水的习惯。自1984年至2008年,管理处经过5次水价调整及改革,水费由每亩0.5元变为每立方米3.05分。进一步增强农民水是"商品"的理念和节约用水的意识。价格杠杆的作用,激励农民调整种植结构的积极性,促使高耗水作物的种植面积减少,大力发展高效节水的经济作物。

3.节水技术

2000年之后,汉延渠灌区大面积推广小畦灌、水稻控灌、激光平地、喷滴灌、沟灌、玉米覆盖等节水技术。节水技术的推广,大大减少干渠引、耗水量。灌区葡萄、设施农业等节水型经济作物迅速发展。

(1)节水控灌技术。

汉延渠灌区水稻种植面积由2008年7.38万亩压减至2021年3.07万亩。管理处通过不断创新田间农业技术措施,着力推广节水控制灌溉技术,有效控制水资源浪费,促进种植户节水增收。水稻节水控制灌溉又称水稻调控灌溉,是指在秧苗水田移栽后的各个生育期,田面基本不再长时间建立灌溉水层,不以水层深度为灌溉指标,而是以根层土壤含水量及土壤表相确立灌水时间、灌水次数和灌水定额的一种控灌新技术，是水田节水灌溉的一项革命性措施，比常规灌溉节水41.5%。节水控灌技术科学地控制水稻生长周期中对水量的不同需求，将浇灌次数由传统方式中的42次减少到28次，每亩可节约用水400 $m^3$，并且增强水稻的抗病抗倒伏性，大大缓解用水集中的矛盾。

（2）激光平地技术。

激光平地机主要用于平整土地。水稻种植最怕地不平，稻秧插进去，一旦地不平，有些会被水淹死，有些则会缺水旱死。2015年以来，激光平地技术在灌区大面积推广应用，实施激光控制精平后：水稻田平整精度值由常规粗平后的4.27 cm下降到1.50 cm，平均相对改善度为64.03%；旱田平整精度值由粗平后的7.24 cm下降到1.91 cm，平均相对改善度为71.04%。田块内地面高程绝对差值小于2 cm的测点累积百分数的范围，由粗平后的20%~66.67%提高到60%~100%，所有测点的地面高程绝对差值都小于3 cm。通过对激光平地技术应用的效果分析，田间灌溉效率由改造前的40%~50%提高到70%~80%，节水率在30%以上，单产提高8.4%。经过几年来的示范推广，节水及经济效益明显，为宁夏灌域推广应用激光平地技术提供了经验。

（3）玉米覆盖技术。

玉米地膜覆盖最突出的效应是增温保墒，弥补温、光、水资源的不足。一般可增加积温200 ℃~400 ℃，增强玉米耐霜冻的能力，相对延长无霜期，提高产量。1998年以来，灌区通过大面积推广玉米覆盖技术，提高玉米水分利用率2.7%~89.0%，降低耗水量2.5%~12.7%和耗水强度2.5%~35.0%，水分利用趋于合理，玉米增产幅度大，经济效益高，节水效果明显。

（4）喷灌滴灌技术。

2000年以来，汉延渠灌区喷灌滴灌技术在永宁县、兴庆区、贺兰县大面积推广应用，转变传统粗放式的大水漫灌方式，推广应用节约集约型的喷灌滴灌技术。

## 第四节　测流量水

### 一、测流量水管理

为加强对测量水的管理，管理处先后制定《管理单位灌溉管理办法》《水位流量观测制度》《水量计量结算管理制度》《支渠量测水管理制度》《测控一体化闸门运行管理制度》《测流设备仪器管理制度》，编印《水资源调度记录》《用水申请记录》《支渠开关口记录》《测流记录》《水位流量记录》和供水证。干渠自渠首引水，引水计量以渠首龙门桥测流断面实测流量为准。各管理所间以交接水断面实测流量进行交接，灌区用断面或自动化测流设备计量供水。

各管理所间交接水测量按照《干渠大断面测流量水管理制度》施测，干渠测流依照就近所管理、上下游所共同施测的原则施测。接水单位主测，交水单位监测，测流结果双方测流人员确认，由接水单位上报处调度室。干渠直开口量水实行“日清日结”，测水员和支渠用水协会会长签字认证有效，管理段段长和技术员审核当天水量结算数据，业务部门定期抽查。汉延渠灌区测流量水工作较为传统，长期使用流速仪测流，工作量大，程序烦琐，每年的测量水工作费时费力，还难以保证计算的准确性，其测流量水精度一直是制约测流量水工作进一步发展的瓶颈。在2000年以前，全处测流手段和硬件设施一直没有多大的改进，工作效率低下，测流量水工作面临着严峻考验。管理处按照自治区水利厅灌溉局的要求，选择红星试验站的王闸桥段作为测量水技术示范段。通过对示范段试验支渠进行认真勘查、设计和维修改造，根据支渠情况选定最适宜的测量水方式，并相应引进3种不同的支渠测量水新技术、新设备进行测量水试验。2002年6月，在自治区水利厅灌溉局和水科所的指导下，给各所（站）微机都安装了水账计算软件，全处实现测量水工作电算化。2018年，全力推行水账电算化，实现全处直开口通过录入水位及启闸高度自动判别流态、计算水量和累计打印功能。一是成立测量水领导小组，要求各所（站）成立测量水小组，负责及时对各单位测量水工作进行监督、检查和指导。二是测量水领导小组逐段对各所（站）测量水工作进行全面检查指导，确保测量水人员在测量水操作规程和操作方法以及观测、记录、计算等方面都达到熟练、及时、准确的程度，供水手续齐全。通过全处推广测流量水电算化实践证明，计算机配置到所、段，有利于促进工作的规范化，有利于提高工作质量，减轻工作强度，提高工作效率。

## 二、测量水设备设施

渠道及干渠直开口测量水主要以LS68型旋杯式流速仪、LB70-2D流速仪、水泵额定流量进行计量。干渠及配水流量超过1 $m^3/s$的直开口采用LS68型旋杯式流速仪、LB70-2D流速仪计量，在干渠取水的小型泵站采用水泵额定流量计量。

2015年引进的声学多普勒流速剖面仪（ADCP），具有能直接测出断面、不扰动流场、测验历时短、测速范围大等特点，主要用于干渠交水断面的流速、流量校验。具体参数见表4-4-1。

表4-4-1　ADCP技术指标

| 对底测速技术指标 | 对流测速技术指标 |
|---|---|
| 频　率300 kHz<br>测速准确度±0.4%，±5 mm/s<br>测速范围±10 m/s<br>速度分辨率1 mm/s<br>底跟踪范围2~200 m<br>数据更新率1 Hz（典型值） | 频　率300 kHz<br>测速准确度±0.5%，±5 mm/s<br>测速范围±5 m/s<br>速度分辨率1 mm/s<br>最大测流距离100 m<br>层　后1~8 m<br>层　数1~128 |

2017年，蔡家桥、通桥安装的两套V-ADCP测流系统，运行稳定、数据精准，实现了干渠断面水流数据的自动监测。

2020年，管理处与清华大学水利系联合开展《汉延渠明渠断面V-ADCP远程计量应用监测研究》课题研究，11月完成通桥干渠测流监测仪采购项目，并于冬灌期间投入使用。具体参数见表4-4-2。

表4-4-2　V-ADCP流速测验技术指标

| 系统频率 | 2400 kHz |
|---|---|
| 单元数（可选） | 3~150（每个声速1~50） |
| 最小单元长度 | 3 cm |
| 最大单元长度 | 20 cm |
| 最大剖面范围 | 5 cm |
| 盲　区 | 3 cm |

续表

| 系统频率 | 2400 kHz |
|---|---|
| 量　程 | ±5 m/s（默认）、±20 m/s（最大） |
| 准确度（长期精度） | ±0.5%±，0.2 cm/s |
| 随机误差（短期精度） | 取决于单元长度、平均时间。厂家可提供预测模型 |
| 分辨率 | 1 mm/s |
| 数据输出最大速率 | 1 Hz |
| 脉冲发射（砰）速率 | 取决于单元长度、单元数目设定，可高达50 Hz |

注：最大剖面范围取决于温度、盐度、含沙量等参数。

**表4-4-3　LS68型旋杯式流速仪**

| 项　目 | 参　数 |
|---|---|
| 仪器的起转速 | $V_0$≤0.08 m/s |
| 检定公式的均方差 | m≤±1.5% |
| 旋杯的回转直径 | f=128 mm |
| 每二次信号间旋杯的转数 | 5转 |

**表4-4-4　LB70-2D型旋杯式流速仪**

| 项　目 | 参　数 |
|---|---|
| 旋杯回转直径 | Φ130 mm |
| 旋杯水力螺距 | 700 mm（理论值） |
| 起转速度 | V0：0.016 m/s（LB70~1C）\ 0.06 m/s（LB70~2C、LB70~2D） |
| 观速范围 | 0.02 m/s~5 m/s（LB70~1C）\ 0.07 m/s~6 m/s（LB70~2C、LB70~2D） |
| 输出信号 | 开关接点通断信号 |
| 信号数 / 转子转数 | 1/1（LB70~1C、LB70~2C）（每1转1个信号）\ 1/5（LB70~2D）每5转1个信号 |
| 开关接点容量 | DCU≤24< \ I≤120 mA |
| 开关接点寿命 | ≥$10^7$次 |
| 全线相对均方差 | ｜m｜≤1.5% |
| 工作水体环境 | 水温0 ℃~+40 ℃ \ 水深0.1 m~100 m悬移质含沙量≤10 kg/$m^3$ |
| 连续工作时间 | ≤12 h |
| 贮存环境 | 温度-2.5 ℃~+55 ℃ \ 湿度≤90%RH |

2021年，根据《自治区水利厅关于下达2021年水利科技项目计划的通知》（宁水科信发〔2021〕5号）和《宁夏汉延渠视频测流及AI识别应用推广研究项目任务书》文件要求，完成宁夏汉延渠视频测流及AI识别应用推广研究项目的招标及工程建设，在蔡家桥、大银河、孔北渠安装流量监测仪，并形成课题研究报告。

# 第五节　灌溉试验

## 一、组织机构

红星试验站位于永宁县杨和镇红星村汉延渠右侧，为水利部灌溉试验总站下属的重点灌溉试验站。1974年由汉延渠管理处牵头，宁夏农学院水利系、永宁县水电局和永宁县杨和乡红星村共同组成红星灌溉试验站，利用红星支渠进行灌溉试验，1990年3月更名为红星试验站，提升为科级单位。红星试验站自1974年组建至1996年，主要担负宁夏引黄灌区灌溉试验工作，多项试验成果在灌区得到广泛应用，对灌区经济发展做出重要贡献。1996年以后，将王闸桥管理段划归实验站管理。现辖干渠直开口18座，管辖干渠4.15 km（干渠桩号27K+780—31K+930），有干渠节制闸1座，受益单位涉及永宁县杨和镇、望洪镇的8个行政村（杨和镇的王太村、红星村、旺全村、东全村，望洪镇的农声村、农丰村、西和村、增岗村）和自治区农科院农作物研究所，统计配水面积18984亩。2004年7月，经自治区水利厅推荐，水利部农村水利司批准自治区水利厅汉延渠管理处红星灌溉试验站为中国灌溉试验宁夏重点站（〔2004〕农水灌函字第21号），成为水利部灌溉试验总站下属的重点灌溉试验站，是全国灌溉试验站网中的区域代表站点，主要开展区域灌溉试验协作研究等工作。2009年后，因缺乏固定运行经费及科研项目经费支持，红星试验站灌溉试验工作基本处于停滞状态。红星试验站无法配置必须的试验设施设备和开展日常工作，试验设施老化失修，常规试验仪器老旧近乎报废，试验站工作主要是与自治区水利科学研究院等单位合作，在灌区开展一些试验工作。2012年，经汉延渠管理处研究决定，将红星灌溉试验站与汉延渠第三管理所合署办公，试验站人员兼职参与汉延渠灌溉管理工作，机构仍然保留。2013年，自治区水利厅基础设施改造项目对红星试验站办公房屋进行翻新改造。

## 二、试验项目及成果

1978年春，利用王闸桥裁弯空地重建试验基地，新建办公、宿舍、实验室等。试验区建有钢筋混凝土地下观测室，有试坑15个，试验田55亩，利用农声村扬子渠进行观测试验。主要是作物需水量试验、支渠水有效利用系数测定、地下水运动规律测定等。除本站基地试验外，还和各管理所建立固定支渠观测网，基地和站网积累的资料被用来指导上下游作物配水，春灌前土壤含水率测定数据被作为青铜峡河西灌区开灌时间的主要参考资料。

1979—1996年，红星试验站对汉延渠灌区主要作物春小麦、玉米、黄豆、麦套玉米、麦套黄豆、水稻的蒸发量、需水规律和灌溉制度进行实验研究，对灌区群众的灌溉习惯进行调查研究，完成实验报告24份，制定出宁夏引黄灌区主要农作物灌溉制度，为核定主要农作物的用水定额提供科学依据。

2002年，管理处协同自治区水利厅灌溉管理局开展汉延渠灌区灌水技术及自动化量水试验研究，引进南京水利水文自动化研究所的LBX-7型浑（污）水流量计等3种国内较先进的测流量水新设备，与西安理工大学水利研究所合作研制智能流量测定系统。2003年，开展灌溉用水技术示范段建设工作，通过对不同自动量水设备技术性能指标的试验测定、数据整理、鉴定评估等，寻求适合宁夏引黄灌区高含沙水质的测量水仪器，为先进灌溉管理技术的推广应用提供实验基础和理论依据。

2006—2007年，承担《宁夏特色种植及灌区旱作物灌溉制度研究》试验项目。经过近十年的停滞，2017—2018年，管理处和自治区水利科学研究院合作，承接自治区水资源管理局2017—2018年度《宁夏灌区主要作物需水规律与灌溉制度试验研究》子课题“春小麦、玉米、水稻灌溉制度试验研究”。两个课题均已验收，并分别获得自治区水利科技进步奖三等奖和二等奖。

2017年按照方案，在代表引黄自流灌区青铜峡河西老灌区的红星试验站开展水稻、春小麦及玉米畦灌灌溉制度3项试验研究。共布设试验小区60个，按照规范，共采集、计算、汇总1万多个成果数据，初步形成水稻、春小麦及玉米畦灌3项灌溉制度年度试验报告。2019—2020年，联合水科院与黄科院合作完成《宁夏引扬黄灌区影响冬灌的决策因素及模式研究》。

红星试验站的灌溉试验项目取得很多农业和水利条件动态变化的科研成果。灌溉试验虽几经波折，但经过多年坚持不懈的努力，积累了丰富的成果和基础性资料。自红星试验站建立以来，先后完成自治区水利厅30余项灌溉试验项目（任务），多数实验成果被全区引黄灌区广泛应用并取得显著成效。其主要意义还在于：这些实验成果涵盖全区引黄自流灌区主要土种的理化指标和灌排参数，主要农作物的需水量与需水规律、灌溉制度与习惯、水分生产函数以及灌排技术指标与方法等，为引黄灌区的水利工程规划设计、水资源评价和优化配置、农田灌溉与排水、农业需水量分析及各受益区配水量的分析提供了科学依据。

### 三、试验成果的应用及推广

2006—2008年，红星试验站协同宁夏水利科学研究院中心试验站承担自治区水利厅《宁夏青铜峡灌区旱作物灌溉制度研究》试验项目，试验成果对青铜峡灌区灌溉制度及定额管理具有指导意义。

在2017年4月至2018年12月实施的科研项目《宁夏灌区主要作物灌溉制度与需水规律》中，在青铜峡河西灌区代表站点汉延渠管理处红星灌溉试验站开展水稻、春小麦和玉米畦灌灌溉制度试验，通过监测不同水分处理条件下主要作物根区土壤水分、作物长势、产量及相应品质指标，综合分析各类指标，提出水稻、春小麦和玉米在畦灌方式下合理的灌溉制度。

在项目中提出宁夏引黄灌区玉米需水规律和节水灌溉适宜土壤水分控制指标1套，春小麦、玉米、水稻畦灌灌溉制度3套。该项目的实施使试验站设施设备条件得到提升，为连续开展灌溉试验提供有力保障；培训各试验站技术人员4人次，提升试验站专业技术人员的业务素质及水平。初步形成宁夏引黄灌区灌溉试验数据资料1套，并提交水利部灌溉与排水发展研究中心。

### 四、作物灌溉制度应用

1974年，汉延渠灌区开展作物灌溉实验，为灌区农业用水和配水计划的编制提供依据。1999年，水稻控灌技术、小麦“头水早，二水控，巧灌三水”的灌水技术在全区试验推广应用，起到示范作用。根据多年用水调查得出主要作物的灌溉定额：小麦200~400 $m^3$，水稻1000~1400 $m^3$，冬灌100~130 $m^3$。

灌区几种主要作物的灌溉制度如下。

小麦：全生育期净灌溉定额为每亩300~360 $m^3$，根据土质不同，少则灌水4~5次，透水性强的沙土地、高地用水量多，如针沙地区灌8~10次。

水稻：采用水稻节水高产控制灌溉技术——浅湿灌溉。这种方法是除水稻返青期留1~3cm的薄水层，水不过寸，不淹苗心，田不晒泥，如遇低温天气，可适当增加水层，其余各生育阶段田面不留水层。根据中宁县水利局水利站1999—2004年的小区试验示范和大面积的推广应用，水稻全生育期灌水次数为32~35次，亩净灌溉定额840~900 $m^3$。其中泡田移栽期为70~100 $m^3$，返青期为10~20 $m^3$，分蘖前期为10~15 $m^3$，分蘖中期为25~35 $m^3$，分蘖后期为15~20 $m^3$，拔节孕穗期为10~15 $m^3$，抽穗开花期为10~15 $m^3$。

玉米：用水量较少，全生育期灌水3~4次，头水灌溉在6月初，净灌溉定额为每亩300 $m^3$左右。

汉延渠灌区主要作物灌溉制度及高效节水作物灌溉制度详见下表。

表4-5-1　汉延渠灌区主要作物灌溉制度

| 作物名称 | 作物生长情况 | 灌水次数/次 | 灌水时间 | 灌水定额/（$m^3$/亩） | 灌溉定额/（$m^3$/亩） |
|---|---|---|---|---|---|
| 春小麦 | 分蘖—拔节期 | 1 | 4月26日前后 | 62.5 | 250 |
| | 拔节—抽穗期 | 1 | 5月10日前后 | 62.5 | |
| | 抽穗—乳熟期 | 1 | 5月26日前后 | 62.5 | |
| | 乳熟—成熟期 | 1 | 6月13日前后 | 62.5 | |
| 玉　米 | 苗　期 | 1 | 5月22日前后 | 70 | 280 |
| | 拔节期 | 1 | 6月23日前后 | 70 | |
| | 抽穗期 | 1 | 8月3日前后 | 70 | |
| | 乳熟期 | 1 | 9月4日前后 | 70 | |

## 第六节　标准化规范化建设

### 一、标准化规范化建设内容

管理处不断加快推进水利工程标准化建设，构建科学高效的标准化规范化管理体系，发挥工程效益，提升管理能力和服务水平。根据水利部《加快推进新时代水利现代化的指导意见》《水利工程管理考核办法》《大中型灌区标准化规范化管理指导意见（试行）》和自治区水利厅《宁夏回族自治区大中型灌区工程标准化规范化管理实施办法（试行）》等要求，结合汉延渠工程建设与运行管理实际，秉持节约水资源的原则，发展空间均衡的系统治理，落实行业监督及工程短板的基调，建设具有高效节水能力、完善设施条件、科学管理手段以及良好生态环境的灌区，实现灌区的标准化规范化管理建设。

组织开展摸底调查，建立工程管理名录，针对存在的问题和管理短板，围绕五项管理和考核要求，明确任务、责任、分工，制定“事一岗一人”工作清单，压实管护责任，统筹绩效考核，努力推动“管理责任明细化、管理工作制度化、管理人员专业化、管理范围界定化、管理运行安全化、管理经费预算化、管理活动日常化、管理过程信息化、管理环境美观化、管理考核标准化”落地。

（一）组织管理

不断深化灌区管理体制改革，根据管理处职能及批复的管理机构和人员编制，合理设置岗位和配置人员，落实管理机构和人员编制。结合国家事业单位改革和自治区直属水管单位管养分离改革要求及管理处实际，稳步推进管养分离改革，逐步推行事企分开、管养分离，建立职能清晰、权责明确的灌区管理体制。建立健全灌区管理制度，不断完善各项管理规章制度，落实岗位责任主体和管理人员工作职责，做到责任落实到位，制度执行有力。

（二）安全管理

建立健全安全生产管理体系，落实安全生产责任制，建立事故报告和应急响应机制，在工程安全隐患消除前，应落实相应的安全保障措施，加强事故、突发险情应急处理能力，积极推进水利工程管理单位安全生产标准化。

按照《灌区改造技术规范》（GB50599）、《水闸安全鉴定规程》（SL214）等规程规范的规定，开展灌区主要建筑物安全评价、安全鉴定，鉴定成果用于指导工程安全运行和除险加固或更新改造。

（三）工程管理

完善工程日常管理、巡查及维修养护制度，落实工程管理与维修养护责任主体，分类制定建筑物和设备管理制度，明晰管理权责。建立健全工程维修养护机制，确保工程设施与设备状态完好，工程效益持续发挥。完成干渠及骨干水利工程确权划界，明确管理和保护范围，设置界碑（桩）、保护标志，各类工程管理标志、标牌齐全、醒目。

完善灌区档案管理制度。按照水利部《水利工程建设项目档案管理规定》建立完整的技术档案，逐步实现档案管理数字化。

积极推进灌区管理信息化。依据灌区管理需求，开展信息化基础设施、业务应用系统和信息化保障环境建设，扎实推进工程管理信息化、设备操作及运行自动化，不断提升灌区管理信息化、数字化、智能化水平,确保工程安全、高效、经济运行。

(四)供用水管理

统筹兼顾灌区范围内农业灌溉和生态用水需求,优化配置水资源,制定灌区运行调度及各节制闸控制运行制度,明确所、段交水指标,集中解决高口高地、梢段灌溉,不断加强调度管理,推进水量调度精细化。

强化灌区取水许可管理,推行总量控制与定额管理,制定灌区用水管理制度,编制年度取水计划,报水行政主管部门审批。

制定灌区水量调配方案,科学合理调度;建立监督服务体系,开展用水户满意度调查,对群众提出的意见及时整改,不断提升供水服务水平。

结合灌区实际,加强红星试验站规划建设,积极开展灌溉试验、农田水有效利用系数测算数据采样和相关基础应用研究,配置人员和设备,推进科研成果转化,为灌溉工作提供基础资料。

加强用水管理,积极推广应用节水技术和工艺,推进用水权和农业水价综合改革,建立健全节水激励机制,提高灌区用水效率和效益。

(五)经济管理

严格执行财务管理和资产管理等制度,落实人员基本支出、运行电费和工程运行维修养护等经费,经费使用及管理符合相关规定,杜绝违规违纪行为。在确保防洪、供水和生态安全的前提下,合理利用灌区管理范围内的土地资源,充分发挥灌区综合效益,保障国有资产保值增值。

**二、标准化规范化灌区创建**

管理处坚持创新理念,积极探索水利工程管理新思路,高效推进创建工作。一是统筹全局,突出重点。建立起制度、技术、管理、岗位四大标准体系,推进一所、一段、一闸、一口、一渠、一库“六个一”试点创建。二是因地制宜,试点先行,加快整体建设和全面提升,开展“四个文化”建设,实施第五管理所潘昶桥管理段示范段、金贵节制闸、二排渡槽至金贵节制闸渠道、部分直开口、应急库房等示范创建。三是改革引领,创新驱动。管理处结合工作实际和问题短板,围绕供水服务、运行管理等关键环节,坚持问题导向,创新“456”供水服务机制及“54314”运行监管机制,内强素质抓管理,外树形象提服务,各项工作得到有效提升。

标准化建设强基固本，规范化引领提质增效。自灌区标准化规范化管理创建开展以来，管理处坚持因地制宜、典型引领、以点带面总原则，紧紧围绕标准化创建总体方案和年度实施方案，完善“四个标准”体系、细化“五项管理”任务、推进“四个文化”建设、突出“六个一”试点、开展“54314”监督机制创新，灌区标准化规范化管理创建取得初步进展，有效保障灌溉供水安全和工程运行安全，有力助推管理处兴水治水管水高质量发展。

(一)工作开展情况

健全机构，落实责任。成立由管理处党委书记、处长任双组长，各分管领导任副组长，各科室负责人为成员的管理处规范化标准化建设领导小组，全面统筹领导标准化规范化建设，形成党政“一把手”抓总、分管领导负责、业务科室牵头、其他部门配合的工作机制，确保达标创建顺利推进。

摸清家底，建立名录。对全处水利工程进行调查摸底，分类梳理渠道、水闸、渡槽、直开口、生产管理设施等8类工程管理名录，摸清底数、建立清单，为今后工作开展打好基础。

制定方案，有序推进。结合管理处实际，组织制定《汉延渠灌区标准化规范化管理创建实施方案》《汉延渠灌区标准化规范化管理制度标准》《汉延渠灌区标准化规范化管理应知应会手册》等，对标准化规范化创建的技术线路、制度标准落实进行详细安排，确保各项功能开展有章可循。

加强培训，统一标准。开展教育培训2期，培训人员80人次，组织外出学习观摩1次，召开专题会议4次，参与工作专班30余人，集中办公2批次，充分借鉴先进经验和做法，开拓思路，统筹落实。

数字赋能，提升效能。开展电子身份认证、计算机监控系统等工作手册编制，建立设施电子档案，将性能参数、运行工况全部电子化，健全标准化管理体系。

典型引路，试点先行。按照“先易后难，点面结合、典型引路”的原则，在3个管理所、段按照“六个一”要求率先开展标准化规范化建设，对所、段的周边环境、基础设施改造，再造标准机制和制度流程，先行先试，总结经验，全面推广。

(二)主要措施

“四个文化”建设营造创建氛围。充分发挥和传承汉延渠2000年悠久历史的优势，先后对试点的管理所、段进行基础设施改造和绿化美化建设，先后建成第五管理所水文化阵地、潘昶桥管理段廉政文化宣传基地、第四管理所法治文化及水安全文化长廊和职工小家等，在不断丰富职工文化活动的同时，让广大职工近距离接受水文化熏陶和标准化规范化教育，进一步树牢干部职工开展标准化规范化管理的意识。

“四项标准”编制构建标准体系。按照自治区水利厅印发《宁夏大中型灌区规范化标准化管理实施办法》的考核标准和工作指南，结合管理处工程和工作实际，共编制标准263项。其中，党务、行政和生产等方面制度150项，灌溉管理等技术标准36项，工作场所等标准管理18项，岗位标准59项，并编制标准化管理应知应会手册和宣传手册，初步构建科学高效的灌区标准化规范化管理体系，为全面推进灌区标准化规范化建设奠定坚实基础。

“五项管理”搭建基础框架。紧紧围绕组织管理、安全管理、工程管理、供用水管理和经济管理“五项管理”，全面开展梳理管理事项、落实管理主体、明确管理内容、厘清管理职责、规范管理流程、制定管理标准、深化管理改革、加强监督管理等工作，努力推动思想意识、工作手段、工作模式、服务水平“四个”转变，不断深化“十化”落地。在第四管理所推进管养分离改革，配合灌域市、县（区）开展用水权改革，建立联动机制，促进改革走深走实，破解管理主体不明、权责不清等问题。

“六个一”试点引领推进。按照“试点先行，典型引路，稳步实施，全面展开”的原则，在第四、第五管理所，潘昶、通桥管理段，金贵和大银河节制闸先期开展一所、一段、一闸、一渠堤、一斗口、一库房的“六个一”标准化规范化试点创建，已在管理处全面开展，全处标准化所、段达到60%，标准化建筑物达到52%。

“54314”工作机制督查落实。对标“六个一”试点示范创建，按照“五查四看三交一督四落实”即“54314”工作机制（五查：查组织管理、安全管理、工程管理、供用水管理和经济管理在工作中是否开展落实。四看：看制度标准、技术标准、管理标准、岗位标准是否在管理过程中执行。三交：交督查发现的问题、交整改建议、交完成期限。一督：督查存在问题是否在规定时间内完成整改。四落实：对发现的问题落实责任制、清单制、销号制、档案制，直至问题解决，销号归零），坚持周例会、月通报，对灌区标准化规范化创建工作进行督查检查，有效推动灌区标准化规范化创建工作落实落地。

# 第五章　经营管理

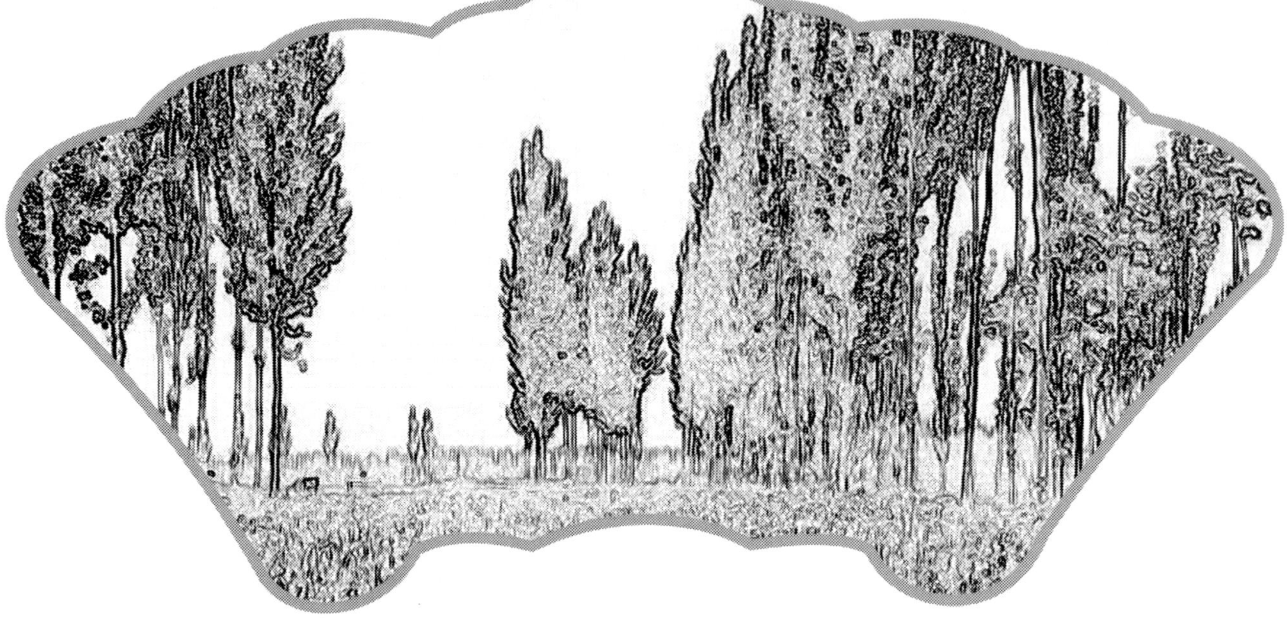

# 第一节 水价水费

## 一、水价及其变迁

自秦汉以来，引黄灌区灌溉工程经过历代增修、扩建不断得以完善和发展。灌区水利工程的维修、管护所需费用，历代虽不相同，但大部分以水费或征收物料的形式进行筹集，从而使灌区水利不断发展，经久不衰。从总体上讲，明代以前，主要是"军屯"，渠道岁修费用由"军年"（在役军士的子弟）或"军丁"（军士）承担。清朝及民国期间改为"以渠养渠，官督民修公助"的办法，基本上由受益者承担。黄河灌溉用水收费，清代以来记述翔实，是"以渠养渠"，按各渠负担轻重，及各年工程情况征工征料，即"量出定入"，其轻重不一，各渠各年之间也不尽相同。一般距工地近者交纳物料，称"本色"，距工地远者折征现金，称"折色"，昔有"七本三折"或"六本四折"的计征方式。汉延渠所需工料由受水农民自行分摊输送。交纳多少，历年以工程的大小，临时比例增减而分摊，大致每亩草束不过三束，摊款不过二角，每份出夫一名，做工一月。

民国初期，宁夏改为道，道内设水部房，专司河渠水利。1929年，宁夏省成立，设建设厅管水利，青铜峡灌区河西、河东均按渠设局，卫宁灌区按县设局负责工程维修和灌溉管理，引黄灌区渠道维修养护费用仍沿用旧制度，"官督民修""以渠养渠"，渠道费标准，随第二年工程大小而定，岁修所需物资，仍采取均摊，受益者离渠近者交物，远者物料折价交钱，同时每亩地出工半个到一个。各渠由于工程大小不同，受益户负担轻重不一。1934—1936年，在清丈地亩后，全省实行统一标准征收水费，规定每亩地征收水费4角，草1~2捆（每捆重8公斤），每亩地征工两个半，后因货币贬值，水费改收黄米15市斤。

1935年，清理引黄灌区土地后统一征收水利费标准，每亩4角，柴草1~2束（每束重8公斤），后因货币贬值，每亩改征黄米15市斤，归省财政厅掌管。各地工程所需款料，由省核拨。民工以60亩朋为一份，出夫一人，做工36天。

1950年，宁夏省人民政府颁发了第一个征收水利费暂行办法，规定："依据以渠和取之于民用之于民"的原则，并为实行水利费统收统支起见，凡受渠水灌溉的地亩，不分地带、产量，统一规定每亩地征收水费人民币2角，人工半个，水刮子（盐碱化）地征工不征款。

1953年，为集中人力、物力、财力整修旧渠沟，并建新渠、新沟，省人民政府又颁布修正水利费征收暂行办法，规定："水利费征收标准，暂时每年每亩征收黄米4市斤（亦可折收其他粮），并征人工半个。"

1956年，由于旧渠改建，工程繁多，费用增大和稻、旱作物用水量多少悬殊，改为旱作物地每亩年征水利费0.5元，水稻地每亩征水利费0.7元，不分稻、旱田，每1.5亩征工一个。

1981年，开始在秦渠、汉渠、汉延渠等渠的一些有条件的支渠上，试行计量收费（利用斗口和流速仪无喉道量水槽量水）。

1982年，扩大到秦渠、汉渠、汉延渠、西干渠等大干渠试行计量收费，每立方米水计征水费半厘，征工数额仍照旧制。

1983年，经自治区人民政府批准，全灌区实行计量收费，在定额供水量内，每立方米收水费1厘，超定额实行加价收费。实行超定额加价的办法，宁夏在全国走在前列，征工按每工日1.5元折收现金。计量收费后，节水观念加强，跑水弃水现象减少，节约用水初见成效；用水高峰时，上下游矛盾较前缓和，用水纠纷大减。

从1989年1月1日起，引黄自流灌区农业灌溉用水水费由原来的每立方米1厘提为2厘。

1994年，宁夏提高了临时工工资，按照临时工最低工资标准，提高了征工款标准，将渠道维修用工及折价款以亩征收，农民愿出工的出工，不愿出工的以资代劳，将每一亩半地征工折价款标准由2.10元调整为3.70元，折合到每亩1.40元调整为2.50元。由于农业用水水利工程水价一直不到位，为保证水利部门正常运行，缓解供水困难，自流灌区农业用水由每立方米2厘调整为6厘，超计划用水30%以上加收4厘。

2000年，由于农业用水价格远低于供水成本，为理顺价格形成机制，自流灌区农业用水由每立方米0.6分调整为1.2分，超计划用水30%以上加收5厘。征工折价款由每亩2.5元调整为4.0元。同时，为规范干渠以下渠道维护管理费的收费行为，遏制搭车收费、乱收费现象，规范自流灌区干渠以下渠道及建筑物等维护管理费的标准，规定每亩最高不得超过6.0元。

2003年，由于黄河来水持续减少，国家黄委会分配自治区引黄河水的指标也大幅下降，农业用水形势严峻，对此，国家拨出专项资金打井抗旱，以缓解供用水矛盾，维持供水秩序，为健全抗旱机井水利工程供水价格形成机制，规范抗旱机井水利工程供水价格管理，保护和合理利用水资源，促进节约用水，自治区制定了《打井抗旱农业用水价格暂行管理办法》，并调整自流灌区农业配水定额、超定额用水加价标准。依据自治区人民政府确定的"丰增枯减"配水原则，核定各市县年用水量基数，将原配水定额降低15%，同时取消超配水定额用水30%以内不加价的规定，即超定额用水一律按新标准加价收费。提高农业超配水定额，用水加价标准由每立方米加价0.5分提高到1.2分。

2004年，自治区人民政府批转自治区水利厅、物价局《关于宁夏引黄灌区农业供水管理体制及水价形成机制改革指导意见的通知》（宁政发〔2004〕52号），明确改革的指导思想、主要目的。11月，自治区人民政府批转自治区水利厅、物价局《关于自流灌区农业供水价格改革与水费计收管理试行办法的通知》（宁价商发〔2004〕79号）。首先在自流灌区进行"一价制"试点工作，将干渠水费、征工折款和支斗渠维护管理费"三费"合一，统一实行按方计量收费，分别以干渠直开口为计量点实行计量收费，规定农业用水价格为每立方米1.95分（其中：干渠1.5分，干渠以下0.45分）。并实行分类水价，即：农业用水（粮食作物、经济作物、林草地）、水产养殖业用水和其他用水等三类。对超定额用水实行加价的政策，超定额用水加价金额为1.2分/m³。

2005年1月，自治区人民政府批转自治区水利厅、物价局《关于引黄灌区农业用水全面实行"一价制"水费计收管理办法的通知》（宁价商发〔2005〕10号），明确自流灌区农业供水全面实行"一价制"，将现行的干渠水价、征工折款和支斗渠维护管理费"三费"合一，统一实行按方计量收费。2004年，宁夏对自流灌区农业用水价格进行"一价制""一票制"收费到户的改革试点工作，2005年在自流灌区全面展开。"一价制"的价格标准没有改变，仍然是计量点在干渠直开口的为每立方米1.95分（干渠1.5分，干渠以下0.45分），计量点在支渠口的为每立方米2.2分（干渠1.7分，干渠以下0.50分），超定额用水每立方米一律加价1.2分。农业用水计收办法更加完善，继续实行"一费开票到户"和"一票收费到户"。

2006年水价政策依然和2005年相同，没有进行调整。

2007年3月，自治区人民政府批转自治区水利厅、物价局《关于调整引黄自流灌区供水价格的通知》（宁价商发〔2007〕38号），明确自流灌区的农业供水水价、水费计收办法及水费的管理使用。文件规定，引黄自流灌区计量点在干渠直开口的农业供水价格为2.45分/$m^3$，其中干渠2.0分/$m^3$，干渠以下0.45分/$m^3$，超定额用水加价金额为1.7分/$m^3$。

2008年12月，自治区人民政府批转自治区水利厅、物价局《关于调整引黄自流灌区供水价格的通知》（宁价商发〔2008〕54号），明确自流灌区的农业供水水价、水费计收办法及水费的管理使用。文件规定，引黄自流灌区计量点在干渠直开口的农业供水价格为3.05分/$m^3$，其中干渠2.5分/$m^3$，干渠以下0.55分/$m^3$，超定额用水加价金额为2.0分/$m^3$。

**二、水费征收管理**

水费是渠道管理单位经济收入的主要来源，是维持渠道工程设施运行的生产性资金，主要用于工程设施的运行管理、修理和更新改造。

（一）征收管理

1964年7月5日，自治区水电局以〔64〕水计试字第68号文件通知，“水费征收工作仍由各县水电局负责，管理处积极协助按期完成”。自此到1969年，水费征收按照实际灌溉面积和征费征工标准收缴自治区水电局。每年分夏、秋两次征收，全年征收任务于9月底前完成60%，11月底全部完成。

1970年，自治区革委会生产指挥部以〔70〕区生农字第08号文件批准，从1970年起水费征工款使用权限下放到各渠管理处。1970年2月12日，经宁夏回族自治区革委会批准（宁发〔70〕12号文件）成立汉延渠管理处。因此，汉延渠管理处按照配水面积征费征工，劳动力不足的单位和当年余工可按每个工日1.50元折款上交。水费由汉延渠管理处直接向受益单位征收结算。

从1982年开始，管理处各管理所每年春灌开始，根据历年水费完成情况测算年度水费计划，下达预收水费通知单，由管理段送达村队支渠负责人，村队按照各支斗渠农作物种植面积分摊水费并负责征收，收取的水费上交管理所，夏秋灌结束，管理所以干渠直开口为核算单位，按灌溉面积和供水量结算年度各支渠水费和征工款，向村队下发水费结算通知单，年底前结清当年水费，各管理所对完成水费任务的村队按实收额的1%付手续费。

1983年，宁夏引黄灌区实行计量收费后，管理处根据各受益单位灌溉面积、配水定额、实际用水量，遵照自治区政府规定的现时水价，按方收取水费，按面积收取征工款。

2001年，自治区水利厅出台的《宁夏引黄灌区水费计收管理办法》规定，按照核定认可的上报灌溉面积和实际供水量结算水费和征工款，并按照规定的水费收缴进度实施，即每年4月底前收清当年的征工款，11月底前收清全年应缴水费。冬灌水费以上年度冬灌实际用水量作为本年度收费依据，逐年类推。

2004年开始，引黄灌区依据《宁夏引黄灌区农业供水管理体制及水价形成机制改革意见》和《实施方案》，开展以组建农民用水者协会为主的农业供水管理体制及水价形成机制改革，形成"水管单位+协会+用水户"的新型管理模式，实行"一价制"农业供水水价机制。水费收缴管理原则上一律实行"一费开票到户"和"一票收费到户"制度，初步形成科学的农业水价形成机制。水费的管理使用实行统一收取，分级使用，即干渠直开口以上水费由水管单位管理使用，干渠直开口以下水费全额返还农民用水者协会，用于渠道维修费用的比例一般不低于30%。

2004年，管理处率先在宁夏引黄灌区推行农村水费改革试点，先后在5个乡镇17个行政村7468户用水户中组建灌溉合作社、农民用水协会等用水户参与灌溉管理的农民用水组织。通过先搭建、后运行，逐步规范，达到试点的目的，起到示范带动作用，为自治区政府在宁夏引黄灌区全面推行农村水费改革积累了宝贵经验，提供了成功的模式。

2005年，农村水费改革在灌区全面推行，取得显著成效，农民用水合作组织管理支斗渠和水管单位延伸服务的农业用水管理体制基本形成。

汉延渠灌区推行农民用水协会运行体制机制改革，经过2004年建立试点、2005年2月—2006年2月全面推开和2006年2月—2011年巩固规范三个阶段的不懈努力，农民用水协会发展逐步规范，管理水平显著提高，在灌区中的地位和作用得到广大农民的普遍认可，已成为宁夏引黄灌区农村用水管理中不可替代的力量。通过多年的改革探索，汉延渠灌区基本实现"支斗渠由农民自己使用、自己管理，乡村监督协调，水管单位延伸服务"的目标。

第一阶段：从2004年3月30日起，汉延渠管理处与兴庆区政府联合组建的全区第一家群众性用水合作组织——银川市兴庆区汉延渠灌溉合作社（乡镇级农民用水协会）在汉延渠第四管理所挂牌成立。合作社的成立拉开了宁夏引黄灌区农业供水管理体制和水价形成机制改革的序幕，标志着宁夏引黄灌区农业供水管理将改变沿用多年的计划经济体制，进入一个崭新阶段。中国水利报、宁夏日报、银川晚报、新消息报以及法制新报等多家报纸分别进行了报道。“一石激起千重浪，改革迎来满园春”，随后，四星农民用水协会、红星灌溉服务协会和前渠村支渠管理协会在汉延渠灌区相继成立。涵盖灌区5个乡镇17个行政村7468户用水农户，受益面积6.6万亩，农民用水协会运行体制机制改革取得突破性进展。

经过一年的试点，汉延渠灌区农民用水协会建设取得很好的成效：兴庆区汉延渠灌溉合作社当年水费征收比上年同期进度快16%，亩均用水量比正常年份同期少150 $m^3$，合作社农户较为满意；四星农民用水协会农户由过去不缴水费转变为主动缴费，出现宁夏引黄灌区首次农民排队交水费的现象，亩均用水量比正常年份同期少25 $m^3$；红星灌溉服务协会当年水费收缴进度比上年同期快20%；前渠村支渠管理协会当年水费收缴进度比上年同期快15%，亩均水量比正常年份少50 $m^3$。同时，“一费制”、“一票制”、微机开票到户、支渠“托管”、“一把锹”淌水、设立固定点收费和水管单位为协会代管财务试点在汉延渠灌区得到探索和总结，农民用水协会建设达到试点的目的，为在宁夏引黄灌区全面应用推广积累了一定的经验，提供了成功模式，起到很好的示范和带动作用，也为自治区政府及自治区水利厅制定灌区改革相关政策提供第一手材料。2004年五六月，自治区党委、政府做出关于“三农”问题的两项重大决策，即农村水费改革和加快建设现代节水型灌区，自治区党委原书记陈建国对此做重要批示，自治区原主席马启智多次深入基层专题调研。2004年5月11日，自治区人民政府出台《自治区人民政府关于批转自治区水利厅、物价局关于自治区农业供水管理体制及水价形成机制改革实施意见的通知》(宁政发〔2004〕52号)，随后成立自治区农村水费改革指导委员会；6月5日，自治区政府召开农村水费改革新闻发布会，印发《自治区人民政府致引黄灌区广大农民的公开信》；6月17日，自治区农村水费改革指导委员会印发《宁夏引黄灌区农业供水管理体制及水价形成机制改革实施方案》(宁农水费发〔2004〕1号)；6月18日，自治区物价局、水利厅配套出台《关于自流灌区农业供水价格与水费计收管理试行办法的通知》(宁价商发〔2004〕79号)；6月19日，自治区政府召开农村水费改革暨现代节水型灌区工作会议，出台《自治区人民政府关于加快发展建设现代节水型灌区和保障自治区粮食安全和经济可持续发展的意见》(宁政发〔2004〕65号)。自此,自治区农村水费改革工作全面推开。与此同时,不同模式的农民用水协会在引黄灌区相继成立。

第二阶段:全面推开阶段,时间从2005年2月到2006年2月。2005年初,自治区党委、政府将农村水费改革列为自治区政府的一件大事,并确定为水利部门的首要任务,在宁夏引黄灌区全面推行,在全国率先以全自治区范围全面推广实施。按照自治区农村水费改革指导委员会和自治区水利厅的部署要求,管理处在总结2004年改革试点成功经验的基础上,在灌区全面推行农村水费改革。截至3月20日,灌区内组建各类协会92个,其中乡级协会7个、大支渠管委会1个、村级协会84个,村级协会中村干部担任会长的占35%,协会工作人员共667人(包括水管单位延伸服务人员65人)。涵盖灌区4个市(县、区)13个乡镇85个行政村770个村民小组及4个国营农场的256条支渠32.5万亩农田(上报灌溉面积),涉及用水户42631户人口158486人。协会中推行"一把锹"淌水的占35%。灌区支斗渠全部实行农民用水合作组织管理、水管单位延伸服务体制,并开始执行新的水价政策。改革工作进展良好,呈现出形式多样、典型突出、逐步深入的特点,取得阶段性成效。

从总体情况看,运行较好、一般和较差的协会分别为40%、50%和10%。通过建立协会自我管理,县乡监督协调,水管单位延伸服务的"三位一体"的支斗渠供水管理体制和"一费制""一票制"的水价形成机制,对推进农村用水管理"一体化"和节水型社会建设起到积极的推动作用。

第三阶段:规范深化阶段,时间从2006年2月至2011年。2006年,管理处在巩固改革已有成果的基础上进一步规范深化,全处83名职工以专(兼)职方式参与延伸服务,全处全面实行微机开票,在两个协会推行"支渠托管"模式试点,有58个协会已注册,有20个协会重新改选,有29个协会推行"一把锹"淌水,有4个协会推行"水票制",有6个协会设立固定收费点,全灌域共培养样板协会9个,树立模范协会会长14人。在84个村级协会中,有69个协会推行信用社代收水费,并在全灌域实行微机开票。尤其是信用社代收水费工作,取得突破性进展。全灌域4个市(县)已有14个农村信用社为水管单位开办代收水费业务,实行信用社代收水费的协会占82%,其中有4个管理所已全部实行信用社代收水费,有12个协会农户主动到信用社交费。如通桥村协会在第四管理所有164户用水户,截至5月底,已有158户主动到信用社按进度缴纳全年水费。信用社代收水费模式先后在69个试点协会推开后,立即受到用水户、协会、基层干部和水管职工的欢迎。当年年底,信用社代收水费在汉延渠灌域全面推行。从收费效果看,无论是收费进度还是收费质量,都超过非试点协会。试行这种水费收缴模式,为灌区从根本上解决困扰水管单位和乡村多年的被动收费问题积累了很好的经验,奠定了坚实的基础。

2007—2009年,管理处围绕“一条主线”突出两个重点,抓好三个落实,做好四项工作,针对改革中存在的主要问题采取三项措施,取得五个方面成效。一是围绕规范协会运行管理这一主线,不断深化完善改革。指导协会做好水务财务公开、推行“一把锹”淌水、加强田间工程管理、做好支渠防险抢险工作、合理使用支渠水费、有计划分步骤维修改造水利设施,帮助部分协会改选注册,积极培育和规范协会运行。二是突出以推行信用社代收水费为重点,规范水费收缴方式;以开展星级协会评选活动为重点,提升协会综合管理水平。为规范协会运行管理,管理处制定《星级协会评选办法》,在灌域开展星级协会评选活动,给取得优异成绩的47个协会分别授予一、二、三星级协会荣誉称号并予以授牌和奖励,对荣获星级协会的30名会长予以表彰。三是抓好延伸服务人员落实、延伸服务制度落实和水价政策落实。四是做好四项工作。首先,做好调研和科研工作,通过对改革进行跟踪调研和立项研究,对改革成效进行归纳与评价,对存在的问题进行分析与探讨,提出改进意见与建议;其次,做好经验推广和总结表彰工作,管理处每年在银川召开灌域农村水费改革工作会议,及时总结经验,表彰先进,推广好的做法;再次深入开展政策宣传,营造改革良好氛围;最后,加强协会能力建设,处所(站)对灌域协会人员和延伸服务人员进行培训,并帮助协会建章立制,推动协会健康发展。五是针对改革中存在的支渠水费监管、遗留债务缠绕收费、核实面积困难三个主要问题,采取整改、完善措施,做到改革工作有计划、有措施、有检查、有总结,确保改革工作不断探索创新和规范深化;取得解决农村水利工程管理责任主体“缺位”问题,保障工程效益的发挥;减轻农民负担,增加农民收入;促进节约用水,提高水资源利用效率;规范用水秩序,减少水事纠纷;促进农村基层民主政治建设五个方面的显著成效。从2004年改革试点至2009年规范完善,汉延渠灌区基本实现改革之初的目标。

改革之初的目标第一是解决灌溉难的问题。一是2003年以后水量不足，灌溉困难；二是灌溉秩序混乱。第二是解决收费难的问题。第三是解决搭车收费和水费负担不合理的问题。第四是解决水量浪费大的问题。第五是解决体制问题，即农业供水管理体制及水价形成机制问题，使支渠以下用水有序。同时，建立"一价制""一票制"的制度，让老百姓明明白白淌水，通过核实地亩，基本做到水费分摊公平。通过六年的改革，这些问题基本得以解决，并取得明显的成效：一是理顺管理体制，规范用水管理，提高灌溉效率，促进节约用水，基本实现支斗渠由协会管理使用，乡村监督协调，水管单位延伸服务目标，理顺农村供用水管理体制，灌水效率进一步提高。改革后汉延渠灌区年均节水1.3亿$m^3$。二是农村水利设施管护责任落实，维修经费有基本保障。协会在取得末级渠系工程设施使用权的同时，也承担工程设施的看管和日常维护责任。支斗渠水费不但解决协会的运行管理经费，而且也使农村水利设施的基本维修有了一定的资金保障。灌区协会基本都按不低于30%的比例要求，拿出资金维修支斗渠工程，转变过去完全依靠国家投资的观念，促使农村水利设施建设管理走向良性发展轨道。三是减少水事矛盾，改善干群关系。协会的建立既充分体现农民在用水管理上的民主权利，维护农民的用水权益，促进基层民主，又减少灌溉纠纷，改善干群之间、群众之间的关系，增进农村社会和谐发展。

2010—2011年，管理处把为协会人员办事提供便利，指导帮助协会搞好灌溉征费作为延伸服务的首要任务。全处所、段都建立了协会之家，并紧紧围绕"一个中心"，切实落实"两个制度"，着力抓好"三项工作"，推进农民用水协会建设。

紧紧围绕"一个中心"，即紧紧围绕加强协会组织建设这一中心，并以此为抓手，不断规范协会运行模式，提升协会综合管理水平。切实落实"两个制度"，即通过落实"协会之家"和"会长例会"两个制度，切实把水管单位延伸服务内容落到实处。着力抓好"三项工作"，即规范金融机构代收水费，推广"一卡通"缴费办法；探索预购水票制试点，破解部分协会水费征收难题；严格执行水费收缴政策，加大水务公开力度。

截至2011年7月，宁夏引黄灌区共组建各类农民用水合作组织854家，涉及13县（市）86乡镇670多个行政村和17家国营农场，控灌面积550多万亩，占灌区灌溉面积的80%以上。实践证明，推行以农民用水协会管理支斗渠为主要内容的灌区供用水管理体制改革和以"三费合一、一费开票到户、一票收费到户"为主要内容的水价形成机制改革，理顺管理体制，落实管理责任，改善农村水利工程状况，初步实现促进节约用水，杜绝搭车收费，减轻农民不合理水费负担，推动农村基层民主政治建设等改革目标。灌区农民用水协会发展态势良好，各项工作正在不断深化，稳步推进。汉延渠灌区农民用水协会体制机制研究这项成果广泛应用推广，并获得巨大的社会效益和经济效益。

（二）票据使用管理

1970—1982年，水费只是供水费。1982—2004年，水费由供水费和征工款两部分组成，2005年水价改革后，取消了征工款，实行水费征收“一价制”。

2000年以前，收取水费使用“宁夏回族自治区统一收据”；2000年调整水价后，收取水费使用“宁夏回族自治区行政事业性（政府基金）收费票据”。2000年，根据自治区财政厅转发财政部《关于公路车辆通行费管理等有关政策的复函》文件精神，水利工程水费由行政事业性收费转为经营性收费。2001年，开始使用由自治区国税局印制的“宁夏回族自治区水利工程供水专用发票”。2016年，宁夏“营改增”实行后，开始使用国家税务总局监制的“宁夏增值税普通发票”。

### 三、水费使用管理

从1964年起，按照国家有关规定，水费和征工款主要用于渠道管理经费、工程维修费和设备更新，并按当年供水收入的5%上交自治区水利厅集中资金（水利厅用于统筹解决水利工程的更新改造、灌区共用设施管护、新技术开发应用、水量调度、防汛抢险的调剂），2009年停止上交；按每万立方米水8元向渠首管理处上交引水水资源费，自2006年起调整为每万立方米水10元，2013年开始停止上交；上交由自治区水利厅按征费面积分摊的宁夏扬黄灌溉工程基金，上交供水收入的0.8%作为自治区水利厅灌溉局调度管理费，2013年停止上交；向各县（市、区）水务局返还县乡修理费（2005年以前按当年征工款的20%返还，2005年起按每立方米水0.0045元返还），2009年停止返还。

2005年10月，为规范引黄灌区支斗渠水费的使用管理，根据自治区人民政府批转自治区水利厅、物价局《关于宁夏引黄灌区农业供水管理体制及水价形成机制改革指导意见》（宁政发〔2004〕52号）和《关于引黄灌区农业用水全面实行“一价制”水费计收管理办法的通知》（宁价商发〔2005〕10号）精神，自治区财政厅、水利厅印发《宁夏引黄灌区支斗渠水费管理办法（试行）》［宁财（农）发〔2005〕920号］，规定：引黄灌区支斗渠水费主要用于农民用水者协会管理人员工资、办公及业务费、支斗渠工程设施维修养护费等。支斗渠水费按照“统一收费，先缴后返；公开公示，监督使用”的办法管理。支斗渠水费和干渠水费按照自治区物价部门核定的水价标准由农民用水协会统一计收，收取的水费先缴水管单位，再由水管单位按规定将支斗渠水费返还到农民用水者协会专用账户。

2013年，根据自治区人民政府批转自治区财政厅等四部门《关于自治区直属水管单位经费实行收支两条线实施意见的通知》（宁政发〔2012〕94号），自治区直属水管事业单位经费实行“收支两条线”管理，收入全额上缴自治区财政，支出经费由自治区财政核拨。水费收入纳入财政专户并逐步纳入预算管理，全额上缴自治区财政。

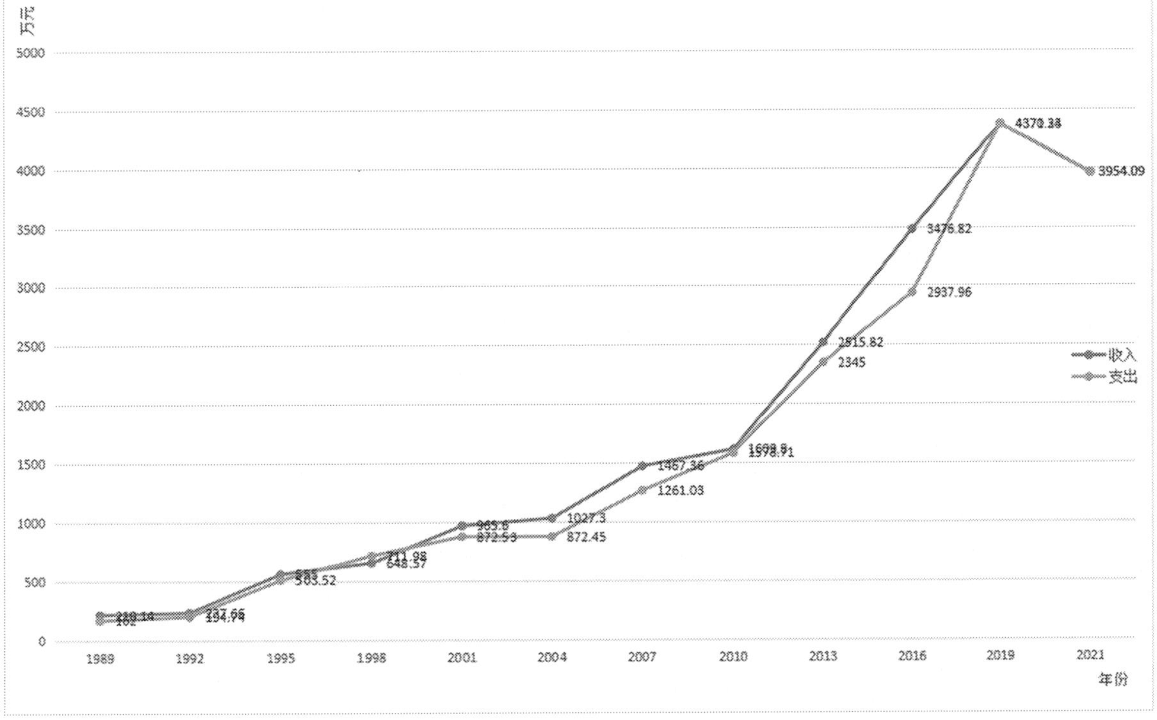


图5-1-1　1989—2021年汉延渠管理处供水收支情况

**表5-1-1　1989—2021年宁夏汉延渠管理处年供水收支明细**

单位：万元

| 年份/年 | 供水收入 | | | | | 供水支出 | | | | | | | | | | | | | |
|---|---|---|---|---|---|---|---|---|---|---|---|---|---|---|---|---|---|---|---|
| | 水费 | 征工款 | 上缴财政水费 | 财政拨款 | 合计 | 人员经费 | 公用经费 | 维修费 | 动力燃料费、电费 | 营业费用 | 返还干渠以下水费 | 水源费 | 调度管理费 | 上交上级 | 水利建设基金 | 其他支出 | 固定资产、公共基础设施折旧费 | 无形资产摊销费 | 合计 |
| 1989 | 150.86 | 59.28 | 0 | 0 | 210.14 | 16.92 | 9.40 | 63.11 | 0.14 | 0 | 0 | 0 | 24.96 | 3.00 | 0 | 6.86 | 37.61 | 0 | 162.00 |
| 1990 | 156.96 | 53.27 | 0 | 0 | 210.23 | 44.83 | 10.50 | 74.01 | 0.15 | 0 | 0 | 8.25 | 0 | 6.15 | 0 | 5.28 | 37.87 | 0 | 187.04 |
| 1991 | 160.98 | 53.55 | 0 | 0 | 214.53 | 52.10 | 15.15 | 75.79 | 0.40 | 0 | 0 | 7.96 | 0 | 3.00 | 0 | 7.26 | 28.67 | 0 | 187.33 |
| 1992 | 184.69 | 42.97 | 0 | 0 | 227.66 | 59.37 | 19.79 | 77.56 | 0.64 | 0 | 0 | 7.67 | 0 | 1.00 | 0 | 9.24 | 19.47 | 0 | 194.74 |
| 1993 | 200.81 | 53.23 | 0 | 0 | 254.04 | 91.31 | 25.73 | 150.10 | 0.47 | 0 | 0 | 19.54 | 0 | 0 | 0 | 13.32 | 27.01 | 0 | 327.48 |
| 1994 | 398.83 | 76.06 | 0 | 0 | 474.89 | 123.24 | 31.67 | 222.63 | 0.29 | 0 | 0 | 31.41 | 0 | 0 | 0 | 17.39 | 34.54 | 0 | 461.17 |
| 1995 | 459.96 | 95.04 | 0 | 0 | 555.00 | 120.02 | 22.38 | 161.92 | 1.47 | 4.75 | 0 | 36.78 | 0 | 0 | 0 | 17.04 | 139.16 | 0 | 503.54 |
| 1996 | 546.00 | 95.00 | 0 | −17.8 | 623.20 | 116.79 | 13.09 | 101.21 | 2.65 | 5.94 | 0 | 42.14 | 0 | 0 | 0 | 16.69 | 243.77 | 0 | 542.28 |
| 1997 | 610.05 | 95.04 | 0 | 0 | 705.09 | 139.39 | 14.81 | 124.62 | 5.12 | 7.76 | 0 | 43.41 | 0 | 61.30 | 0 | 39.69 | 255.70 | 0 | 691.80 |
| 1998 | 553.47 | 95.10 | 0 | 0 | 648.57 | 168.00 | 15.44 | 134.35 | 4.97 | 5.17 | 0 | 46.00 | 0 | 71.60 | 0 | 31.10 | 235.35 | 0 | 711.98 |
| 1999 | 556.33 | 94.70 | 0 | 0 | 651.03 | 196.31 | 12.60 | 91.54 | 13.86 | 7.13 | 0 | 50.81 | 0 | 65.00 | 0 | 23.21 | 241.33 | 0 | 701.79 |
| 2000 | 848.44 | 135.46 | 0 | 0 | 983.90 | 229.93 | 13.38 | 133.35 | 3.27 | 8.46 | 0 | 26.22 | 0 | 49.10 | 0 | 14.48 | 266.42 | 0 | 744.61 |
| 2001 | 831.68 | 133.92 | 0 | 0 | 965.60 | 329.52 | 14.21 | 131.77 | 3.68 | 9.50 | 0 | 57.99 | 0 | 48.20 | 0 | 11.34 | 266.32 | 0 | 872.53 |
| 2002 | 811.54 | 132.70 | 0 | 0 | 944.24 | 352.52 | 16.30 | 125.84 | 6.09 | 8.72 | 0 | 58.08 | 0 | 48.20 | 0 | 15.36 | 249.30 | 0 | 880.41 |
| 2003 | 672.24 | 129.85 | 0 | 0 | 802.09 | 362.12 | 9.34 | 77.22 | 5.34 | 6.75 | 0 | 42.09 | 6 | 38.00 | 22.00 | 11.71 | 243.54 | 0 | 824.11 |
| 2004 | 942.32 | 84.98 | 0 | 0 | 1027.30 | 404.10 | 13.10 | 77.13 | 7.54 | 8.48 | 0 | 45.97 | 6 | 39.00 | 31.00 | 11.17 | 228.96 | 0 | 872.45 |
| 2005 | 1252.50 | 23.36 | 0 | 0 | 1275.86 | 446.07 | 16.85 | 77.03 | 9.73 | 10.20 | 232.52 | 49.85 | 6 | 40.00 | 40.00 | 10.63 | 214.38 | 0 | 1113.26 |

续表

| 年份/年 | 供水收入 | | | | | 供水支出 | | | | | | | | | | | | | |
|---|---|---|---|---|---|---|---|---|---|---|---|---|---|---|---|---|---|---|---|
| | 水费 | 征工款 | 上缴财政水费 | 财政拨款 | 合计 | 人员经费 | 公用经费 | 维修费 | 动力燃料费、电费 | 营业费用 | 返还干渠以下水费 | 水源费 | 调度管理费 | 上交上级 | 水利建设基金 | 其他支出 | 固定资产、公共基础设施折旧费 | 无形资产摊销费 | 合计 |
| 2006 | 1264.20 | 23.07 | 0 | 0 | 1287.27 | 477.15 | 16.22 | 64.18 | 9.08 | 12.37 | 229.35 | 59.74 | 6.00 | 26.00 | 35.00 | 15.63 | 196.70 | 0 | 1147.42 |
| 2007 | 1431.90 | 21.46 | 0 | 14 | 1467.36 | 570.53 | 21.79 | 59.17 | 11.14 | 7.16 | 212.92 | 56.73 | 4.70 | 47.00 | 0 | 15.74 | 254.15 | 0 | 1261.03 |
| 2008 | 1434.50 | 21.13 | 0 | 0 | 1544.63 | 534.84 | 22.17 | 47.55 | 13.96 | 6.72 | 211.26 | 56.22 | 9.00 | 58.00 | 0 | 13.60 | 235.14 | 0 | 1208.46 |
| 2009 | 1668.40 | 24.74 | 0 | 60 | 1753.14 | 566.53 | 24.00 | 62.88 | 12.95 | 7.46 | 247.40 | 62.88 | 11.00 | 0 | 0 | 22.65 | 621.04 | 0 | 1638.79 |
| 2010 | 1609.80 | 0 | 0 | 0 | 1609.80 | 567.06 | 16.38 | 59.17 | 0.88 | 6.91 | 244.35 | 61.96 | 0 | 0 | 0 | 20.60 | 588.20 | 13.20 | 1578.71 |
| 2011 | 1569.70 | 0 | 0 | 180.70 | 1750.40 | 713.77 | 22.26 | 49.59 | 3.04 | 7.11 | 236.54 | 62.00 | 0 | 63.00 | 0 | 5.54 | 620.81 | 13.18 | 1796.84 |
| 2012 | 1544.44 | 0 | 0 | 657.06 | 2201.50 | 832.96 | 56.76 | 415.28 | 4.43 | 6.73 | 233.48 | 56.71 | 6.00 | 63.00 | 0 | 10.31 | 623.28 | 14.63 | 2308.94 |
| 2013 | 1513.84 | 0 | 1513.84 | 2515.82 | 2515.82 | 1002.51 | 20.59 | 400.55 | 4.05 | 0 | 229.36 | 0 | 5.00 | 0 | 0 | 6.22 | 655.67 | 21.05 | 2345.00 |
| 2014 | 1474.86 | 0 | 1474.86 | 2757.43 | 2757.43 | 1146.25 | 18.03 | 422.04 | 3.25 | 0 | 212.31 | 0 | 0 | 0 | 0 | 35.09 | 611.17 | 19.40 | 2467.54 |
| 2015 | 1476.98 | 0 | 1476.98 | 2716.06 | 2716.06 | 1150.39 | 25.71 | 403.36 | 0.35 | 0 | 216.90 | 0 | 0 | 0 | 0 | 39.49 | 617.29 | 19.40 | 2472.80 |
| 2016 | 1276.48 | 0 | 1276.48 | 3476.82 | 3476.82 | 1792.85 | 103.68 | 207.50 | 0.91 | 0 | 188.55 | 0 | 0 | 0 | 0 | 0.58 | 619.14 | 24.75 | 2937.96 |
| 2017 | 1230.04 | 0 | 1230.04 | 3115.19 | 3115.19 | 2484.69 | 108.24 | 217.00 | 0 | 0 | 183.55 | 0 | 0 | 0 | 0 | 41.39 | 0 | 0 | 3034.87 |
| 2018 | 1217.76 | 0 | 1217.76 | 3430.88 | 3430.88 | 2279.52 | 260.16 | 340.00 | 0 | 0 | 178.14 | 0 | 0 | 0 | 0 | 137.58 | 0 | 0 | 3195.40 |
| 2019 | 1202.74 | 0 | 1202.74 | 4370.23 | 4370.23 | 2862.24 | 138.21 | 719.28 | 0 | 0 | 181.14 | 0 | 0 | 0 | 0 | 470.47 | 0 | 0 | 4371.34 |
| 2020 | 1164.09 | 0 | 1164.09 | 4100.87 | 4100.87 | 2420.64 | 179.74 | 406.11 | 0 | 0 | 173.66 | 0 | 0 | 0 | 0 | 479.98 | 0 | 0 | 3660.13 |
| 2021 | 1130.45 | 0 | 1130.45 | 3954.09 | 3954.09 | 2865.27 | 216.40 | 384.35 | 0 | 0 | 168.39 | 0 | 0 | 0 | 0 | 319.68 | 0 | 0 | 3954.09 |

## 第二节 财务管理

### 一、科室建立

1970年汉延渠管理处成立后，财务科的职能设在行政科。1984年，管理处设立财务科。1988年后，管理处财务科更名为财务器材科、计划财务科。2006年12月，更名为财务审计科。2013年以前，5个管理所各设会计和出纳兼保管2人。2013年后，管理处实行会计集中核算，机关设财务人员5名，基层各管理所设报账员1名，负责本所水费及国有资产有偿使用收入的收缴、经费使用管理、土地资产管理等。管理处所属企业宁夏汉延水电工程有限责任公司和宁夏坤水园林绿化公司财务独立核算，设会计和出纳各1名。2018年进行重组改制。

管理处成立后，水费及征工款实行统收统支，管理所为报账单位。1994年起，管理处将核算形式由原来的处一级核算改为处、所两级核算，对管理所实行独立核算、财务收支计划控制管理，配备专职会计、出纳兼保管，年终财务决算各所上报决算报表，管理处对各所及机关决算报表进行汇总，形成全处年度财务决算报告。2013年起，水管单位实行经费“收支两条线”管理。为规范财务管理，2013年，管理处实行集中报账核算，管理所对本所发生的收支业务进行账务处理，月末提供科目发生额及余额表，到处机关报账，处计划财务科对全处收支进行统一核算，统一管理。

### 二、水费收缴管理

目标责任管理。每年初，为做好水费征收任务，结合近3年来的实际水量水费对年度水费计划任务进行测算，制订年度财务收支计划，与基层各管理所签订水费目标进度管理责任书，采取“定收入、定支出、超支不补、超收奖励”的收支管理办法，各所将任务层层分解，定时间、定任务、定奖罚，9月底完成夏秋灌水水费征收任务，11月底前完成全年水费征收任务。从灌溉开始，按实际用水量计收水费，按时段核算，纳入年度文明单位考核。财务科每周统计一次水费征收进度，通报征费情况。建立处领导工作联系点，及时解决灌溉收费难点，确保水停费清，促进征费进度。

为加强水费收缴和使用的管理，2010年，制定《汉延渠管理处水费征收安全管理办法》(宁汉发〔2010〕117号),严格按照自治区水利厅、物价局核定的收费项目和价格收取水费。坚持“安全第一,预防为主”的方针,确保资金和人员安全。水费收缴通过金融机构代收,减少现金流转。为加强收费票据的管理,使收费票据进一步规范化、制度化,2003年,制定《汉延渠管理处票据、收据管理办法》(宁汉发〔2003〕41号),对收费票据使用管理做出详细规定。水管单位纳入财政“收支两条线”管理后,又于2013年制定《汉延渠管理处水费收缴管理办法》(宁汉发〔2013〕70号)。

管理处加强财务检查监督,核查水费收缴环节,预防打白条收费、职工经手现金、截留水费等违规行为,维护良好的收费秩序,确保水费资金安全、及时、足额收缴入库。2021年,管理处积极与银行协商,制作聚合二维码,在基本户下开设收费子账户,为用水户安全及时缴费、对账提供了极大方便,受到灌区广大用水户的一致好评。

**三、现金管理**

2013年以前,管理处机关和各管理所开立基本存款账户,收取的水费送存银行。从银行支取款项,以现金支票和转账支票为主,异地转账电汇。2013年,为加强处属各单位现金管理和对经济活动的监督,依据《中华人民共和国现金管理暂行条例》,管理处制定《宁夏汉延渠管理处会计集中核算实施方案》《汉延渠管理处会计集中核算实施法》(宁汉发〔2013〕26号),2017年又重新修订《汉延渠管理处内部财务管理办法》(宁汉发〔2017〕112号),对现金开支范围、使用限额、提取额度、现金收付和现金账目、财务审核把关等做出规范和要求。

2018年,根据《宁夏回族自治区本级预算单位公务卡管理暂行办法》(宁财库发〔2008〕309号),管理处计划财务科联系建设银行来管理处办理公务卡,给处属各单位办理日常支付水电费、零星购买办公用品等工作人员办理了公务卡。从2018年7月起,实行公务卡结算制度。

财务审批管理规定本单位资金使用审批审核权限,坚持“多人会签一支笔”审批制度,各单位行政领导为单位财务总负责。按照支付业务资金额度,资金使用审批审核权限分为经处长办公会或处务会议研究,处长批准后办理;由业务科(室)领导审核,分管财务的副处长审批办理;由业务科(室)审核,计划财务科审批办理。管理所经所务会议研究,所长审批办理;由分管副所长审核,所长审批办理。

每年年初，管理处举办财会人员业务培训班，下半年组织财会人员参加水利厅财会审计业务培训班，不断提升财会人员的业务能力。坚持上半年和下半年对基层财务工作进行指导检查，发现问题及时纠正。

**四、财务电子化应用**

2000年以前，全处财务核算手工记账。2000年以后，管理处逐步在全处推行会计电算化，为管理所及财务科配备计算机及会计应用软件，实行会计电算化与手工账并行记账。经过几年的实践和应用，2005年，经有关部门验收、业务主管部门同意，处属各核算单位甩掉手工记账，实现会计电算化，使财会人员从繁琐的手工核算中解放出来，为管理决策及时提供准确的会计数据信息。2017年，自治区水利厅推进水利财务信息化改造升级，宁夏水利财务处理新系统北京用友政务软件“A++”上线运行，管理处通过“A++”软件进行账务处理，大大提高了财务核算管理的科学化、规范化水平。

**五、制度管理**

1985年起，管理处财务执行行政事业单位会计制度。1996年起，财务会计制度执行财政部1994年颁发的《水利工程管理单位财务制度》和《水利工程管理单位会计制度》，财务管理形式实行“自收自支”管理。2013年起，根据自治区人民政府批转自治区财政厅等四部门《关于自治区直属水管单位经费实行收支两条线实施意见的通知》（宁政发〔2012〕94号），自治区直属水管事业单位经费实行“收支两条线”管理。2019年，行政事业单位会计制度改革，水管单位实行政府会计准则制度，进行财务会计和预算会计平行记账。为规范内部控制，加强财务管理，管理处结合单位实际情况，多次对原有规章制度进行梳理、修订和汇编。2013年，自实行“收支两条线”以来，鉴于水管单位资金使用和管理方式发生重大变化，管理处进一步修改制定涵盖大宗物资采购、公务接待、公务用车、差旅费、工程维修养护项目管理、维修养护资金管理、经济合同管理、财务集中报账核算、规范审核报销流程和资产管理等的制度和办法，逐步建立较为严密的财务内部监管体系。2018年以来，为进一步强化内控制度建设，建立符合管理处实际的内控流程和体系，修改制定《汉延渠管理处内部控制基本制度》《汉延渠管理处会计工作管理制度》《汉延渠管理处预算业务管理制度》《汉延渠管理处收支业务管理制度》《汉延渠管理处采购业务管理制度》《汉延渠管理处国有资产管理制度（修订）》《汉延渠管理处票据管理办法》《汉延渠管理处水费收交管理办法》《汉延渠管理处差旅费管理办法》《汉延渠管理处房屋土地等国有资产出租出借管理办法(暂行)》。

**六、预算管理和资金监管**

2013年以前，水管单位自收自支，以收定支，量入为出。2013年实行“收支两条线”后，水管单位年度支出以项目支出上报部门预算，经自治区水利厅审核汇总上报自治区财政，水管单位按照财政拨款项目和用途管理使用资金，年终编制部门决算。管理处突出预算管理核心作用，采取计划、决算双重控制模式，加大对各项收入、成本费用预算执行情况和水利专项资金使用与管理的监管力度。制订年度财务收支计划、公用经费计划。全处财务实行集中报账核算，财务管理不断加强。一是财务工作进一步规范。对纳入管理处会计核算监管的各单位各项财务收支实行统一标准、统一核算、统一管理。二是资金使用效率进一步提高。公用经费、工程维修资金及国有资产有偿使用收入安排的资金使用实行预决算管理，严把审批关、支付关，严格预算控制，规范财务开支行为，强化财务监督力度，工程维修资金使用效率进一步提高。三是会计信息质量进一步提高。按照会计基础工作规范要求，优化会计集中核算工作流程，保证会计核算资料的真实性、完整性、及时性和统一性。水管单位实行“收支两条线”以后，人员工资和公用经费每月由财政及时拨付，保证公用经费的正常开支、职工工资的及时足额发放和“五险两金”的按时缴纳，稳定了职工队伍，保证渠道安全运行和各项工作的正常开展。

**七、内部管理**

2012年11月29日，财政部以财会〔2012〕21号印发《行政事业单位内部控制规范(试行)》，自2014年1月1日起施行。为贯彻落实《行政事业单位内部控制规范》，自治区水利厅高度重视，全面推进内部控制信息化建设，组织研发小组，根据行业特点和部门单位实际，开发出行政事业单位内控管理系统，于2017年上线试运行。2017年，管理处把内部控制建设提上重要议事日程，推进内部控制建设。举办内控培训班，召开动员会和推进会，成立内控建设领导小组，制定内控建设实施方案，进行内部控制风险评估，梳理单位经济活动和单位内部业务流程，查找内控风险点，制定风险防控措施，健全内控制度，建立符合管理处实际的内部控制体系和操作流程。12月份起，管理处各项收支在内部控制系统平台开始试运行。2018年将制度和流程进行“固化”并达到常态化，全面实行经济业务事项在线审批和报销，修订完善《汉延渠管理处内部控制支出流程》《汉延渠管理处内部控制经费支出指南》，为本单位内部控制信息化操作指明了方向。2019年，所有内部控制业务全部纳入线上管理，将内部控制贯穿于单位经济活动决策、执行和监督的全过程，实现对经济活动的全面控制，实现内控管理制度化、制度流程化、流程信息化，保证单位经济活动合法合规、财务信息真实完整，提高了服务的效率和效果。

**八、内部审计**

根据自治区水利厅《关于实行领导干部离任审计的通知》（宁水发〔1999〕46号）精神，2010年，管理处印发《汉延渠管理处科级干部经济责任审计办法》（宁汉发〔2010〕117号），2016年又出台《汉延渠管理处内部审计工作制度（试行）》（宁汉发〔2016〕57号），在处属单位实行领导干部离任审计。目的是通过对领导干部在任职期内单位财务收支、经营活动及其经济效益的审计，对离任领导干部的经济责任进行一次较全面的量化评价和实绩考核。内部审计作为单位内部的一项职能，管理处每年按照自治区水利厅年度内部审计工作要点，认真履行内部审计监督和服务职能，突出重点，注重实效，做好审计工作，提升审计工作质量和水平，扎实推进整改落实，规范水利项目和资金管理，发挥“免疫系统”功能作用，确保“干部安全、资金安全、工程安全”。认真履行内部审计工作职责，制订年度内审工作计划，坚持对调整交流的科级干部和任期满三年的科级干部进行任期经济责任审计，提出加强和完善管理的建议，强化对权力运行的制约和监督；对工程维修改造、“三公”经费和专项资金实施专项审计，促进审计意见得到整改落实。加强审计能力建设，组织财务审计人员积极参加内审协会和自治区水利厅举办的审计业务培训班，提升审计人员业务水平。通过开展干部经济责任、专项资金审计监督，为防范财务风险、强化财务管理、提高资金使用效益、提升管理水平、促进廉政建设发挥积极作用。

**九、资产管理**

（一）资产形成与构成

管理处固定资产主要是办公业务用房、渠道及水工建筑物、车辆、办公设施及仪器、土地。

2017年以前，水管单位按照《水利工程管理单位会计制度》划分固定资产类别。为加快建立政府会计准则体系，财政部根据《政府会计准则——基本准则》，制定印发《政府会计准则第3号——固定资产》《政府会计准则第5号——公共基础设施》，分别自2017年1月1日、2018年1月1日起施行。准则所称固定资产，一般包括房屋及构筑物、专用设备、通用设备等。单位价值虽未达到规定标准，但是使用年限超过1年（不含1年）的大批同类物资，如图书、家具、用具、装具等，应当确认为固定资产。管理处按照新的分类标准对固定资产进行调整，2019年将渠道、水闸等水工建筑物调整为公共基础设施。

表5-2-1　2021年宁夏汉延渠管理处固定资产和无形资产存量情况

单位:元

| 资产类别 | 行　次 | 期末账面数 | | | |
|---|---|---|---|---|---|
| | | 数　量 | 原　值 | 累计折旧/摊销 | 净　值 |
| 栏　次 | | 5 | 6 | 7 | 8 |
| 合　计 | 1 | — | 28572815.54 | 12646872.84 | 15925942.70 |
| 一、固定资产 | 2 | — | 24066691.28 | 10945258.89 | 13121432.39 |
| (一)土地、房屋及构筑物 | 3 | — | 17131236.88 | 6301377.30 | 10829859.58 |
| 其中:1.土地($m^2$) | 4 | — | — | — | — |
| 2.房屋($m^2$) | 5 | 12555.57 | 16503409.06 | 6013960.26 | 10489448.80 |
| 办公用房 | 6 | 1668 | — | — | — |
| 其中:本单位实际使用办公室用房 | 7 | 1610 | — | — | — |
| 业务用房 | 8 | 10887.57 | — | — | — |
| 其他用房 | 9 | | — | — | — |
| (二)通用设备(个、台、辆等) | 10 | 300 | 6373354.40 | 4510980.35 | 1862374.05 |
| 其中:1.车辆 | 11 | 5 | 750640.00 | 556620.74 | 194019.26 |
| 2.单价50万(含)以上(不含车辆) | 12 | 2 | 1497449.80 | 1497449.80 | |
| (三)专用设备(个、台等) | 13 | 5 | 91500.00 | 62103.06 | 29396.94 |
| 其中:单价100万(含)以上 | 14 | — | — | — | — |
| (四)文物和陈列品(个、件等) | 15 | — | — | — | — |
| 其中:文物 | 16 | — | — | — | — |
| (五)图书档案(本、套等) | 17 | — | — | — | — |
| (六)家具、用具、装具及动植物(个、套等) | 18 | 495 | 470600.00 | 70798.18 | 399801.82 |
| 其中:家具用具 | 19 | 495 | 470600.00 | 70798.18 | 399801.82 |
| 二、无形资产 | 20 | — | 4506124.26 | 1701613.95 | 2804510.31 |
| 其中:1.专利(个、项等) | 21 | — | — | — | — |
| 2.非专利技术(个、项等) | 22 | — | — | — | — |
| 3.土地使用权(平方米) | 23 | 673038.75 | 4306553.26 | 1647477.20 | 2667576.06 |
| 4.计算机软件(个、项等) | 24 | 2 | 199571.00 | 54136.75 | 136934.25 |

表 5-2-2　2021 年宁夏汉延渠管理处公共基础设施情况　单位:元

| 资产类别 | 行　次 | 合　计 | | |
|---|---|---|---|---|
| | | 期末账面数 | | |
| | | 数　量 | 原　值 | 净　值 |
| 合　计 | 1 | — | 124089475.28 | 18466276.40 |
| 一、政府储备物资 | 2 | — | 0.00 | 0.00 |
| 战略储备物资 | 3 | — | 0.00 | 0.00 |
| 粮、棉、糖、肉、药 | 4 | — | 0.00 | 0.00 |
| 自然灾害救助物资 | 5 | — | 0.00 | 0.00 |
| 防汛抗旱储备物资 | 6 | — | 0.00 | 0.00 |
| 森林(草原)防火储备物资 | 7 | — | 0.00 | 0.00 |
| 城市排水防涝设备物资 | 8 | — | 0.00 | 0.00 |
| 应急储备物资 | 9 | — | 0.00 | 0.00 |
| 石　油 | 10 | — | 0.00 | 0.00 |
| 其他储备物资 | 11 | — | 0.00 | 0.00 |
| 二、公共基础设施 | 12 | — | 124089475.28 | 18466276.40 |
| 交通运输基础设施 | 13 | — | 0.00 | 0.00 |
| 水利基础设施 | 14 | — | 124089475.28 | 18466276.40 |
| 市政基础设施 | 15 | — | 0.00 | 0.00 |
| 其他公共基础设施 | 16 | — | 0.00 | 0.00 |
| 三、文物文化资产 | 17 | 0 | 0.00 | 0.00 |
| 不可移动文物(处) | 18 | 0 | 0.00 | 0.00 |
| 可移动文物(件、套) | 19 | 0 | 0.00 | 0.00 |
| 其他文物文化资产(件、套) | 20 | 0 | 0.00 | 0.00 |
| 四、保障性住房 | 21 | 0 | 0.00 | 0.00 |
| 公共租赁住房(含廉租住房)(套) | 22 | 0 | 0.00 | 0.00 |
| 经济适用住房(套) | 23 | 0 | 0.00 | 0.00 |
| 五、受托代理资产 | 24 | — | 0.00 | 0.00 |
| 受托转赠物资 | 25 | — | 0.00 | 0.00 |
| 受托存储保管物资 | 26 | — | 0.00 | 0.00 |
| 罚没物资 | 27 | — | 0.00 | 0.00 |
| 其他代管资产 | 28 | — | 0.00 | 0.00 |

(二)固定资产、低值易耗品管理

管理处固定资产实物有资产存放地或使用地点,由处属机关办公室和各管理所登记、使用、维护、管理，计划财务科对全处固定资产进行账务集中统一管理，建立固定资产明细账和固定资产卡片，按照固定资产的类别、名称、规格、使用年限、原值、折旧标准及购建日期等进行详细登记。低值易耗品由各基层管理所购买使用，建立低值易耗品登记册管理。管理处制定《汉延渠管理处财产物资管理办法》（宁汉发〔2013〕70号）、《汉延渠管理处仓库及库存物资管理制度》（宁汉发〔2016〕96号），对固定资产实行责任制管理，明确相关责任人和职责范围，将每一项资产落实到每一个具体使用人与维护人，由其负责保管、使用、维护、管理，防止损坏和遗失。管理处每年对全处固定资产、低值易耗品进行一次全面清查核实登记，做到账账、账实、账卡相符，如发生长余或短缺，按规定报经有关部门批准后进行处理。

2008年，按照自治区水利厅统一安排，邀请资产评估公司对全处固定资产进行评估，报自治区水利厅和财政厅批准后，资产按评估后的价值调整入账，2009年首次将土地资产作为无形资产纳入财务账管理。

2013年，资产纳入财政资产管理系统进行统一管理，根据《行政单位国有资产管理暂行办法》（财政部令第35号）、《事业单位国有资产管理暂行办法》（财政部令第36号）、《行政事业单位国有资产报告制度》等有关规定和国有资产管理工作要求，每年上报行政事业单位资产清查年度报告。2016年，对全处固定资产进行清查核实，对核查出的待报废资产，按照资产处置审批权限上报自治区水利厅和财政厅审批。

## 第三节　综合经营管理

### 一、综合经营基本情况

20世纪70年代，我国水利投入很少，水利建设处于停滞状态，水利行业处于贫困时期，职工福利差，有的工程管理单位甚至发不了职工工资等，严重影响正常工作。要扭转这种被动局面，在水利工程和管理上必须扭转观念，深化改革，走综合经营发展的道路。

20世纪80年代中期开始，管理处就把综合经营生产作为一项工作任务正式提上议事日程，开启了水利综合经营发展的新时期。经过20多年的艰苦探索，管理处深刻认识到，要想大力发展综合经营，必须培育新的经济增长点，做大做强支柱产业，小打小闹没有出路。从2000年起，管理处对已有综合经营项目进行梳理整合，保留效益好的项目，淘汰亏损多的项目，上马前景好的项目。依托行业优势，牢牢抓住水利工程建设这个支柱产业不放松，于2000年将水利工程队改制为公司，充分发挥单位专业技术资源优势，于2007年成立以节水灌溉、园林绿化为主营方向的宁夏坤水园林绿化有限公司；2008年，管理处整合全处丰富的水土资源优势，大胆招商引资，与区外投资者开展长期合作，又成立鸿翔林业发展有限公司，向综合经营的跨越式发展迈出可喜的一步。

1983年，全国水利工作会议制定“加强经营管理，讲究经济效益”的水利方针。1984年全国水利座谈会上提出“全面服务，转轨变型”的发展方针，明确水利要从为农业服务转到为社会经济全面服务，从单一生产型转到综合经营型；水利部也提出在水利工程管理中要推行“两个支柱，一把钥匙”，即以水费收入和综合经营收入为水管单位的两大经济支柱，以加强经济责任制作为搞活水利管理的一把钥匙。自此，各水利管理单位结合自身优势，发展种养业，建立水利工程队，办水利企业，大力开展综合经营，努力增加经济收入，逐步走上以提高经营效益为中心的经营管理轨道。

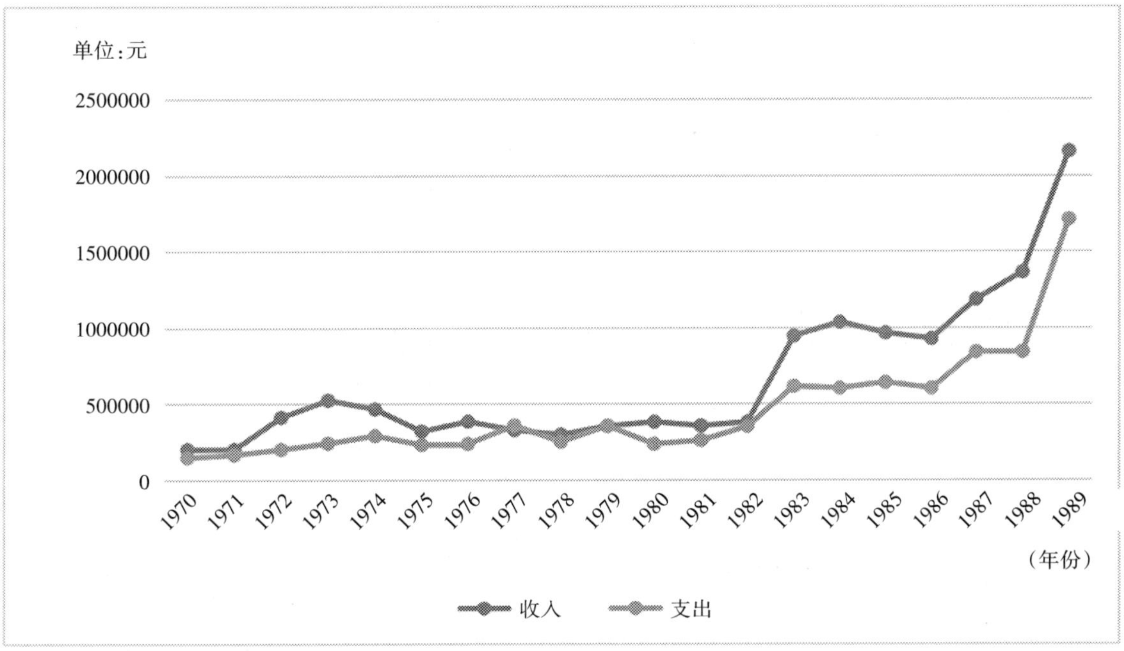


图5-3-1 1970—1989年汉延渠经营及财务状况统计

表5-3-1　1970—1989年汉延渠管理处经营及财务状况统计

单位:元

| 时间/年 | 收入 | | | | 支出 | | | | 盈亏 | 备注 |
|---|---|---|---|---|---|---|---|---|---|---|
| | 小计 | 水费收入 | 综合经营收入 | 其他收入 | 小计 | 供水支出 | 综合经营支出 | 其他支出 | | |
| 1970 | 199867.79 | 199867.79 | 0.00 | 0.00 | 146137.33 | 146137.33 | 0.00 | 0.00 | 53730.46 | |
| 1971 | 199474.05 | 199474.05 | 0.00 | 0.00 | 164951.81 | 164951.81 | 0.00 | 0.00 | 34522.24 | |
| 1972 | 410089.46 | 410089.46 | 0.00 | 0.00 | 199974.37 | 199974.37 | 0.00 | 0.00 | 210115.09 | |
| 1973 | 522261.39 | 465593.17 | 0.00 | 56668.22 | 239928.02 | 239928.02 | 0.00 | 0.00 | 282333.37 | |
| 1974 | 464690.13 | 439231.51 | 0.00 | 25458.62 | 289544.59 | 289544.59 | 0.00 | 0.00 | 175145.54 | |
| 1975 | 318199.46 | 311722.59 | 0.00 | 6476.87 | 229851.02 | 229851.02 | 0.00 | 0.00 | 88348.44 | |
| 1976 | 382980.76 | 353560.22 | 0.00 | 29420.54 | 235881.33 | 235881.33 | 0.00 | 0.00 | 147099.43 | |
| 1977 | 325880.52 | 255275.73 | 0.00 | 70604.79 | 356622.73 | 356622.73 | 0.00 | 0.00 | -30742.21 | |
| 1978 | 296702.70 | 251099.77 | 0.00 | 45602.93 | 249335.79 | 249335.79 | 0.00 | 0.00 | 47366.91 | |
| 1979 | 353086.87 | 204059.07 | 58403.76 | 90624.04 | 353086.87 | 353086.87 | 0.00 | 0.00 | 0.00 | |
| 1980 | 379638.80 | 287864.94 | 77760.50 | 14013.36 | 234610.02 | 234610.02 | 0.00 | 0.00 | 145028.78 | |
| 1981 | 354057.38 | 269097.16 | 66757.82 | 18202.40 | 258849.15 | 219724.24 | 39124.91 | 0.00 | 95208.23 | |
| 1982 | 380028.38 | 331090.07 | 48938.31 | 0.00 | 350544.45 | 309942.29 | 40602.16 | 0.00 | 29483.93 | |
| 1983 | 942354.01 | 889510.09 | 52843.92 | 0.00 | 612267.58 | 561468.86 | 50798.72 | 0.00 | 330086.43 | |
| 1984 | 1033476.44 | 990660.33 | 42816.11 | 0.00 | 600067.03 | 549224.01 | 50843.02 | 0.00 | 433409.41 | |
| 1985 | 961323.32 | 958018.28 | 3305.04 | 0.00 | 637655.83 | 629999.66 | 7656.17 | 0.00 | 323667.49 | |
| 1986 | 923445.17 | 920445.17 | 3000.00 | 0.00 | 599680.16 | 599680.16 | 0.00 | 0.00 | 323765.01 | |
| 1987 | 1182478.75 | 1015542.45 | 166936.30 | 0.00 | 836262.27 | 718299.58 | 117962.69 | 0.00 | 346216.48 | |
| 1988 | 1361652.67 | 1140166.71 | 221485.96 | 0.00 | 837039.84 | 770390.26 | 66649.58 | 0.00 | 524612.83 | |
| 1989 | 2156660.41 | 1874601.19 | 0.00 | 282059.22 | 1707042.15 | 1496161.34 | 0.00 | 210880.81 | 449618.26 | |

1989年，管理处设立综合经营办公室，负责抓好全处综合经营管理工作。2000年以来，管理处建立全处综合经营发展基金，按照“大干大支持、不干不支持”和“谁经营、谁受益”的原则，支持基层各管理所发展综合经营，鼓励干部职工积极参与综合经营。2004年，管理处给予基层各管理所较大自主权，鼓励职工离岗从事综合经营创收工作，激发各单位发展综合经营的积极性。

水管体制改革后，水利部门的经济管理体制明显薄弱，水利综合经营的管理机构仅仅是一个统计的职能，水利综合经营工作氛围不浓，依据改革精神，管理处将综合经营机构撤销，职能并入计划财务科。2010年，管理处对综合经营项目、规模、效益及中长期发展规划等进行深入调查，结合单位实际情况，出台《汉延渠管理处综合经营管理办法（试行）》（宁汉发〔2010〕117号）。是为了充分利用现有设施和各类资源优势，改善经营增长方式，拓宽经营发展渠道，壮大单位经济实力，改善提高职工生活，促进单位可持续发展。

管理处始终坚持“一个中心、两个支柱”的发展思路，在依托行业优势，做活、做好“水”文章和争取服好务、保收费的基础上，及时调整工作思路，更新观念，大力发展综合经营，以不断增强单位的经济实力。一是抓好现有项目的管理，稳步提高经济效益。立足处情，以大力发展庭院经济、改善职工生产生活条件为目标，支持和鼓励基层所段积极开展小种植、小养殖。开展经济资源大普查，盘活闲置的土地、房屋资源，充分发挥其经济效益。二是兴办实体，积极探索综合经营发展的新路子。2008年，依托行业和水土资源优势，与山东客商合作成立宁夏鸿翔林业发展有限公司，利用渠道两侧闲荒土地，开展种植速生杨项目。2010年，在认真调研论证的基础上，充分利用水利行业项目特点、行业需求及自身已有人才、技术优势，拓宽思路、拓展经营业务，组建宁夏华骋监理有限公司。尽管这些探索有成有败，但都为管理处综合经营的进一步发展积累了经验，提供了有益借鉴。三是积极扶持所属企业发展壮大。在强化财务监管、加强内部经营管理、努力提高经济效益的同时，管理处采取各种措施，为所属企业提供帮助，使其不断开拓市场、壮大经济实力、增强市场竞争力。在管理处经济状况十分困难的情况下，所属企业曾一度安排单位20余名富余人员上岗，有效缓解单位的人员经费压力。

2012年，管理处大力开展“四小工程”建设，鼓励基层各管理所种植蔬菜和搞小养殖。2017年开始，根据自治区直属水管事业单位经费实行“收支两条线”的管理精神，将管理处综合经营收入纳入财政预算管理，收入全额上缴自治区财政。2018年，制定《汉延渠管理处房屋土地等国有资产出租出借管理办法》，聘请自治区国土资源厅下属公司对全处国有土地及管理所、段院落内土地开展全面实测核查，编制软件，绘制图册，将所有土地信息全部纳入“自治区水利厅土地管理系统”进行信息化管理。

2019年，将各所20亩以上的连片土地面向社会进行公开竞租，并将竞租结果在土地管理系统进行更新，建立健全土地资产出租管理台账，认真履行租赁合同，确保国有资产保值增值。

管理处始终把大力发展综合经营摆在突出位置，本着“创新提高，突出效益”的理念，坚持以人为本，在抓好工程建设、灌溉管理的同时，依托水土资源优势，先后发展种植业、养殖业、建筑业及商业服务业（主要是房屋出租、场地出租）等多项经营项目对单位经费进行补充。经过长期努力，形成以种植业为主导，以水利工程建筑安装为龙头，以经果林、养殖业为补充的发展新格局。

**表5-3-2　1989—2017年汉延渠管理处综合经营收支情况**

| 时间/年 | 收入/万元 | 支出/万元 | 利润/万元 | 备　注 |
|---|---|---|---|---|
| 1989 | 28.21 | 21.09 | 7.12 | |
| 1990 | 32.78 | 24.53 | 8.25 | |
| 1991 | 43.28 | 33.70 | 9.58 | |
| 1992 | 53.78 | 42.86 | 10.92 | |
| 1993 | 55.03 | 42.59 | 12.44 | |
| 1994 | 56.28 | 42.32 | 13.96 | |
| 1995 | 73.96 | 62.84 | 11.12 | |
| 1996 | 91.63 | 83.36 | 8.27 | |
| 1997 | 87.34 | 90.66 | −3.32 | |
| 1998 | 236.27 | 237.68 | −1.41 | |
| 1999 | 264.39 | 262.71 | 1.68 | |
| 2000 | 552.17 | 550.82 | 1.35 | |
| 2001 | 419.10 | 369.13 | 49.97 | |
| 2002 | 396.82 | 380.85 | 15.97 | |
| 2003 | 427.93 | 420.01 | 7.92 | |
| 2004 | 840.21 | 832.66 | 7.55 | |

续表

| 时间/年 | 收入/万元 | 支出/万元 | 利润/万元 | 备 注 |
| --- | --- | --- | --- | --- |
| 2005 | 1252.49 | 1245.30 | 7.19 | |
| 2006 | 1387.75 | 1426.18 | -38.43 | |
| 2007 | 1578.18 | 1539.98 | 38.20 | |
| 2008 | 1684.72 | 1690.65 | -5.93 | |
| 2009 | 5364.75 | 5120.76 | 243.99 | |
| 2010 | 6376.69 | 6190.73 | 185.96 | 从2010年开始，仅统计经营性资产实际收入；2017年起不再核算综合经营收入，按“收支两条线”规定，国有资源有偿使用收入全部上缴财政。 |
| 2011 | 12895.90 | 12346.21 | 549.69 | |
| 2012 | 14291.06 | 13947.44 | 343.62 | |
| 2013 | 179.07 | 109.87 | 69.20 | |
| 2014 | 461.29 | 424.90 | 36.39 | |
| 2015 | 654.02 | 152.08 | 501.94 | |
| 2016 | 22.58 | 18.63 | 3.95 | |
| 2017 | 0.00 | 0.30 | -0.30 | |

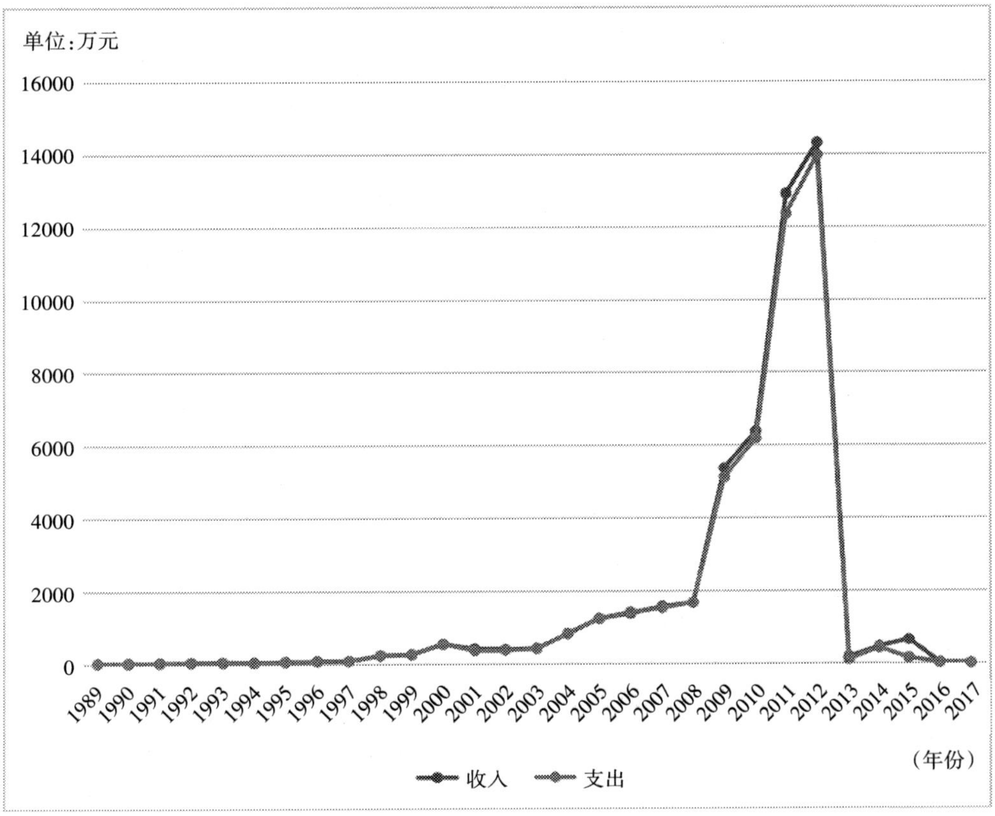


图5-3-2 1989—2017年汉延渠综合经营收支情况

## 二、经营实体

### （一）土地资源及经营

2014年，管理处加快土地确权划界工作，对于产权界定清楚的完善相关手续，对零散的土地进行全面整合，使其集中连片，为土地集约化、规模化经营奠定基础，提高土地资源的利用效益。

2016年，对干渠保护范围内的土地进行全面清查登记，摸清家底，建立土地资源档案，绘制土地资源分布图册，实行干部离任土地移交制度，明确土地管理责任。

2017年开始，将管理处综合经营收入纳入财政预算管理，收入全额上缴自治区财政。

2018年，将所有土地信息全部纳入“自治区水利厅土地管理系统”进行数字化管理。

2019年，对各管理所20亩以上的连片土地面向社会进行公开竞租，建立健全土地资产出租管理台账，认真履行租赁合同，确保国有资产保值增值。

表 5-3-3　汉延渠管理处土地资源一览

| 行次 | 资产分类 | 资产名称 | 取得日期 | 坐落位置 | 权属情况 | | | | | 期末账面数 | | | |
|---|---|---|---|---|---|---|---|---|---|---|---|---|---|
| | | | | | 土地权属证明 | 发证日期 | 土地证号 | 权属面积/m² | 权属性质 | 使用状况/m² | 原值/元 | 累计折旧摊销/元 | 净值/元 |
| 1 | | | — | — | — | — | — | 673038.75 | — | 673038.75 | 4306553.26 | 1647477.20 | 2667576.06 |
| 2 | 土地使用权 | 土地 | 2003-08-01 | 永宁县杨和乡杨和村处鸡场 | 有土地证 | 2003-11-15 | 宁国用(2003)第484号 | 2713.00 | 国有 | 2713.00 | 13700.00 | 5628.86 | 8071.14 |
| 3 | 土地使用权 | 土地 | 1996-11-08 | 青铜峡小坝镇林皋村中干沟西 | 有土地证 | 1996-11-08 | 青国(1996)第350号 | 733.00 | 国有 | 733.00 | 19356.00 | 5298.70 | 14057.30 |
| 4 | 土地使用权 | 土地 | 1996-11-08 | 青铜峡叶盛镇地十村果子渠段 | 有土地证 | 1996-11-08 | 青国(1996)第352号 | 733.00 | 国有 | 733.00 | 19356.00 | 5298.70 | 14057.30 |
| 5 | 土地使用权 | 土地 | 2003-08-26 | 青铜峡市叶盛镇哈村村 | 有土地证 | 2003-08-26 | 宁国用(2003)第465号 | 7733.30 | 国有 | 7733.30 | 39046.00 | 16240.50 | 22805.50 |
| 6 | 土地使用权 | 土地 | 2003-08-26 | 永宁县增岗乡前渠村 | 有土地证 | 2003-08-23 | 宁国用(2003)第478号 | 933.30 | 国有 | 933.30 | 25429.00 | 10547.94 | 14881.06 |
| 7 | 土地使用权 | 土地 | 2003-08-26 | 永宁县通桥乡永清村 | 有土地证 | 2003-08-26 | 宁国用(2003)第490号 | 9533.30 | 国有 | 9533.30 | 43672.00 | 18168.30 | 25503.70 |
| 8 | 土地使用权 | 土地 | 1996-11-25 | 永宁县望洪乡农丰村 | 有土地证 | 1996-11-25 | 永国用(1996)第080号 | 20533.00 | 国有 | 20533.00 | 94063.00 | 38996.20 | 55066.80 |
| 9 | 土地使用权 | 土地 | 1996-11-25 | 永宁县修造厂西 | 有土地证 | 1996-11-25 | 永国用(1996)第86号 | 57736.00 | 国有 | 57736.00 | 264289.40 | 110690.56 | 153598.84 |
| 10 | 土地使用权 | 土地 | 2003-08-26 | 永宁县望洪乡农声村 | 有土地证 | 2003-08-26 | 宁国用(2003)第480号 | 48400.00 | 国有 | 48400.00 | 221720.00 | 87900.69 | 133819.31 |
| 11 | 土地使用权 | 土地 | 2003-08-26 | 银川市兴庆区掌政乡春林村 | 有土地证 | 2003-08-26 | 宁国用(2003)第510号 | 5133.30 | 国有 | 5133.30 | 30723.00 | 12802.87 | 17920.13 |

续表

| 行次 | 资产分类 | 资产名称 | 取得日期 | 坐落位置 | 权属情况 | | | | | 期末账面数 | | | |
|---|---|---|---|---|---|---|---|---|---|---|---|---|---|
| | | | | | 土地权属证明 | 发证日期 | 土地证号 | 权属面积/$m^2$ | 权属性质 | 使用状况/$m^2$ | 原值/元 | 累计折旧摊销/元 | 净值/元 |
| 12 | 土地使用权 | 土地 | 2003-08-26 | 永宁县增岗乡前渠村第一排水沟 | 有土地证 | 2003-08-26 | 宁国用(2003)第476号 | 3266.70 | 国有 | 3266.70 | 14965.00 | 6151.06 | 8813.94 |
| 13 | 土地使用权 | 土地 | 1996-11-08 | 青铜峡市叶盛镇地十村散水渠北 | 有土地证 | 1996-11-08 | 青国用(1996)第353号 | 1867.00 | 国有 | 1867.00 | 9425.00 | 3871.04 | 5553.96 |
| 14 | 土地使用权 | 土地 | 1996-11-11 | 银川市掌镇乡五渡桥村 | 有土地证 | 1996-11-11 | 银郊国用(96)第238号 | 1666.68 | 国有 | 1666.68 | 7635.00 | 3138.34 | 4496.66 |
| 15 | 土地使用权 | 土地 | 2003-08-01 | 永宁县胜利乡 | 有土地证 | 2003-11-15 | 宁国用(2003)第487号 | 14400.00 | 国有 | 14400.00 | 65966.00 | 49014.78 | 16951.22 |
| 16 | 土地使用权 | 土地 | 1996-11-11 | 银川市掌镇乡五渡桥村 | 有土地证 | 1996-11-11 | 银郊国用(96)第238号 | 1667.50 | 国有 | 1667.50 | 140799.00 | 58574.36 | 82224.64 |
| 17 | 土地使用权 | 土地 | 2003-08-26 | 永宁县通桥乡政权村 | 有土地证 | 2003-08-26 | 宁国用(2003)第518号 | 3933.30 | 国有 | 3933.30 | 23541.00 | 9839.10 | 13701.90 |
| 18 | 土地使用权 | 土地 | 2003-08-01 | 永宁县杨和乡观桥村 | 有土地证 | 2003-11-15 | 宁国用(2003)第488号 | 666.67 | 国有 | 666.67 | 3054.00 | 1253.88 | 1800.12 |
| 19 | 土地使用权 | 土地 | 1996-11-08 | 青铜峡市叶盛地十村果子渠段 | 有土地证 | 1996-11-08 | 青国用(1996)第352号 | 8000.00 | 国有 | 8000.00 | 40392.00 | 16734.92 | 23657.08 |
| 20 | 土地使用权 | 土地 | 2003-08-26 | 银川市兴庆区掌政乡孔雀村 | 有土地证 | 2003-08-26 | 宁国用(2003)第508号 | 3400.00 | 国有 | 3400.00 | 20349.00 | 8532.27 | 11816.73 |
| 21 | 土地使用权 | 土地 | 2003-08-26 | 永宁县仁存乡友爱村李俊路北 | 有土地证 | 2003-08-26 | 宁国用(2003)第473号 | 4733.30 | 国有 | 4733.30 | 21683.00 | 9029.43 | 12653.57 |
| 22 | 土地使用权 | 土地 | 2003-08-26 | 永宁县通桥乡政权村公艺渠南 | 有土地证 | 2003-08-26 | 宁国用(2003)第519号 | 2600.00 | 国有 | 2600.00 | 15561.00 | 6397.64 | 9163.36 |

续表

| 行次 | 资产分类 | 资产名称 | 取得日期 | 坐落位置 | 权属情况 | | | | | 期末账面数 | | | |
|---|---|---|---|---|---|---|---|---|---|---|---|---|---|
| | | | | | 土地权属证明 | 发证日期 | 土地证号 | 权属面积/$m^2$ | 权属性质 | 使用状况/$m^2$ | 原值/元 | 累计折旧摊销/元 | 净值/元 |
| 23 | 土地使用权 | 土地 | 2003-08-01 | 贺兰县习岗镇 | 有土地证 | 2003-11-15 | 宁国用(2003)第499号 | 1133.30 | 国有 | 1133.30 | 3601.00 | 1472.68 | 2128.32 |
| 24 | 土地使用权 | 土地 | 1996-11-01 | 青铜峡叶盛镇光明村 | 有土地证 | 1996-11-01 | 青国用(1996)第363号 | 866.67 | 国有 | 866.67 | 22875.00 | 6263.64 | 16611.36 |
| 25 | 土地使用权 | 土地 | 2003-08-26 | 永宁县通桥乡立强村 | 有土地证 | 2003-08-26 | 宁国用(2003)第515号 | 4400.00 | 国有 | 4400.00 | 26334.00 | 10974.84 | 15359.16 |
| 26 | 土地使用权 | 土地 | 1996-11-11 | 银川郊区掌镇春林村 | 有土地证 | 1996-11-11 | 银郊国用(96)第234号 | 2185.00 | 国有 | 2185.00 | 125239.36 | 33456.36 | 91783.00 |
| 27 | 土地使用权 | 土地 | 2003-08-26 | 青铜峡市瞿靖镇友好村反帝沟西 | 有土地证 | 2008-08-26 | 宁国有(2003)第464号 | 3733.30 | 国有 | 3733.30 | 18850.00 | 7741.85 | 11108.15 |
| 28 | 土地使用权 | 土地 | 2003-08-26 | 青铜峡市小坝镇林皋桥村 | 有土地证 | 2003-08-26 | 宁国用(2003)第461号 | 8466.70 | 国有 | 8466.70 | 42748.00 | 17623.16 | 25124.84 |
| 29 | 土地使用权 | 土地 | 2003-08-26 | 永宁县通桥乡永清村小观桥段 | 有土地证 | 2003-08-26 | 宁国用(2003)第489号 | 8066.70 | 国有 | 8066.70 | 36953.00 | 15348.54 | 21604.46 |
| 30 | 土地使用权 | 土地 | 2003-08-26 | 永宁县望洪镇西玉村第一排水沟 | 有土地证 | 2003-08-26 | 宁国用(2003)第475号 | 1400.00 | 国有 | 1400.00 | 6413.00 | 2633.64 | 3779.36 |
| 31 | 土地使用权 | 土地 | 2003-08-26 | 贺兰县金贵镇红旗村 | 有土地证 | 2003-08-26 | 宁国用(2003)第503号 | 6133.30 | 国有 | 6133.30 | 19486.00 | 8620.62 | 10865.38 |
| 32 | 土地使用权 | 土地 | 2003-08-26 | 永宁县通桥乡板桥村 | 有土地证 | 2003-08-26 | 宁国用(2003)第494号 | 1866.70 | 国有 | 1866.70 | 8551.00 | 3516.83 | 5034.17 |
| 33 | 土地使用权 | 土地 | 1996-12-16 | 贺兰县潘昶乡红星村王澄路北 | 有土地证 | 1996-12-16 | 贺国用(1996)第52号 | 16868.00 | 国有 | 16868.00 | 77266.00 | 32417.79 | 44848.21 |

续表

| 行次 | 资产分类 | 资产名称 | 取得日期 | 坐落位置 | 权属情况 | | | | | 期末账面数 | | | |
|---|---|---|---|---|---|---|---|---|---|---|---|---|---|
| | | | | | 土地权属证明 | 发证日期 | 土地证号 | 权属面积/$m^2$ | 权属性质 | 使用状况/$m^2$ | 原值/元 | 累计折旧摊销/元 | 净值/元 |
| 34 | 土地使用权 | 土地 | 2003-08-26 | 永宁县通桥乡通桥村小牛渠南 | 有土地证 | 2003-08-26 | 宁国用(2003)第513号 | 1066.60 | 国有 | 1066.60 | 6384.00 | 2622.09 | 3761.91 |
| 35 | 土地使用权 | 土地 | 2000-12-04 | 永宁县杨和乡永红村 | 有土地证 | 2000-12-04 | 永国用(2000)第384号 | 2467.00 | 国有 | 2467.00 | 67206.00 | 18528.24 | 48677.76 |
| 36 | 土地使用权 | 土地 | 2003-08-26 | 贺兰县潘昶乡红星村王澄节制闸 | 有土地证 | 2003-08-26 | 宁国用(2003)第498号 | 3400.00 | 国有 | 3400.00 | 10802.00 | 4435.75 | 6366.25 |
| 37 | 土地使用权 | 土地 | 2003-08-26 | 永宁县通桥乡板桥村 | 有土地证 | 2003-08-26 | 宁国用(2003)第521号 | 5000.00 | 国有 | 5000.00 | 29925.00 | 12452.63 | 17472.37 |
| 38 | 土地使用权 | 土地 | 2003-08-26 | 永宁县通桥乡上河村 | 有土地证 | 2003-08-26 | 宁国用(2003)第479号 | 2933.30 | 国有 | 2933.30 | 13438.00 | 5587.57 | 7850.43 |
| 39 | 土地使用权 | 土地 | 1996-11-01 | 青铜峡市叶盛镇光明村大韦渠北 | 有土地证 | 1996-11-01 | 青国用(1996)第363号 | 52334.00 | 国有 | 52334.00 | 264231.00 | 107357.96 | 156873.04 |
| 40 | 土地使用权 | 土地 | 2003-08-26 | 青铜峡市叶盛镇陆湾村大北渠北 | 有土地证 | 2008-12-31 | 宁国用(2003)第469号 | 10466.70 | 国有 | 10466.70 | 52846.00 | 21855.96 | 30990.04 |
| 41 | 土地使用权 | 土地 | 2003-08-26 | 贺兰县习岗镇兴平村 | 有土地证 | 2003-08-26 | 宁国用(2003)第500号 | 3333.30 | 国有 | 3333.30 | 10590.00 | 4353.95 | 6236.05 |
| 42 | 土地使用权 | 土地 | 2003-08-26 | 永宁县仁存乡王团村 | 有土地证 | 2003-08-26 | 宁国用(2003)第472号 | 666.70 | 国有 | 666.70 | 3054.00 | 1253.72 | 1800.28 |
| 43 | 土地使用权 | 土地 | 2003-08-26 | 永宁县通桥乡通桥村 | 有土地证 | 2003-08-26 | 宁国用(2003)第517号 | 3765.95 | 国有 | 3765.95 | 22543.50 | 8705.56 | 13837.94 |
| 44 | 土地使用权 | 土地 | 2003-08-26 | 永宁县增岗乡前渠村 | 有土地证 | 2008-12-31 | 宁国用(2003)第478号 | 1333.30 | 国有 | 1333.30 | 6108.00 | 2507.08 | 3600.92 |

续表

| 行次 | 资产分类 | 资产名称 | 取得日期 | 坐落位置 | 权属情况 | | | | | 期末账面数 | | | |
|---|---|---|---|---|---|---|---|---|---|---|---|---|---|
| | | | | | 土地权属证明 | 发证日期 | 土地证号 | 权属面积/m² | 权属性质 | 使用状况/m² | 原值/元 | 累计折旧摊销/元 | 净值/元 |
| 45 | 土地使用权 | 土地 | 1996-11-01 | 贺兰县金贵镇红旗村 | 有土地证 | 1996-11-01 | 贺国有(1996)第61号 | 1200.00 | 国有 | 1200.00 | 5497.00 | 2254.55 | 3242.45 |
| 46 | 土地使用权 | 土地 | 2003-08-26 | 永宁县仁存乡友爱村李俊路北 | 有土地证 | 2003-08-26 | 宁国用(2003)第473号 | 1266.70 | 国有 | 1266.70 | 34511.00 | 14324.67 | 20186.33 |
| 47 | 土地使用权 | 土地 | 2003-08-26 | 银川市兴庆区掌政乡春林村 | 有土地证 | 2003-08-26 | 宁国用(2003)第512号 | 10000.00 | 国有 | 10000.00 | 59850.00 | 24939.13 | 34910.87 |
| 48 | 土地使用权 | 土地 | 2003-08-01 | 永宁县纳家户 | 有土地证 | 2003-11-15 | 宁国用(2003)第486号 | 6600.00 | 国有 | 6600.00 | 30235.00 | 12496.91 | 17738.09 |
| 49 | 土地使用权 | 土地 | 2003-08-26 | 永宁县通桥乡永清村 | 有土地证 | 2003-08-26 | 宁国用(2003)第491号 | 3266.70 | 国有 | 3266.70 | 14965.00 | 6227.38 | 8737.62 |
| 50 | 土地使用权 | 土地 | 2003-08-01 | 永宁县通桥乡长湖2号渠南 | 有土地证 | 2003-11-15 | 宁国用(2003)第514号 | 5600.00 | 国有 | 5600.00 | 33516.00 | 13981.83 | 19534.17 |
| 51 | 土地使用权 | 土地 | 2003-08-26 | 贺兰县金贵镇 | 有土地证 | 2003-08-26 | 宁国用(2003)第505号 | 7200.00 | 国有 | 7200.00 | 22874.00 | 9496.66 | 13377.34 |
| 52 | 土地使用权 | 土地 | 2003-08-26 | 永宁县杨和乡红星村 | 有土地证 | 2003-08-26 | 宁国用(2003)第482号 | 3733.30 | 国有 | 3733.30 | 17102.00 | 7110.57 | 9991.43 |
| 53 | 土地使用权 | 土地 | 2003-08-26 | 青铜峡市叶盛镇陆湾村大北渠 | 有土地证 | 2003-08-26 | 宁国用(2003)第469号 | 3233.30 | 国有 | 3233.30 | 85342.00 | 22693.60 | 62648.40 |
| 54 | 土地使用权 | 土地 | 2003-08-26 | 青铜峡市小坝镇林皋村 | 有土地证 | 2003-08-26 | 宁国用(2003)第496号 | 2533.30 | 国有 | 2533.30 | 12791.00 | 5253.23 | 7537.77 |
| 55 | 土地使用权 | 土地 | 2003-08-01 | 贺兰县金贵镇红旗村 | 有土地证 | 2003-11-15 | 宁国用(2003)第504号 | 59533.60 | 国有 | 59533.60 | 189137.00 | 77089.80 | 112047.20 |

续表

| 行次 | 资产分类 | 资产名称 | 取得日期 | 坐落位置 | 权属情况 | | | | | 期末账面数 | | | |
|---|---|---|---|---|---|---|---|---|---|---|---|---|---|
| | | | | | 土地权属证明 | 发证日期 | 土地证号 | 权属面积/$m^2$ | 权属性质 | 使用状况/$m^2$ | 原值/元 | 累计折旧摊销/元 | 净值/元 |
| 56 | 土地使用权 | 土　地 | 2003-08-26 | 永宁县通桥乡板桥村 | 有土地证 | 2003-08-26 | 宁国用(2003)第493号 | 3666.70 | 国　有 | 3666.70 | 16797.00 | 6716.29 | 10080.71 |
| 57 | 土地使用权 | 土　地 | 1996-11-01 | 贺兰县潘昶乡潘西村南毛渠北 | 有土地证 | 1996-11-01 | 贺国用(1996)第60号 | 7200.00 | 国　有 | 7200.00 | 32983.00 | 13716.09 | 19266.91 |
| 58 | 土地使用权 | 土　地 | 1996-11-01 | 永宁县修造厂西 | 有土地证 | 1996-11-01 | 永国用(1996)第86号 | 3066.60 | 国　有 | 3066.60 | 83553.00 | 23140.12 | 60412.88 |
| 59 | 土地使用权 | 土　地 | 2003-08-26 | 永宁县李俊镇韦团村丁字渠节制闸 | 有土地证 | 2003-08-26 | 宁国用(2003)第474号 | 10733.30 | 国　有 | 10733.30 | 49169.00 | 20465.29 | 28703.71 |
| 60 | 土地使用权 | 土　地 | 2003-08-26 | 永宁县通桥乡永清村小观桥段 | 有土地证 | 2003-08-26 | 宁国用(2003)第495号 | 2400.00 | 国　有 | 2400.00 | 65390.00 | 27122.24 | 38267.76 |
| 61 | 土地使用权 | 土　地 | 2003-08-26 | 青铜峡市叶盛镇哈村 | 有土地证 | 2003-08-26 | 宁国用(2003)第465号 | 666.70 | 国　有 | 666.70 | 17596.00 | 4816.35 | 12779.65 |
| 62 | 土地使用权 | 土　地 | 2003-08-26 | 青铜峡市小坝镇林皋村 | 有土地证 | 2003-08-26 | 宁国用(2003)第463号 | 933.30 | 国　有 | 933.30 | 4712.00 | 1935.22 | 2776.78 |
| 63 | 土地使用权 | 土　地 | 2003-08-26 | 青铜峡市瞿靖镇友好村新开渠北 | 有土地证 | 2003-08-26 | 宁国用(2003)第466号 | 7933.30 | 国　有 | 7933.30 | 40055.00 | 16663.39 | 23391.61 |
| 64 | 土地使用权 | 土　地 | 2003-08-26 | 青铜峡市瞿靖镇连湖渠北 | 有土地证 | 2003-08-26 | 宁国用(2003)第468号 | 5333.30 | 国　有 | 5333.30 | 26928.00 | 11195.14 | 15732.86 |
| 65 | 土地使用权 | 土　地 | 2003-08-26 | 贺兰县潘昶乡红星村丁字桥段 | 有土地证 | 2003-08-26 | 宁国用(2003)第496号 | 24066.70 | 国　有 | 24066.70 | 110249.00 | 44161.41 | 66087.59 |

续表

| 行次 | 资产分类 | 资产名称 | 取得日期 | 坐落位置 | 权属情况 | | | | | 期末账面数 | | | |
|---|---|---|---|---|---|---|---|---|---|---|---|---|---|
| | | | | | 土地权属证明 | 发证日期 | 土地证号 | 权属面积/m² | 权属性质 | 使用状况/m² | 原值/元 | 累计折旧摊销/元 | 净值/元 |
| 66 | 土地使用权 | 土地 | 2003-08-26 | 永宁县通桥乡永清村五户渠南 | 有土地证 | 2003-08-26 | 宁国用(2003)第492号 | 7000.00 | 国有 | 7000.00 | 32067.00 | 13346.52 | 18720.48 |
| 67 | 土地使用权 | 土地 | 2003-08-26 | 青铜峡市叶盛镇哈村反帝沟东 | 有土地证 | 2003-08-26 | 宁国用(2003)第462号 | 1533.30 | 国有 | 1533.30 | 40471.00 | 11218.23 | 29252.77 |
| 68 | 土地使用权 | 土地 | 2003-08-26 | 青铜峡市叶盛镇五星村散水渠南 | 有土地证 | 2003-08-26 | 宁国用(2003)第470号 | 3866.70 | 国有 | 3866.70 | 19523.00 | 8120.43 | 11402.57 |
| 69 | 土地使用权 | 土地 | 1996-11-08 | 青铜峡市小坝镇林皋村中干沟西 | 有土地证 | 1996-11-08 | 青国用(1996)第350号 | 333.00 | 国有 | 333.00 | 1683.00 | 691.51 | 991.49 |
| 70 | 土地使用权 | 土地 | 1996-11-11 | 银川郊区掌镇乡春林村 | 有土地证 | 1996-11-11 | 银郊国用(1996)第239号 | 600.00 | 国有 | 600.00 | 2749.00 | 1127.75 | 1621.25 |
| 71 | 土地使用权 | 土地 | 1996-11-08 | 青铜峡叶盛镇地十村散水渠北 | 有土地证 | 1996-11-08 | 青国用(1996)第353号 | 333.00 | 国有 | 333.00 | 8798.00 | 2402.94 | 6395.06 |
| 72 | 土地使用权 | 土地 | 1996-11-11 | 银川郊区大新乡茂盛村 | 有土地证 | 1996-11-11 | 银郊国用(1996)第240号 | 12400.00 | 国有 | 12400.00 | 56804.00 | 15545.81 | 41258.19 |
| 73 | 土地使用权 | 土地 | 1996-11-11 | 银川郊区大新乡茂盛村 | 有土地证 | 1996-11-11 | 银郊国用(1996)第241号 | 400.00 | 国有 | 400.00 | 22231.00 | 6087.91 | 16143.09 |
| 74 | 土地使用权 | 土地 | 1996-11-11 | 银川市掌镇乡春林村 | 有土地证 | 1996-11-11 | 银郊国用(1996)第234号 | 6737.00 | 国有 | 6737.00 | 30845.00 | 8443.99 | 22401.01 |
| 75 | 土地使用权 | 土地 | 1996-11-11 | 银川郊区掌镇春林村 | 有土地证 | 1996-11-11 | 银郊国用(1996)第239号 | 1067.00 | 国有 | 1067.00 | 59284.00 | 16432.75 | 42851.25 |
| 76 | 土地使用权 | 土地 | 2003-08-26 | 永宁县通桥村小牛渠南 | 有土地证 | 2003-08-26 | 宁国用(2003)第513号 | 666.70 | 国有 | 666.70 | 18164.00 | 4971.69 | 13192.31 |

续表

| 行次 | 资产分类 | 资产名称 | 取得日期 | 坐落位置 | 权属情况 | | | | | 期末账面数 | | | |
|---|---|---|---|---|---|---|---|---|---|---|---|---|---|
| | | | | | 土地权属证明 | 发证日期 | 土地证号 | 权属面积/$m^2$ | 权属性质 | 使用状况/$m^2$ | 原值/元 | 累计折旧摊销/元 | 净值/元 |
| 77 | 土地使用权 | 土地 | 2003-08-26 | 永宁县望洪乡农声村 | 有土地证 | 2003-08-26 | 宁国用(2003)第481号 | 27866.70 | 国有 | 27866.70 | 127657.00 | 52076.57 | 75580.43 |
| 78 | 土地使用权 | 土地 | 2003-08-26 | 贺兰县金贵镇联星村 | 有土地证 | 2003-08-26 | 宁国用(2003)第506号 | 3866.70 | 国有 | 3866.70 | 23142.00 | 9634.13 | 13507.87 |
| 79 | 土地使用权 | 土地 | 2003-08-26 | 青铜峡市瞿靖镇友好村新开渠北 | 有土地证 | 2003-08-26 | 宁国用(2003)第467号 | 17200.00 | 国有 | 17200.00 | 86843.00 | 34488.72 | 52354.28 |
| 80 | 土地使用权 | 土地 | 2003-08-26 | 贺兰县金贵镇 | 有土地证 | 2003-08-26 | 宁国用(2003)第505号 | 1933.30 | 国有 | 1933.30 | 51852.00 | 21558.88 | 30293.12 |
| 81 | 土地使用权 | 土地 | 2003-08-01 | 永宁县杨和乡东全村 | 有土地证 | 2003-11-15 | 宁国用(2003)第485号 | 3066.68 | 国有 | 3066.68 | 14048.00 | 5771.97 | 8276.03 |
| 82 | 土地使用权 | 土地 | 2003-08-26 | 贺兰县潘昶乡红星村丁字渠桥段 | 有土地证 | 2003-08-26 | 宁国用(2003)第495号 | 933.30 | 国有 | 933.30 | 25032.00 | 6848.88 | 18183.12 |
| 83 | 土地使用权 | 土地 | 1996-12-26 | 贺兰县贺潘公路北 | 有土地证 | 1996-12-28 | 贺国用(1996)第47号 | 7200.00 | 国有 | 7200.00 | 193104.00 | 51108.04 | 141995.96 |
| 84 | 土地使用权 | 土地 | 2003-08-26 | 永宁县望洪乡农丰村农丰渠南 | 有土地证 | 2008-12-31 | 宁国用(2003)第477号 | 14133.30 | 国有 | 14133.30 | 64745.00 | 26286.73 | 38458.27 |
| 85 | 土地使用权 | 土地 | 2003-08-26 | 银川市掌政乡五渡桥村 | 有土地证 | 2003-08-26 | 宁国用(2003)第507号 | 1866.70 | 国有 | 1866.70 | 11172.00 | 4586.96 | 6585.04 |
| 86 | 土地使用权 | 土地 | 2003-08-26 | 贺兰县习岗镇五星村 | 有土地证 | 2003-08-26 | 宁国用(2003)第497号 | 3600.00 | 国有 | 3600.00 | 11437.00 | 4697.33 | 6739.67 |
| 87 | 土地使用权 | 土地 | 2003-08-26 | 贺兰县金贵镇红旗村贺金公路 | 有土地证 | 2003-08-26 | 宁国用(2003)第502号 | 1000.00 | 国有 | 1000.00 | 26820.00 | 7431.42 | 19388.58 |

续表

| 行次 | 资产分类 | 资产名称 | 取得日期 | 坐落位置 | 权属情况 | | | | | 期末账面数 | | | |
|---|---|---|---|---|---|---|---|---|---|---|---|---|---|
| | | | | | 土地权属证明 | 发证日期 | 土地证号 | 权属面积/$m^2$ | 权属性质 | 使用状况/$m^2$ | 原值/元 | 累计折旧摊销/元 | 净值/元 |
| 88 | 土地使用权 | 土地 | 2003-08-26 | 青铜峡小坝镇林皋村中干沟西 | 有土地证 | 2003-08-26 | 宁国用(2003)第460号 | 3066.70 | 国有 | 3066.70 | 15484.00 | 6444.31 | 9039.69 |
| 89 | 土地使用权 | 土地 | 2003-08-26 | 贺兰县习岗镇和平村 | 有土地证 | 2003-08-26 | 宁国用(2003)第501号 | 9733.30 | 国有 | 9733.30 | 30923.00 | 12880.03 | 18042.97 |
| 90 | 土地使用权 | 土地 | 2003-08-26 | 永宁县杨和乡红星村 | 有土地证 | 2003-08-26 | 宁国用(2003)第483号 | 2733.30 | 国有 | 2733.30 | 12521.00 | 5149.28 | 7371.72 |
| 91 | 土地使用权 | 土地 | 2003-08-26 | 永宁县通桥乡下河村 | 有土地证 | 2003-08-26 | 宁国用(2003)第520号 | 6666.70 | 国有 | 6666.70 | 39900.00 | 16407.76 | 23492.24 |
| 92 | 土地使用权 | 土地 | 2003-08-26 | 永宁县通桥乡长湖村 | 有土地证 | 2003-08-26 | 宁国用(2003)第516号 | 10333.30 | 国有 | 10333.30 | 61845.00 | 25759.11 | 36085.89 |
| 93 | 土地使用权 | 土地 | 2003-08-26 | 永宁县仁村乡团结村二所 | 有土地证 | 2003-08-23 | 宁国用(2003)第471号 | 866.40 | 国有 | 866.40 | 23613.00 | 6463.57 | 17149.43 |
| 94 | 土地使用权 | 土地 | 2003-08-26 | 永宁县望洪乡农声村 | 有土地证 | 2003-08-26 | 宁国用(2003)第480号 | 3933.30 | 国有 | 3933.30 | 107166.00 | 41867.97 | 65298.03 |
| 95 | 土地使用权 | 土地 | 2003-08-26 | 银川市兴庆区掌政乡春林村 | 有土地证 | 2003-08-26 | 宁国用(2003)第509号 | 1466.70 | 国有 | 1466.70 | 8778.00 | 3604.23 | 5173.77 |
| 96 | 土地使用权 | 土地 | 2003-08-26 | 永宁县李俊镇韦团村丁字渠节制闸 | 有土地证 | 2003-08-26 | 宁国用(2003)第474号 | 4200.00 | 国有 | 4200.00 | 114432.00 | 43476.27 | 70955.73 |

（二）处属企业

1. 宁夏汉延水电工程有限公司

宁夏汉延水电工程有限公司前身为宁夏汉延渠管理处水利工程队，于1998年成立。2002年12月23日，依据宁夏诚信会计师事务所出具的验资报告：管理处出资额536万元，占当时公司注册资本620万元的86.54%；自然人白长安以实物出资82万元，占注册资本13.23%；自然人蒋泽以货币出资2万元，占注册资本0.32%。2003年3月，宁夏汉延渠管理处水利工程队更名为宁夏汉延水电工程有限公司。2015年12月，公司股东变更后，由宁夏汉延渠管理处和自然人杨德敏、丰贡宁共同出资组建，注册资本620万元。其中，汉延渠管理处出资人民币536万元，占注册资本的86.45%；自然人杨德敏出资人民币24万元，占注册资本的3.87%；自然人丰贡宁出资人民币60万元，占注册资本的9.68%。2015年12月4日，领取永宁县行政审批局换发的统一社会信用代码。

2018年，实施水管单位所属企业改革时，为适应改革需要，结合原股东自然人杨德敏、丰贡宁当时以实物投资没有实际到位的情况，经协商后原股东自然人将所持有的全部股权以0元转让给宁夏汉延渠管理处，至此，宁夏汉延水电工程有限公司即为汉延渠管理处全额投资的公司。公司当时就做了工商变更手续，工商类型变为“一人有限公司(法人独资)”。2019年换发了由永宁县行政审批服务局核发的统一社会信用代码证照，注册资本620万元，出资人为汉延渠管理处，出资比例为100%。注册地址：宁夏永宁县杨和镇纳闸桥北100m；经营范围：施工总承包水利水电工程三级，家禽家畜及水产养殖及销售、蔬菜苗木种植及销售、劳务分包、劳务服务。

表5-3-4　2003—2021年汉延水电工程有限公司经济运行情况

| 年份/年 | 产值/万元 | 工程项目/项 | 收入/万元 | 支出/万元 | 利润/万元 |
|---|---|---|---|---|---|
| 2003 | 237 | 4 | 237 | 234 | 3 |
| 2004 | 674 | 8 | 674 | 673 | 1 |
| 2005 | 973 | 11 | 973 | 966 | 7 |
| 2006 | 3102 | 18 | 3102 | 3098 | 4 |
| 2007 | 2921 | 19 | 2921 | 2915 | 6 |
| 2008 | 3750 | 17 | 3750 | 3746 | 4 |
| 2009 | 4797 | 14 | 4797 | 4780 | 17 |

续表

| 年份/年 | 产值/万元 | 工程项目/项 | 收入/万元 | 支出/万元 | 利润/万元 |
|---|---|---|---|---|---|
| 2010 | 5357 | 20 | 5357 | 5361 | −4 |
| 2011 | 11616 | 39 | 11616 | 11630 | −14 |
| 2012 | 12896 | 42 | 12896 | 12914 | −18 |
| 2013 | 12456 | 37 | 12456 | 12449 | 7 |
| 2014 | 9645 | 31 | 9645 | 9639 | 6 |
| 2015 | 9231 | 27 | 9231 | 9222.2 | 8.8 |
| 2016 | 9838 | 21 | 9838 | 9828.4 | 9.6 |
| 2017 | 3910 | 16 | 3910 | 3905 | 5 |
| 2018 | 961 | 7 | 961 | 960 | 1 |
| 2019 | 3457 | 12 | 3457 | 3451 | 6 |
| 2020 | 1181 | 8 | 1181 | 1223 | −42 |
| 2021 | 690 | 4 | 690 | 1196 | −506 |

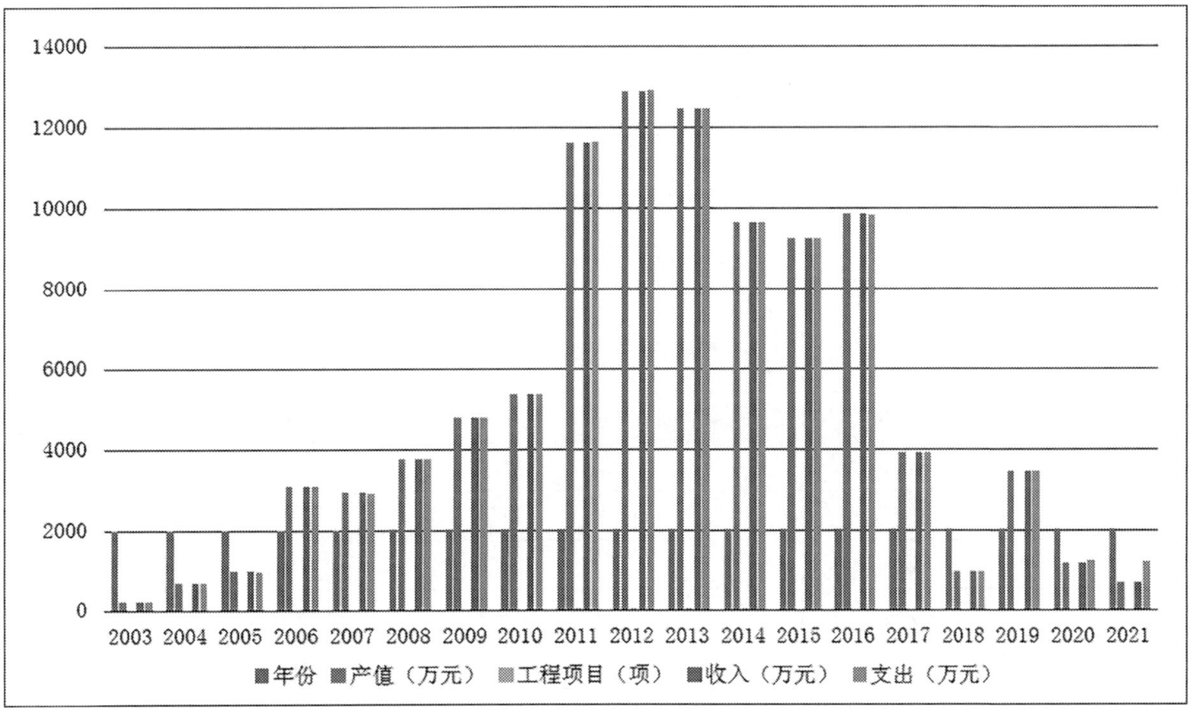


图5-3-3　2003—2021年汉延水电工程有限公司经济运行情况

按照《水利厅厅属事业单位所属企业脱钩改革工作实施方案》(宁水财发〔2017〕83号)和《自治区水利厅关于印发2018年深化改革工作要点的通知》(宁水办发〔2018〕16号)要求,管理处决定对宁夏汉延水电工程有限公司采取保留监管方式改革。公司有7名事业编人员愿意转变身份到公司工作。2021年7月，管理处与水投集团签订脱钩移交协议，完成宁夏汉延水电工程有限公司的改制脱钩工作。

2. 宁夏坤水园林绿化有限公司

宁夏坤水园林绿化有限公司为管理处所属的自主经营、自负盈亏的法人企业，成立于2006年12月，主营中小型园林绿化工程施工，资质为园林绿化工程三级，由宁夏汉延渠管理处和宁夏汉延水电工程有限公司共同出资组建，注册资本金230万元。其中，宁夏汉延渠管理处注资210万元，占注册资本的91.3%；宁夏汉延水电工程有限公司注资20万元，占注册资本的8.7%。2016年1月将注册资本由230万元变更为1000万元。其中，宁夏汉延渠管理处出资980万元，占注册资本的98%；宁夏汉延水电工程有限公司出资20万元，占注册资本的2%。2016年12月，取得城市园林绿化企业二级资质。主要经营范围：园林绿化、节水灌溉项目。2018年3月29日处属公司均由自治区水利厅统一委托第三方机构完成清产核资专项审计工作。

**表5-3-5　2007—2021年宁夏坤水园林绿化公司经济运行情况**

| 年份/年 | 产值/万元 | 工程项目/项 | 收入/万元 | 支出/万元 | 利润/万元 |
|---|---|---|---|---|---|
| 2007 | 193 | 3 | 76 | 89 | −13 |
| 2008 | 635 | 4 | 184 | 282 | −98 |
| 2009 | 750 | 7 | 314 | 313.9 | 0.1 |
| 2010 | 1068 | 6 | 737 | 736.9 | 0.1 |
| 2011 | 908 | 5 | 573 | 572.87 | 0.13 |
| 2012 | 1519 | 7 | 951 | 950.84 | 0.16 |
| 2013 | 3498 | 24 | 1818 | 1817.71 | 0.29 |
| 2014 | 3660 | 15 | 1825 | 1824.37 | 0.63 |
| 2015 | 376 | 5 | 2171 | 2168.87 | 2.13 |
| 2016 | 648 | 5 | 1900 | 1896.22 | 3.78 |
| 2017 | 150 | 5 | 606 | 604.93 | 1.07 |
| 2018 | — | — | 77 | 76.76 | 0.24 |
| 2019 | — | — | 369 | 352.03 | 16.97 |
| 2020 | — | — | 391 | 337 | 54 |
| 2021 | — | — | 93 | 68.8 | 24.2 |

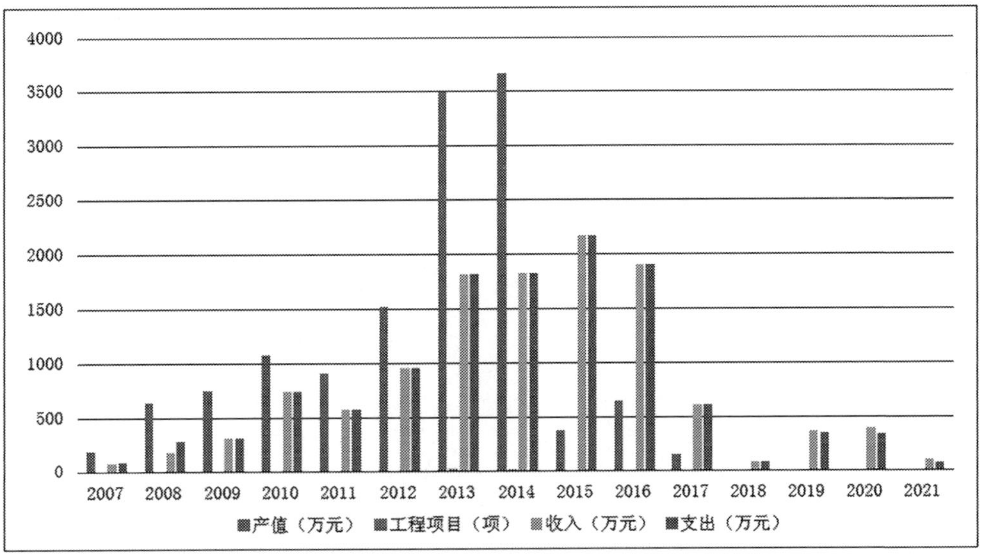


**图5-3-4　2007—2021年坤水园林绿化有限公司经济运行情况**

根据自治区水利厅水管事业单位所属企业改制规定及《汉延渠管理处关于印发处属企业改革工作实施方案的通知》，宁夏坤水园林绿化有限公司采取注销方式进行改制。为推进公司注销工作，经2021年5月20日管理处党委会研究决定，成立宁夏坤水园林绿化公司清算小组，进行资产、债权债务等的清算，并于10月29日在全国企业信用信息系统中发布公司注销公告，于12月14日完成公司税务及工商部门的相关注销。

3. 宁夏鸿翔林业发展有限公司

2008年，管理处与山东客商合作培育速生杨用材林项目，2008年11月注册成立宁夏鸿翔林业发展有限公司。经协商，管理处提供水土资源，山东企业家提供资金投入，共注册资本200万元，各股东出资如下：汉延渠管理处80万元，占股份的40%；自然人李清波90万元、王秩晖30万元，两人投资120万元，占股份的60%。公司注册后，山东企业家开始投资，在干渠两岸适宜植树的地方种植速生杨。2010年后，山东企业家不再出资，速生杨种植管护处于停滞状态。自2018年起，公司再未在国家企业信用信息公示系统中进行企业信息申报。

4. 宁夏华骋监理有限公司

2010年，在认真调研论证的基础上，充分利用水利行业项目特点、行业需求及自身已有人才、技术优势，拓宽思路，拓展经营业务，组建了宁夏华骋监理有限公司。后因企业改制，管理处收回投资，公司进行了法人变更，完成了公司与管理处的脱钩。

# 第六章　水政管理

# 第一节　水政监察

## 一、水政队伍建设

管理处成立之初,没有水政执法队伍及水政监察人员,渠道范围内发生的水事案件,主要依靠当地政府协调和事发地公安部门查处。1991年1月,管理处成立保卫科,负责单位内部治安保卫和民事纠纷调解、违法犯罪人员帮教等工作;调查侦破或协助调查侦破水事刑事案件和其他刑事案件,查处治安案件和灾害事故。随着水利事业的发展,管理处水政执法队伍从无到有,不断壮大。2000年成立水政监察支队,具体负责水事案件的查处。2005年,保卫科更名为水政科,具体负责水政监察工作。2012年3月,管理处在5个基层管理所设立警务室,主要担负干渠沿线水政监察、处理水事纠纷及水事突发案件等工作。2018年7月,聘请法律顾问,主要负责参与处理涉水事务,把依法治水体现到工程建设、用水管理、水费收缴等具体工作中,努力维护单位合法权益。水政监察工作主要是宣传贯彻水利法律法规,依照法规履行其他职权,对工程管理范围内水事活动进行监督检查,维护正常的水事秩序,配合和协助公安和司法部门查处有关水事治安和刑事案件,维护水利工程设施设备正常运行。

管理处成立以来,水行政执法队伍从无到有,从单一到综合、从零散到规范,日益加强且取得了重要成效。1990年以前,管理处没有水政人员,水政管理职能由工程灌溉部门履行,主要依靠当地政府协调和事发地公安部门查处。1991年自治区水利厅批准汉延渠管理处成立保卫科,同年1月,王玉奎、张文堂二人被确定为管理处首批水政监察员。1993年12月2日,自治区水利厅任命朱建纲为主任水政监察员,王玉奎、路功勤、邹智、吴国军、马维都、张文堂、徐风鸣为水政监察员。1993年12月10日,管理处研究同意:徐胜亮任汉延渠第一管理所水政监察员,王金奎任汉延渠第三管理所水政监察员,云龙任汉延渠第四管理所水政监察员,沙学良任汉延渠第五管理所水政监察员,免去马维都汉延渠第三管理所水政监察员职务。1994年8月5日,管理处任命朱建纲任主任水政监察员,路功勤任副主任水政监察员兼经济民警,岳志强任副主任水政监察员兼经济民警,吴国军任水政监察员兼经济民警,徐胜亮任第一管理所水政监察员兼经济民警,邹智任第二管理所水政监察员兼经济民警，王金奎任第三管理所水政监察员兼经济民警，云龙任第四管理所水政监察员兼经济民警，沙学良任第五管理所水政监察员兼经济民警。1997年4月11日，经管理处党总支扩大会议研究决定：朱建纲任主任水政监察员，路功勤任副主任水政监察员兼经济民警，吴新宁任第一管理所水政监察员兼经济民警，岳志强任第二管理所水政监察员兼经济民警，王金奎任红星试验站水政监察员兼经济民警，吴国军任第三管理所水政监察员兼经济民警，云龙任第四管理所水政监察员兼经济民警，沙学良任第五管理所水政监察员兼经济民警。1997年8月26日，自治区水利厅任命朱建纲为汉延渠管理处主任水政监察员；路功勤为副主任水政监察员；吴新宁为汉延渠管理处水政监察员；岳志强为汉延渠管理处水政监察员；以上其他人员原任水政监察职务同时免去。1999年3月26日，经管理处党总支会议研究，任命杨志为主任水政监察员，苏林、张波、张文堂为水政监察员，免去邹智、吴国军、王金奎、云龙的水政监察员职务和朱建纲的主任水政监察员职务。2000年6月6日，宁夏水政监察总队成立，同年7月，管理处成立水政监察支队，同保卫科合署办公。2004年，管理处15名持证人员在自治区人民政府法制局进行注册登记，管理处任命张文堂、何景宏、邹智、章俊、张兴旺、程贤东、刘泽祥、侯雪峰、张波、马平安、杨金国、王学义、苏林、李津为汉延渠管理处水政监察员。2008年，管理处任命刘志强、张文堂、何景宏、苏林、王瑞斌、杨金国、王冬霞、邹智、章俊、段新平、谢建林、席海军、丁国忠、张兴旺、程贤东、王生忠、王敬、沈永利、马平安、汤枫、何晓琦、李宝平、刘泽祥、王学义、杨瑞军、李辉刚、余峰、张波、侯志俊、徐建平、陈宁、朱波、高鹏、李津、姜涛、李学平、徐志农为管理处水政监察员。2011年，自治区执法局为管理处张文堂、何景宏、王瑞斌、章俊、段新平、席海军、丁国忠、王生忠、张波、杨瑞军、余峰、侯志俊、徐建平、陈宁、李辉刚、姜涛、刘泽祥、程贤东、王学义、汤枫20人换发行政执法证件，为袁斌、马浩成、王宁、王潇锋、张丽霞、李玉强、郑永志、余峰8人办理下发行政执法证。2012年8月27日，自治区水利厅召开水政警务试点座谈会议，管理处根据会议精神于2012年11月底前相继建成青铜峡市公安局小坝派出所汉延渠第一管理所水政警务室、永宁县公安局李俊派出所汉延渠第二管理所水政警务室、杨和派出所汉延渠第三管理所水政警务室、掌政派出所汉延渠第四管理所水政警务室、金贵派出所汉延渠第五管理所水政警务室”，水政警务工作在全处范围推开。2014年管理处换发执法证件19人，办理执法证件18人，截至

2014年，管理处共有兼职水行政执法人员37人（包括处领导、相关科室及各管理所负责人）。2019年，自治区司法厅对各行各业行政执法机构和人员进行清理。截至2021年，管理处共有兼职水行政执法人员17人（章俊、程贤东、王敬、段新平、汤枫、姜涛、徐建平、王刚、王海永、辛智渊、丁国忠、郑永志、刘哲远、余峰、杨瑞军、何晓琦、伍文涛），均为兼职水行政执法人员。

管理处不断加强水行政执法队伍建设，努力提高水行政执法水平和依法管水能力。不定期开展业务知识培训及考核考试，水行政执法队伍工作人员在学习中提高，在锻炼中成长，严格按照法律法规及各项规章依法行政，在实际工作中执法行为不断规范，业务素质不断提高。水政科按照规范化建设要求，配备了笔记本电脑、照相机、录音笔、执法记录仪等执法装备。

## 二、法规依据

1983年2月26日，自治区第四届人民代表大会常务委员会第十八次会议通过《宁夏回族自治区水利管理条例》。1988年7月1日，《中华人民共和国水法》的颁布实施，掀开依法治水、依法管水的新篇章。1996年10月1日颁布实施的《中华人民共和国行政处罚法》，进一步规范水行政执法人员按照合法程序进行执法，做到依法行政、依法办事。2003年1月1日，自治区人大常委会颁布《宁夏回族自治区水工程管理条例》，根据第十二条有关规定，管理处是自治区水行政主管部门自治区水利厅所属的国有水工程管理机构，负责所辖范围内水工程管理范围和保护范围的监督检查工作，维护水事秩序。1991年《中华人民共和国水土保持法》颁布，1997年《中华人民共和国防洪法》颁布，《中华人民共和国河道管理条例》《中华人民共和国水污染防治法》等一系列法规的颁布实施，为依法治水、依法行政、强化水利执法、健全水事纠纷调处机制提供法律依据。

## 三、案件查处

水政执法主要是制止在渠道管理范围内违法占地、建房和倾倒垃圾，调解用水纠纷，维护供水秩序。管理处依据法规，逐步完善执法程序，深入开展依法查处水事案件活动，维护单位合法权益。同时，努力加强水利警务室及水政监察队伍的建设，联合当地派出所执法，增强处理各种水事案件的能力，规范水行政执法行为。

2007年3月14日，银川供电局未按照法律法规规定的程序办理相关手续，未经汉延渠管理处批准，单方面依据电力相关法律法规，擅自将汉延渠渠堤高压线下53株生长年限在5年以上的防护林木砍伐。案发后，管理处立即立案调查，并向公安、林业执法部门报案请求协助，经调查取证、现场勘验确认违法行为后，向银川市供电局下达水行政处罚告知书。4月18日，汉延渠管理处对此案作出处理决定，由银川市供电局一次性向汉延渠管理处支付树木损失及因伐树给干渠安全带来隐患所需防险抢险费用补偿60000元，并保证今后不再发生类似事件。同时，公安、林业执法部门也依据相关法律法规对银川市供电局和案件当事人作出相应的处罚。

2010年4月3日—4日，永宁县水务局施工人员未按有关规定程序审批，擅自在汉延渠管理处第三管理所小观桥段下小观桥处汉延渠干渠跨渠铺设自来水管道。其中，自来水管道外径9 cm，钢管外保护层外径22 cm，管道由左岸沿桥面板北侧横跨干渠到右岸，左右岸管道在干渠大水位处横穿渠堤。4月3日14:40，第三管理所板桥段职工段素梅、盛丽梅到小观桥时发现，永宁县水务局施工人员正在小观桥上焊接自来水管道。段素梅、盛丽梅立即电话向段长杨瑞军报案并当场进行制止。同时打电话向管理所汇报，管理所所长与永宁县水务局领导进行沟通，水务局同意停止施工，但施工人员仍然继续施工。段长杨瑞军打110报警，19:30左右派出所民警赶到，随即让施工人员停工。处理情况：责令永宁县水务局停止违法行为，拆除违法铺设的管道，限期补办手续。补办手续后，按照批准的施工方案和要求，由第三管理所现场监督施工。

2017年6月18日，汉延渠第五管理所职工在日常渠道巡护检查中发现，哈纳斯天然气管道公司在夜间偷偷进行管道跨渠定向钻施工，在劝阻无效的情况下，立即上报管理处。值班处领导带领相关科室人员连夜赶赴现场，向业主和施工方讲明相关法律规定和违法施工可能造成的严重后果，依法下达责令停止违法行为通知书，责成业主方按要求到自治区水利厅办理审批手续。哈纳斯天然气管道公司和施工单位停止了违法行为，积极咨询并按程序报批，取得合法审批手续，待干渠停水后依法施工。

# 第二节　法制宣传与教育

## 一、组织领导

1986—2022年，国家实施“一五”至“八五”普法教育，按照普法规划要求，管理处成立普法领导小组，负责职工的普法教育工作，组织学习相关法律法规知识。

表6-2-1　汉延渠管理处普法领导小组成员名单

| 小组名称 | 时　间 | 组　长 | 副组长 | 成　员 | 备　注 |
|---|---|---|---|---|---|
| “三五”普法领导小组 | 1996.09.17 | 朱建纲 | 马维都<br>路功勤 | 魏立征、唐凤琴、何静波<br>张　波 | 宁水汉发〔1996〕45号 |
| | 1999.02.26 | 杨克胜 | 路功勤 | 邹　智、唐凤琴、何静波<br>张　波 | 宁水汉党发〔1999〕5号 |
| “四五”普法领导小组 | 2002.06.27 | 王　森 | 刘福荣 | 路功勤、唐凤琴、岳志强<br>张朝阳 | 宁汉党发〔2002〕16号 |
| | 2003.04.30 | 杨　富 | 刘福荣 | 路功勤、唐凤琴、岳志强<br>邹　智 | 宁汉发〔2003〕29号 |
| | 2004.08.06 | 王　森 | 刘福荣 | 路功勤、唐凤琴、岳志强<br>张朝阳 | 宁汉党发〔2004〕17号 |
| “五五”普法领导小组 | 2006.10.12 | 王　森 | 刘福荣 | 张文堂、张朝阳、李银才<br>袁金华、付文禹、岳志强<br>杨金国 | 宁汉发〔2006〕65号 |
| | 2008.06.16 | 梁福贵 | 刘志强 | 张文堂、苏　林、张朝阳<br>杨金国、付文禹、岳志强 | 宁汉党发〔2008〕22号 |
| “六五”普法领导小组 | 2011.10.08 | 梁福贵 | 袁　斌 | 张文堂、高　鹏、付文禹<br>岳志强、石彩霞、苏　林<br>杨金国、路功勤 | 宁汉发〔2011〕7号 |
| “七五”普法领导小组 | 2016.03.08 | 刘福荣 | 袁　斌<br>杨金国 | 张朝阳、付文禹、周海挺<br>王海永、王冬霞、高　鹏<br>刘凤琴 | 宁汉党发〔2016〕6号 |
| | 2020.11.27 | 何卫东<br>刘福荣 | 桂玉忠 | 张朝阳、李小玲、王海永<br>马平安、石彩霞、王冬霞<br>高　鹏、王学义 | 宁汉党发〔2020〕25号 |

续表

| 小组名称 | 时　间 | 组　长 | 副组长 | 成　员 | 备　注 |
|---|---|---|---|---|---|
| “八五”普法领导小组 | 2022.09.06 | 何卫东<br>陈国光 | 周小鹏 | 王冬霞、高　鹏、徐建平<br>王海永、段新平、石彩霞<br>李　璐、王学义、章　俊<br>郑永志、王潇锋、付文禹<br>苏秀奇 | 宁汉党发〔2022〕39号 |

## 二、法制宣传与教育

“一五”普法教育(1986—1990年)。1985年11月,中共中央、国务院转发中宣部、司法部《关于用五年左右时间向全体公民基本普及法律常识的五年规划》。同年12月,全国人大常委会作出《关于在公民中基本普及法律常识的决定》。由此拉开全民普法活动的序幕。管理处党总支按照自治区水利厅“一五”普法规划的要求,结合单位实际,制定具体方案,为普法工作取得成效打下坚实的基础。“一五”普法期间,管理处要求广大干部职工特别是领导干部学习《中华人民共和国宪法》,培养宪法意识,树立宪法思维,提高运用宪法和法律的能力。组织领导干部职工集中学习《中华人民共和国宪法》《中华人民共和国刑法》《中华人民共和国刑事诉讼法》等法律,通过普及法律常识教育,使全体干部、职工增强法制观念,进一步做到知法、守法,养成依法办事的习惯。

“二五”普法教育(1991—1995年)。管理处根据具体情况,以宪法为核心,以相关专业法为重点,理论与法律条文相结合,有计划、有步骤、分层次、分部门,较为全面地安排、组织学习《中华人民共和国宪法》《中华人民共和国水法》《中华人民共和国会计法》等法律、条例。按照“二五”普法的要求,管理处在普法过程中,把全处干部和青年职工(35岁以下)作为重点对象,加强普法学法力度,这标志着以宣传宪法为核心、以专业法为重点的普法活动开始转向学用结合、依法治理的轨道。

“三五”普法(1996—2000年)。管理处制定《“三五”普法规划》,以学习邓小平关于社会主义民主与法制建设的理论,以及宪法知识和与公民工作、生活密切相关的基本法律知识及与维护社会稳定有关的法律知识为重点;全处继续学习《中华人民共和国宪法》《中华人民共和国刑法》《中华人民共和国行政处罚法》等法律和条例。“三五”普法进一步增强了全处干部职工的法律意识,不断提高干部依法办事、依法管理的水平和能力。

水法宣传

“四五”普法教育（2001—2005年）。2001年10月，管理处根据《自治区水利厅法制宣传教育第四个五年规划》精神，制定汉延渠管理处《法制宣传教育第四个五年规划》，并印发《关于开展“四五”法制宣传教育活动的通知》，明确管理处“四五”法制宣传教育工作的指导思想是：高举邓小平理论伟大旗帜，深入贯彻党的十五大精神，以“三个代表”“科学发展观”重要思想为指导，立足于水利“十五”计划确定的总体目标，从本单位的实际工作出发，按照依法治国方针及依法治水工作的总体要求，继续广泛深入开展水利法制宣传教育，进一步提高全处干部、职工法律意识和法制观念，坚持学法和用法，法制教育和道德教育相结合，积极推进依法行政和依法治水，使水利管理工作逐步走上法制化轨道，保障和促进全处水利事业的健康发展。一是开展法制学习。全处副科级以上干部，每人配发干部学法笔记，带头学法，重点学习《中华人民共和国水法》和《宁夏水工程管理条例》及其他与工作生活相关的法律知识，提高法律素养和依法管理的能力。二是开展法制宣传教育，贯彻落实“三个代表”重要思想，不断提高干部群众的法律素养和依法办事能力。三是将水管人员延伸服务与普法教育相结合，推进农村水费改革与水利法律法规有机融合。“四五”普法实现了由提高全处干部职工法律意识向提高法律素养的转变，由注重依靠行政手段管理向运用法律手段管理的转变。

“五五”普法教育（2006—2010年）。管理处认真贯彻党的十七大、十七届四中全会精神，深入开展法制宣传教育，大力推进依法治理工作成效，全面完成“五五”普法各项工作任务。一是健全组织机构，落实普法工作部署。2006年，自治区水利厅关于开展“五五”普法工作等相关文件相继出台后，管理处党委高度重视，成立“五五”普法宣传教育领导小组和办公室，认真学习领会“五五”普法精神，及时制定印发《法制宣传教育第五个五年规划》，明确“五五”普法的指导思想、目标任务、普法对象、工作要求、方法步骤、组织领导和保障措施等内容。每年制定年度普法、依法治理计划和普法工作考核要求。“五五”普法期间，结合信息化工作，添置电脑1台、数码相机1部、望远镜1部、录音笔1支，加快普法工作的网络化建设；落实普法经费3万余元，订购《中华人民共和国水法》《宁夏水工程管理条例》《黄河水量调度条例》《黄河宁夏段水量调度管理办法》《中华人民共和国物权法》《中华人民共和国劳动合同法》《中华人民共和国行政处罚法》《中华人民共和国防洪法》等20多部5000余本法律书籍，保证普法工作的正常开展。二是落实普法学法机制。建立管理处党委理论学习中心组，每月开展一次集体学习法律知识活动，为管理处“五五”普法工作的顺利开展奠定组织基础。组织全处33名水政监察员参加自治区政府法制局举办的行政执法培训班，不断提高水行政执法人员的素质和能力。坚持对处、所、段管理人员进行农村水费改革、水利管理法律、法规业务等知识的集中培训，提高水管人员和农民用水协会管理人员的依法管理能力和水平。三是创新普法宣传活动形式。“五五”普法期间，全处开展法制宣传30次，开办法制栏目1个，发放宣传资料1.3万份，制作展出展板20块，播放录音18场次，编发法制简报信息30余篇，举办法制讲座、培训等25场，参加法制教育1300人次，管理处党委理论学习中心组累计学习60学时，组织法律考试4场次，参加考试1250人次，举办法律知识竞赛两次，开展执法专项治理活动5次，聘请义务普法宣传员80人。处、所、段三级管理机构利用“世界水日”“中国水周”“12·4”法制宣传日等积极探索新的宣传方式，加大对灌区的宣传力度，取得好的普法宣传效果。四是落实普法与执法相结合。在推进水法制宣传工作中，普法与执法相结合，转变工作思路，改进工作方式，将普法宣传教育的“关口”前移，做到普法、执法相互促进、相互推动。同时加大普法和清障执法力度，制止水事违法行为30起，进行5次集中清理整治，清障100余处，清理垃圾500多方，营造和谐文明的水政普法和执法氛围。

“六五”普法（2011—2015年）。管理处认真贯彻党的十七大、十八大精神，深入开展法治宣传教育，大力推进依法治理，不断提高全处依法行政水平、依法管水能力、干部职工法律素质和灌区群众水法治意识，全面完成“六五”普法各项工作任务。一是加强组织领导，落实普法责任。在2011年“六五”普法开局之年，管理处成立“六五”普法宣传教育领导小组和办公室，及时制订《法制宣传教育第六个五年规划》和年度《普法工作要点》，从健全组织机构、制订工作计划、保证经费投入等方面综合统筹，重点保障，确保“六五”普法各项任务有效落实。二是深入开展普法学习，提高依法治水管水能力水平。“六五”普法开展以来，管理处、所两级高度重视法律法规的学习教育，以领导干部带头学法，执法人员重点学法，水利职工经常学法，企业经营管理人员定期学法等模式，有计划、有步骤地开展各类学习培训活动。三是活化形式,不断深化普法宣传成效。充分利用每年的“3·22”世界水日、“中国水周”、“12·4”宪法宣传日等活动,广泛开展《中华人民共和国水法》等水利法规、规章和国家有关水利政策的集中主题宣传活动。“六五”普法期间,全处开展法治宣传20次,发放宣传资料1万份,制作展出展板10块,编发法治简报信息20余篇,举办法治讲座、培训等3场,参加法治教育1300人次,处党委理论学习中心组学习60学时,组织法律考试两场次,参加考试1250人次,开展执法专项治理活动3次,聘请义务普法宣传员80人。通过开展以上法治宣传教育活动,提高了水利法治宣传教育成效。四是强化保障机制,推进“六五”普法工作。投入经费5万余元,保证普法工作的正常开展。五是创新法治宣传方式,营造良好供水服务环境。“六五”普法期间,全处每年选派80余名水管职工到农民用水协会参与延伸服务,宣传节约用水、依法用水和依法解决水事纠纷的法律途径和法律常识,把水事矛盾纠纷解决在萌芽状态,同时又通过宣传有关水法律水法规,让灌区农民了解水利政策法规,受到法治教育。

“七五”普法教育(2016—2020年)。“七五”普法期间,管理处按照自治区水利厅普法规划要求,努力践行中央治水方针和可持续发展治水思路,围绕管理处水利中心工作,深入持久地开展内容丰富、形式多样、成效明显的普法宣传教育活动,有力促进水利依法治理工作,为管理处水利工作又快又好发展提供重要法治保障。一是明确目标任务,狠抓贯彻落实。结合管理处工作实际,及时制定《汉延渠管理处水利法制宣传教育第七个五年规划》和年度《普法工作要点》,并对规划和要点的实施做出计划和安排,做到年初有部署、年内有检查、年终有总结,使“七五”普法工作有目标、有步骤,稳步推进。把完成普法任务情况作为处属各单位年度目标责任内容以及考核内容,狠抓贯彻落实。二是着力制度建设,完善工作机制。通过“七五”普法工作实践,处、所已经总结形成党委理论学习中心组集体学法制度,及举办法制讲座、开展旁听庭审等一系列完善的学法普法制度,为各项普法措施真正落到实处,促进管理处依法治水、依法管水和依法经营能力与水平逐年提升提供保障。三是深入开展普法宣教工作,提高法治素养。抓住领导干部这个“关键少数”,发挥管理处、所各级领导干部尊法、学法、守法、用法的模范带头作用。把习近平总书记全面依法治国新理念新思想新战略及2018年新修订的宪法等内容纳入党委理论学习中心组学习、党支部“三会一课”和理论学习主要内容,组织全体党员和干部、职工认真学习，并将学习内容落实到具体工作中。普法学习期间，党委理论学习中心组先后安排法律学习60余学时。严格落实执法人员岗前和在岗培训，每年邀请专家学者，不断提高水行政执法人员的素质和能力，保障水利工程和水利设施安全运行支撑。大力开展普法宣传教育活动。管理处、所、段三级管理机构充分利用“世界水日”、“中国水周”、“4·15”全民国家安全教育日、“12·4”宪法宣传日等重大纪念日开展普法宣传教育活动，先后开展法治宣传30多次，发放宣传资料3万余份，制作展板20多块，利用车载音响设备开展普法乡村宣传活动30多次，编发普法信息简报30余篇。5年来，举办法治讲座、培训等30多场，参加学习1300人次。组织法律考试6次，参加考试1200多人次，组织参加网络法律知识竞赛5次。通过开展形式多样的普法活动，进一步增强全处干部、职工和灌区群众的水法治意识，取得良好效果。四是创新工作模式，落实普法依法治理工作。开展各类案件诉讼调解及水事矛盾纠纷排查化解工作，规范制定法律文书、审核各类合同文件、开展普法培训等，用法治方式维护单位利益，规避法律风险。共组织开展“普法进基层”及专题普法讲座12场次，受培人员400多人次；审核各类合同协议300余份；代理诉讼案件4起，依法收回被侵占国有土地10.5亩，挽回经济损失17.94万元，对提升全处干部职工尊法、学法、守法、用法意识和单位依法治水能力发挥了重要作用。

“八五”普法教育（2021—2025年）。“八五”普法实施以来，管理处坚持以习近平新时代中国特色社会主义思想为指导，全面贯彻党的十九大、二十大和自治区第十三次党代会精神，深入贯彻落实习近平法治思想和依法治国、依法治区基本方略，围绕管理处水利中心工作，丰富内容、创新载体，纵深推进普法依法治理工作，为管理处水利高质量发展创建良好法治环境。一是明确目标任务，完善工作机制。结合管理处工作实际，及时制定了《汉延渠管理处第八个五年法治宣传教育实施方案》和年度《普法依法治理工作要点》，明确目标任务，细化工作措施，确保“八五”普法工作有序推进；调整完善普法工作领导小组，强化组织保障；修订普法责任制“四个清单”，夯实普法责任，凝聚普法工作合力；制定《汉延渠管理处干部职工学法用法制度》，推动学法用法工作逐步规范化、制度化。二是抓重点育亮点，提升普法质效。锚定重点内容，扎实开展习近平法治思想学习宣传，推动以习近平法治思想引领依法治水新征程。紧抓世界水日、中国水周、“4·15”、“12·4”、民法典宣传月等普法重点时间节点，采取线上线下相结合方式，深入开展宪法、民法典及水法规学习宣传，开展纪念宣传活动18场次，发放宣传海报、彩页及宣传物品共18000余份，扩大覆盖面和影响力，有效提升干部、职工及灌域群众的水法治意识；紧盯重点对象，落实党委理论学习中心组、党支部定期学法，党委会、处务会会前学法，以及法治培训、旁听庭审等学法用法形式，不断拓展学法用法渠道和空间。党委理论学习中心组、各党支部按照“每月一法”要求，先后开展法律知识学习200余场次。党委会、处务会开展会前学法近20场次，开展“普法进基层”法治讲座11场次，组织法律考试两次，组织职工参加网络法律知识竞赛3次。推动学法用法工作落地见效。结合第四管理所标准化规范化建设，设立法治图书角，建设“法治水利　法润汉延”水法治文化阵地，创新普法宣传载体，推动普法宣传提质增效。三是深化普治融合，提升依法治理水平。加强执法队伍建设，开展《中华人民共和国行政处罚法》等法律法规、行政执法典型案例专题学习，组织执法人员参加网络培训，编印《水行政执法实用手册》，切实提升执法能力水平。开展水行政执法提升年活动，加大对渠道管理范围内水事违法行为的巡查检查力度，及时清理沿渠堆放杂物、倾倒垃圾，制止违章扩建厕所、私建围栏、蔬菜大棚建设项目挤占渠道管理范围等行为，积极与乡村协调清理管理范围历史遗留违章建设房屋、羊圈水事违法案件，协调处理了第三管理所王闸桥房屋出租、第四管理所跨渠临时供水管道等水事矛盾纠纷。依法审核各类合同协议160余份，有效规避法律风险。依法处理第三管理所溺水生命权纠纷案、第四管理所掌二渠溺水生命权纠纷案和管理处物业管理涉诉案件，保障单位权益不受侵害，法治汉延建设稳步推进。

## 第三节　社会治安综合治理

### 一、组织建设

管理处成立后，高度重视社会治安综合治理工作，20世纪80年代成立社会治安综合治理领导小组，做到组织机构健全，人员配置到位，责任明确。组织召开会议研究部署管理处反邪教、整治黄赌毒等工作，指导处属各单位做好综合治理与平安工作。管理处组织每年同各单位签订社会治安综合治理目标责任书，把社会治安综合治理工作纳入年度计划和党政主要领导任期目标，并将责任制目标层层分解落实到人，逐级传导压力，层层抓好落实，形成党、政、工、团齐抓共管的工作格局，使综合治理和平安建设工作处处有人管，事事有人抓，人人有责任，形成自上而下、责任到人的管理机制。

**表6-3-1　汉延渠管理处社会治安综合治理领导小组**

| 时　间 | 组　长 | 副组长 | 成　员 | 备　注 |
|---|---|---|---|---|
| 1990.03.12 | 杨遇春 | 朱建纲、李树林 | 何正东、徐胜亮、王金奎、马维都<br>王生珍、徐凤鸣、何静波 | 宁汉发〔1990〕25号 |
| 1991.04.10 | 杨遇春 | 朱建纲、路功勤<br>李树林 | 何正东、徐胜亮、王金奎、马维都<br>王生珍、徐凤鸣、何静波 | 宁汉发〔1991〕26号 |
| 1993.05.20 | 马维都 | 路功勤 | 何正东、李树林、张兴盛、路功勤<br>吴国军、张　波 | 宁汉党发〔1993〕12号 |
| 1997.04.11 | 马维都 | 路功勤 | 邹　智、何静波、唐凤琴、张　波 | 宁汉党发〔1997〕5号 |
| 1999.02.26 | 杨克胜 | 路功勤 | 邹　智、唐凤琴、何静波、张　波 | 宁汉党发〔1999〕5号 |
| 2002.06.27 | 王　森 | 刘福荣 | 路功勤、唐凤琴、岳志强、张朝阳 | 宁汉党发〔2002〕16号 |
| 2003.04.30 | 杨　富 | 刘福荣 | 路功勤、唐凤琴、岳志强、邹　智 | 宁汉发〔2003〕29号 |
| 2004.08.06 | 王　森 | 刘福荣 | 路功勤、唐凤琴、岳志强、张朝阳 | 宁汉党发〔2004〕17号 |
| 2006.10.12 | 王　森 | 刘福荣 | 张文堂、张朝阳、李银才、袁金华<br>付文禹、岳志强、杨金国 | 宁汉发〔2006〕65号 |
| 2008.06.16 | 梁福贵 | 刘志强 | 张文堂、苏　林、张朝阳、杨金国<br>付文禹、岳志强 | 宁汉党发〔2008〕22号 |
| 2011.10.08 | 梁福贵 | 袁　斌 | 张文堂、高　鹏、付文禹、岳志强<br>石彩霞、苏　林、杨金国、路功勤 | 宁汉发〔2011〕70号 |
| 2016.03.08 | 刘福荣 | 袁　斌、杨金国 | 张朝阳、付文禹、周海挺、王海永<br>王冬霞、高　鹏、刘凤琴 | 宁汉党发〔2016〕6号 |
| 2020.11.27 | 何卫东<br>刘福荣 | 桂玉忠 | 张朝阳、李小玲、王海永、马平安<br>石彩霞、王冬霞、高　鹏、王学义 | 宁汉党发〔2020〕25号 |
| 2022.09.06 | 何卫东<br>陈国光 | 周小鹏 | 王冬霞、高　鹏、徐建平、王海永<br>段新平、石彩霞、李　璐、王学义<br>章　俊、郑永志、王潇锋、付文禹<br>苏秀奇 | 宁汉党发〔2022〕39号 |

## 二、综合治理

### （一）平安单位建设

管理处按照平安单位创建工作要求，围绕预防违法犯罪和内部治安防范，制定印发社会治安综合治理工作有关文件，每年修订完善《综合治理目标责任书》，并层层签订，实现横向到边、纵向到底，全处干部职工全覆盖、不留死角的工作格局。通过举办消防安全、交通安全、反邪教等各类专题警示教育培训和开展法律咨询服务等方式，宣讲平安建设理念，增强全员法律意识和安全防范意识。

（二）安全生产和应急管理

坚持每月组织一次安全生产例行检查，深入所、段，从工程、灌溉、五防内保、车辆、财务等方面开展全方位综合检查，并将检查结果进行通报督导；要求全处上下做好停水后特别是节假日期间人、财、物等安全预防保卫工作，针对渠道重点建筑物、防汛抢险物资、水位遥测设备及通信设施等进行专项检查，发现问题进行及时治理，防患于未然。严格落实“谁检查、谁签字、谁负责”要求，对排查出的隐患及时加以治理，切实做到隐患排查、治理整改、验收销号的闭环管理。

牢固树立“安全灌溉”的思想。实时掌握水情变化，严格执行设备操作规程，严肃调度纪律，确保调度指令畅通。渠道行水期间，把坚持管理处、所领导值班制度和巡渠查岗制度作为保障措施并与考核奖罚挂钩，确保干渠安全运行。制定防汛安全生产工作制度，修订完善防汛抢险应急预案，核查处安全领导小组成员、各管理所物资物料和抢险协议，按照自治区水利厅有关工作要求，对建筑物和渠堤开展安全督查，为渠道的安全运行夯实基础。结合汛期工作，各所在管辖区域乡村、学校等场所做好防溺水等宣传；管理处组织对20个所段的办公场所、车辆、物资财产等工作督导检查，有效地杜绝安全事故的发生。

（三）普法宣传教育

按照每年年初普法依法治理、法治水利建设工作安排，大力开展群众易于接受的大众化、实用化、常态化普法宣传活动，安排法务工作室开展“普法进基层”活动，举办点对点法律知识讲座和法律咨询5场次，增强了干部职工和广大灌域群众遵守法律法规的意识，引导干部职工和广大群众增强自我保护意识和防范能力。

（四）反邪教教育管理

开展反邪教警示教育是一项重要的基础性、经常性工作。管理处把反邪教工作列入社会治安综合治理工作计划之中，建立长效机制。坚持反邪教工作“预防在先、重在教育”的基本原则，以提高干部职工防邪识邪能力为重点，着力解决防范处理邪教工作中基础性、源头性、根本性问题，全力促进反邪教警示教育工作向规范化、常态化发展。以“全民国家安全教育日”和“政法综治宣传月”为契机，开展集中宣传教育活动；利用职工学习会平台，积极联系邀请属地派出所开展反邪教法治安全教育讲座，运用微信工作群组织干部职工学习反邪教、防邪教知识，了解邪教的本质，增强识别和抵制邪教侵害的能力，引导广大干部职工形成远离邪教、尊重科学、敬畏法律、善待生活的群体意识，倡导健康文明、积极向上的生活方式。管理处没有一名干部职工及家庭成员参加邪教组织。

（五）打击“黄赌毒”涉刑行为

管理处高度重视打击“黄赌毒”违法犯罪工作，坚持以防为主，常抓不懈，确保打击查禁工作强力推进落实。广泛开展打击“黄赌毒”违法犯罪宣传教育，提高广大职工自觉抵制“黄赌毒”违法犯罪活动的思想意识，严禁任何人以任何形式从事和参与“黄赌毒”违法犯罪活动。利用职工学习会、工作微信群开展干部职工禁毒宣传教育，进一步提升干部职工辨识毒品、抵御毒品能力，教育引导广大灌区群众增强自我防范意识，切实远离毒品危害。

通过以上努力，管理处内部治安秩序良好，无重大恶性案件，无火灾等重大治安、安全责任事故，无“黄毒赌”等丑恶现象，无“民转刑”案件，无群体性上访事件，职工无刑事犯罪，无参与“法轮功”等邪教组织的人和事，较好地实现综治工作“四无”目标。管理处长期坚持“打防结合，预防为主”的方针，统一思想，凝聚共识，切实增强工作责任感、使命感，继续查找不足和薄弱环节，全面落实维稳和安全工作职责，持续加强干部职工思想建设和法治教育，切实做好值班维稳等各项工作，扎实有序推进社会综治和平安建设工作，努力创造和谐稳定的灌域发展环境。

**三、扫黑除恶专项斗争**

（一）组织保障

2018年，管理处按照有关工作要求，成立扫黑除恶专项斗争工作领导小组，负责组织领导全处扫黑除恶工作，办公室设在水政科，负责收集、汇总管理处扫黑除恶线索，制定并下发扫黑除恶专项斗争工作系列文件，上报相关情况信息，为全处扫黑除恶专项斗争工作顺利开展提供坚强组织保障。领导小组对扫黑除恶专项斗争工作进行安排部署，及时召开扫黑除恶专项斗争工作动员会，明确扫黑除恶专项斗争工作要求和目标任务，并将扫黑除恶专项纳入年底社会治安综合治理考核内容，定期组织开展督导检查。

（二）宣传

强化宣传重点。管理处将扫黑除恶专项斗争宣传教育与“七五”普法紧密结合起来，作为“七五”普法的重点学习宣传内容，创新学习方式和载体，以党委理论学习中心组学习、支部理论学习、职工大会、世界水日、安全生产月、“七一”建党节、法制宣传日等为契机，广泛宣传扫黑除恶专项斗争的有关知识。

深入开展法律”六进”活动。向灌区协会、群众、学校发放各类宣传彩页、海报600份，专项整治通告400份，扫黑除恶专项斗争致灌区群众一封信3000份，制作宣传展板8块、板报6期，悬挂宣传横幅13条，电子屏1个。

（三）渠道专项整治

多部门联动整治渠道环境。管理处成立环境整治活动工作领导小组，指导并协助各管理所处理水事违法违规行为，在全处范围内开展8次专项督查，针对巡查中发现的专项执法检查内容不充实、要求不细致、检查不全面、记录不翔实、整改无措施无效果等问题进行了通报。2019年，指导基层管理所处理各类水事违法行为18起，做到严查严改。水政科积极与地方政府、公安等部门协调，联合执法1次，指导各管理所对渠道保护范围乱点乱象进行清理整治，各管理所举全力推进渠道整治，拆除违法建筑物26处，依法收回土地2.6亩，清理各类垃圾废渣100余$m^3$。对干渠“钉子户”加大打击治理力度，有效遏制干渠水事违法事件的发生，维护良好的水事秩序。

强化工作措施，确保摸排到位。管理处成立调研小组，深入基层管理所及协会，采取查资料、听汇报、交流座谈、征求意见、问卷调查等方式，重点排查有无威胁水利工程安全渗透黑恶势力，有无利用家族、宗族势力强行取用水的黑恶势力。有无利用黑恶势力强行在水利管理范围内实施水事违法行为。有无在水利工程建设中煽动闹事、阻挠工程的黑恶势力。有无水利执法人员在行政执法时遇到施工方雇佣黑恶势力阻碍水政执法的恶劣行为。有无其他涉水违法行为。共发问卷200余份，以群众反映强烈的热点难点问题为出发点，以立查立改解决问题为落脚点，分别从灌溉管理、工程建设服务、灌区水费征收、干部职工是否有“吃、拿、卡、要”等现象进行调查摸排，确保线索摸排主攻方向精准发力在线索报送上。每月20日前向自治区水利厅扫黑办送扫黑除恶专项斗争线索摸排表,努力做到摸得准、底数清。2019年,管理处没有发现涉黑涉恶线索。

明确摸排范围,开展乱象整治。管理处聚焦水利工程建设、水利设施、农田水利灌溉等领域重点开展专项整治:在工程建设领域重点排查整治恶意竞标串标、强揽工程、欺行霸市、垄断工程建筑材料等乱点乱象;在农田灌溉领域重点排查整治霸占控制水源,干扰灌溉秩序,破坏灌排设施,侵占乡村沟渠及保护范围,非法入侵水利运行管理单位煽动闹事、聚众滋事,扰乱正常工作秩序的现象;在水费收缴领域重点排查,恶意抬高水费、拖欠水费、贪占截留水费等乱点乱象;在渠道管理领域重点排查整治侵占渠道土地、非法开采砂石、乱建、乱占、乱围、乱堵、乱采、乱挖、乱倒、乱排等乱点乱象。聚焦水资源管理、水利工程建设等重点领域,深入开展涉黑涉恶问题线索排查,通过司法程序解决违规侵占国有资产事件,联合贺兰县扫黑办依法清除违法植树,联合贺兰县环保局、城管局依法清障护堤,为水利事业发展营造良好环境。

# 第七章　组织机构与职工队伍建设

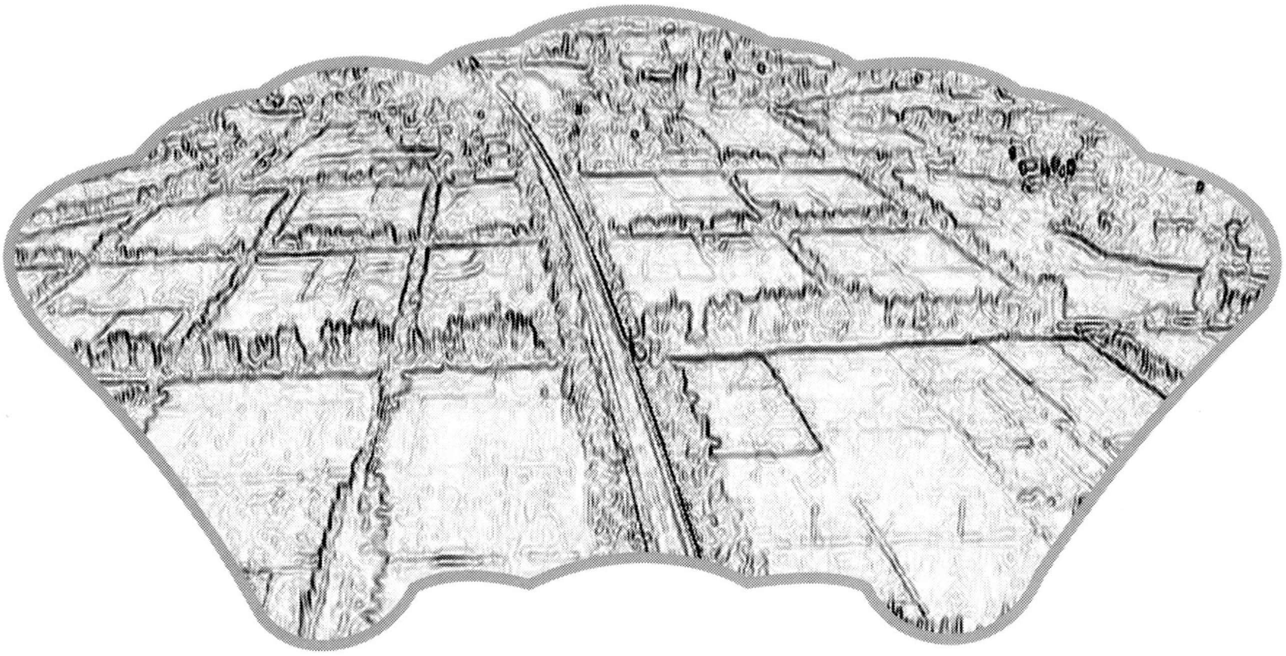

# 第一节　行政管理机构

## 一、机构沿革

清朝雍正年间，宁夏府设水利同知，专管汉延渠、唐徕渠、惠农渠和大清渠水，后改抚民同知管理水利。20世纪初，宁夏改府为道，道设水部房或课专管河渠水利。

中华人民共和国成立以前，汉延渠按渠设局，渠设局长（又称总绅、首事）1人，副局长1人。1935年曾一度改为汉延渠水利委员会，设常务委员1人，委员8人。1941年又恢复为汉延渠管理局，设会计、文书各1人，事务员4人，水利警察30人（其中马警8人）。全渠划分为4段，设段长4人。各管水堡（乡）设渠长（后称水利管理员）1人，共31人。大支渠设支渠长（俗称会首）1~2人，小渠则数渠合设1人，共872人。由本支渠上、中、下段灌得多的富户，每年轮流担任。干渠养护员（看口巡堤）由就近干渠所划区段，管水户按田亩多少编组，每夜上渠2~4人，轮流值班，白天由看口人员负责巡护。离干渠远者，雇1~2人，在行水期间住吃在支渠口。每个大支渠口处盖有看水房1~2间，作为看口巡堤人住、吃之用。此外，对干渠进水闸工程的管理，设专业工人（称水手班，有班长称“老总”，后称技术班）40人，其职责是管闸放水。随时开关闸门（排针式木杠闸门）、掌握渠道各个时期的规定水位、按时报告水情、养护进水闸以上各处工程、防凌和抢险。春季（原为冬季）卷埽坝（草土围堰）封堵渠口涸干渠水，冬季停水后收料（做埽坝的柴草）、看柴场，管理渠口库存物料，经营果园等事务。全渠水手40人，分两班在渠服役，每年20人。中华人民共和国成立前的汉延渠设施简陋，渠道事故多，水量浪费大，梢段灌溉得不到保证。中华人民共和国成立前曾任汉延渠管理局局长和渠执委常委的有：于熔（1926年以前任局长多年）、蔡之弼（1927—1928年任局长）、张维翰（1929年任局长）、张耀昆、张肇壁、李丹桂、李树元、包寿昌、黄金镛、陈铭、李景牧（1947年任局长）。

中华人民共和国成立后，1949年12月，宁夏回族自治区水利工作联席会议决定，对青铜峡河西灌区改以渠设局为以县设局。原有各局人员分别编入各县局，取消水利警察。新成立的水利局成为县政府的职能单位。所有流经各县的干渠，其渠段由所在县水电局管理。汉延渠管理局（位银川市羊肉街口）的财产移交贺兰县水利局。管理体制改变后的河西四大（唐徕渠、惠农渠、汉延渠、大清渠）干渠口的工程维修养护和水量调配由新成立的宁朔县中心水利局担任。该局直属省局领导，兼带宁朔县水利局的工作。当时汉延渠在宁朔县分为4个段，有正副段长和助理员11人（半脱产3人）；在永宁县为4段，有正副段长和助理员15人（半脱产4人）；在贺兰县为两段，有正副段长和助理员4人（半脱产1人）。1950年初，汉延渠改以渠设局为分县设局，由宁朔、永宁、贺兰3县分管。各县第一任局长：宁朔县张振武，永宁县赵贵书，贺兰县薛生华。1954年，汉延渠共成立了5个管理所：宁朔县境内的小坝管理所，永宁县境内的王闸桥管理所（1960年移到丁字渠口）、通吉桥管理所（1960年移到小观桥），银川市的汉惠渠管理所和贺兰县境内的娘娘庙桥管理所。各管理所由所在县水利局管辖。这种渠道分段管理的好处是，岁修及处理险情及时，但对统一调配水量和渠道整体建设不利。

1970年，宁夏回族自治区实行以渠设处，统一管理，汉延渠管理处在永宁县成立。管理处接收了永宁县水电局办公房。处机关设政工、生产、行政3个职能科。渠道管理设4个管理所：第一管理所设在马寨桥，由小坝管到果子渠，长16.4 km，下设3个管理段；第二管理所设在丁字渠，由果子渠管至永宁中干沟渡槽，长17.9 km，下设四个管理段，一、二所的交汇点在果子渠；第三管理所设在小观桥，由中干沟渡槽管至银川郊区掌政乡五都桥，长26.46 km，下设5个段，二、三所的交汇点在中干沟；第四管理所设在娘娘庙桥，由五都桥管至尾闸，长27.86 km，下设5个段，三、四所的交汇点在五都桥。全处有正式职工87人，其中干部20人，技术干部3人，工人64人。1979年7月启用宁夏回族自治区水利局汉延渠管理处印章。1980年7月启用宁夏回族自治区汉延渠管理处印章。1980年正式职工增加到108人（行政干部20人，技术干部5人，工人83人）。

1984年，汉延渠管理处是宁夏回族自治区水利厅简政扩权试点单位，实行处长负责制。机关的生产科改为水利管理科，行政科改为办公室，还有政工科和财务科，并新设了多种经营办公室。管理所由4个变为5个。汉一所管理范围未变。汉二所由果子渠管到王闸桥，全长15.7 km，下仍设4个段。汉三所由王闸桥管至新通济桥，全长21.6 km，下设3个段。二、三所的交汇点设在小农场。在银川市掌政新成立汉四所，管辖新通济桥至蔡家桥全长12.6 km，下设3个段。汉五所（即原第四管理所）由蔡家桥管至丁家桥，下设4个段。所机关由娘娘庙桥搬至贺兰县东侧汉延渠新桥，还设立水利试验站1个。机构改革后，1985年全处有正式职工140人，其中行政干部23人，技术干部17人，工人100人。

1988年10月，根据自治区水利厅有关文件，结合管理处生产、工作实际情况，管理处机构设置为3个科（水利管理科、财务器材科、劳动人事科）、2个室（行政办公室、综合经营办公室）、5个管理所（马寨桥管理所、丁字渠管理所、小观桥管理所、掌政管理所、贺兰管理所），共10个科级机构。

1990年3月，管理处增设红星试验站为科级机构。1991年1月，管理处组建保卫科。2000年除红星试验站名称没有变更外，原马寨桥管理所、丁字渠管理所、小观桥管理所、掌政管理所、贺兰管理所，分别更名为第一管理所、第二管理所、第三管理所、第四管理所、第五管理所。

## 二、行政领导更迭

表7-1-1　汉延渠管理处处级行政领导更迭情况一览

| 单位名称 | 职　务 | 姓　名 | 任职时间 | 备　注 |
|---|---|---|---|---|
| 宁夏回族自治区水利电力局<br>汉延渠管理处革命委员会 | 主　任 | 刘开义 | 1970.04—1980.02 | |
| | | 路清才 | 1980.02—1984.03 | |
| 宁夏回族自治区汉延渠管理处 | 处　长 | 王春茂 | 1984.03—1988.10 | |
| | | 朱建纲 | 1988.10—1999.01 | |
| | | 陈广宏 | 1999.01—2002.11 | |
| | | 花向阳 | 2002.11—2009.08 | |
| | | 袁　斌 | 2009.08—2018.01 | |
| | | 刘福荣 | 2018.01—2021.03 | |
| | | 陈国光 | 2021.03— | |

表7-1-2　副处级行政领导更迭情况一览

| 单位名称 | 职　务 | 姓　名 | 任职时间 | 备　注 |
|---|---|---|---|---|
| 宁夏回族自治区农业局<br>汉延渠管理处革命委员会 | 副主任 | 沈定煜 | 1978.05—1980.02 | |
| | | 陈生林 | 1978.05—1980.02 | |
| 宁夏回族自治区汉延渠管理处 | 副处长 | 魏建国 | 1984.04—1988.10 | |
| | | 哈　双 | 1984.04—1988.10 | |
| | | 吴乾劲 | 1990.03—1997.01 | 总　工 |
| | | 魏立征 | 1993.10—2001.02 | |
| | | 杨　志 | 1998.10—2001.03 | |

续表

| 单位名称 | 职　务 | 姓　名 | 任职时间 | 备　注 |
|---|---|---|---|---|
| 宁夏回族自治区汉延渠管理处 | 副处长 | 刘福荣 | 2001.02—2006.11 | |
| | | 周跃华 | 2002.05—2003.11 | |
| | | 刘志强 | 2006.05—2010.05 | |
| | | 牛保安 | 2006.12—2013.12 | 总　工 |
| | | 张晓林 | 2009.05—2012.05 | |
| | | 孙培之 | 2003.06—2008.05 | |
| | | 吴国万 | 2006.11—2018.01 | |
| | | 周小生 | 2013.12—2021.04 | |
| | | 杨金国 | 2014.12—2018.01 | |
| | | 桂玉忠 | 2018.01—2021.04 | |
| | | 罗廷红 | 2018.01—2022.10 | |
| | | 马忠明 | 2021.04— | |
| | | 周小鹏 | 2021.05— | |

## 三、非常设机构

表7-1-3　2022年非常设组织机构一览

| 序　号 | 非常设组织机构 | 组　长 | 副组长 | 成　员 |
|---|---|---|---|---|
| 1 | 年度工作考核领导小组 | 何卫东<br>陈国光 | 郝明辉 | 马忠明、罗廷红、周小鹏<br>王学义、高　鹏、王海永<br>徐建平、王冬霞、段新平<br>李　璐、石彩霞、张丽霞 |
| 2 | 安全生产工作领导小组 | 何卫东<br>陈国光 | 郝明辉<br>马忠明<br>罗廷红<br>周小鹏 | 王海永、徐建平、高　鹏<br>王学义、段新平、王冬霞<br>石彩霞、李　璐、李　津<br>章　俊、郑永志、王潇锋<br>付文禹、苏秀奇、周少甫 |
| 3 | 意识形态工作领导小组 | 何卫东<br>陈国光 | 郝明辉 | 马忠明、罗廷红、周小鹏<br>王学义、高　鹏、徐建平<br>王海永、段新平、王冬霞<br>石彩霞、李　璐、章　俊<br>郑永志、王潇锋、付文禹<br>苏秀奇 |
| 4 | 工程建设领导小组 | 陈国光 | 罗廷红 | 王海永、徐建平、段新平<br>石彩霞、李　璐、伍文涛 |

续表

| 序　号 | 非常设组织机构 | 组　长 | 副组长 | 成　员 |
|---|---|---|---|---|
| 5 | 精神文明建设领导小组 | 何卫东<br>陈国光 | 郝明辉 | 王学义、高　鹏、徐建平<br>王海永、段新平、王冬霞<br>石彩霞、李　璐、章　俊<br>郑永志、王潇锋、付文禹<br>苏秀奇 |
| 6 | 文明单位建设领导小组 | 何卫东<br>陈国光 | 郝明辉 | 马忠明、罗廷红、周小鹏<br>王学义、高　鹏、段新平<br>徐建平、王海永、石彩霞<br>王冬霞、李　璐、辛智渊 |
| 7 | 信息宣传领导小组 | 陈国光 | 周小鹏 | 高　鹏、王学义、徐建平<br>王海永、段新平、王冬霞<br>石彩霞、李　璐 |
| 8 | 扫黑除恶工作领导小组 | 何卫东<br>陈国光 | 周小鹏<br>郝明辉 | 马忠明、罗廷红、王冬霞<br>章　俊、郑永志、王潇锋<br>付文禹、苏秀奇、高　鹏<br>王学义、徐建平、王海永<br>段新平、石彩霞、李　璐 |
| 9 | 思想政治工作领导小组 | 何卫东<br>陈国光 | 郝明辉 | 马忠明、罗廷红、周小鹏<br>王学义、高　鹏、徐建平<br>王海永、段新平、王冬霞<br>石彩霞、李　璐、章　俊<br>郑永志、王潇锋、付文禹<br>苏秀奇 |
| 10 | 信访、维稳暨反恐怖工作领导小组 | 陈国光 | 10 | 高　鹏、王冬霞、徐建平<br>王海永、王学义、段新平<br>石彩霞、李　璐、章　俊<br>郑永志、王潇锋、付文禹<br>苏秀奇 |
| 11 | 绩效考核领导小组 | 陈国光 | 郝明辉 | 马忠明、罗廷红、周小鹏<br>王学义、高　鹏、段新平<br>徐建平、王海永、王冬霞<br>石彩霞、李　璐、张丽霞 |
| 12 | 普法及平安建设领导小组 | 何卫东<br>陈国光 | 周小鹏 | 王冬霞、高　鹏、徐建平<br>王海永、段新平、石彩霞<br>李　璐、王学义、章　俊<br>郑永志、王潇锋、付文禹<br>苏秀奇 |
| 13 | 水利改革协调推进领导小组 | 陈国光 | 郝明辉 | 马忠明、罗廷红、周小鹏<br>王学义、王海永、高　鹏<br>徐建平、段新平、王冬霞<br>李　璐、石彩霞 |
| 14 | 专业技术职称任职资格评审领导小组 | 陈国光 | | 马忠明、罗廷红、周小鹏<br>王学义、王海永、高　鹏<br>徐建平、段新平、张丽霞 |
| 15 | 党务公开领导小组 | 何卫东 | 郝明辉 | 王学义、石彩霞、李　璐<br>刘哲远 |
| 16 | 专业技术职称任职资格聘用（考核）领导小组 | 何卫东<br>陈国光 | 郝明辉 | 马忠明、罗廷红、周小鹏<br>王学义、王海永、高　鹏<br>徐建平、段新平、张丽霞 |
| 17 | 政务公开领导小组 | 陈国光 | 周小鹏 | 高　鹏、段新平、徐建平<br>王海永、王冬霞 |
| 18 | 工勤技能人员晋级资格评审领导小组 | 郝明辉 | | 王学义、王海永、徐建平<br>段新平、石彩霞、张丽霞 |

续表

| 序　号 | 非常设组织机构 | 组　长 | 副组长 | 成　员 |
|---|---|---|---|---|
| 19 | 党务、政务公开监督小组 | 郝明辉 | | 李　璐、石彩霞、章红燕 |
| 20 | 突发性水污染事件工作领导小组 | 陈国光 | | 王冬霞、徐建平、王海永、高　鹏、段新平、章　俊、郑永志、王潇锋、付文禹、苏秀奇 |
| 21 | 职工教育领导小组 | 郝明辉 | | 王学义、徐建平、王海永、段新平、高　鹏、石彩霞、王冬霞、李　璐、张丽霞 |
| 22 | 资产管理工作领导小组 | 罗廷红 | | 段新平、高　鹏、王海永、徐建平、石彩霞、王冬霞、李　璐、章　俊、郑永志、王潇锋、付文禹、苏秀奇 |
| 23 | 保密工作领导小组 | 何卫东 | 周小鹏 | 高　鹏、王学义、段新平、徐建平、王海永、王冬霞、石彩霞、李　璐 |
| 24 | 应急抢险及防汛抗旱领导小组 | 陈国光 | 罗廷红、马忠明 | 王海永、徐建平、高　鹏、段新平、李　璐、石彩霞、王学义、王冬霞、李　津、章　俊、郑永志、王潇锋、付文禹、苏秀奇 |
| 25 | 行风建设领导小组 | 陈国光 | 郝明辉、马忠明 | 李　璐、徐建平、高　鹏、王学义、王海永、段新平、王冬霞、石彩霞 |
| 26 | 工伤调查领导小组 | 郝明辉 | | 王学义、石彩霞、李　璐、李　津、张丽霞 |
| 27 | 健康教育领导小组 | 郝明辉 | | 石彩霞、李　璐、张丽霞 |
| 28 | 爱国卫生领导小组 | 周小鹏 | | 高　鹏、徐建平、王海永、石彩霞、王学义、段新平、王冬霞、李　璐 |
| 29 | 民事调解领导小组 | 郝明辉 | | 王学义、石彩霞、高　鹏、王海永、徐建平、段新平、王冬霞、李　璐 |
| 30 | 档案工作领导小组 | 周小鹏 | | 高　鹏、徐建平、段新平、王学义、王海永、石彩霞、王冬霞、李　璐 |
| 31 | 内部控制建设领导小组 | 罗廷红 | | 段新平、高　鹏、王学义、徐建平、王海永、石彩霞、王冬霞、李　璐 |
| 32 | 效能建设领导小组 | 周小鹏 | | 高　鹏、王学义、段新平、徐建平、王海永、石彩霞、王冬霞、李　璐 |
| 33 | 信息化建设及网络安全领导小组 | 陈国光 | 马忠明、周小鹏 | 徐建平、高　鹏、王海永、段新平、石彩霞、王学义、王冬霞、王　龙、章　俊、郑永志、王潇锋、付文禹、苏秀奇 |
| 34 | 干部经济责任审计领导小组 | 罗廷红 | | 段新平、王学义、李　璐 |
| 35 | 节约用水工作领导小组 | 陈国光 | 马忠明、周小鹏 | 徐建平、高　鹏、王海永、王学义、段新平 |
| 36 | 物资采购领导小组 | 周小鹏 | | 高　鹏、段新平、石彩霞、李　璐、王　娟 |

注：1. 各小组办公室设在成员组第一位科级干部所在科室；2. 如遇人员调整、工作变动及时调整；3. 自文件下发之日起执行。

## 四、职能科室

### （一）办公室

办公室原名称为行政科，设立于1970年，1984年更名为行政办公室，2006年8月更名为办公室。现有工作人员8名。

主要职责：协助处领导组织机关日常工作，综合协调管理处机关各科室、各管理所工作；负责水利宣传、舆情监管、电子政务、网络安全、保密、档案、政务公开、行政印章管理及综合性文稿起草、规范性文件审核和印发工作；负责视频会议系统管理及运行维护，承办综合性会议、处务会议、处长办公会议、工作例会及相关专题会议的组织工作；负责疫情防控、水利信访、反恐维稳、节假日值班管理及其他公共应急管理工作；负责机关效能考核，做好领导批示件及重大事项督办，对重点亮点工作进行统筹安排和督查落实；负责物业费项目管理、办公物资采购，建立分配台账，负责处机关办公及生活设施，办公用品等实物管理工作；负责公务接待、公务车辆、办公用房管理和后勤服务保障，落实节水型单位示范建设工作；指导各管理所完成以上相关工作。

**表7-1-4　汉延渠管理处办公室历任负责人**

| 职　务 | 姓　名 | 任职时间 | 备　注 |
|---|---|---|---|
| 主　任 | 徐凤鸣 | 1984.12—1987.04 | |
| 主　任 | 李庆忠 | 1987.04—1988.10 | |
| 主　任 | 路功勤 | 1988.10—1991.03 | |
| 副主任 | 张兴盛 | 1991.03—1997.02 | 主持工作 |
| 主　任 | 唐凤琴 | 1997.02—2002.03 | |
| 主　任 | 岳志强 | 2002.03—2003.12 | |
| 副主任 | 张朝阳 | 2003.12—2005.01 | 主持工作 |
| 主　任 | 张朝阳 | 2005.01—2010.07 | |
| 主　任 | 付文禹 | 2010.07—2016.10 | |
| 副主任 | 李小玲 | 2016.10—2017.08 | 主持工作 |
| 主　任 | 李小玲 | 2017.08—2022.04 | |
| 主　任 | 高　鹏 | 2022.04— | |

### （二）组织人事科

组织人事科原称为政工科，设立于1970年，1989年更名为劳动人事科，2006年12月更名为组织人事科。现有工作人员5名。

主要职责：协助处党委落实党建、党风廉政建设主体责任和意识形态工作，负责精神文明建设、思想政治建设和政治理论宣教培训，组织开展全处职工教育工作和职工技能竞赛工作；组织管理处考核工作，负责科级干部的推荐、考察、管理、考核工作；负责人事管理、劳动工资、社会保险工作；负责职称评聘，组织工勤人员技能鉴定及晋级工作；负责工作人员登记备案工作；负责水管单位水利体制改革工作；负责离退休人员管理工作；指导各管理所完成以上相关工作。

**表7-1-5 汉延渠管理所组织人事科历任负责人**

| 职 务 | 姓 名 | 任职时间 | 备 注 |
|---|---|---|---|
| 科 长 | 何正东 | 1984.12—1995.07 | |
| 副科长 | 唐凤琴 | 1995.07—1996.10 | 主持工作 |
| 科 长 | 邹 智 | 1996.10—2002.03 | |
| 科 长 | 唐凤琴 | 2002.03—2005.01 | |
| 科 长 | 付文禹 | 2005.01—2010.07 | |
| 科 长 | 高 鹏 | 2010.07—2019.05 | |
| 科 长 | 王学义 | 2019.05— | |

（三）灌溉管理科

灌溉管理科原称为生产科，设立于1970年，1984年更名为水利管理科，2006年12月更名为灌溉管理科。现有工作人员6名。

主要职责：负责水安全管理和水资源调度运行管理工作；负责督办水利工程及设施运行的监督检查工作；负责管理处信息化硬件设施设备运行管理和自建应用系统的维护和安全管理；负责组织推进标准化规范化创建工作；负责水利科技项目管理，指导试验站开展灌溉实验；指导各管理所完成以上相关工作。

**表7-1-6 汉延渠管理处灌溉管理科历任负责人**

| 职 务 | 姓 名 | 任职时间 | 备 注 |
|---|---|---|---|
| 科 长 | 陈福民 | 1984.12—1988.10 | |
| 科 长 | 姜国柱 | 1988.10—1994.03 | |
| 科 长 | 杨 志 | 1994.03—1998.10 | |
| 科 长 | 李银才 | 2000.03—2003.03 | |

续表

| 职　务 | 姓　名 | 任职时间 | 备　注 |
| --- | --- | --- | --- |
| 科　长 | 苏　林 | 2008.03—2013.03 | |
| 科　长 | 王海永 | 2015.01—2022.04 | |
| 副科长 | 徐建平 | 2022.04— | 主持工作 |

（四）防汛工程科

防汛工程科设立于2006年10月，现有工作人员5名。

主要职责：负责工程项目建设管理，组织编制维修养护计划，做好项目申报和组织实施；负责水利工程运行管理工作；负责工程项目规划工作；负责跨（临）干渠工程建设方案技术审查、工程建设监管等工作；履行管理处安全生产领导小组办公室职责；负责防汛抢险和应急物资管理工作；负责管辖范围内渠道树木管理工作；负责政府采购及工程招投标工作，相关单位做好协调配合；配合财务科做好管理处工程资产管理、移交和监管使用；指导各管理所完成以上相关工作。

**表7-1-7　汉延渠管理处防汛工程科历任负责人**

| 职　务 | 姓　名 | 任职时间 | 备　注 |
| --- | --- | --- | --- |
| 科　长 | 杨金国 | 2006.10—2014.12 | |
| 科　长 | 周海挺 | 2014.12—2017.08 | |
| 科　长 | 王海永 | 2017.08—2019.04 | |
| 科　长 | 马平安 | 2019.04—2022.04 | |
| 科　长 | 王海永 | 2022.04— | |

（五）财务审计科

财务审计科原称为财务科，设立于1984年，1988年后更名为财务器材科、计划财务科，2006年12月更名为财务审计科。现有工作人员5名。

主要职责：负责资金预决算编制、执行等管理工作；负责水费计核管理工作；负责水利基建项目财务管理、工程结算审核、工程竣工财务决算工作；负责内部审计、控制制度建设及组织财会人员业务培训等工作；负责本级国有资产管理，承办财产登记和资产处置，相关单位配合做好采购、验收、移交、盘点、清查等工作；指导各管理所完成以上相关工作。

表7-1-8　汉延渠管理处财务审计科历任负责人

| 职　务 | 姓　名 | 任职时间 | 备　注 |
|---|---|---|---|
| 科　长 | 魏立征 | 1984.12—1995.03 | |
| 科　长 | 冯永东 | 1995.03—1997.02 | |
| 副科长 | 金少贤 | 1997.03—2000.03 | 主持工作 |
| 副科长 | 全晓团 | 2000.03—2002.03 | 主持工作 |
| 副科长 | 袁金华 | 2002.03—2004.04 | 主持工作 |
| 科　长 | 袁金华 | 2004.04—2010.07 | |
| 科　长 | 石彩霞 | 2011.03—2022.04 | |
| 科　长 | 段新平 | 2022.04— | |

（六）水政科

水政科原称保卫科，组建于1991年1月，2006年12月更名为水政科。现有工作人员2名。

主要职责：负责普法及水利行业政策法规宣传教育工作；负责社会治安综合治理和平安单位建设工作；负责水政监察及水事纠纷、水事违法案件处理工作，承担维护用水秩序、保护水利设施和水资源安全等工作；组织开展扫黑除恶专项斗争常态化工作；指导各管理所完成以上相关工作。

表7-1-9　汉延渠管理处水政科历任负责人

| 职　务 | 姓　名 | 任职时间 | 备　注 |
|---|---|---|---|
| 科　长 | 路功勤 | 1991.03—2005.01 | |
| 科　长 | 张文堂 | 2005.01—2013.12 | |
| 科　长 | 张朝阳 | 2013.12—2021.05 | |
| 科　长 | 王冬霞 | 2022.04— | |

（七）监察室

1988年5月，管理处设立纪律检查员。1995年5月，纪律检查员更名为专职纪检员。2001年4月管理处纪委成立后设立监察审计室。2005年10月监察审计室更名为监察室，审计职能划归财务审计科。现有工作人员2名。

主要职责：负责监督检查党组织和党员贯彻执行党的路线、方针、政策和决议的情况，监督检查监察对象贯彻执行国家法律、法规以及管理处决议、决定和规章制度的情况；协助党委推进全面从严治党，承担党风廉政建设及反腐败日常工作；负责对公职人员履行职责、行使公权及作风等情况进行监督检查；负责水利行业作风建设及监督指导工作；负责受理对党组织、党员和监察对象违法违纪行为的检举举报，调查违纪违法案件，并提出处理建议；受理党员对党纪处分的申诉和控告，受理监察对象政纪处分的申诉和控告；指导各管理所完成以上相关工作。

表7-1-10　汉延渠管理处监察室历任负责人

| 名称或职务 | 姓　名 | 任职年限 | 备　注 |
|---|---|---|---|
| 专职纪检员 | 王玉奎 | 1988.05—1992.02 | |
| 兼职纪检员 | 何正东 | 1992.02—1995.07 | |
| 专职纪检员 | 何正东 | 1995.07—2001.09 | |
| 监察审计室主任 | 何静波 | 2002.03—2004.12 | |
| 监察室主任 | 路功勤 | 2005.01—2013.03 | |
| 监察室主任 | 王冬霞 | 2013.03—2022.04 | |
| 监察室副主任 | 李　璐 | 2022.04— | 主持工作 |

（八）综合经营办公室

1984年设立多种经营办公室，后更名为综合经营办公室，主要负责抓好管理处综合经营工作。2007年4月，管理处撤销综合经营办公室，综合经营管理职能移交财务审计科。

表7-1-11　汉延渠管理处综合经营办公室历任负责人

| 职　务 | 姓　名 | 任职时间 | 备　注 |
|---|---|---|---|
| 主　任 | 李庆忠 | 1988.10—1998.03 | |
| 主　任 | 李银才 | 1998.03—2000.03 | |
| 副主任 | 金少贤 | 2000.03—2003.12 | 主持工作 |
| 主　任 | 吴国军 | 2003.12—2007.08 | |

## 五、基层管理所及实体企业

（一）第一管理所

第一管理所成立于1970年，所机关位于青铜峡市马寨桥，简称汉一所，下设3个管理段。1988年更名为马寨桥管理所。1991年管理所机关搬迁至青铜峡市城区汉延渠进水闸下1 km处。2000年更名为第一管理所。2007年管理所机关搬迁至青铜峡市北环路的青秀园北门。现有人员18名，下设两个管理段。干渠管辖范围：小坝测水点（桩号0+300）

至南二渠(桩号16+435)的16.8 km渠道。管理节制闸2座、小退水闸1座、渡槽1座、干渠直开口43座、沟涵洞2座。承担着青铜峡市小坝、瞿靖、叶盛3个镇14个行政村和国营连湖农场共计4万余亩农田的灌溉任务。

表7-1-12　汉延渠管理处第一管理所历任负责人

| 职　务 | 姓　名 | 任职时间 | 备　注 |
|---|---|---|---|
| 副所长 | 徐胜亮 | 1984.12—1988.10 | 主持工作 |
| 所　长 | 徐胜亮 | 1988.10—1997.02 | |
| 副所长 | 吴新宁 | 1997.02—1998.03 | 主持工作 |
| 所　长 | 吴新宁 | 1998.03—2003.12 | |
| 所　长 | 邹　智 | 2003.12—2010.03 | |
| 副所长 | 章　俊 | 2010.03—2011.03 | 主持工作 |
| 所　长 | 章　俊 | 2011.03— | |

(二)第二管理所

第二管理所成立于1970年,所机关位于永宁县丁字渠口,简称汉二所,下设4个管理段。1988年更名为丁字渠管理所。1989年所机关搬迁至永宁县李俊镇境内的李俊桥。2000年3月更名为第二管理所。现有人员22名,下设3个管理段。管辖渠道长11.287 km(桩号16+400至27+687),管理斗口47座、节制闸3座、退水闸1座、渡槽1座、桥梁8座。承担青铜峡市瞿靖镇,永宁县李俊镇、望洪镇16个行政村62258亩农田的灌溉任务。

表7-1-13　汉延渠管理处第二管理所历任负责人

| 职　务 | 姓　名 | 任职时间 | 备　注 |
|---|---|---|---|
| 所　长 | 马维都 | 1984.12—1990.06 | |
| 副所长 | 王金奎 | 1990.06—1993.02 | 主持工作 |
| 副所长 | 邹　智 | 1993.02—1994.02 | 主持工作 |
| 所　长 | 邹　智 | 1994.02—1996.09 | |
| 副所长 | 马银海 | 1996.09—1997.02 | 主持工作 |
| 所　长 | 岳志强 | 1997.02—2002.03 | |
| 所　长 | 苏　林 | 2002.03—2004.12 | |
| 所　长 | 张兴旺 | 2004.12—2010.03 | |
| 所　长 | 邹　智 | 2010.03—2012.03 | |
| 副所长 | 王学义 | 2012.03—2013.03 | 主持工作 |
| 所　长 | 王学义 | 2013.03—2015.01 | |

续表

| 职　务 | 姓　名 | 任职时间 | 备　注 |
|---|---|---|---|
| 所　长 | 马平安 | 2015.01—2019.04 | |
| 所　长 | 郑永志 | 2019.04— | |

（三）第三管理所

第三管理所成立于1970年，所机关办公地点位于永宁县境内小观桥，简称汉三所，下设5个管理段。1988年更名为小观桥管理段。1991年管理所机关办公地点搬迁至永宁县城区的纳闸桥。2000年3月更名为第三管理所。现有人员20名，下设两个管理段。干渠管辖范围：自高小渠（桩号27+9905）至新109线公路桥（桩号49+869）的22.20 km渠道。管理节制闸1座、退水闸1座、渡槽2座、干渠直开口52座。承担着永宁县望洪、胜利、杨和、望远4个镇15个行政村和永宁县育繁琐共计7万余亩农田的灌溉任务。

**表7-1-14　汉延渠管理处第三管理所历任负责人**

| 职　务 | 姓　名 | 任职时间 | 备　注 |
|---|---|---|---|
| 所　长 | 李树林 | 1984.12—1987.03 | |
| 副所长 | 王生珍 | 1987.03—1990.02 | 主持工作 |
| 所　长 | 马维都 | 1990.02—1993.02 | |
| 所　长 | 王金奎 | 1993.02—1996.02 | |
| 副所长 | 吴国军 | 1996.02—1997.02 | 主持工作 |
| 所　长 | 吴国军 | 1997.02—1998.03 | |
| 副所长 | 张　波 | 1998.03—2003.03 | 主持工作 |
| 所　长 | 沙学良 | 2003.03—2004.12 | |
| 所　长 | 杨金国 | 2004.12—2006.10 | |
| 所　长 | 刘泽祥 | 2006.10—2010.03 | |
| 所　长 | 张　波 | 2010.03—2016.10 | |
| 所　长 | 郑永志 | 2016.10—2019.04 | |
| 所　长 | 段新平 | 2019.05—2022.04 | |
| 所　长 | 王潇峰 | 2022.04— | |

（四）红星试验站

红星试验站原称汉延渠水利试验站，设立于1984年，由管理处生产科代管，办公地点位于永宁县杨和乡红星村。1990年3月更名为红星灌溉试验站，提升为科级单位。2014

年办公地点搬迁至第三管理所机关院内。现有职工4名。主要负责引黄自流灌区春小麦、玉米、水稻等灌区主要作物畦灌灌溉制度试验研究。

表7-1-15　汉延渠管理处红星试验站历任负责人

| 职　务 | 姓　名 | 任职时间 | 备　注 |
|---|---|---|---|
| 站　长 | 何静波 | 1987.03—1994.03 | |
| 副站长 | 苏　林 | 1994.03—2000.03 | 主持工作 |
| 站　长 | 苏　林 | 2000.03—2002.08 | |
| 站　长 | 付文禹 | 2002.08—2005.01 | |
| 站　长 | 刘泽祥 | 2005.01—2006.10 | |
| 站　长 | 马平安 | 2006.10—2009.04 | |
| 站　长 | 李　津 | 2009.04—2012.03 | |
| 站　长 | 吴　华 | 2012.03—2013.04 | |
| 站　长 | 王海永 | 2013.04—2015.01 | |
| 站　长 | 张　章 | 2015.01—2015.07 | |
| 站　长 | 马平安 | 2022.04— | |

（五）第四管理所

第四管理所成立于1984年，所机关办公地点位于银川市郊区的掌政乡，简称汉四所，下设3个管理段。1988年更名为掌政管理所。2000年3月更名为第四管理所。2014年所机关办公地点搬迁至银川市兴庆区掌政镇五渡桥。现有人员21名，下设两个管理段。干渠管辖范围：自109公路桥（桩号050+100）至蔡家桥（桩号064+521），全长14.42km。管理节制闸1座、退水闸1座、渡槽1座、涵洞1座、干渠直开口42座。承担着永宁县望远镇和兴庆区掌政镇、大新镇3个镇14个行政村4万余亩农田的灌溉任务。

表7-1-16　汉延渠管理处第四管理所历任负责人

| 职　务 | 姓　名 | 任职时间 | 备　注 |
|---|---|---|---|
| 副所长 | 张志诚 | 1984.12—1987.04 | 主持工作 |
| 所　长 | 张志诚 | 1987.04—1990.02 | |
| 所　长 | 王生珍 | 1990.02—1992.02 | |
| 副所长 | 陈宝康 | 1992.02—1996.02 | 主持工作 |
| 所　长 | 岳志强 | 1996.02—1997.02 | |
| 副所长 | 张文堂 | 1997.02—2001.09 | 主持工作 |
| 所　长 | 张文堂 | 2001.09—2004.12 | |
| 所　长 | 张　波 | 2004.12—2010.03 | |

续表

| 职　务 | 姓　名 | 任职时间 | 备　注 |
|---|---|---|---|
| 所　长 | 刘泽祥 | 2010.03—2015.01 | |
| 所　长 | 王学义 | 2015.01—2019.05 | |
| 副所长 | 姜　涛 | 2019.05—2021.08 | 主持工作 |
| 所　长 | 付文禹 | 2021.08— | |

（六）第五管理所

第五管理所成立于1970年，管理所机关办公地点位于贺兰县娘娘庙桥，下设5个管理段。1984年所机关搬迁至贺兰县城东侧的汉延渠新桥，简称汉五所。1988年更名为贺兰管理所。2000年3月更名为第五管理所。现有人员23名，下设两个管理段。干渠管辖范围：自蔡家桥（桩号63+936）至尾水（桩号88+050）的22.16 km渠道。管理节制闸3座、退水闸3座、渡槽2座、干渠直开口60座（含给梢段四星灌区交水大断面巴歇尔量水槽1座）。承担着贺兰县金贵、习岗、立岗3个镇15个行政村和自治区原种场共计7万余亩农田的灌溉任务。

**表7-1-17　汉延渠管理处第五管理所历任负责人**

| 职　务 | 姓　名 | 任职时间 | 备　注 |
|---|---|---|---|
| 所　长 | 殷长清 | 1984.12—1987.04 | |
| 所　长 | 徐凤鸣 | 1987.04—1993.02 | |
| 副所长 | 沙学良 | 1993.02—1995.03 | 主持工作 |
| 所　长 | 沙学良 | 1995.03—2003.03 | |
| 所　长 | 杨金国 | 2003.03—2004.12 | |
| 所　长 | 苏　林 | 2004.12—2008.04 | |
| 所　长 | 高　鹏 | 2008.04—2010.07 | |
| 副所长 | 郑永志 | 2010.07—2011.03 | 主持工作 |
| 所　长 | 郑永志 | 2011.03—2016.10 | |
| 所　长 | 赵洪亮 | 2016.10—2018.08 | |
| 副所长 | 徐建平 | 2018.08—2022.05 | 主持工作 |
| 所　长 | 苏秀奇 | 2022.05— | |

（七）宁夏汉延水电工程有限公司

宁夏汉延水电工程有限公司是宁夏汉延渠管理处属企业，其前身为宁夏汉延渠管理处水利工程队，成立于1991年10月，由水管科分管。2000年3月开始健全组织正式营运，吴国军任队长，杨金国、周海挺任副队长。2002年11月改制更名为宁夏汉延水电工程有限公司。2019年9月变换体制后该公司与管理处脱钩。

表7-1-18　宁夏汉延水电工程有限公司历任负责人

| 职　务 | 姓　名 | 任职时间 | 备　注 |
|---|---|---|---|
| 经　理 | 吴国军 | 2002.11—2003.12 | |
| 经　理 | 吴新宁 | 2003.12—2009.04 | |
| 经　理 | 周海挺 | 2009.04—2015.01 | |
| 经　理 | 张　章 | 2015.07—2017.08 | |
| 经　理 | 李　津 | 2017.10—2018.06 | |
| 经　理 | 赵洪亮 | 2018.06—2019.09 | 变换体制 |

（八）宁夏坤水园林绿化有限公司

宁夏坤水园林绿化有限公司成立于2007年8月，吴国军任经理，马银海任副经理，2018年12月该公司注销。

表7-1-19　宁夏坤水园林绿化有限公司历任负责人

| 职　务 | 姓　名 | 任职时间 | 备　注 |
|---|---|---|---|
| 经　理 | 吴国军 | 2007.08—2016.10 | |
| 经　理 | 付文禹 | 2016.10—2019.04 | |

（九）宁夏华骋工程监理有限公司

宁夏华骋工程监理有限公司成立于2010年10月，吴华任经理，王潇峰任副经理，2014年12月该公司与管理处脱钩。

## 第二节　党群组织机构

### 一、管理处党组织

1970年5月成立汉延渠管理处以后，按照上级要求及时建立了党支部。刘开义、路清才、沈定煜、杨遇春等先后任党支部书记。1990年1月成立中共宁夏汉延渠管理处总支部委员会，杨遇春任党总支书记，朱建纲、魏建国为委员，全处有党员44名。1990年5月，朱建纲任汉延渠管理处党总支副书记。1993年4月，朱建纲任汉延渠管理处党总支书记，马维都任党总支副书记，魏立征、吴乾劲任党总支委员。1999年4月，成立中共宁夏回族自治区汉延渠管理处委员会，陈广宏任党委书记，杨克胜任党委副书记。2001年3月，管理处召开第一次党员代表大会，选举产生中共宁夏汉延渠管理处第一届委员会，陈广宏任党委书记，杨克胜任副书记，杨福、刘福荣为党委委员，全处有党员77名。2002年11月花向阳任党委委员。2002年12月，周跃华任党委委员。2003年2月，杨富任党委副书记。2003年10月，王森任中共宁夏汉延渠管理处委员会书记。2003年11月，牛保安任党委委员。2004年12月，赵东辉任党委委员。2005年3月，毕高峰任党委委员。2008年7月，管理处召开第二次党员代表大会，选举产生中共宁夏汉延渠管理处第二届委员会，梁福贵任党委书记，花向阳、吴国万、刘志强、张晓林为党委委员，全处有党员107名。2015年10月，刘福荣任党委书记。2016年12月，管理处召开第三次党员代表大会，选举产生中共宁夏汉延渠管理处第三届委员会，刘福荣任党委书记，袁斌、吴国万、周小生、郝明辉、杨金国、高鹏为党委委员，全处有党员107名。2018年1月，桂玉忠、罗廷红任党委委员。2021年3月，管理处召开第四次党员代表大会，选举产生中共宁夏汉延渠管理处第四届委员会，何卫东任党委书记，刘福荣、桂玉忠、周小生、郝明辉、罗廷红、王学义为党委委员，全处有党员106名。2021年4月，陈国光、马忠明任党委委员。2021年5月，周小鹏任党委委员。

**表7-2-1　汉延渠管理处党组织历任负责人**

| 名　称 | 职　务 | 姓　名 | 任职时间 | 备　注 |
| --- | --- | --- | --- | --- |
| 中共宁夏回族自治区汉延渠管理处支部委员会 | 书　记 | 路清才 | 1977.03—1984.10 | |
| | 书　记 | 沈定煜 | 1984.10—1987.01 | |
| | 副书记 | 杨遇春 | 1987.01—1988.05 | 主持工作 |
| | 书　记 | 杨遇春 | 1988.05—1990.01 | |
| 中共宁夏回族自治区汉延渠管理处总支委员会 | 书　记 | 杨遇春 | 1990.01—1993.04 | |
| | 副书记 | 朱建纲 | 1990.01—1993.04 | 主持工作 |
| | 副书记 | 马维都 | 1993.04—1998.10 | |
| | 书　记 | 朱建纲 | 1993.04—1999.01 | |
| | 书　记 | 陈广宏 | 1999.01—1999.04 | |
| 中共宁夏回族自治区汉延渠管理处委员会 | 书　记 | 陈广宏 | 1999.04—2003.02 | |
| | 副书记 | 杨克胜 | 1999.04—2003.02 | |
| | 副书记 | 杨　富 | 2003.02—2003.10 | |
| | 书　记 | 王　森 | 2003.10—2008.07 | |

续表

| 名称 | 职务 | 姓名 | 任职时间 | 备注 |
| --- | --- | --- | --- | --- |
| 中共宁夏回族自治区汉延渠管理处委员会 | 书记 | 梁福贵 | 2008.07—2016.12 | |
| | 书记 | 刘福荣 | 2015.10—2018.01 | |
| | 书记 | 何卫东 | 2018.01— | |

## 二、纪检监察组织

1988年5月，管理处设立纪律检查员。1995年5月，管理处设立专职纪检员。2001年4月，成立中共宁夏汉延渠管理处纪律检查委员会，杨富任纪委书记。2004年12月，赵东辉任纪委书记。2005年3月毕高峰任纪委书记。2008年5月，孙培芝任纪委书记。2012年3月，周小生任纪委书记。2013年12月，郝明辉任纪委书记。

表7-2-2　汉延渠管理处历任纪委书记

| 职务 | 姓名 | 任职年限 | 备注 |
| --- | --- | --- | --- |
| 纪委书记 | 杨　富 | 2001.02—2003.10 | |
| 纪委书记 | 赵东辉 | 2004.12—2005.03 | |
| 纪委书记 | 毕高峰 | 2005.03—2008.05 | |
| 纪委书记 | 孙培之 | 2008.05—2012.03 | |
| 纪委书记 | 周小生 | 2012.03—2013.12 | |
| 纪委书记 | 郝明辉 | 2013.12— | |

## 三、基层党组织

1970年至1989年，管理处成立党支部，处机关和基层各单位设党小组。1990年1月，管理处成立党总支，处机关和基层各单位共设6个党支部。1991年12月，管理处处机关设立三个党支部：政工科、保卫科、工会、纪检部门的党员组建处机关第一党支部；水管科、行政办公室、试验站等部门的党员组建处机关第二党支部；财务科、综合经营办公室等部门的党员组建处机关第三党支部。处属基层单位分别成立马寨桥管理所党支部、丁字渠管理所党支部、小观桥党支部、掌政管理所党支部、贺兰管理所党支部。1996年6月成立红星试验站党支部。2000年3月，根据工作需要，管理处机关各党支部名称保持不变，基层各单位党支部名称分别更名为：第一管理所党支部、第二管理所党支部、第三管理所党支部、第四管理所党支部、第五管理所党支部和红星试验站党支部。2001年9月，成立水利工程队党支部。2004年3月，原水利工程队党支部更名为宁夏汉延水电工程有限公司党支部。2009年4月，成立坤水园林绿化有限公司党支部。2013年3月，红星试验站党支部并入第三管理所党支部。2019年4月，撤销坤水园林绿化公司党支部。2019年5月，管理处机关原3个党支部撤销，设立6个科（室）党支部和1个退休党支部，全处共有党支部12个。

**表7-2-3 汉延渠管理处基层党支部一览**

| 支部名称 | 职 务 | 姓 名 | 任职时间 | 备 注 |
| --- | --- | --- | --- | --- |
| 机关党支部 | 书 记 | 何正东 | 1990.04—1991.12 | |
| 机关第一党支部 | 书 记 | 沈定煜 | 1991.12—1993.08 | |
| | 书 记 | 魏立征 | 1993.08—2001.11 | |
| | 书 记 | 路功勤 | 2001.11—2015.04 | |
| | 书 记 | 付文禹 | 2015.04—2016.10 | |
| | 书 记 | 王冬霞 | 2016.10—2019.05 | |
| 机关第二党支部 | 书 记 | 姜国柱 | 1991.12—1993.08 | |
| | 书 记 | 马维都 | 1993.08—2001.11 | |
| | 书 记 | 李银才 | 2001.11—2008.09 | |
| | 书 记 | 苏 林 | 2008.09—2012.06 | |
| | 书 记 | 杨金国 | 2012.06—2014.12 | |
| | 书 记 | 周海挺 | 2015.04—2017.08 | |
| | 书 记 | 王海永 | 2017.08—2019.05 | |
| 机关第三党支部 | 书 记 | 魏立征 | 1991.12—1993.08 | |
| | 书 记 | 沈定煜 | 1993.08—1999.04 | |
| | 书 记 | 李树林 | 1999.04—2003.06 | |
| | 书 记 | 王玉奎 | 2003.06—2014.10 | |
| | 书 记 | 张兴盛 | 2014.10—2019.05 | |
| 退休党支部 | 书 记 | 张兴盛 | 2019.05—2021.09 | 党支部设立第一、第二党小组 |
| | 书 记 | 岳志强 | 2021.09— | |
| 办公室党支部 | 书 记 | 李小玲 | 2019.05—2022.04 | |
| | 书 记 | 高 鹏 | 2022.04— | |
| 组织人事科党支部 | 书 记 | 王学义 | 2019.05— | |
| 灌溉管理科党支部 | 书 记 | 王海永 | 2019.05—2022.11 | |
| | 书 记 | 王冬霞 | 2022.11— | |
| 防汛工程科党支部 | 书 记 | 马平安 | 2019.05—2000.05 | |
| | 书 记 | 王海永 | 2022.05— | |

续表

| 支部名称 | 职　务 | 姓　名 | 任职时间 | 备　注 |
| --- | --- | --- | --- | --- |
| 财务审计科党支部 | 书　记 | 石彩霞 | 2019.05—2022.04 | |
| | 书　记 | 段新平 | 2022.04— | |
| 监察室党支部 | 书　记 | 王冬霞 | 2019.05—2022.04 | |
| | 副书记 | 李　璐 | 2022.04—2022.11 | |
| | 书　记 | 石彩霞 | 2022.11— | |
| 马寨桥管理所党支部 | 书　记 | 徐胜亮 | 1990.04—1993.04 | |
| 丁字渠管理所党支部 | 书　记 | 王金奎 | 1990.04—1993.04 | |
| 马寨桥、丁字渠党支部 | 书　记 | 徐胜亮 | 1993.04—1995.06 | 1993.04.02合并 |
| 马寨桥管理所党支部 | 书　记 | 徐胜亮 | 1995.06—2000.03 | |
| 第一管理所党支部 | 书　记 | 徐胜亮 | 2000.03—2006.10 | 党支部名称变更 |
| | 书　记 | 邹　智 | 2006.10—2010.03 | |
| | 书　记 | 章　俊 | 2010.03—2012.03 | |
| | 书　记 | 邹　智 | 2012.03—2013.03 | |
| | 书　记 | 章　俊 | 2013.03— | |
| 丁字渠管理所党支部 | 书　记 | 邹　智 | 1995.06—1997.03 | |
| | 书　记 | 岳志强 | 1997.03—2000.03 | |
| 第二管理所党支部 | 书　记 | 岳志强 | 2000.03—2002.03 | 党支部名称变更 |
| | 书　记 | 苏　林 | 2002.03—2004.12 | |
| | 书　记 | 梁　琳 | 2004.12—2008.09 | |
| | 书　记 | 张兴旺 | 2008.09—2010.03 | |
| | 书　记 | 邹　智 | 2010.03—2012.03 | |
| | 书　记 | 王学义 | 2012.03—2015.01 | |
| | 书　记 | 马平安 | 2015.01—2019.04 | |
| | 书　记 | 郑永志 | 2019.04— | |
| 小观桥管理所党支部 | 书　记 | 马维都 | 1990.04—1993.08 | |
| | 书　记 | 王金奎 | 1993.08—1995.06 | |
| 小观桥、掌政所联合党支部 | 书　记 | 王金奎 | 1995.06—1996.02 | |
| 小观桥管理所党支部 | 副书记 | 张志诚 | 1996.02—2000.03 | |
| 第三管理所党支部 | 副书记 | 张志诚 | 2000.03—2001.11 | 党支部名称变更 |
| | 副书记 | 张　波 | 2001.11—2003.03 | |
| | 书　记 | 梁　琳 | 2003.03—2004.12 | |
| | 书　记 | 杨金国 | 2004.12—2006.10 | |

续表

| 支部名称 | 职 务 | 姓 名 | 任职时间 | 备 注 |
|---|---|---|---|---|
| 第三管理所党支部 | 书 记 | 刘泽祥 | 2006.10—2010.03 | |
| | 书 记 | 张 波 | 2010.03—2016.10 | |
| | 书 记 | 郑永志 | 2016.10—2019.07 | |
| | 书 记 | 段新平 | 2019.07—2022.04 | |
| | 书 记 | 王潇锋 | 2022.04— | |
| 掌政管理所党支部 | 书 记 | 岳志强 | 1996.02—1997.03 | |
| | 书 记 | 邹 智 | 1997.03—2000.03 | |
| 第四管理所党支部 | 副书记 | 张文堂 | 2000.03—2001.11 | 党支部名称变更 |
| | 书 记 | 张兴旺 | 2002.08—2004.12 | |
| | 副书记 | 侯志俊 | 2004.12—2006.10 | |
| | 书 记 | 张 波 | 2006.10—2010.03 | |
| | 书 记 | 刘泽祥 | 2010.03—2015.01 | |
| | 书 记 | 王学义 | 2015.01—2019.07 | |
| | 副书记 | 姜 涛 | 2019.07—2021.09 | |
| | 书 记 | 付文禹 | 2021.09— | |
| 贺兰管理所党支部 | 书 记 | 殷长清 | 1990.04—1993.08 | |
| | 书 记 | 徐凤鸣 | 1993.08—1995.03 | |
| | 书 记 | 沙学良 | 1995.03—2000.03 | |
| 第五管理所党支部 | 书 记 | 沙学良 | 2000.03—2003.03 | 党支部名称变更 |
| | 书 记 | 张 波 | 2003.03—2004.12 | |
| | 书 记 | 沙学良 | 2004.12—2006.10 | |
| | 书 记 | 苏 林 | 2006.10—2008.04 | |
| | 书 记 | 高 鹏 | 2008.04—2011.03 | |
| | 书 记 | 郑永志 | 2011.03—2016.10 | |
| | 副书记 | 赵洪亮 | 2016.10—2019.07 | |
| | 副书记 | 徐建平 | 2019.07—2022.05 | |
| | 书 记 | 苏秀奇 | 2022.05— | |
| 水利工程队党支部 | 书 记 | 吴国军 | 2001.09—2004.03 | |
| 汉延水电工程有限公司党支部 | 书 记 | 吴国军 | 2004.03—2005.03 | 党支部名称变更 |
| | 书 记 | 周海挺 | 2005.03—2011.03 | |
| | 书 记 | 李 津 | 2011.03—2019.07 | |
| | 书 记 | 赵洪亮 | 2019.07—2021.08 | 转变体制 |

续表

| 支部名称 | 职　务 | 姓　名 | 任职时间 | 备　注 |
|---|---|---|---|---|
| 坤水园林绿化有限公司党支部 | 书　记 | 吴兴宁 | 2009.04—2010.07 | |
| | 书　记 | 吴国军 | 2010.07—2016.10 | |
| | 书　记 | 张　波 | 2016.10—2019.04 | 2019.04撤销党支部 |
| 红星试验站党支部 | 副书记 | 苏　林 | 1996.02—2001.11 | 2013年3月并入第三管理所党支部 |
| | 书　记 | 王金奎 | 2001.11—2006.10 | |
| | 副书记 | 汤　枫 | 2006.10—2013.03 | |

**表7-2-4　汉延渠管理处历年党员人数统计**

| 年份/年 | 党员数 | 在　职 | 退　休 | 男 | 女 |
|---|---|---|---|---|---|
| 2004 | 91 | | | 79 | 12 |
| 2005 | 99 | | | 85 | 14 |
| 2006 | 103 | | | 88 | 15 |
| 2007 | 103 | 84 | 19 | 87 | 16 |
| 2008 | 107 | 89 | 18 | 88 | 19 |
| 2009 | 109 | 90 | 19 | 90 | 19 |
| 2010 | 108 | 89 | 19 | 90 | 18 |
| 2011 | 110 | 89 | 21 | 91 | 19 |
| 2012 | 112 | 87 | 25 | 92 | 20 |
| 2013 | 112 | 87 | 25 | 92 | 20 |
| 2014 | 109 | 83 | 26 | 89 | 20 |
| 2015 | 110 | 81 | 29 | 91 | 19 |
| 2016 | 107 | 77 | 30 | 89 | 18 |
| 2017 | 104 | 73 | 31 | 86 | 18 |
| 2018 | 105 | 74 | 31 | 87 | 18 |
| 2019 | 106 | 76 | 30 | 88 | 18 |
| 2020 | 105 | 74 | 31 | 87 | 18 |
| 2021 | 106 | 76 | 30 | 88 | 18 |
| 2022 | 105 | 74 | 31 | 87 | 18 |

## 四、工会

### （一）工会委员会

1987年8月，管理处成立工会委员会筹备小组，由王玉奎担任组长并进行筹备工作。

1989年3月，管理处召开第一届职工代表大会，选举出第一届工会委员会，李树林任工会委员会主席。

1994年2月，管理处召开第二届职工代表大会，选举出第二届工会委员会，何静波任工会委员会主席。

1999年3月，管理处召开第三届职工代表大会，选举出第三届工会委员会，何静波任工会委员会主席。

2004年4月，管理处召开第四届职工代表大会，选举出第四届工会委员会，岳志强任工会委员会主席。

2009年4月，管理处召开第五届职工代表大会，选举出第五届工会委员会，岳志强任工会委员会主席。

2014年4月，管理处召开第六届职工代表大会，选举出第六届工会委员会，刘凤琴任工会委员会主席。

2019年5月，管理处召开第七届职工代表大会，选举出第七届工会委员会，高鹏任工会委员会主席。

2022年8月，管理处召开第八届职工代表大会，选举出第八届工会委员会，石彩霞任工会委员会主席。

**表7-2-5　汉延渠管理处工会历任负责人**

| 职　务 | 姓　名 | 任职时间 | 备　注 |
|---|---|---|---|
| 工会主席 | 李树林 | 1989.03—1994.02 | |
| 工会主席 | 何静波 | 1994.02—2002.03 | |
| 工会负责人 | 邹　智 | 2002.03—2003.12 | 主持工作 |
| 工会负责人 | 岳志强 | 2003.12—2004.04 | 主持工作 |
| 工会主席 | 岳志强 | 2004.04—2013.04 | |
| 工会负责人 | 刘凤琴 | 2013.04—2015.02 | 主持工作 |
| 工会主席 | 刘凤琴 | 2015.02—2017.04 | |
| 工会负责人 | 高　鹏 | 2019.04—2019.06 | 主持工作 |
| 工会主席 | 高　鹏 | 2019.6—2022.04 | |
| 工会负责人 | 石彩霞 | 2022.04—2022.06 | 主持工作 |
| 工会主席 | 石彩霞 | 2022.06— | |

管理处工会现有工作人员2名。主要职责:维护职工参与单位民主管理的合法权益;负责协调劳动关系和调解劳动争议;负责承办慰问会员和困难帮扶工作;负责承办各类职工文体娱乐活动;负责职工之家建设;负责计划生育工作和女职工工作;负责落实职工职业健康管理,参与安全生产相关工作;负责机关职工食堂管理工作;配合开展职工技能竞赛活动;指导各管理所完成以上相关工作。

(二)工会建设

1.阵地建设

汉延渠管理处七届二次职工暨工会会员代表大会

多年来,管理处历届党政领导十分重视"职工之家"的建设和发展,在致力于做好供水保障服务的同时,在加强工会建设方面也做了很多有益的工作,职工之家的建设在推动管理处水利改革发展中发挥了积极作用。管理处严格按照《中华人民共和国工会法》《中国工会章程》等有关规定,认真落实基层工会组织建设有关要求,依法建立两级工会组织,民主选举产生工会主席,民主推选各"职工小家"工会小组长,负责工会组织的各项具体工作,形成了完善的服务体系。同时,加强工会民主制度和工作制度建设,不断健全完善并严格执行工会会员(职工)代表大会制度、工会经费收支管理办法、职代会提案征集处理工作等,认真办理职代会代表提案建议,切实为职工办实事、办好事。积极争取项目适时更新改造职工生产生活环境,健全完善职工活动场所,提升单位凝聚力和向心力。及时探访生病住院职工,坚持长年节日慰问一线职工及退休职工,安排职工健康体检,开展各类传统节日纪念活动和职工群众喜闻乐见的文体活动,努力把"职工之家"建设成为知识储备中心、娱乐活动中心、生活互助中心。管理处"职工之家"及6个管理所(站)"职工小家"先后被水利工会命名为"模范职工之家"和"模范职工小家";管理处、第二管理所被宁夏总工会授予"模范职工之家"和"模范职工小家"称号;第二管理所还被中国农林水利工会委员会授予全国水利系统"模范职工小家"称号。

表7-2-6　汉延渠管理处及基层各单位职工之家荣获称号情况

| 时　间 | 单　位 | 荣获称号 | 备　注 |
|---|---|---|---|
| 1996 | 汉延渠管理处二所 | 模范职工之家 | 宁夏水利工会 |
| | 汉延渠管理处五所 | 先进职工之家 | 宁夏水利工会 |
| 2002.05 | 汉延渠管理处 | 模范之家 | 宁夏水利工会 |
| | 汉延渠管理处四所 | 模范职工之家 | 宁夏水利工会 |
| 2007.01 | 汉延渠管理处 | 模范职工之家 | 宁夏总工会 |
| | 汉延渠管理处二所 | 模范职工小家 | 宁夏总工会 |
| | 汉延渠管理处三所 | 模范职工小家 | 宁夏水利工会 |
| | 汉延渠管理处五所 | 模范职工小家 | 宁夏水利工会 |
| 2008.02 | 汉延渠管理处四所 | 模范职工小家 | 宁夏水利工会 |
| | 汉延渠红星试验站 | 模范职工小家 | 宁夏水利工会 |
| 2010.02 | 汉延渠管理处 | 水利厅模范职工之家 | 宁夏水利工会 |
| 2012.09 | 汉延渠管理处二所 | 全国水利系统“模范职工小家” | 中国农林水利工会 |
| 2018.04 | 汉延渠管理处一所 | 模范职工小家 | 宁夏水利工会 |

2.文体活动

管理处举办纪念“三八”国际劳动妇女节一百周年表彰大会

管理处十分重视职工业余文化生活，将职工文体活动的开展纳入单位文化建设的重要内容研究部署、安排落实。历年来，由工会组织或多部门联合承办，组织篮球、羽毛球、舞蹈、歌咏、摄影、绘画比赛，以及趣味运动会、文艺汇演等多项职工喜闻乐见的文体活动，满足职工健康向上的精神需求，也增强了单位的凝聚力、向心力。同时，管理处还十分重视职工技能培训和业务提升，多次组织以测量水、工程测量、隐患处置为主要内容的职工技能竞赛活动，在提升职工业务水平的同时，也提高了测量水精度和服务灌区群众的本领，为节水型灌区建设和灌域经济发展作出了应有贡献。管理处工会在组织全处开展各项文体活动的同时，加大对各基层工会小组的帮扶力度，多年来，帮助各基层单位建成篮球场、乒乓球室、台球室、综合健身区等，配备了棋牌、跳绳、跑步机等活动器材。各基层工会小组结合自身实际，开展厨艺大赛、拓展运动、棋牌比赛、趣味运动会等多种群众性活动，不断丰富职工业余文化生活，凝心聚力效果显著。

表7-2-7　汉延渠管理处工会历年主要活动开展情况

| 年份/年 | 活动名称 | 承办部门 |
|---|---|---|
| 2006 | 第三届职工体育运动会 | 工　会 |
| 2007 | 职工书法、绘画、摄影展 | 工　会 |
| 2009 | 迎国庆歌咏比赛 | 工　会 |
| 2010 | 职工技能竞赛 | 工会、灌溉管理科、工程科 |
| 2012 | “风清气正促发展”文艺汇演 | 工会、组织人事科 |
| 2013 | “美丽宁夏　多彩水利”主题摄影活动 | 工　会 |
| 2013 | 职工测量水技能竞赛 | 工会、灌溉管理科 |
| 2014 | 第一届职工羽毛球比赛 | 工　会 |
| 2016 | 职工秋季运动会 | 工　会 |
| 2016 | 知识竞赛 | 工会、组织人事科 |
| 2016 | 职工测量水技能竞赛 | 工会、灌溉管理科 |
| 2017 | 第二届职工羽毛球赛 | 工　会 |
| 2017 | 职工技能竞赛 | 工会、灌溉管理科、工程科 |
| 2018 | 第三届职工羽毛球赛 | 工　会 |
| 2019 | 庆祝新中国成立70周年职工文艺汇演 | 工会、组织人事科 |
| 2020 | 职工趣味运动会 | 工会、组织人事科 |

3.帮扶活动

管理处始终贯彻以人民为中心的发展思想，严格落实“五必访、八必谈”制度，持续开展“两节”送温暖和扶贫帮困献爱心活动，逐步形成维权、服务、救助“三位一体”的工作机制。引导各方力量，积极开展扶贫助困活动，不断增强职工的安全感、幸福感和获得感。多年来，管理处共为2743人次上缴大病救助金15万余元，慰问生病职工200人次，慰问资金12万元。同时，引导干部职工为受益区、贫困区群众捐款近10万元，还捐助大量衣物和生活用品，带去组织的关心和关怀。

管理处十分重视职工子女的教育工作，历年来为考入大学的57名职工子女奖励助学金74700元，营造良好的学风，用实际行动践行团结、友爱、互助的良好风尚。

表7-2-8　汉延渠管理处工会历年困难帮扶救助情况

| 年份/年 | 缴纳大病救助金/元 | 大病救助人数/人 | 帮扶困难职工、群众/人 | 帮扶资金/元 | 捐款/元 | 备　注 |
|---|---|---|---|---|---|---|
| 2004 | — | — | — | — | 3400 | 彭阳县贫困学生 |
| 2006 | — | — | 5 | 5800 | — | |

续表

| 年份/年 | 缴纳大病救助金/元 | 大病救助人数/人 | 帮扶困难职工、群众/人 | 帮扶资金/元 | 捐款/元 | 备　注 |
|---|---|---|---|---|---|---|
| 2007 | — | — | 9 | 5000 | — | |
| 2008 | — | — | 5 | 3800 | 55280 | 汶川、宁南山区 |
| 2009 | 15120 | 252 | 8 | 8000 | — | |
| 2010 | 15000 | 250 | 8 | 6800 | — | |
| 2011 | 14880 | 248 | 16 | 6100 | — | |
| 2012 | 13740 | 229 | 38 | 16000 | — | |
| 2013 | 13260 | 221 | 4 | 4000 | — | |
| 2014 | 13200 | 220 | 13 | 9400 | 2700 | 捐款日捐款 |
| 2015 | 12780 | 213 | 8 | 6800 | 29650 | 为陈希文捐款 |
| 2016 | 12180 | 203 | 12 | 8800 | — | |
| 2017 | 11760 | 196 | 16 | 7600 | — | |
| 2018 | 11460 | 191 | 12 | 6400 | — | |
| 2019 | 11100 | 185 | 11 | 7600 | — | |
| 2020 | 10320 | 172 | 12 | 8000 | — | |
| 2021 | 9780 | 163 | 15 | 9500 | — | |

**表7-2-9　汉延渠管理处工会历年金秋助学情况**

| 序　号 | 年份/年 | 资助人数/人 | 资助金额/元 | 备　注 |
|---|---|---|---|---|
| 1 | 2005 | 5 | 7000 | |
| 2 | 2006 | 3 | 4000 | |
| 3 | 2007 | 7 | 9000 | |
| 4 | 2008 | 4 | 6000 | |
| 5 | 2009 | 4 | 6000 | |
| 6 | 2010 | 5 | 6600 | |
| 7 | 2011 | 1 | 1500 | |
| 8 | 2013 | 12 | 16500 | 一本3人,二本3人,其他6人 |
| 9 | 2014 | 2 | 1700 | |
| 10 | 2015 | 6 | 8400 | 一本3人,二本2人,其他1人 |
| 11 | 2021 | 8 | 8000 | 一本2人,二本3人,其他3人 |

4.获得荣誉

管理处在重视自身文化建设的同时,积极参加自治区水利厅和地方组织的各类文体活动，充分展示水利职工健康向上的良好形象，单位和部分职工取得了多项荣誉。其中，2004年管理处荣获自治区“五一劳动奖”、“自治区职工职业道德建设十佳单位”称号，2006年荣获“第九届全国职工职业道德建设先进单位”称号，2018年管理处职工刘哲远获得“中国梦、劳动美职工演讲比赛”自治区三等奖、自治区水利厅一等奖。

表7-2-10　汉延渠管理处工会历年荣获地厅级荣誉情况

| 年份/年 | 获奖单位或个人 | 荣誉称号 | 主办单位 |
|---|---|---|---|
| 1996 | 汉延渠管理处 | 文艺比赛三等奖 | 永宁县 |
| 1997 | 汉延渠管理处 | 水利厅渠道维护青工测量水技能竞赛优秀组织奖 | 自治区水利厅 |
| 2004 | 汉延渠管理处 | 自治区职工职业道德建设十佳单位 | 宁夏职工职业道德建设指导协调小组 |
| | 汉延渠管理处 | 五一劳动奖 | 宁夏总工会 |
| 2005 | 汉延渠管理处 | 永宁县首届文明单位运动会大众广播操一等奖 | 永宁县 |
| | 汉延渠管理处 | 星级职代会 | 宁夏总工会 |
| 2006 | 汉延渠管理处 | 第九届全国职工职业道德建设先进单位 | 全国职工道德建设指导协调小组 |
| 2008 | 汉延渠管理处 | 水利厅“塞上新歌·和谐水利”诗歌演唱比赛二等奖 | 自治区水利厅 |
| | 汉延渠管理处 | 宁夏水利五十年书画摄影展览优秀组织奖 | 自治区水利厅 |
| | 汉延渠管理处 | 水利厅大众广播体操比赛三等奖 | 自治区水利厅 |
| 2009 | 汉延渠管理处 | 水利厅庆祝新中国成立60周年歌咏比赛二等奖 | 自治区水利厅 |
| 2010 | 汉延渠管理处 | 纪念“三八”国际劳动妇女节100周年健身操比赛一等奖 | 宁夏水利工会 |
| 2011 | 汉延渠管理处 | 水利厅庆祝中国共产党成立90周年歌咏比赛优秀奖 | 自治区水利厅 |
| 2013 | 汉延渠管理处 | 水利厅第四届乒乓球运动会，通过积极拼搏，取得了女子团体小组赛第二名 | 自治区水利厅 |
| 2014 | 汉延渠管理处 | 水利厅女职工健美操比赛二等奖 | 自治区水利厅 |
| | 汉延渠管理处 | 水利厅第五届职工羽毛球运动会混合团体第三名 | 自治区水利厅 |
| 2017 | 汉延渠管理处五所 | 水利厅巾帼建功先进集体 | 宁夏水利工会 |
| 2018 | 汉延渠管理处 | 水利厅乒乓球赛女团第二名 | 宁夏水利工会 |

## 五、共青团

### (一)共青团组织

1984年7月,管理处成立团支部,处机关和基层各单位设立团小组,路功勤任管理处团支部书记。1990年3月管理处成立团总支,张波任团总支副书记,主持团总支日常工作。之后,处机关和基层各单位先后设立团支部。2001年3月,管理处团委成立,梁琳任团委副书记,主持团委日常工作。2004年6月,韩永兵任团委书记。

表7-2-11 汉延渠管理处共青团组织历任负责人

| 支部名称 | 职 务 | 姓 名 | 任职时间 | 备 注 |
|---|---|---|---|---|
| 共青团汉延渠管理处支部委员会 | 书 记 | 路功勤 | 1984.07 | |
| 共青团汉延渠管理处总支部委员会 | 副书记 | 张 波 | 1992.03—2001.03 | 主持工作 |
| 共青团汉延渠管理处委员会 | 副书记 | 梁 琳 | 2001.03—2002.08 | 主持工作 |
| | 书 记 | 梁 琳 | 2002.08—2003.03 | |
| | 书 记 | 韩永斌 | 2004.06—2010.04 | |
| | 书 记 | 周文娟 | 2011.03—2014.05 | |
| | 书 记 | 李 璐 | 2017.08—2022.03 | |
| | 负责人 | 刘哲远 | 2022.03— | |

表7-2-12 汉延渠管理处各团支部历任负责人

| 团支部名称 | 书 记 | |
|---|---|---|
| | 姓 名 | 时 间 |
| 处机关团支部 | 杨 志 | 1992.03.05 |
| | 苏 海 | 2000.07.04 |
| | 张小龙 | 2004.05.21 |
| 处机关团小组 | 李 扬 | 2016.06.08 |
| 马寨桥管理所团支部 | 程贤东 | 1992.03.05 |
| | 章 俊 | 2000.07.04 |
| 第一管理所团支部 | 杜春生 | 2002.03.21 |
| | 田 荣 | 2004.05.21 |
| | 辛智渊 | 2016.06.08 |
| 丁字渠管理所团支部 | 李学平 | 2000.07.04 |
| 第二管理所团支部 | 李 宁 | 2004.05.21 |
| | 李学平 | 2005.03.31 |
| | 魏海燕 | 2016.06.08 |

续表

| 团支部名称 | 书　记 | |
|---|---|---|
| 小观桥管理所团支部 | 侯志俊 | 1992.03.05 |
| | 韩永斌 | 2000.07.04 |
| 第三管理所团支部 | 马　芳 | 2004.05.21 |
| | 盛丽梅 | 2016.06.08 |
| 掌政管理所团支部 | 吴　华 | 1992.03.05 |
| | 朱晓平 | 2000.07.04 |
| 第四管理所团支部 | 张　祥 | 2002.03.21 |
| | 李　璐 | 2004.05.21 |
| | 师大伟 | 2005.03.31 |
| | 章姣姣 | 2016.06.08 |
| 贺兰管理所团支部 | 张兴旺 | 1992.03.05 |
| | 马平安 | 2000.07.04 |
| 第五管理所团支部 | 马瑞丽 | 2004.05.21 |
| | 杨志明 | 2005.03.31 |
| | 马　铭 | 2016.06.08 |
| 红星试验站团支部 | 苏　林 | 1992.03.05 |
| | 陈亚楠 | 2000.07.04 |
| | 陈亚楠 | 2004.05.21 |
| | 马瑞丽 | 2005.06.20 |

(二)共青团工作开展情况

管理处团委是管理处先进青年的群团组织,作为党的助手和后备军,担负着思想引领、组织引领、文化引领等基本职能,发挥着党政联系青年职工的桥梁纽带作用。管理处团

委在自治区水利厅团委和管理处党委的正确领导下，以习近平新时代中国特色社会主义思想为指导，紧紧围绕管理处党委和自治区水利厅团委各项决策部署，积极投身管理处水利现代化建设，站位新发展阶段、贯彻新发展理念、融入新发展格局，切实保持和增强政治性、先进性、群众性，着力提升组织力、引领力、服务力，团结引领青年职工为建设黄河流域生态保护和高质量发展先行区贡献力量。

1.党旗领航，团旗所向

管理处党委始终把“党建带团建，团建促党建”作为一项重点工作来抓，不断创新“带”的机制，改进“带”的方式，增强“带”的实效。各级党组织多次召开会议研究部署共青团工作，定期听取工作汇报，并对团的工作给予具体指导，同时，大力支持团的各项活动，不断为团组织建设搭建平台，形成党团建设“五带五促进”的工作格局。

2.思想引领，助力成才

一是理论学习坚定理想信念。以受教育、长才干、作贡献为主线，全面加强对团员青年的教育培养。大力实施青年理论学习提升工程，坚持用习近平新时代中国特色社会主义思想武装全团、教育青年，把深入学习宣传贯彻党的历届代表大会和全委会精神作为首要政治任务和核心任务，组织全处团员青年结合管理处党委理论学习安排，通过支部引领、集中学习、参观学习和主题联学等形式，不断加强青年职工理论修养，进一步坚定理想信念。

二是业务学习提升工作能力。引导团员青年认识新常态、适应新常态、引领新常态，围绕管理处中心工作任务，鼓励团员青年积极参与灌溉管理、工程管理、安全生产、信息化建设、水政执法等业务培训班，实地观摩学习干渠直开口测控一体化设施操作应用，远赴河海大学开展专业技术能力素质提升，通过思想引领、技能指导、实际操作、座谈讨论等形式，让团员青年在实践中不断改进工作方法，提升工作效率，提高工作质量，提升履职尽责、钻研业务的能力，引导团员青年拥护改革、支持改革、参与改革，为水利事业发展作出新贡献。

三是加强爱国主义教育树立文明理念。结合管理处精神文明建设工作，组织团员青年积极培育和践行社会主义核心价值观，认真贯彻落实《新时代爱国主义教育实施纲要》《新时代公民道德建设实施纲要》，积极推荐优秀团员青年参加“最美人物”“最美水利人”“最美家庭”“善行义举四德榜”“道德之星”等评选活动，利用“道德讲堂”“汉延好青年”等平台，讲好青春励志故事，凝聚青春力量，在全处团员青年中树立起奋发向上、崇德向善的精神风貌。

四是正确舆论导向净化网络环境。加强网络文明传播工作，在建好用好微博、微信、App等网络互动平台的基础上，引导青年职工坚持正确舆论导向，展现青年职工新担当新作为，共同营造积极向上的工作氛围。利用重大节日、纪念日等契机，开展主题鲜明的正面网络宣传活动，以缩短团员青年沟通距离，构建清朗网络空间，积极引导团员青年良性发展。

3.服务中心，发挥作用

一是持之以恒推动志愿服务常态化。管理处以学雷锋志愿服务活动为重点，以打造汉延特色品牌志愿服务为目标，以志愿者服务小组为平台，狠抓项目实施，加强品牌培育，持续推进志愿服务项目化、制度化、常态化发展。每年认真制定学雷锋志愿服务活动方案，进一步加强各级志愿服务组织的建设和管理，不断完善服务内容和工作方式，连续多年为全体志愿者购买团体意外伤害保险，健全志愿服务保障体系。各志愿服务小组持续开展“真情助困进灌区”志愿服务活动，积极推进“节水护水”志愿服务，组织开展慰问困境留守儿童、助力扶贫捐款、青春植绿守护贺兰山、无偿献血、爱心捐款等各类志愿服务行动。其间，管理处志愿服务项目在第四届自治区志愿服务项目大赛中获得节水护水类志愿项目银奖，1名志愿者荣获自治区“第四届优秀志愿者”称号，3名职工遇到受伤群众主动开展救助行动。

二是不断创新主题团日活动形式。以“五四”为契机，组织团员青年开展“青春心向党　建功新时代”主题团日系列活动，以爱国主义教育为重点，聚焦主责主业，通过重温历史、观摩学习、座谈交流等活动，激励广大青年坚定中国特色社会主义理想信念，继承和发扬“五四精神”，用实际行动铭记革命历史、传承红色基因，增强听党话、跟党走的思想和行动自觉。充分利用当代青年密切接触的微博、微信等新媒体工具，通过线上线下结合实现用“互联网+”的方式宣讲“五四精神”的时代意义，组织团员青年进行渠道安全巡护检查，以拍摄“微视频”的方式对管辖段落渠道、重点建筑物、自动化设备及个人情况作交流介绍等，引导广大青年职工认清机遇，担当责任，以水利中心工作为重点，积极投身到“智慧汉延”的建设进程中，为推进水利转型升级发展注入强劲青春力量。

三是积极开展文体活动。广大团员青年充分发挥生力军作用，组织开展读书投稿活动，搭建平台创办《汉延渠畔》小报，从不同侧面反映青年职工的工作生活和精神追求。积极参加自治区水利厅和管理处举办的各类文艺演出、体育赛事、演讲比赛、知识竞赛、书法美术手工展，举办职工文艺汇演、趣味运动会等活动，为广大团员青年一展青春风采搭建舞台，卓有成效地提高了团员青年的综合素质。

多年来，在广大团员青年的同心协力下，管理处团委始终坚持党的领导、坚持从严治团、坚持青年导向、坚持服务中心大局，突出“思想引领、服务大局、服务青年、从严治团”4项重点任务，切实加强政治建设、坚持改革创新，提升服务能力，强化自身建设，充分发挥青年生力军作用。

（三）荣誉

**表7-2-13 汉延渠管理处共青团获得荣誉情况**

| 序号 | 荣誉名称 | 组织名称 | 获得时间 | 授予单位 |
|---|---|---|---|---|
| 1 | 青年文明号 | 宁夏汉延渠管理处第二管理所 | 1995年5月 | 自治区水利厅团委 |
| 2 | 水利厅五四红旗团支部 | 宁夏汉延渠管理处第三管理所团支部 | 2002年5月 | 自治区水利厅团委 |
| 3 | 水利厅五四红旗团支部 | 宁夏汉延渠管理处第三管理所团支部 | 2005年5月 | 自治区水利厅团委 |
| 4 | 水利厅五四红旗团委 | 宁夏汉延渠管理处团委 | 2006年5月 | 自治区水利厅团委 |
| 5 | 自治区五四红旗团委 | 宁夏汉延渠管理处团委 | 2006年4月 | 自治区团委 |
| 6 | 青年安全示范岗 | 宁夏汉延渠管理处第三管理所 | 2007年7月 | 自治区水利厅团委 |
| 7 | 青年文明号 | 宁夏汉延渠管理处第五管理所 | 2008年5月 | 自治区水利厅团委 |
| 8 | 青年文明号 | 宁夏汉延渠管理处第二管理所 | 2011年1月 | 自治区水利厅团委 |
| 9 | 青年安全生产示范岗 | 宁夏汉延渠管理处 | 2012年2月 | 自治区水利厅团委 |
| 10 | 庆祝建团90周年文艺演出三等奖 | 宁夏汉延渠管理处 | 2012年5月 | 自治区水利厅团委 |
| 11 | 水利厅五四红旗团支部 | 宁夏汉延渠管理处第三管理所团支部 | 2015年4月 | 自治区水利厅 |

## 第三节　人员与劳资管理

### 一、人员编制

2006年7月，自治区编办核定管理处自收自支事业编制159名，其中专业技术人员编制不少于119名，工勤人员编制不得多于16名，科级领导职数13正20副。

2016年8月，根据《关于调整自治区水利厅部分所属事业单位事业编制的通知》(宁编办发〔2016〕235号)精神，调整汉延渠管理处自收自支事业编制为173名。

2017年10月，根据《关于调整自治区水利厅部分所属事业单位事业编制的通知》(宁编办发〔2017〕260号)精神，调整汉延渠管理处自收自支事业编制为168名。

2019年2月，根据《关于调整自治区水利厅部分所属事业单位事业编制的通知》(宁编办发〔2017〕260号)精神，调整汉延渠管理处自收自支事业编制为166名。

2020年4月，根据《关于调整自治区水利厅部分所属事业单位事业编制的通知》(宁编办发〔2020〕45号)精神，调整汉延渠管理处自收自支事业编制为169名。

2021年4月，根据《关于调整自治区水利厅部分所属事业单位事业编制的通知》(宁编办发〔2020〕45号)精神，调整汉延渠管理处自收自支事业编制为166名。

2022年5月，根据《关于调整自治区水利厅部分所属事业单位事业编制的通知》(宁编办发〔2022〕34号)精神，调整汉延渠管理处自收自支事业编制为161名。

### 二、人员结构

(一)干部

管理处自1980年以来，干部的来源有4种途径：一是部队干部转业；二是大中专院校学生毕业分配；三是事业单位公开招考；四是以工代干转为正式干部或聘用制干部。截至2021年年底，管理处实有干部44人，大专及以上学历42人。

(二)工人

自1980年以来，管理处通过安置复转军人、解决职工子女就业、外单位调入等方式，招录工人120余人。截至2021年年底，管理处实有84名工人，其中大专以上学历45人，中专学历6人，高中学历33人。

（三）专业技术人员

专业技术人员是指具有初级及以上专业技术任职资格的人员。管理处自1980年以来，专业技术人员来源有大中专院校分配、工勤技能人员转岗和外部调入三种方式。截至2021年年底，管理处共有专业技术人员52人，其中具有大专以上学历50人，中专学历2人。

**三、职称评聘**

管理处专业技术职称以水利工程专业为主，根据工作要求，还设有经济、财会、文秘等专业。

1990年以前，按照职工取得的学历，技术职称由个人申报，初级职称由管理处同意，报自治区水利厅评定。

1991年后，管理处成立初级专业技术职称评审领导小组，初级职称由管理处评审，报自治区水利厅备案，取得任职资格后，由管理处聘任。中、高级职称按照资格评审条件，由个人申报，经管理处同意后，报自治区水利厅水利（水务）专业高级职称评审委员会评审，自治区职称主管部门审批，取得任职资格后，中级职称由管理处聘任，高级职称由自治区水利厅聘任。经济、会计类等，以考代评取得专业职称资格的初、中级职称由管理处聘任，高级职称由自治区水利厅聘任。

2008年以后，管理处成立专业技术职称评审委员会，初级职称由管理处评审，报自治区水利厅备案，取得任职资格后，由管理处聘任。中、高级职称按照资格评审条件，由个人申报，经管理处初审同意后，水利工程系列报自治区水利厅水利工程高级专业技术职称评审委员会评审，经济系列报自治区经信委经济系列高级专业技术职称评审委员会评审，并报自治区职称主管部门审批，取得专业技术职务任职资格后，中级职称由管理处聘任，高级职称由自治区水利厅聘任。经济、会计类等，以考代评取得专业技术职务任职资格的初、中级职称由管理处聘任，高级职称由自治区水利厅聘任。

截至2021年年底，全处在职职工共有73人获得专业技术任职资格，其中农业水利工程系列（含农艺、园林）高级17人、中级26人、初级18人；经济会计系列高级3人、中级4人、初级1人；档案管理系列初级1人、中级1人。实际聘用专业技术职务人员高级13人、中级24人、初级14人。

表7-3-1　汉延渠管理处专业技术人员任职资格信息

| 序　号 | 姓　名 | 性　别 | 出生年月 | 参加工作时间 | 学　历 | 资格名称/系列/任职资格时间 |
|---|---|---|---|---|---|---|
| 1 | 陈国光 | 男 | 1970.04 | 1993.07 | 大　学 | 高级工程师/水利工程/2008.11 |
| 2 | 桂玉忠 | 男 | 1962.05 | 1980.12 | 大　学 | 高级工程师/水利工程/2009.11 |
| 3 | 马忠明 | 男 | 1972.03 | 1993.07 | 大　学 | 高级工程师/水利工程/2013.07 |
| 4 | 罗廷红 | 男 | 1971.12 | 1995.07 | 大　学 | 高级农艺师/2014.10 |
| 5 | 郝明辉 | 男 | 1972.09 | 1995.07 | 大　学 | 高级工程师/水利工程/2014.09 |
| 6 | 张　章 | 男 | 1973.03 | 1997.08 | 大　学 | 高级工程师/水利/2010.03 |
| 7 | 王学义 | 男 | 1973.11 | 1995.07 | 大　学 | 高级工程师/水利/2017.12.03 |
| 8 | 高　鹏 | 男 | 1974.06 | 1998.10 | 大　学 | 高级工程师/水利工程/2013.07 |
| 9 | 李军奇 | 男 | 1969.12 | 1992.07 | 大　学 | 高级园林工程师/园林/2012.07 |
| 10 | 周海挺 | 男 | 1971.02 | 1995.07 | 大　学 | 高级工程师/水利工程/2014.09 |
| 11 | 李彦斌 | 男 | 1972.02 | 1995.07 | 大　学 | 高级工程师/水利工程/2014.09 |
| 12 | 石彩霞 | 女 | 1970.06 | 1991.07 | 大　专 | 高级会计师/财会/2015.06 |
| 13 | 程贤东 | 男 | 1967.12 | 1987.07 | 大　学 | 高级工程师/水利/2017.12.03 |
| 14 | 张丽霞 | 女 | 1975.10 | 1998.10 | 大　学 | 高级工程师/水利工程/2013.07 |
| 15 | 付文禹 | 男 | 1970.03 | 1991.07 | 大　学 | 高级工程师/水利工程/2014.09 |
| 16 | 王冬霞 | 女 | 1973.01 | 1994.07 | 大　学 | 高级工程师/水利工程/2015.11 |
| 17 | 王海永 | 男 | 1980.02 | 2003.09 | 大　学 | 高级工程师/水利工程/2016.10 |
| 18 | 李　津 | 男 | 1975.07 | 1996.07 | 大　学 | 高级工程师/水利工程/2013.07 |
| 19 | 苏秀奇 | 男 | 1971.05 | 1994.07 | 大　学 | 高级会计师/财会/2015.06 |
| 20 | 王银环 | 女 | 1975.01 | 1996.09 | 大　学 | 高级会计师/财会/2015.06 |
| 21 | 马平安 | 男 | 1975.12 | 1995.09 | 大　学 | 工程师/水利/2013.07 |
| 22 | 尉佳宁 | 男 | 1980.12 | 2001.03 | 大　学 | 经济师/工商/2008.11 |
| 23 | 章　俊 | 男 | 1973.05 | 1995.07 | 大　专 | 工程师/水利/2017.12 |
| 24 | 邹　智 | 男 | 1964.01 | 1985.01 | 大　学 | 工程师/水利/1998.09 |
| 25 | 王　虎 | 男 | 1988.02 | 2010.12 | 大　学 | 工程师/水利/2017.12 |
| 26 | 王潇锋 | 男 | 1973.09 | 1991.12 | 大　专 | 工程师/水利/2006.08 |
| 27 | 李　军 | 男 | 1975.11 | 1997.07 | 大　专 | 工程师/水利/2013.07 |
| 28 | 汤　枫 | 男 | 1969.04 | 1987.09 | 中　专 | 经济师/经济/2003.11 |
| 29 | 段新平 | 男 | 1979.04 | 2000.10 | 大　学 | 工程师/水利/2014.09 |
| 30 | 吴国军 | 男 | 1965.01 | 1987.01 | 大　学 | 工程师/水利/2004.08 |
| 31 | 张兴旺 | 男 | 1964.09 | 1986.01 | 大　学 | 工程师/水利/2006.08 |
| 32 | 云　龙 | 男 | 1964.06 | 1984.01 | 大　专 | 工程师/水利/2004.08 |

续表

| 序　号 | 姓　名 | 性　别 | 出生年月 | 参加工作时间 | 学　历 | 资格名称/系列/任职资格时间 |
|---|---|---|---|---|---|---|
| 33 | 张　波 | 男 | 1969.11 | 1990.07 | 大　学 | 工程师/水利/2008.11 |
| 34 | 岳志强 | 男 | 1963.08 | 1985.01 | 大　学 | 工程师/水利/2014.09 |
| 35 | 刘泽祥 | 男 | 1965.04 | 1988.01 | 大　学 | 工程师/水利/2014.09 |
| 36 | 沙学良 | 男 | 1963.09 | 1984.01 | 大　专 | 工程师/水利/1999.09 |
| 37 | 李福平 | 男 | 1963.02 | 1983.02 | 大　专 | 工程师/水利/2001.11 |
| 38 | 侯志俊 | 男 | 1964.02 | 1986.01 | 大　学 | 工程师/水利/2003.08 |
| 39 | 荣秀娟 | 女 | 1976.10 | 1997.08 | 大　专 | 工程师/水利/2010.03 |
| 40 | 孙燕萍 | 女 | 1976.03 | 1995.09 | 大　专 | 经济师/农业/2010.11 |
| 41 | 王　龙 | 男 | 1972.04 | 1992.10 | 大　专 | 工程师/水利/2014.09 |
| 42 | 殷彩芳 | 女 | 1971.10 | 1992.10 | 大　专 | 会计师/财会/2009.5 |
| 43 | 李　宁 | 男 | 1978.05 | 1998.06 | 大　专 | 工程师/水利/2014.09 |
| 44 | 李　璐 | 女 | 1982.02 | 2003.09 | 大　学 | 工程师/水利/2013.07 |
| 45 | 章红燕 | 女 | 1979.03 | 2000.01 | 大　学 | 工程师/水利/2011.01 |
| 46 | 安　娜 | 女 | 1980.10 | 2001.03 | 大　学 | 经济师/农业/2011.11 |
| 47 | 张彩玲 | 女 | 1976.06 | 1998.06 | 大　专 | 工程师/水利/2015.11 |
| 48 | 何晓媛 | 女 | 1981.01 | 2001.03 | 大　学 | 官员/档案/2017.12 |
| 49 | 陈　奕 | 女 | 1975.05 | 1992.10 | 大　专 | 经济师/农业/2014.11 |
| 50 | 何晓琦 | 男 | 1982.01 | 2006.10 | 大　学 | 工程师/水利/2014.09 |
| 51 | 伍文涛 | 男 | 1979.12 | 2005.10 | 大　学 | 工程师/水利/2011.01 |
| 52 | 姜　涛 | 男 | 1971.01 | 1992.12 | 大　专 | 助工师/水利/1999.12 |
| 53 | 郑永志 | 男 | 1976.09 | 1998.10 | 大　专 | 助工师/水利/2003.08 |
| 54 | 徐建平 | 男 | 1983.04 | 2006.10 | 大　学 | 助工师/水利/2008.12 |
| 55 | 王　娟 | 女 | 1978.12 | 1998.06 | 大　专 | 助管理官员/档案/2009.12 |
| 56 | 解成霞 | 女 | 1975.11 | 1996.07 | 大　专 | 助工师/水利/2002.11 |
| 57 | 赵小平 | 女 | 1976.09 | 1998.01 | 中　专 | 助工师/水利/2003.08 |
| 58 | 庄晓宁 | 女 | 1975.12 | 1996.09 | 大　专 | 助工师/水利/2000.09 |
| 59 | 章姣姣 | 女 | 1984.08 | 2003.09 | 大　专 | 助工师/水利/2011.01 |
| 60 | 周少甫 | 男 | 1982.02 | 2002.03 | 大　学 | 助工师/水利/2012.07 |
| 61 | 马建云 | 男 | 1983.06 | 2011.09 | 大　学 | 助工师/水利/2012.07 |
| 62 | 辛智渊 | 男 | 1988.02 | 2014.07 | 大　学 | 助工师/水利工程/2016.09 |
| 63 | 刘哲远 | 男 | 1989.12 | 2014.07 | 大　学 | 助工师/水利工程/2016.09 |
| 64 | 杨志明 | 男 | 1981.10 | 2003.03 | 大　专 | 助工师/水利工程/2016.09 |

续表

| 序　号 | 姓　名 | 性　别 | 出生年月 | 参加工作时间 | 学　历 | 资格名称/系列/任职资格时间 |
|---|---|---|---|---|---|---|
| 65 | 马　丽 | 女 | 1979.07 | 1999.04 | 大　专 | 助理会计师/会计/2020.10 |
| 66 | 李　立 | 男 | 1972.02 | 1995.09 | 技　工 | 助工师/园林/2008.10 |
| 67 | 金　晶 | 女 | 1982.11 | 2002.03 | 大　专 | 助工师/水利/2009.10 |
| 68 | 陶　娟 | 女 | 1972.11 | 1993.09 | 大　专 | 助工师/水利/2008.12 |
| 69 | 邢　军 | 男 | 1977.12 | 1998.06 | 大　专 | 助工师/水利/2009.10 |
| 70 | 盛丽梅 | 女 | 1982.11 | 2002.03 | 大　专 | 助工师/水利/2010.03 |
| 71 | 黄秋实 | 女 | 1982.11 | 2003.03 | 大　专 | 助工师/水利/2010.03 |
| 72 | 高学军 | 男 | 1976.11 | 1999.09 | 大　学 | — |
| 73 | 郎晓红 | 女 | 1968.11 | 1989.10 | 大　专 | 会计员/财会/1993.11 |

## 四、人员管理

1989年，实行科、所长聘任和任期目标管理责任制，实行职工劳动优化组合上岗。

1990年4月，管理处印发《关于实行物质文明和精神文明双百分考核的通知》（宁水党发〔1990〕10号文件），开始对单位实行双百分考核，根据考核结果发放职工个人奖金。

2001年3月，制定《汉延渠管理处劳动用工和工资考核办法（试行）》，在全处范围内实行劳动用工制度改革，首次将机关工作人员和科所长纳入考核体系，考核金额500元。

2003年3月，对正在执行的《汉延渠管理处劳动用工和工资考核办法（试行）》进行修改完善，正式下文予以执行。

2009年7月，首次开展事业单位岗位设置，推行竞聘上岗，以岗定薪。核定管理处岗位总量290个，其中管理岗位50个，专业技术岗位87个（含双肩挑33个），工勤技能岗位153个。全处257名职工进行竞聘上岗，实现由身份管理向岗位管理的转变。

2011年12月，推行事业单位分配制度改革，管理处印发《汉延渠管理处绩效工资分配办法》，建立绩效工资考核分配机制，从2012年1月起正式实施。

2012年1月，制定《汉延渠管理处绩效工资考核办法》（宁汉发〔2012〕42号文件），对单位和职工进行月度考核，按月发放奖励性绩效工资。

2013年1月，自治区水利厅下属渠道管理单位纳入“收支两条线”管理，经费形式由自收自支变为财政集中核拨。

2016年5月，管理处制定下发《汉延渠管理处工作绩效考核管理办法》（宁汉发

〔2016〕38号），将奖励性绩效纳入考核发放范围，进一步加大考核力度，加强考核管理。

2017年9月，第二次开展事业单位岗位设置，核定管理处岗位总量225个，其中管理岗位50个，专业技术岗位69个（含“双肩挑”18个），工勤技能岗位116个。

2018年12月，根据自治区水利厅深化水利改革事企分开相关政策，宁夏汉延水电工程有限公司与管理处分离，实行企业化管理。

**五、工资管理**

1985年3月，对141名渠道维护工人进行工资套改，从1985年1月起执行新工资标准。（劳人厅发〔84〕25号）

1993年工资改革，根据国务院《关于机关和事业单位工作人员工资制度改革问题的通知》（国发〔1993〕79号）精神，初次实施职务职级工资和技术工人技术等级工资制度，并确立工资定期调整制度。

2001年1月，职工工资调整标准，从2001年起实行艰苦边远地区津贴和年终一次性奖金发放政策。（宁政办发〔2001〕71号）

2004年1月，职工工资按照宁政办发〔2003〕225号文件进行调标。

2006年7月，根据事业单位收入分配制度改革实施政策，对管理处252名在职职工的工资进行套改。从2006年7月1日起开始执行按年度考核结果增加薪级工资规定。（宁政办发〔2006〕138号）

2007年11月，在职和退休职工生活补贴从359元调整为600元。给在职职工增加节假日补贴，人均1800元，分五一、十一、春节3次发放。（宁财综发〔2007〕126号）

2011年7月，艰苦边远地区津贴按宁人社发〔2011〕237号文件标准进行调标。

2011年12月，实行绩效工资制度，将生活补贴、月度奖金、地区补贴、交通费、电话费、下乡补助和夜餐费全部纳入其中进行发放，从2011年12月1日起执行。

2012年2月，以职工当年采暖费为标准发放城市文明奖，从2011年执行。

2012年8月，开始发放民族团结奖，退休职工社保部门发1000元，单位补差4000元。在职和退休职工人均标准5000元，全年分两次发放。

2013年1月，艰苦边远地区津贴依据宁人社发〔2012〕237号）调整。

2013年2月，开始发放政府效能奖，人均标准6200元，从2012年执行。

2013年11月，停止发放城市文明奖。

2014年12月，民族团结奖发放标准由人均5000元调整为6000元。退休职工社保部门发1200元，单位补差4800元。

2015年7月，在职职工执行宁政办发〔2015〕80号文件工资标准，从2014年10月起执行。

2016年4月，艰苦边远地区津贴执行宁人社发〔2016〕29号文件标准。

2016年7月，在职职工执行宁政办发〔2016〕160号文件工资标准。

2017年12月，政府效能奖发放标准由人均6200元调整为8000元。

2018年5月，艰苦边远地区津贴执行宁人社发〔2018〕43号文件标准。

2018年7月，在职职工执行宁政办发〔2018〕133号文件工资标准。

2019年9月，政府效能奖发放标准由人均8000元调整为9600元。

### 六、社保管理

1993年9月，管理处参加水利行业养老保险统筹，全处职工从此开始缴纳养老保险。

2006年9月，管理处参加银川市医疗保险，为全处252名职工（含58名退休职工）办理了医疗保险的参保手续。

2011年1月，管理处参加银川市生育保险，为全处在职职工办理生育保险参保手续。

2011年6月，管理处参加银川市工伤保险，为全处在职职工办理了工伤保险参保手续。

2014年10月，管理处转为自治区机关事业单位养老保险。224名在职职工和83名退休人员全部从自治区水利行业养老保险转入到机关事业单位养老保险管理，在职职工除了缴纳基本养老保险外，开始缴纳职业年金。

## 第四节　职工教育与水利科技

### 一、职工教育

管理处成立以来，根据职工队伍状况和水利管理工作的实际，本着“干什么、学什么、缺什么、补什么”思路，加强职工教育的组织领导，结合集中办班、学历教育、外出培训、网络上课、技能竞赛、结对帮扶等方式，采取教育考试相结合、线下线上相结合，学习实践相结合，全面提升职工综合素质，着力培养一支业务能力强、专业素质高的水利职工队伍。

（一）基本情况

为认真贯彻落实自治区水利厅关于加强水利干部职工队伍建设的总体要求，实现处级以上领导干部5年内参加党校、行政学院、干部学院以及干部教育培训管理部门认可的其他培训机构累计3个月或者550学时以上的培训，科级以下干部每年参加培训累计不少于12天或者90学时的目标任务。管理处在全面调研的基础上，结合管理处实际，拟定《汉延渠管理处年度水利干部职工教育培训计划》《汉延渠管理处年度水利干部职工教育培训实施方案》，明确目标任务和具体内容。本着“缺什么、训什么”的原则合理安排，及时总结往年的培训经验，突出知识培训更加有效、理论教育更加深入、党性教育更加扎实、专业化能力培训更加精准。培训计划根据培训需求和往年培训工作制订，经各科室逐项讨论确定。共制订35项培训计划，35项已全部完成。累计进行了5万人次的各类职业培训，共计2400课时，人均达到1500课时，投入培训资金共计300万元。截至2021年12月31日，管理处在职职工参加由专职培训机构、社会职能部门、业务主管部门、单位举办的各类培训十五大类。其中，单位举办的培训班有工程管理80期、安全生产培训班120期、水政执法35期、财务培训35期、干部培训35期、到实地参加闸控一体化培训10期、党性教育培训班35期、水利工程标准操作实务培训30期；参加自治区水利厅举办的党性教育培训班40期、能力素质提升班40期、财务培训班20期、高效节水灌溉及灌溉试验培训班25期。培训内容紧紧围绕党性教育、灌溉管理、工程管理、安全生产管理、财务管理、水政执法、人力资源、档案管理、党纪政纪、电子政务应用等中心工作，进一步提高干部职工驾驭岗位工作的能力，取得很好的效果。

（二）主要措施

1.加强组织领导，提升干部队伍整体素质

由于管理处属渠道管理单位，地理位置相对偏远，人员分散，且知识水平参差不齐，信息沟通有其局限性，所以采取集中办班、基层办班、外送培训、学历教育、技能竞赛等灵活多样的培训形式，实现冬季集中培训与基层所站“一事一训”相结合、生产岗位培训与技能晋级相结合、单位自主培训与自学提高相结合、专业技术人员培养与职工普遍参与相结合、业务理论学习与生产实践提高相结合，通过不同形式的培训，提高干部职工做好水利工作的能力。

一是面向专业抓培训。采取专业技术人员开展工程建设项目管理、节水灌溉、安全生产、工程质量控制、财务管理等集中办班的方式进行培训。

二是面向基层抓培训。面向基层管理所管理人员开展水利施工安全生产、工程质量管理、渠道测流量水、渠道维护工、树木管护等内容的培训班。

三是面向岗位抓培训。加大工勤技能人员培养力度，抓好工人岗位技能培训。充分发挥宁夏水利工程学校技能鉴定站作用，面向水利行业开展职业技能鉴定考核工作，通过考核取得资格证书。结合工人等级技能考核鉴定，组织开展全方位的岗位适应性、岗位等级晋级型的职业技能培训，增强工人的岗位适应性。

2.抢抓发展机遇，争取政策支持作为干部职工教育培训的首要任务

抢抓发展机遇，更好地争取自治区水利厅的政策支持，利用测控一体化在干渠上的应用，加大对基层职工信息化方面的培训力度。

（三）主要收获

一是拓宽思路，明确方向。培训采取现场答疑、相互交流探讨、相互参观等有效形式，注重理论与实践的结合，形成学用结合的良性互动。通过培训，使干部职工及时掌握国家政策趋向，把握水利工作重点，不断增强发展意识、创新意识，明确奋斗方向和目标。通过培训，进一步拓宽大家的视野，拓展思路，增强大家的责任感和使命感。

二是掌握知识，提高素质。通过培训，解决实践中遇到的困难和问题，积极主动地把学习到的理论知识、方法技能充分运用到实际工作中。这种培训思路的大转变，变“要我学”为“我要学”，极大地调动了干部职工的积极性，增强理论修养，提高业务水平和工作

能力，增强信心。

三是提升能力，培养骨干。参加培训的同志都是管理处水利事业的骨干。通过培训，达到培养业务骨干、建立高素质队伍的目标，为全面实现管理处水利事业跨越式发展提供人才保证。

## 二、水利科技

2015年以来，管理处不断深化科研创新机制，与清华大学、宁夏水科院等科研院校建立科技项目合作机制，不断加强基础应用性课题研究，全力支撑水利现代化转型发展。

### （一）科研项目

2015—2017年，主持完成《汉延渠典型区灌溉水利用系数研究》。宁夏水科院为技术支撑单位，课题组由管理处和宁夏水科院业务骨干组成，经费来源为管理处自筹项目资金10万元，获宁夏水利科技进步奖三等奖。

2017—2018年配合自治区水利调度中心，与宁夏水科院、固海扬水管理处4家单位共同完成《宁夏灌区主要作物灌溉制度与蓄水规律试验研究》。课题组由各组成单位业务骨干组成，经费来源为自治区水利厅划拨项目资金60万元，获宁夏水利科技进步奖二等奖。

2019年与清华大学联合开展课题《汉延渠明渠断面V-ADCP远程计量应用监测研究》。课题组由清华大学水利系教授和管理处业务骨干组成，经费来源为管理处自筹项目资金10万元，2020年完成课题验收，获得宁夏水利科技进步奖三等奖。

2019年申请清华大学水联网基金10万元，开展《宁夏汉延渠现代化生态灌区运行管理研究与集成示范》项目研究，选择贺兰县2018年现代化生态灌区量测水设施项目（汉延渠灌域）、2019年第二批中央水利发展资金宁夏汉延渠干渠量测水设施项目作为主要研究试验区。课题组由清华大学教授、管理处业务骨干和德通公司技术人员组成，项目开展基于现代化生态灌区的水资源调度管理、水利工程标准化管理、水管单位管理体制改革、灌区群管组织管理模式的研究，项目正在推进。

2018年至今配合黄科院开展《宁夏引扬黄灌区影响冬灌的决策因素及模式研究》，2020年配合黄科院开展《宁夏灌区冬灌生态效应评价与研究》课题研究。

2020—2022年，联合清华大学等4家单位，申请自治区水利厅科研经费41万元，管理处自筹21万元，采购视频测流设备4套，在国内大型灌区率先开展视频监测研究。2021年申请课题《宁夏引黄灌区视频测流及AI识别应用研究》，已进入项目课题验收阶段。

2021年，作为参与单位之一，配合宁夏水科院申请宁夏回族自治区重点研发计划，开展《基于北斗和GIS云的灌区管理与灌溉调控决策支持系统研究与开发》项目研究，研究执行申请灌溉条件下的闸门管理设备、操控软件、执行流程、管理制度、关键指标、评价办法等，为现代化灌溉管理提供理论框架、原型系统和技术支撑，并在汉延渠营门中渠和二中渠范围内试行执行申请灌溉管理。

自2009年起，作为参与单位配合水科院开展灌区水利用系数测算，组织技术人员每年完成本辖区样点田块的观测任务，定期将观测数据上传技术支撑单位和系数测算上报系统。

（二）新技术应用

水闸远控技术。2016年，安装林皋桥、李俊桥2座液压式翻板闸门，探索推进水闸远控改造。现已完成13座水闸远程控制改造，实现节制闸闸门远程控制及运行工况视频监控，对解决局部灌溉难题、推进灌区节水和解决基层人员不足等发挥了巨大的推动作用。

直开口测控一体化技术。2018年，在第五管理所推进测控一体化项目，完成132座斗口测控一体化改造，补齐现代化基础设施"短板"，颠覆了手摇扳手开口的千年传统，减轻基层单位最大的工作量，为全员提升现代化思维、安全调度和灌区节水打下坚实的基础，为推进全渠道控制和水利改革创造了必要条件。

断面测流技术。2016—2017年，管理处引进4套干渠大断面测流监测系统，通桥、蔡家桥的V-ADCP自动化测流系统，填补了引黄灌区大断面自动化测流空白，可同时测量水位、断面流速和全断面流量，并在线实时传输，实现断面无人自动测流作业，解决了所际、县级测流难题，为精准调度决策提供科学依据，为全面实现干渠自动化测流做出积极有效的尝试。

水位遥测技术。2015年，自治区水利厅主持建设水位遥测系统，汉延渠有24个干渠断面纳入系统总体布局，实现测报水断面水位实时传输、查看功能，对渠道安全调度起到促进作用。

视频监控技术。2018—2019年，管理处建设视频监测点122套，安装142套，实现了基层所段视频安防全覆盖和部分重点建筑物视频安防覆盖。依托视频安防系统，管理处开展基层值班和管理模式改革，2019年实现了管理所冬季集中值班，大幅度减轻了基层工作时间和压力，改变了传统调度值班模式。

渠道巡检技术。2018年，管理处精心谋划部署，积极沟通协调，对接河湖处借助河长制平台，率先研发并推广渠道巡护应用系统，丰富巡护轨迹全程定位、巡护问题图音视文形象化反馈、隐患处置及时整改销号基本功能，形成渠道巡护检查标准，实现了“巡护工作质量、巡护对象运行工况”管理全覆盖。2019年年底，自治区水利厅在此基础上，实现安全风险三级管控系统在各管理处推广应用。

综合业务应用平台（测控调一体化调度平台）。2018年开发综合业务应用系统，实现直开口水量计算电算化，干渠大断面测流交接水核算、当日实灌、直开口管理、日计划、旬计划用水的逐级审核上报，各种日报、月报、旬报的自动汇总，发挥了信息化数据处理及分析功能，切实减轻业务管理工作，推进管理工作精细化。

2020年年初管理处组织整合网上业务系统，进一步打通业务流程信息通道，初步实现“测得准、控得住、管得好、用得顺”的效果。同时，深化灌区移动App研发，丰富灌溉用水申请、灌情动态展示、移动水费计收等功能，实现数据互通、共享。充分利用信息化手段推进粗放式管理向精细化管理、传统水利向现代水利的转变，逐步摆脱传统纸质办公模式，提升灌区监测监控能力，提高智能自动化水平，为实现提质增效、优化人员、精简机构提供了保障，为数字治水奠定坚实基础。有研究人员在《中国水利》发表论文两篇：《宁夏灌区综合业务管理平台的探索与实践》《宁夏汉延渠全渠道量测控一体化平台建设与应用》。该项研究成果被水利部科技推广中心列入2021年度水利先进实用技术重点推广指导目录。

2021年，维修养护项目首次在永清沟渡槽引入聚脲涂层处理技术，该项目的实施有效改善了渡槽的防渗、防老化、抗冻融及抗冲耐磨的性能，效果明显。

2021年，王闸桥节制闸改造和金贵节制闸信息化建设时，引进双导杆卷扬式启闭机。该设备首次在宁夏使用，结构简单、安全可靠、易于操作，选配伺服电机控制、视频监控，实现无人值守、远程控制，为干渠安全调度运行提供强有力保证。

# 第八章　党的建设与精神文明建设

# 第一节 党的建设

## 一、党的建设工作

(一)政治建设

管理处历届党委班子自觉执行党的路线、方针、政策,坚持以马克思列宁主义、毛泽东思想、邓小平理论、"三个代表"重要思想、科学发展观、习近平新时代中国特色社会主义思想为指导,认真贯彻自治区历次党代会精神,树牢"四个意识"、坚定"四个自信"、做到"两个维护",自觉在思想上政治上行动上同党中央、自治区、水利厅党委保持高度一致,围绕强基础、补短板、促提升,以政治建设为统领,坚持全面从严治党,突出问题导向,注重改革创新,通过压实责任、严明纪律,确保"党要管党,从严治党"始终处于各项工作的核心地位,形成风清气正的政治氛围。

(二)思想建设

思想建设作为党的基础性建设,是党的建设的第一步。多年来,管理处党委把坚定理想信念作为党的思想建设的首要任务,先后组织开展"双基"教育、"三讲"教育、"三个代表"重要思想学习教育、保持共产党员先进性教育活动、创先争优活动、党的群众路线教育实践活动、"三严三实"专题教育、"两学一做"学习教育、"不忘初心、牢记使命"主题教育、党史学习教育等。通过专题辅导、学习研讨、定期开展党建知识测试,组织思想政治、能力素质提升班,全面夯实政治理论基础。

(三)组织建设

党的组织建设是党的自身建设的一个重要方面,管理处始终以强化组织力为重点,严格落实全面从严治党主体责任,以基层党支部建设为抓手,按期进行换届选举,适时调整完善党委、党支部班子工作分工,优化基层党组织设置,由10个党支部发展成为12个党支部,深度挖掘基层党建亮点,完成6对党支部结对共建,创建11个支部特色品牌,全面提升党支部的组织力。严格落实"三强九严"工程,以规范落实"三会一课"为抓手,严格落实民主集中制、双重组织生活会、主题党日、民主评议党员、党员党组织关系及党员管理等制度规定,修订完善"双评双定"评价体系,实现党组织、党员动态考核和星级管理,不断提升党建科学化、规范化水平。管理处党委坚持正确的选人用人导向,严格选拔程序,坚持注重实绩,着力激发干部动力、活力、创造力,培养干部想干事、能干事、会干事、干成事的政治氛围,在严管厚爱中激励党员干部在新时代有新担当新作为,营造健康向上、积极进取的氛围。

(四)作风建设

坚决贯彻落实中央八项规定精神,始终秉持作风建设永远在路上的理念,对“四风”问题特别是形式主义、官僚主义“零容忍”,紧盯年节假期等重要时间节点,开展廉洁教育提醒。建立领导干部联系基层单位制度,开展群众评议机关和干部作风活动、民主评议政风行风工作活动、以“了解实情、解决问题、推动发展”为主题的“问题大排查、大调研、大走访”活动,通过对“不敢为、不愿为、不想为”的庸懒散作风整治,积极引导干部职工主动扛起水利发展的主责,班子成员率先垂范、中层干部主动担当、广大职工实干作为,干事创业的氛围更加浓厚,治水管水融合发展的行动更加坚定有力。

(五)纪律建设

高度重视并牢牢抓住加强党的纪律建设不放松,坚持党要管党、全面从严治党的原则,始终把纪律挺在管党治党最前沿,切实加强和规范党内政治生活,强化党内监督,修订完善《汉延渠管理处党委议事规则》,严格执行“三重一大”集体研究、一把手“五不”直接分管和末位表态制,坚持重大事项集体研究,敏感事项充分讨论,按程序规则议事,选人用人、经费开支、工程建设等事项决策科学、合规合矩。探索建立重点领域廉政风险防控预警机制,强化工程建设、政府采购等重点领域的监督管理。严格落实《党政领导干部选拔任用工作条例》,健全干部选拔任用、岗位交流、监督管理、考核评价等机制,注重用制度管人、用纪律约束人。

(六)制度建设

制度建设是全面从严治党的重要保障。管理处党委始终坚持以党章为根本遵循,本着于法周延、于事有效的原则，不断修订、完善、废止相关制度，健全党内制度体系。先后修改完善《汉延渠管理处党委集体决策制度》《汉延渠管理处党委“三重一大”事项集体决策制度实施办法》《汉延渠管理处党委会议议事规则》和《汉延渠管理处党务公开实施办法（试行）》及《汉延渠管理处党委党务公开工作机制》等多项党的建设管理制度，实现决策民主化、科学化。

（七）推进反腐败斗争

反腐倡廉是党的建设的基本任务。管理处党委、纪委始终把“两个责任”扛在肩上，着力构建教育、制度、监督并重的惩治和预防腐败体系，编制《汉延渠管理处廉洁教育宣传手册》，积极开展廉政警示教育，筑牢思想防线。及时召开党建及党风廉政工作会议，层层签订责任书和承诺书，逐级落实“三个清单”，完善全面从严治党任务分工，实行清单管理和痕迹管理，以“单”定责、照“单”履责，进一步厘清责任、压实责任。坚持正风肃纪，强化监督执纪问责，认真组织开展落实中央八项规定精神自查自纠，落实科级干部个人事项报告制度，切实把反腐倡廉各项工作部署落到实处。

**二、重大党建活动**

管理处成立后，按照上级党组织的要求及时建立党的组织，加强组织建设，积极开展各项活动。特别是1990年1月成立管理处党总支以来，主要开展了以下重大活动。

（一）“双基”教育活动

根据中央宣传部、国家计委、全国总工会1990年2月28日印发《关于在企业职工中进行基本国情与基本路线教育的通知》的要求，从1990年下半年开始在全国范围内开展的一项重要的思想政治教育活动。根据通知要求和自治区水利厅的统筹安排，1990年管理处党总支在全处职工中开展基本国情与基本路线教育（简称“双基”教育），以集中办班的形式，举办教育培训，并向职工颁发“双基”教育合格证。

（二）开展“三讲”教育

1996年，党的十四届六中全会作出决定，对县处级以上领导干部进行一次以“讲学习、讲政治、讲正气”为主要内容的党性党风教育。2000年3月，管理处党委组织开展“三讲”教育，通过自上而下、分期分批、党内的批评和自我批评相结合的方式，全处党员干部职工受到了一次深刻的马克思主义理论教育，经受了一次党内政治生活的严格锻炼，思想上有了新提高，作风上有了新转变，团结和纪律上有了新加强。

（三）"三个代表"重要思想学习教育活动

2001年，根据《中共中央办公厅关于在农村开展"三个代表"重要思想学习教育活动的意见》和中央召开的全国农村"三个代表"重要思想学习教育工作会议精神，在自治区水利厅党委安排部署下，管理处党委认真开展思想作风学风整顿工作，转变工作作风，努力实践"三个代表"重要思想。管理处结合实际安排3个阶段、11个环节，把握6个结合，确定普遍教育、重点突出的思想，紧紧地抓好学习提高、查摆剖析、认真整改3个环节。管理处党委成员带头把"八个坚持，八个反对"的精神和实事求是的思想与实际工作结合起来，各党支部制定整改措施36条，各级干部制定整改措施145条，共发征求意见表220份，刷写张贴宣传标语161张，工作交流简报23期，集中学习44天，组织全体职工学习19次，开座谈会8次，全处党的建设进一步加强，领导干部的思想作风和工作作风明显转变，办事效率和工作质量明显提高，公仆意识、服务意识和大局意识明显增强。

（四）保持共产党员先进性教育活动

2005年，根据党的十六大和十六届四中全会精神，为进一步加强党的执政能力建设，全面推进党的建设新的伟大工程，确保党始终走在时代前列，更好地肩负起历史使命，中央决定从2005年1月开始，用一年半左右的时间，在全党开展以实践"三个代表"重要思想为主要内容的保持共产党员先进性教育活动。根据自治区党委、水利厅党委总体安排和部署，管理处党委自2月28日起，在全处10个党支部中深入开展保持共产党员先进性教育活动，按照学习动员、分析评议、整改提高3个阶段13个环节的要求，紧紧围绕保持共产党员先进性这一主题，集中举办支部书记培训班3次、分散培训5次，撰写学习心得体会74篇。管理处党委和基层各党支部坚持边学边改、"以学促改、以学促干"的原则，自觉查找问题，以具体行动体现党员的先进性，让群众真切感受到开展先进性教育所带来的新气象、新变化。

（五）开展社会主义荣辱观教育活动

2006年3月4日，胡锦涛总书记在全国政协十届四次会议上提出"坚持以热爱祖国为荣、以危害祖国为耻，以服务人民为荣、以背离人民为耻，以崇尚科学为荣、以愚昧无知为耻，以辛勤劳动为荣、以好逸恶劳为耻，以团结互助为荣、以损人利己为耻，以诚实守信为荣、以见利忘义为耻，以遵纪守法为荣、以违法乱纪为耻，以艰苦奋斗为荣、以骄奢淫逸为耻”的社会主义荣辱观重要讲话精神。为加强广大干部职工思想道德建设，管理处印发《关于开展社会主义荣辱观教育的通知》，组织干部职工开展以“八荣八耻”为主要内容的社会主义荣辱观教育活动，不断提高广大干部职工的思想政治素质和道德水平，激发工作热情和强化服务意识。

（六）开展深入学习实践科学发展观活动

2008年，中共中央决定，从2008年9月开始，用一年半左右时间，在全党分批开展深入学习实践科学发展观活动。按照自治区党委和水利厅党委的要求和安排部署，管理处学习实践活动自2008年10月14日全面展开，管理处党委及时召开党委（扩大）会议，认真研究制定学习实践活动实施方案，成立领导小组及其办公室，按照学习调研、分析检查、整改落实3个阶段，扎实开展深入学习实践科学发展观活动。管理处党委领导班子、各党支部查实情、出实招，围绕“解放思想、推动工作、跨越发展”“如何实现管理处全面协调可持续发展”等主题，结合当时水管单位体制改革、发展形势、发展思路展开讨论，成立5个专题调研组，带着课题深入基层调查研究，积极为管理处实现科学发展、破解难题出谋划策，逐步形成贯彻落实科学发展观的共识。先后向全处和灌区受益单位发放征求意见表95份、调查问卷120份，收到意见建议32条，确定7个重点整改项目、10个整改目标和32条整改措施。

（七）创先争优活动

党中央于2010年4月作出决定，在全国党的基层组织和党员中深入开展创先争优活动，至2012年11月党的十八大召开前结束，历时两年半时间。开展创先争优活动，是党的十七大和十七届四中全会提出的重要任务，是巩固和拓展深入学习实践科学发展观活动成果的重要举措，是学习实践活动的继续、延展和深化。自2010年4月开展创先争优活动以来，管理处在自治区水利厅党委的正确领导下，深入贯彻落实科学发展观，以加强党的执政能力建设为最终目标，按照推动水利科学发展、服务职工群众、加强基层组织、构建和谐水利总要求和“五好五带头”基本要求，认真开展“党群共建，创先争优”“为民服务，创先争优”“以人为本，执政为民”“讲党性、强作风、作表率、争优秀”等系列活动，全面推进党的思想建设、组织建设、作风建设和党风廉政建设，进一步营造风清气正的发展环境,为水利发展提供坚强保证。

(八)党的群众路线教育实践活动

党的十八大明确提出,围绕保持党的先进性和纯洁性,在全党深入开展以为民、务实、清廉为主要内容的党的群众路线教育实践活动。2013年7月至2014年12月,根据自治区水利厅党委党的群众路线教育实践活动领导小组有关要求,按照自治区、水利厅党委“两方案一计划”相关要求,制定《汉延渠管理处党的群众路线教育实践活动“四风”问题整改落实方案》《汉延渠管理处党委党的群众路线教育实践活动突出问题专项整治方案》和《汉延渠管理处党委党的群众路线教育实践活动制度建设计划》,坚持把教育实践和整改落实贯穿始终,通过“5+1”模式,发放意见表103份,召开座谈会4场,谈话征求意见52人次。采取“三查三看”深入查摆“四风”方面问题18条,工作方面问题5条,共制定整改措施57项,列出10项废、改、立制度计划,其中废止2项制度、新建4项制度、修订4项制度。通过开展党的群众路线教育实践活动,调研方式有所转变,短会短文成为主导,办实事办好事多了,党员干部增强了党性,改进了工作作风,提高了工作本领,切实达到“照镜子、正衣冠、洗洗澡、治治病”的总要求。

(九)培育和践行社会主义核心价值观

为深入贯彻落实党的十八大和十八届三中全会精神,积极培育和践行社会主义核心价值观,2013年12月,中共中央办公厅印发《关于培育和践行社会主义核心价值观的意见》,并发出通知,要求各地区各部门结合实际认真贯彻执行。2014年,管理处党委把培育和践行社会主义核心价值观作为精神文明创建工作的重要抓手,以深入学习贯彻习近平总书记系列重要讲话精神为主线,深入开展中国特色社会主义和中国梦宣传教育,紧紧围绕社会主义核心价值观的基本内容,强宣传、重实践、抓先进、创机制,广泛开展“道德讲堂”、志愿服务、“四德教育”、“书香汉延”、文明风尚等活动,扎实开展“善行义举四德榜”“我推荐我评议身边好人”“最美青工”“最美水利人”“道德之星”等评选工作,将践行社会主义核心价值观和水利精神融入职工的学习、工作和生活中,在实践中不断提升自我、服务人民、奉献社会。

(十)“三严三实”专题教育

2015年4月,中共中央办公厅印发《关于在县处级以上领导干部中开展“三严三实”

专题教育方案》,这是党的群众路线教育实践活动的延伸深化,也是持续深入推进党的思想政治建设和作风建设的重要举措,更是严肃党内政治生活、严明党的政治纪律和政治规矩的重要抓手。

2015年5月,管理处召开党委会议对"三严三实"专题教育进行研究部署,制定下发《汉延渠管理处党委关于开展"三严三实"专题教育的通知》,明确重点工作内容,细化工作进度表。2015年6月,管理处以党委书记、支部书记讲党课的形式全面启动管理处党委和各党支部的专题教育,全处上下按照"六查六看"的要求,采取"四个一"举措,扎实推进"三严三实"专题教育,共提出4项制度的废改立计划,建立党员接待来访、党员干部定期下访、党员定点走访的"三访"工作机制。开设"党员代表接待室",开展"我是共产党员"亮牌示范、党员岗位承诺等工作,把"三严三实"的要求、党员"三观"的改造和推进和谐灌区的建设有机结合在一起。管理处领导班子坚持问题导向,结合"三同"锻炼和参加联系单位活动,征求党委班子和领导个人问题29条,管理处党委召开专题会议,分析研究存在的问题和不足,认真对照"不严不实"的具体表现和严重危害,加强调查研究和学习思考,切切实实查找问题,整改提高。

(十一)"两学一做"学习教育

2016年2月,中共中央办公厅印发《关于在全体党员中开展"学党章党规、学系列讲话、做合格党员"学习教育方案》,并发出通知,要求各地区各部门认真贯彻执行。开展"两学一做"学习教育,是面向全体党员深化党内教育的重要实践,是推动党内教育从"关键少数"向广大党员拓展、从集中性教育向经常性教育延伸的重要举措。

按照中共中央、自治区党委、水利厅党委的总体部署,管理处党委把"学党章党规、学系列讲话、做合格党员"学习教育作为一项重大政治任务,自4月22日自治区水利厅召开动员会以来,管理处第一时间成立学习教育领导小组,制定具体学习教育方案,细化每个专题研讨的工作任务清单和工作进度安排,并于4月28日召开全处学习教育动员会,全面安排部署学习教育。管理处购置习近平重要讲话系列读本70余册、学习笔记本100余本，同时在学习教育期间下拨党费1万元，用于各基层党支部购买学习材料，为全体党员积极参与学习教育提供便利条件。全处共开展学习教育107次，学习讨论114次，撰写心得体会417篇，自治区水利厅领导来管理处讲党课1次，管理处党委班子成员和各支部书记讲党课39次。同时管理处还通过组织开展“学党章党规，做合格党员”知识竞赛、测试答题、党员干部“一对一”现场提问答题等活动，多角度考察管理处党员对“两学一做”学习教育深刻内涵的认识，全体党员结合党章要求、“四讲四有”标准和水利工作实际，列出“合格党员标准”清单。

（十二）贯彻落实全面从严治党

2014年10月8日，习近平总书记在党的群众路线教育实践活动总结大会讲话中提出“全面推进从严治党”。全面从严治党是党的十八大以来党中央作出的重大战略部署，是“四个全面”战略布局的重要组成部分，也是全面建成小康社会、全面深化改革、全面依法治国顺利推进的根本保证。全面从严治党，基础在全面，关键在严，要害在治。

按照自治区党委和水利厅党委的部署和安排，2017年6月，管理处党委印发《贯彻落实推进全面从严治党实施方案》，以全面从严为主基调，把强化全面从严治党主体责任、规范党内政治生活、加强党内监督作为全处党的建设重要基础性工程，严格落实准则、条例和意见等党内法规，切实把严的要求贯彻到管党治党全过程，落实到党的建设各方面。同时下发《汉延渠管理处党委关于建立2017年全面从严治党“三个清单”的通知》，进一步明确管理处各级党组织全面从严治党工作任务，强化主体责任、监督责任和“一岗双责”的落实。

（十三）“不忘初心、牢记使命”主题教育

党的十九大决定在全党开展“不忘初心、牢记使命”主题教育。这是在新时代把党的自我革命推向深入，用习近平新时代中国特色社会主义思想武装头脑、指导实践，推动全党更加自觉地为实现新时代党的历史使命不懈奋斗的重大决策部署。

2019年6月，管理处党委成立主题教育领导小组，印发《汉延渠管理处党委开展“不忘初心、牢记使命”主题教育实施方案》，召开“不忘初心、牢记使命”主题教育工作会议，对全处深入开展“不忘初心、牢记使命”主题教育进行全面动员和部署。紧扣习近平总书记提出的“守初心、担使命，找差距、抓落实”总要求，切实把学习教育、调查研究、检视问题、整改落实贯穿主题教育全过程，通过原原本本学、集中研讨学、专题讲座学、实地参观学，引导党员干部不断加深对习近平新时代中国特色社会主义思想重大意义、科学体系、丰富内涵的理解。党员干部聚焦“五对照五检视”，认真检视问题，深刻查摆剖析，真正找准症结，狠抓整改落实，使“不忘初心、牢记使命”主题教育取得扎扎实实的成效。

（十四）党史学习教育

2021年，中共中央办公厅印发《关于在全社会开展党史、新中国史、改革开放史、社会主义发展史宣传教育的通知》，对在中国共产党成立100周年之际开展“四史”宣传教育做出安排部署。

在自治区水利厅党委召开党史学习教育动员大会后，管理处党委立即行动，于3月11日召开党史学习教育动员大会暨2021年党建党风廉政建设工作会议，及时成立领导小组，制定管理处党史学习教育工作方案，分4个阶段共计26项活动内容，逐级制订年度工作计划，并联系实际进行月度动态修改，建立工作计划、落实、督查相结合的组织体系，形成党委班子亲自抓、责任部门牵头抓、各个支部共同抓的工作格局。管理处通过实行“145”工作法，建立起一套组织体系，划分4个控制阶段，采取5项保障措施，确保党史学习教育各项工作进展有序、成效明显。通过落实“7+4”创新工作措施，引导广大党员干部职工身临其境追寻红色记忆，以史鉴今汲取百年奋进力量。

（十五）管理处党委2022年重要活动

2022年，管理处党委在认真推进“党史学习教育常态化、长效化”的基础上，重点开展“抓学习、转作风、提能力、促发展”专项活动和关于做好自治区第十三次党代会精神学习宣传活动。

1.“抓学习　转作风　提能力　促发展”专项活动

为坚决落实自治区水利厅重大决策部署，加强管理处干部职工队伍作风建设，全面提升干部职工“两个能力”，教育引导干部职工以奋发有为、实干担当的精神状态推进各项工作落实落地，决定在全处开展“抓学习、转作风、提能力、促发展”为主题的专项活动。

（1）实施方案形成过程。

管理处党委于2022年3月初提出“抓学习　转作风　提能力　促发展”初步大纲，由组织人事科负责撰写实施方案，实施方案初稿于4月底成形，经各科室复稿、管理处领导审核在6月10日终稿成形，6月14日宁汉党发〔2022〕23号正式文件下发到各支部，管理处机关各科室和基层各单位具体落实文件要求内容。

（2）活动开展情况。

①各单位组织职工学习文件内容。

②各单位开展学习质效不高、大局意识弱化、推进落实不够、担当作为不力、工作作风不实、创新意识不强六个方面的问题个人剖析。

③组织人事科于6月18日开展党建工作互观互检；7月7日组织全处8名党员参加自治区水利厅举办的“党建业务擂台大比武”活动；7月22日开展“职工技能竞赛大比武”活动；全处11个支部开展党建品牌建设工作，形成“一支部一品牌”，规范党建业务工作流程。

2. 自治区第十三次党代会精神学习宣传活动

自治区第十三次党代会的召开，是宁夏党内政治生活的一件大事，各级党委高度重视，及时开展学习宣传活动。2022年6月8日，自治区水利厅党委下发《关于做好自治区第十三次党代会学习宣传工作的通知》，按照自治区水利厅文件要求，管理处党委组织全体职工于2022年6月10日9:00准时收看中国共产党宁夏回族自治区第十三次代表大会开幕会，全处干部职工积极发表微感言，并向自治区水利厅选送21篇优秀微感言。处属各单位组织全体职工学习自治区第十三次党代会精神。6月16日，全处副科级以上干部参加自治区水利厅组织召开的学习贯彻自治区第十三次党代会精神视频会议。6月21日，管理处组织召开学习贯彻自治区第十三次党代会精神会议。会上，党委书记何卫东和处长陈国光分别做动员讲话。会议还邀请自治区委党校马成乾教授就学习贯彻第十三次党代会精神做题为《感恩奋进新征程　建设美丽新宁夏》的专题讲课。按照自治区水利厅党委（宁水党发〔2022〕50号文件）要求，为庆祝中国共产党成立101周年，深入学习贯彻自治区第十三次党代会精神，6月29日，管理处党委开展“同心庆七一　喜迎二十大”主题活动，引导广大党员干部坚守初心、勇担使命，切实把思想和行动统一到党代会精神上来，把深入学习宣传贯彻自治区第十三次党代会精神作为本次主题活动的关键内容，结合“大学习、大讨论、大宣传、大实践”活动，5名党员代表分别以“感恩奋进新征

程　建设美丽新宁夏”为主题进行交流发言。党委书记何卫东以《深入贯宣党代会　强基固本促发展》为主题，从充分认识自治区第十三次党代会的重大意义、深刻领会自治区第十三次党代会精神实质以及力促管理处水利高质量发展3个方面为内容，为全体党员讲了一堂生动的党课。7月1日，全处副科级以上干部参加自治区水利厅举办的学习宣传自治区第十三次党代会精神宣传报告视频会议。

3.党的二十大精神学习宣传活动

党的二十大是在全党全国各族人民迈上全面建设社会主义现代化国家新征程、向第二个百年奋斗目标进军的关键时刻召开的一次十分重要的大会。管理处党委始终将学习宣传贯彻党的二十大精神作为当前和今后一个时期的首要政治任务来抓，及时召开干部大会进行周密部署、全面动员，加强“学”的导向，充分发挥党委理论学习中心组、党支部、工会小组、青年理论学习小组载体作用，采用线上线下相结合的方式，组织全处党员干部、职工群众开展观看直播、联合共学、集中研讨、线上交流等特色活动，共撰写微感言100余篇、专题论文12篇、宣传信息20余篇，研讨交流26次，切实在全处范围迅速掀起学习宣传贯彻党的二十大精神热潮。管理处坚持在落实党的二十大精神中找准定位，深化“做”的成效，使之与管理处“抓学习　转作风　提能力　促发展”活动相结合，把报告提出的目标任务贯穿到当前水利工作的全领域、全方位、全过程，全面加强新时期党建工作与水利业务深度融合，凝聚新阶段发展合力，运用实践“54314”工作法，深化“4564”标准化规范化建设，统筹抓好疫情防控和冬灌供水，有效应对灌溉难题，全力完成管理处32项重点亮点工作，以实际行动推动党的二十大精神在汉延渠畔落地生根、开花结果。

## 三、党风廉政及政风行风建设

（一）党风廉政建设

1990年1月，管理处设置纪律检查员履行监督检查职责。2001年4月，管理处纪委成立后，逐步形成党委统一领导、党政齐抓共管、纪委组织协调、部门各负其责、群众支持参与的党风廉政建设工作格局。管理处始终坚持党要管党、全面从严治党，标本兼治、惩防并举、注重预防的方针，认真落实主体责任和监督责任，坚持“两手抓、两手都要硬”，坚持不懈地加强党风廉政建设，深入持久地开展反腐败斗争，努力净化两个文明建设的环境。

坚持以人为本,经常性开展廉政准则、《关于党政机关厉行节约制止奢侈浪费行为若干规定》等党纪党规的学习教育,多次举办党纪党规知识竞赛活动,深入开展"三讲"教育活动、"三德"教育活动、"三纪"教育活动、"三严三实"专题教育、"不忘初心、牢记使命"教育等主题学习教育,不断提高干部职工的思想政治素质。

管理处党委、纪委全面贯彻落实中共中央、自治区党委和水利厅党委党风廉政建设工作决策部署,加强反腐倡廉教育,强化监督检查,深化作风建设。尤其是自党的十八大以来,聚焦监督执纪问责主业,完善党风廉政建设责任落实机制,加强制度和纪律建设,持之以恒推进作风建设,认真履行纪检监察职责,扎实推进党风廉政建设和反腐败工作,为管理处水利和谐发展提供坚强的纪律保障。

为进一步加强管理处党风廉政建设和反腐败工作,认真贯彻落实党风廉政建设责任制,2006年7月,成立汉延渠管理处党风廉政建设工作领导小组。加大组织协调力度,推动"两个责任"落地生根。深化党风廉政建设责任清单管理,坚持和完善按月报账的痕迹管理制度,让党组织及党员干部明晰主体责任、监督责任和"一岗双责"工作职责,切实解决认识不清、意识不强、工作被动的局面。强化"两个责任"落实的日常监管,通过约谈提醒、签字背书、检查考核、述廉述责等方式,层层传导压力,实现横向到边、纵向到底的责任网络体系。贯彻执行《中国共产党问责条例》，把问责作为推动责任落实的重要抓手，对政治站位不高，态度不端，不求上进，不认真履责，老问题不整改、新问题不断的党组织、党务工作者及时启动提醒、函询等组织处理手段，倒逼支部主体责任落实到位和党务工作者履职尽责，促进全面从严治党等各项工作规范及时有效开展。

加强宣传教育，廉政自律意识不断增强。一是强化廉政学习教育。组织党员干部学习中纪委十七届和十八届及历次全会精神，学习《中国共产党党员领导干部廉洁从政若干准则》及《中国共产党廉洁自律准则》《中国共产党纪律处分条例》等。二是扎实开展主题教育活动。制作"汉延渠管理处党风廉政教育卡"，印发《廉洁教育宣传手册》，开展"加强作风建设　促进廉洁从政""以人为本、执政为民""学廉政准则、促廉洁从政""进一步营造风清气正的发展环境"和"学党章　守纪律"等活动，协助管理处党委积极开展党的群众路线教育实践活动和"三严三实""两学一做"学习教育。三是强化警示教育。学习违纪违法警示教育案例，观看警示教育片。组织全处副科级以上干部及关键岗位人员接受警示教育。四是加强廉政文化建设。建立十余个廉政文化示范点，举办"心廉水洁"和"倡廉洁、扬正气，转作风、促和谐"等廉政文化活动，开展"廉政警示教育周"、酒驾醉驾和违纪违法案件专题警示教育。通过以上教育活动的开展，有效增强党员干部的廉洁自律意识和拒腐防变能力。

坚持抓早抓小，作风建设成效显著。一是认真贯彻落实中央八项规定。组织全处党员深入学习中央八项规定、自治区若干规定和自治区水利厅实施细则；制定《汉延渠管理处党委关于改进工作作风密切联系群众厉行勤俭节约的实施细则》，修订执行《汉延渠管理处领导干部下基层工作制度》，密切党群干群关系；严格"三公"经费监督管理，加强公务用车的监督管理，严禁公车私用，取消公车接送管理处领导上下班，管理处"三公"经费均控制在计划之内；依标清理整顿管理处机关的办公用房；加强对全处党员干部操办婚丧事宜的监管，先后对多名党员干部操办婚丧事宜进行审批备案；严禁党员干部出入私人会所，出入茶楼聚众赌博，与全处副科级以上干部签订承诺书；紧盯春节等重要时间节点，加大提醒力度，有效防范滥发津补贴，收送土特产、节礼等违规问题。二是严肃工作纪律，转变工作作风。深入开展"三服务一推进"和"加强党性修养，弘扬良好作风"主题活动；认真落实《水利厅工作人员不当行为问责办法》，严禁工作时间上网购物、聊天等违反劳动纪律的行为，有效促进了工作作风的转变，提升工作效能。三是强化纪律审查。管理处纪委把握运用监督执纪的“四种形态”，坚持每季度与基层所、段职工开展1次谈心谈话，充分发挥职工群众的监督作用，做到抓早抓小，确保苗头性、倾向性问题早发现、早提醒、早防范。

强化监督检查，推进权力规范透明运行。一是加强政治纪律执行情况的监督检查，积极引导广大党员干部在思想上政治上行动上与党中央和管理处党委保持高度一致。二是加强对贯彻落实自治区水利厅及管理处重大决策、重要工作情况的监督检查，确保政令畅通。三是对管理处属各单位落实民主集中制、重大事项报告、“三重一大”及一把手“五不直接分管”和末位表态等制度情况的监督检查，确保落实效果。四是加强对干部选拔任用工作的监督检查，参与监督干部的选拔任用工作，负责组织完成各单位负责人交流调整手续交接工作，组织参与离任审计工作，开展集体廉政谈话，完善科级干部廉政档案。五是加强对工程建设和物资采购的监督检查，深入推进党务、政务信息公开，充分发挥职工群众的监督作用，提高权力运行的透明度。

加强制度建设，惩防体系进一步完善。一是加强党风廉政制度建设。2008年，组织全处党员干部学习贯彻中央、自治区水利厅建立健全惩防体系五年规划。2013年，制定管理处建立健全惩防体系第一个五年规划，推进规划的落实。认真落实“反腐倡廉制度建设推动年”活动，修改完善《汉延渠管理处廉政制度》《汉延渠管理处党风廉政建设责任制实施办法》《汉延渠管理处党风廉政建设责任追究实施细则》《汉延渠管理处党风廉政建设责任制考核办法》《汉延渠管理处纪委建立科级干部廉政档案办法》《汉延渠管理处纪委负责人同下级党政主要负责人谈话暂行办法》《汉延渠管理处内部工程建设项目管理廉政规定》《汉延渠管理处党委关于对党员干部进行提醒、谈话函询、诫勉的实施办法（试行）》等党风廉政建设制度。通过知识测试和约谈提问等形式，推进自治区水利厅党风廉政建设各项制度的贯彻落实。二是深入推进廉政风险防控工作。制定廉政风险防范管理实施方案，并进行动员部署，认真开展廉政风险排查，确定风险等级，制定防范措施，并强化督促检查，实行分级防控管理，风险防控工作不断强化。

落实“三转”要求，加强队伍自身建设。一是认真落实纪检监察机构“三转”要求，强化主业意识，突出监督执纪问责工作重点，强化纪律建设和查纠“四风”等工作。二是完善管理处纪检监察组织机构。经管理处党委同意，在处属各党支部选拔配备纪律检查委员，强化管理处纪检监察干部队伍力量。三是扎实开展纪检干部“五查五解决五树立”活动，有力促进纪检干部的自我完善提高。

（二）政风行风建设

管理处始终高度重视政风行风，严肃工作纪律，转变工作作风，深入开展“三服务一推进”和“加强党性修养，弘扬良好作风”主题活动。认真落实《水利厅工作人员不当行为问责办法》，严禁工作时间上网购物、聊天等违反劳动纪律的行为，有效促进工作作风的转变，提升工作效能。

扎实开展行风评议工作，深入推进行业作风建设。每年召开行风工作动员会，制定政风行风评议实施方案，安排部署行风评议工作。成立行风建设领导小组，建立“主要领导亲自抓，分管领导具体抓，科室配合抓”的工作机制。采取“走出去、请进来、开门纳谏”的方法，通过聘请灌区行风监督员，向外界公布举报电话，设置征求意见箱、意见簿，建立信访接待日，向受益乡村、支渠承包人下发征求意见表，广泛征集群众意见和建议，督促整改落实等，及时解决群众关注的涉水问题。开展提升党风廉政建设制度执行力活动，强化灌溉管理各项制度落实力度，加强对供水服务工作的监督管理，开展灌区走访活动，大力推行阳光水务，确保群众的知情权和监督权。

为加强行业作风建设制度管理运行的长效机制，先后制定《汉延渠管理处行风纪律监督措施》《汉延渠管理处政风行风纪律及监督措施》《汉延渠管理处延伸服务公约》《汉延渠农民用水协会延伸服务人员岗位职责及考核办法》《汉延渠管理处服务承诺制度》，修订汉延渠管理处“管水公约”“用水服务承诺公约”“文明管水服务规则”。开展以“迎接十六大转变作风，落实整改措施，增效上台阶”“遵章守纪、节水增效、谱写新风”“一会、二促、三公开”为主题的作风建设系列活动，以“服务发展、服务基层、服务群众，推进效能建设”为主题的“三服务一推进活动”。

推行“一句问候，一杯茶水，一张笑脸，一个答复”的文明管水公约，做到贴近群众，温暖群众，关心群众，理解群众，帮助群众，提高办事效率，树立水管单位的“窗口”形象。制定“四公布一公开”水务公开办法，认真落实水务公开制度，接受群众监督，让群众淌放心水,交明白费。管理处纪委、监察室每年走访汉延渠灌域灌溉难度大用水协会,征集群众诉求,督导各管理所、段更好地服务灌区、服务群众。认真组织对群众关注的热点难点问题开展自查整改。加强对灌溉、计量、征费、服务及干部职工作风等方面的监督检查,深入灌区走访用水协会、用水单位,督查存在的问题和不足,严防吃拿卡要、以水谋私等不正之风,有力提升服务质量,营造和谐供用水环境。

在行风评议考核中,2001年管理处名列银川地区渠道管理单位第一。2003年、2004年,连续两年被评为自治区水利系统行风建设优秀单位。

## 第二节　文明单位创建

### 一、主要成果

管理处深入持续开展精神文明创建工作,先后被授予“全国水利文明单位”(2002年12月)、“自治区文明单位”(2017年4月)、“银川市文明单位”(1999年10月)称号,分别获得全国职工职业道德建设先进单位、全国水利系统模范职工小家,自治区“五一”劳动奖状、自治区职工职业道德建设十佳单位、全区水利系统行风建设先进单位、全区“五四”红旗团委、银川市“依法治理示范单位”、兴庆区“平安单位”、社会治安综合治理先进集体等多项荣誉称号。

2017年,管理处成功创建为自治区文明单位,并作为先进典型在兴庆区组织的文明单位联席工作会议上作大会交流发言,同时完成《宁夏精神文明建设年鉴(2016—2017卷)》的入编工作。全处5个基层管理所均已创建驻地县区级文明单位,文明单位创建工作实现处、所两级全覆盖。

#### (一)创建银川市文明单位

管理处1999年10月被评为银川市文明单位。2015年2月顺利通过银川市文明委的复查验收,确认为2015—2019年度银川市文明单位。

#### (二)创建全国水利系统文明单位

2002年12月管理处被命名为全国水利系统2000—2001年度文明单位,此后管理处积极迎接水利部文明委复验工作,继续保留着全国水利文明单位称号。

（三）创建自治区文明单位

2017年4月管理处成功创建自治区文明单位，2021年4月管理处顺利通过自治区文明委的复查验收，确认为2021—2023年度自治区文明单位。

**表8-2-1 汉延渠管理处文明单位创建情况**

| 创建单位 | 创建名称 | 授予单位 | 获得时间 |
| --- | --- | --- | --- |
| 宁夏汉延渠管理处 | 银川市文明单位 | 银川市 | 1999年10月 |
| 宁夏汉延渠管理处 | 全国水利文明单位 | 水利部 | 2002年12月 |
| 宁夏汉延渠管理处 | 自治区文明单位 | 自治区 | 2017年4月 |

**表8-2-2 汉延渠管理处文明单位创建情况**

| 单 位 | 荣誉称号 | 命名时间 | 命名单位 |
| --- | --- | --- | --- |
| 宁夏汉延渠管理处 | 银川市级文明单位 | 1990.10 | 银川市精神文明指导委员会 |
| 宁夏汉延渠管理处 | 卫生先进单位 | 1991.12 | 宁夏回族自治区爱卫会 |
| 宁夏汉延渠管理处 | 1998年度计生先进单位 | 1999.04 | 杨和镇党委、人民政府 |
| 宁夏汉延渠管理处 | 1999年度安全管理先进单位 | 2000.02 | 自治区水利厅党委、自治区水利厅 |
| 宁夏汉延渠管理处 | 治安模范单位 | 2000.07 | 银川市社会治安综合治理委员会 |
| 宁夏汉延渠管理处 | 1999年度安全管理先进单位 | 2000.02 | 自治区水利厅 |
| 宁夏汉延渠管理处 | 渠道绿化先进管理处 | 2000.08 | 自治区水利厅 |
| 宁夏汉延渠管理处 | 先进党委 | 2001.07 | 中共宁夏水利厅委员会 |
| 宁夏汉延渠管理处 | 2000年度渠道管理先进单位 | 2001.02 | 自治区水利厅党委<br>自治区水利厅 |
| 宁夏汉延渠管理处 | 2000—2001年全国水利系统文明单位 | 2002.12 | 中华人民共和国水利部 |
| 宁夏汉延渠管理处 | 2001年度渠道管理文明单位 | 2002.03 | 自治区水利厅党委<br>自治区水利厅 |
| 宁夏汉延渠管理处 | 自治区职工职业道德建设十佳单位 | 2004.04 | 自治区总工会 |
| 宁夏汉延渠管理处 | “五一”劳动奖状 | 2004.04 | 自治区总工会 |
| 宁夏汉延渠管理处 | 全区水利系统行风建设先进单位 | 2004.06 | 全区水利系统行风建设领导小组 |
| 宁夏汉延渠管理处 | 2004年度全区水利系统先进单位 | 2005.01 | 自治区人事厅、自治区水利厅 |
| 宁夏汉延渠管理处 | 第九届全国职工职业道德建设先进单位 | 2005.12 | 全国职工职业道德建设指导协调小组办公室 |
| 宁夏汉延渠管理处 | 2005年度全区水利系统文明单位 | 2006.01 | 自治区水利厅 |
| 宁夏汉延渠管理处 | 水利厅五四红旗团委 | 2006.05 | 自治区水利厅团委 |

续表

| 单　位 | 荣誉称号 | 命名时间 | 命名单位 |
|---|---|---|---|
| 宁夏汉延渠管理处 | 自治区五四红旗团委 | 2006.06 | 自治区团委 |
| 宁夏汉延渠管理处 | 2006年度全区水利系统先进单位 | 2007.01 | 自治区水利厅 |
| 宁夏汉延渠管理处 | 全区第五次会计工作先进集体 | 2007.07 | 自治区人民政府 |
| 宁夏汉延渠管理处 | 节水灌溉成绩突出单位 | 2008.03 | 自治区水利厅 |
| 宁夏汉延渠管理处 | 水利青年学习十七大知识竞赛三等奖 | 2008.04 | 自治区水利厅团委 |
| 宁夏汉延渠管理处 | 水利厅全民健身与奥运同行大众广播比赛三等奖 | 2008.05 | 自治区水利工会 |
| 宁夏汉延渠管理处 | 宁夏水利书画投影五十年展览优秀组织奖 | 2008.09 | 自治区水利厅 |
| 宁夏汉延渠管理处 | 2008年度节水灌溉成绩突出单位 | 2009.01 | 自治区水利厅 |
| 宁夏汉延渠管理处 | 全区林业生态建设先进单位 | 2009.12 | 自治区绿化委员会 |
| 宁夏汉延渠管理处 | 社会治安综合治理先进集体 | 2009.03 | 兴庆区胜利街道党工委<br>兴庆区胜利街道办事处 |
| 宁夏汉延渠管理处 | 全区林业生态建设先进单位 | 2009.12 | 自治区绿化委 |
| 宁夏汉延渠管理处 | 模范职工之家 | 2009.02 | 水利工会 |
| 宁夏汉延渠管理处 | 庆祝新中国成立60周年歌咏比赛二等奖 | 2009.09 | 自治区水利厅 |
| 宁夏汉延渠管理处 | 2008年度交通安全先进学习组 | 2009.02 | 银川市机动车驾驶员安全协会 |
| 宁夏汉延渠管理处 | 文明单位 | 2009.02 | 中共银川市委、银川市人民政府 |
| 宁夏汉延渠管理处 | 纪念“三八”国际劳动妇女节100周年健身操比赛一等奖 | 2010.03 | 宁夏水利工会 |
| 宁夏汉延渠管理处 | 模范职工之家 | 2010.02 | 宁夏水利工会 |
| 宁夏汉延渠管理处 | 全区农业灌溉节约用水先进单位 | 2010.03 | 自治区水利厅、自治区财政厅 |
| 宁夏汉延渠管理处 | 全区节水型先进单位 | 2011.03 | 自治区人民政府 |
| 宁夏汉延渠管理处 | 安全生产先进单位 | 2011.12 | 自治区水利厅 |
| 宁夏汉延渠管理处 | 区域化党建工作先进单位 | 2011.12 | 银川市兴庆区胜利街办事处 |
| 宁夏汉延渠管理处 | 庆祝中国共产党成立90周年歌咏比赛优秀奖 | 2011.06 | 自治区水利厅 |
| 宁夏汉延渠管理处 | 宁夏水利行业第一届财会有奖征文活动组织奖 | 2011.12 | 自治区水利厅、自治区财政厅 |
| 宁夏汉延渠管理处 | 2011年全区农业灌溉节约用水二等奖 | 2012.03 | 自治区财政厅、自治区水利厅 |
| 宁夏汉延渠管理处 | 2011年度安全生产先进单位 | 2012.01 | 自治区水利厅 |

续表

| 单　位 | 荣誉称号 | 命名时间 | 命名单位 |
| --- | --- | --- | --- |
| 宁夏汉延渠管理处 | 2011年度青年安全生产示范岗 | 2012.02 | 自治区水利厅团委<br>自治区水利厅安全生产委员会 |
| 宁夏汉延渠管理处 | 区域化党建工作先进单位 | 2012.03 | 兴庆区中共胜利街道委员会<br>兴庆区胜利街道办事处 |
| 宁夏汉延渠管理处 | 2010—2011年度宁夏大型灌区节水改造工程建设先进现场管理办公室 | 2012.03 | 自治区水利厅灌溉局 |
| 宁夏汉延渠管理处 | 水利厅团委庆祝建团90周年文艺演出三等奖 | 2012.05 | 自治区水利厅组织与老干部处<br>自治区水利厅团委 |
| 宁夏汉延渠管理处 | 2012年全区农业灌溉节约用水三等奖 | 2013.03 | 自治区财政厅、自治区水利厅 |
| 宁夏汉延渠管理处 | 兴庆区“六五”普法先进单位 | 2016.12 | 中共兴庆区委员会<br>兴庆区人民政府 |
| 宁夏汉延渠管理处 | 银川市依法治理示范单位 | 2016.09 | 银川市依法治市领导小组 |
| 宁夏汉延渠管理处 | 兴庆区依法治理示范单位 | 2016.12 | 兴庆区依法治理领导小组 |
| 宁夏汉延渠管理处 | 2017—2020年度自治区文明单位 | 2017.04 | 自治区精神文明建设指导委员会 |
| 宁夏汉延渠管理处 | 第六届水利职工乒乓球运动会女子团体第二名 | 2018.10 | 宁夏水利工会 |
| 宁夏汉延渠管理处 | 水利厅“三强九严”大学习知识竞赛三等奖 | 2018.05 | 自治区水利厅党委 |
| 宁夏汉延渠管理处 | 水利安全生产标准化二级单位 | 2018.01 | 自治区水利厅 |
| 宁夏汉延渠管理处 | 第四届宁夏志愿服务大赛银奖 | 2019.01 | 自治区文明办、自治区民政厅<br>自治区团委、自治区水利厅、<br>自治区残疾人联合会、自治区禁毒办 |
| 宁夏汉延渠管理处 | 宁夏水利厅第七届职工羽毛球团体优秀组织奖 | 2019.10 | 自治区水利厅工会 |
| 宁夏汉延渠管理处 | 水利厅先进基层党委 | 2021.06 | 自治区水利厅党委 |
| 宁夏汉延渠管理处 | 2021年度文明单位 | 2022.02 | 自治区水利厅 |
| 宁夏汉延渠管理处 | 2021年平安宁夏建设优秀等次 | 2022.01 | 平安宁夏建设协调小组 |

**表8-2-3　汉延渠管理处基层管理所文明单位创建情况**

| 创建单位 | 创建名称 | 授予单位 | 获得时间 |
| --- | --- | --- | --- |
| 第一管理所 | 文明单位 | 青铜峡市 | 1997.10 |
| 第二管理所 | 文明单位 | 永宁县 | 1995.12 |

续表

| 创建单位 | 创建名称 | 授予单位 | 获得时间 |
| --- | --- | --- | --- |
| 第三管理所 | 文明单位 | 永宁县 | 1996.12 |
| 第四管理所 | 文明单位 | 兴庆区 | 2018.03 |
| 第五管理所 | 文明单位 | 贺兰县 | 1997.10 |

## 二、主要做法

### (一)做好顶层设计,形成精神文明创建合力

汉延渠管理处文明单位创建工作会

一是加强组织领导,精心部署安排。为全面提升创建质量、创建效率和创建水平,推动管理处文明创建工作不断迈上新台阶,取得新突破,管理处党委进一步强化精神文明建设领导小组工作职责,充分发挥基层党组织在文明单位创建中的领导作用,积极培育群团组织创建优势,形成"一把手"全面抓、分管领导亲自抓、各部门具体抓、干部职工经常抓,"上下贯通、齐抓共管"的工作格局,为创建工作有序开展提供全面保障。

二是明确工作目标,落实工作责任。管理处在已取得自治区级文明单位、全国水利文明单位称号的基础上,确立争创全国文明单位的奋斗目标,按照五年有规划、年度有计划的工作部署,细化文明创建工作责任分解表,明确新形势下精神文明建设的目标任务和工作措施,切实增强广大干部职工的责任感和紧迫感,形成"人人重视,个个参与"的创建氛围。

三是完善工作机制,强化督导考核。管理处将文明创建工作纳入部门效能目标任务中,修改细化年度工作考核办法,与中心工作同部署、同落实、同检查、同考核。建立督查督办制度,每季度对各部门的文明创建责任落实情况进行跟踪督办、逐项对照检查、按期进行通报,切实把创建工作落到细处、落到实处。

### (二)多措并举,夯实文明创建基础

一是坚持把学习贯彻习近平新时代中国特色社会主义思想作为首要任务。深入学

习习近平总书记系列重要讲话精神，认真学习党史、新中国史，不断增强守初心、担使命的思想和行动自觉。充分发挥党委中心组月度理论学习示范带动作用，通过“三会一课”、主题党日等载体，组织广大党员干部职工坚持集中学习与自学相结合，通过集中学习、交流研讨、观看视频等多样灵活的方式，认真读原著、学原文、悟原理，筑牢思想基础。

二是坚持以社会主义核心价值观为引领。认真贯彻落实《新时代公民道德建设实施纲要》和《新时代爱国主义教育实施纲要》，结合职工教育、“道德讲堂”、文化墙等宣传阵地，持续做好社会主义核心价值观宣传教育，引导干部职工把社会主义核心价值观作为明德修身、立德树人的根本遵循。着力加强干部职工思想道德建设，积极推进“四德”工程，扎实开展“善行义举四德”“最美水利人”“我评选身边好人”“道德之星”等评选活动，组织干部职工向王继才、张福清、余元君等先进人物事迹学习，观看《榜样》系列专题片，切实感悟榜样力量。

三是大力宣传和弘扬新时代水利精神。充分利用门户网站、宣传栏、电子显示屏、悬挂横幅标语等进行广泛宣传，开展“道德讲堂”专题宣讲活动，详细解读新时代水利精神的内涵，引导广大干部职工把握核心要义、深化认知认同、培育实践养成，使新时代水利精神成为干部职工共同的价值观念、精神追求和行为准则。

四是以“党建文化、廉政文化、安全文化、水文化”建设为抓手，充分发挥支部党建资源优势。结合“一对一”结对共建模式，持续深入巩固基层党支部特色党建品牌项目创建活动，鼓励各党支部进一步发掘自身特色，推进新时期党建工作与水利管理工作深度融合。依托基层管理所花园式段点的基础设施优势，利用凉亭、园路、草坪、围墙等设施打造廉政文化阵地，切实营造崇廉拒腐的浓厚氛围。以安全文化理念创建、安全制度文化建设、安全行为文化建设、安全环境（物质）文化建设4个方面工作任务和目标为抓手，创建以安全理念为核心的安全文化建设。充分利用各所段特点，围绕花园式所段、水利科技文化、测流方式演变等内容，打造5个“水文化”示范点。同时，突出思想文化宣传阵地建设，营造富有行业特色的机关文化氛围，打造有特色的汉延文化。

（三）抓载体，文明种子深入人心

一是进一步规范、加强志愿服务组织管理。连续多年为全处志愿者及职工购买了人身意外伤害保险，组织管理处志愿服务队和5个志愿服务小组积极开展“真情助困进灌

慰问灌域困难群众

区”“关爱山川河流”“保护母亲河”“慰问李文军爱心小院”“助力扶贫捐款”“慰问困境留守儿童”“青春植绿贺兰山”“无偿献血”等志愿服务活动，涌现出个人救助受伤群众的爱心行为3次，1名志愿者荣获自治区“第四届优秀志愿者”称号，管理处节水护水志愿项目在第四届自治区志愿服务项目大赛获银奖。按照“工作在单位、服务在社区、奉献双岗位”的要求，认真落实党组织、在职党员到社区“双报到、双报告”制度，先后共有73名在职党员分别在41个居住地社区主动认领志愿服务项目，积极参与社区治理。管理处也加强与驻地街道社区的联创共建，签订结对共建协议书和志愿服务清单，组织志愿者积极参与文明城市创建、社区治理和防溺水安全教育进社区等志愿行动。

二是持续开展“道德讲堂”活动，积极弘扬正能量。管理处围绕“道德讲堂”活动目标，不断创新工作机制，在“道德讲堂”基础上，分别设立5个基层“道德讲堂”分堂，确定固定活动场所，悬挂统一背景标识，组建宣讲队伍，建立完整的讲堂档案资料，有序推进“道德讲堂”活动扎实开展。2016年以来，管理处充分发挥“道德讲堂”树德育人作用，主动发现挖掘先进模范人物和身边人、身边事优秀事迹，组织开展“四德”模范道德巡讲1期，邀请先进人物、道德模范和专家进行专题辅导讲座，职工在看、读、思、写的过程中引发思考，启迪心智，促进道德素养的提升。

三是积极开展弘扬时代新风行动。深化爱国卫生运动内涵，巩固无烟机关创建成果，以创建节约型机关、节约型单位为抓手，通过深化文明餐桌行动，倡导绿色出行、节约能源、节俭生活等方式，引导干部职工从小事做起、从身边做起，树立勤俭节约理念，培养绿色低碳环保的办公生活方式，弘扬文明新风。扎实推进网络文明建设，加强微信群、信息简报、电子屏等新媒体的管理使用力度，规范全处党员干部职工的网言网语，有效培育积极健康、向上向善的网络文化。

（四）抓创新，推进“道德银行”建设

管理处紧紧围绕中心工作，深化精神文明创建活动，在不断总结、学习、研讨的基础上开拓创新，提出“道德银行”“道德积分”“道德仓库”“积分兑换”“积分运用”5个新概念和相应的配套措施，将广大干部职工参加各类社会性公益服务活动或其他善行义举登记在册，以积分的形式存入个人账户，职工可以按照个人道德积分多少，兑换生活用品和办公用品。同时，建立道德行为与绩效工资、年终考核、职称评审、考勤晋级、入党等挂钩的长效机制，积极鼓励干部职工积德行善。

2018年，在永宁县文明单位“回头看”工作督查中，管理处“道德银行”工作机制得到了永宁县文明办的肯定，并作为亮点工作进行推广，永宁县电视台对“道德银行”工作机制进行了专题报道。

（五）深化群众性精神文明创建活动

一是加强“细胞建设”提升，以文明单位、文明科室建设为根本，把业务工作绩效考评和文明创建相结合，促进精神文明建设工作融入日常工作、学习和生活中，有力促进单位整体文明创建水平稳步提升。

广播体操比赛

二是充分发挥工青妇组织的桥梁纽带作用，积极开展各类精神文明创建活动。积极开展“五必访”、各类慰问和夏送清凉的活动，走访慰问病困职工、看望生病职工、慰问去世职工家属，为退休职工送去纪念品，为全体会员送去生日及端午、中秋等传统节日祝福，点亮了四季服务品牌，使干部职工深切地感受到了组织的关心和关怀。积极践行“以人民为中心的发展思想”，制定出台《汉延渠管理处职工体检制度》，建立健全职工健康档案，开展大病及特困职工的救助活动，组织职工开展健康体检，使干部职工深切地感受到组织的关心和关怀。大力支持各工会小组积极开展棋类、球类、趣味运动会及户外拓展等职工喜闻乐见的文体活动，举办管理处职工羽毛球赛、篮球赛、观影等活动，组织职工积极参加自治区、水利厅职工羽毛球、乒乓球、跳绳比赛，以及合唱大赛、团拜会、清凉文化广场专场演出、演讲比赛、职工书法摄影大赛等活动，在丰富职工业余文化生活的同时，积极展现管理处干部职工的良好风采。

管理处以创建全国文明单位为目标，在精神文明创建工作中结合行业特点，开展丰富多彩的创建活动，持续拓展思路，系统谋划、高位推动，不断推进文明创建与业务工作相融合，促进管理处行业文明、精神文明同频共振，硬实力、软实力同步提升。

## 第三节　水利政务

### 一、公文管理

管理处于2000年印发《汉延渠管理处签发文程序》，对各类文件行文流程进行规范要求。2016年印发《汉延渠管理处公文处理办法》，公文处理工作严格执行《党政机关公文处理工作条例》、《党政机关公文格式》（GB/T 9704-2012）、《水利部公文处理办法》（水办〔2012〕422号）、《关于印发〈宁夏回族自治区水利厅公文处理实施办法〉的通知》（宁水办字〔2012〕89号）、《自治区水利厅关于进一步规范水利电子政务系统公文管理的通知》（宁水办发〔2015〕29号），为进一步推进公文管理工作规范化，提高公文运转质效，提升电子政务水平提供依据。

（一）分类、职责、要求

根据公文载体的不同，管理处公文分为电子公文和纸质公文，两者具有同等效力。保密性的公文只能通过纸质方式处理，不得利用电子政务平台或其他方式处理。

管理处公文应在水利电子政务公共应用平台上进行处理，按照“谁办文、谁催办”的原则，严格按时限要求办理，提高公文运转效率。紧急公文急事急办、特事特办。管理处办公室是全处公文处理的管理机构，分管管理处机关的公文处理并指导处属单位的公文处理工作。

管理处党委、纪委制发的公文由党委书记签发。管理处党委文件一般由组织人事科起草，管理处纪委文件由监察室起草，管理处制发的公文由处长签发。管理处行政方面的综合性工作报告、总结、计划由办公室起草；涉及相关多个科室业务性较强的公文，由分管领导组织有关科室起草；属于某一方面的文件，由分管科室起草。起草重要公文由分管处领导主持，并进行调查研究和充分论证，征求有关方面意见。一般情况下，管理处简报由分管处领导签发，涉及管理处全局性或重要事项的宣传稿件由主要处领导签发。

公文起草要求：符合党的路线、方针、政策和国家的法律、法规及上级机关的指示，准确地体现管理处工作意图，并同现行有关公文内容相衔接；全面、准确地反映客观实际情况，提出的政策、措施等切实可行。观点明确、情况属实、内容充实、条理清晰、结构严谨、表述准确、文字精练；人名、地名、时间、数字、引文准确；时间应写具体的年月日，引用公文应先引标题，后引发文字号；汉字和标点符号的用法符合国家发布的标准方案，计量单位和数字用法符合国家的有关规定；开门见山、文字精练、用语准确、篇幅简短、用词规范、文风端正，文种格式正确，层次序数准确；起草公文时，对涉及其他部门职权范围内的事项，应当主动协商，征求意见；起草重要公文应当由管理处领导或部门负责同志亲自主持、指导，进行调查研究和充分论证，征求有关部门意见；代拟起草公文时，应严格代拟稿质量，严格控制文件篇幅，严格报送程序和完善报送材料。

公文审核要求：凡以管理处名义制发的文件，在送管理处领导正式签发前，必须填写公文稿审签单，经承办科、室分管领导核稿，送办公室主任审核文种、格式，并提出是否公开或保密，观点和内容是否符合党的路线、方针、政策以及国家的法律、法规；是否完整、准确地体现中央、自治区、水利厅以及管理处的意图，是否符合实际，并同现行有关文件内容相衔接；拟定的措施和办法是否切实可行，涉及有关业务部门的事项是否经过协商并取得一致意见；关键用词是否规范，行文是否准确，文字是否精练，逻辑是否严密，结构是否严谨；是否确需行文或联合行文，如联合发文，由其他单位主办与管理处联合发文，有关科室审改后，按管理处文件审核、签批程序办理。

公文签发要求：公文必须由管理处领导或其授权的管理处领导签发，公文一经签发即成为定稿生效。会签时，在送签过程中逐个送签，不要遗漏。

公文登记要求：拟发公文经签发后，需进行登记，包括填写公文标题、发文字号、签发人，按经领导审定的印发范围和存档要求确定公文印发份数等。

复核、打印、分发、传递的要求：办公室要对公文的审批手续、文种、格式、内容等进行再次复核，经复核如需对内容有实质修改时，必须报请原签发领导复审。打印要做到准确、及时、安全、保密，用印规范、正确。分发、传递应做好登记，按分发、传递范围进行分发。传递密级文件时，严格执行密级公文传递办法。办公室要按照公文存档要求及时存档。

对于行文不规范、不完整的公文，办公室有权退回。

一般情况下管理处不印发纸质文件，如需印发纸质文件，须经办公室主任同意，并进行登记、签字存档。

严禁私自打印管理处公文；严禁私自将管理处公文发送给其他人员；一般情况下，严禁携带纸质公文回家或外出，防止泄密事件的发生，确保公文安全。

（二）公文种类

管理处的公文主要有对内行文、对外行文。管理处常用公文种类有决定、通告、意见、通知、通报、报告、请示、批复、函、纪要共10种。

（三）收文发文管理

发文程序：拟稿、部门审核、秘书核稿、办公室副主任核稿、办公室主任审批、会签、签发、登记编号、制版、校对、印制、用印、分发、归档。

减少发文数量：发文坚持“确有必要，注重实效”的原则，可发可不发的文件坚决不发；凡国家法律法规和上级机关已作出明确规定或已在媒体上公开发布的文件，一律不再印发；对上级文件，要结合实际贯彻落实，没有新思路、新举措或者上级部门没有要求制定实施意见的，不再制定出台管理处实施意见；凡能通过电子政务公共应用平台、电话、传真、邮箱等解决的问题，不发公文；上级公文如需转发的，必须结合实际提出贯彻意见，以便签格式转发。除管理处领导交办和需要直接报送管理处领导的重要事项或突发事件外，一般不得直接向领导个人报送公文。

限制发文篇幅：文件语言要言简意赅，杜绝空话套话和没有实质性内容的文件，每份文件原则上不超过3000字。

对于发文，应将文件原稿（审核稿件）连同正本两份进行打印归档，并做好电子归档。

管理处收文程序：签收、登记、初审、拟办、呈批、批办、承办、传阅、催办、答复、归档。

收文的签收、登记及拟办统一由管理处办公室负责，并提出拟办意见，电报和急件要做到随到随送。签收时应逐件清点，标注签收时间，如发现问题，须及时向发文机关查询并采取相应处理措施。登记时，应按照发文机关分类要求，对文件逐一登记，登记内容为：公文标题、密级、发文字号、发文机关、份数、收文日期、收文序号等。

办公室负责将收文按拟办意见送管理处领导阅批。急阅件应随送随批，收文员对于无文头、印章等不规范的来文不予接收。一般情况下，办公室在来文后2小时内要将文件呈送主要领导；紧急文件(需要在3日内办理的文件)要在半小时内呈送主要领导；特急文件(需要在当天办理的文件)要立即办理，在电子政务公共应用平台办理过程中，办公室同时将文件精神口头报告主要领导。承办部门收到交办的公文后应及时办理，按照文件或上级要求时限完成，不得延误，至少于上级要求时限提前1天上报。紧急公文要立即办理。传阅件一般应在3日内阅批。凡经办公室登记并送管理处领导阅批的文件，管理处领导阅批后，应送回办公室，办公室按照管理处领导的阅批要求分送有关科室办理，并根据管理处领导的阅批意见及时提醒相关科室，按时限要求办结。传阅(传批)时，办公室应根据管理处领导批示或授权，按照程序将公文送有关处领导阅知或批示，传阅公文时按照管理处领导排序由前向后递送，传批时按照管理处领导排序由后向前递送。传阅、传批时应随时掌握公文去向，避免误传、漏传和延误。催办时，办公室应对公文的承办情况进行督促检查，对紧急或重要公文及时催办，对一般公文定期催办，并及时向管理处领导反馈办理情况。注办时，承办人员在公文办理完毕后，应在文件处理单作简要注明，注明发文日期与发文字号，承办人姓名与办理结果等，以便管理和查考。

所有纸质文件各部门阅办完毕后，及时交由办公室归档，电子文件由办公室归档。

一般性收文处理整个环节不得超过5个工作日，每个科室阅知时间不能超过2小时；需要办理的文件根据情况可延长4个工作日；特殊情况需要较长时间办理的文件，可以先将文件另存后以便于办理，再填写初步办理意见后将文件提交办公室。

**二、档案管理**

管理处现有综合档案室1间、人事档案室1间，其中综合档案室存放管理处文书档案、工程档案、会计档案、实物档案及影像档案。2021年10月，对室藏档案进行全面系统的重新鉴定、整理、编目及数字化工作，此项工作正在进行中。

(一)设施

20世纪90年代末，管理处成立档案室，配置铁皮五节档案柜10余组。2005年年底，管理处在四楼设立综合档案室，2020年年底转移至管理处一楼新档案室，新档案室配备电动档案密集架7列45组，并配置烟感报警器、温湿度器、专用窗帘、灭火器等安全设施，进一步对档案存放条件进行了改善，确保档案存放的安全性。

（二）室藏

管理处自成立以来共有档案571卷9029件，其中：永久型档案406卷2770件，主要为管理处历年来机关、管理所所有档案，包括1970年至2021年所有档案。档案排架长109米。

（三）管理

管理处综合档案室由管理处办公室统一管理，其中：会计档案由财务审计科管理，工程档案由防汛工程科管理，人事档案由组织人事科管理。

（四）制度

2016年起草印发《汉延渠管理处档案管理办法及各类制度》，制度涵盖档案管理办法及文书档案、会计档案、科技档案、照片档案、音像档案、实物档案、档案室安全管理制度、档案鉴定及销毁制度9个相关制度，填补了管理处没有一套系统、完整的档案管理制度的空白。该项制度的出台，对管理处及基层所、站档案管理起到了指导作用。

（五）利用

为更好满足各方面档案利用需要，近年来接待查阅1000人次，查阅档案200卷500件。

## 三、信息宣传

党的十八大以来，管理处始终坚决贯彻习近平总书记有关宣传工作重要指示批示精神，紧紧围绕信息宣传工作规范化和制度化建设要求，充分发挥宣传的舆论导向和信息传递作用，按照《汉延渠管理处宣传信息工作管理办法》，及时、准确反映管理处改革新思路、队伍新风貌、工作新举措，取得了新成效。

（一）适时修订宣传信息管理办法

为进一步做好水利宣传工作，及时准确反映管理处发展的新思路、改革的新突破、队伍的新风貌、工作的新举措、取得的新成绩，努力营造良好的发展氛围，2001年，管理处党委印发《汉延渠管理处宣传信息工作管理办法》（宁汉党发［2010］18号），将信息宣传分为表态类、思路类、动态类、经验类、事件类、问题类和照片类等七个方面，对信息的质量、要求和考核奖惩办法进行明确。2016年，管理处对宣传信息管理工作进行重新修订并印发文件（宁汉发〔2016〕27号），进一步修改宣传信息的奖惩制度，直接与绩效挂钩，不再进行资金的奖励。2017年再一次发文（宁汉发〔2017〕36号），在2016年宣传信息管理办法的基础上对宣传任务和不良信息的责任进行修订。

（二）建立健全领导小组

管理处党委于2004年、2006年和2020年三次对非常设机构进行建立和调整，印发《管理处非常设组织机构的通知》，专门成立水利宣传领导小组，管理处主要负责人任组长，分管办公室副处长任副组长，各科室主要负责人为组员。明确信息宣传工作由管理处党委统一领导，构建各科室（单位）齐抓共管的宣传工作机制，办公室为宣传工作的具体管理部门，负责领导小组日常事务和全处宣传信息的管理，并指导、协调、监督全处水利舆情监测工作。各科室（单位）主要负责人是宣传信息工作的第一责任人，并明确1名信息员承担本科室（单位）的宣传、信息管理、舆情监测任务。

（三）明确年度信息宣传工作计划

管理处高度重视信息宣传工作，每年初都要对信息宣传进行全年规划，专门研究制定《汉延渠管理处水利信息宣传工作要点》，实行目标责任管理。要求各科室全年在水利网上至少刊登8篇宣传稿件，基层各单位全年在水利网上至少刊登2篇宣传稿件，各科室（单位）结合工作实际每月向门户网站提供1篇信息稿件。

（四）加大信息宣传工作考核力度

管理处严抓水利信息宣传工作，每月向各部门反馈信息宣传任务完成情况，每季度对全处宣传信息情况进行统计通报。信息宣传任务未完成的部门，在年度考核中进行绩效考评。

（五）不断拓展宣传渠道

管理处不断加强宣传渠道的拓展能力，2010年以前，信息宣传的主要方式为投送报纸、活动现场、相对固定的水利厅网站，2016年管理处在水利厅网站的基础上，以子网站的形式建立汉延渠管理处网站，由新闻、业务专辑、基层动态等13个版块组成，网站内容取自简报信息、工作动态、新闻图片、网络报道等。2018年，自治区水利厅整合各管理处网站，对所有子网站进行清理。近几年，宣传渠道也不断推陈出新，各种新媒体不断崛起，管理处经常利用微信等新媒体对灌区灌溉用水情况和水利文化进行广泛宣传，取得了显著成效。

## 四、管理文化

### (一)党建及精神文明宣传

近些年,管理处党委以习近平新时代中国特色社会主义思想为指导,深入贯彻新时代党的建设总要求,认真开展“不忘初心、牢记使命”主题教育、“三强九严”工程、党史学习教育等。自党史学习教育启动以来,征集汇总上报微感言、微体会76条,制作党史学习教育专题展板9块,电子屏、宣传标语64条,利用美篇、微信群、门户网站等新媒体开展活动信息宣传30余次,上报党史学习教育简报信息16篇、活动征文10篇,并选取优秀文章张贴在党建宣传栏内,制作分发党史学习教育手册,在全处范围营造学党史、悟思想、办实事、开新局的良好氛围。

### (二)提高宣传信息报送质量

管理处主动适应新媒体发展带来的机遇和挑战,探索推进管理处信息简报、门户网站、微信宣传等宣传平台的融合发展,进一步加大信息发布频次,增强信息发布时效。积极完善拓展门户网站功能,实现与网络公众互动交流“零距离”。综合运用水利报道、新闻图片、视频动画等多种形式,开展宣传教育和水文化传播,实现线上线下有效互动,将网络文化和思想宣传深度融合,使水利宣传工作更具影响力,形成全社会爱水、惜水、关心水利的良好风尚和自觉行动。2010年至2018年,向上级主管部门、各类宣传网站和新闻媒体年均报送信息150余条,采用98条。2019年至2021年,管理处在宁夏水利网累计发布信息宣传稿件186条,其中3条被今日头条和水利报转载。通过《新消息报》《中国水利报》《中国水利年鉴》及网易网等国内主流媒体刊发宣传图文、视频7条。信息宣传力度不断提升,圆满完成自治区水利厅下达的信息报送任务。

### (三)深入开展专项宣传活动

多年来,管理处以“世界水日”“中国水周”“安全生产月”为宣传契机,主要领导亲自带队,组织相关科室广泛参加管理处及基层单位联合当地水务部门、兄弟单位、受益乡镇在属地广场、集市举行的纪念、宣传活动。年均投入3万余元,通过悬挂标语横幅、发放彩页资料、流动播放音视频和现场答疑等方式对水利改革发展、水法规政策、节水灌溉、安全生产等水发展重点领域开展多种多样的宣传活动,为管理处现代化灌区建设有序发展营造良好的宣传氛围。

(四)宣传工作为水利亮点工作助力添彩

2019—2020年,管理处大力开展水利信息化建设工作,测控一体化直开口改造93座,节制闸远程控制改造9座,自动化测流系统安装5套,视频安防建设21处122个点。管理处针对卓有成效的亮点工作安排宣传资金2万余元,录制《宁夏汉延渠现代化生态灌区》宣传视频,先后迎接水利部、黄委会领导调研指导2次,自治区水利厅集中观摩2次,接待自治区水利厅处室、兄弟单位、外省市相关单位调研观摩10余次,获得自治区水利厅及各单位一致好评,也为汉延渠水利信息化发展打下坚实的基础。2021年,管理处为加大人才引进力度和强化管理处亮点工作宣传效果,先后两次制作《宁夏汉延渠管理处人事招考》宣传视频和《宁夏汉延渠管理处2021年度工作汇报》微视频,以看得见、摸得着的方式,主动将汉延渠创新发展、服务灌区、履职担当等精神风貌和为民情怀呈现给灌区广大人民群众。

**五、管理制度**

没有规矩,不成方圆。管理制度是共同遵守的办事规程和行动准则,是单位正常工作的保证。管理处在渠道运行、管理过程中,制定一系列规章制度。各类制度既有分工、互不冲突,又相互联系、协调配合,共同发挥作用,做到系统、管用、可行,切实保证各项工作规范有方、管理有章、执行有据。同时,在管理处不同时期的发展中,通过不断修订完善,加强制度执行,进一步规范工作行为,提高工作效率,促进党的建设、劳动人事、安全管理、灌溉调度、工程运行、财务管理等方面的科学管理与规范运行,以其严肃性、严密性、系统性,为管理处日常工作的开展发挥积极作用,也形成一整套比较适合管理处实际的制度体系。管理处的制度建设自2000年历经两次大的汇编,即2005年制度汇编、2012年制度汇编。为使管理处的各项工作规范有序运行,管理处围绕水利改革与发展这一中心工作,坚持制度先行,下大力气抓建章立制,形成用制度管人管事的长效机制,提高管理处的规范化管理水平,更好地发挥管理处在经济社会建设中的作用,取得较好的成绩。2005年的制度汇编收录党务管理、行政管理、职工教育管理、生产管理、经济管理、水政管理等方面的制度共59个;2012年的制度汇编,收录党务管理、行政管理、劳动人事管理、生产管理、财经管理、水政管理等方面的制度共69个。这些制度都是根据上级有关精神,结合管理处实际,在实践中不断修改完善形成的,也是管理处水利管理工作多年的经验总结，作为全处干部职工共同遵守的办事规则，具有较强的针对性、可操作性和适用性，它将进一步使管理处的各项工作有章可循、有据可依，确保管理处各项工作正常运转，促进管理处工作纳入规范化、制度化管理的轨道。自此以后，管理处根据水管体制改革与政策调整，按照自治区水利厅党委对管理工作精细化、标准化、规范化建设的要求，结合工作的实际，进一步修订完善制度，强化制度的执行，随需随改、过时即废，为单位发展保驾护航，为管理处高质量发展提供坚强的制度保障。

# 第九章　水利人物与诗文古迹

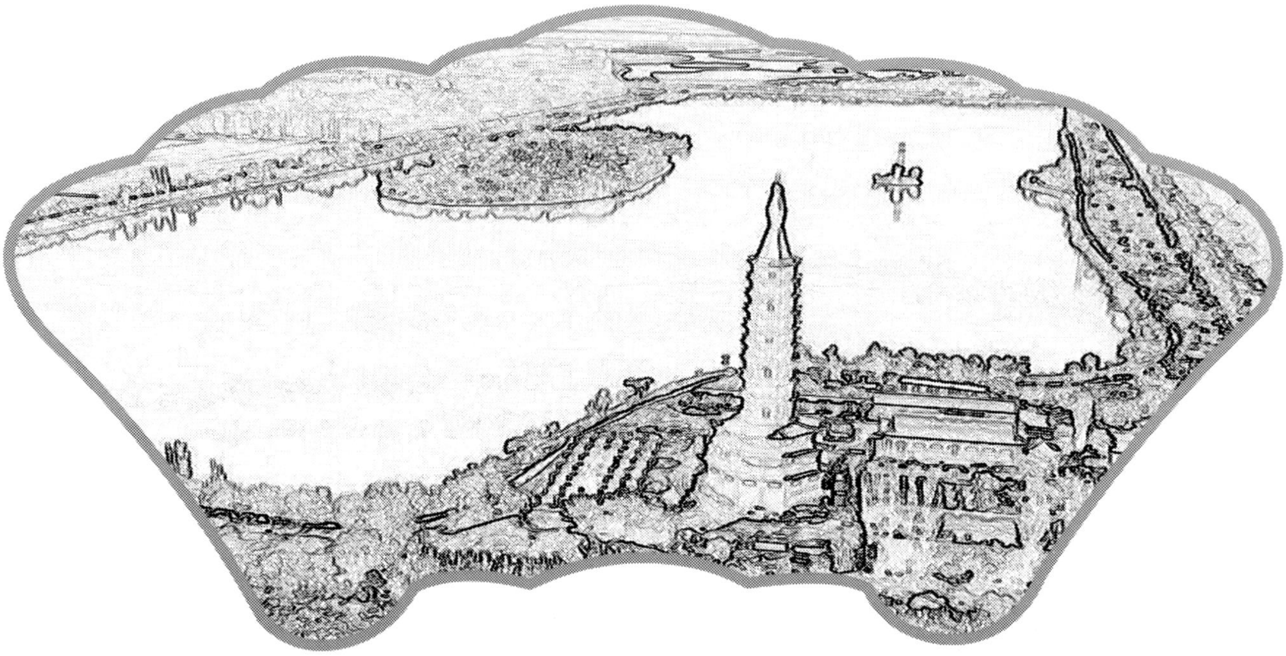

# 第一节　水利人物

## 一、人物传记

刁雍，字淑和，北魏著名将领，渤海饶安人（今河北省盐山县），曾任薄骨律仓城（又名刁公城，今永宁县望洪镇东）镇将。首开宁夏筑坝引水、黄河水运。好尚文典，明敏名智，历任将军、刺史，赐爵东安侯，为北魏名臣名将。太平真君二年（441年），刁雍以征南将军任薄骨律镇（辖今宁夏中部、北部地区）将，其主要任务是总统诸军，屯田储粮，以解决长城沿边军镇军粮供应问题。薄骨律镇早在秦汉时期就已开发为发达的灌溉农业区，刁雍到任后，经过实地考察，发现由于魏晋十六国长期割据动乱，致使“官渠乏水，不得广植”，农业生产遭到极大破坏。为恢复宁夏平原昔日发达的农业生产，他在境内发现富平县西南30里近黄河的艾山（今青铜峡峡口西侧）一带有汉代修筑的古渠一道，因河床淤积已高出河水两丈三尺，加之渠系崩塌废毁，受水农田荒旱弃置。于是刁雍上表魏武帝同意后，即行疏浚。水利设施的快速恢复发展，使宁夏平原的农业发展在短期内收到明显效果，农业连年丰收，不仅粮食可以自给，而且还有余粮供应军用，薄骨律镇从重灾区一跃成为北方输出粮食的大粮仓。

李听（778—839年），名将李晟之子，唐朝将领。亦作李昕，字正思。洮州临潭（今甘肃省临县）人。幼随父在军旅，初荫授太常寺协律郎，迁神策行营兵马使、安州（今浙省德清县境内）刺史等职。唐宪宗元和十四年（819年）五月，以功授检校左散骑常侍、夏州刺夏绥银宥节度使。元和十五年（820年）六月，任灵州大都督府长使、灵盐节度使。宁夏黄灌渠名光禄渠，已废塞多年。李听重新修复，疏浚此渠，得以灌溉良田千余顷，节省了从内地向边关转饷的开支与劳苦，“后世赖其饶”，记功加授检校工部尚书。李听历任十镇节度使，封凉国公，加太子太保。他还有收藏图书的兴趣。唐文宗开成四年（839年）十月卒，享年61岁。

张文谦（1214—1282年），字仲谦，邢州沙河（今河北省邢台市）人。经太保刘秉忠推荐为元世祖所重用，升为中书省左丞。至元元年（1264年），以中书丞后行省西夏中兴等路，在任三年，整治官吏，疏浚兴州（今银川）古唐徕、汉延二渠及夏、灵、应理、鸣沙四州正渠十，支渠大小六十八，灌田数万顷。他居官清正，以安国便民为己任，权奸忌之。后任文馆大学士，潜心天文、术算。至元十九年（1282年），任枢密副使，同年末，卒于任。被追封魏国公，谥忠宣（《元史》有传）。

郭守敬（1231—1316年），字若思，元顺德邢台（今河北省邢台县）人。1264年，元世祖忽必烈派遣副河渠使郭守敬随中书左丞张文谦"行省西夏"，提出"因旧谋新，更立闸堰"之法，修复疏浚兴、灵、应理、鸣沙等四州主干渠12条、支渠68条，在引水渠口用大木巨石构筑进水闸，其上建设滚水坝以减弱水势，有效控制调节入渠水量，实现了灌区由储水到控水的转变，灌溉良田近万顷。

汪文辉（1534—1584），字德充，号都山，江西婺源县人。嘉靖四十四年（1565年）授工部主事。隆庆四年（1570年），改任御史。汪文辉致力于水利工程改革创新，其首创的建石质正闸、退水闸，大幅降低了民众岁修费用，并定正闸入渠水位，以五寸为一分，以十五分为限，开始观测水位调控水量，沿用至今。明隆庆五年（1571年），任宁夏佥事，决定将汉延渠、唐徕渠木制进水闸改建为石闸，这项工程历时六年，直到1573年在继任解学礼、周有光任上才全部完工。从此，汉唐二坝安如磐石。这种水利调控系统在当时起到了重要作用，并为后世效仿。离任后宁夏民众在汉、唐二坝处修建"汪公祠"，以缅怀其政绩功德。

王珣（1440—1508年），字润德，山东曹县人，明朝户部尚书。明弘治十一年（1498年）任都察院右副都御史，奉命巡抚宁夏。王珣在宁夏为官期间广开河渠，修建边防，扩大屯田，加强了对政治、经济、军事的治理。曾编修《宁夏新志》，成为宁夏重要历史文献资料。

张九德（生卒年不祥），字成仲，又字威仲，别号曙海，浙江慈溪人。万历二十九年（1601年）大明进士，泰昌元年（1620年）出任宁夏河东兵备，天启二年（1622年）晋升按察使驻守灵州。张九德赴任宁夏后，发现灵州城自"洪武以来，三徙城矣"，此后宁夏灵州官民为阻止黄河东趋，每年"役夫三千，束薪千万"，但均未能阻黄河向东迁。天启二年（1622年），黄河决口，洪水威胁灵州城，居民日夜警戒，商议迁城。在黄河水逼灵州城东徙的危急关头，张九德坚定地提出修建灵州黄河石堤，逼迫黄河向西迁移，阻挡黄河"吞噬城邑"。他主动捐俸银200两，带动灵州官绅共筹得修堤银约1400两，造船百艘，运石块投河，一日投800艘船的石块，如此三天，石堤基础固定，历时两年半，石堤终成，其长度达20000余米。灵州官民盛赞张九德治河的功绩，称灵州石堤为“张公堤”。张九德在宁夏施政期间，致力于发展宁夏河东水利灌溉，促进农业生产发展，深受百姓赞誉，宁夏灵州地方官民乡绅百姓为表达对张九德的爱戴、赞扬和怀念之情，将其与杨一清、王琼并尊为“三贤”，在新灵州建“三贤祠”拜之。

王全臣（生卒年不祥），字仲山，清代湖北钟祥人，康熙三十三年（1694年）进士。历任汲县知县、河州知府、宁夏府水利同知、平凉知府、安西兵备道。康熙四十七年（1708年）王全臣重新规划，“距旧贺兰渠口之上三里许，直迎水势，另开一口，至马家庄地方引入旧渠，而扩之使宽。行三四里，至陈俊、汉坝两堡之交，即旧渠而西，引水由高处行，以达于唐渠”，修成大清渠，“口宽八尺，深五尺，渠身长七十五里二分”，“东西共建陡口一百六十七道，灌溉陈俊、蒋鼎、汉坝、林皋、瞿靖、邵岗、玉泉、李俊、宋澄九堡田地，共一千二百二十三顷有余”。1714年，又开清塞渠，长67里，受唐徕渠水，灌平罗县田1800余亩。王全臣在任期间，又建造汉延渠魏信、王澄涵洞两处，并对各支渠渠道普遍进行疏通，还改革春工用人办法，为宁夏的水利事业做了许多益事。

钮廷彩（生卒年不祥），康熙六十年（1721年）三月，选广东廉州府合浦县知县。雍正四年（1726年）七月，巡抚杨文乾提调潮州饶平县知县。雍正五年（1727年）二月奉旨补授宁夏府知府。雍正十年（1732年）任宁夏道观察使，是年主持对唐徕渠进行扩整改造。第二年携水利同知石礼图组织五千民夫，大修汉延渠，对汉延渠进行全线疏浚整治，历时一个月维修渠道沿线大型建筑物正闸、退水闸、尾闸和桥梁以及坡堤、陡口等，使渠利大兴。雍正十二年（1734年），于鸣沙洲红柳沟建环洞五孔以泄山水入渠，上为石槽引水，垦殖白马滩至张恩堡农田3万余亩，又于沙草滩建石正闸1座，即逼山水，有畅水流，大片荒地得到灌溉。乾隆四年（1739年），又对宁夏各大干渠进行彻底大修，是宁夏水利建设的功臣。

通智（生卒年不祥），满族人，属正黄旗，历任内阁侍读学士，大理寺卿，盛京工部侍郎，兵部左侍郎及尚书等职。雍正年间奉旨来宁夏开惠农渠、昌润渠，并整修唐徕渠、汉延渠、大清渠，在宁夏水利发展史上有卓越贡献。雍正四年（1726年）二月，雍正命通智留宁主持大型水利工程建设。六月，通智奉旨主持开凿，雍正七年（1729年）五月竣工。该渠开口于黄河左岸叶盛堡俞家嘴花家湾，至平罗县西河堡人西河，口宽约43米，长100千米，灌地27万余亩，渠成赐名“惠农”。同时封堵黄河支流“六羊河”，扩河为渠，长68千米，以佐惠农渠之不及，灌溉黄河滩地10万余亩，渠成雍正钦定渠名为“昌润渠”，又沿惠农渠、昌润渠以东，筑黄河长堤160余千米，以防黄河泛滥，淹没耕地。雍正九年（1731年）春，全面整修唐徕渠、汉延渠、大清渠，在渠底埋设准底石，作为渠道清淤疏浚标准；在正闸刻画分数，观察水位，调控水量。在疏浚渠道时，通智将原以锹转运的运土方式，改为用芨芨草或柳条编织背斗运土，大大提高了效率，沿用至今。惠农渠、昌润渠修成后，通智请旨先后招来垦民4000余户，并上报朝廷新设新渠、宝丰二县，同时由于修渠所用铁、石、煤炭多本地所出，又带动了地方采煤、采石、采矿和冶铁业的发展，对宁夏农业和工商业的恢复和发展起到了积极的促进作用。

王廷赞（生卒年不祥），字翼公，号用宾，辽宁葫芦岛人。乾隆四十年至四十二年（1775—1777年）。王廷赞先后任宁夏知府，甘凉道及宁夏道道台。宁夏平原地形平坦，是主要的农业区，旧有唐徕渠、汉延渠、惠农渠等灌渠，对发展农业生产曾起过很大作用，但由于年久失修，渠道严重淤塞。王廷赞上任伊始，即以发展生产为首务，奏请朝廷，行宫疏浚河渠。他的建议得到采纳，朝廷批准拨发库银，并授命他负责整个工程。王廷赞从受命之日起，即全身心地投入工作，他不辞辛劳，事必躬亲。从水文地质勘测，到排水、清沙、挑淤及运石，处处亲自指点。经过两年多的努力，河渠工程于乾隆四十二年四月告竣。竣工之日，他的同僚赋诗表示祝贺，一诗中有“三年治水鬓成丝”的句子，是对他这一时期宦绩的写照。宁夏平原的瘠土碱地尽变成肥田沃野，这有王廷赞倾洒的许多心血。这年的五月，王廷赞因政绩卓著而被提升为甘肃布政使司布政使。

赵惟熙（生卒年不祥），光绪三十年（1904年）由翰林出守宁夏，四渠尤为宁郡要政，每年疏浚，他都亲自督导。他见贺兰山边空地宽敞，如果开辟荒地，可增加数万亩农田，遂与都统志锐商量，设立招垦局，将贺兰山沿山一带荒地开垦出来供旗民学习农业。宁夏县河忠堡隔在河东，常苦无水，他又与灵州知州陈必淮商量，接引灵州清水沟通水开渠，由新接堡绕达河忠堡，民甚德之。

崔桐选（生卒年不详），民国时期甘肃水利专员，1927年春奉命整顿宁夏水利。在宁期间，他主持实施了彻底扒打唐汉两大干渠首段的石结子工程，主要疏通唐徕渠与汉延渠。宁夏水利历来由豪绅污吏把持，粗估冒算，分肥营私。1928年在浇二轮水时，崔桐选巡视唐徕渠灌溉情况到四道罗渠口时，复兴渠支渠长周万花告状要水，并面诉镇朔堡赖以淌水的复兴渠，被中段洪广营的豪绅黄厚坤把持，下游常年告旱。查知黄厚坤给唐徕渠蔡乐善局长行贿等劣迹，遂将二人一并枪决。后任命为人正直、热心地方事业的徐宗儒担任唐徕渠局长。1928年春工时，因徐对下属督率不严，春工工程未按要求完成，崔以徐督工不力论处，徐自套铁绳，沿渠戴罪督修，风气为之大正。汉延渠局长蔡之弼因误灌期，又未在限期送水至下游，也被崔就地枪决。各渠段口委管工作不力，也均受惩处。他这种雷厉风行的工作作风深得人心。

于光和（1906—1960年），民国时期治水专家。字致生，宁夏永宁县王太堡人，清廷贡生。1925年甘肃省第一中学毕业，1927年在甘肃省县长训练班结业后，曾任西固县县长、兰州烟酒局局长。1931年离职回宁夏，先后任宁夏省建设厅秘书、科长，后调任惠农渠水利局局长。1932年起先后任宁夏省建设厅水利科科长、水利督导专员、省水利局局长、建设厅厅长和“国天”代表等职。他出身水利世家，其祖辈长期从事水利工作。其曾祖于滨，清同治年间廪生。管理宁夏汉延渠务20多年，渠道整修及时，管理有序，从不延误灌溉，乡里尊称其为于老。祖父于自乐，管理汉延渠多年，成绩显著，且有丰富的修建水利工程技术。清光绪二十五年（1899年）曾受宁夏道台胡景桂委派重修魏侯洞。《朔方道志》曾载于氏数代办理宁夏渠务之事。受家庭影响，于光和少年时代就热衷水利事业，并自学先进的水利科学技术，对疏浚渠沟、治理黄河护岸等兴革事宜，提出很多建议。多次对年久失修发生漏水和裂缝的汉延渠、林皋沟和惠农渠等涵洞进行拆修，确保了各干渠的输水安全。1940年曾建议将汉延渠口由原九道沟上移至河西口，同惠农、大清三大渠同一口引黄河水，加速了各渠道流量，减轻了灾情。1949年春，他主持新开中卫县扶农渠（今北干渠）。在从事水利工作期间，他走遍宁夏黄河段各渠道、排水沟，开渠引水，造福桑梓。1936年任《宁夏水利专刊》编辑时，他亲自采访，补遗正误，搜集逸闻逸事，编撰宁夏水利规章制度、暂行办法等。宁夏地亩清丈后，宁夏省政府要收回各渠首水手承种的水手田（不纳粮差），于光和多次呈诉利弊，为他们争得一半农田，使水手赖以糊口，安心在渠服役。他不仅致力于宁夏的水利建设，而且还同情支持革命运动。1949年9月，他作为宁夏省和平委员会常务委员与徐宗儒、马全良、姚启贤等人亲赴中宁县与人民解放军十九兵团司令员杨得志等领导举行和平谈判，为宁夏的和平解放作出贡献。1960年底病卒于西湖农场。

赵连壁(1903—1986年),民间水利专家。宁夏永宁县人。在长期治水施工中,发展创造了草土围堰施工技术,凡干渠各险要工段的草土护岸、做软码头、修堵决口等工程,经他组织施工后,即使受大水急流冲刷也不裂缝、不下陷,使用期可达两三年之久,使宁夏黄灌区的农民受益颇多。1950年被任命为永宁县水利局副局长。1956年,甘肃省兰州市自来水厂修建进水口黄河围堰工程,赵连璧应邀做现场勘查,力排苏联专家非议,亲督施工,只用50天就顺利完成了这项大型草土围堰工程,比苏联专家计划的工程提前4个月。这位老水利工作者一生督施过无数次草土围堰工程,为国家节约的资金无法计算,但对自己的名利却从不计较,心中只有黄灌区的水利工作和农田灌溉。

吴尚贤(1920年10月—2001年3月),宁夏青铜峡市人。1946年毕业于重庆中央大学水利系。他先在黄委会宁夏工程总队,后到甘肃省水利局工作,1951年借调回宁夏,历任青铜峡河东、河西及干渠工程处副处长、工程师,自治区水利局副局长、副总工程师、自治区政协副主席等职。他从事水利工作近40年,足迹遍布宁夏山川,被誉为"宁夏水利上的活字典"。20世纪50年代初,在整修改建引灌区中,吴尚贤提倡用"裁弯取顺"的方式改建旧渠道,以导、蓄、泄治理山洪,均切实有效。在南部山区水库建设中,他负责技术指导,颇著劳绩。在银北自流排水困难的低洼地区,倡建短沟小贴,并排井灌,降低地下水,改良盐碱地,效益显著。他热爱水利事业,即使身处逆境,也不计个人得失,仍坚持水利工作。他长期深入实际,具有丰富的治水经验,对宁夏水利建设有许多真知灼见。著有《引黄灌区水述要》《南部山区水保建设》《论水窖》等专业论文多篇。

赵光敬(1932—1999年),宁夏青铜峡人,中华人民共和国成立后在青铜峡水电局汉延渠小坝水手班工作,1970年各渠道以渠成立管理处时任汉延渠管理处第一管理所所长,1977年调宁夏渠首管理处大清渠管理所工作,1978年至1980年到非洲马里国进行援外工作(传授草土围堰技术),1980年被授予自治区农业模范荣誉称号,1986年12月退休。

**二、人物简介**

1950年至1969年,宁夏汉延渠实行属地管理,按县界分段,由各县水利局负责管理。1970年宁夏汉延渠以渠设管理处,直属宁夏回族自治区水电局领导。

刘开义,中共党员,1959年10月任永宁县水利局勘测设计股股长,1960年1月任永宁县水利局副局长兼电站站长，1970年4月至1980年2月任宁夏回族自治区农业局汉延渠管理处革命委员会副主任、主任。

路清才，1928年6月出生，陕西省蒲城县人，中共党员。1948年4月参加工作，1948年7月加入中国共产党。1965年3月至1967年5月在陕西延安军分区司令部任副科长；1967年6月至1976年2月在陕西吴起县人武部任副部长；1976年3月至1980年2月任宁夏回族自治区农业局汉延渠管理处革命委员会副主任；1980年2月至1984年3月任宁夏回族自治区农业局汉延渠管理处革命委员会党支部书记、主任。

沈定煜，1931年12月出生，湖南省会同县人，中共党员。1950年11月参加工作，1952年9月加入中国共产党。1960年10月至1967年3月在解放军418团任副指导员、指导员、副教导员；1969年4月至1976年6月在解放军418团军工厂任厂长兼支部书记；1976年6月至1980年2月任宁夏回族自治区农业局汉延渠管理处革命委员会副主任；1984年10月至1987年1月任宁夏汉延渠管理处党支部书记。

王春茂，1936年8月出生，陕西省蓝田县人，中共党员，大学本科学历，高级工程师，1960年9月参加工作。1984年3月至1989年3月任宁夏回族自治区汉延渠管理处处长；1989年2月任宁夏水利水电工程处党委书记、处长。

杨遇春，1935年7月出生，宁夏灵武人，中共党员。1952年6月参加工作，1956年5月加入中国共产党。1959年11月至1975年2月先后在灵武县委、审干办、党校、组织部、梧桐树公社任副主任、副校长、副部长、副书记等职。1985年2月至1986年12月在宁夏精神病防治院任副院长；1987年1月至1988年5月任宁夏汉延渠管理处党支部副书记；1988年5月至1990年1月任宁夏汉延渠管理处党支部书记、副处长；1990年1月至1993年4月任宁夏回族自治区汉延渠管理处党总支委员会书记；1993年4月任宁夏汉延渠管理处巡视员。

朱建纲，1938年8月出生，陕西省周至县人，中共党员，大学本科学历，高级工程师。1968年7月参加工作，1984年12月加入中国共产党。1970年4月至1984年2月在宁夏惠农渠管理处任技术员、工程师；1984年2月至1989年3月在宁夏惠农渠管理处任副处长；1989年3月至1993年4月任宁夏汉延渠管理处处长；1993年4月至1999年1月任宁夏回族自治区汉延渠管理处党委书记、处长。

陈广宏，1958年10月出生，宁夏平罗人，中共党员，大学本科学历，高级工程师。1975年8月参加工作。1999年1月至2002年11月任宁夏汉延渠管理处党委书记、处长；2002年11月任宁夏回族自治区水利厅水土保持局党支部书记、局长；2009年1月任自治区水利厅副巡视员。

花向阳，1959年12月出生，宁夏青铜峡人，中共党员，在职大专学历，高级工程师，1979年4月参加工作。2002年11月至2009年8月任宁夏汉延渠管理处党委委员、处长；2009年8月调任宁夏渠首管理处党委书记。

王森，1950年10月出生，宁夏银川人，中共党员，在职大学学历，高级政工师。1971年3月参加工作，1985年11月加入中国共产党。1988年8月至1990年10月任宁夏水利学校政工科科长；1990年10月至1998年12月任宁夏水利学校纪委书记；1998年12月至2003年9月任宁夏水利学校党委书记；2003年10月至2008年7月任宁夏汉延渠管理处党委书记。

梁福贵，1958年3月出生，宁夏中宁人，中共党员，在职大专学历，高级政工师。1976年12月参加工作，1978年9月加入中国共产党。1987年11月至1999年3月先后在兰州军区后勤部物资供应站任副站长、站长、党委书记，经销处副主任（副团职）、主任（正团职）；1999年3月至2001年1月转业到宁夏红寺堡扬水工程筹建处、宁夏汉延渠管理处工作；2001年1月至2001年11月任宁夏渠首管理处党委副书记、纪委书记；2001年11月至2008年7月先后任宁夏渠首管理处党委书记、宁夏西干渠管理处党委书记；2008年7月至2015年10月任宁夏汉延渠管理处党委书记；2015年10月调任自治区水资源管理局党总支副书记（正处级）。

袁斌，1964年1月出生，江西清江人，中共党员，大学本科学历，高级工程师。1985年7月参加工作，1991年12月加入中国共产党。1985年7月至2007年1月先后在自治区水利厅水土保持局任副科长、科长、副局长；2007年1月至2008年1月在宁夏水利工程建设中心任党总支副书记、副主任、书记、主任；2008年1月至2009年8月任自治区大柳树水利枢纽工程前期工作办公室副主任（正处级）、党支部书记；2009年8至2018年1月任宁夏汉延渠管理处处长；2018年1月任宁夏惠农渠管理处党委书记。

刘福荣，1966年3月出生，宁夏中宁人，中共党员，大学本科学历，高级工程师。1989

年7月参加工作，1988年1月加入中国共产党。2001年2月至2006年11月任宁夏汉延渠管理处副处长、党委委员；2006年11月至2007年9月调任自治区防汛抗旱指挥部办公室副主任、党支部委员；2007年9月至2010年8月任自治区水库移民管理办公室副主任；2010年8月至2015年10月任宁夏红寺堡扬水管理处党委书记；2015年10月至2018年1月任宁夏汉延渠管理处党委书记；2018年1月任宁夏汉延渠管理处处长；2021年3月任自治区水利厅水利调度中心副主任（正处级）。

何卫东，1965年10月出生，四川蓬溪人，中共党员，大学本科学历，高级政工师。1984年10月参加工作，1989年3月加入中国共产党。1984年10月至2006年11月，先后任北京军区炮兵团战士、兰州军区给水团副处长、处长、副政委等职。2006年11月转业至自治区水利厅监察室工作，2008年9月至2008年10月任自治区水利厅监察室副调研员；2008年10月至2010年7月任宁夏七星渠管理处党委委员、纪委书记；2010年7月至2013年1月任宁夏水利科学研究所副所长、副书记；2013年1月至2018年2月任宁夏水利科学研究院副院长、副书记；2018年1月至今任宁夏汉延渠管理处党委书记。

陈国光，1970年4月出生，宁夏隆德人，中共党员，大学学历，高级工程师。1993年7月参加工作，2001年11月加入中国共产党。1993年7月至2008年9月在宁夏隆德县水利局、粮援办、扬黄办工作。2008年9月至2018年1月，分别任宁夏隆德县水利局水保站站长，观庄乡党委委员、副乡长，水务局党总支委员、副局长、总工程师、党总支副书记、局长。2018年1月至2019年2月任自治区水利厅建设管理处副处长；2019年2月至2021年4月任自治区水利厅节约用水与城乡供水处副处长；2021年3月至2023年2月任宁夏汉延渠管理处党委委员、处长。

## 三、人物名录

1.在职职工154人（截至2022年5月31日）

### 管理处机关

| | | | | | | | | |
|---|---|---|---|---|---|---|---|---|
| 何卫东 | 陈国光 | 郝明辉 | 马忠明 | 罗廷红 | 周小鹏 | 王学义 | 张丽霞 | 刘哲远 |
| 辛智渊 | 李　璐 | 章红燕 | 高　鹏 | 尉佳宁 | 马建云 | 何晓媛 | 王　娟 | 胡志萍 |
| 张　波 | 陈　岩 | 韩永军 | 冉风珍 | 哈莉莉 | 李　扬 | 杨　磊 | 徐莉莉 | 李　涛 |
| 石彩霞 | 庄晓宁 | 岳志强 | 王冬霞 | 李彦斌 | 耿　涛 | 王海永 | 王　龙 | 李　津 |

徐建平　张　章　荣秀娟　周少甫　张彩玲　李　宁　周海挺　邱凤霞　伍文涛
陈　奕　段新平　高学军　马　丽　安　娜　孙艳萍

**第一管理所**

章　俊　程贤东　王　虎　田　荣　刘　慧　常秀珍　丁国忠　谢建林　司秀红
郁占明　尚庆阳　王　宁　贺　瑞　石春霞　邹　智　向占国　贺建华　盛　平

**第二管理所**

郑永志　徐　敬　张瑞成　聂　婷　李军奇　吕　敏　章　静　王生忠　侯晓丽
王　敬　陈永峰　沈永利　侯学奎　李　锋　王子磊　陈　亮　王　彬　朱悦武
谢建军

**第三管理所**

王潇锋　马平安　李　军　汤　枫　王银环　盛丽梅　马　芳　云　龙　张静涛
李宝平　王立东　陈　力　吴玉平　余　峰　张莉芬　陶　娟　沈永华　伍凤霞
杨瑞军　邢　军　李　刚　马娜娜　李　桦

**第四管理所**

付文禹　姜　涛　解成霞　何晓琦　赵小平　郎晓红　李玉强　章姣姣　刘泽祥
陈　宁　李辉刚　张红英　蔡　艳　沈　红　金　晶　王　荣　朱晓平　王志刚
朱　枫　李福平　吴国军

**第五管理所**

苏秀奇　李学平　李　立　黄秋实　陈亚春　胡学文　王建明　王　刚　刘　阳
余　峰　芦建萍　马丽岗　杨　琦　侯志俊　沙学良　张兴旺　楚桂琴　张玉宝
宋　辉　杨志明　白丽娟　沙　丽

2.离退休人员名录

曹长清　魏建国　王成义　司明义　蔡文华　姜国柱　朱建纲　侯　福　陈　孝
安玉亮　王生珍　王进新　郭月海　朱生永　楚　伏　李国孝　陈光跃　徐凤鸣
李占明　张存尚　何正东　韩光仁　张志诚　邢光耀　刘忠国　余国庆　王　森
张兴国　黄国柱　段廷智　王全林　李庆忠　于同华　张云霞　张凤梅　陈惠贤
桂春芳　申宁花　刘翠华　王玉兰　王兰英　陈学军　郑玉琴　马彩霞　李惠萍

| | | | | | | | | |
|---|---|---|---|---|---|---|---|---|
| 李学萍 | 徐淑霞 | 黄琳琳 | 安生亮 | 陈茂兴 | 王金奎 | 何静波 | 余万寿 | 王玉琴 |
| 何景宏 | 孙培之 | 张振玲 | 高 伟 | 尹进林 | 路延红 | 徐胜亮 | 殷彩峰 | 侯雪峰 |
| 张宝生 | 黄正华 | 马金林 | 常 红 | 王金福 | 白生清 | 张长青 | 王建忠 | 孙占清 |
| 段素敏 | 张兴盛 | 宋国栋 | 石贤义 | 杜 静 | 李学亮 | 盛光洪 | 金少贤 | 徐秋菊 |
| 郭晓春 | 蒋志明 | 冉英莲 | 沈小平 | 陈丽娟 | 路功勤 | 吕 萍 | 肖小珍 | 杨惠琴 |
| 姜东林 | 殷彩芳 | 席海军 | 岳 礼 | 徐爱萍 | 贺惠英 | 李小玲 | 桂玉忠 | 陈瑞波 |

## 第二节 诗文古迹

### 一、诗文

**送卢潘尚书之灵武**

唐·韦蟾

贺兰山下果园成，塞北江南旧有名。水木万家朱户暗，弓刀千队铁衣鸣。

心源落落堪为将，胆气堂堂合用兵。却使六番诸子弟，马前不信是书生。

选自《宣德宁夏志》

---

作者简介：韦蟾（？—约873年），唐代诗人。又作韦瞻、韦禅，字隐理，下杜（今陕西省西安市）人，一说为福建人。唐宣宗大中年间进士。初为徐商掌书记，咸通末，终尚书左丞。善诗，与李商隐、罗隐等唱和。《全唐诗》存其诗十首。

**官桥柳色**

明·王逊

官桥千树柳，一路照征袍。色可黄金比，丝非绿茧缫。

春容不知愧，客意叹徒劳。送别青青眼，何时见我曹。

选自《宁夏通志·艺文卷2013》

### 贺兰九歌之三

明·潘元凯

汉唐渠水流潏潏，冬则涸兮夏则溢。不知何代兴屯田，千载人劳至今日。

独怜贫户无牛耕，纳税输官卖家室。呜呼歌兮歌声哀，轮台之诏几时来？

选自《（弘治）宁夏新志》

作者简介：潘元凯，字俊民，明代嘉禾（今福建建阳县）人。洪武初年，任知县，后来被谪戍宁夏。工诗文。

### 别夏城亲友

明·骆用卿

邂逅寻春遍朔方，兴州原是旧名疆。山形西限今夷夏，渠利中分古汉唐。

花木棕情留客驻，衣冠骨肉许人狂。对廷期了经纶债，回首来酬第几觞。

选自《（嘉庆）宁夏新志》

作者简介：骆用卿，字龙山，明代宁夏卫（今银川市）。弘治十四年（1501年）举人，正德三年（1508年）进士，官至兵部员外郎，其余不详。

### 观两坝

明·杨守礼

闸分天上水，工自古人奇。农亩沾春阔，鱼舟待月迟。

汉唐能保障，天地亦何私。惭愧观风客，年年注意时。

选自《（嘉靖）宁夏新志》

作者简介：杨守礼（？—1555年），字秉节，明代宁夏巡抚、三边总督，山西蒲州（今山西省永济市）人。正德六年（1511年）进士。历任湖广佥事、叙州通判、右副都御史巡抚四川、河南参政。嘉靖十八年（1539年）再擢右副都御史巡抚宁夏。次年升右都御史总督陕西三边军务。以战功先后加兵部尚书和太子少保。嘉靖二十二年（1544年）丁忧免职。嘉靖三十四年（1556年）卒于家中。主持纂修《（嘉靖）宁夏新志》。

### 望贺兰山

明·徐健

华夷天限有斯峰，万仞巍巍障碧空。芳草绿杨新塞堡，野花黄蝶旧离宫。

裔裾地古千年镇，汉唐渠分一水通。几度政余闲眺处，翠屏高照夕阳红。

选自《(弘治)宁夏新志》

---

作者简介：徐健，明代建安(今福建省建瓯市)人，其余不详。

### 汉渠春涨

明·朱㮵

神河浩浩来天际，别络分流号汉渠。万顷腴田凭灌溉，千家禾黍足耕锄。

三春雪水桃花泛，二月和风柳眼舒。追忆前人疏凿后，于今利泽福吾居。

---

作者简介：朱㮵(1378—1438年)，号凝真、凝真子，安徽凤阳人，明太祖朱元璋的第十六子。洪武二十四年(1391年)封庆王，洪武二十六年(1393年)就藩宁夏，谥号靖，故又称庆靖王。天性英敏，问学博洽，长于诗文书法，著作有《宁夏志》《凝真稿》《集句闺情》等。

### 官桥柳色

明·朱㮵

桥北桥南千百树，绿烟金穗映清流。青闺娟眼窥人过，翠染柔丝带雨稠。

没幸章台成别恨，有情灞岸管离愁。塞垣多少思归客，留着长条赠远游。

选自《宁夏通志·艺文卷2013》

### 月湖夕照

明·朱㮵

万顷清波映夕阳，晚风时骤漾晴光。暝烟低接渔村近，远水高连碧汉长。

两两忘机鸥戏浴，双双照水鹭游翔。北来南客添乡思，仿佛江南水国乡。

选自《宁夏通志·艺文卷2013》

## 渠上良田

明·朱秩炅

天堑分流引作渠，一方擅利溉膏腴。鱼游浅碧东风细，花涨残红暮雨余。

千顷良田凭富足，万家编户获安居。亢阳任尔为骄虐，稔岁何妨史氏书。

选自《宁夏通志·艺文卷2013》

---

作者简介：朱秩炅（？—1473年），号愣斋。庆王朱栴第三子，正统九年（1444年）封安塞王。著有《楞斋随笔录》二十卷。

## 两坝重修

明·冯清

东西两坝喜重修，一脉滔滔接上流。原隰利分均上下，汉唐泽溥自春秋。

四时谢绝商霖祷，万代评将禹绩俦。捍御足兵缘足食，凶除千古志应酬。

选自《（弘治）宁夏新志》

## 造石坝

明·王珣

河流两派绕边城，保障平当一半兵。不为板桥频建置，肯将石闸创经营。

百年敢信居民逸，此日应知水患平。渠道汉唐依旧是，山川形胜总生成。

选自《（弘治）宁夏新志》

## 行台视事

明·王珣

皇皇宠命重安边，宪节春风路五千。灵武山河多险隘，贺兰云石共钩连。

渠分唐汉江南景，地镇华夷塞北天。韩范功名青史在，肯将实学付徒然。

选自《（弘治）宁夏新志》

---

作者简介：王珣（1440—1508年），山东曹县（今山东曹县）人，字德润。明成化五年（1469年）进士，授太康知县，擢御史，巡按苏州、松江。明弘治十一年（1498年）以副都御史巡抚宁夏。编修《湖州府志》《宁夏新志》《南轩诗稿》等书。

## 宁夏

明·孟逵

百万貔貅善攻守，胡尘靖扫草茸蒙。威加朔漠龙沙外，人在春台玉烛中。

山限华夷天地设，渠分唐汉古今同。圣君贤相调元日，塞北江南文教通。

选自《（弘治）宁夏新志》

---

作者简介：孟逵，玉田县（今属河北省）人，一说顺天府（今北京市）人，弘治十四年（1501 年）以按察佥事督储宁夏，其余不详。

## 宁夏阅边

明·王琼

仗钺赛椎入夏州，塞垣风景豁双眸。田开沃野千渠润，屯列平原万井稠。

西北蜿蜒崇岭峙，东南缥缈大河流。深沟划断通胡路，不用穷兵瀚海头。

选自《宁夏通志·艺文卷 2013》

---

作者简介：王琼（1459—1532 年），字德华，号晋溪，太原（今山西太原）人。明成化二十年（1484 年）进士。嘉靖八年（1529 年），以兵部尚书兼右都御史总督陕西三边军务，驻节固原。著有《晋溪奏议》。

## 高桥望宁夏

明·王弘

匹马行行此极边，依稀风物似中天。东西处处人栽树，远近家家水灌田。

雨露一般唐郡县，乾坤万里汉山川。平生倘有安邦略，谁肯忠良秘莫传。

选自《宁夏通志·艺文卷 2013》

---

作者简介：王弘，字叔毅，南京光洋卫人。明弘治六年（1493 年）进士。

### 夏城漫兴

明·李梦阳

行尽沙陲又见河，贺兰西望碧嵯峨。名存异代唐渠古，云蝶空山夏寺多。

万里君恩劳馈饷，三边封事重干戈。朔方今难汾阳老，谁向军门奏凯歌？

选自《（嘉靖）宁夏新志》

---

作者简介：李梦阳（1473—1530年），字天赐，又字献吉，号空同，庆阳（今甘肃庆阳）人，后徙河南扶沟。弘治七年（1494年）进士，曾任户部郎中，因反对宦官刘瑾下狱。后刘瑾被判凌迟，复任江西提学副使。

### 长渠流润

清·王都赋

长渠活活写沧波，塞北风光果若何。畎浍自分星汉水，人家齐饭玉山禾。

春村野甸鸣鸠唤，夏色凉畦浴鹭过。漫道汉唐遗迹远，由来膏泽圣朝多。

选自《（乾隆）宁夏府志》

### 渠工夜宿山寺

清·梁楚翘

日落渠工罢，孤村独夜闲。风轻闻水浪，月朗对柴关。

古寺全依石，人家半在山。更深眠未稳，乡梦此时还。

选自《（乾隆）宁夏府志》

### 重修汉延渠暗洞

清·王全臣

河流远引汉唐中，双拖白练舞长虹。唐来西绕兰山麓，汉延绵亘唐之东。

中间万顷纷挹注，余波总向湖中聚。群湖宛转东归河，汉延堤高截去路。

古人立法妙有余，地底钻穴透汉渠。就下能消群湖水，仿佛沧溟泄尾闾。

慨自河迁唐口咽，蓄之乌有焉用泄。纵然古洞迹犹存，一任泥沙久埋灭。

大清渠开水洋洋，迎水堤成势更狂。田间水满翻为虐，到处泛溢嗟怀襄。

寻得古洞皆木植，支撑渠底苦无力。经营石甃洞惟三，奥若蛟宫不可测。

石梁潜架邃且幽，坚牢稳载汉渠流。任他灌溉盈沟浍，暗把狂澜细细收。

老农欣欣喜相告，年来鸣蛙产釜灶。三洞赖我使君修，夏不旱兮秋不涝。

曾闻河源来自天，一曲伏流路几千。或是天吴聊小试，暂移鳅穴到银川。

纷纷行客频过此，惊看渠底水淼淼。道是策马历东阳，一派宫商清人耳。

使君政暇可郊行，洞侧清凉好驻旌。为听澶湉河中去，尽是三渠击壤声。

予也闻之深愧谢，功以幸成劳奖借。开渠修洞踵先贤，但愿岁岁宜禾稼。

选自《(乾隆)宁夏府志》

---

作者简介：王全臣，字仲山，湖北钟祥人。清康熙三十三年(1694年)进士，任汲县知县、河州知府、宁夏水利同知、平凉知府、安西兵备道。任职宁夏时，主持开凿大清渠，广灌田亩，建造汉延渠魏信、王澄、唐铎涵洞，并对各渠道普遍进行疏通，改革春工用人办法，宁夏府城绅民感其业绩，建生祠以祀之，其余不详。

### 南麓果园

清·许德溥

塞城秋早果园熟，古道官桥试重寻。低树亭童时碍马，高云磊落总悬金。

荔枝漫说来巴峡，卢桔空烦赋上林。几处短篱开板屋，檐前风露晚香沉。

选自《(乾隆)宁夏府志》

---

作者简介：许德溥，清朝宁夏府(今宁夏银川市)人，其余不详。

### 官桥新水

清·孙良贵

鸣沙启宇逼西戎，浩浩车书万里同。水近银川堪鼓楫，桥如京洛好乘骢。

观澜顿涤烦嚣尽，祈谷频闻八蜡通。一自浩波盈玉塞，年年钟鼓宴新宫。

选自《宁夏通志·艺文卷(2013)》

### 汉渠春涨

清·黄安图

朔塞井疆自古闻，渠成时雨插成云。源开星宿天边至，浪泛桃花陇亩分。

千里荒边饶灌溉，万家溻壤尽氤氲。分来河润成肥沃，疏溶春工莫惮勤。

选自《宁夏通志·艺文卷(2013)》

### 书王司马渠图碑阴后

清·朱轼

奔腾浩瀚出毫端，唐汉新渠次第安。三闸平分均水势，长堤突兀挽狂澜。

城倚东壁知灵武，云锁西山识贺兰。自是韩陵石一片，行人莫作画图看。

选自《(乾隆)宁夏府志》

---

作者简介：朱轼(1665—1736年)，字若瞻，号可亭，谥文端，江西高安(今江西省高安市)人，康熙三十三年(1694年)进士。选庶吉士，历任湖北潜江知县、刑部主事、郎中、光禄寺少卿、奉天府尹、浙江巡抚、左都御史、累官文华殿大学士。著有《易春秋详解》《礼记纂言》《周礼注释》《历代名臣名儒循吏传》《仪礼节要》《史传三编》等。

### 大渠工竣其十

清·刘庶

田舍伊何，万年世业。外护长堤，永无冲决。

疏滞通淤，余波又泄。巩固疆域，内安外悦。

选自《(乾隆)宁夏府志》

---

作者简介：刘庶，清朝雍正年间人，其余不详。

### 渔家傲·大渠工竣调

清·沈鸿俊

凿口导河吞泄利，大渠膏泽浓如醴。闸敞薰风波错绮。东渡水，交流穿过蟠龙尾。

灌沃原田三百里，边氓乐业如归市。上下命官分抚字。舆图启，银疆奏绩天颜喜。

选自《(乾隆)宁夏府志》

---

作者简介：沈鸿俊，宁夏人。清康熙五十六年(1717年)武举，宁夏守备，其余不详。

## 长渠流润

清·杨浣雨

汉宣昔有言:河润及九里。良吏福我民,美泽差方比。

塞垣一望但飞埃,黄蒿灭没沙崔嵬。大河遥徙积石回,到此衍漾堪浮杯。

遂有磊落掀天才,转从屈注声如雷。汉曰汉延唐唐来,大清惠农今代开。

天潢倒吸怒龙口,浊浪急喷长鲸鳃。虹桥历历明水树,蜃气霭霭浮楼台。

平畴散入花万井,山郭斜带青千堆。

马迁《河渠书》,道元《水经注》,当时疏凿人,可惜不能具。

史称虞诩与郭璜,唐宋嗣者推李杨,古迹漫汗不可详。

元有董郭明有汪,驱石筑堰绩用康。王司马、通侍郎,圣朝伟业相辉光。

察汗弃壤通理疆,绣畦北尽省嵬旁。岁粟十万输天仓,嗟哉美利何洋洋!

长渠之润於斯长,万古所怙惟循良。浚淤泄涨高其防,俾我农人孙子乐未央。

君不见,南阳纵横旧吠亩,召杜至今歌父母。

选自《(乾隆)宁夏府志》

---

作者简介:杨浣雨,字紫瀛,清乾隆年间宁夏府宁夏县(今宁夏银川市)人,清乾隆三十六(1771年)进士,曾参与《(乾隆)宁夏府志》的编纂,其余不详。

## 长渠流润

清·王都赋

长渠活活泻苍波,塞北风光果若何。吠会自分星汉水,人家齐饭玉山禾。

春村野甸鸣鸠唤,夏色凉畦浴鹭过。漫道汉唐遗迹远,由来膏泽圣朝多。

选自《(乾隆)宁夏府志》

---

作者简介:王都赋,清朝乾隆年间宁夏(今宁夏银川市)人,其余不详。

## 长渠流润

清·杨润

万井绣苍烟,长渠吸巨川。

桔棒声不动,启闸雨盈田。

选自《(乾隆)宁夏府志》

### 官桥烟柳

清·张梯

跨岸虹通砥道平，绿杨苒苒水盈盈。轮蹄来往南北路，都在山城画里行。

桥上轩楹带画栏，林阴迷离嫩于烟。余情也爱渊明柳，不在门边在水边。

选自《宁夏通志·艺文卷2013》

---

作者简介：张梯，字濒园，河南鹿邑县人。清道光二十一年(1841年)任平罗县知县。任职其间，修纂《续增平罗纪略》。

### 登贺兰山

清·谢威风

西夏言民利，渠流冠古今。汉唐垂法久，清惠比功。

买犊钦贤哲，烹鲜有澍霖。我来惭作郡，事事费沉吟。

选自《宁夏通志·艺文卷2013》

---

作者简介：谢威风(生卒年不详)，湖南宁乡(长沙市西北)人。光绪十八至十九年(1892—1893年)，任宁夏知府。

### 春日书怀

民国·吴复安

茅庐常扫静尘缘，理乱无关祗独眠。

门外一渠春水绿，年年流润到田间。

选自《(民国)朔方道志》

---

作者简介：吴复安(1872—1920年)，晚清民初宁夏学者，字心斋，号静安。宁夏府宁朔县大坝堡(今宁夏青铜峡市大坝镇)人。光绪十九年(1893年)举人，积极倡导新学，光绪三十二年(1906年)参与创办宁夏府中学堂(今银川一中前身)，担任学堂监督。民国二年(1913年)，被推举为宁朔县议会议长，后因意见不合，居家赋闲。民国六年(1917年)秋，开始主修《朔方道志》。民国九年(1920年)因病殁於志馆奎星楼，有手稿《集虚斋草编》传世。

### 修宁夏北门城楼告成

民国·黄国华

俯看黄河槛外流，万家阡陌望中收。天生石峡富宁夏，地接金汤卜有秋。

渠业尚遗唐汉迹，涛声应洗古今愁。关山不尽征人感，惆怅临风一倚楼。

选自《(民国)朔方道志》

作者简介：黄国华，字菊倦，湖南岳阳人。1923年，任中卫县知事。其余不详。

### 过青铜峡

白夜

青铜一峡束黄河，水入平原见大波。秦汉唐渠分左右，拦洪闸坝立中阿。

长堤不尽垂杨远，沃土有情稻谷多。行到峰头水一览，纵情我欲放高歌。

《宁夏日报》1962年9月25日

作者简介：白夜，作家、《人民日报》高级记者。

### 游青铜峡

董必武

青铜峡扼黄河喉，约束水从峡里流。导引分渠资灌溉，下游千里保丰收。

兴建大坝自需工，发电无妨灌溉功。跃进开头难不倒，任他泥铁笑东风。

《宁夏日报》1963年10月23日

作者简介：董必武(1886—1975年)，原名贤琮，又名用威，字洁畲，号壁伍。董必武是中国共产党的创始人之一，中国无产阶级革命家，中华人民共和国领导人。

### 青铜峡水电站

甄载明

一

稻香千里泻秋风，细雨轻车过吴忠。

天下黄河富宁夏，而今水利数青铜。

二

青铜峡里水声隆，一片光明造化穷。

烛照银川千里绿，而今人定胜天工。

三

人定从来可胜天，汉唐古渠已千年。

山河改造资群力，历史今朝改续编。

四

塞上江南鱼米鲜，胜名久已著银川。

自从电站新成后，宁夏工农别有天。

选自《长渠流润》

---

作者简介：甄载明，甘肃省政协委员。此诗是其1985年8月的观后之作。

### 塞上江南

张国琦

稻菽翻浪翠绒绒，疑是江南陌上行。

最令游人惊不已，碧绿深处一点红。

（《宁夏日报》1987年1月4日）

### 银川平原

尉茂河

一路青山一路川，麦浪滚滚稻浪翻。

亭亭玉米高粱秀，瓜果飘香四季鲜。

（选自《宁夏日报》1993年3月19日）

### 灌区新貌

吴尚贤

自古黄河水上台，绿洲乐园人间来。艰辛经营二十年，家给人足乐陶然。

植树千万蔽风沙，阡陌深处有人家。创业守成两不易，发展进取更向前。

选自《宁夏水利志》

## 美哉！宁夏川

吴尚贤

宁夏川，好河山。
长城连朔漠。
黄河来天间。
屏障自有贺兰山。
展目望：
绿洲横眼前。
树荫遮村屋，
道旁柳相属。
沟渠纵横阡陌连，
无旱无涝，
稻麦尽高产，西北冠。
米味胜江南。
春迟秋早半高寒，
夏无暑免摇扇，
冬有香煤暖房间。
风多雨少日照长，
昼暖夜凉瓜果甜。
人人都说家乡好，
我亦然。
仙境谁曾见？
美哉！宁夏川！
不似江南，
胜似江南。
君其看！

选自《宁夏水利志》

## 水赋

王振升

天一生水，水生百命。清粼粼，开五行之端；哗啦啦，启万机之蒙。

上善若水，利万物而不争；劳谦君子，益百姓而无彰。源汩日月，泉不添自浚；川行昼夜，海不溢自深。润物无私悄悄去，洁人不倦时时新。水生金，金刚出水淬；水克火，火烈唤水腾。青出于蓝，血浓于水。大道无形，方圆随器就；大行无休，公平寸心知。泉知根，孜孜报源；云眷土，滴滴答恩。人行高，一览众山小；水赴下，总关卑微情。冽水含玉润九品，寒雪育梅傲百花。水演卦、卜吉凶，雨为粟、载文形。融万物不失其本，淡泊宁静；荡百尘激浊扬清，潺潺无影。微水投海久，众心志合坚。流水不腐，滴水穿磐石；柔以含刚，利剑宁断流？温比兔，石敲平湖悠悠晕；猛若虎，洪流骇浪徐徐宁。峡川峻岭，奔万里不移东海志；暖云寒冰，变百态静守明澈身。男胸虚谷，君子交如水；女质水晶，玉壶筛冰心。龙多无治，池清难渔。

浩渺天宇，水亲地球。天下之多者，水也，无所不在；天下之珍者，水也，浮天载地。逐水居，凿木漂流渡；井田溉，阡陌怡然行。用水济生态，识水成文明。浪冲高崖峻，海围大陆葱。海生云，云携雨，雨滋岁岁百谷；冰化泉，泉汇河，河沐芸芸众生。大禹治水，福祉留天地；玄冥司水，忠骨化水魂。二王筑江堰，富天府之域；蒙恬开河渠，造塞北江南。郑渠流古韵，运河载春秋。天堑通途，高峡出平湖；沧海桑田，戈壁走苍龙。水固坚泥筑广厦，火煅黄土垒铜城。

潮头举红日，宝地涵风水。龙行乾坤，大成原驰蜡象；流响竹底，细作小桥人家。扁舟从流荡，野鹤逐云逸。水无形，塑山河大美；水无彩，育万紫千红。烟波蜃楼，云海飞霞。清湖映荷月，河染山色浓。玉树临风，射虎冰灯。湖作日月镜，海涵天之蓝。渊深不言，溪流拨弦。泉水叮咚，河流淙淙。无畏胆，飞流直下卷起千堆雪；豪迈气，弄舞霄上惊雷撕裂苍穹。溪行九曲歌，丽泼万丈虹。水木清华，年轮著气象；海晏河清，水文话沧桑。

洛书写玉帛，河图绘丹青。河为母，哺我炎黄血骨肉；江为龙，传我华夏精气神。潇湘育南国秀色，岱宗壮北地雄宏。伊犁绿西域，松花沃黑土；心诚见天池，月朗赏西湖。橘枳淮界，泾渭分明。千里洞庭，波探岳阳楼；万顷鄱阳，心牵日月潭。洪泽渔歌互答，太湖碧波连天。青海守雪域，滇洱映苍山。鸭绿襟高丽，澜沧带安南。浩帆驭风，三千童子扶桑渡；坚船破浪，几度轮队下西洋。嘉兴湖画舫开新域，白洋淀飞舟驱日倭。洪湖腾赤浪，延河向东方。《水注》百又二二水，难尽江河万古情。

神仙栖于山，山不在高，有仙则名；蛟龙生于水，水不在深，有龙则灵。命从水象，水演财象；智者乐水，仁者珍水。无嗅味，能化香茗烈酒；无规矩，可度世态人心。孔子临川，叹逝者如斯；东坡观江，咏千古绝唱。水静人心正，流清民心平。随波逐流，过无关水而关乎志；同流合污，错不在流而在于德。载舟覆舟，当心风高浪险；潮涨潮退，终究水落石出。望穿秋水，梦醒鸿雁至； 高山流水，知音在何方？急流勇进，平湖安心。

柔为象，活为本，刚为性，流为趣；明清浊，知冷暖，察高下，平起伏。呜呼，万物轮回，灵水永生。

（选自《宁夏日报》）

## 二、碑记与传说

### 钦命大修汉渠碑记

清·钮廷彩

昔司马迁从负薪塞宣房，悲狐子之诗，而作《河渠书》，其言汉之导河为渠也。盖详郑当时为大农令，水工徐伯引渭穿渠，并南山下庄熊黑，穿龙首渠，引洛水至商颜，率以利漕，灌溉浸广。迨白壁既沉，楗石是利，於是朔方、河西皆引河以溉田。

汉之有斯渠，殆元封太初间？与顾姓氏湮没，不与蜀水、郑国焜耀先后，怀古者惜焉，虽然王者抚世民。宏一代之规模，垂诸万祀，类非臣下所得私。渠为汉有，史非阙也。我朝德泽涵濡，制度美备，区区汉唐之治，度越千万。洪惟我皇上，以神灵首出之资，缵成前烈，斟酌损益，金声玉振。

先是夏之塞，河壖弃地，可引而溉，天子乃命大臣穿惠农渠。渠成，复缘六羊河穿昌润渠，建县二，画井授田，归者如水。既又念宁夏有汉、唐诸渠，岁取材於民，公旬惟月，虑其材俭民劳，卒致埋塞也，悉发帑金，恢闲旧制。雍正九年，唐渠成。顾时方讨罪于西域，飞当挽粟，道路相属。圣天子不欲重烦吾民，趋廷臣还救下宁夏道臣鄂昌暨水利同知竟其事。

臣钮廷彩奉职朔方，凛兹成命，夙夜惕若。癸丑之春，疏汉渠，戒事於水利同知臣石礼图，越百执事，奔走先后，自渠口达尾，绵亘一百九十五里八分。测水平，竟源委，高者裁之，怒者断之，壅者涤之，沮洳而漫衍者潴之，渠以大利。

正闸一，退水闸三，尾闸一，陂堤凡几，或因旧更新，或昔无而今益，整砌坚完，苇组重叠。卜虔於龙神，迁诸东麓，庙貌以新。桥亭一，横桥二十有零，迤逦联属，轮蹄便适。

是役也，发夫五千人，糜金钱万万，凡一月而工竣。猗欤盛哉！汉之穿斯渠也，作者数万人，历三期，费以巨万十数，功非不伟矣！历数千百年至於今，人事迁易，埋没不常，藉非大圣人在上，起而更新之，其不浸久浸废者卒鲜。是我皇上浚亩距川，功延万世，凡以缵禹之绪，非直与炎汉争光也。边隅小臣，躬逢盛事，仰圣德之高深，而与斯民乐美利于无穷。

恭镌诸石，以垂不朽，是为记。

---

说明：选自《（乾隆）宁夏府志》。汉渠：汉延渠。殆：大概。元封太初间：元封、太初是汉武帝的两

个年号。元封年间即公元前110—前105年,太初年间即公元前104—前101年。钮廷彩:雍正五年(1727年)二月奉旨补授宁夏府知府,雍正十年任宁夏道观察使,雍正十一年(1733年)主持对汉延渠进行全面大修。

## 修唐铎暗洞记

清·周克开

欲凿穹硐幽洞,於飞流奔涛十数丈之下,长倍之,则必计寻丈,揣厚薄,约夫力,伐他山,敛资财,于是者非数月不就。又况假地于人,限以时日,岌岌乎必不得成之数,而又非柳子厚"因其地,全其天,逸其人"之谓也,何则?夏之地,类斥卤,筑闸坝,引河水,时灌溉,成桖沃。朔邑地据上游,夏秋之交,诸湖水涨,束於汉渠,势不得浅。昔人於汉渠底穿暗洞以渡伏流,此暗洞之所由建乎?洞始于木,易以石。石之寿可百年,地势即远久,仍败。

庚辰之春,唐铎暗洞毁。夏邑士民喧奴话评,畚土塞洞,势以自全。朔民皇皇,呼救孔急,去县百里,半宿奔至,期修复以十日。夏令大喜,谕其民遵约而退。民环瞻予,愕肝不宁。予曰:"无忧。今所少者,石耳、钱耳、夫耳,予已携三百千在此矣,集九堡农人各以犖之唐坝安澜闻,有废石可借用,事后还之。"于是纷坛爬搔,隧如壁如,垂如隆如,浏如盈如,不五日告成。民踊跃欢欣,两邑之民均获安焉。昔李邺侯守杭,苦水卤,穿六井以便民,久而日湮,白香山至,俊之。至宋苏端明来,复大浚之,仍其旧,且为条约,叙其始末,以遗后人。盖前人有作,匪后何继。后复有后,后之视今,长无升髦焉,斯前人之幸也夫!

是为记。

---

说明:选自《(乾隆)宁夏府志》。周克开:乾隆二十一年(1756年)任宁夏府宁朔县知县。柳自厚:柳宗元,字自厚。汉渠:汉延渠。李邺侯:李泌。白香山:白居易。苏瑞明:苏轼。

## 重修魏信暗洞碑记

清·胡景桂

汉延渠下暗洞有五,在魏信堡者乃其中段之一,洞水上承清、唐二渠,以东湖水分入沟,由沟达洞,俗名黑阳洞者是也。洞水旧归西河,今由惠农渠永和洞退入大河洞。初架以木,自康熙五十一年水利同知王全臣,乃易木而甃以石。长十五丈,高五尺,宽四尺,轮宽一丈有五尺,迄今一百八十余年矣。岁月既久,糟朽崩裂,岌岌可危。光绪丙申冬月,署宁夏府事罗守镇嵩倡议重修，派承种银湖田之户每亩纳制钱五十文。桂履任后因复派之。而综所人，仍不敷用。四渠坝料底子钱，向例发商生息，备修暗洞，乃议提用此款，以充购料之资。详请于制军陶公的，得报曰可。丁西季冬，崇守莅任，阅视渠工，尤亟亟焉，以是为重要。乃相与商，派武生傅金枝辇石於山，炼灰於峡，军功于自乐等监工督夫，按期兴作。遂遴委黄经历式铎、邹巡检玉麟、常经历祝三总司其事。经始於光绪己亥二月六日，落成於三月十六日。洞阔於旧，高增於旧，轮广一丈八尺有奇，用制钱五千七百。百姓举欣欣然有喜色曰："是洞也，规模宏大，宣畅通，而今而后，吾田之濒湖者可免淹浸患，吾田之濒沟者可免冲决患。上之功德，岂有涯哉？"予谓："此工筹款於三年前，成功於四十日，料实工坚，既庭且硕，皆太守董率之功，与委员首事诸君赞襄之力。予乐观厥成，亦云幸矣，何功之有？"抑予更有望者，汉渠上游有唐铎暗洞，乾隆间知县周克开の重修，石有崩裂。汉渠梢有王澄暗洞，亦王司马全臣所修，废湮已久。若能继此兴复焉，不特汉渠可免后患，而郡城东北一带湖水、沟水均有归宿矣。是所望於后之君子。

---

说明：胡景桂，直隶永平人，清光绪二十二年（1896年）任宁夏府知府，其余不详。魏信暗洞，指汉延渠魏信堡附近暗洞（今永宁县望远镇西魏村永庆沟）。

### 重修汉渠暗洞记

清·王全臣

渠之有暗洞也，古所设以泄水者也。河流自南而北，各渠引之西北行，以溉民田。溉田之余水，散注于各湖。湖与湖递相注，而仍东泄于河。其所由泄之路，则穿汉渠之底而出。汉渠南北流于上，而穴其下若桥洞然。虽高止数尺，广止丈余，而渠与两岸之堤宽至十有余丈，洞之长亦如之。深藏地中，潜渡伏流，望之幽邃杳冥，故曰暗洞也。厥洞惟三，在魏信堡者曰上洞，在张政堡者曰中洞，在王澄堡者曰下洞。古人之於渠工，计其蓄，复计其泄，良法美意，亦至详且尽矣。

予莅宁夏之初，巡历效原，第见夫各渠率多壅塞，民田强半荒芜。每经过暗洞，或告予曰："水满则溢，此乃泄之也。"予虽目击其崩溃填淤，忽焉不介于心。盖环顾阡陌之间，求消滴以润涸辙，尚戛戛乎难之，焉用泄为？意谓古人为此，似亦过计。迨其后创开新渠，疏通唐、汉，水于是乎有余，田间水满，乃注于各湖。湖不能容，遂潴焉而为害。夫乃叹古人之良法，皆毁于后人之忽，不究心耳。

呜呼！靡不有初，鲜克有终，伊谁之咎欤？苟不早为之所，倘一倾颓，汉渠且截然中断矣。奚可哉？乃日夜思，所以修葺之，无如工大费繁，计无所出，未敢遽宣诸口。

辛卯冬，诏蠲次年租赋，予欣然曰："暗洞可修矣。"正供中有所谓麦馔者，岁赋七百余金，往例不赋之于地丁，而赋之于渠夫，每岁於额夫万有二千之中，轮抽五百人免其力役，俾纳麦馔。今租赋既蠲，则此五百人者，例仍归诸渠，向者渠工浩大，尚可少此五百人，兹渠已垂成，又焉用之？竟以助修暗洞可也。张政之洞，原登石为之，第岁久欹损耳。魏信、王澄较张政之洞为更大，乃尽系木植，易于敝坏，若俱易之以石，更足垂诸久远。爰综核而量度之，三洞之中为补葺，为更易，应用石几何，木几何，工匠几何。

会计既定，乃即壬辰春浚之。先于麦馔五百人中以三百人措置一切物料，以二百人采石于山，示以尺寸。而检罚去岁春工之误工者数百人，使运之。其或不足，则拔额夫以助之。罚工惟重，他则较浚渠稍轻，盖使小民易於趋事也。春浚工兴，众役毕集，不越月而告成。魏信、王澄之间，伟然两石洞，直与在张政者并垂诸久远矣。

由是于各湖上下，水所由行之路，尽疏之使通，以导其流。夏秋之际，田间水满如故，而各湖之滨且涸而为田。泛溢之害，吾知免矣。古人之制可复，予亦可告无罪矣。或曰："不费不劳，而使水有所蓄，复有所泄，皆司马之功也。"或曰："水利自有专司，君何越俎以任劳怨，且不殚烦也？"

嗟乎！今日暗洞修，而渠之事功始毕，予之志愿乃毕。予何功焉，特复古之制云尔。若夫身任民牧，则民事宜亟，越俎之讥，予固不辞也。后之君子，实用心於蓄泄之间，而不使古人之良法美意，湮没於忽不究心者流，斯予之愿也。

以是为记。

选自《(乾隆)宁夏府志》

### 郭守敬与宁夏水利

汉延渠进水闸下的汉延公园里有座郭守敬塑像，其碑刻记载着郭守敬与宁夏水利的渊源。元朝初期，通过各种方式向宁夏地区的移民屯垦十分频繁，北部地区以民屯为主，南部地区以军屯为主。经过数十年的移民屯垦，宁夏居民户数和屯田数都有了明显增加。据1288年统计，宁夏路总管府所辖的三州屯田数达2240顷。忽必烈的重农治国之策，使宁夏的水利设施得到了极好的发挥。1264年，忽必烈命令中央负责水利的官员分赴各个行省，负责指导开发灌溉农业。著名的水利专家郭守敬被派到宁夏行省，负责宁夏地区引黄灌溉系统的恢复建设。时年33岁的郭守敬出生于河北邢台，他的祖父郭荣精通数学和水利，经常喜欢和一些老朋友谈论学问。郭守敬从小耳濡目染，学习了很多科学知识。祖父觉得他是一棵好苗子，便把他送到一位精通天文、地理、数学的老师那里去学习。长大后，郭守敬在河北大名一带参加了水利建设，积累了丰富的实践经验。后来一位大臣把他推荐给忽必烈，他在全国的水利建设方面提了不少的好建议，受到忽必烈的赏识，被任命为诸路河渠提举，负责管理全国的水利建设。郭守敬来到宁夏后，沿黄河将两岸地区细细勘察了一番，对宁夏平原上的正渠、支渠的数量和长度，以及可灌溉的田地亩数进行了详细的统计，为朝廷绘制了一份较为详细、真实的宁夏河渠图。掌握了大量实际情况后，在郭守敬的指导下，宁夏展开了大规模的水利修复工程。动工之前，有人提出“废弃旧渠，另开新渠”，郭守敬经过一番调查，测算了成本，认为那样做既费工又费时，还是决定“因旧谋新”，将工程重点放在修复疏通旧有渠道上。他提出了修建滚水坝以减弱水势、在渠道引水处筑堰以提高水位、在渠首建进水闸以保证渠道水量、建退水闸

以调节流量等好的施工办法。先后指导宁夏屯田军民疏通了流经中兴州(今银川市兴庆区境内)的唐徕渠400里、汉延渠250里,疏通其他四州10条各长200里的正渠和大小支渠68条,使1万余顷土地得到黄河水的灌溉。在施工中,宁夏各地普遍采用了郭守敬发明的一项新技术,即利用水坝和水闸调节水量的“牌堰”技术。这一技术的运用,避免了渠水泛流之祸,使整个引水灌溉系统具有较好的可控性和防洪效益。在郭守敬的指导下,这些水利工程设施技术含量高,制作精细,质量坚固,直到明代中期仍在使用。即便是今天,用水坝和水闸调节水量的办法依然在宁夏引黄灌区普遍使用。在疏通旧有渠道的基础上,郭守敬指导宁夏屯田军民又开挖了几条新渠。其中,在中卫地区修筑的蜘蛛渠(今美利渠)灌溉农田3000多亩,使当地农业年年获得丰收。水利设施的修复,有力地促进了农业生产,宁夏地区屯田垦殖业大规模恢复,外出逃难的人们纷纷返回家乡,重建家园。朝廷也进行了大量的移民和军队屯垦,黄河两岸又呈现出一派欣欣向荣的景象。1265年,郭守敬完成宁夏的水利工程修复后,又接受了忽必烈令其探查宁夏黄河段能否开通水上漕运的任务,从中兴州(今银川市兴庆区境内)黄河渡口乘船返回京城。郭守敬乘木船顺河而下,在水上行走了4个昼夜,才到达今内蒙古东胜地区。一路行来,他对宁夏黄河水道的状况有了更深的了解,遂产生了一些新的想法。回到京城后,他向忽必烈报告了宁夏黄河段的探查结果。忽必烈采纳了郭守敬的意见,下令从宁夏中卫到内蒙古东胜沿途建立水运驿站,开通水道漕运。元朝在宁夏黄河段共设有10个驿站,给宁夏水驿配备了30艘新船,又调给旧船36艘,配置水手200名,同时给每个驿站建造了馆舍,划拨了一定数量的耕地,还配给了10头牛、100只羊。之后,宁夏长约400 km的黄河水道便开通了。这也是历史上宁夏黄河水上漕运的开端。郭守敬因治水有功,成果显著,返回京城后即被提升为都水少监。宁夏百姓十分感谢郭守敬,特意修建了一座生祠来纪念他。时至今日,宁夏人也没有忘记郭守敬,先后在银川市唐徕公园和汉延渠进水闸下的青铜峡市汉惠公园里树起了两座郭守敬雕像,人们以此来纪念这位对宁夏水利曾经有着突出贡献的伟大的水利家。

### 朱元璋之子朱㮵与汉延渠

朱元璋建立了明朝之后,将儿孙们分封为王派往各地驻守,企图“以同姓治异姓”,让儿孙们统帅军队,监视地方政府。当时,被封为庆王派驻宁夏的是其十六子朱㮵。据史书记载，朱旃天资极高，他“英敏好学”，“学问宏深，好古博雅”，擅长诗文写作，尤工草书。他的草书“清放驯雅，绝无俗碍，海内传重，视为拱璧”，只可惜没有留传后世。只有他的数十篇诗词，被收入宁夏古代方志流传至今。他所创作的“西夏八景诗”，不仅描绘了宁夏的著名景观，具有较高的文学造诣，而且还有重要的史学研究价值。他自己也说，从这些诗中可以“见宁夏风景之佳，形胜之势，观游之美，无异于中土也”。朱㮵的西夏八景诗有：贺兰晴雪、汉渠春涨、月湖夕照、黄沙古渡、灵武秋风、黑水古城、官桥柳色、梵刹钟声。其中写到汉延渠景致的诗歌有3篇：《汉渠春涨》《官桥柳色》《月湖夕照》。《汉渠春涨》写的是从银川东部流过的汉延渠，诗中写道：“神河浩浩来天际，别络分流号汉渠。万顷腴田凭灌溉，千家禾黍足耕锄。三春雪水桃花泛，二月和风柳眼舒。追忆前人疏凿后，于今利泽福吾居。”朱㮵在诗中描绘了春季汉延渠开闸放水的情景：黄河水滚滚而来充盈渠道，浇灌着两岸万顷良田，千家万户忙着春耕，人人脸上眉开眼笑。朱㮵将此情此景视为宁夏一大景观，这恐怕是只有久居宁夏，了解当地情况，与当地人民同情共感的人才能具有的视角和情怀。他在诗中颂扬了前人的凿渠之功，表达了自己的感恩之情。朱㮵一生著作颇丰，著有《凝真集》18卷、《集句闺情》1卷、《宁夏志》2卷，还编辑了《文章类选》40卷。尤其是他的《宁夏志》，是宁夏留传至今的第一部方志，在宁夏文化历史发展中具有极其重要的地位。

### 银川与汉延渠

清康熙四十七年，即1708年，宁夏水利同知王全臣在题为《重修汉渠暗洞》诗中写道：“曾闻河源来自天，一曲伏流路几千。或是天吴聊小试，暂移鳅穴到银川。”还有同时期宁夏进士解震泰在《游贺兰山》一诗中写的：“黄河一带宽，城郭渺如肪。银川亦寥廓，微茫但一望。”清乾隆年间，湖南长沙籍官员孙良贵在今汉延渠大观桥（古称大官桥）作诗《官桥新水》（中卫十二景之一）中写道：“鸣沙启宇逼西戎，浩浩车书万里同。水近银川堪鼓楫，桥如京洛好乘骢。”与孙良贵同时期的宁夏举人王宋云在诗中所写的“银川”一词，所指不仅仅是写景，已经含有地名的意境：“银川自昔以武竞，开国以来称绝盛。豹韬虎符各起家，烟阁云台多著姓。”明清的文人雅士在咏唱宁夏平原沟渠如织、湖泊棋布的秀美景色时，常常使用“银川”一词，使“银川”一词渐渐变成了宁夏平原引黄灌区的代名词。民间对“银川”一词还有另一个说法。宁夏府城四周湖泊遍布，积水成洼，土壤盐碱化十分严重。冬春之季，地表总是泛起一层白白的碱花，远远望去一片银白，所以被人们称为“银川”。不管是赞美之词，还是戏谑之语，都是对当时地貌的形象比喻。清后期，宁夏道水利局局长蔡乐善、渠长蔡之弼一家长期把持宁夏水利，巧取豪夺，农民深受其苦。在青年学生的支持下，农民们起来控诉贪官污吏水霸的罪行，甘肃省政府派员专程到宁夏整顿水利。根据群众的揭发，查出蔡氏一家的贪污罪行，将二蔡枪决。此后制定了汉延渠及宁夏各干渠的浇灌制度，责令水利部门严格执行。

### 李翰园整顿宁夏水利

1938年，李翰园任宁夏省建设厅厅长后，认识到宁夏水利建设的各种积弊，症结在于封建权势的把持。他决心整顿，常对人说：“贾鲁治黄河，恩多怨亦多；百年千载后，恩在怨消灭。”整顿开始后，他采取“治嫡疾，用猛药”的措施，首先从人事方面着手，纳新吐故，吸收了一批青年知识分子，充任水利厅视察员和各县、渠局助理员、段助理员等职，让他们边工作、边学习、边监督，以逐步取代官僚地主豪绅们。当时考核各县、渠局长、段长的工作，以渠无决口、各轮渠水按时灌完、无重大贪污为准绳，否则，即以失职论处。汉延渠局长黄金镛，因第一轮水没有按时灌完，渠梢段百姓将其上告，李翰园立即将黄金镛撤职，送看守所管押八十多天。唐徕渠局长马周堂，把持渠政多年，大有非马无人能当唐徕渠局长之势，李翰园及时予以撤换。唐徕渠第三段段长吴让，冬灌时此段发生决口，当时李翰园在工地上要枪毙他，经多方求情，才免死受罚。同时，对抗夫、抗料、霸水的豪绅也及时给予严厉惩处。如中宁县的豪绅王宝立，因抗夫不按时到七星渠上春工，李翰园到中宁县检查春工时，便责罚枷游全省，虽经中宁驻军军长马鸿宾派人持函说情，仍不允免。原叶盛堡的豪绅哈臻祥，因以坏柴送交西河口强顶坝柴，李翰园得知后，便罚其修建西河口工地夫房数十间。另外，对刁口（倚仗权势强开斗口）霸水、浪费渠水的豪绅，均罚建夫房，毫不容情。中华人民共和国成立时，各干渠正闸以上重要工地的渠夫住房，绝大部分是在李翰园任内修建起来的。对于加强干渠行水安全，杜绝渠堤决口灾害所采取的措施是：凡大小支渠斗口，一律盖水房（看斗口人住房）一至数间，备有抢险物料、工具以及照明设备等。规定有险情警报讯号，固定专人（各渠受水户轮流担任），由支渠长负责率领，日夜巡护渠坍，看管斗口开闭。大支渠口夜间三至五人，白天二人，一般支渠口夜间二至三人，白天一人。抢险和闸口用柴，大支渠口堆存五十至一百个，一般支渠口堆存二十至三十个。固定的看口人，均在水房食宿，不能离开。日夜巡护人，均须携带铁锹、背斗，上下巡护划定的渠段。水房内经常备有石杵和警报讯号——铜锣一面，红灯笼一盏。夜间巡护人要及时传递上下游送卯的木牌，签明收到时间，以备考查发生事故的责任。各斗口均用木板封闭，初期还需加锁，后因渠道发生决口时开启不便，方取消。当时人们针对这种情况，编写了一副对联："铁锹背斗石杵子，锣锅席子红灯笼"，横额是："严封实闸"。这些措施，对行水安全、保证农田适时灌溉，都起到了积极作用。与此同时，还给各干渠和大支渠（良田、果子、官泗等渠）梢段刻发了木质梢结图记，交梢段渠绅持存，当每轮渠水灌完后，梢民出其梢结一文，注明灌完日期，加盖图记报厅。对于杜绝水利人员吃夫吃料、受贿卖水等积弊采取的措施是：1939年成立了省、县水利工款稽核委员会，银川绅士李斌任主任，负责审核春、秋工程实用的工料。每年春工时，以吸收的新生力量，组织卫宁、金灵吴（又叫河东）和河西三灌域春工夫料点验队，对渠、沟、河工料进行认真点验。工完后，三日内要将各工地实用的民夫和各种物料数，填出点验证单，在七日内上报审核注销，过期以违法论处。李翰园的这些措施，头两年内确也收到了弊绝风清的效果，但却触动了官僚豪绅的利益。他们经常在马鸿逵面前攻击说，李翰园同情共产党，培植私人势力，在老百姓面前讨好，有损主席威望等。第三年春工前，李翰园建议马鸿逵派副官处的军官组织各渠春工夫料点验队。不期这些人，在点验工作中，勾结水利人员，大肆受贿贪污，乱发夫料点验证，弄虚作假。李翰园意识到在此情况下难以继续工作，便辞职赴甘肃，宁夏水利方面的各种积弊又复泛滥。李翰园为人比较正派，不能与马鸿逵等同流合污，这是当时他被排挤离开宁夏的主要原因。

### 北典农城与汉延渠

公元前119年，卫青、霍去病大败匈奴于漠北，新秦中之地重归汉朝后，汉武帝下令从关东调来70多万平民移居河套地区，而兴庆区一带也是这次安置移民的主要地区。之后，移民活动一直持续到西汉末年。据统计，仅宁夏一地就迁来移民达三四十万。公元前112年，今兴庆区掌政镇洼路村一带出现了一座新城，人们称它为"北典农城"，后来也被称为"饮汗城"。其实，这座城并不是西汉政府在银川平原上修建的第一座典农城。第一座典农城是建在今青铜峡市邵岗一带的典农城，后来又称为"胡地城"。同时在永宁县望远一带黄河西岸的汉延渠边修建了"上河城"，也称为"汉城"。由于新修建的典农城位于原典农城的北部，因此被称为“北典农城”，南边的典农城相应地称为“南典农城”。西汉政府之所以要修建这座北典农城，主要是为了安置从河开宛西吕城迁来的大批移民，所以这座城又被称为“吕城”。也正是这个原因，靠近吕城的黄河渡口也被称为“吕渡”。北典农城的建造，被今人看作是兴庆地区最早出现的一座城。其实，这座“城”只是为了接纳移民，作为政府派出机构管理屯田实边、开渠殖谷事务的一个有围墙的地方，充其量也只能算是一个“土围子”。然而，它的出现，对于兴庆地区的城市建设有着非同寻常的意义。又有谁能够否认，它与银川城的建造没有关系呢？入住北典农城的移民得到了政府的大力扶持。在他们到的头几年，为了让他们能够尽早安家落户，致力垦荒，西汉政府不仅免费给他们提供口粮，发放御寒的衣物，还向他们提供子种和耕牛。在政府的帮助下，北典农城的移民们安定下来，很快便投入到兴庆地区的农牧业生产中。中原移民的大量迁入，给兴庆地区带来了新的生产方式。新农具、新技术的普遍使用，加之银川平原便利的引黄灌溉条件，使得灌渠的大量开挖成为十分普遍的事情。移民们利用黄河在银川平原上流速缓慢、流量稳定的有利条件，开挖了多条渠道，引来黄河水浇灌新开垦的土地。当时开挖的流经兴庆区的大渠——汉延渠，至今仍然在银川平原上汩汩流淌，浇灌着上千万亩肥沃的农田。大规模的屯田垦殖和兴修水利，给北典农城带来了粮丰谷饶的富裕景象。兴庆地区原本就畜牧业较为发达，从秦至汉初已经具有相当的规模。出于当地优越的自然条件和边防军事的需要，西汉政府在西北边郡养马30万匹，在北典农城附近就设有“号非苑”和“河奇苑”两个大型养马场。这两个养马场中，仅饲养人员就有几千人，饲养军马近万匹。与此同时，为了鼓励移民们多养马，西汉政府制定了十分优厚的政策，由政府免费给移民提供母马，供其繁殖马匹用，等到三年之后，只需归还母马的本钱并上交十分之一的利息。西汉政府给予移民的一系列优惠政策，促进了兴庆地区畜牧业的发展。外部环境的趋于平和，国家实力的逐渐强盛，给兴庆地区的人民带来了平安稳定的生活。从西汉中期起，兴庆地区就很少发生战乱，移民们加快了农业生产的发展；加之兴庆地区与河西走廊素有交通之利，与北方游牧民族早有畜牧贸易之便，到东汉时期，兴庆地区已变得“人民炽盛，牛马布野”，“沃野千里，谷稼殷积，水草丰美，土宜产蓄，牛马衔尾，群羊塞道”，北地等郡更是“畜牧为天下饶”。2010年春，兴庆区汉延渠掌政段北侧兴建了一座公园，取名为“典农公园”。听其名称便可得知，这是为了纪念两千多年前建于此地的“北典农城”。公园内，古柳虬蟠，绿云如冠，树旁伴有清代遗迹“赵将井”；园内建有一湖，微风吹过，清澈的湖水漾起层层涟漪，有人赋诗曰：“汉郯活水鱼米香，典农故城地脉旺”，以此来抒发对古渠、古城的眷爱之意。

### 大观桥的前世今生

汉延渠上的大观桥是永宁历史上一个家喻户晓的古桥，当地百姓说它是“当官的桥”，古诗注称“在杨和北，跨汉延渠”。明《宣德宁夏志》与清《宁夏府志》记载的宁夏十景和朔方八景中的“官桥柳色”指的便是这里。关于这座官桥，史书中曾明确记载：“送故迎新，离歌别酒，攀折无算，吾不知其荣枯也。”古为迎送朝使、官员的地方。春夏，渠边千株垂柳，翠绿迷人，丝条在春风中摆动，小鸟在枝头上宛鸣。冬天，瑞雪飘过，满树“梨花”，使人赏心悦目，心旷神怡。民国年间，因官桥下面又建了一座桥，于是当地人称原官桥为大官桥，新桥为小官桥。马鸿逵主政宁夏时，将大官桥改名为“达观桥”，后又更名为胜利桥，今永宁县胜利乡地名源于此。新中国成立后，大官桥更名为大观桥。这里是永宁历史上有名的繁荣富庶之地，古老的汉延渠川流不息，两岸水肥鱼美，稻花飘香，有果园、菜田等，一年四季瓜果香醇，数里可闻。古代描写大官桥的辞赋很多，有不少是抒发送别之情的。明王逊《官桥柳色》：观桥千树柳，一路照征袍。色可黄金比，丝非绿茧缫。春容不知愧，客意叹徒劳。送别青青眼，何时见我曹。明朱栴《官桥柳色》：桥北桥南千百树，绿烟金穗映清流。青闺娟眼窥人过，翠染柔丝带雨稠。没幸章台成别恨，有情灞岸管离愁。塞垣多少思归客，留着长条赠远游。

### 蔡之弼封水不力被枪决

1926年冬，西北边防督办兼甘肃省督办冯玉祥路过宁夏，看到渠道破烂，农田因缺水大片荒芜，着甘肃省主席刘郁芬选派干员整顿宁夏水利。刘遂派崔桐选以宁夏道水利助理员之职，于1927年春来宁，查看唐徕渠水利，枪决了霸水的豪绅黄厚坤（洪广营人）和受贿的蔡乐善（唐徕渠局长）。1928年春工期间，崔桐选和汉延渠局长蔡之弼，亲到工地督工，明确指示要保质保量按期完工，否则要严惩，而蔡对工程的标准要求不严，生活腐化，崔提出批评。竣工后，头轮水放得较小，未按时加水，延误了梢段灌期，造成上下游争水，崔即将蔡带沿渠封水，限期放水到梢，但蔡仍未如期办到，之前崔已知蔡生活奢侈，办事不力，遂将蔡押到汉延渠下段王澄桥下水头到达之彭家油房前枪决。

### 于熔贪污被罚款

崔桐选到宁夏后，结识了有水利工程经验的士绅于熔，并把他当作得力助手，在崔升为水利专员后，即报请甘肃省主席刘郁芬，加于熔为宁夏水利助理员。日久，崔得知于过去担任汉延渠局长时，有贪污事情，后借故将于镣押罚款四千元，于认罪罚款二千元，被撤职释放，崔将罚款交汉延渠列入材料费中开支。

## 三、名胜与古迹

### 青秀园

青秀园位于青铜峡市老城区，因依托汉延渠而建，也称汉延公园。汉延渠管理处第一管理所机关办公楼就坐落于公园北门。青秀园于2001年9月奠基开工，按照现代园林的建设理念规划布局，经过五期工程建设和2011年的扩建，建成面积60公顷。青秀园采用“占边让心”式布局，以树木园、大片疏林草地形成的绿色空间为中心，辐射状联系全园其他景区、功能空间，共有文化娱乐9个功能区和牡丹园、玫瑰园等多个专类植物观赏园。各景区功能齐全，景色各异，形成了集休闲游览、健身娱乐、科普教育为一体的综合性城市公园，深受群众青睐。青秀园设有东西南北四个大门，南大门的青秀峰是青秀园的主要景观之一，高11.5 m，宽36 m，山体仿真度高，气势雄伟，突出了雄、奇、险，塑造了“神龟探海、千钧一发、一线天、溶洞”等景观。西门青龙拱桥古朴典雅，庄重大方，广场牌坊是青铜峡市城市建设的标志性建筑，宽30 m，高12.8 m，雕刻有各种大小动物210个，个个形象逼真、栩栩如生，观赏性极佳，具有“西北第一坊”的美誉。北门雄伟、广场开阔，石刻与“启航”雕塑浑然一体，与牌坊、青秀峰和园内景观遥相辉映，衬托出了青秀园的清新秀美和雄伟壮观。

### 雷祖庙

位于汉延渠灌域的永宁县李俊镇雷台村。始建于唐代，清光绪三年（1877年）进行修缮，1984年再次维修，是一座百年古寺。据当地村民回忆，该寺为木质结构，寺内砖的大小与灵武高庙建筑用砖相同，现存寺庙的遗址为清代建筑，院内的一棵古槐已在百年以上。2003年8月列为县级文物保护单位。

### 多宝塔

多宝塔也称金塔，位于永宁县李俊镇，距汉延渠管理处第二管理所900 m。古塔古朴庄重，高耸挺拔，登临塔顶，近看汉延渠两岸，条田成行，渠水流淌，绿浪如画，令人喜悦自豪；远眺黄河如带，水天相连，浩瀚宏达，令人心旷神怡。有《古塔钟声》诗曰："金塔矗立彩云中，清脆铃声十里闻。是谁设计是谁造，后人赞叹说风云。"该塔始建于明万历二十四年(1596年)。近年来，有许多专家、学者又说该塔是西夏建筑。此塔在清康熙五十四年(1715年)和清乾隆五十九年(1794年)两次维修，是一座八角形楼阁式砖砌重檐塔，塔身13层，连同塔顶刹与塔顶共15层，总高31.52 m，各层均辟有卷门，一、三、五、七、九、十一层卷门东辟，二、四、六、八、十层卷门西辟，第四层南、北辟两道卷门，第十三层则东南西北辟四道卷。塔层以迭涩砖和菱角牙子出檐，檐角用条木起翘，形似龙头，下悬铁铸风铃，刮风时塔铃清脆悦耳，十里可闻。塔顶刹座亦呈八角形，每面正中开一佛龛，龛内供佛像一尊，刹座上承托宝珠式样刹身，其上为巨大的桃形攒尖塔顶，整个塔外部轮廓呈角锥形，秀丽挺拔，直插云霄。塔室内亦呈八角形，内直径为2 m，各层之间用木板构成楼层，楼板边沿开一方形洞口，有铁梯可以攀登顶层。该塔现为县级文物保护单位。

依托该塔修建的金塔公园，高低不同，错落有致，景物布局有远有近，有暗有明。天然湖泊，与古塔相映成趣，湖中有塔，塔边有湖，尽显宝塔神韵。

### 四棵树

位于永宁县李俊镇东北角，距汉延渠500 m。在占地3340 $m^2$的空地中央，耸立着四棵古老苍劲的银白杨树，呈四方形布局，其株距、行距均为8 m，粗细相差无几，4人环抱不及，树荫覆盖地面几亩有余。1966年以前常有苍鹭(俗称青脖桩)栖息，生机盎然。今虽老态龙钟，银皮龟裂，却仍枝杈横生，苍翠挺拔，浓荫蔽日。1982年，经宁夏林业局林业专家鉴定，四棵树为清雍正年间种植，是已生长200多年的银白杨，树高28.8 m，直径1.67 m。

2007年5月2日,其中的一棵倒折,不久,倒折的一棵下面又长出枝叶。四棵树为当地一大奇观,流传着很多神奇故事和优美传说。有《四树参天》诗曰:“苍劲挺拔几百年,树杈横生问苍天。银皮龟裂昭世人,古人爱树美名传。”

### 古银白杨

古银白杨位于李俊镇位团村的郭家湾子,距汉延渠300 m。树龄300多年,高19.5 m,胸径2.27 m。以前常有苍鹭数百只栖息枝头,鸣声数里可闻。而今树心已朽,部分躯干枯死,但又萌发新枝。在距地面5 m多高的树身中间新生一枝,萌根穿透树心朽木扎入地下,枝叶繁茂,生机盎然。

### 玉皇阁

玉皇阁位于永宁县城杨和街北桥子西侧,据汉延渠200 m,整个建筑朱门绣户,飞檐层起,古榆参天,燕鸽盘旋。玉阁建筑在南北长34 m、东西宽27 m、高8 m的土夯台基上,台基外包青条砖,东南侧辟有一卷门,进门沿石条台阶拾级而上,台面上有玉阁左右钟、鼓亭、东西厢房、观音殿等建筑。阁高12 m,连同底座拔地20 m,面宽3间,进深2间;底层塑有玉皇大帝等神像,有木梯可攀二层,有彩画神像。站在二层,扶栏东眺,黄河如带,绿树成荫;向西远望,贺兰山脚下的西夏陵尽收眼底,四周良田块块,村舍星罗棋布,令人心旷神怡。三层楼刹无通道入内。玉阁东西两侧,各建有一座飞檐八角亭。一层悬钟,名为钟亭。一亭置鼓,名为鼓亭。观音殿建在台基南端中央,坐南面北,与玉阁前后对峙,是一座单脊挑檐楼式殿堂,面宽3间,进深1间。观音殿东西两侧,各建脊卷檐木柱木墙,稍后于钟、鼓亭。纵观全貌,重楼叠阁,飞檐高翘,雕梁画栋,居高临下,气势雄伟,是县内古建筑之首。玉阁始建于清光绪二十九年蒲月(1903年农历五月)。1964年进行过复彩修整。1974年拆除。

### 显圣寺

显圣寺又称陕西庙,位于永宁县城北的汉延渠东侧,寺北边有珍珠湖,寺东边有鹤泉湖,始建于明嘉靖五年(1526年)。原寺高墙深院,寺周用黄土夯筑围墙,墙高5 m。平面

呈长方形，占地15亩。寺门东辟，门外南侧有一口水流不枯的泉井，院内南北两方有群体建筑。南边院子的东西两侧，各建有35间厢房。庙宇全部建在院子北边的土台上，土台高3 m，南侧有石条阶登至台面，上面建有过殿、娘娘殿、大佛殿。过殿面宽3间，进深1间，一脊卷檐，穿过殿入内，东西各建3间厢房，中立高脚大香炉，香炉对准娘娘殿门。娘娘殿为一脊一拱重檐殿，面宽3间，进深2间，最后为大佛殿，是一座两歇山顶夹一卷棚顶结构的重檐大殿，面宽5间，进深3间，内塑大佛和十八罗汉像。明嘉靖十四年（1535年），悬空法师在大雄宝殿后建光佛塔，塔高30 m，造型秀丽，风格独特。清康熙帝访宁夏时，曾来到显圣寺，并亲自手书“西夏砥柱”四字。整个建筑群飞檐陡峭，错落有致，布局对称，气势宏伟。传说五百年前，黄河西移，生灵涂炭，苦不堪言，众生齐心合力，盖起显圣寺，河患方止。寺东突冒一汪清泉，冬天泉水不结冰，夏天泉水甘甜清凉，冬热夏凉，众皆称奇。住寺大师净修在泉边洗脸，水中浮出一木盆，置之寺中。有曾三、曾四兄弟贩粮经商至此，借寺中木盆喂畜，倒黄豆少许，食之不尽。兄弟知是聚宝盆，便起忘义之心，争夺宝盆成两半。法师大怒，愤而将半个木盆抛入水中，盖住半个泉眼，只留半眼泉向外涌淌，百姓感恩，称龙泉井，颂传至今，成鹤泉一胜景。那么为什么会有显圣寺和陕西庙两个名称呢？相传在很久很久以前，从黄河里漂来一“巨木”，漂到这里的黄河岸边后，“徘徊”数月不走，于是人们把它捞了上来。谁知，它并不是一根大木头，而是用榆木雕刻的一尊佛像。于是当地百姓建了这座庙，将佛像供奉起来，因有人说佛像是从陕西逆流而上漂过来的，所以就将之称为陕西庙。寺庙修成后再也没有发生过洪灾，风调雨顺，所以又称这座庙为显圣寺。1990年11月27日，在原址新建该寺。

**鹤泉湖**

鹤泉湖位于汉延渠东侧，是宁夏七十二连湖之一。湿地面积5000余田，湖区面积3000余亩。湖水波光粼粼，周围芦苇环绕，时而流金闪银，时而天水一色。湖荡被丛丛芦苇分隔成一条条或明或暗的水中通道，划船而行，一会儿曲径通幽，一会儿柳暗花明。涉禽在芦墩欢唱，飞禽在空中盘旋。数十类禽鸟戏游湖面，鱼虾畅翔水中，湖汊、芦荡数十

处，驾舟入荡进汊，进入迷津，别有一番情趣。一阵劲风袭来，芦叶飒飒，百鸟引颈长鸣。鹤泉湖的神奇，是因为这里的故事和传说很多，《永宁民间故事》有相当一部分来自这里。有《鹤泉荡舟》诗曰："芦叶森森湖水蓝，欢歌笑语满荡间。一叶飞舟绿中过，疑是来到西湖边。"

### 宁夏川民俗园

宁夏川民俗园位于汉延渠管理处第三管理所西侧。建筑高大、雄伟、恢宏，给人以强烈的视觉冲击，即便是站在很远的地方都能看到。洁白的身躯，饱满的穹顶，绚丽的浮雕，缤纷的彩绘，精巧的结构，在蓝天白云的映衬下，使人心灵震撼。广场中央的醉心池，清澈明亮，池中的喷泉可变幻出不同造型。整个园区平面呈现"四"字形布局，以展示建筑文化、礼俗文化、饮食文化、农耕与商贸文化为主题，是极具吸引力的特色旅游景点。

### 珍珠湖

珍珠湖位于汉延渠管理处第三管理所东北角，由原来的朝阳沟改线而成，起点为汉延渠东岸，终点到银中高速公路，由8个大小不同的湖泊组成，全长2 km，最宽处240 m，最窄处67 m，平均宽度120 m。最深处的湖水3.5 m，最浅处的湖水2 m，平均湖水深3 m。湖面总面积2.4万 $m^2$。在珍珠湖景观中，三座拱式景观桥最为引人注目，交会横卧于珍

珠湖中间。自东起为和桥，由柏油路连通。中间为旺桥，三跨连拱，采用弧拱曲线，汉白玉栏杆，向南由红色地砖路通向居民点，向北直通假山。西边为福桥，南北由柏油路连通，休闲游览方便舒适。珍珠湖共设计了6个假山，总长1000 m，最高的假山高10 m，中间与旺桥对称的假山最高，建楼宇阁，更显水乡风采。8个湖都进行了绿化、美化，绿化率达80%，栽植各类珍贵树木20多种。沿湖边、人行道、交通干道两侧设计安装了亮化景灯，无论白天黑夜都显现出珍珠湖的现代美和古典美。

### 鸣翠湖

鸣翠湖国家湿地公园，位于银川市兴庆区掌政镇，西临汉延渠，东望黄河，在明清时叫长湖，后改名道祖湖，现称鸣翠湖，是国家林业局命名的国家湿地公园，也是黄河流域、西部地区第一家国家湿地公园。享有“中国生态保护最佳湿地”和“中国最美的六大湿地公园之一”的美誉。湖中有植物109种、鸟类97种，其中有国家一级保护动物黑鹳、中华秋沙鸭、白尾海雕、大鸨，国家二级保护动物大天鹅、小天鹅、鸳鸯、鸢等。每逢春夏，成千上万只鸟儿在这里栖息繁衍。鸣翠湖以湖水、芦苇、荷花、飞鸟、游鱼闻名，建成了集文化性、趣味性和浓郁生态特色于一身的十大景观景点。已建成西北首家水陆趣味拓展运动基地、宁夏首家2000 m野生垂钓栈台、休闲度假会所、养心岛休闲木屋、特色鱼宴餐厅，有畅游芦苇迷宫、湿地观鸟、水上悠悠球、飞天蹦极、跑马、水上火箭、水上大旋转等游乐项目。

### 典农公园

2010年，银川市兴庆区掌政镇依托汉延渠兴建了一座公园，取名为典农公园。这是为了纪念两千年前建于此地的“北典农城”。公园内，古柳虬蟠，绿冠如云，树旁伴有清代遗迹“赵将井”；园内建有一湖，微风吹过，清澈的湖水漾起层层涟漪。有人赋诗曰：“汉延活水鱼米香，典农故城地脉旺”，以此来抒发对汉延渠水与银川古城的眷爱之意。

### 高台寺

1038年，信奉佛教的李元昊在兴庆府宣布登基，建立大白高国。9年后，即1047年，元昊下令在汉延渠往东不远处修建一座皇家寺院。据《嘉靖宁夏新志》记载，仅台基就高达三丈，并且广泛接纳回鹘僧人在此讲经说法。李元昊派人前往开封迎请《大藏经》后，便珍藏在高台寺里，元昊让大批高僧大德在这里开始西夏文《大藏经》的翻译工作。因为在很高的台基上建成高大的古寺，所以这座寺院便得名高台寺。西夏高台寺是当时西夏著名的佛教场所，但在后来的历史里却神奇消失了。直到1997年，银川掌政镇洼路村农民平整土地时，发现一条用砖砌成的宽0.53 m、高0.25 m、长30 m的下水道，才揭开了消失了的高台寺的秘密。1027年，蒙古军队消灭西夏，兴庆府遭到屠城，人民或逃或亡，这里便成了一座废寺。1432年，一位从藏地来的喇嘛舍剌藏来到银川城弘法，他经过艰难的化缘，将所化来的钱物用于高台寺的重建。《宁夏志》中记载，新修的高台寺"地势崇高，登此以眺，极山河之伟观。宁夏山川险易之形势，举目可尽矣"。《嘉靖宁夏新志》记载："高台寺，在城（即今银川市）东十五里，夏废寺，台高三丈……下有大湖千顷，山光水色，一望豁然。""文化大革命"期间，高台寺被毁。残存的两尊被风沙雨水侵蚀的石狮，被搬到了现在的高台寺逸夫小学。

### 五都桥与赵将军父子墓

五都桥位于银川城东张政堡汉延渠东。此处原没有桥，传说清初有一都督名赵良栋，带兵路过汉延渠被阻，当时绕行距离很远，赵都督就命令士兵找来木头搭桥通过。老百姓感激都督搭桥，便称此桥为武渡桥，现为五都桥。桥下一公里处（渠东坡）有一座赵良栋墓地，原有石人石马立于此，现墓地已垦为农田，淤埋无迹。赵良栋之子赵宏瓅清初任两广总督，兵部尚书，墓在镇河堡东侧，现存有石碑坊、石人石马，并有满汉石碑，该碑曾移于银川中山公园内，今已不见。

### 宏佛塔

宏佛塔位于汉延渠灌域的贺兰县金贵镇王澄村，是一座密檐式砖塔，通高25 m，塔顶蹋秃。向南有卷门，呈角形，造型奇特。原塔受地震和地下水及风雨侵袭，损坏严重。塔基下陷深埋地下1.7 m；塔身劈裂，裂缝达25 cm；塔刹塌圮，塔体倾斜中心线7度；塔室内壁砖饰全部剥落；通体甬木风铃毁损殆尽，经后人几次维修，加砌防护墙、码头，夯筑土围保护，但仍然有倒塌危险。1986年3月，对宏佛塔搭架测绘。1990年7月，逐层落架拆卸复原重砌。塔院有寺庙遗址，塔存庙毁。1992年9月底，完成旧塔体拆卸和新塔体的复员重砌。重建后的宏佛塔与原塔数据相符，总高为35 m，塔身为三层八角楼阁式建筑。塔外西北角发现的铜铎上有"康熙三十八年造"，还有一层补砌部分明代大条砖等，推测明清时期都曾维修过。

### 宁夏灌溉工程遗产

宁夏引黄灌溉工程延续利用两千多年，为区域社会经济发展发挥了基础支撑作用。在引黄灌溉工程体系不断发展完善的过程中，为保证和提升水利功能，充分发挥其社会

经济价值，以大量现代水利工程设施取代了传统引黄灌溉工程形式和结构材料，传统工程形式及其管理设施、文化建筑、遗存日益减少，迫切需要加强修复保护。遗产的保护对象是宁夏引黄灌溉工程遗产体系，包括历史遗产与现代遗产。根据始建年代、遗产价值，将历史遗产列为重点保护对象，现代遗产列为一般保护对象。具体保护内容包括引黄灌溉工程体系、水神崇拜建筑和管理设施、灌区生态文化景观，以及与工程体系相关的水利科技、工程建造工艺、相关管理制度、灌区历史发展衍生的民俗文化等非物质文化遗产。

重点保护对象：以14条历史干渠及其附属控制工程为核心，由在用类工程遗产、遗址类工程遗产、非工程类遗产、生态文化景观构成。

1.在用类工程遗产

渠道有秦渠、汉渠、东干渠、西干渠、唐徕渠、汉延渠、惠农渠、大清渠、泰民渠、七星渠、跃进渠、美利渠、羚羊寿渠、羚羊角渠14条干渠及支渠60条。控制工程有汉正闸、汉惠闸等水闸，秦渠贡碑沟涵洞、七星渠单阴洞沟渡槽、七星渠红柳沟渡槽、秦渠南干沟夺丰洞等涵洞（渡槽），羚羊寿渠引水口、跃进渠渠口引水口等引水渠口，沙坡头北长滩水车。

2.遗址类工程遗产

昊王渠、天水渠、通济渠，七星渠通明闸、七星渠鸿福闸，七星渠鹰石嘴石拱涵洞、秦渠新宁洞，唐徕渠引水口遗址、汉渠引水口遗址、秦渠引水口遗址、大清渠引水口遗址、西河口遗址、惠农渠引水口遗址、七星渠引水口遗址（5处）、羚羊角渠渠口遗址、羚羊寿渠渠口遗址、美利渠渠口遗址、羚羊夹渠渠口遗址（共4处）、太平渠渠口遗址、贴渠渠口遗址、柳青渠渠口遗址、李家滩渠渠口遗址、大渠口渠口遗址、孔家滩渠渠口遗址。

3.非工程类遗产

物质遗产有惠农渠黄渠桥，龙王庙两处（唐正闸旁龙王庙、惠农渠正闸桥龙王庙）、遗址三处（美利渠旧口、唐正闸旁惠农渠龙门桥闸旁龙王庙遗址），清朝通智大修唐徕渠碑记、皇清分巡宁夏道钮公生祠碑。

非物质文化遗产有地名遗产、传统水利科技、水利文献、管理制度、水利文化、灌溉习俗、灌区开水节仪式等，以及百年护堤古柳、历史灌区生态环境景观。

一般保护对象：主要包括新建引黄灌溉工程体系，新增灌溉管理和文化建筑及设施，灌区现代水利科技、管理制度、工程档案等非物质内容，以及新开灌区灌溉农业生态景观等四部分。

4.工程类遗产

渠道有唐徕渠第二农场渠、河东总干渠、第一农场渠、河西总干渠、高干渠、八一渠、二农场渠、暖泉渠等干渠，中卫第一排水沟、中卫第二排水沟、灵武西排水沟、反帝沟、中沟、罗家河沟等支渠和支沟。控制工程有唐徕渠跃进桥节制闸、姜家桥节制闸等水闸，泉眼山泵站、羚羊寺泵站、大战场泵站、盐环定一泵站等泵站，东干渠胶泥沟涵洞、汉延渠反帝沟涵洞等涵洞（渡槽）。

**四、特色经济**

**先锋大青葡萄**

大青葡萄基地位于汉延渠灌域的青铜峡市小坝镇先锋村。先锋大青葡萄得益于汉延渠水的滋润，粒大、色白、皮薄，晶莹清香，甘甜可口，适合鲜食。大青葡萄生长期长，成熟于秋初，中秋即扫园。宁夏及周边不超过半天车程的地方才能品尝到其美味，并且也仅仅能吃上一个月左右。2008年，先锋村被授予“全国十大优质葡萄基地”称号。2014年，先锋村凭借大青葡萄主导产业，被评选为第四批全国“一村一品”示范村。大青葡萄何时引种至此，现无从查证。一般认为，是在清代以前。过去农业科技不发达，对植物的分科做不到，命名也比较简单。到清代，这种粒大皮薄、晶莹甘甜的绿葡萄在这里发展很快，成为一方名品，人们就以“大青”称之。《嘉靖宁夏新志》《嘉庆灵州志记》等史书上都记载，当地种植的葡萄品种“有绿色、紫色两种，大如白枣，皮薄多汁，食味极甜爽鲜美，南方所无。球旁或生细蔓，上结小葡萄，如豆大，味更绝佳”。其中的绿色葡萄即大青葡萄。大青葡萄是中晚熟葡萄品种。这种葡萄树藤蔓较长、枝繁叶茂，主干枝蔓一般在3 m至5 m，需搭架撑高，架下还需通风透光，越冬还需入土掩埋。每到夏季，种葡萄的农家葡萄架斜撑半空，葡萄藤蔓遮天蔽日，一家人架下纳凉消闲十分惬意。整个村落家家户户多则三五架、少则一二架，舍巷相接，碧翠连绵，非常壮观。

### 连湖西红柿

汉延渠灌域的连湖西红柿，位于宁夏国营连湖农场。从20世纪90年代开始栽培试验探索，经过30多年的发展，已经具备了较强的技术力量和较多的生产实践经验。目前，连湖西红柿主要以荷兰普罗旺斯西红柿为主。

连湖农场在汉延渠上有专门的干渠直开口，叫连湖渠。连湖农场的土地经过汉延渠水的长期浇灌，形成的富硒土壤使连湖产出的西红柿沙瓤、多汁，比普通的西红柿更加甘甜可口。经专业鉴定，普通西红柿糖分一般小于6%，而连湖西红柿的糖度达到8%，不仅具有后味回甘的独特口感，而且具有促进消化和美容美颜的功能。自乡村振兴工作开展以来，连湖农场大力发展连湖西红柿特色品牌，以产业促进乡村振兴，不仅丰富了周边地区群众的菜篮子，还有效带动了村民致富增收。连湖农场现有西红柿种植大棚900栋，年产量4500 t，2021年实现收入3200万元。连湖西红柿已成为远近闻名、家喻户晓的“明星”产品。与此同时，连湖农场以连湖西红柿为龙头，打造的集果品采摘、生态观光、休闲体验等为一体的文旅产业项目，也推动了汉延渠灌域经济的融合发展。

### 青铜峡大米

宁夏的地方特产是宁夏引黄灌区“塞上江南”美誉的标志性作物。在全国水稻生态区划中，宁夏引黄灌区被列为优质粳稻最佳生态区。汉延渠灌域是宁夏引黄灌区的一个古老稻区。种稻始于6世纪后半叶，已有1400多年的历史。宋史中就有“其地绕五谷，优以稻麦”的记载。汉延渠灌域地势开阔平坦，光热资源丰富，自流灌溉方便，条件得天独厚，处于“塞上江南，鱼米之乡”的核心位置。土壤中的矿物质种类和微量元素淤积沉淀丰厚，尤其是富含硒元素，是引黄灌区水稻种植的精华地带。汉延渠灌域内的永宁县和青铜峡市叶盛镇盛产的“白皮大稻”，不仅产量丰，而且成熟加工后的精米，具备宁夏大米

"粒圆、色洁、油润、味香"四大特点，蛋白质、脂肪含量尤其高。用其蒸制的米饭，洁白如脂，粒粒晶莹，黏而不腻，油润香口。与著名的天津"小站米"可以媲美，在清代就曾居"贡米"之列。相传康熙访宁夏时，曾经到过汉延渠灌域的正觉台（永宁县望远镇政台村）、显圣寺（杨和镇大观桥）和叶昇堡（青铜峡市叶盛镇），钦点当地稻米为宴席主食，故被称为"珍珠粳米""朔方贡米"。自此以后，宁夏大米享誉中外。

### 五渡桥农庄与驴肉餐饮街

五渡桥是汉延渠上一座古老的交通桥，位于银川市兴庆区掌政镇孔雀村，与汉延渠管理处第四管理所相邻，距离银川市区6 km。坐落于汉延渠西边的五渡桥农庄，既有秀美的塞上江南田园风光，又有朴实的农家景色。农庄内有多个休闲垂钓池塘，农庄餐厅可同时容纳300多人用餐。儿童乐园沙滩俱乐部，让孩子们在五渡桥农庄享受沙滩童趣。坐落于汉延渠东边的五渡桥驴肉餐饮街，始建于1998年，面积约6000m$^2$，入驻商户40余家，已形成以"姜光头特色驴肉馆"为龙头的10余家餐馆。每年接待旅行团队100多次近3000人，解决当地转移就业人数120人。同时，还有30余家商店、粮油作坊和摩托、汽车、电器修理店，黄河农村商业银行、掌政镇农村资金物流调剂中心，解决就业人数300人。

### 百年古集镇

李俊集镇位于永宁县西南部，距银川市42 km，与利通区、灵武市、青铜峡市毗邻，109线、石中高速公路、包兰铁路、沿山公路穿境而过，古老的汉延渠、唐徕渠、西干渠、惠农渠流经李俊镇，土地肥沃、人文和谐、民族团结、政通人和。

李俊集镇是宁夏银川平原历史悠久、颇有影响的古集镇。地处两市（县）三场（灵武、青铜峡，连湖、玉泉营、黄羊滩）的腹地，距县城20 km。李俊镇，原名李俊堡，是明代建置的一个古堡，以镇守指挥李俊之名命名。李俊，都指挥同知，明弘治四年（1491年）镇守。明代弘治年间，这里开始屯兵戍边，形成城池，万历年间已形成经济、文化中心。据《朔方道志》记载："李俊堡二五八日交易称繁富焉！"当时这里"牛马衔尾，羊群塞道"，是各地农副土特产品的集散地，商贾云集，贸易繁盛。

1984年6月24日，李俊镇人民政府正式成立。改革开放以来，李俊镇的发展速度惊人。镇政府本着人民集镇人民建、谁出力谁受益的原则，在全面开展镇内基础设施建设的同时，扩建了农贸市场，铺设了雨水管道，修建了停车场、公共厕所，疏通了集镇北街等。李俊集镇的吸引力和辐射功能，促进了产业结构的调整，为农民致富提供了方便。集镇繁衍300余年，面积由解放初破烂不堪的半条街，扩展为0.5 $km^2$。赶集人数日均3.5万人，成为宁夏全区农村第一大集镇。

金贵集镇位于汉延渠灌域的贺兰县金贵镇，所在地最早叫保家户，也叫官桥子。清末，居住该地的保姓人家渐多，后因保家门户越来越大，便以其姓取地名为保家户。在此之前，曾有地方官府于华家里的渠流经该村处修起一座木桥，人称“官桥子”。明洪武年间，因名金贵者率人在此屯田筑堡而得名。当初金贵堡人家较多，堡内商号、烧坊、当铺及庙宇齐全，每年逢节，都举办盛大庙会。后来，保家户人口密集，影响逐渐扩大，清朝末年在此设集市，延续至今。现已发展成为网红打卡地。

每逢一、四、七日，是赶集的日子。集市于清晨五六时开市，傍晚六七时罢市。集市这一天就像节日，赶集的公交专线、私家车、货车、自行车源源不断涌入小镇的街道，穿梭的人群、此起彼伏的叫卖声、飘香的美食，让集市洋溢着浓浓烟火气。得益于距银川市仅十几公里的地理优势，金贵镇集市平峰时赶集人数有五六千人，高峰期近万人。金贵镇集市有近200年历史，从最初几十家商户发展到如今千余家商户，其中不乏网红打卡店。金贵镇集市包罗万象：有从事畜禽活体交易的，有出售花苗、树苗、种子的，有售卖水果、蔬菜、蛋、奶、肉、衣物、农具、餐厨用品的，还有美食现场制作，商家手把手教你体验辣椒面研磨过程的……此外，凉皮、麻辣烫、羊杂碎、饸饹面……集市上的这些美食多半都传承两代人以上，经过时间沉淀，形成特有的味道。上午10点一过，集市上的"网红"美食店铺、摊位前都排起了长队，排队的人拍个照片、发个朋友圈，集市的味道就在朋友圈飘散开来……无论是一锅面、一碗凉皮，还是一份羊杂碎，都已成为集市文化中不可或缺的一部分。

立岗集镇位于贺兰县北十公里处，地处汉延渠梢，与平罗县姚伏镇比邻，旧称立岗堡，为贺兰县四大集镇之首。明洪武年间，属宁夏前卫九屯堡之一。明嘉靖十九年（1540年）李纲任宁夏前卫指挥，故名李纲堡，后易名为立岗堡。立岗建堡，历史悠久，自明、清以来，即为历代重要关隘。清嘉庆年间已在此设集市，距今已有200多年历史。清宣统初年，立岗堡已有居民230户、920多人口，开设有商店、饭馆、斗行等十多家商铺。每逢集日（二、五、八日），周围四五十里地内的群众常赶来此进行粮食、牲畜、煤炭、皮毛等交易。繁衍至今，集市规模、影响力越来越大，越来越繁盛，其盛景胜过金贵集市。同金贵集市、谢岗堡（今习岗镇）集市、暖泉集市并称贺兰县"四大集市"。

### 贺兰螺丝菜

汉延渠灌域的贺兰螺丝菜为国家农产品地理标志产品。螺丝菜为唇形科草石蚕的块茎，多年生草本植物。块茎肉质脆嫩，可制蜜饯、酱渍、腌渍品，十分可口。食用时，以凉拌为主，还可加工成咸菜、罐头、甜果等，是驰名中外的"八宝菜""什锦菜"之一。螺丝菜是多年生草本。地下有匍匐枝，成熟时顶端膨大成螺旋状的肉质块茎，茎直立，高30~120 cm，方形，叶对生，卵形至长椭圆状卵形，两面被贴生短硬毛。夏季开花，花唇形，浅紫色，轮伞花序；花冠长约1.2 cm，筒内有毛环，上唇直立，下唇三裂，中裂片近圆形。小坚果卵圆形，具小瘤。喜生温湿地或近水处。贺兰螺丝菜主要分布在汉延渠灌域的贺兰县金贵镇和习岗镇，得益于汉延渠水及灌域内沟渠纵横交错、湖泊星罗棋布的水资源滋润。

## 五、红色印迹

### 宁夏工委旧址碑

位于青铜峡市城区汉延渠进水闸下的汉延公园。1937年10月，中共中央为加强宁夏地区的工作，成立了中共宁夏工委。1938年10月，广州、武汉沦陷后，国民党顽固派不仅不积极抗日，反而加强对中国共产党及其根据地的限制和包围。与此同时，宁夏军阀马鸿逵下令取缔宁夏抗日团体，追捕共产党人。1938年秋，打入陕甘宁边区的马鸿逵部特务、便衣队副队长马子成回到宁夏，先后在银川、黄渠桥、吴忠等地碰到并认出中共宁夏工委书记李仰南等人。为保存革命力量，工委将大部分共产党员先后撤回边区。由于李仰南身份暴露，陕甘宁边区党委决定派崔景岳接替李仰南任中共宁夏工委书记。1939年底，崔景岳会同王博（王连成）经西安、平凉来到宁夏中宁县，在“协记号”商铺与李仰南会面。之后，李仰南带崔景岳到小坝、银川、黄渠桥等地交接手续后，返回边区。崔景岳到宁朔县（今青铜峡市）宋澄小学（后划入永宁县）找到老相识马云泽校长（1926年入党的老党员），即将崔景岳安排在宋澄小学任教，以教员身份作掩护，开展党的地下活动。1940年3月的一个夜晚，崔景岳、王博、白玉光在汉坝小学（原址在汉延渠进水闸东北角，现址在汉延渠节制闸西北600 m处）召开会议，宣布陕甘宁边区党委关于正式恢复中共宁夏工委组织及领导成员的决定。崔景岳任书记、白玉光任组织委员、王博任宣传委员、马

思骏（马云泽）任秘书，并确定将汉坝小学、宋澄小学作为工委的工作机关。会议决定当时的主要工作：一是日寇已进攻绥西，可能侵占宁夏，要组织力量准备打游击；二是认真研究秘密工作和公开工作相结合的问题；三是对身份已经暴露的共产党员，组织他们撤回延安，并秘密发展党员，壮大力量；四是组建基层党支部，由工委分工负责。当时工委共5个党支部，即宁夏中学党支部（驻地在今董府），书记武景惠；中宁党支部，书记江生玉；银川党支部，书记杜琳；黄渠党支部，书记郭英教；石嘴山、宝丰党支部，书记王福寿。另外，还有在中卫和同心海如小学任教的共产党员王世同、孟长有等人，共有党员26名。崔景岳、白玉光、王博在宁夏工委工作期间，注重接近在校学生和周围群众，积极向他们宣传抗日救国的革命真理，利用课余时间带领学生刷写“打倒日本帝国主义”“不做亡国奴”等标语，出墙报，宣传抗日。还给学生教唱《国际歌》等革命歌曲，教育学生从小热爱祖国、热爱人民、憎恨日本侵略者，在宁夏大地播下革命火种。1940年4月中旬，由于国民党特务跟踪追捕和叛徒出卖，宁夏党组织遭到严重破坏。崔景岳、白玉光、王博、马云泽等34名共产党员和进步青年，先后在汉坝小学、宋澄小学等地相继被捕入狱。在狱中，崔景岳等共产党人面对敌人的百般折磨、严刑拷打，毫不畏惧、英勇斗争，秘密组建“狱中党支部”，继续团结战友同敌人进行不屈不挠的斗争。为了保存体力、坚持斗争，他带头吃霉味熏人、有老鼠粪和沙粒的饭食。为了改善大家的伙食，他托人变卖了自行车，用这笔钱给同志们买馍馍、饼子，让大伙充饥。1941年4月17日晚，年仅30岁的崔景岳和25岁的孟长有、29岁的马文良壮烈牺牲。宁夏工委组织虽惨遭重创，但他们播下的革命火种在宁夏大地熠熠生辉。如今，在青铜峡市汉坝小学的校园内依然耸立着庄严的烈士雕像。

### 仁存渡口

仁存渡口原名仁春渡口，以当时管理黄河渡口的官员仁春之名命名。位于汉延渠灌域散水渠梢的雷台村。雷台村原属永宁县仁存乡，后因撤销仁存乡并入永宁县李俊镇。有《仁存古渡》诗曰：“浩浩黄河息波澜，浪平面阔游人闲。”惊涛拍岸的黄河到这里河水平稳，河岸牢固，没有河滩，形成天然渡口。当旭日东升时，河水被染成红色，两岸树木葱绿，河面百舸争流，船夫号子此起彼伏，十分壮观。正常水位时，渡口水面宽500多米，深3.5米左右，水运往返1次需20分钟左右，可渡人、车辆和畜类等。1949年9月10日，国民

党宁夏省代主席、宁夏兵团司令、马鸿逵之子马敦静在仁存渡口召开高级军事会议，部署逃跑前的大破坏计划。按各地段驻防部队，划分破坏区域，即日动工，限1个月内完成。特务团负责渡口两岸的公路、水路破坏，分段完成破坏任务。因黄河水位太高，未能掘深，将破坏段两面切去，中留能通一汽车的宽度，以维持交通，必要时容易破坏。将域内各大渠、大沟两面切成急峻，到时放水淹。9月20日15时，国民党贺兰军军长马全良、一二八军军长卢忠良秘密集会于仁存渡口，商定向毛主席、朱总司令、彭德怀司令员发电求和。9月21日19时，国民党吴忠城内残军大批偷逃出城，中国人民解放军遂突入城内，并迅速堵截企图由仁存渡口逃向西岸的国民军800余人，缴获8辆汽车及一部分军用物资。另一部分从仁存渡口逃跑的国民党军官兵，狂奔至横城渡口。该渡口仅有3只小船，因官兵争相抢夺而毁坏，一些抱门板或稻草跳河逃生者，皆死于滔滔黄河之中。9月23日14时，中国人民解放军十九兵团司令员杨得志、政治委员李志民和宁夏代表卢忠良、马光天、马廷秀在和平解决宁夏问题的5条协议书上正式签字。马鸿宾从银川发出急电，请求杨得志、李志民派兵进驻银川，并派40多辆汽车冒雨到黄河仁存渡口迎接中国人民解放军。9月23日20时许，中国人民解放军十九兵团先头部队奉命从仁存渡口冒雨过黄河，跨过汉延渠上的大观桥抵达银川。深夜控制了城门、制高点、飞机场、武器库、粮仓、电台，在炮兵阵地、交通路口、重要部门和地区布岗设哨。9月24日清晨，银川市各界代表乘汽车30多辆，冒雨经过大观桥到仁存渡口，迎接中国人民解放军十九兵团主力部队过黄河。现场锣鼓喧天，载歌载舞，黄河两岸人山人海，河面千帆竞发，万众欢腾。解放军将领耿飙拍摄的“仁存渡口”照片成为历史名照。

**六、奏谕**

### 钦差兵部右侍郎通智奏请赐宁夏查汉托护地方新渠嘉名事

雍正七年六月十八日

臣通智谨奏：为恭请天恩事。

窃照宁夏所属之查汉托护大滩，地广土沃，荷蒙皇上命臣与前户部侍郎单畴书浚渠筑堤、设县安民，仰见我皇上爱惠边民、体国经野之至意也。臣等率在工官弁，开凿大渠二百七十余里，口宽一十八丈，抵渠尾以至四五丈不等。建进水大石闸一座，四墩五孔。退水大石闸三座，各三墩四孔。尾闸一座，一孔。大支渠百余道，户口又开小斗口、小獾洞百余道。各闸座旁，共置水手房四十四间，照唐、汉渠式设水手以司启闭。又在大渠底之下，建大石暗洞四座，以通唐渠、汉渠之出水。建石桥、木桥二十三座，以便往来。沿大渠之东，障黄河泛溢，筑长堤三百一十余里。渠堤两岸种柳六万余株，盘固屏岸，兼备日后岁修取材之用。沿大渠之西，疏浚西河旧淤三百五十余里，以泄汉、唐二渠并大渠余水以及诸湖碱水。亦架桥梁一十六座。各项工程俱已就绪，恭择于六月十三日吉辰，臣率在工文武官弁，虔诚叩祭，展开渠口，自黄河引水放入大渠内。观其水势甚是充畅，顺流长引，三闸齐开，退入黄河，尚有十分水。支渠、斗口飞引四布，不但新渠、宝丰两县田亩均沾灌溉，即宁夏、平罗两县，唐渠、汉渠之水不能及者，皆自大渠各开支渠亦得灌溉。万民欢悦，观者如堵，咸戴皇恩，群歌帝力。又六羊改渠一百一十余里，上年春夏建进水大石闸一座，二墩三孔。退水大石闸二座，鼓水大石闸三座，各一墩两孔。各闸旁共置水手房二十间，大支渠二十余道，户口又各开小斗口、小獾洞百余道。於上年六月十七日，闸工一竣，即自黄河引水入渠矣，则俟大渠工竣一并奏闻。此改渠，水势亦甚大，上年俱已得秋水、冬水，今年又得夏水。招徕户口，远近搬家，领受皇恩、子种、牛具、盖房银两，纷纷置办，安居乐业。领票投户者已到七千余户矣。两县户口殷实，指日可期。伏查汉渠名延渠，长一百九十五里。唐渠名徕渠，长二百六十余里，共灌田亩不过八千余顷。今皇上指示臣等浚修大渠可灌万顷，六羊改渠可灌六七千顷，则数倍於唐、汉两渠田亩矣。臣等托赖皇上天恩，所修大渠，并六羊改渠，大工规模已竣，乞请皇上俯赐两渠嘉名，以垂永远！为此缮折具奏，伏乞皇上睿鉴。施行谨奏。

朱批：该部议奏。

### 钦差兵部右侍郎通智奏请勅封宁夏地方龙王庙名号折

雍正七年六月十八日

臣通智谨奏：为恭请天恩事。

窃思宁夏地方皆赖黄河之水，灌溉田亩历年兹多，汉、唐二渠正闸之旁俱建龙王庙。今大渠、六羊渠改渠工竣，於正闸旁亦照式，俱建龙王庙并盖桥房，焕然一新、规模宏大，以祈龙神灵祐，并壮边陲观瞻。伏查江南、河南河工龙王庙，俱蒙皇上勒封，列於祀典。今宁夏一带资赖水利实多，乞请皇上勒封名号，颁赐春秋祭祀，以昭盛典，庶於宁夏水利愈有裨益。为此缮折具奏，伏乞皇上睿鉴。施行谨奏。

### 钦差兵部右侍郎通智等奏报修筑三渠及竣工缘由折

雍正九年五月初六日

臣通智、臣史在甲谨奏：为钦奉上谕事。

窃臣等奉命修理大清、汉、唐三渠，因一岁之中，三渠之工不能并举，将先修唐渠事宜具奏。蒙皇上谕允臣等查访，向来渠工、额草、柳椿俱系水利同知监收，大半折色，上下其手，有名无实，以致岸不坚。每岁虽有分五工八，段齐夫浚修一月之名，水利同知不过名色查看一次，尚不周偏，其委管士民皆折夫肥已，雇工人民非老即幼，搪塞一月，散工俱用铁锹转土及填溜沟，以致渠内淤澄二三尺以致七八尺不等。闸座偶有冲损处所，墙石即用木支撑，底塘则填草铺石，蒙混从事，以致闸座日坏一日。臣等自上冬，沿渠冲要处，以至渠口迎水石屏，委员采买麦草、柳椿，并分收额征草料堆储，又於滩中砍取白茨、红柳、芀吉、大椿，灵州石场采打大石，就近峡烧造石灰。各项材料备办已齐，择於二月二十日吉辰恭祭动工。率领效力官员、协办道府、州县兴工。自渠口至尾梢分为十四工，委员浚修。其迎水石堆甚属低薄，兼多冲坏，臣等船用峡口大小碎石，加帮五百二十丈。渠口内倒流河向东冲决甚宽，水即东注就下，难以挽之使上，且旁近安澜退水闸，底高水背，石多倾颓。臣等相度地势，循唐渠旧址，自上流开渠身一百三十八丈，顺引而下，在旧冲开处建滚水石坝二十五丈，两岸夹造柴草长坝一百六十五丈，又将安澜闸下湍急处，添石展建四墩五空石闸一座，水平则归渠，水大则自滚水坝并安澜闸内东澳归河，以杀其势。其大小双闸，底高空窄，退水不畅，臣等稍移而南，建三墩四孔石闸一座，其宁安闸底固太高，南面码头又突，臣等落底展修，建三墩四空石闸一座。其关边闸出水虽利，与正闸后底塘、梭墩、石墙俱皆倾圮，臣等添石重修正闸，上覆以桥房，旁列碑亭。闸北为龙神庙，因旧制重修。凡退水下流皆一出闸尾即折流东南，水势汹涌，任其淘坑冲刷，以致闸座不坚。臣等俱顺引入河前各闸退水，远流归於倒流河，引大河漾水冲刷。唐渠东岸不特渠埠日亦险薄，即附近田亩亦时遭侵泡，臣等因截其远流，横口加筑挡水坝，顺引入河，不但屏岸坚固而旁地悉可耕种。唐渠两岸多沙，渠内水缓则沙壅，多至淤澄偏坡，臣等用红柳背筐将渠内淤澄三四尺以至八九尺之处，尽情挑挖，悉令加帮。於低薄屏岸上下，又择斜射冲刷之势，布设码头，使沙无停滞，则水自畅流，向来尾梢即淤，余水泄於诸素湖内，常至泛涨。臣等因循故迹，挑浚十二里余，将尾水引入西河，水得归宿，旁地亦成膏腴。前放水之时，必将退水闸口筑坝，使水漾起，始能有七八分进正闸，又将大小支渠斗口封塞，尚得十数日到梢。臣等疏浚即毕，於四月十四日吉辰，恭祭龙神，启坝放水，臣等乘舟查看而下，自宁安、关边二道退水闸退出八九分，尚有十一分进正闸，水势畅满，高下田禾侵渥沾足，宁郡士民夹岸欢呼，咸歌帝德之高深。臣等率领效力官弁上下防险至二十二日。托皇上天福，一切闸座、屏岸共庆安澜，随交於属水利同知石礼图经管。至於唐渠有些须水外未完石工，俟今冬河冻运石，明春修汉渠之时代为补修外。臣等分派官弁归于城工、堤工，及时办理，俟三渠工竣之后，臣等将渠务内应行应除事宜，详细开行宁夏道、府、厅、县，永远定行，庶於三渠大有裨益矣。为此，缮折具奏，仰祈皇上睿鉴，施行谨奏。

朱批：实力为之，务期言行相符可也。

### 钦差兵部右侍郎通智等奏请每逢春秋二季将大清汉唐三渠龙神合祭等情形折

雍正九年五月初六日

臣通智、臣史在甲谨奏：为恭请天恩事。

窃臣等伏查，大清、汉、唐三渠俱有龙神庙。大清渠乃原任宁夏监牧同知王全臣，在汉唐二渠之间开渠一道，长六十余里，以补两渠之不及。因我朝彼时未曾开修大渠，是以将此渠名为"大清渠"，地势祸狭，龙神庙止一间。唐渠龙神庙在正闸桥房后，有正殿三间、小房六间，俱皆朽坏，虽地势窄小，重加修理，对闸临水格局尚属可观。至于汉渠正闸东岸有龙神庙一所，亦皆朽坏。但渠闸规模宏大，水势充畅，即在闸旁面渠修葺可壮观瞻。前臣等所建惠农、昌润二渠，龙神庙在宁夏新渠二县地方，蒙皇上天恩加封龙神并春秋二祀，着宁夏、新渠二县知县致祭。今三渠龙神庙相去不过一二十里，且俱在宁朔县地方。恭请圣恩，俱照惠农、昌润二渠龙神庙供设"宁渠普利龙王之神"牌。每逢春秋二季将三渠龙神合祭於汉渠龙神庙内，即令宁朔县知县照例致祭，使神有凭依，而民知敬奉，为此缮折具奏，仰祈皇上睿鉴。施行谨奏。

朱批：具题奏。

### 奏为宁夏被震摇塌三道大渠修筑工程告竣事

乾隆四年四月十八日

川陕总督臣鄂弥达谨奏：为敬陈渠工告竣，仰慰圣怀事。

窃查宁夏大清、汉、唐三渠引黄河之水灌溉三县田地，原为宁民命脉，酒於上年十一月二十四日地震，三道大渠及各支渠多被摇塌，致渠水不能流通，灌溉无资。先经大学士臣查郎阿等以急需重修，奈工程浩大、民力维艰，奏请动支帑银修筑，荷蒙圣恩俞允在案。臣到宁夏接印，即亲加查勘，催督各委员上紧修筑，无误立夏放水之期。今据报各处渠工俱已修竣，毫无渗漏，於三月二十六日放水，分流到地，足资耕作，且与往年立夏放水之时候无异。宁民咸欢欣鼓舞，感戴皇上天高地厚之恩，赐帑兴修，故大工得速告成，将来永远乐利。除伤取工料，确册送部查核外，理合恭申奏报，伏祈皇上睿鉴，谨奏。

朱批：览。

### 为勘明宁夏府渠坝应修各情形事

乾隆五十年十一月十八日

甘肃布政使奴才福宁跪奏：为勘明渠坝应修各情形，恭折奏闻事。

窃查宁夏府属汉延、唐徕、大清、惠农四渠，攸关农田水利，必须一律深通庶足，以资浇溉。本年夏间，因上游雨水稍多，黄河泛涨，将该四渠堺岸冲开，浊流灌入渠内，淤沙高垫，先经督臣福康安，委员督率民夫将岸屏冲口堵筑。其渠身淤高之处，奏明饬令奴才，俟桌司陈淮及署督臣庆桂莅任、后诣勘筹办、嗣桌司、署督臣先后莅任。奴才即於十月十八日驰赴宁郡，查勘得汉唐、大清、惠农四渠，向系户民按田之多寡，自备夫料，於清明日起至立夏日止，修浚一月，责成水利同知董率经理，由该管道、府确勘，开水入渠，分支裱散，听民浇灌。乾隆四十二年，各渠多有损坏，曾经借项修筑，渠水获以畅流。本年夏间，因黄河泛涨，挟带泥沙冲灌渠内，以致受淤至数尺不等。水小之时，即虑不敷分溉田禾，而水大之时尤恐不能容纳转有漫溢之虞，且淤沙工段绵长，断非岁修所能完善，应请大加兴修，俾资乐利。又靖远县糜子滩堤埂一道，实为保护田畴之要工，亦於夏间被河水冲塌，此外尚有水冲渠洞、堤埂、底塘均关紧要，应一并分别修筑。惟户民适当被灾之后，力量未能宽裕，而工程又觉浩繁，应循照四十二年借项大修之例办理，分年征还。又灵州横城堡地方原筑堵水梭坝三道、石防风三道，系为保护城墙而设，本年夏间亦因山水骤发，河流异涨，将头道梭坝全行冲坏，二道、三道梭坝及石防风俱各冲损，现在河水相距城墙仅止丈余，若不亟为办理，诚恐刷及城根，所关匪细，应照向例动项，赶紧修整，以资巩固。除分别核实确估，详请督臣酌核具奏外，所有奴才勘过宁郡渠、坝应修各情形，理合，恭折奏闻。伏祈皇上睿鉴，谨奏。

朱批：知道了。

## 七、律令

### 北魏灌溉管理制度

一旬之间，则水一遍，水凡四溉，谷得成实。

注：摘自《魏书》。444年，刁雍就任薄骨律镇(现吴忠市域内)镇将后，根据宁夏河套平原以种植谷类旱作物为主的实际，研究建立了“十六字灌溉制度”。运用轮灌办法，既保证了农作物对水分的需求，又最大限度扩大了灌溉面积，促进了农业生产的发展。

### 西夏灌溉管理制度

西夏天盛改旧新定律令。第十五卷计十一门：收纳租；取闲地；催租罪功；租地；春开渠事；园地苗圃灌溉法；冬草条椽供给；渠水；桥道；地水杂罪；纳领谷派遣计量小监。

### 元代灌溉管理制度

至元七年(1270年)，颁农桑之制一十四条，条多不能尽载，载其所可法者。立司农司，以左丞张文谦为卿。司农司之设，专掌农桑水利。仍分布劝农官及知水利者，巡行郡邑，察举勤情。

凡河渠之利，委本处正官一员，以时浚治。或民力不足者，提举河渠官相其轻重，官为导之。地高水不能上者，命造水车。

至大元年(1308年)，宁夏立河渠司，秩五品，官二员，参以二僧为之。

注：摘自《元史》，1308年，元政府在宁夏灌区设立农田水利建设的专管机构河渠司，水利管理制度日臻完善。

### 明代灌溉管理制度

宣德六年(1431年)，宁夏设河渠提举司，置提举一员，从五品，副提举二员，从六品，吏目一员，从九品，隶属陕西布政司，专掌水利。

每岁春三月，发军丁修治之。四月初，开水北流，其分灌之法，自下流而上，官为封禁。修治少不如法，则水利不行，田涸而民困矣，公私无所倚，此宁夏恃以为重者。

注：摘自《明宣宗实录》，明朝建立后，宁夏设立了专管机构，大规模引河灌溉、屯田开垦，水利管理、渠道维修和灌溉管理制度日趋完善。

### 清代灌溉管理制度

浚渠绅民同役制：凡宁夏、宁朔、灵州、平罗、中卫各属之大清、唐、汉、西河、惠农、秦、汉、七星、美利以及一切官、民等渠，若值需夫挑浚修筑之时，无论绅衿庶民，俱按田亩分数，一律出备夫料，共勤力作，不得借名优免。如有绅衿不便亲执力作者，听其出资雇募代役，违即详革究拟。以此作为制，并请勒石，以垂永久。

注：摘自《清高宗实录》，乾隆七年(1742年)，为解决沿袭已久的“民劳绅逸”的问题，颁布以上条款，使岁修负担趋于合理。

### 民国灌溉管理制度

宁夏水利暂行拘罚条例：

**第一条**　本条例为注重民生水利整顿全省水利起见，依据本省各县渠实际情形，暨水利人员奖惩条例制定，於夏、朔、平之汉、唐、惠、清、昌润五渠，金、灵之秦、汉、天水渠，卫宁之美利、七星等渠适用之。

**第二条** 凡各县受水人民违犯水利规定办法者,依本条例各项规定应行拘罚事项及拘罚数目执行之。

**第三条** 各县受水户民,对於水利有左列情事之一者,应依本条例,处以五元以上五十元以下之罚金,但须事前呈厅奉准,其情节较重者,须呈请建设厅转呈省府惩办或送就近法院依法治罪。

1.违背定限扯水偷灌,妨害他人灌田与堵塞他人闸口,希图一己多灌,并偷开水口,有意淹冲他人田亩者。

2.故意掘坏渠堤、沟洞妨害水利者。

3.渠工坝料逾限半月抗不清交,即春季渠工抗夫不到,逾期三日者。

4.故违禁令於渠圳上掩埋尸身,或在渠堤上取沙、取土者。

5.偷扯口道,不守封闸,前闸后扯,妨害他人田亩灌溉情节较重者。

6.不遵水法,殴打水警或侮辱水利人员经查明确实者。

7.故意放水,淹冲道路,妨害交通,或纵水入湖者。

8.偷伐渠拜树木,纵放牲畜,咬损渠拜树苗,及踏毁渠拜者。

9.春季渠工,不守规则,或合伙打架,妨害他人工作,或於工作及交款时,有意以言语侮辱水利员警,致碍水利进行者。

**第四条** 各县渠水利人员,除依宁夏省各县渠水利人员奖惩条例,第八条之规定惩戒者外,有左列情事之一者,应依本条例处以十元以上一百元以下之罚金,但情节较重者,须呈请建设厅转呈,省政府从严惩处或送法院依法治罪。

1.各渠常务委员或委员奉令征收坝料,如因催征不力,致误要工,或征多报少,私自挪用,及任意积压不报者。

2.各渠受水乡村渠长,与揽头水警,包揽人夫,匿不入工,或勾通委员、段长、委管贪图小利,零时雇人顶替,贻误渠工,一经察觉,或被告发者。

3.各渠委员、段长或渠长,堆积段柴,如有从中取巧,串通委管、水警,以少报多,一经察觉,或被告发者。

4.各渠乡村渠长与各陡口会首方民,与浇灌时期,若遇大风大雨及其他危险发生时,不即时抢顾,或坐视不理,遗害渠工,耽误水泽者。

5.委管收夫,以老弱充数,并以破锹、小笼搪塞,及点验民夫,於五日内将与工未到惧夫,不呈报水委会,希图蒙混,从中渔利者。

6.各县渠水委会委员,或段长、委管采办物料时,不照公平时价任意勒扣及对物料数目价值,不依照各该渠水委会之规定三联票扯齐,希图含混,以少报多者。

7.段长、委管修做渠工,不照估定工程,敷衍了事 从中渔利者。

8.段长、委管於渠工完竣后十日内,不将所做工程各项物料及脱惧人夫,按照法定格式,造具清册连同粘单据、薄记,呈各水委会复核汇报者。

9.渠口所用闸木、松椽、铁器等物,经段长或委管点收后,如有损坏遗失者。

**第五条** 各县渠水委会,因事实之需要,为便於执行拘留事宜,每渠得附设拘留室一处。

**第六条** 凡人民违犯本条例,无力缴纳罚金者,得以拘留或工作一日折抵一元。

**第七条** 凡人民对於水利行政不即行为者,及应传拘搜查者,得由各该渠水委会依照行政执行法,强制处分执行之,但须呈请建设厅备案。

**第八条** 各县渠水委会依据本条例拘罚人民于必要时,不及呈报者,准先行拘留但必须即时呈建设厅核夺。

**第九条** 人民对於各县渠水委会依据本条例之处分,如有不服时,准将理由呈建设厅核办。

**第十条** 各县渠水委员之常委及职员等,如有滥用职权於本条例规定以外拘罚人民者。一经告发查实,既由建设厅呈请省府从严治罪,或呈送法院依法惩办。

**第十一条** 本条例自呈请省政府核准公布之日实行。

**第十二条** 本条例如有未尽事宜,得随时呈明修正之。

【说明】摘自《(民国)宁夏省水利专刊》。

### 宁夏省各县渠管制水量暂行办法

(1950年5月20日宁夏省人民政府颁发)

**第一条** 为管制各渠水量,保证所有受水农田,均能按时浇灌满足起见,制定本办法。

**第二条** 各渠放水季节及主要受水作物:

(一)头轮水由立夏开水至小满,浇灌夏禾头水及未灌冬水田地;由小满至芒种,浇灌夏禾补水;由芒种至夏至,供给播种稻田用水。

(二)二轮水由夏至后三天起至大暑,先尽秋禾浇灌再灌夏田茬子地,由大暑至白露浇灌秋禾补水及沤麻水。

(三)三轮水由霜降前五天起至小雪节令以前淌封地水(即冬水)。

**第三条** 每轮水浇灌次序:

(一)各渠每次开水后,河西区宁朔县中心水利局督导组会同各县水利局负责,按实际情况酌予开闭;唐徕渠永宁县属之新开、良田、大新、红花四渠,贺兰县属之新满达渠、太子渠、四道罗渠(老罗、边罗、复兴、新济);汉延渠宁朔县属之果子渠、散水渠;永宁县属之丁字渠、小牛渠、苜蓿渠、杨家渠、西北渠、南高渠、北高渠、新渠;惠农渠永宁属之民生渠,其他各支渠口,在适当调剂本县各渠水原则下,自行决定封俵,赶水达梢,先尽梢段浇灌。

(二)各渠梢段头轮水浇灌日期规定:唐徕渠于小满前五天淌完,汉延渠于小满前六天淌完,惠农渠于小满前七天淌完。各渠梢段农田,如因支渠未挖,水到不淌以至受旱者,水利局不负责任。

(三)各干渠梢段必须在规定时间内浇灌满足后,依照惯例,逆鳞逐段向上移浇,依次灌足。

(四)河西各县水利局对于唐、汉、惠三渠各渠道规定之水量分数,须负责放足;依宁朔、永宁、贺兰、平罗、惠农之次序,上县对于下县须负放足水量之责任。

(五)永、贺、平、惠四县水利局对水量管制事宜,须受中心水利局督导组之领导,督导组须随时向中心水利局及省水利局报告各县管制水量实际情况。

(六)唐、汉、惠三渠各县段渠道水量分数及各支渠灌水日期,须按规定执行。

(七)以(上)列六项只限于唐、汉、惠三渠适用之,卫宁河东自行规定。

**第四条** 在灌水期间,各县水利局及段级干部必须按照各渠道进水闸及各段渠道规定水量分数适当掌握,并领导养护队负责巡护干渠堤岸,分俵灌派并指定各支渠养护小组组长专负管理支渠口道。

**第五条** 在干渠两岸严禁挖堤放水,如有必要另开新口时,必须呈报省水利局勘查批准,方得开口。不遵者以破坏水利处分。

**第六条**　各县渠得按供水实况，分别规定禁种稻区域。

**第七条**　各级水利干部，对于干、支渠分配水量，必须遵照规定办理，不得循情舞弊，违者严惩不贷。

**第八条**　受水人民及部队、机关农场，必须遵守灌水次序，听从水利人员指挥，严禁应灌不灌，不应抢灌，及在禁止种稻地区种稻。

**第九条**　凡纵水灌湖，淹滩漫路，及撤清澄浑等浪费渠水者，应按情节轻重，分别予以罚工罚料，其情节重大者，得交司法机关法办。

**第十条**　本办法自公布日起施行，如有未尽事宜，得经省政府修正之。

# 职工风采

管理处党委举办“喜迎党代会·献礼二十大”读书演讲比赛(2022年3月)

“青年文明号”揭牌仪式(2008年6月)

管理处召开青工联谊会(2008年3月)

管理处团委举办纪念建团90周年文艺汇演(2012年5月)

管理处参加“水利厅纪念中国共产党成立92周年银川片文艺汇演”(2013年6月)

管理处参加"加强安全法制 保障安全生产"主题演讲比赛(2015年6月)

管理处举办第三届职工羽毛球比赛(2018年9月)

管理处参加水利厅职工广播体操比赛(2015年10月)

管理处举办庆祝新中国成立70周年文艺演出(2019年6月)

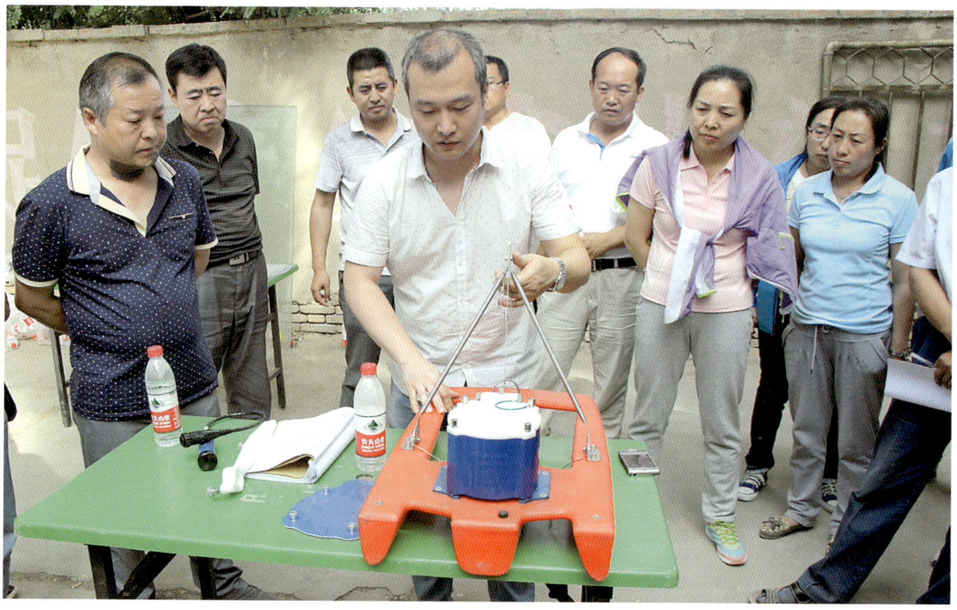

管理处举办青年职工技能竞赛(2016年7月)

管理处廉政文化摄影书画手工制作作品展

管理处举办“青春心向党 建功新时代”五四主题团日活动

步调一致向前进(2010年9月)

管理处举行党史学习教育主题团日活动(2021年6月)

管理处举办“安康杯”职工技能竞赛(2022年7月)

自给自足(2022年7月)

管理处举行民族团结月活动

# 荣誉

全国水利系统
文明单位
中华人民共和国水利部
二〇〇二年

五一劳动奖状
宁夏回族自治区总工会
2004年4月

全区林业生态建设
先进单位
自治区绿化委员会
二〇〇九年十二月

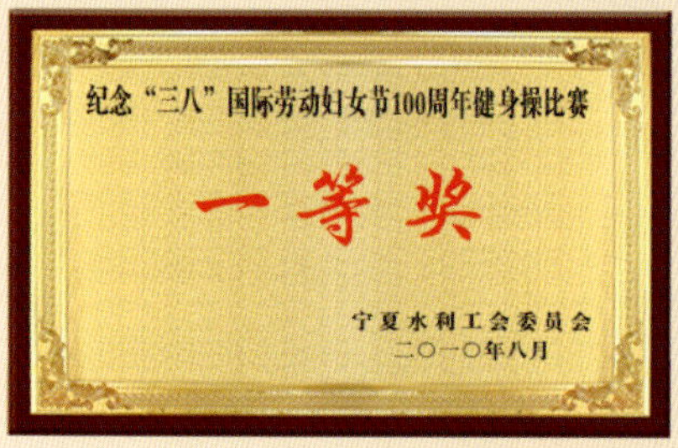
纪念“三八”国际劳动妇女节100周年健身操比赛
一等奖
宁夏水利工会委员会
二〇一〇年八月

全区农业灌溉节约用水
先进单位
自治区水利厅
自治区财政厅
二〇一〇年三月

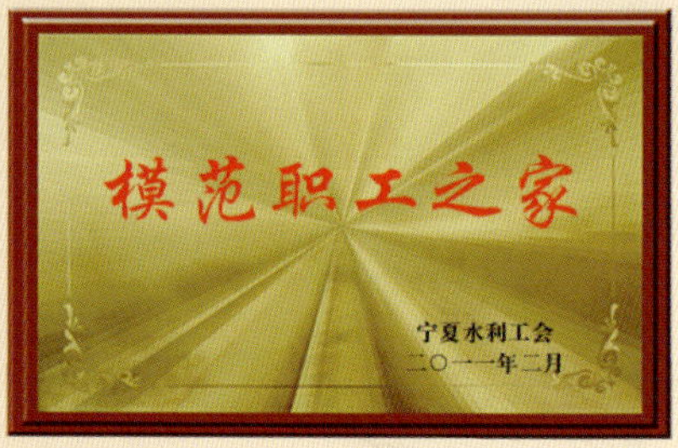
模范职工之家
宁夏水利工会
二〇一一年二月

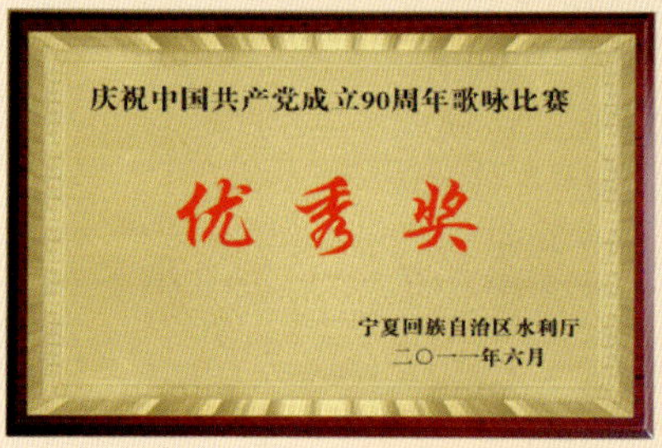
庆祝中国共产党成立90周年歌咏比赛
优秀奖
宁夏回族自治区水利厅
二〇一一年六月

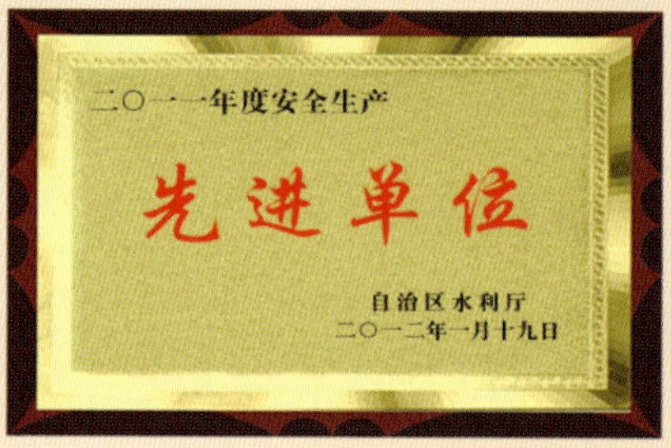
二〇一一年度安全生产
先进单位
自治区水利厅
二〇一二年一月十九日

2017-2020年度
自治区文明单位
宁夏回族自治区精神文明建设指导委员会
二〇一七年四月

赠：水利厅汉延渠管理处
精准落实扶贫政策
竭诚服务贫困群众
中共玉皇阁村党支部
玉皇阁村民委员会
二〇一九年一月二十六日

先进基层党委
中共宁夏回族自治区水利厅委员会
二〇二一年六月

赠：宁夏汉延渠管理处
大爱无疆共抗疫情
无私奉献共克时艰
银川市兴庆区胜利街道办事处
二〇二一年十一月十日

第四届宁夏志愿者服务项目大赛
银奖
自治区文明办
自治区民政厅
自治区团委
自治区水利厅
自治区残疾人联合会
自治区禁毒办
二〇一七年四月

# 附 录

## 一、历史文献

### 1.报纸

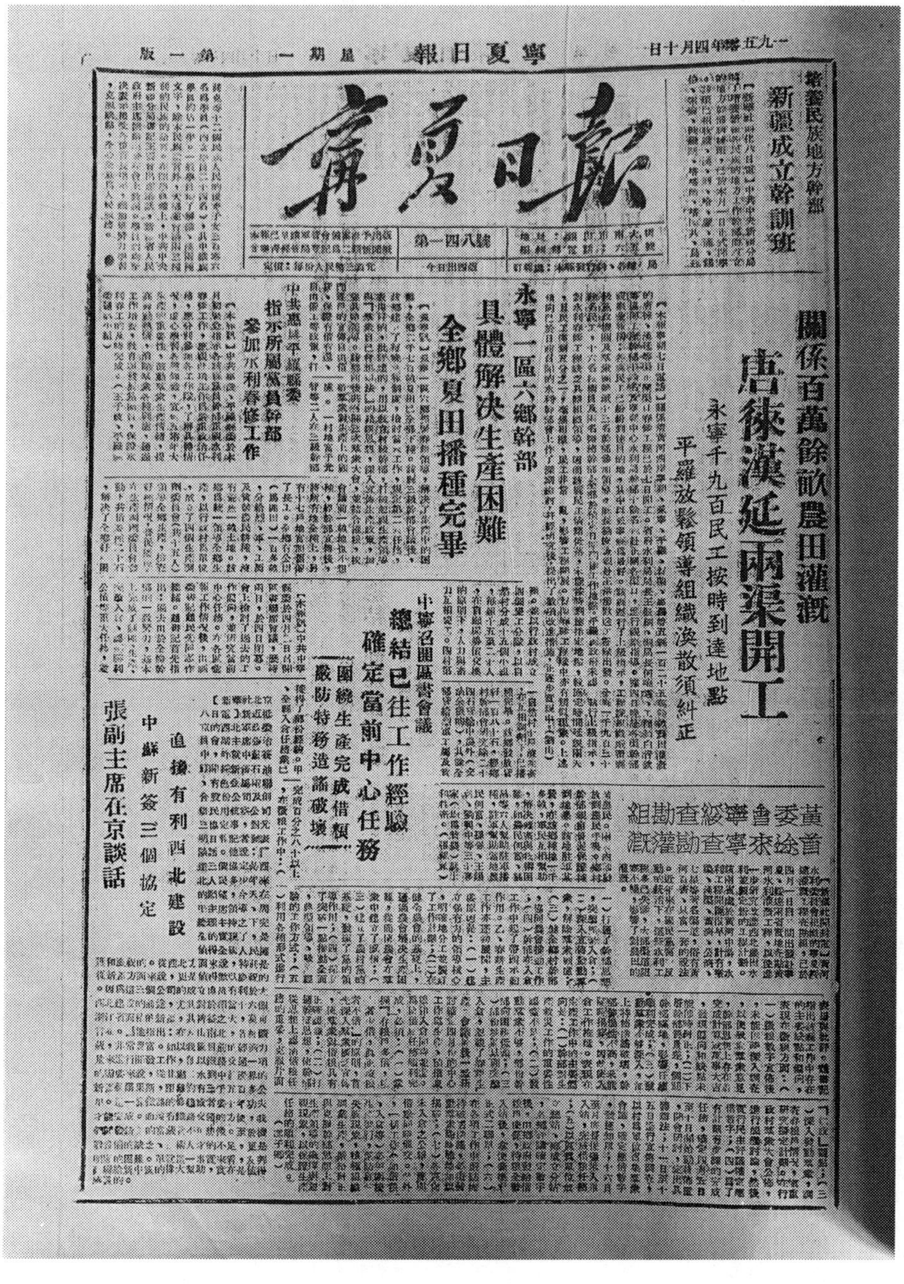

一九五[illegible]年四月十日 寧夏日報 星期一 第一版

寧夏日報

培養民族地方幹部 新疆成立幹訓班

關係百萬餘畝農田灌溉 唐徠漢延兩渠開工
永寧千九百民工按時到達地點
平羅放縣領導組織渙散須糾正

永寧一區六鄉幹部 具體解決生產困難 全鄉夏田播種完畢

中共惠農縣委 指示所屬黨員幹部 參加水利春修工作

中寧召開區書會議 總結已往工作經驗 確定當前中心任務
團結生產完成借糧 嚴防特務造謠破壞

黃委會寧綏查勘組 首途來寧查勘灌溉

中蘇新簽三個協定 [illegible]有利西北建設 張副主席在京談話

一九五零年四月十七日　寧夏日報　星期二　第一版

寧夏日報

第一五五一號

越南青年救國團代表大會電我國青年致敬

唐徠漢延等四渠負責人員

# 組成統一工程委員會

貫澈民主管理爭取早日竣工

惠農股匪郭永勝部四十餘人集體來歸

中衛美利扶農兩渠

合理改變收石折米辦法

羣衆踴躍參加運輸

金積水利春修開工

二千餘民工情緒高漲

保證新的財政收支概算實現

——賈拓夫在西北財政會議上的總結報告——

2. 宁夏回族自治区革命委员会文件(宁发〔70〕12号)

## 最高指示

备战、备荒、为人民。

水利是农业的命脉,我们也应予以极大的注意。

## 批转区革委会生产指挥部关于引黄灌区以渠系设置水利管理机构的请示报告

银川市、石嘴山市、青铜峡、吴忠、中卫、中宁、永宁、贺兰、平罗、陶乐、灵武县革委会:

区革委会原则同意区生产指挥部《关于引黄灌区以渠系设置水利管理机构的请示报告》。现转发给你们,望即研究执行,并注意做好下列几项工作:

一、区生产指挥部应加紧唐徕渠、汉延渠、惠农渠及渠首等四个管理处机构的筹建工作,务于五月一日前组建起来。在新的管理机构建立就绪之前,各市、县仍应积极做好"五·一"放水的一切准备工作,保证适时灌溉。

二、干渠、干沟由新建机构管理之后,各县的水利机构,要相应精减人员;二要主动配合有关干渠管理处加强本县的水利管理工作。

三、区生产指挥部对此报告中拟制的各水利管理处(所)的编制人员、工作职责范围、管理制度等,待新的管理机构开始工作之后,须广泛征求水利职工及受签地区社、队干部和社员群众的意见,进一步加以研究改进,使机构编制更加合理,工作职责更加明确,管理制度更加完善。

宁夏回族自治区革命委员会

一九七〇年二月十二日

3. 简报

旧档

最高指示

政治工作是一切经济工作的生命线。

农业学大寨。

水利是农业的命脉。

# 简报

区农业局汉延渠管理处革委会　　1970年11月4日

十一月二日至三日，我处召开了由管理所领导同志及有关人员参加的传达农业学大寨的会议。会议首先学习了毛主席的"矛盾的普遍性和矛盾的特殊性"的教导，传达了北方十四省区和自治区农业学大寨会议的精神；传达了区党委农业系统银川地区活学活用毛泽东思想讲用会的精神；传达了永宁县召开的民兵、财会会议精神。汇报研究了秋工完成情况，确定了今冬明春施工项目和冬灌工作。

经过传达和学习文件，同志们都感到这些会议都是高举毛泽东思想伟大红旗，突出无产阶级政治的，表示坚决执行。特别是中央召开的北方十四省区和自治区的农业学大寨的会议，对大家震动较大，在毛主席的关怀和"农业学大寨"的教导下，昔阳县已发展成为大寨式的县，昔阳县三年粮食翻了一翻，这是一个罕见的奇迹，大寨红花遍地开，自治区也涌现了许多大寨式的社队，这是突出政治必然的结果，是毛泽东思想的伟大胜利，是毛主席的无产阶级革命路线的伟大胜利。

经过学习大家明确了我们汉延渠管理处系统是直接为农业增产服务的，更要积极学习大寨大队在阶级斗争、生产斗争、科学试验三大革命运动中一贯坚持政治挂帅思想领先的原则，自力更生、艰苦奋斗的精神，爱国家、爱集体的共产主义风格。一句话就是要像大寨党支部那样，用伟大的毛泽东思想教育人。这是大寨经验中最根本的东西，第一位的东西。物质变精神，精神变物质。广大群众掌握了毛泽东思想，就有了方向，有了干劲，有了办法，就可以人变、地变、产量变，就能够排山倒海。以大寨为榜样，总结我们的经验，汉延渠管理处系统的同志，精神思想有很大的变化，但与大寨比，与华二廿四比，差的很远很远。差就差在根本上。因此我们要借助区属农业系统银川地区活学活用毛泽东思想讲用会的经验，以对毛主席、对毛泽东思想的深厚无产阶级感情从阶级教育入手，忆苦思甜、忆苦思权，牢记阶级苦、不忘血泪仇，翻身全靠恩人毛主席，思想只有刻苦地学活用毛泽东思想，学习"老三篇"，学习"两个决议"，学习毛主席的哲学思想。毛主席的哲学思想的基本精神是革命的，批判的，只有同革命大批判结合起来，才能学得深、学的透，真正建立无产阶级的世界观。首先要批判哲学"神秘论"，为学好哲学进一步扫清道路。要加强领导，领导同志要把活学活用哲学思想的群众运动当做党的思想建设的根本任务来抓。特别要抓好领导班子自身的学习。使党员和干部职工的理论水平提高一步，把无产阶级专政下继续革命的伟大事业进行到底。

为了支援世界革命，打好农业翻身仗，落实在我们的行动上，必须加强组织纪律性，向人民负责坚守岗位，以大寨的一个原则，一个神，一个风格，搞好冬浇工作。当前要宣传、教育、组织群众，抓住解决各种活思想，务于十一月十八日前浇完。这是保证明年农业大跃进的关键。同时积极结环秋工，准备冬季施工，作好明年职工的补助粮、油、肉、菜生产的备耕工作。

为了实现人的思想革命化，开展四好运动，经过同志们酝酿一致同意在冬浇结束后进行四好、五好年终评比。根据自治区关于开展四好运动的决定，结合我处的具体情况，四好单位的第三条完成任务好中增加些具体内容即：积极管好水，合理计划配好水，照顾全局交好水，发动群众组织专门浇好水，自力更生做好工程。年终总评的方法是四比四看，即：比政治思想好，看高举毛泽东思想伟大红旗，突出无产阶级政治，领导带头活学活用毛泽东思想好；比三八作风好，看用毛泽东思想统帅作风培养，加强组织纪律性，坚守岗位，落实在行动上；比完成任务好，看用毛泽东思想统帅业务工作，抓革命、促生产，团结互助，共产主义大协作；比生活管理好，看用毛泽东思想统帅生活管理，实行三大民主、开展批评与自我批评，发扬自力更生、艰苦奋斗搞好粮油肉菜生产。

4. 关于成立汉延渠管理处革委会的报告

毛 主 席 语 录

革命委员会好。

政治路线确定之后，干部就是决定的因素。

★ ★ ★

关于成立汉延渠管理处革委会的报告

汉革字（71）第21号

区水电局：

在党的"九大"团结胜利路线的指引下，在区局的直接领导与关怀下，我处从去年分[redacted]渠管理筹备一年多来，已具备了成立革委会的条件。遵照毛主席革命委员会"必须实行革命的'三结合'的方针"、无产阶级革命事业接班人的"五个"条件和林付主席选拔干部的"三条"标准，经过自下而上的酝酿、讨论协商意见：我处革委会由刘开义、马忠孝、蒋泽、孟新、王林智五同志组成。现附干部登记表各一分，一并上报，请审查批示。

汉延渠管理处

宁夏回族自治区水电局汉延渠管理处 革命委员会

一九七一年九月九日

5.关于汉延渠管理处机构设置及人员配备的通知[宁水电发(72)36号]

中共宁夏回族自治区革命委员会水利电局核心小组文件

宁水电党发(72)36号

关于你处机构设置及人员配备的通知

汉延渠管理处革委会：

经中共宁夏区革委会水电局核心小组一九七二年十月十一日会议研究同意你处革委会办事机构设政工科、生产科、行政科，处属四个管理所设主任、付主任。

由马忠孝同志任政工科科长；

由革委会付主任孟新同志兼生产科科长；

由王林智同志任生产科付科长；

由李明敏同志任行政科付科长；

由赵光进同志任第一管理所付主任；

由陈生霖同志任第二管理所主任；

由蒋泽同志任第二管理所付主任；

由李士杰同志任第三管理所主任；

由沈光成同志任第三管理所付主任；

由徐凤鸣同志任第四管理所主任；

由宋连成同志任第四管理所付主任。

区水电局党的核心小组(印)

一九七二年十月十七日

6.汉延渠管理处革命委员会转发区局关于我处机构设置及人员配备的通知[汉政字(72)第27号]

汉延渠管理处革命委员会

转发区局关于我处机构设置及人员配备的通知

汉政字(72)第27号

第一、二、三、四管理所及所属各管理站：

兹接到区局党的核心小组关于我处机构设置及人员配备的通知，现予转发，希全体职工知照。并希全体职工在新的组织的领导下，加强革命团结，发挥革命积极性，努力做好工作，为我灌区的农业增产做出更大贡献。在当前，特别要做好冬灌工作，保证行水安全，将应灌田亩及时灌上灌好。

团结起来，争取更大的胜利。

汉延渠管理处革命委员会

一九七二年十月二十三日

7.关于启用新印章的通知[(72)汉管革字第34号]

汉延渠管理处革命委员会

关于启用新印章的通知

(72)汉管革字第34号

各管理所：

经上级批准，我处已刻制以下七枚新印章，即：

宁夏水利电力局汉延渠管理处政工科；

宁夏水利电力局汉延渠管理处生产科；

宁夏水利电力局汉延渠管理处行政科；

宁夏水利电力局汉延渠管理处第一管理所；

宁夏水利电力局汉延渠管理处第二管理所；

宁夏水利电力局汉延渠管理处第三管理所；

宁夏水利电力局汉延渠管理处第四管理所；。

以上新印章，自一九七三年元月一日启用。原“汉延渠管理处第一管理所革命领导小组”、“汉延渠管理处第二管理所革命领导小组”、“汉延渠管理处第三管理所革命领导小组”、汉延渠管理处第四管理所革命领导小组”四枚旧印章同时作废。特此通知。

一九七二年十二月三十一日

报：区水利电力局

抄：各渠道管理处，银川市水电局，永宁、青铜峡、贺兰县水电局。

8.关于组建红星试验站的批复[宁水电水字(79)98号]

# 宁夏回族自治区
# 水利电力局文件

宁水电水字（79）98号

★

关于组建红星灌溉试验站的批复

汉延渠管理处：

你处“关于组建红星灌溉试验站的意见”收悉，经研究批复如下：

一、为适应农业现代化的需要，给合理灌溉，保证农业稳产高产提供科学数据，今年应继续做好红星试验站的灌溉试验研究工作。

二、试验站机构编制问题须待我局上报审批后定，目前仍暂由你处同永宁县水电局合作进行。并请宁夏农学院水利系给以技术指导。技干和正式工由你处和永宁县水电局调剂解决，所需临时工由你处增加的临时工指标中解决。

三、一九七九年试验研究项目，同意你处安排意见，即支

—1—

渠计划用水，灌溉制度试验和田间及室内土柱观测试验。

四、试验研究和必需的器具设置费５０００元由一九七八年分配你处的农田水利辅助费内支付。

五、新的试验研究基地的建设问题暂由今年给你处所拨农田水利费拨给１００００元建房五间，不建水塔。总之不做当前不急需的基建不购置不急需的仪器。

宁夏回族自治区水利电力局

一九七九年三月一日

抄送：永宁县水电局，宁夏农学院水利系，区水科所。

—2—

9. 关于中共汉延渠管理处等四支部改设为党的总支部委员会的批复[宁水党发(90)1号]

汉延渠管理处
收文号 4 附件 1
收文日期 1990年2月1日

# 中国共产党宁夏回族自治区

# 水利厅委员会文件

宁水党发(90)1号

★

## 关于中共汉延渠管理处等四支部改设为党的总支部委员会的批复

汉延渠、渠首、七星渠管理处党支部、水利机械修造厂党支部：

你们分别报来"关于将党的支部委员会改为党的总支部委员会"的报告收悉。经厅党委一九九0年第一次会议研究，同意你们将党的支部委员会改设为党的总支部委员会。

一九九0年元月九日

发：厅党委各成员、厅纪委、组宣处、厅属各单位党委、总支、支部。

宁夏回族自治区水利厅办公室　　一九九0年元月十一日印

10. 关于共青团汉延渠管理处支部委员会改建为总支部委员会的批复［宁水团发（1990）06号］

# 中国共产主义青年团
# 宁夏水利厅委员会文件

宁水团发(1990)06号

★

关于共青团汉延渠管理处支部委员会
改建为总支部委员会的批复

共青团汉延渠管理处支部委员会：

报来"关于成立共青团汉延渠管理处总支委员会的报告"收悉。根据你处团员人数及分布情况，符合《团章》关于建立总支部的有关规定。经报请厅党委审定，同意将共青团汉延渠管理处支部委员会改建为总支部委员会。总支部委员会的产生按《团章》规定程序，尽快改选换届。团总支部书记

—1—

任职期间享受副科级待遇。

此复

一九九0 年三月二十七日

---

抄报：厅党委。

抄送：厅组宣处、汉延渠管理处党总支。

---

—2—

11.关于命名表彰“青年文明号”单位的决定［宁水团发(1995)07号］



# 中国共产主义青年团
# 宁夏水利厅委员会文件

宁水团发(1995)07号

★

## 关于命名表彰“青年文明号”单位的决定

创建“青年文明号”活动在我厅开展以来，水利厅直属单位的渠道管理所、泵站、车间、队等基层单位以建设有中国特色社会主义理论和党的基本路线为指导，组织和引导青年围绕水利建设的中心互作，立足本职岗位，诚实劳动，文明从业，在两个文明建设中做出了积极贡献，涌现出一批以青年为主体，在生产、经营、管理和服务中做出一流成绩的“青年文明号”单位。

为表彰先进，树立典型，推动我厅创建“青年文明号”

—1—

活动的深入开展，经自下而上层层推荐、评选，厅团委联合厅属有关单位决定， 授予汉延渠管理处第二管理所等5个基层单位为水利厅“青年文明号”单位称号，统一颁授标牌，予以表彰奖励。

希望受表彰的“青年文明号”单位珍惜荣誉，发扬成绩，戒骄戒躁，再接再厉，再创新成绩，争创自治区“青年文明号”单位；同时，号召全厅各基层单位，以受表彰的单位为榜样，振奋精神，开拓进取，努力创建“青年文明号”，为把我厅两个文明建设提高到一个新水平而努力。

附件：水利厅“青年文明号”单位名单

中国共产主义青年团宁夏水利厅委员会

一九九五年五月二十九日

---

抄报：水利厅党委，自治区团委

抄送：厅属各单位党委(总支、支部)，厅机关党委、 厅组织宣传处、水利工会，自治区团委工农青年部

发：厅属各单位团委(总支、支部)、厅机关团支部

---

—2 —

## 水利厅“青年文明号”单位名单

汉延渠管理处第二管理所

盐环定扬水管理处红柳坑泵站

固海扬水管理处检修队

固海扬水管理处新黑水沟泵站

跃进渠管理处第一管理所

12.关于汉延渠管理处建职工家属住宅楼的批复[宁水(计)发(1996)7号]

# 宁夏回族自治区
# 水利厅文件

宁水(计)发(1996)7号

## 关于汉延渠管理处建职工家属住宅楼的批复

汉延渠管理处:

你处《关于汉延渠管理处建设职工家属住宅楼的报告》(宁水汉发(1995)45号收悉，鉴于你处职工住房困难，经研究同意你处建设职工住宅楼一幢，建筑面积3000平方米，解决50户职工住房困难。

总投资130万元，其中：职工筹金50万元，贷款50万元，处留更改资金30万元。

望你处严格控制建房标准，按照基建程序办理有关手续。

宁夏回族自治区水利厅

一九九六年五月二十八日

主题词：住宅　建设　批复

13.关于汉延渠管理处党总支改设党委的批复[宁水党发(1999)12号]



# 中国共产党宁夏回族自治区

# 水利厅委员会文件

宁水党发[1999]12号

(三)

★

## 关于汉延渠管理处党总支改设党委的批复

汉延渠管理处党总支：

你处报来《关于汉延渠管理处党总支改设党委的请示》（宁水汉党发[1999]06号）收悉。

经研究，根据党组织建设有关规定和工作需要，同意你处党总支改设党委，同时设立中共汉延渠管理处纪律检查委员会。望按照《中国共产党基层组织选举暂行条例》，做好党委、纪委成立的筹备工作。

一九九九年四月一日

抄送：厅属各单位党委（总支、支部），厅纪委，厅机关党委

14. 自治区水利厅关于汉延渠管理处新建灌溉调度中心楼的批复[宁水计发(2004) 54号]



宁 夏 回 族 自 治 区

# 水 利 厅 文 件

宁水计发〔2004〕54号

## 自治区水利厅关于汉延渠管理处新建灌溉调度中心楼的批复

汉延渠管理处:

你处《关于建设灌溉调度中心楼的请示》(宁汉发〔2004〕51号)收悉。经研究,同意新建灌溉调度中心楼,现批复如下:

一、灌溉调度中心楼为框架结构,总建筑面积3000平方米,总投资780万元,由你处自筹解决。

二、要严格控制总投资。调度中心楼使用基建贷款累计超过100万元时,必须报水利厅批准。

三、请据此组织设计,抓紧办理相关手续,按期完成建设任务。

四、灌溉管理局为项目主管部门，监督工程实施。

宁夏回族自治区水利厅

二〇〇四年九月一日

主题词：基础设施　建设　批复

抄送：水利厅灌溉管理局。

宁夏回族自治区水利厅办公室　　2004年9月8日印发

15. 自治区直属水管单位经费实行“收支两条线”实施意见

为贯彻落实《中共中央、国务院关于加快水利改革发展的决定》(中发〔2011〕1号)和《自治区党委、人民政府关于加快水利改革发展的决定》(宁党发〔2011〕35号)精神，深化国有水利工程管理体制改革，落实好公益性、准公益性水管单位基本支出和维修养护经费，发挥水利工程综合效益，全面推进节水型社会建设，自治区财政厅、编办、人力资源社会保障厅、水利厅就自治区直属水管单位经费实行“收支两条线”，纳入财政预算管理提出如下实施意见。

(1)机构、编制管理

自治区直属固海扬水管理处、盐环定扬水管理处、红寺堡扬水管理处核定1973名定额补助事业编制(含36名聘用编制)；唐徕渠管理处、惠农渠管理处、汉延渠管理处、渠首管理处、秦汉渠管理处、七星渠管理处、西干渠管理处等7个自流灌溉管理处核定1471名自收自支事业编制，实行“收支两条线”管理。上述10个水管单位按照国家和自治区事业单位分类改革精神和总体部署推进改革，完善管理措施。

(2)人员经费

①在职人员

对在职人员，已进入自治区人员工资信息库的，经自治区编办、人力资源社会保障厅审核同意后，纳入“收支两条线”管理；根据《自治区党委办公厅、人民政府办公厅关于印发〈宁夏回族自治区事业单位公开招聘工作人员实施办法〉的通知》(宁党办〔2006〕35号)精神，对在2006年7月4日以前录用，但未纳入自治区人员工资信息库的，以及在2006年7月4日以后，《自治区党委、人民政府关于加快水利改革发展的决定》(宁党发〔2011〕35号)印发之前按国家政策安置的退伍军人，由自治区水利厅提供人员信息，经自治区财政厅、编办等相关部门审核同意后，纳入“收支两条线”管理；对在2006年7月4日以后自治区水利厅自行安置的其他人员，由水利厅自行解决，不纳入“收支两条线”管理。

凡纳入“收支两条线”管理的人员，由自治区水利厅按照编制实名制管理规定确定在编人员和非在编人员，经自治区编办审核同意后录入编制实名制管理信息库。今后10个水管单位原则上不能在核定编制外补充新的工作人员。

②离退休人员

1)固海扬水管理处、盐环定扬水管理处、红寺堡扬水管理处3个扬水管理处的离退休人员,离退休经费原由自治区财政全额负担的。实行"收支两条线"管理后,继续由自治区财政负担。

2)唐徕渠管理处、惠农渠管理处、汉延渠管理处、渠首管理处、秦汉渠管理处、七星渠管理处、西干渠管理处等7个自流灌溉管理处和固海扬水管理处、盐环定扬水管理处、红寺堡扬水管理处的合同制职工,由于原来已缴纳养老保险基金,退休后在社保部门领取养老金的同时,自治区水利厅按照自治区人事厅、财政厅、劳动和社会保障厅、机构编制委员会《关于事业单位工作人员岗位变动后退休待遇有关问题的通知》(宁人发〔2009〕14号)有关规定,实行由所在单位补差。实行"收支两条线"管理后,继续执行原政策,由自治区财政按人力资源社会保障厅核定的事业单位退休费标准予以补差。

③社会保险

实行"收支两条线"管理后,自治区直属各水管单位缴纳的各类社会保险(养老、医疗、工伤、失业、生育)和住房公积金,按国家和自治区现行政策标准执行,费用由自治区财政全额负担。鉴于水利部门执行行业养老统筹政策,为了保持政策的连续性,实行"收支两条线"管理后,唐徕渠管理处、惠农渠管理处、汉延渠管理处、渠首管理处、秦汉渠管理处、七星渠管理处、西干渠管理处等7个自流灌溉管理处职工和固海扬水管理处、盐环定扬水管理处、红寺堡扬水管理处中已参加城镇职工基本养老保险、缴纳养老保险费的职工继续参保缴费。

(3)维修养护经费

根据水利部、财政部《水利工程维修养护定额标准(试行)》(水办〔2004〕307号)测算数,并结合水管单位年度维修工程计划确定各水管单位维修养护经费,实行项目管理。自治区财政根据项目实施进展情况分批次拨付资金。同时,建立健全水利应急资金储备制度,确保突发事件应急处理。

(4)其他经费

实行"收支两条线"管理后,自治区直属水管单位的公用

经费按现行政策规定,纳入自治区财政预算。水管单位工程运行和经营过程中发生

的原材料、燃料、动力费、备品备件等支出，由自治区水利厅审核汇总后，自治区财政审核安排。水管单位的销售费用、管理费用、财务费用，由自治区水利厅审核汇总后，自治区财政审核安排。

（5）收入基数确定

自治区直属水管事业单位经费实行“收支两条线”管理后，其收入足额上缴自治区本级国库，支出由自治区财政全额核拨，并纳入预算管理。收入基数包括水管单位水费收入和其他收入。自治区财政厅原则上以3个扬水管理处和7个自流灌溉管理处前3年决算数为依据，研究确定年度收入基数。自治区水利厅应加强对所属水管单位管理，确保各项收入应收尽收。收入基数原则上一定3年不变。探索建立激励机制，在不增加农民水费负担的基础上，确保水费收入和其他收入规模相对稳定。

（6）其他

自治区直属水管单位经费（基本支出和维修管护费）实行“收支两条线”纳入自治区财政预算管理后，在实施过程中出现的其他问题，需报请自治区人民政府审定的，由自治区财政厅、编办、人力资源社会保障厅、水利厅联合行文上报自治区人民政府。

## 二、灌域水利名词释义

1.正闸:渠道进水闸。

2.减水闸:退水闸,或泄水闸,用以调节渠道水量或拉沙泄洪。

3.陡口:俗称渠口子,又叫口子,即今支、斗渠口。

4.芦洞、暗洞、沟沿、环洞:涵洞,是高低水道分流的交叉建筑物。

5.跳:各引黄干渠均于引水口下适当地段,用块石堆筑成滚水坝,俗称跳水。

6.渠堤的俗称:宁夏对河、渠堤岸习称为“塀”。

7.埽坝:把柳枝、柴草、小石块或纯以草土用草绳捆卷成圆柱形草土体叫埽。埽坝是草土和埽做成的截流工程。历史上在无坝引水的情况下,每年春季维修时用草土封堵渠口,当地叫埽坝。春工完竣放水灌溉时要拆除埽坝,称斩埽。

8.底石:准底石。清朝雍正年间,侍郎通智创立,是用一平正石块,上刻“底石”二字,埋置于渠道进水闸下和各段有代表性的桥柱处,作为渠道清淤的标准,每年清淤以见到底石为准。

9.刻字水则:水位尺,俗称“水刻字”,简称“刻字”,是用窄木条或圆木刻画的水位标尺,以5市寸为1分,固定在渠道进水闸和交水点的桥柱或石礅上,用以测记渠水位。

10.插堰:古代控制水流的设施,类似现在的闸坝或溢流堰。

11.埽夫、正夫、热夫、罚夫:每岁于3月下旬(春分)开始,到5月初止(立夏前)历时45天的岁修工程。前半月(春分前后)先上部分民工,用草土卷埽,习称埽夫,封堵渠口,涸干渠水,以便清淤和整修建筑物。从4月5日(清明节)到5月初,全渠进行清淤、建筑物等岁修工程,这一月做工的民工习称“正夫”。还有渠道临时抢险等工程,因为急需就近征集的民工,因带有强制性,叫“抓热夫”。在岁修中应出的民夫,有误工不到者,倍加罚处,叫作“罚夫”。

12.物料:渠道岁修用草、木桩、红柳、白茨、芨芨、块石等,总称为料,亦叫物料,旧称“颜料”。

13.本色:受益户民就近将应出物料直接送到工地,称为“本色”。

14.折色:是将应出物料折收现金,多征自距工地较远的户民,有“六本四折”或“七本三折”的计征方式。

15.水手：各干渠编制有技术的工人称“水手”，专司各闸的启闭，掌握水情，看管物料等。因启闭闸木需有一定的技术并有危险性，故水手有军田待遇。

16.军田：各渠水手，每人拨给额田100亩或60亩，作为水手一年的劳动报酬和因公伤残的抚恤。此项额田称为“军田”，又叫“均田”，不纳粮款，不负担水费等差事。

17.封渠水：为渠道灌溉均衡受水，每次放水后，须先将上中游和下游上半部分的支渠斗口封闭，逼水到梢，叫“封水”。在封的同时根据干渠进水量情况，对于中上游灌溉多和田高灌水较难的支斗渠，酌情分配给适当的水量，使与梢段同时灌溉叫“水”。每轮水的分配工作十分重要，稍有失误，即水泽难周，故有“封如号脉”(是分散的意思，号脉是中医诊脉的用语)之说。

18.印封：防止上游斗口偷水，在给梢段封口送水时即将支斗渠口用上沙土堵塞，管水人员在沙土上用刻有封水字样的木板印盖字迹，称之为“印封”。为防止印字迷失，群众有用铁锅扣覆保护字迹，免被诬告偷水而遭罚款。

19.梢结：干渠梢段头轮水在按时灌完后，由受益村、堡绅民书写灌完水的拮据，称回忆。

# 参考文献

[1]宁夏水利志编纂委员会.宁夏水利志[M].银川:宁夏人民出版社,1992.

[2]宁夏水利新志编纂委员会.宁夏水利新志[M].银川:宁夏人民出版社,2004.

[3]白耀华,刘建勇.宁夏水利历代艺文集[M].郑州:黄河水利出版社,2018.

[4]薛正昌.黄河文明的绿洲:宁夏历史文化地理[M].银川:宁夏人民出版社,2007.

[5]杨继国,胡迅雷.宁夏历代诗词集[M].银川:宁夏人民出版社,2011.

[6]鲁人勇,吴忠礼,徐庄.宁夏历史地理考[M].银川:宁夏人民出版社,1993.

[7]张金城.乾隆宁夏府志[M].陈明猷,点校.银川:宁夏人民出版社,1992.

[8]吴忠礼,卢德明,吴晓红.塞上江南:宁夏引黄灌溉今昔[M].银川:宁夏人民出版社,2008.

[9]吴洪相.宁夏水利五十年(三、四卷)[M].银川:宁夏人民出版社,2008.

[10]张进海,郝峰.兴庆史话[M].银川:宁夏人民出版社,2012.

[11]永宁县史志编纂委员会.永宁县志(上、下册)[M].银川:宁夏人民出版社,2009.

[12]贺兰县史志编纂委员会.贺兰县志(上、下册)[M].银川:阳光出版社,2012.

[13]青铜峡市党史和地方志编纂委员会.青铜峡市志(上、中、下册)[M].北京:方志出版社,2020.

[14]宁夏渠史志编纂委员会.宁夏渠首志[M].银川:宁夏人民教育出版社,2020.

[15]中国第一历史档案馆.雍正朝汉文朱批奏折汇编[M].南京:江苏古籍出版社,1991.

[16]杨新才.宁夏农业史[M].北京:中国农业出版社,1998.

[17]宁夏水利历代艺文集编委会.宁夏水利历代艺文集[M].郑州:黄河水利出版社,2018.

[18]宁夏惠农渠志编纂委员会.宁夏惠农渠志[M].银川:阳光出版社,2021.

[19]银川市兴庆区地方志编纂委员会办公室.兴庆年鉴(2016)[M].北京:方志出版社,2018.

[20]宁夏通志编纂委员会.宁夏通志:经济管理卷(上、下册)[M].北京:方志出版社,2007.

[21]宁夏回族自治区水利厅,宁夏政协文史和学习委员会.黄河与宁夏水利(上、下卷)[M].银川:宁夏人民出版社.2007.

[22]宁夏水利年鉴编纂委员会.宁夏水利年鉴(2008)[M].西安:陕西人民教育出版,2009.

[23]宁夏水利年鉴编纂委员会.宁夏水利年鉴(2009)[M].西安:陕西人民教育出版,2010.

[24]宁夏水利年鉴编纂委员会.宁夏水利年鉴(2010)[M].西安:陕西人民教育出版,2011.

[25]宁夏水利年鉴编纂委员会.宁夏水利年鉴(2012)[M].银川:宁夏人民出版社,2012.

[26]宁夏水利年鉴编纂委员会.宁夏水利年鉴(2014)[M].银川:宁夏人民出版社,2014.

[27]银川市兴庆区地方志编审委员会办公室.兴庆年鉴(2012)[M].西安:三秦出版社.2013.

[28]银川市志编纂委员会.银川市志(上、下册).[M]银川:宁夏人民出版社,1998.

[29]长渠流润编委会.长渠流润[M].银川:宁夏人民出版社,2008.

# 后　记

《宁夏汉延渠志》是在1988年《汉延渠志》(内部阅读版)的基础上,深入考究文献典籍,广采博集史志资料,拓展延伸追溯编写的真实反映汉延渠发展历程和渠道整体状况及工程建设运行的史志结合、图文并茂的水利综合性著述。全书共由卷首(彩页、示意图、目录、序、凡例、概述、大事记)、专志、附录与后记组成。专志又分自然环境、渠道发展、渠道建设、灌溉管理、经营管理、水政管理、组织建设、党的建设、水利人物与诗文古迹共9章34节。收录照片237张,图表138幅,诗文碑记传说177篇。为了做好《宁夏汉延渠志》的编纂工作,管理处于2021年9月成立了编纂委员会和编纂组,并确定了专职编写人员。编纂过程中,编写人员本着"承前启后,重点突出,内容丰富,尊重历史"的原则,按照史志编写规范,坚持以时间为序、以事分类、以类分章和详今略古的记述方式,反复修正编纂大纲、续修目录章节,落实目标任务。参阅地方志(史)、水利专著(刊)和渠道专志等书籍58本,走访、请教领导、专家和老职工36人次,深入灌域所(段)、镇(村)、渠稍(地头)实地考察历史印迹和现代建筑106处。2022年3月31日完成初稿,交由管理处科(室)、所(站)校阅、补充,6月30日完成初审。然后依据补充材料和新收集到的资料整编,9月30日完成第二次编稿,报请管理处编纂委员会审核审查,提出意见建议,12月31日完成第三次编稿。2023年1月起,在与宁夏报业传媒集团联系编排的同时,报请水利厅有关部门领导、专家审核审查。4月22日,邀请宁夏社会科学院地方志办公室和水利厅有关部门的领导、专家审核审查。之后,针对审核审查提出的意见、建议又多次进行了内容增减和补充完善。

《宁夏汉延渠志》在编写过程中得到了自治区水利厅有关部门的大力支持并提供了很多珍贵的史料,自治区水利厅有关领导和自治区地方志办公室领导、专家给予了悉心指导,还有其他给予支持和帮助的单位和个人,在此一并表示衷心的感谢。

由于我们水平有限、缺乏经验、时间较紧，疏误之处在所难免，敬请广大读者谅解，并欢迎批评、指正。

《宁夏汉延渠志》编纂组

2023年5月